职业教育院校课程改革新教材
制冷和空调设备运行与维修专业教学、培训与考级用书

制冷设备维修工
（中级）

主　编　曾　汥
参　编　李　萍
主　审　曹轲欣　杨东红

机械工业出版社

本书依照“制冷设备维修工(中级)”国家职业资格标准的要求编写，系统地介绍了制冷设备维修工(中级)考证所包含的电工电子技术、制冷技术、电冰箱的基本原理与维修、空调器的结构与维修和空气调节与中央空调基础等知识和技能。全书共分9个模块，内容包括电工基础、电子技术基础、热工与制冷技术基础、常用仪器仪表的使用与维修、电冰箱的结构与维修、空调器的工作原理与结构、空调器的维修、空气调节与中央空调基础，以及维修服务与经营管理知识。各模块针对考证思路，将电冰箱与空调的原理及维修融合在一起，强调基本技能和综合技能的渐进培养。为便于考证训练，本书编写了考证复习题、3套模拟试卷，并提供了参考答案。

本书适合作为职业技术院校和成人教育院校制冷和空调设备运行与维修专业学生考证用书，也可作为职业技能鉴定培训、农民工培训等机构培训教材，还可供从事家电维修、空调制冷工程技术人员参考作用。

图书在版编目(CIP)数据

制冷设备维修工：中级/曾波主编. —北京：机械工业出版社，2011.6（2025.1重印）

职业教育院校课程改革新教材. 制冷和空调设备运行与维修专业教学、培训与考级用书

ISBN 978-7-111-34062-1

Ⅰ.①制… Ⅱ.①曾… Ⅲ.①制冷装置—维修—高等职业教育—教材 Ⅳ.①TB657

中国版本图书馆CIP数据核字(2011)第061395号

机械工业出版社（北京市百万庄大街22号 邮政编码100037）

策划编辑：汪光灿 责任编辑：汪光灿 张利萍

版式设计：霍永明 责任校对：刘怡丹

封面设计：路恩中 责任印制：常天培

固安县铭成印刷有限公司印刷

2025年1月第1版第10次印刷

184mm×260mm · 24.25印张 · 3插页 · 608千字

标准书号：ISBN 978-7-111-34062-1

定价：69.00元

电话服务

客服电话：010-88361066

010-88379833

010-68326294

网络服务

机 工 官 网：www.cmpbook.com

机 工 官 博：weibo.com/cmp1952

金 书 网：www.golden-book.com

机工教育服务网：www.cmpedu.com

前言

本书是根据教育部关于职业教育教学改革的指导思想，为了更好地适应职业技术院校的教学需求，在总结了近几年各院校制冷和空调设备运行与维修专业教学改革经验的基础上编写的，是“项目式”、“模块化”教学改革的成果之一。

在编写过程中，我们力求坚持以下原则：

1. 以能力为本，突出技能训练教学的可行性和实用性。根据维修的需要，确定学生应具备的知识结构和能力结构，并分析教学实际情况，强调实际动手能力的培养过程。

2. 吸收教学改革的经验，采用理论知识和技能训练相结合的模块化模式、使得理论知识浅显易懂，且能满足技能训练需要。

3. 注重新知识、新技术、新设备和新材料的充实，体现教材的先进性。

4. 覆盖“制冷设备维修工(中级)”国家职业资格标准的知识要求，满足考证的需要。

5. 强调职业培训的特点，并保证一定的考证目标性，使被培训人员的技能水平通过“项目式”模块训练实现由无到有、由有到专，达到制冷设备维修工中级以上水平。

本书由曾波主编，曹轲欣、杨东红主审。参与编写的还有广东省轻工业技师学院的李萍，她编写了模块二、模块四和模块五。整个编写过程得到了很多人的帮助，在此表示衷心的感谢！

本书难免存在不足之处，恳请专家和广大读者不吝赐教。

编　者

目 录

模块一　电工基础

【学习目的】

1. 掌握简单直流电路的基本参数、应用和安装调试。
2. 学会利用基尔霍夫定律、戴维南定律、叠加原理分析电路的方法。
3. 掌握简单三相电路的基本参数、应用和安装调试。
4. 学会瓦特表的使用。

【基础知识单元】

第一节　电　路

一、电路与电路组成

在日常生活中，将一个电灯泡通过开关、导线和蓄电池连接起来，就组成了一个简单照明电路，如图1-1a所示。当合上开关时，电路中就有电流通过，电灯泡就亮起来。在工厂的动力用电中，电动机通过开关、导线和电源连接，当开关合上时，电路中有电流通过，电动机就转起来。这种把各种电气设备和元器件按照一定的连接方式构成的电流通路称为电路。换句话讲，电流所流经的路径称为电路。它是一些电工、电子元器件按一定方式构成的组合。电路一般都含有电源、负载、导线及开关。

1. 电源

电源是电路中产生电能的设备。发电机、蓄电池、光电池等都是电源。发电机将机械能转换成电能，蓄电池将化学能转换成电能，光电池将光能转换成电能。

2. 负载

负载是将电能转换成其他形式能量的装置。电灯泡、电炉、电动机等都是负载。电灯泡将电能转变成光能和热能，电炉将电能转变成热能，电动机将电能转变成机械能。

3. 导线和开关

导线用来连接电源和负载。开关用来控制电路接通和断开。

电路中根据需要还装配有其他辅助设备，如测量仪表用来测量电路中的物理量，熔丝用来执行保护任务等。

制冷设备基本上都是以电作为动力来工作的，这里的用电设备统称电器。描述电器的工作原理、工作特性最便利的方法是使用电路图。画电路图时，要按照统一规定的符号来表示不同的元器件，再用线段将它们连接起来，并用适当的字母标注。图1-1b所示是简单照明电路图，图中字母E代表直流电源，R_0代表电阻（在此照明电路里即为导线电阻），H代表电灯泡，S代表开关，连接它们的线段表示导线。

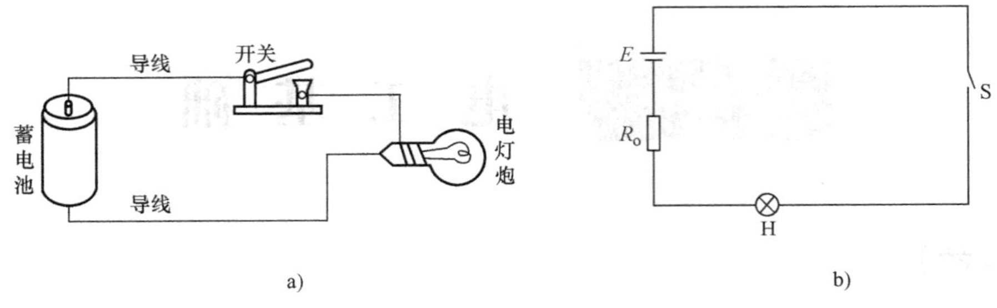

a) b)

图 1-1 简单照明电路

a）实物图 b）电路图

在该电路图中，开关处于打开状态时，电路中没有电流通过，称为“开路”或“断路”；开关处于闭合状态时，电路中有电流通过，称为“闭路”或“通路”。必须注意，电路处于通路状态时，各种电气设备的电压、电流、功率等数值不能超过其额定值。处于通路状态且负载电阻等于零称为电路“短路”，在实际使用中，电路短路状态非常危险，是不允许出现的。

二、电路的基本参数

1. 电流

电荷的定向流动称为电流。在金属导体中，电流是由电子在外电场作用下有规则地运动形成的。

图 1-1 所示的电路通路时存在着朝一个固定方向流动的电流，这个电流的大小与组成电路的电源及负载电阻有关。描述电路中电流大小的物理量称为电流强度，简称电流。它表示单位时间内通过导线某一横截面的电荷量。

形成电流的运动电荷可以是正电荷也可以是负电荷，规定正电荷移动的方向为电流方向。在电路中，规定电流的正方向为由电源的正极到电源的负极。电流的单位是安培，用字母 A 表示。电流的单位还有毫安(mA)、微安(μA)等，换算关系如下：

$$1\text{mA}=0.001\text{A} \qquad 1\mu\text{A}=0.001\text{mA}$$

2. 电压与参考电位

带电体周围有电场，电场对处在其中的电荷有力的作用。电场力把单位电荷从电场中 a 点移动到 b 点所做的功称为 a、b 两点之间的电压。在闭合电路中，电压是产生电流的原因。同电流一样，电压也存在方向，规定电压的正方向是由高电位指向低电位，即电位降低的方向，即 a、b 两点间的电压为

$$U_{ab}=V_a-V_b$$

式中，U_{ab}是 a、b 两点之间的电压；V_a和 V_b分别代表电路中两点的电位。

电压的单位是伏特，用字母 V 表示。电压的单位还有千伏(kV)、毫伏(mV)、微伏(μV)等。

电压只能表明两点的电位差，不能给出该点的绝对电位。为此，须在电路中选一点作为参考点，并把参考点的电位定义为零电位。于是，电路中其他各点的电位都与参考点的电位进行比较，比它高的电位为正电位，反之为负电位。零电位参考点在电路中通常为接地点，

标“接地”符号。所谓“接地”，并非一定要真正与大地相连。参考点可以人为地选择，参考点选得不同，同一电路中各点的电位值也随之不同。但是，两点间的电压不随之变化。

3. 电阻与电阻定律

导体中自由电子作定向移动时会与导体中的带电粒子发生碰撞，从而受到阻碍，反映这种阻碍作用大小的物理量就叫做导体的电阻。电阻的大小用导体两端的电压与通过导体电流的比值来表示。

电阻的单位是欧姆，用字母 Ω 表示。电阻的单位还有千欧(kΩ)、兆欧(MΩ)等，换算关系如下：

$$1\text{M}\Omega = 1000\text{k}\Omega = 10^6\Omega$$

导体的电阻是反映自身电学性能的参量。

电阻定律指出，在一定温度下，某一均匀截面导体的电阻值与它的长度 l 成正比，与它的截面积 S 成反比，即

$$R=\rho \frac{l}{S}$$

式中，ρ 表示导体的电阻率，银、铜、铁的电阻率分别为 $1.6\times10^{-8}\Omega\cdot\text{m}$、$1.7\times10^{-8}\Omega\cdot\text{m}$、$9.8\times10^{-8}\Omega\cdot\text{m}$。相同尺寸下电阻率大的材料导电能力差，例如铜的导电能力比铁强。

电阻除了与导体本身有关外，还和外界温度有关。对于一般的金属导体来说，温度升高使得导体中的带电粒子热运动加剧，碰撞更加厉害，因而电阻也要增大。

电阻制造方式不同，其阻值也有差别：用金属丝绕制的电阻，允许通过较大的电流；用导电膜(碳膜、金属膜)涂制的电阻，允许通过的电流较小。电阻的阻值有固定和可变两种，阻值可变的电阻常称为电位器。

另外，还有敏感电阻，包括热敏电阻、压敏电阻、光敏电阻、力敏电阻等不同类型，广泛应用于检测技术和自动控制领域中。

电阻的主要技术指标有额定功率、电阻值和允许误差。通常额定功率和电阻值会直接标在电阻的表面上。但是，对于一些体积较小的电阻，表示电阻值的方法是在电阻表面涂印不同的色环，称为色标法，色环电阻与色环的意义如图 1-2 所示。

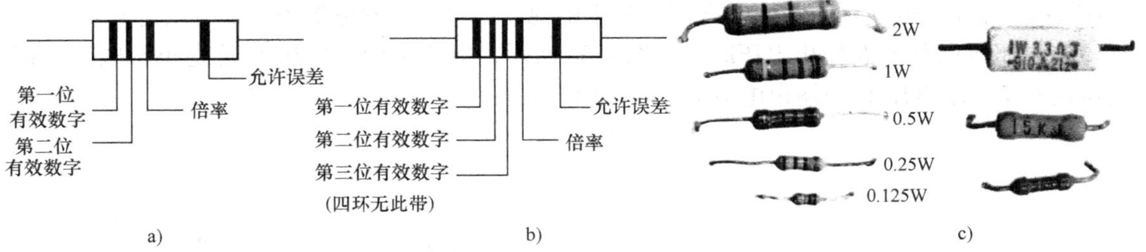

图 1-2 色环电阻与色环的意义

a) 四环色标 b) 五环色标 c) 电阻外形

色环电阻一般有四环色标电阻和五环色标电阻。

电阻值大于 5%的普通精度电阻器用四条色环表示，左边靠端部为第一色环，顺序向右为第二、第三和第四色环。各色环所代表的意义为：第一、二色环相应地代表阻值的第一、二位有效数字，第三色环表示倍率，第四色环代表阻值的允许误差。允许误差小于 1%的精

密电阻器用五条色环表示，左起三个色环表示有效数字，第四个色环表示倍率，第五个色环表示允许误差。例如，若色环电阻的第一环为黄色，后面分别为紫色、黄色、金色，则此电阻值为470kΩ，允许误差为±5%。若电阻靠第四环后面又涂了一色环，且此环为绿色，则此电阻值为47.4Ω，误差为±0.5%。各种色环所代表的数字和允许误差见表1-1。

表1-1 各种色环所代表的数字和允许误差

颜色	a	b	c	d	颜色	a	b	c	d
	第一位数	第二位数	倍率	允许误差		第一位数	第二位数	倍率	允许误差
黑	—	0	10^0	—	紫	7	7	10^7	±0.1%
棕	1	1	10^1	±1%	灰	8	8	10^8	—
红	2	2	10^2	±2%	白	9	9	10^9	±(5%~20%)
橙	3	3	10^3	—	金	—	—	10^{-1}	±5%
黄	4	4	10^4	—	银	—	—	10^{-2}	±10%
绿	5	5	10^5	±0.5%	无色	—	—	—	±20%
蓝	6	6	10^6	±0.2%					

注意：为了提高识别速度，在记忆的时候背记方法为：棕1、红2、橙3、黄4、绿5、蓝6、紫7、灰8、白9、黑0。另外，为了避免混淆，第五色环的宽度是一般色环宽度的1.5~2倍。

三、电源及电动势

1. 电源

电源是向电路提供电能的装置。积累在电源正极的正电荷通过导线和负载流向电源负极，再在电源内部由负极到达正极。电源分直流电源和交流电源，直流电源的正、负电极的极性是永远不变的，而交流电源的电极极性则随时间而变化。

电源又可以分为电压源和电流源。

（1）电压源　用一个恒定电动势E与内阻串联表示的电源称为电压源。电压源的符号如图1-3a或图1-3b所示。大多数电源，如干电池、蓄电池、发电机等，都可以这样表示。

当电压源向负载R输出电压时，如图1-3c所示，电压源的端电压U总是小于电源的恒定电动势E。端电压U与输出电流I之间有如下关系

$$U=E-Ir$$

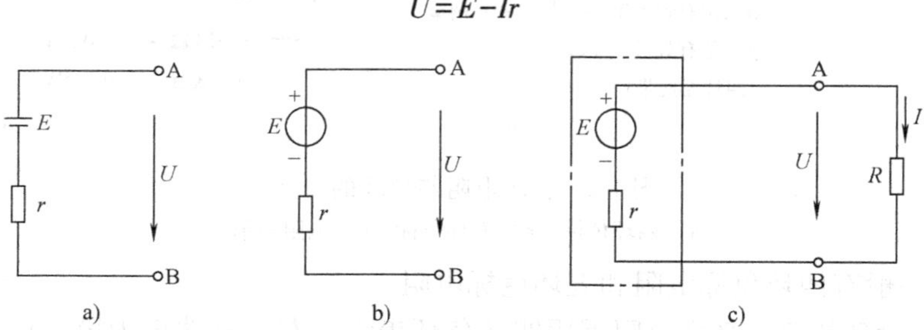

图1-3　电压源的符号及输出

式中，E、r 均为常数。所以，随着 I 的增加，内阻上的电压降增大，输出电压降低，因此要求电压源的内阻越小越好。

如果电压源内阻 $r=0$，那么，不管负载变动时输出电流 I 如何变化，电压源始终输出电压恒等于电源的电动势 E。把内阻 $r=0$ 的电压源称为理想电压源，其符号如图 1-4 所示。在应用中，稳压电源、蓄电池的内阻远小于负载电阻 R，因此稳压电源、蓄电池等都可看做是理想电压源。理想电压源的输出电压不随负载 R 变化，也不受输出电流的影响。

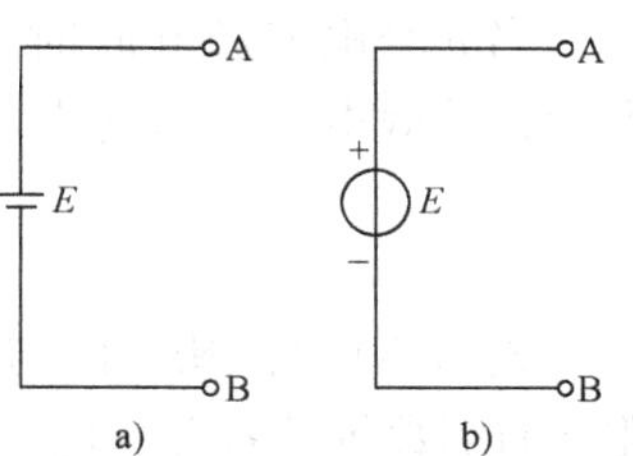

图 1-4　理想电压源符号

实际上理想电压源是不存在的，因为电压源总是存在着内阻。当 n 个电压源串联时，可以合并为一个等效电压源，如图 1-5 所示。等效电压源的 E 等于各个电压源的电动势代数和，即

$$E=\sum_{k=1}^{n}E_k \tag{1-1}$$

在式(1-1)中，方向与 E 相同的电动势取正号，反之取负号。等效电压源的内阻等于各串联电压源内阻之和，即

$$r=r_1+r_2+\cdots+r_n$$

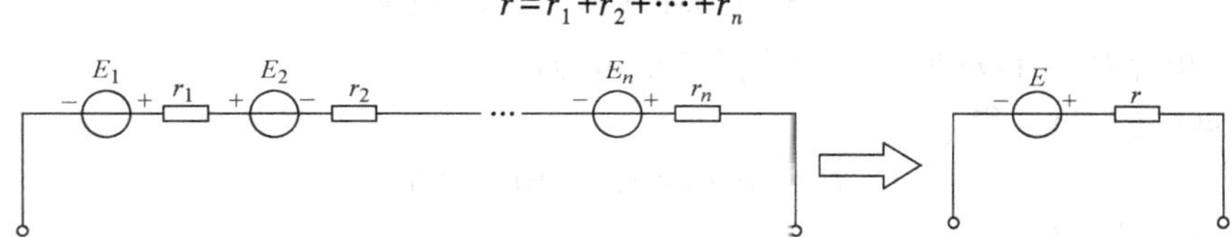

图 1-5　串联电压源的等效电压源

（2）电流源　用一个恒定电流 I_S 与内阻 r 并联表示的电源称为电流源。实际中的稳流电源、光电池、串励直流发电机等可看做是电流源。电流源的符号如图 1-6 所示。

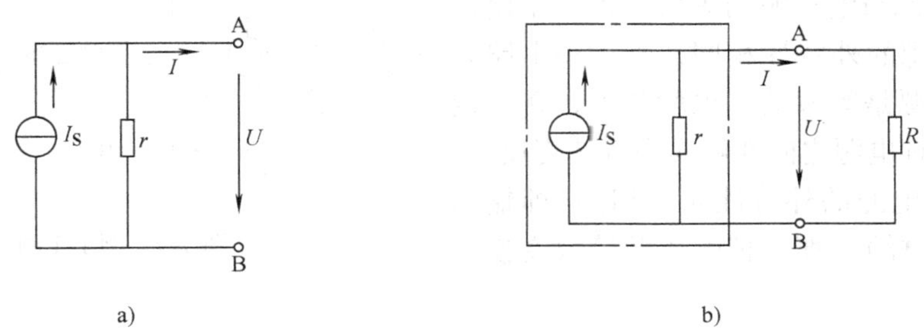

图 1-6　电流源的符号及输出

当电流源向负载 R 输出电流时，如图 1-6b 所示，它所输出的电流 I 总是小于电流源恒定电流 I_S。电流源的端电压 U 与输出电流 I 的关系为

$$I=I_S-\frac{U}{r} \tag{1-2}$$

由式(1-2)可知，电流源内阻 r 越大，则负载变化而引起的电流变化就越小。也就是说，电流源输出越稳定，I 越接近 I_S 值。

如果电流源内阻 r 为无穷大，则不论由负载变化引起的端电压如何变化，它所输出的电

流恒定不变，而且等于电流源的恒定电流 I_S，即 $I=I_S$。所以，内阻 $r\to\infty$ 的电流源称为理想电流源，其符号如图 1-7 所示。

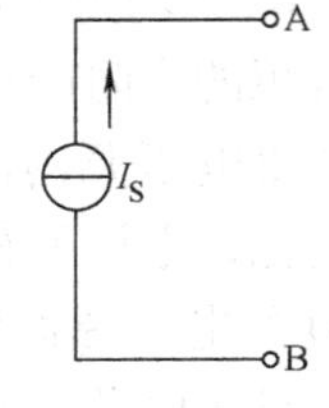

图 1-7 理想电流源符号

当 n 个电流源并联时，可以合并为一个等效电流源。如图 1-8 所示，等效电流源的电流 I_S 等于各个电流源的电流的代数和，即

$$I_S=\sum_{k=1}^{n} I_{Sk} \tag{1-3}$$

式(1-3)中，凡方向与 I_S 相同的取正号，反之取负号。等效内阻 r 的倒数等于各并联电流源内阻的倒数之和，即

$$\frac{1}{r}=\frac{1}{r_1}+\frac{1}{r_2}+\cdots+\frac{1}{r_n}$$

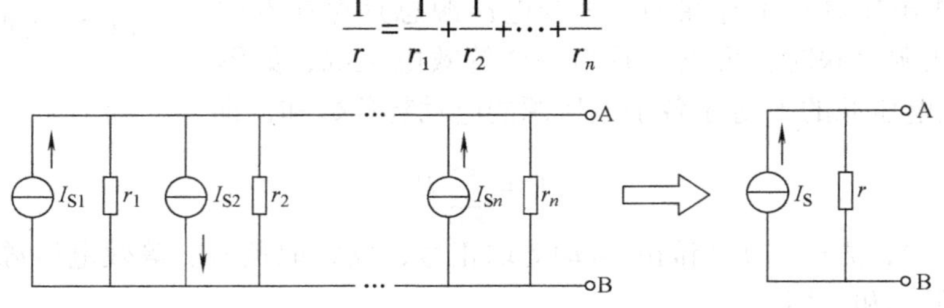

图 1-8 并联电流源的等效电流源

例 1-1 电路如图 1-9a 所示，求出其等效电流源。

解：根据式(1-3)，得

$$I_S=I_{S1}-I_{S2}=15\text{A}-10\text{A}=5\text{A}$$

等效电流源的内阻为

$$r=\frac{r_1r_2}{r_1+r_2}=\left(\frac{3\times6}{3+6}\right)\Omega=2\Omega$$

等效电流源如图 1-9b 所示。

(3) 电压源与电流源的等效 若一个电压源与一个电流源的外特性相同，则对外电路来说，这两个电源是等效的。也就是说，在一定条件下，这两种电源之间能够实现等效变换。

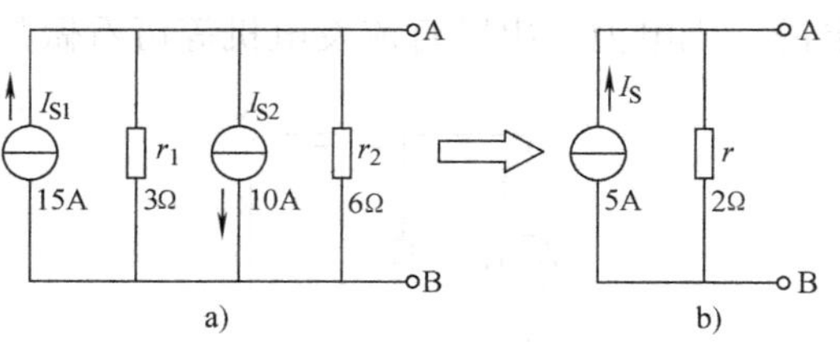

图 1-9 例 1-1 图

为了保证电源的外特性完全相同(即输出的电流、电压一样)，那么把电压源等效变换为电流源时，有

$$\begin{cases} I_S=\dfrac{E}{r} \\ r'=r \end{cases}$$

由此可见，电压源与电流源的等效变换条件是：电压源与电流源内阻相等，而且电流源的恒定电流 I_S 等于电压源的短路电流 $\frac{E}{r}$，如图 1-10 所示。

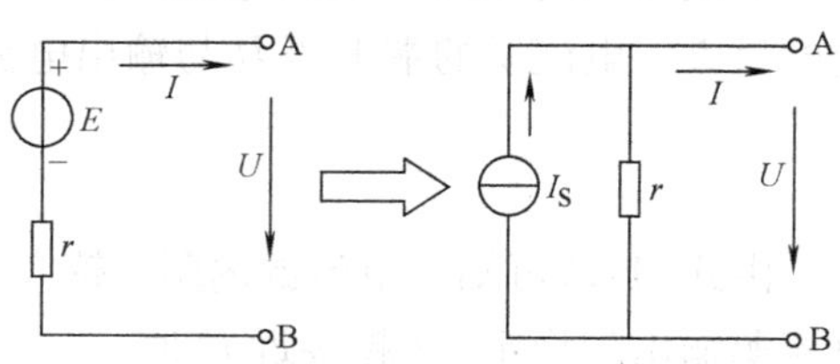

图 1-10 电压源与电流源的等效变换

两种电源等效变换时，应注意以下几点：

1）等效变换仅仅是对外电路而言，对于电源内部并不等效。

2）在变换过程中，电压源的电动势 E 方向和电流源的电流 I_S 方向必须保持一致，即电压源的正极与电流源输出电流的一端相对应。

3）理想电压源与理想电流源之间不能进行等效变换。

2. 电动势

在闭合电路中，电源正极上的电荷不断流向电源的负极，为了维持电极上电荷的数量，需要电源能够再将正电荷从负极转移到正极。电动势就是描述电源这种能力大小的物理量，用字母 E 表示。电动势是电源的自身属性，与电路中的元器件参数无关，在数值上等于开路时电源两极之间的电压，其方向在电源内部为电源负极指向电源正极，其单位和电压单位一样都是 V。

第二节　简单直流电路

一、欧姆定律

在不含电源的线性电路（如电阻电路）中，通过电阻的电流与电阻两端的电压成正比，与电阻值成反比，这就是部分电路欧姆定律，可表示为

$$I=\frac{U}{R}$$

式中　U——电压，单位为 V；

R——电阻，单位为 Ω；

I——电流，单位为 A。

在闭合电阻电路中，电流与电源的电动势成正比，与电路的总电阻（包括负载电阻 R 和电源内阻 R_0）成反比，这就是全电路欧姆定律，可表示为

$$I=\frac{E}{R+R_0}$$

$$E=IR+IR_0=U_{外}+U_{内}$$

如果电路中用电设备为线性电阻，那么它就满足欧姆定律，各种数值的电阻或电位器都可看成线性电阻；反之，非线性电阻不满足欧姆定律，如半导体二极管就可以看成是一个非线性电阻。

二、电功率与焦耳定律

搬运工将重物举到高处，这是人力做功，消耗的是体能；使用电动葫芦同样将重物举到高处，这是电流做功，消耗的是电能；电流流过电阻时被转化为热能或光能，也是电流在做功。电流所做的功叫做电功，用字母 W 表示，可表示为

$$W=UIt$$

式中　I——电流，单位为 A；

U——电压，单位为 V；

t——时间，单位为 s；

W——电功，单位为 J。

电能有个常用的单位是千瓦时，符号 kW · h，1 千瓦时的电能也就是我们平常所说的一度电。

电功率是单位时间内电流所做的功，它表示电流做功的快慢程度，用字母 P 表示，

$$P=IU=I^2R$$

式中 P——电功率，单位是 W。

焦耳定律指出：当电流通过电阻所消耗的电能全部被转化为热能时，所产生的热量 Q 与电流 I 的平方、电阻 R 和通电的时间 t 成正比，即

$$Q=I^2Rt$$

式中 Q——热量，单位为 J。

三、电阻的串联与并联

1. 电阻的串联

把两个或者两个以上的电阻首尾逐个连接起来(见图 1-11a)称为电阻的串联。在串联电路中，电流处处相等；电路的总电阻 R 等于各个串联电阻之和；电路的总电压等于各个电阻上的电压降之和，即

$$I=I_1=I_2=I_3=\cdots=I_n$$

$$R=R_1+R_2+R_3+\cdots+R_n$$

$$U=U_1+U_2+U_3+\cdots+U_n$$

电阻的串联应用很广泛。在实际工作中，常常采用几个电阻串联构成分压器，使用同一电源供电，分压器串联的几个电阻具有几种不同的分压；在电工测量中，用串联电阻来扩大电压表的量程，以便测量较高的电压等。

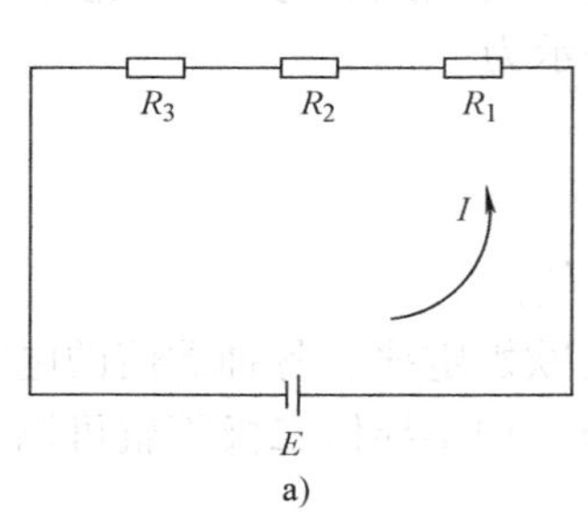

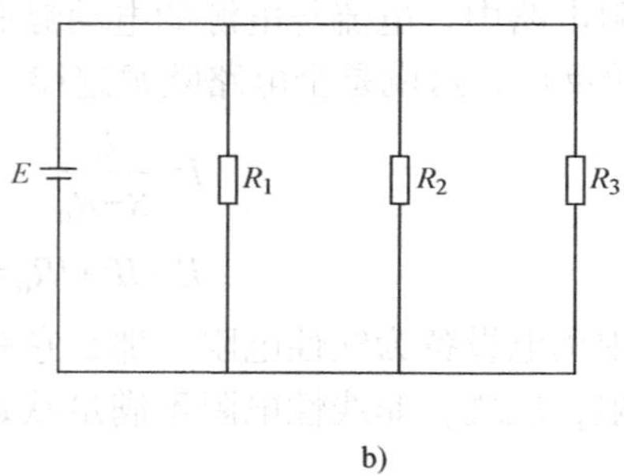

图 1-11 电阻串联、并联电路

a) 电阻串联 b) 电阻并联

2. 电阻的并联

把几个电阻并列地连接在两点之间，使每个电阻两端都承受同一电压的连接方式(见图 1-11b)称为电阻的并联。并联电阻两端的电压都相等；并联起来的总电阻 R 的倒数等于各个并联电阻的倒数之和；并联电阻电路的总电流，等于流过各个电阻的电流 I_1、I_2、$\cdots$、I_n 之和，即

$$\frac{1}{R}=\frac{1}{R_1}+\frac{1}{R_2}+\frac{1}{R_3}+\cdots+\frac{1}{R_n}$$

$$I=I_1+I_2+I_3+\cdots+I_n$$
$$U=U_2=U_2=U_3=\cdots=U_r$$

电阻的并联应用也很广泛。额定电压相同的负载几乎全部采用并联，这样，任何负载正常工作时都不影响其他负载，人们根据需要可以独立接通或者断开某个负载；为了得到较小的电阻，也可以采用并联方式；电工测量中，经常在电流表两端并联分流电阻(分流器)，以扩大电流表的量程。

一个电路中既有电阻的互相串联，又有电阻的互相并联，这样的电路称为混联电路。要分析计算混联电路，可先应用电阻串、并联的规律进行简化，求出它们各自的等效电阻，再计算电路的总电阻。这样，应用电路基本定律，就可以计算出各电阻上的电压、电流及功率等参数。

四、基尔霍夫定律

支路的连接点称为节点，支路构成的闭合路径称为回路。

1. 基尔霍夫电流定律

基尔霍夫电流定律指出：在任何时刻，对于电路的任何节点，所有支路电流(加入正负号后)的代数和为零，即

$$\sum I=0 \tag{1-4}$$

式(1-4)称为节点电流方程。由于电流有方向性，所以需假设参考方向之后才能确定电流的正、负号。比如假设流入节点的电流为正，流出节点的电流为负。在计算电流过程中，如果对某个支路的电流假定好正方向了，但是计算结果为负，那么说明实际电流方向和假定的方向相反。

2. 基尔霍夫电压定律

在电路中，从任何起点开始沿着某个闭合回路绕行一圈后又回到该起点，那么这个过程中所有元件电压降的代数和等于电动势的代数和，即

$$\sum U=\sum E \tag{1-5}$$

式(1-5)称为回路电压方程。应用基尔霍夫定律列方程求解电路时，若电路有 n 个节点，b 条支路，则应写出$(n-1)$个独立节点电流方程，写出$(b-n+1)$个独立回路电压方程，独立的方程数量为 b 个，多了或者少了都是错误的。

五、叠加原理

对于由很多线性元件和很多电源组成的电路来说，任何一条支路中的电流或者电压都等于各个电源单独作用在此支路上产生的电流或考电压的代数和，这就是叠加原理。

利用叠加原理求解电路的过程中，必须把多电源电路化简为若干个单电源电路，统一假设参考方向后分别求解。得到的值在相加时要考虑正、负号。

简化的原则：化简为若干个单电源电路时，除了被保留的电源，其他电源除源，即电压源用短路代替，电流源用断路代替。

六、戴维南定律

戴维南定律又称为等效电压定律。当计算复杂电路中某条支路的电流或者电压时，不需

要列出所有的独立节点电流方程、回路电压方程来求出电路所有未知数。可以把这个支路抽出来，把其他部分看做一个有源二端网络，再把这个有源二端网络简化为一个等效电压源。这个等效电压源对该支路输出的电流和电压与等效前相同。

戴维南定律指出，一个有源二端网络被简化为一个等效电压源时，该电压源的电动势等于该有源二端网络的开路电压，内阻为除去电源后的等效电阻，除源方法与叠加原理相同。

第三节　电容及电容的性质

一、电容与电容的串、并联

1. 电容器

电容器是电路中的又一基本元件，简称电容，用字母 C 表示。电容的种类很多，有纸质电容、陶瓷电容、聚苯乙烯电容、电解电容等，它们都是由两个金属电极和极间绝缘介质组成的。电容的两个重要参数是容量和额定工作电压，它们一般都标在电容的外表面。电解电容还有正、负电极之分，接在电路中时，正极接高电位，负极接低电位，不可接反。电解电容的容量较大。

电容接入直流电路后，经过一定时间，两电极会储存等量异种电荷，产生电压。电容储存的电荷越多，两电极之间的电压越大。电容器的容量就是所带电量与电压差之比，即

$$C=\frac{Q}{(U_a-U_b)}$$

电容的单位是法拉，用字母 F 表示，由于法拉这个单位太大，一般用微法（μF）、皮法（pF）来表示。其换算关系如下：

$$1\text{F}=10^6\mu\text{F}\qquad 1\mu\text{F}=10^6\text{pF}$$

2. 电容的串、并联

若把几个电容并联起来，如图 1-12 所示，则并联后的总电容 C 等于各个电容之和，即

$$C=C_1+C_2+C_3+\cdots+C_n$$

使用中要把几个电容并联时，要求这些电容的额定电压尽可能相同。

若把几个电容串联起来，如图 1-13 所示，串联后总电容 C 的倒数等于各个电容的倒数之和，即

$$\frac{1}{C}=\frac{1}{C_1}+\frac{1}{C_2}+\frac{1}{C_3}+\cdots+\frac{1}{C_n}$$

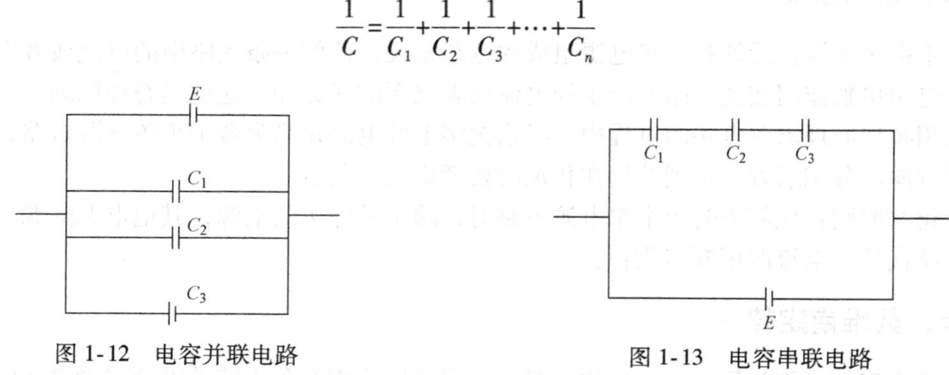

图 1-12　电容并联电路　　图 1-13　电容串联电路

二、电容的充、放电

在直流电路中接入电容，当闭合或断开电路的瞬间，电路中的电流随时间而变化，电路处于不稳定状态，这个过程是由电容的充、放电引起的。

图 1-14 所示是分析电容充、放电过程的电路图。将开关 S 与触点 1 闭合时，电容通过电阻 R_1 与电源正、负极相接。电源电极上的正、负电荷就逐渐转移到电容的两电极并储存起来，这个过程称为充电。充电过程中形成了充电电流。电容的充电过程受电源端电压、电容值及电阻 R_1 的影响。随着充电时间的增加，电容储存的电荷越来越多，电容两极间的电压随之升高，它与电源端电压越来越接近。当两者的数值相等时，充电过程结束，充电电流为零。充电过程中，电路电流及电容两极间的电压随时间的变化规律如图 1-15 所示。电流的减小与电压的增长受 R_1、C 的影响，其变化规律服从指数变化规律。R_1C 称为电容的充电时间常数，R_1C 值越大，充电时间越长。

在图 1-14 中，当电容充电停止后，把开关 S 由触点 1 改到触点 2，电路的右半部分处于闭合状态。在开关与触点 2 接触的瞬间，电容两极上的电荷通过 R_2 形成电流，这个过程称为电容放电，电路中的电流称为放电电流。同样，电容的放电过程与电容放电前的两极电压、电容值及电阻值有关，R_2C 为电容的放电时间常数。

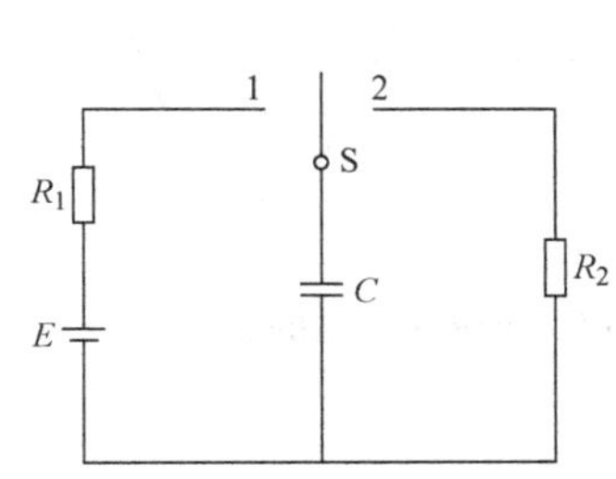

图 1-14　电容充、放电电路图

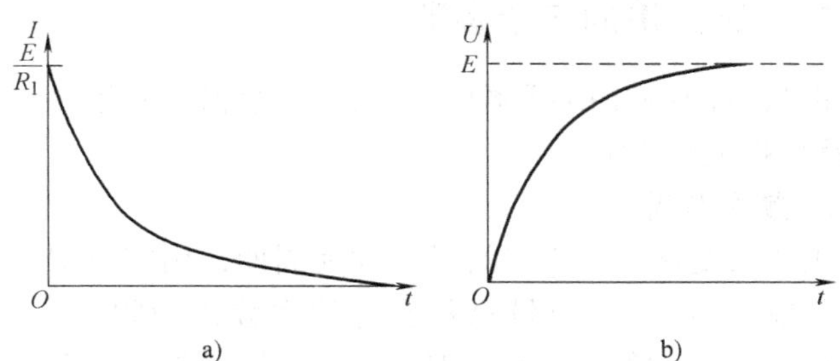

图 1-15　电容充电过程中电流、电压随时间的变化

放电过程中放电电流和电容两极间的电压都随时间而越来越小，直到二者都等于零，其变化规律如图 1-16 所示，也服从指数变化规律。

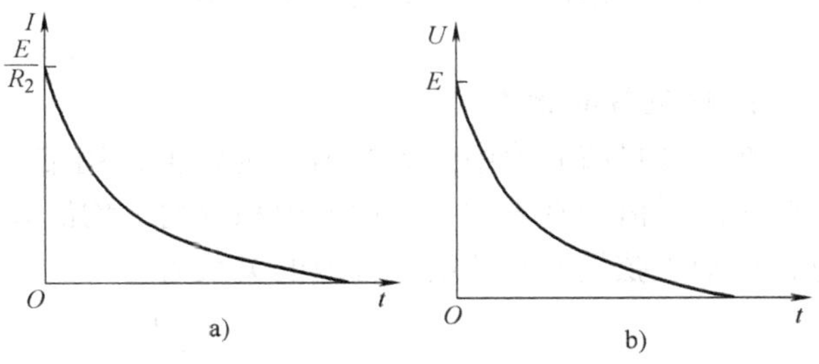

图 1-16　电容放电过程中电流、电压随时间的变化

三、直流稳态电路中的电容

直流电路中接有电容时，开关闭合的瞬间会存在电流。当电路处于稳定状态时，电路电流等于零，这就意味着电容对直流起到隔离作用。因此，在分析稳定的直流电路时，完全可以把含有电容的支路作断路处理。电容的隔直作用，在电子技术有十分重要的应用。

第四节　正弦交流电路

在电路中把幅值和方向都随时间作正弦规律变化的电流、电压及电动势等参量称为正弦交流量(简称正弦量)，这样的电路称为正弦交流电路。在正弦交流电路中，电流和电压等都按正弦规律变化。

一、正弦交流电的表示

既然正弦交流电按正弦规律变化，那么，正弦函数的代数公式和图形就可完全表示正弦交流电。正弦电流和电压的函数表示为

$$i=I_m\sin(\omega_1 t+\psi_1) \qquad u=U_m\sin(\omega_2 t+\psi_2)$$

式中，i、u 表示正弦电流及电压的瞬时值；I_m、U_m表示它们的最大值；ω_1、ω_2表示它们变化的快慢；ψ_1、ψ_2表示它们的初始相位。注意正弦交流电的瞬时值都用小写字母表示。

图 1-17 所示是正弦交流电的图形表示，也叫波形图。横坐标代表相位，纵坐标代表正弦交流电的瞬时值，ψ 表示正弦电流的初始相位。

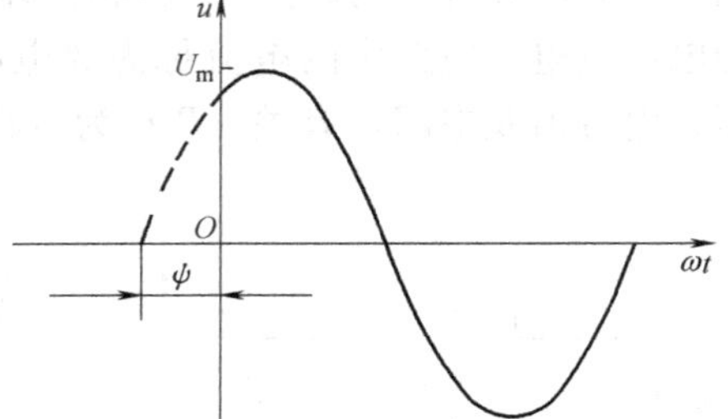

图 1-17　正弦交流电的波形图

二、正弦量的三个参数

正弦量的特征由频率(或周期)、幅值(或有效值)及初相位来确定。

1. 频率与周期

正弦量变化一次所需的时间称为周期，用字母 T 表示，单位为 s。正弦量每秒变化的次数称为频率，用字母 f 表示，单位是赫兹(Hz)。频率与周期互为倒数，即

$$f=\frac{1}{T}$$

用弧度表示的频率称为角频率，用字母 ω 表示，角频率与频率的关系为

$$\omega=2\pi f$$

2. 幅值与有效值

在正弦量瞬时值中最大的值称为幅值，用带下角标 m 的大写字母表示，如 I_m、U_m 等。正弦量瞬时值的平方在一个周期内积分的平均值取平方根即得正弦量的有效值。通过数学计算，可知正弦量的有效值与幅值的关系为

$$I=\frac{I_m}{\sqrt{2}} \qquad U=\frac{U_m}{\sqrt{2}}$$

有效值都用大写字母表示。对于正弦量的大小，如无特别说明，一般都是指它的有效值。所谓 220V 交流电，就是指有效值，其最大值实际是 311V。

3. 初相位与相位差

正弦量的计时起点 $t=0$ 时的相位称为初相位。正弦量 $i_1=I_m\sin\omega t$ 的初相位是零，$i_2=I_m\sin(\omega t+\psi)$的初相位是 ψ。初相位不同，它们在某一时刻的值也就不同(尽管它们的最大值

可能相同)。ωt 和 $\omega t+\psi$ 称为正弦量的相位角或相位。相位随时间连续变化，正弦量的瞬时值也随之变化。

图 1-18 所示是两个初相位不等的正弦量波形图。若用三角函数表示，则可写为

$$u=U_{\mathrm{m}}\sin(\omega t+\psi_1) \qquad i=I_{\mathrm{m}}\sin(\omega t+\psi_2)$$

两个同频率正弦量的相位角差(或初相位差)称为两正弦量的相位差，这里 u 和 i 的相位差为

$$\psi=\psi_1-\psi_2$$

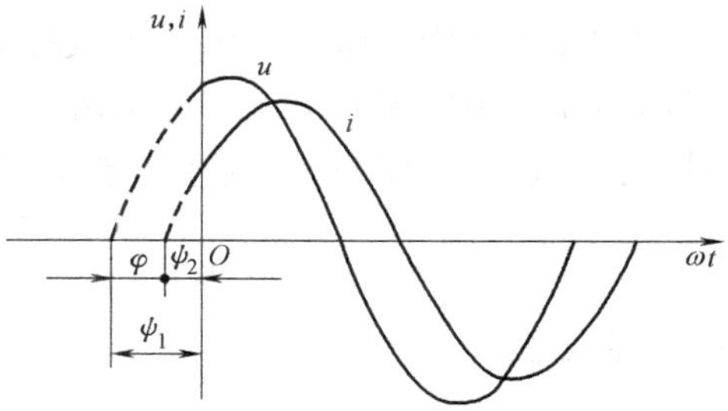

初相位不同，它们各自到达最大值的时刻也不同。图中，$\psi_1>\psi_2$，i 较 u 先到达正的幅值，于是说 i 比 u 超前 ψ(即 $\psi_1-\psi_2$)。若 $\psi=0$，称两正弦量同相；若 $\psi=\pi$，称两正弦量反相。

图 1-18　两个初相位不等的正弦量的波形图

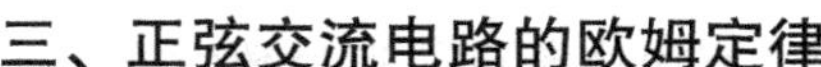

三、正弦交流电路的欧姆定律

在正弦交流电路中，基本负载元件有电阻、电容和电感。电阻在正弦交流电路的特性完全等同于直流电路，其阻值并不变化。所以，电阻的欧姆定律可写成

$$i=\frac{u}{R} \qquad I=\frac{U}{R}$$

电容器对交流电的阻碍作用称为电容的容抗，用字母 X_{C} 表示。容抗与电容容量 C 及交流电频率成反比，可写成

$$X_{\mathrm{C}}=\frac{1}{\omega C}=\frac{1}{2\pi fC}$$

当 f 的单位为 Hz，电容的单位为 F 时，X_{C} 的单位是 Ω。这时电容电路的欧姆定律为

$$i=\frac{u}{X_{\mathrm{C}}} \quad 或 \quad I=\frac{U}{X_{\mathrm{C}}}$$

可见电容的容抗减小，其对交流电的阻碍作用也减小，交流电就容易通过。同一电容在低频交流电路中的容抗就比在高频电路中大，这就是通常说的“隔直流，通交流”。

电感器是用金属丝绕制的螺线管，在变压器、继电器及电动机中都存在电感。电感器在电路中用字母 L 表示。对电感器，其电感量是确定的，它只与线圈的匝数、环绕面积、有无铁心等因素有关。电感的单位为亨，用字母 H 表示，比亨小的单位有毫亨(mH)和微亨(μH)等。

理想电感在直流电路中是没有电阻的。但是当把电感接在交流电路中时，就会明显看到它对交流电的阻碍作用。交流电的频率越高，这种阻碍作用就越明显。电感对交流电的阻碍作用称为感抗，用字母“X_{L}”表示。感抗与电感的电感量 L 及交流电频率 f 成正比，即

$$X_{\mathrm{L}}=\omega L=2\pi fL$$

式中　f——频率，单位是 Hz；

L——电感量，单位是 H；

X_{L}——感抗，单位是 Ω。电感电路的欧姆定律为

$$i=\frac{u}{X_{\mathrm{L}}} \quad 或 \quad I=\frac{u}{X_{\mathrm{L}}}$$

由上式可知，频率变小，感抗减小，电感对交流电的阻碍作用也减小。故感抗对高频交流电的阻碍作用较大。在直流电路中频率$f=0$，这时电感所在的部分支路可视为短路。

在交流电路中，电感、电容不仅影响电流的大小，也会影响电流的相位角，导致在电感、电容支路中电流和电压不再同相位。电感使流过它的电流落后于电压90°，电容使流过它的电流超前于电压90°。对于电感支路，有

$$u_L=U_m\sin(\omega t),\qquad i_L=I_m\sin\left(\omega t-\frac{\pi}{2}\right)$$

对于电容支路，有

$$u_C=U_m\sin(\omega t),\qquad i_C=I_m\sin\left(\omega t+\frac{\pi}{2}\right)$$

四、正弦交流电路中的功率

在正弦交流电路中，一般需要计算电路的平均功率(有功功率)P。通过数学推导，有功功率P为

$$P=UI\cos\psi$$

式中　U、I——电路电压、电流的有效值；

ψ——电流与电压的相位差；

$\cos\psi$——电路的功率因数。

纯电阻交流电路中的电流和电压同相位，$\psi=0$，则$\cos\psi=1$，功率计算公式与直流电路相同，电阻是耗能元件；而含有纯电感或纯电容的交流电路，它们的电流与电压相位差均为90°，所以此时$\cos\psi=0$，表明电感和电容在交流电路中是不消耗电能的，常称它们为无功元件。

在实际生产中，电动机主要由电感线圈组成，为了提高效率，常常需要增加一些电容元件来消除电动机的感性，从而提高功率因数。然而，并不是功率因数越高越好，一般最高可达到0.97。如果功率因数太高，设备容易产生谐波，造成电网的污染。

第五节　三　相　电　路

一、三相交流电

三相交流电一般是由三相交流发电机产生的。三相交流发电机的三组线圈在转动中产生了幅值相同、频率相同、相位分别相差120°的交流电动势。图1-19所示是三相交流电的波形图。

很明显，它们之间只是初相位不同。用正弦函数表示三相交流电的变化规律为

$$e_U=E_m\sin(\omega t)\qquad e_V=E_m\sin(\omega t-120°)$$
$$e_W=E_m\sin(\omega t-240°)$$

二、三相四线制

将三相发电机的每一相绕组用电感的符号表示，电感的两端分别与负载相接，需用6条导线供电，这样的连接很不经济，各相负载之间从相位角度看不出联系。因此，在实际中把

接在电感末端的三条导线合并为一条，成为三相四线制供电，如图 1-20 所示。

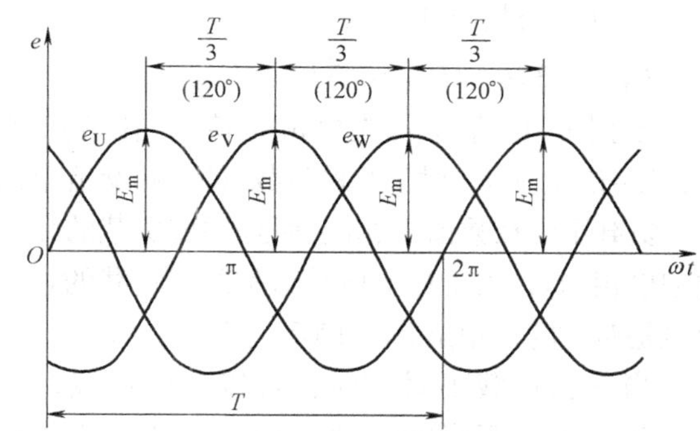

图 1-19　三相交流电的波形图

Z 代表负载电阻，NN′就是由原来三条合并为一条的导线，为发电机三相绕组和三相负载的公共线，称为中性线或零线。其他的三条线 UU′、VV′、WW′称为相线，定义为 U 相、V 相和 W 相。在画三相四线制电路图时，相序(顺时针)不允许变化。

相线与中性线之间的电压称为相电压，用 U_U、U_V、U_W 表示，相电压正方向是由相线到中性线。任何两根相线之间的电压称为线电压，用 U_{UV}、U_{VW}、U_{WU} 表示，线电压的正方向规定为电压下脚标字母的顺序，如 U_{UV} 的正方向是由 U 经过负载到 V。

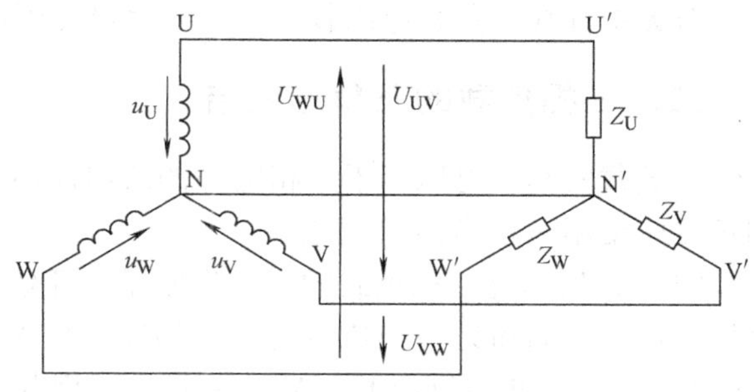

图 1-20　三相四线制供电

三相四线制的接线属于星形(Y)联结，这种供电方式可提供给负载两种电压：线电压和相电压，线电压是相电压的 $\sqrt{3}$ 倍。我国的输电装置中，负载一般接在一条相线和零线之间，负载的端电压为 220V(有效值)，家用电冰箱、冰柜、空调器及小型制冷机都使用 220V 交流电源；当把负载接在两条相线之间，负载的端电压是 380V(有效值)，工厂中的电动机工作时一般都使用 380V 交流电源。

三、三相电路功率

单相正弦交流电路的负载功率是流过元件的电流、元件电压降以及电流与电压相位角余弦函数的乘积。三相四线制电路中，负载的功率仍依据公式

$$P = UI\cos\psi$$

进行分相计算，再将它们相加。式中的 I、U 是相电流、相电压的有效值。

第六节　三相负载与交流电路的功率测量

一、三相负载的星形联结

三相负载的星形(Y)联结如图 1-21 所示。三个负载的末端连接在一起后接于三相电源的中性线上，首端分别接在三相电源的 U、V、W 相线上。对电阻性负载，其首、末端可任意假定，对感性负载的电动机等必须按原规定连接。

当星形负载接有中性线时，负载电压就是电源相电压，负载电流(相电流)也是线电流，即

$$i_U = i_{U'} \quad i_V = i_{V'} \quad i_W = i_{W'}$$

线电压与相电压的关系为

$U_{UV}=\sqrt{3}U_U \quad U_{VW}=\sqrt{3}U_U \quad U_{WU}=\sqrt{3}U_W$

根据 KCL（基尔霍夫电流定律），在节点 N′处，$i_N=i_U+i_V+i_W$。对于对称负载（即三相交流电的三个负载不但在数值上相同，而且构成负载的元件类型也相同），由于相电压是对称的，负载的相电流也是对称的，相位差为 120°，因而 $i_N=0$。

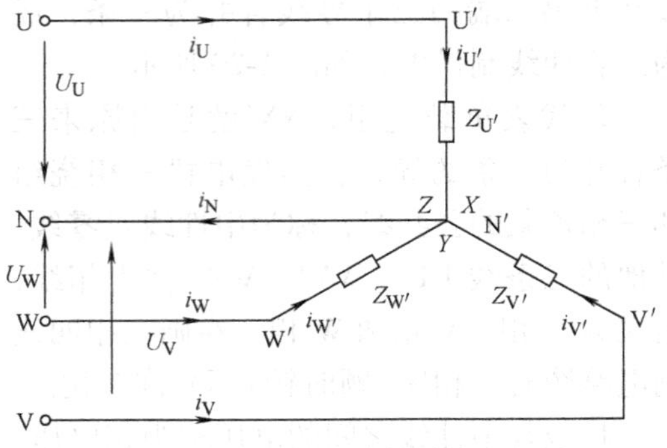

图 1-21　三相负载的星形联结

当三相负载不对称时，若接有中性线，三相负载成为互不影响的独立电路，各相负载均可正常工作，只不过中性线电流 $i_N\neq0$。计算表明，若无中性线，负载电阻较大的一相就可能因电路电压超过负载额定电压而被损坏。

二、三相负载的三角形联结

当负载的额定电压等于三相电源的线电压时，三相负载应使用三角形（△）联结。

图 1-22 所示是三相负载的三角形联结。即依次把每相负载的末端和另一相负载的首端相连，组成一个封闭的三角形，再分别由 U′、V′、W′接入三相电源。

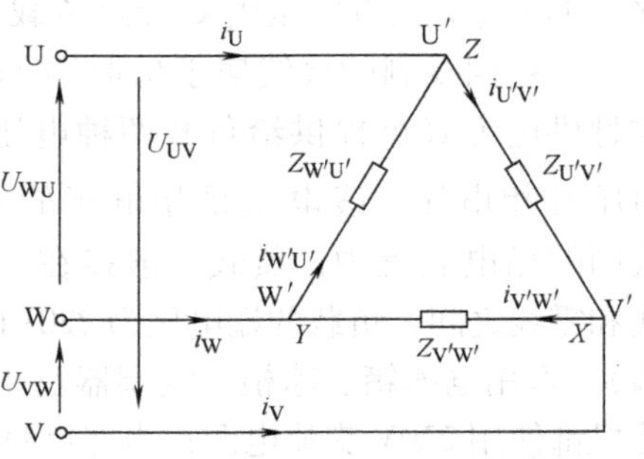

图 1-22　三相负载的三角形联结

负载作△联结，相电流与线电流不再相同，负载两端电压等于线电压，不论负载是否对称，负载两端的电压都能保持对称关系。

当负载对称时，线电流是负载电流的$\sqrt{3}$倍，即

$I_U=\sqrt{3}I_{U'V'} \quad I_V=\sqrt{3}I_{V'W'} \quad I_W=\sqrt{3}I_{W'U'}$

三、电路的功率测量

1. 电动式仪表

电动式仪表中没有永久磁场。它有一个固定线圈和一个可动线圈，后者放置在前者所围成的空间中。可动线圈与仪表指针及空气阻尼器等都固定在转轴上，通过它的电流是经游丝引入的。

当固定线圈中通过电流 I_1 时，其内部产生了磁场 B_1，可动线圈中的电流 I_2 与磁场相互作用，产生大小相等、方向相反的两个力。这个力的大小与磁感应强度 B_1 和电流 I_2 的乘积成正比，而 B_1 又基本上与 I_1 成正比。所以，作用在转轴上的转动转矩 T 为

$$T=KI_1I_2$$

当 $i_1=I_{1m}\sin\omega t$，$i_2=I_{2m}\sin(\omega t+\psi)$ 时，转动转矩的瞬时值与两个电流的瞬时值成正比，但仪表指针的转动取决于平均转矩，即

$$T=K'I_1I_2\cos\psi$$

式中　I_1、I_2——i_1、i_2 的有效值；

ψ——I_1、I_2 之间的相位差。

当游丝产生的阻转矩与转动转矩平衡时，指针就指示在某一确定的位置。

2. 单相交流电路的功率测量

电路中的功率与电路的电压、电流及它们之间的相位差有关。如果电动式仪表的一个线圈反映负载电压、与负载并联，另一个线圈反映负载电流、与负载串联，这样，电动式仪表就可以测量功率，通常称为瓦特表(功率表)。图 1-23 所示就是瓦特表的接线图。图中 1 是固定线圈，它的匝数较少，导线较粗，与负载串联；2 是可动线圈，匝数较多，导线较细，与负载并联。

由于并联线圈串有高阻值的倍压器，它的感抗与电阻相比可忽略不计，故可认为 i_2 与负载两端电压 u 同相。这样，I_2 与负载电压的有效值 U 成正比，ψ 即为负载电流与电压之间的相位差，$\cos\psi$ 即为电路的功率因数。所以，瓦特表的偏转角与电路的有效功率 P 成正比。

如果将仪表的两个线圈之一接反，指针就反向偏转。为避免这种现象出现，在两个线圈的始端标以“ * ”号，这两端应连在电源的同一端。

3. 三相功率的测量

在三相四线制电路中，不论负载接成星形还是三角形，也不论负载对称与否，都广泛采用二瓦特表法来测量三相功率。图 1-24 所示是负载接成星形时用二瓦特表法测量三相功率的电路图。这时，每个瓦特表的电流线圈中通过的是线电流，而电压线圈所加的电压是线电压，两个电压线圈的一端都连在未串联电流线圈的一线上。

若 W1 的读数为 P_1，W2 的读数为 P_2，经过数学推导得到三相功率 P 为

$$P = P_1 + P_2$$

即三相功率应是两个瓦特表读数的代数和，其中任一个瓦特表的读数是没有意义的。

常用的三相瓦特表原理与二瓦特表法的测量方法相同。

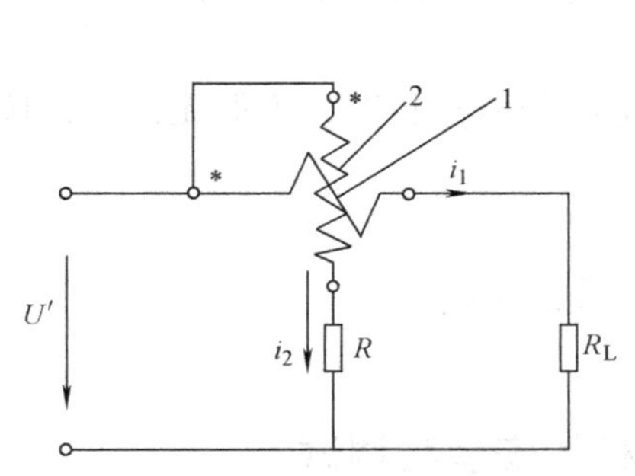

图 1-23　瓦特表的接线图

1—固定线圈　2—可动线圈

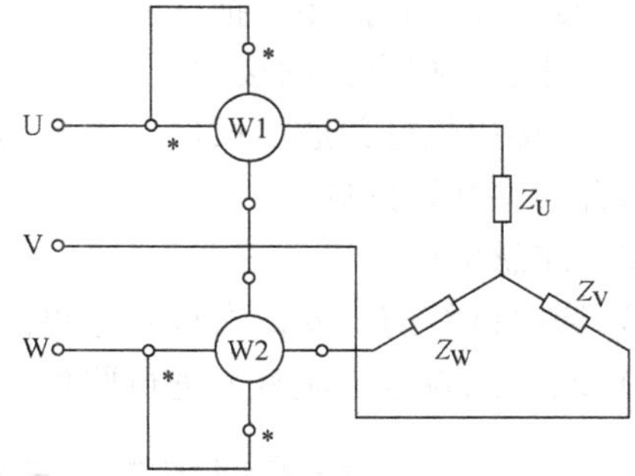

图 1-24　负载接成星形时用二瓦特表法测量三相功率的电路图

【技能训练单元】

技能训练一　照明电路的安装与调试

一、目的与要求

通过在配线板上用塑料槽板安装调试两地控制一只白炽灯、一个插座的电路，掌握基本照明电路的安装与调试。

二、材料、仪器与设备

绝缘电缆(根据灯的功率自定)15m，塑料槽板(自定)5m，塑料槽板配套分接盒(自定)2个，铁钉(塑料槽板固定用钉)30个，双联开关(两地控制用)2只，白炽灯及灯座(交流220V,40W,螺口)1套，单相三极插座(交流250V,15A)1套，配线板[500mm×(600~2000mm)×25mm]1块，万用表1只，电工工具1套。

三、训练步骤

1）根据实际安装位置，设计并绘制安装电路图，槽板配线电路图如图1-25所示。

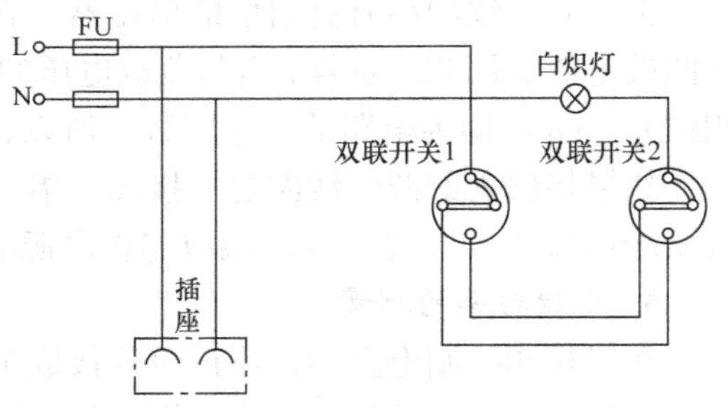

图1-25　槽板配线电路图

2）依照实际的安装位置，确定双联开关、插座及白炽灯的安装位置并作好标记。

3）定位划线。按照已确定好的开关及插座等的位置，进行定位划线，操作时要依据横平竖直的原则。

4）截取塑料槽板。根据实际划线的位置及尺寸，量取并切割塑料槽板，切记要作好每段槽板的相对位置标记，以免混乱。

5）打孔并固定。可先在每段槽板上间隔50cm左右钻4mm的排孔(两头处均应钻孔)，按每段相对位置，把槽板置于划线位置，用划针穿过排孔，在定位划线处和原划线垂直划一“+”字作为木榫的底孔圆心，然后在每一圆心处均打孔，并镶嵌木榫。

6）固定槽板。把相对应的每段槽板用木螺钉固定在墙或天花板上，在拐弯处应选用合适的接头或弯角。

7）装接开关和插座。把开关和插座分别固定在事先准备好的圆木上。把灯座固定在灯头盒上，然后根据电路图接线。

8）连接白炽灯并通电试灯。用万用表检测电路绝缘和通断状况，确保无误后，接入电源，闭合开关开始试灯。

四、注意事项

1）通电试灯前，要认真核对电路图，检查安装接线的正确性。

2）通电试验时，应有人进行监护。

技能训练二　三相异步电动机的安装与调试

一、目的与要求

1）掌握三相异步电动机的安装技能。

2）掌握三相交流电的安全使用。

3）掌握三相异步电动机安装后的调试技能。

二、材料、仪器与设备

绝缘电线($1.5mm^2$)若干，电工工具1套，钢直尺1个，扳手1套，钢锯1把，MF27—1型万用表1只，T301—A型钳形电流表1只，兆欧表(500V、2000MΩ)1只，转速表1只，电流表(50A)3只，电压表(500V)1只，电子温度计1个(0~200℃)，三相异步电动机1台(Y132M—4,功率7.5 kW,交流380V)，螺栓若干，弹簧垫圈若干，联轴器和带传动装置各1

套，电动机保护装置1套。

三、训练步骤

基本操作步骤描述：安装前的准备→安装电动机→校正电动机→安装电动机的传动装置→安装电动机的控制保护装置→导线的敷设→检查并接线→测量与试车。

1. 安装前的准备

1）选择好电动机的安装地点，一般情况下电动机的安装地点选择在干燥、通风良好、无腐蚀气体侵害的地方。

2）制作电动机的底座和座墩。电动机的座墩有两种形式：一种是直接安装座墩，另一种是槽轨安装座墩。座墩高度一般应高出地面150mm，具体高度要由电动机的规格、传动方式和安装条件等决定。座墩的长与宽等于电动机的机座底尺寸加150mm左右的裕度，如图1-26所示。

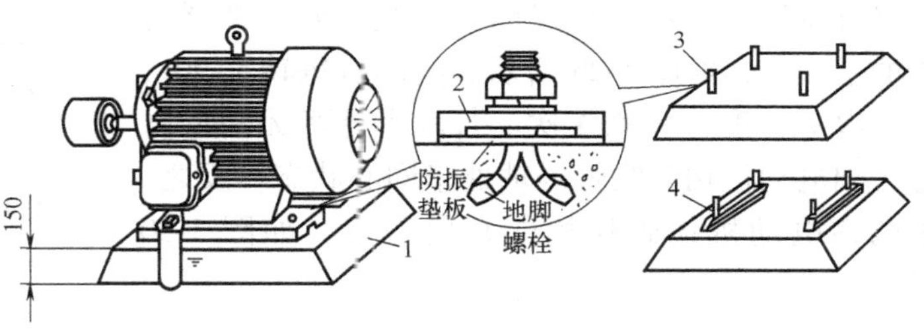

图1-26　底座和座墩

1—水泥座墩　2—底座　3—固定的地脚螺栓　4—活动的地脚螺栓

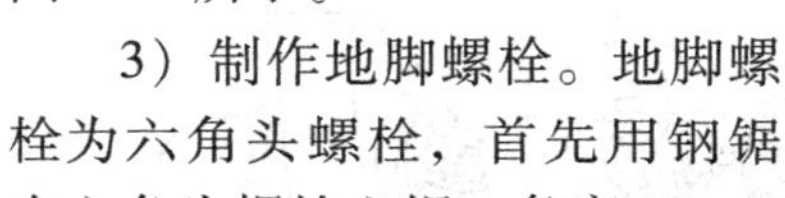

3）制作地脚螺栓。地脚螺栓为六角头螺栓，首先用钢锯在六角头螺栓上锯一条宽25~40mm的缝，再用錾子把它分成人字形，依据电动机的机座尺寸，埋入水泥座墩里面，如图1-26所示。

2. 安装电动机

1）将电动机搬运至现场，小型电动机用人力搬运，大中型电动机用起重机械搬运。

2）在电动机底座与座墩之间衬垫一层质地坚韧的木板或硬橡胶垫作为防振物。

3）小型电动机可以用人力抬到座墩上；大中型电动机需用起重机械将其吊到座墩上。

4）在四个紧固螺栓上套上弹簧垫圈，按对角线交错依次逐步拧紧螺母。

3. 校正电动机

对电动机进行水平校正时，一般将水平仪放在转轴上，对电动机纵向、横向进行检查，并用0.5~5mm厚的钢片垫在底座下，以调整电动机水平。

4. 安装电动机的带传动装置

（1）带传动装置的安装与调整

1）安装要求。

① 电动机底座与座墩之间垫衬的防振物不可太厚，否则会影响两个带轮的间距，特别是V带轮更是如此。

② 两个带轮的直径大小必须配套。

③ 两个带轮要装在一条直线上，两轴要装得平行。

④ 塔形V带轮必须装为一正一反，否则不能调速。

⑤ 平带的接头必须正确。平带扣的正、反面不应接错；平带装上带轮时，应按照图1-27所示的要求安装。

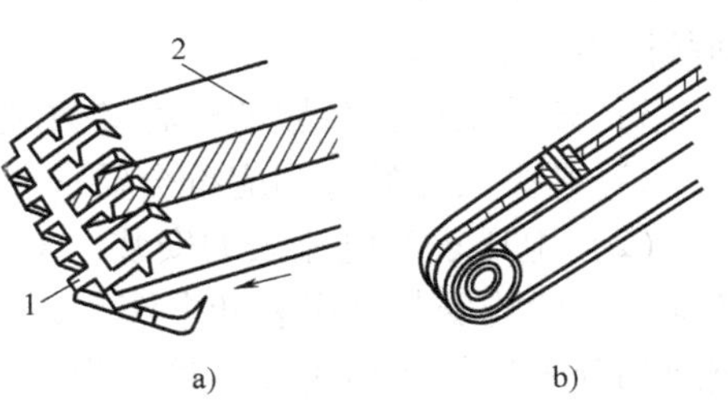

图1-27　平带的安装

a）带扣正面安装　b）带的正面朝外

1—带扣的正面　2—带的正面

2）带轮宽度中心线的调整方法如图 1-28 所示。

特别需要注意的是：如两个带轮宽度不相等，可先用划针划出它们的中心线，然后，拉直一根弦线，一端紧靠带轮 A、B 两点的轮缘，如图 1-28b 中虚线所示，再在 C 和 D 点用钢直尺测量出 l_C 和 l_D，应使 $l_C+b_1=l_D+b_1$。

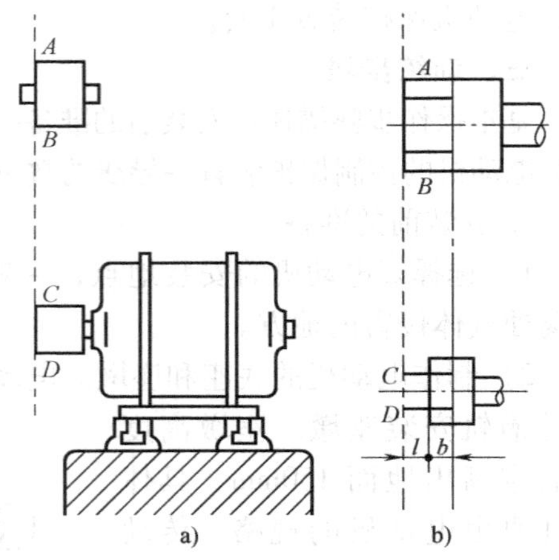

图 1-28　带轮宽度中心线的调整方法
a）未校正　b）已校正

（2）联轴器传动装置的安装与调整　联轴器对好方位后，可将钢直尺的一侧放在两联轴器边缘的平面上，如图 1-29 所示。电动机每转过 90°，测一次平行度，共测 4 次。若两个外盘无高低之分，则电动机轴和联轴器轴处于同心状态。反之，则调整电动机地脚螺栓垫片的厚度，如图 1-30 所示。

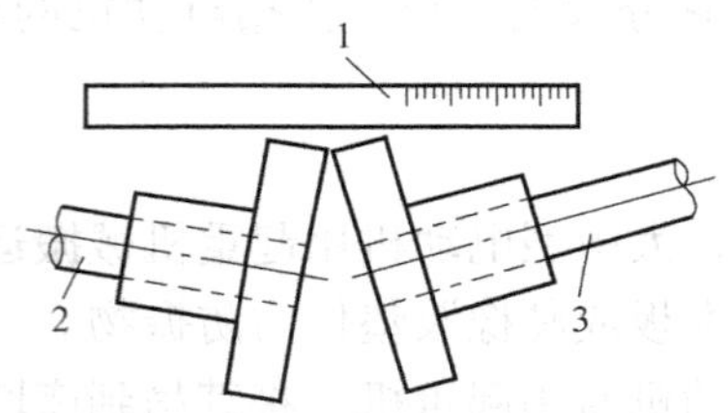

图 1-29　用钢直尺校准联轴器轴线
1—钢直尺　2—电动机轴　3—联轴器轴

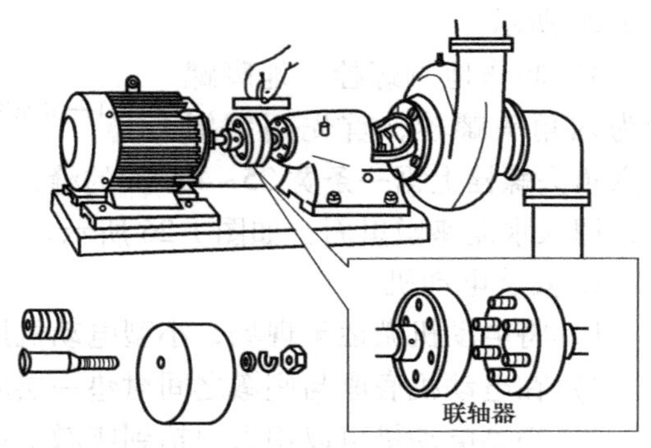

图 1-30　电动机地脚调整

5. 安装电动机的控制保护装置

（1）电动机对控制保护装置的要求

1）每台电动机必须配备一套能单独操作控制的控制开关和单独的短路及过载保护的保护电器。

2）使用的开关设备应结构完整、功能齐全，有可靠地接通和分断电动机工作电流及切断故障电流的能力。

3）开关及保护装置的标牌参数应清晰、分断标志应明显，且安全可靠。

4）开关设备的选用应符合要求。

（2）电压表和电流表的安装　对于大中型和要求较高的电动机，为了便于监视其运行情况，一般均安装电压表和电流表，其接线图如图 1-31 所示。电压表通常只安装一个，通过换相开关进行换相测量，量程为 400V。如要求较高，则应在各相都串联一个电流表；一般可在 V 相串联一个电流表，其量程应大于电动机额定电流的 2～3 倍，以保证起动电流通过。

电动机额定电流较大时，通常采用电流互感器测量，电流互感器的规格应大于电动机额定电流的2~3倍，其接线如图1-32所示。

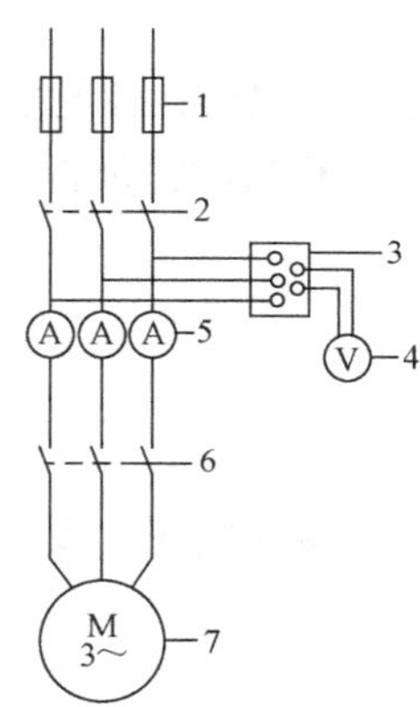

图1-31　电压表和电流表的接线

1—隔离熔断器　2—控制开关　3—电压表换相开关　4—电压表　5—电流表　6—操作开关　7—电动机

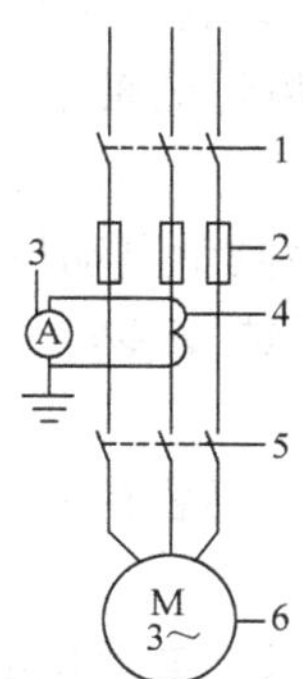

图1-32　电流互感器的接线

1—控制开关　2—隔离熔断器　3—电流表　4—电流互感器　5—操作开关　6—电动机

6. 导线的敷设

（1）导线的选择　电动机连接线的线芯截面积应满足载流量的需求，铜芯线最小截面积不得小于1.5mm^2，铝芯线最小截面积不得小于2.5mm^2。

（2）导线的敷设形式及要求　从电动机至低压断路器之间导线的敷设常采用以下两种形式：一种是地下管敷设；另一种是明管敷设。目前一般用地下管敷设。采用地下管敷设时，应使连接电动机一端的管口距地不小于100mm，并使它尽量接近电动机的接线盒；另一端尽量接近电动机的操作开关，最好用软管伸入接线盒内。

7. 检查并接线

1）检查电动机的装配质量。如各部分螺栓是否拧紧，转子转动是否灵活，转轴伸出端径向有无偏摆的情况等。

2）用兆欧表测量电动机绕组之间及绕组与地之间的绝缘电阻。

3）根据电动机的铭牌进行接线，电动机绕组联结及接线排如图1-33所示。为了安全起见，一定要将电动机的接地线接好、接牢。

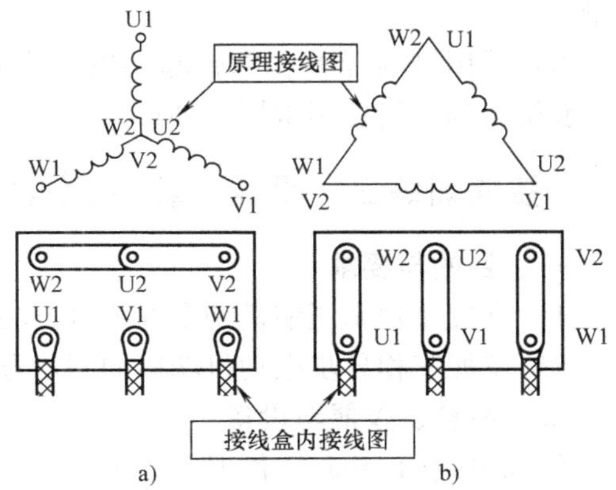

图1-33　电动机绕组联结及接线排

a）绕组Y联结及对应的接线排

b）绕组△联结及对应的接线排

8. 测量与试车

1）测空载电流。当交流电动机空载时，用电流表测量三相空载电流是否平衡。同时观察电动机是否有杂声、振动及其他较大的噪声，如果有，应立即停车检查。

2）测电动机转速。用转速表测量电动机的转速并与电动机的额定转速进行比较。

3）测工作电流。

4）测工作温度。

四、注意事项

1）人力搬运小型电动机时，不允许用绳子套在电动机的带盘或转轴上抬电动机。

2）对电动机进行水平校正时，不能用木板或竹片来垫，以免拧紧地脚螺栓时或电动机运行时将其压裂变形，从而影响安装的准确性。

3）对齿轮传动装置进行安装和调整时，所装齿轮要与电动机配套；齿轮安装后，电动机的轴应与从动齿轮的轴平行；可用塞尺测量两齿轮的间隙来判断两齿轮是否啮合，如间隙均匀，说明两轴平行，两齿轮啮合良好。

4）用转速表测量电动机的转速时，一定要注意安全。

5）抽出转子或安装转子时，要小心谨慎，不可碰伤绕组。

五、思考

两个带轮为何要装在一条直线上，两轴为何要装得平行？平带扣的正、反面为什么不能相接？

六、扩展知识：电动机的操作开关及熔断器的安装

1）电动机的操作开关必须安装在操作时能监视到电动机的起动和被拖动机械运转情况的位置上，通常安装在电动机的右侧。

2）依据电动机容量的大小，选择适当的操作开关(低压断路器、刀开关等)，并将其垂直安装在配电板上。低压断路器的倾斜度不大于5°。

3）小型电动机在不频繁操作、不换向、不变速时，只需要安装一个开关。

4）开关需频繁操作，或需进行换向和变速操作时要安装两个开关，前一级开关控制电源，称为控制开关，常用的有低压断路器和转换开关。

5）凡无明显分断点处，必须装两个开关，前一级装一个有明显分断点的开关，如刀开关、转换开关等作为控制开关。凡容易产生误动作的开关，如手柄倒顺开关、按钮等，也必须在前一级加装控制开关，以防开关误动作而造成事故。

6）安装熔断器时，熔断器必须与开关装在同一控制板上或同一控制箱内。凡作为保护用的熔断器，必须装在控制开关的后级和操作开关(包括起动开关)的前级。三相回路分别串联的熔断器规格、型号应相同，并应安装在三根相线上。

7）用低压断路器作为控制开关时，应在低压断路器的前一级加装一道熔断器作双重保护。当热脱扣器失灵时，由熔断器起保护作用，同时兼作隔离开关之用，以便维修时切断电源。

8）采用倒顺开关和电磁起动器操作时，前级用分断点明显的组合开关作为控制开关(一般机床的电气控制常用这种形式)，且必须在两级开关之间安装熔断器。

技能训练三　用瓦特表(功率表)测量三相电动机和单相电动机的功率

一、目的与要求

1）掌握小功率压缩机功率的测量方法。

2）掌握三相异步电动机功率的测量方法。

二、材料、仪器与设备

绝缘电线(1.5mm^2)若干，电工工具1套，MF27—1型万用表1只，DT—830数字万用表1只，T301—A型钳形电流表1只，单相瓦特表3个，小功率三相异步电动机1台，可正常运转的电冰箱1台，瓦特表固定接线板1块。

三、训练步骤

1）首先画出瓦特表的连接电路图。

2）正确连接电路。

3）测压缩机起动时的功率及压缩机正常运转时的功率。

4）用钳形电流表与数字万用表测量电冰箱压缩机的 I、U 值。

5）分别对瓦特表测量法和计算法得到的功率结果进行分析说明。

6）正确画好用二瓦特表法测三相异步电动机（采用Y联结）功率的接线电路图。

7）正确将两个瓦特表接入电路中，并进行测量。

8）正确画好用三瓦特表法测三相异步电动机（采用Y联结）功率的接线电路图。

9）用三个瓦特表分别测量电动机的每相输入功率，并计算总功率。

10）对两种测量结果进行比较。

四、注意事项

1）正确识别出三相四线制的相线和中性线。

2）采用二瓦特表法时，应将瓦特表接在相线与相线之间。

3）用三个瓦特表测量时，应把瓦特表接在相线与中性线之间。

4）具备强电作业的安全意识。

【思考与练习】

1. 导体的电阻是怎么形成的？
2. 电流是怎么形成的？电流的方向如何确定？
3. 什么是电位？什么是电压？
4. 电流源与电压源等效的公式是什么？
5. 什么是基尔霍夫定律？
6. 什么是戴维南定律？
7. 什么是有源二端网络？把有源二端网络等效成电压源的方法是怎么样的？
8. 什么是正弦交流电的相位？对于纯电容元件来说，电压和电流的相位是什么关系？
9. 什么是功率因数？把电动机的功率因数提高到 1 好不好？为什么？
10. 什么是三相四线制供电？
11. 在三相四线制电路中，不论负载是星形联结还是三角形联结，也不论负载对称与否，都广泛采用什么方法来测量三相功率？

模块二 电子技术基础

【学习目的】

1. 了解半导体二极管、晶体管的特性。
2. 掌握整流滤波原理和整流滤波电路的安装与调试。
3. 熟悉基本门电路的特性和应用。
4. 掌握 RS 触发器的基本应用。

【基础知识单元】

第一节 半导体二极管与晶体管

在自然界中，存在很多不同的物质，用导电能力来衡量，可以将其分为三大类：一类是导体(如银、铜、铝等)；另一类是几乎不导电的物质，叫做绝缘体(如塑料、橡胶、陶瓷等)；还有一类是半导体，其导电性能介于导体和绝缘体之间。半导体种类很多，常见的半导体材料有硅和锗。

物质的导电能力是由于内部结构不同而引起的，其导电特性主要是由原子核最外层的电子(价电子)脱离原子核的束缚成为自由电子，并在电场的作用下定向移动形成电流而体现出来的。对绝缘体来说，主要是因为原子核对价电子的束缚很强，极少有自由电子产生，所以表现出绝缘性。

一、二极管的类型及其单向导电性

1. N 型半导体与 P 型半导体

半导体的原子结构比较特殊，以常见的半导体材料硅和锗来说，它们的原子核最外层有四个价电子，而且它们既不像导体那样容易挣脱原子核的束缚而成为自由电子，又不像绝缘体那样受原子核紧紧地束缚，所以半导体的导电能力介于导体和绝缘体之间。

导体导电依赖的是导体中自由电子的移动，半导体材料导电依赖的则是材料中的电子和空穴两种带电粒子的运动，电子带负电，空穴带正电。

纯净的半导体材料在一定温度下产生数量相等的电子和空穴，这种半导体称为本征半导体。在本征半导体(硅或锗)中掺入少量的五价元素(例如砷)后，在常温下就可产生自由电子，导电能力明显高于本征半导体。这种主要依赖电子导电的半导体称为 N 型半导体。在 N 型半导体中，电子是多数载流子，空穴是少数载流子。

在本征半导体(硅或锗)中掺入少量的三价元素(例如硼)后，在常温下就形成大量空穴，结果同样使半导体的导电能力增强，其中空穴为多数载流子，电子为少数载流子，这样的半导体称为 P 型半导体。

本征半导体加入了三价或五价元素，并没有使半导体的电子总数增加或减少，因而，不论是 N 型半导体还是 P 型半导体，对外都是不显电性的。

2. 二极管的单向导电性

把 N 型半导体和 P 型半导体通过特殊工艺紧密连接在一起后，中间的接触部分便形成了 PN 区(结)，用导线从 N 型区和 P 型区引出两个电极，包装后就制成了二极管。因此，PN 结的特性也就是二极管的特性。

P 型和 N 型半导体的紧密相连，造成了半导体中多数载流子的相互扩散，如图 2-1 所示，结果 A 层带正电，B 层带负电，并在 A、B 间产生了一个电场。这电场将阻止电子从 N 型区进入 P 型区，也阻止空穴从 P 型区进入 N 型区，其作用和扩散刚好相反，最终扩散和反扩散达到了平衡状态，在 AB 区形成了 PN 结(阻挡层)。

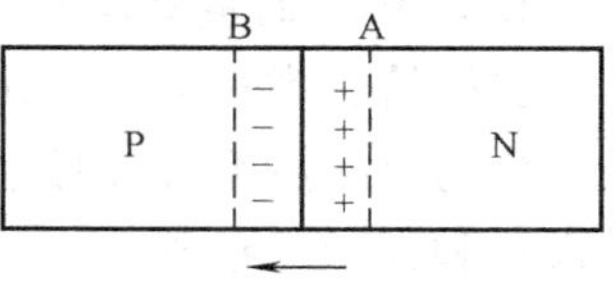

图 2-1　多数载流子的扩散

如果在 PN 结加正向电压，即 P 型区接电源正极，N 型区接电源负极，外电场方向与 PN 结形成的电场方向相反，两电场的叠加使电场强度的合成方向由 P 型区指向 N 型区，P、N 型区的多数载流子又开始扩散而形成电流，导通电流随外电压的增加而呈指数规律上升，这种状态称为 PN 结的导通状态。

反之，若在 PN 结外加反向电压，外电场进一步加强了 PN 结阻止多数载流子的扩散能力，这种状态称为 PN 结的截止状态。此时结扩散电流几乎为零。

PN 结的这种导电特性叫单向导电性，显然也就是二极管具有单向导电性。

二、二极管的伏安特性及主要参数

1. 二极管的伏安特性

二极管的伏安特性是指二极管两端外加电压 U 和流过二极管的电流 I 之间的关系，如图 2-2 所示。

由图 2-2 看出，当二极管外加电压等于零时，电流也为零；当正向电压较小时，电流也几乎为零，这一段称为“死区”特性(硅管的死区电压约为 0.7V，锗管的约为 0.3V)；正向电压超过死区电压后，正向电流迅速增大，二极管的正向电阻变得很小。二极管加反向电压后，在一定范围内反向电流很小，随着反向电压增加，电流基本保持不变；当反向电压超过了某一电压值(反向击穿电压值)时，反向电流剧增，形成了反向击穿。反向击穿会导致热击穿而损坏二极管，正常工作时不允许在电路中施加在二极管两端的电压大于反向击穿电压值。不同型号的二极管有不同的反向击穿电压值。

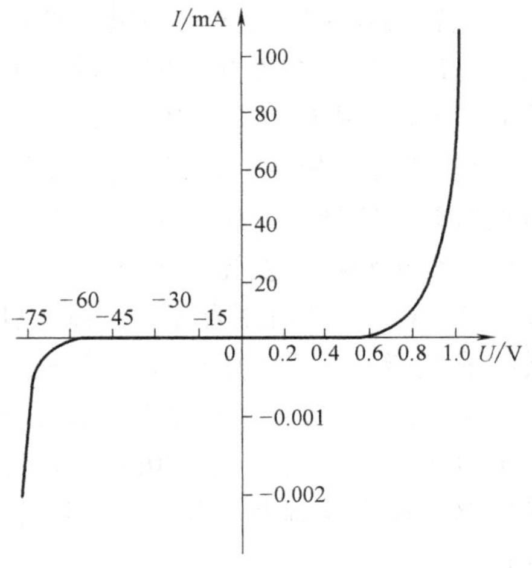

图 2-2　二极管的伏安特性曲线

2. 二极管的主要参数

在二极管的使用过程中，只有参数条件符合，才能安全合理地使用。二极管的主要参数有：

(1) 最高反向工作电压　最高反向工作电压是二极管正常工作时所允许的最大反向电压。实际使用中取二极管反向击穿电压值的一半作为最高反向工作电压值。

(2) 反向电流　反向电流是二极管在最高反向工作电压下的电流值。反向电流越小，表明二极管的单向导电性能越好。

(3) 最大整流电流　最大整流电流是二极管正常使用时所允许通过的最大电流的平均值。此电流与二极管的散热方式有关，是二极管在整流电路应用中的重要参数。

3. 二极管的类型与选用

二极管种类很多，使用时要注意它的极性。二极管按材料可分为硅管和锗管两种；按结构可分为点接触型和面接触型；按用途可分为整流二极管、稳压二极管、检波二极管、发光二极管和光敏二极管等。

(1) 二极管的类型

1) 整流二极管。整流二极管主要用于整流电路，即把交流电变换成脉动的直流电。整流二极管的结构为面接触型，其结电容较大，因此工作频率范围较窄(3kHz 以内)。常用的型号有 2CZ 型、2DZ 型等，国外产品有 1N4007 等，还有用于高压和高频整流电路的高压整流堆，如 2CGL 型、DH26 型、2CL51 型等。

2) 检波二极管。检波二极管的主要作用是把高频信号中的低频信号检出，其结构为点接触型，结电容比较小，一般为锗材料。检波二极管常采用玻璃外壳封装，主要型号有 2AP 型和 1N4148 型(国外型号)等。

3) 稳压二极管。稳压二极管是用特殊工艺制造的面接触型硅半导体二极管，简称为稳压管。其特点是工作于反向击穿区，实现稳压。稳压管被反向击穿后，当外加电压减小或消失时，PN 结能自动恢复而不至于损坏。稳压管主要用于电路的稳压环节和直流电源电路中，常用的有 2CW 型和 2DW 型。

4) 光敏二极管。光敏二极管的 PN 结工作在反偏状态，其特点是：无光照时，其反向电流很小，反向电阻很大；当有光照时，其反向电阻减小，反向电流增大。光敏二极管常用在光电转换控制器或光的测量传感器中，其 PN 结面积较大，是专门为接收入射光而设计的。光敏二极管在无光照时的反向电流称为暗电流，有光照时的电流称为光电流(或亮电流)，典型产品有 2CU、2DU 系列。

5) 发光二极管。发光二极管简称 LED。它通常由砷化镓或磷化镓等材料制成，当有电流通过时，它便会发出一定颜色的光。按发光的颜色不同，LED 可分为红色、黄色、绿色、蓝色、变色和红外发光二极管等。一般情况下，通过 LED 的电流为 5~20mA，正向压降为 1.7~2.4V。LED 可用直流、交流、脉冲等电源驱动，但必须串联限流电阻。LED 能把电能转换成光能，广泛应用在音响设备、数控装置、微机系统的显示器等设备中。

6) 变容二极管。在 PN 结加反向电压时，PN 结相当于一个小电容。反偏电压越大，其结电容越小，一般在 20~30pF 之间变化。利用 PN 结这种性质制成的变容二极管主要用在高频电路中作自动调谐、调频、调相等，例如用在彩色电视机的高频头中，可以支持电视频道的选择。

(2) 二极管的选用　应根据用途和电路的具体要求来选择二极管的种类、型号及参数。

选用检波管时，主要应使其工作频率符合要求。常用的有 2AP 系列，还可用锗开关管 2AK 型代替。用锗高频三极管的发射结进行检波的效果较好，因其发射结结电容很小。

选择整流二极管时，主要考虑其最大整流电流、最高反向工作电压是否满足要求，常用的硅桥（硅整流组合管）为 QL 型。

在修理电子电路时，当损坏的二极管型号暂时找不到时，可考虑用其他二极管代替。代替的原则是按原二极管的性质和主要参数，换上与其参数相当的其他型号的二极管。如检波二极管，只要其工作频率不低于原型号二极管就可以使用。

4. 二极管的测试

（1）普通二极管的测试　普通二极管外壳上均印有型号和标记。标记方法有箭头、色点和色环三种，箭头所指方向或靠近色环的一端为二极管的负极，有色点的一端为正极。若型号和标记脱落，可用万用表的欧姆挡进行判别。主要原理是根据二极管的单向导电性，其反向电阻值要远远大于正向电阻值。具体过程如下：

1）判别极性。将万用表置于“R×100”或“R×1k”挡，两表笔分别接二极管的两个电极。若测出的电阻值较小（硅管的为几百至几千欧，锗管的为 100～1000Ω），说明是正向导通，此时黑表笔接的是二极管的正极，红表笔接的则是负极；若测出的电阻值较大（几十千欧至几百千欧），则为反向截止，此时红表笔接的是二极管的正极，黑表笔接的则为负极。

2）检查好坏。可通过测量正、反向电阻值来判断二极管的好坏。一般硅管的正向电阻值为几百欧至几千欧，锗管的则为 100～1000Ω。

3）判别硅、锗管。若不知被测的二极管是硅管还是锗管，可根据硅、锗管的导通压降不同来判别。将二极管接在电路中，用万用表测导通时的正向压降，硅管的一般为 0.6～0.7V，锗管的一般为 0.1～0.3V。

（2）稳压管的测试

1）判别极性。稳压管的极性判别方法与普通二极管的判别方法相同。

2）检查好坏。将万用表置于“R×10k”挡，黑表笔接稳压管的负极，红笔接正极，若此时的反向电阻值很小（与使用“R×1k”挡时的测试结果相比较），说明该稳压管正常。因为万用表“R×10k”挡的内部电源电压值都在 9V 以上，可达到被测稳压管的击穿电压，因此其反向电阻值很小。

（3）发光二极管的测试　用万用表“R×10k”挡测试。一般正向电阻值应小于 30kΩ，反向电阻值应大于 1MΩ；若正、反向电阻值均为零，说明其内部击穿；反之，若均为无穷大，则说明其内部已开路。

（4）光敏二极管的测试　把光敏二极管用黑纸盖住，万用表打到“R×1k”挡，两表笔分别接光敏二极管两个管脚，若指针读数为几千欧左右，则黑表笔所接的为正极。这时测出的为正向电阻，它是不随光照而变化的。将两表笔对调后测量反向电阻值，一般读数应为几百千欧至无穷大（注意测量时窗口应避开光照）。然后用手电筒的光照射管子的顶端窗口，这时表头指针偏转应明显加大，光线越强，反向电阻值应越小（仅几百欧）。关掉手电筒，指针读数应立即恢复到原来的阻值，这样的光敏二极管才是好的。

三、晶体管的结构与符号

在一块极薄的硅或锗基片上通过一定的工艺制作出两个 PN 结就构成了三层半导体，从三层半导体上各引一根线就形成晶体管的三个极，再封装在管壳里面就制作成了晶体管。组成晶体管的两个PN结之间由很薄的基区连接。根据它们组合的差别，晶体管有PNP型、NPN型两大类。如果中间薄层是N型材料，两边是P型材料，则叫做PNP型晶体管，反之则叫做NPN型晶体管，它们的结构及电气符号如图2-3所示。

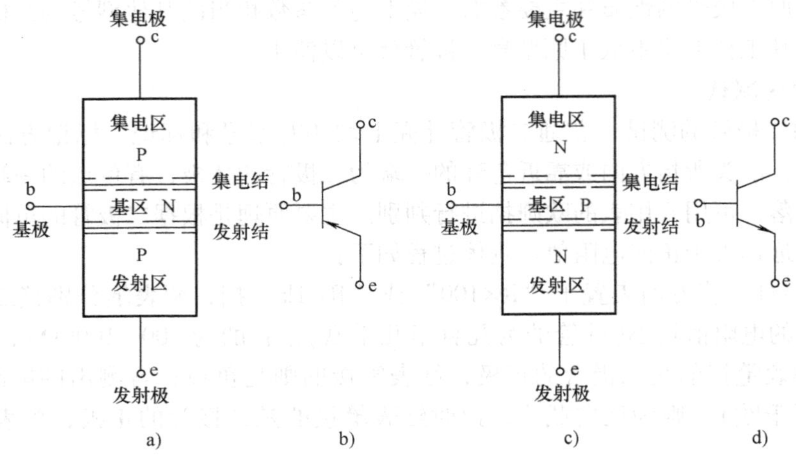

图2-3 晶体管的结构及电气符号

a）PNP型晶体管结构 b）PNP型晶体管电气符号

c）NPN型晶体管结构 d）NPN型晶体管电气符号

晶体管三层半导体所在的区域分别是发射区、基区和集电区。对应三个区域的电极是发射极（以e标注）、基极（以b标注）、集电极（以c标注）。在电气符号中，发射极箭头向内的表示PNP型晶体管，箭头向外的表示NPN型晶体管。箭头指示的方向实际上就是电流在发射区内的流动方向。

在制造晶体管时，基区做得很薄。在基区和集电区之间的PN结称为集电结，在基区和发射区之间的PN结称为发射结。它们好像是两个反向串联的二极管，故集电结和发射结都具有二极管的单向导电性。但由于它们具有一个共同的很薄的基区，因而，晶体管不是两个二极管的串联，而是一个新的半导体器件。

由于晶体管内部结构的不同，使用中不能将集电极和发射极互换。尽管利用硅材料和锗材料都可以制作PNP、NPN型晶体管，但我国制造的NPN型晶体管多使用硅材料，而PNP型晶体管多使用锗材料。

四、晶体管的放大原理

晶体管的最基本的功能是将信号放大，即把一个微弱的电信号转换为幅度较大的电信号。

1. 晶体管的工作电压

晶体管按图2-4所示进行连接。从图上看出，两类型晶体管的发射结都处于正向偏置，集电结均处于反向偏置。发射结电阻较小，工作电压也较小；集电结电阻较大，工作电压也较高。

2. 晶体管的电流分配

在图2-4所示电路中，设发射极电流为I_e，基极电流为I_b，集电极电流为I_c，通过实验

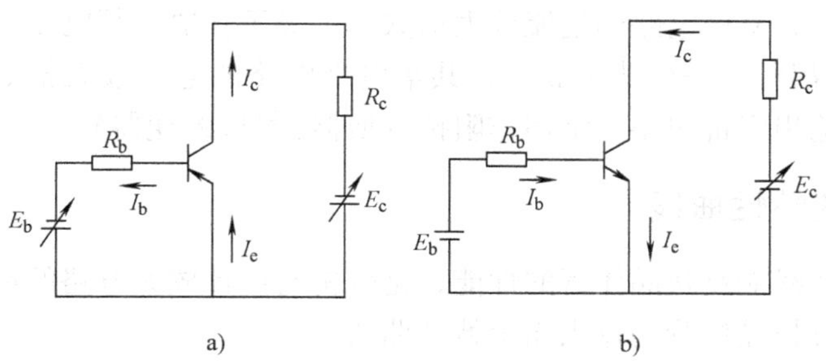

图 2-4　晶体管正常工作电压的极性连接

a）PNP 型晶体管正常工作电压的极性连接　b）NPN 型晶体管正常工作电压的极性连接

测量，得到

$$I_e = I_b + I_c$$

电流的这种分配关系对两种类型的晶体管都适用，它与外加电压的大小及电路的电阻值没有关系，是晶体管内在特性的反映。而且，只要任何一个电极的电流值确定了，其他两个电极的电流值也就随之而定。

对于 PNP 型晶体管，电流从发射极流入，从基极和集电极流出；对于 NPN 型晶体管，电流从集电极和基极流入，从发射极流出。

3. 晶体管的放大作用

通常将集电极电流的变化与基极电流的变化之比（β），称为晶体管共发射极电流放大系数，可表示为

$$\beta = \frac{\Delta I_c}{\Delta I_b}$$

β 值也即图 2-4 所示电路中晶体管的电流放大倍数，实验测量 β 值一般为 20～100。

基极电流直接影响到集电极电流，体现出基极对集电极的控制作用。把待放大的电流信号加在基极回路，就可在集电极回路中得到随输入信号变化并放大了的输出信号。利用晶体管不但能实现电流放大，也可实现电压放大、功率放大。

五、晶体管的连接方式

由晶体管构成的放大电路都有一个输入回路和一个输出回路，这两个回路有一个共同的参考点。这个参考点可以是晶体管中的任一电极，由此形成了三种不同形式的基本放大电路。晶体管的三种基本接法如图 2-5 所示。

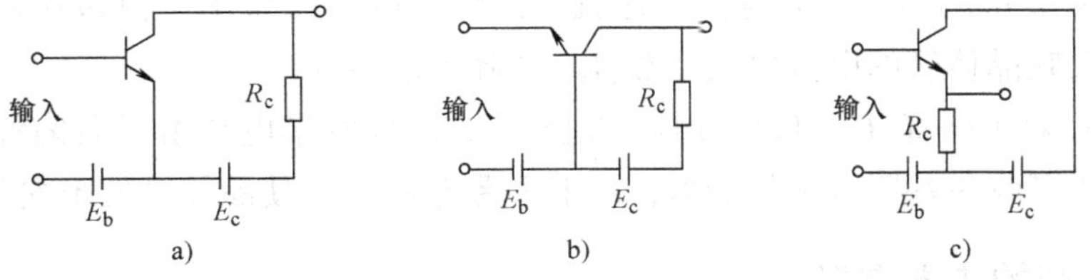

图 2-5　晶体管的三种基本接法

a）共发射极　b）共基极　c）共集电极

共发射极电路与共基极电路的电流放大倍数基本等于β值，其电压放大倍数与集电极电阻R_c值有关，它们都可以进行功率放大；共集电极电路的电压放大倍数略小于1，由于它的输入阻抗很大而输出阻抗很小，常用作阻抗变换器(射极跟随器)。

六、晶体管的特性曲线

晶体管的特性曲线能反映晶体管的性能，是分析与设计放大电路的重要依据。现以共发射极电路为例，来分析晶体管的输入输出特性曲线。

1. 输入特性

在共发射极电路中，输入电流是基极电流I_b，输入电压是b-e极间的电压U_{be}，输入特性是指在c-e极间的电压U_{ce}一定时，I_b与U_{be}之间的关系曲线。晶体管的U_{ce}大于1V后对输入特性的影响很小，这时典型的输入特性曲线如图2-6所示。

输入特性曲线表明：U_{be}和I_b是非线性关系，晶体管正常工作时的U_{be}变化范围很小(硅管为0.6~0.7V,锗管为0.2~0.3V)。

2. 输出特性

晶体管的输出特性是指输入电流I_b一定时，输出电流I_c与输出电压U_{ce}之间的关系曲线，如图2-7所示。由于I_c受I_b的控制，对应不同的I_b就有不同的I_c值。因此，共发射极输出特性曲线是一曲线簇。当$I_b=0$时，$I_c=I_{ceo}$(称为穿透电流)，在常温下此值很小。把$I_b=0$以下的区域称为晶体管的截止区。当晶体管处于截止工作状态时，就失去了电流放大作用。

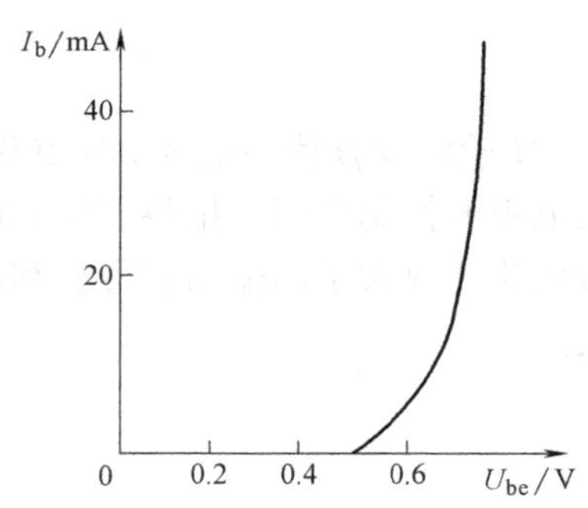

图2-6 晶体管的输入特性曲线

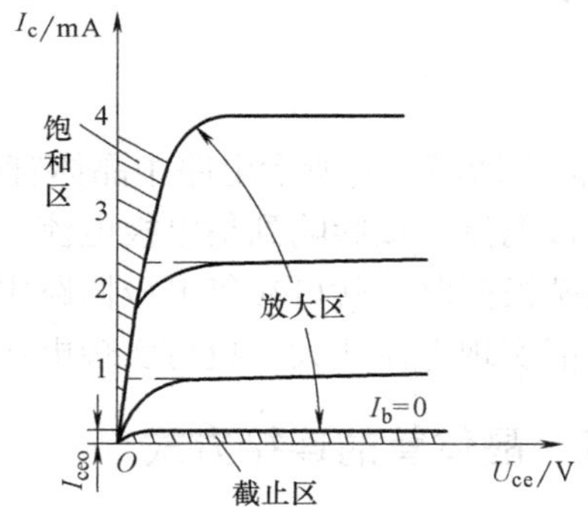

图2-7 晶体管的输出特性曲线

对输出特性曲线，当U_{ce}>1V后，I_c基本上不受U_{ce}的影响。而I_b增大时，相应的I_c也增大，I_c的增量比I_b的增量要大得多，这就是晶体管的放大作用。相邻两条曲线的水平部分间隔的大小反映晶体管的电流放大系数β，并满足$I_c \approx \beta I_b$。

当U_{ce}很小(对于硅管,U_{ce}<0.5V)时，U_{be}>U_{ce}，晶体管集电结由反向偏置变成了正向偏置，集电结失去了收集基区电子的能力，I_c不再受I_b控制，使晶体管处于饱和状态。

七、晶体管的主要参数

1. 电流放大倍数β

它反映了晶体管作为放大器件放大电流的能力，通常指共发射极动态电流放大系数，即

$$\beta=\frac{\Delta I_c}{\Delta I_b}$$

晶体管静态(无信号输入)时的直流电流放大系数可写成

$$\bar{\beta}=\frac{I_c-I_{ceo}}{I_b}$$

若 $I_c>I_{ceo}$，上式可写成 $\bar{\beta}=I_c/I_b$。晶体管制成后，$\bar{\beta}$ 值就基本固定。

2. 极间反向电流

它包含 c-b 极间的反向饱和漏电流 I_{cbo} 及 c-e 极间的穿透电流 I_{ceo}。

I_{cbo} 是集电结反向偏置时集电极少数载流子流向基区的漂移电流。温度对 I_{cbo} 影响较大，因而 I_{cbo} 值小的晶体管稳定性好。I_{ceo} 是晶体管基极开路时 c-e 极间的反向漏电流。二者关系满足

$$I_{ceo}=(1+\beta)I_{cbo}$$

显然，I_{ceo} 受温度的影响比 I_{cbo} 大得多。而且 β 值也随温度的升高而增大，故 I_{ceo} 是判断晶体管质量好坏的重要标志。

3. 极限参数

表示晶体管能够安全工作所允许的最大值。极限参数有：集电极最大允许耗散功率 P_{CM}、集电极最大允许电流 I_{CM}、c-e 极间反向击穿电压 BU_{ceo} 等。

由 I_{CM}、P_{CM}、BU_{ceo} 共同确定的晶体管的安全工作区如图 2-8 所示。当然，在输出特性曲线上还应排除晶体管的截止区和饱和区，才可作为放大器件可选取的工作范围。

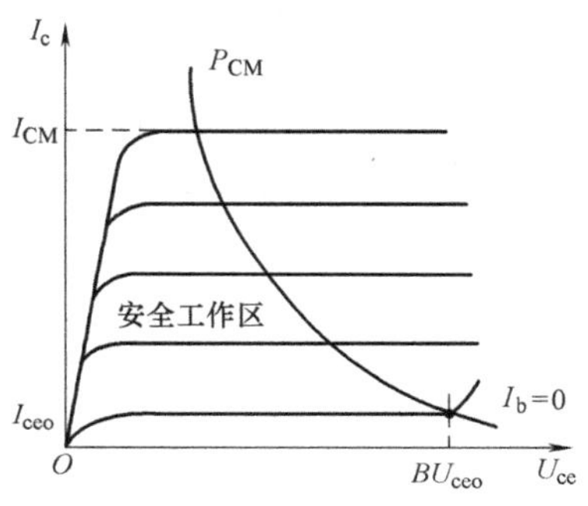

图 2-8　晶体管的安全工作区

第二节　整流与滤波电路

交流电在产生、输送和使用方面具有很多优点，因此发电厂提供的几乎全是交流电。但是日常生活和很多工矿企业都需要直流电源供电，如直流电动机、电镀、电解、电池充电等。

将交流电变换为直流电的过程叫做整流，进行整流的设备叫做整流器，整流器一般由三部分组成。

1. 整流变压器

把输入的交流电通过变压器变成整流前需要的交流电压值。

2. 整流电路

把经过变压器变压后的交流电变成方向不变但是大小随时间变化的脉动直流电。

3. 滤波电路

把脉动的直流电变为平滑的直流电供给负载使用。

通常，整流器整流后的电压有些波动，为了得到比较稳定的输出电压，通常在滤波电路后面还接有稳压电路。在整流器后面带有稳压电路以获得较稳定的直流电的电源，称为直流稳压电源。

一、整流电路

1. 单相半波整流电路

单相半波整流电路是利用二极管的单向导电性组成的，如图 2-9a 所示，它可以把交流电变成脉动的直流电。图中，u_2 代表变压器二次电压，R_L 为负载电阻。若把二极管理想化，则当 u_2 为正半周时，二极管导通，回路中产生的电流在 R_L 上产生电压 u_L；当 u_2 为负半周时，二极管截止，回路电流为零，$u_L=0$。在整个周期内，u_2 和 u_L 的变化波形如图 2-9b 所示。

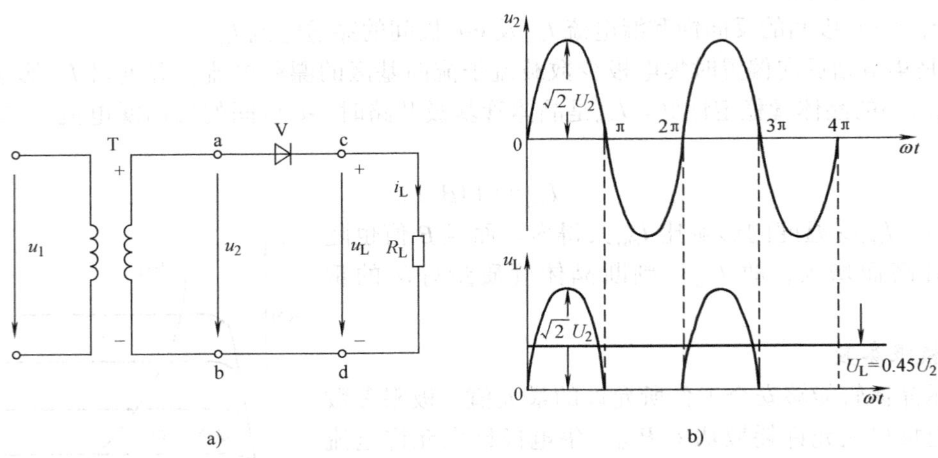

图 2-9 单相半波整流电路及电压波形
a）整流电路 b）电压波形

单相半波整流电路简单，使用元器件少，但输出电压波形脉动大且交流电源有一半时间未被利用。计算表明，当 $u_2=U_{2m}\sin\omega t$ 时，输出脉动电压的直流成分为

$$U_L=\frac{U_{2m}}{\pi}$$

用有效值 U_2 来代替交流电压的幅值，得

$$U_L=\frac{\sqrt{2}U_2}{\pi}\approx0.45U_2$$

在 u_2 的负半周，二极管处于截止状态，尽管电路中没有电流，但二极管承受的最大反向电压为 U_{2m}。选用二极管作为整流器件时，要考虑到这个参数。

2. 单相全波整流电路

单相全波整流电路及电压波形如图 2-10 所示。全波整流电路实际是两个半波整流电路的组合。图中变压器的二次绕组有个中心抽头，u_2 及 u_2' 相对于中心抽头相位相反而幅值相同。即 V1 导通时，V2 必然截止；V2 导通时，V1 也必然截止。从图上看到，两个电流都以同一方向流过负载 R_L，这时负载在整个周期内都有电流流过，其脉动成分得到明显改善。

计算表明，当 $u_2=U_{2m}\sin\omega t$ 时，负载 R_L 的等效直流电压 U_L 为

$$U_L=\frac{2U_{2m}}{\pi} \qquad U_L=0.9U_2$$

单相全波整流电路的输出电压较半波整流电路提高了一倍，流过二极管的整流电流仍等

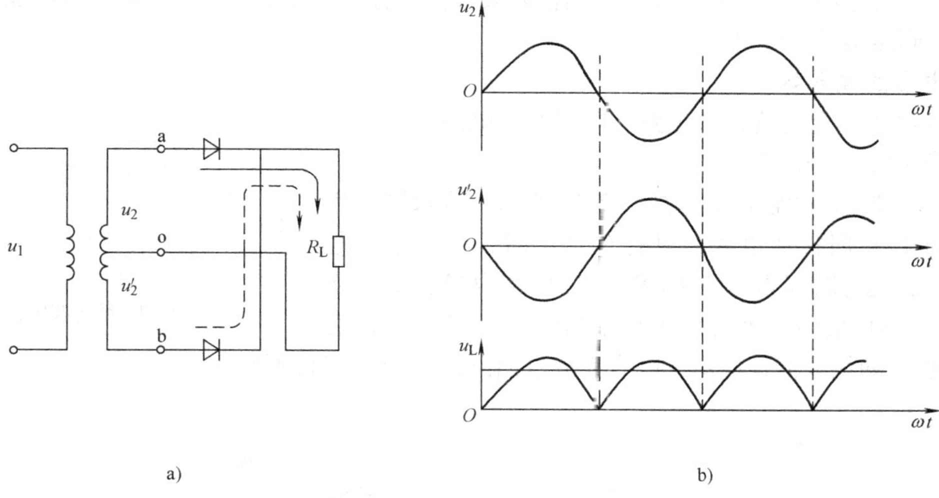

图 2-10　单相全波整流电路及电压波形

a）整流电路　b）电压波形

同于半波整流。图 2-10 显示，在每半周内仍有一个二极管处于截止状态，而且所承受的最大反向电压是 $2U_{2m}$，因此全波整流电路对二极管的反向击穿电压有更高的要求。

3. 单相桥式整流电路

单相桥式整流电路由变压器、桥式连接的四个二极管及负载组成，如图 2-11 所示。

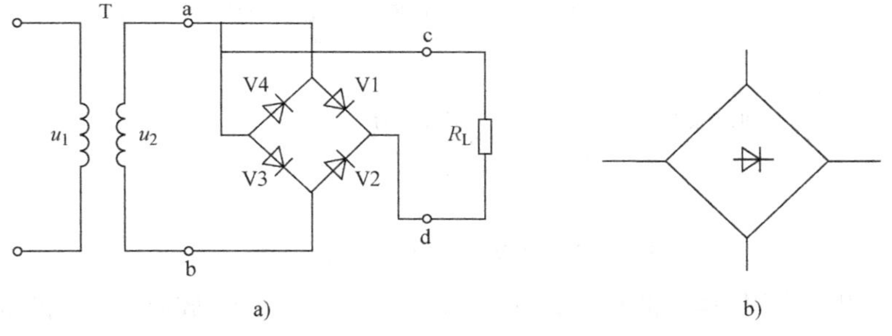

图 2-11　单相桥式整流电路

当 u_2 为正半周时，二极管 V1、V3 导通，整流电流路径是 a→V1→R_L→V3→b，V2、V4 承受反向电压而截止；当 u_2 为负半周时，二极管 V2、V4 导通，整流电流路径是 b→V2→R_L→V4→a。从流过负载 R_L 的电流看，桥式整流电路属于全波整流电路，因而桥式整流的等效直流电压仍为

$$U_L = 0.9U_2$$

桥式整流电路是较为理想的一种整流电路，尽管它使用的二极管数量多，但它不要求变压器有中心抽头，其中二极管的反向击穿电压是全波整流电路中二极管反向击穿电压的一半。

二、滤波电路

交流电经过整流后变为脉动的直流电，这样的直流电源含有大量的交流成分。要使其接近理想的直流电源就需要利用滤波电路消除其交流成分。实际中，利用电容、电感及电阻可以组成不同结构的滤波电路。

1. 电容滤波电路

图 2-12 所示是电容滤波电路。电容滤波电路中，只在负载两端并联一个电解电容。

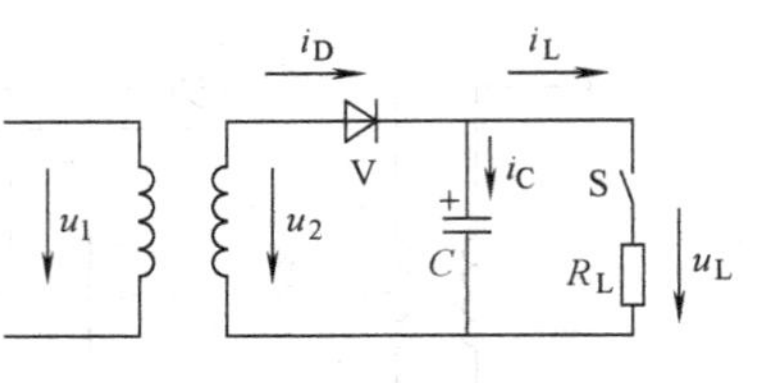

图 2-12 电容滤波电路

电容滤波电路的输出波形如图 2-13 所示。若未接入负载 R_L，在 $t=t_0$ 时接通电源，只有在 $t>t_1$ 时，i_D 开始向电容 C 充电，充电时间常数 R_eC(R_e 为二极管内阻及变压器二次电阻之和)很小，使充电电压 u_C 紧随 u_2 变化，电容很快被充到 u_2 的最大值，但由于电容无放电回路，u_C 基本保持不变。

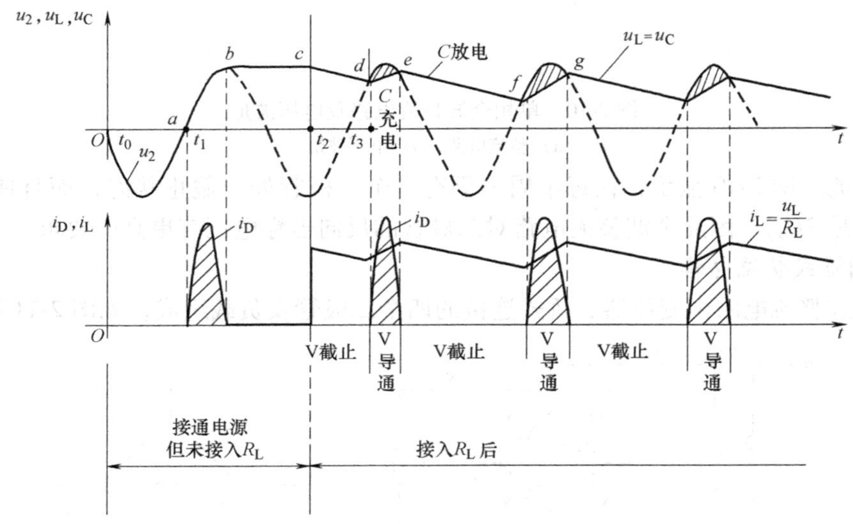

图 2-13 电容滤波电路的输出波形

若接入负载 R_L，因电容已被充电，使 $u_2<u_C$，电容 C 经 R_L 放电，放电时间常数为 R_LC，因 $R_L>R_e$，u_L 按指数规律缓慢下降。与此同时，交流电压 u_2 按正弦规律上升。当 $t>t_3$ 时，二极管 V 导通，u_2 一方面向 R_L 提供电流，一方面又向 C 充电，充电时间常数仍主要受 R_e 影响，U_C 与 u_2 的波形仍很相近，所不同的为图中阴影部分。U_C 随 u_2 的升高而迅速接近最大值，之后再次重复前面过程。

总之，由于电源电压 u_2 的周期性变化，电容周而复始地进行充、放电，在负载 R_L 上便得到一个近似锯齿波的电压，使负载电压的波动大大减小。

2. 常用的几种复合滤波电路

在整流电路后面串联电感线圈，之后再与负载连接，这就是电感滤波电路。电感滤波是由于在线圈中产生的自感电动势能削弱电流的变化，使输出脉动趋于平缓，从而达到滤波效果。图 2-14 所示是常用的复合滤波电路，图 2-14b 所示为典型的 π 形滤波电路，滤波效果比使用单一元件的图 2-14a 效果好。它们的原理都可用 $X_C=\frac{1}{\omega C}$和 $X_L=\omega L$ 来解释。

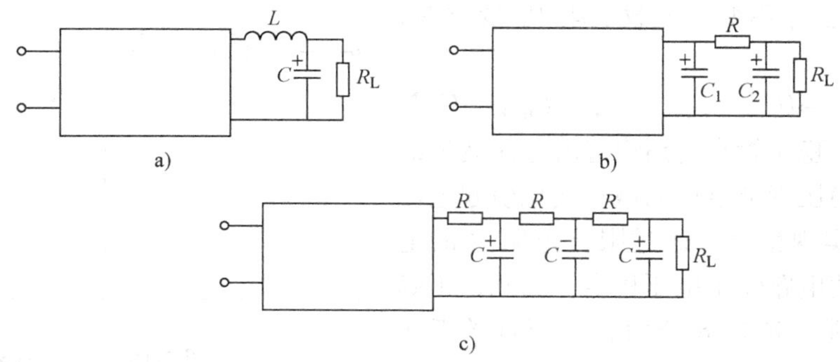

图 2-14 常用的复合滤波电路

第三节 直流稳压电路

当输入电压或负载变化时，整流滤波电路的输出电压将发生变化。在整流滤波电压后加一稳压电路，可使输出电压基本不变。硅稳压管稳压电路是结构最简单的稳压电路。

一、硅稳压管及其伏安特性

1. 硅稳压管

稳压管是利用特殊工艺制成的半导体二极管。当它加上反向电压后，在一定的电流范围内，二极管的电击穿是可逆的。就是说，在去掉反向击穿电压后它能自动恢复原状。由于硅管的热稳定性比锗管好，所以稳压管都使用硅材料制作。

2. 伏安特性及主要参数

稳压管的伏安特性如图 2-15 所示，它的正常工作区是特性曲线中的反向部分。利用反向击穿后电流在很大范围内变化而击穿电压基本保持不变的特点实现稳压。要避免管子的工作电流超过所允许的 I_{Wmin}，在稳压管支路上必须串联限流电阻 R。

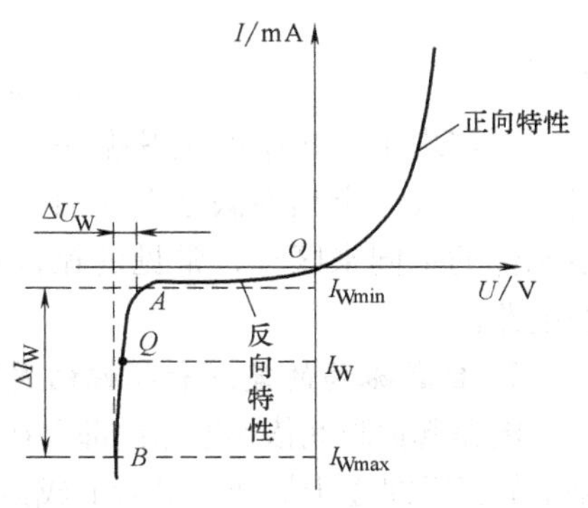

图 2-15 稳压管的伏安特性

稳压管的主要参数有稳定电压 U_W、稳定电流 I_W、最大耗散功率 P_M、动态电阻 r_w 及温度系数 α_W 等。U_W、I_W 的意义可从图 2-15 所示的曲线中了解，P_M 是不使管子产生热击穿的最大功率损耗，r_w 数值在几欧至几十欧之间，其值越小，稳压性能越好。

二、稳压电路的基本原理

稳压电路如图 2-16 所示。U_i 是整流、滤波后的直流电压，R 为限流电阻，负载 R_L 与稳压管并联，稳压电路的输出电压为 U_o。这种电路称为并联式稳压电路。

稳压电路有稳定输出电压的作用，可分为以下两种情况。

当负载电阻 R_L 不变，输入电压 U_i 变化时，可以看到：

$$U_i\uparrow \rightarrow U_o\uparrow \rightarrow I_W\uparrow \rightarrow I(=I_W+I_L)\uparrow \rightarrow U_R\uparrow \rightarrow U_o\downarrow (U_i+U_R)$$

当输入电压 U_i 不变，负载电阻 R_L 变化时，可以看到：

$R_L\downarrow\rightarrow I_L\uparrow\rightarrow I\uparrow\rightarrow U_o\downarrow\rightarrow I_W\downarrow\rightarrow I\downarrow\rightarrow U_R\downarrow\rightarrow U_o\uparrow$

由此可见，稳压管在电路中起着电流调节的作用，即利用稳压管端电压的微小变化引起电流的较大变化来实现稳压。通过限流电阻 R 的电压调节作用，使电路输出电压稳定。因此，正确选择 R 值很重要，选择 R 值时，应使管子工作电流大于 I_{Wmin} 而小于 I_{Wmax}。

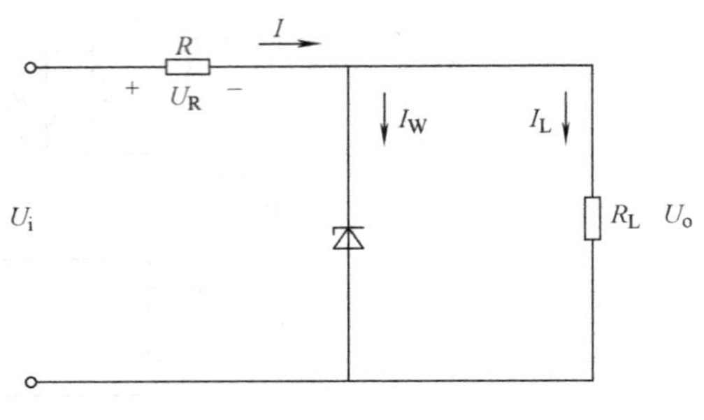

图 2-16　稳压电路

硅稳压管稳压电路结构简单，调试方便，但输出电压不能调节，输出电流受稳压管稳定电流的限制。这种电路常应用于输出电流不大（约数十毫安）、负载变动范围小、输出电压不可调的仪器中。

第四节　正弦振荡电路

一、振荡电路的基本原理

1. 自激振荡条件

从电路结构看，振荡电路就是一个没有输入信号而带有选频网络的正反馈放大器，当反馈信号 u_f 与输入信号 u_i 同相且等幅时，即使输入信号为零，放大器仍有稳定的输出，这时电路就产生了自激振荡。因此，振荡的基本条件有两个：振幅平衡条件和相位平衡条件，即

$$AF=1$$

和

$$\varphi_A+\varphi_f=2n\pi \quad n=0,\ 1,\ 2,\ \cdots\cdots$$

要实现单一频率的正弦振荡，还必须使反馈网络具有选频特性。当信号通过这个选频网络后，只有一个频率满足上述两个基本条件，从而得到单一频率的正弦振荡。按构成选频网络元件的不同来区分，常见的振荡电路有 RC 文氏桥振荡电路、LC 振荡电路和石英晶体振荡电路。

2. 自激振荡的建立和振幅的稳定

电路起振瞬间依赖电路内部存在的某些扰动而造成微小的电压变化，这种电压变化会通过电路中的正反馈逐步加强，最后形成振荡。起振后，每经过一次“输入——输出——输入”的循环，信号便不断增大，但这个过程受晶体管的非线性特性限制，不会无限制地进行下去，增长到一定程度后就处于一个相对稳定的振幅值。

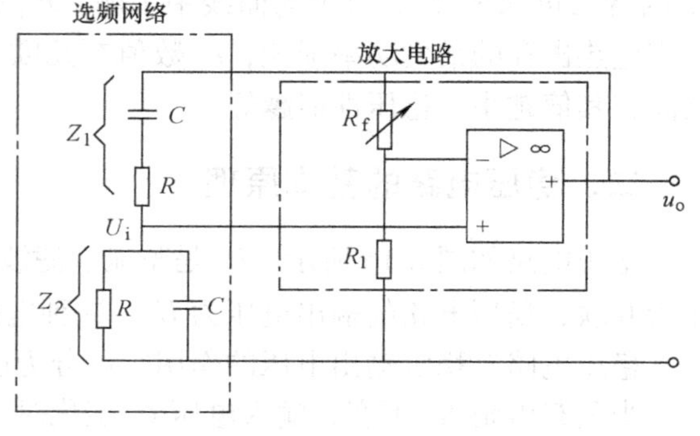

图 2-17　RC 文氏桥振荡电路

二、常见的几种振荡电路

1. RC 文氏桥振荡电路

图 2-17 所示是 RC 文氏桥振荡电路。放

大电路是由运算放大器组成的同相输入、电压串联负反馈放大电路。选频电路由 Z_1 和 Z_2 组成。R_1、R_f 构成的负反馈网络使电路工作稳定并减小了波形失真度。串并联的 RC 电路组成正反馈电路，决定反馈系数 F，R、C 决定振荡频率。

RC 串并联电路的相频、幅频特性如图 2-18 所示。由图看出，当反馈信号相位角 φ_f 等于零（正反馈）时，$\omega_0=\frac{1}{RC}$；幅频特性刚好出现最大值 $F_{max}=\frac{1}{3}$。即除去 ω_0 点，其他频率都不满足自激振荡条件。

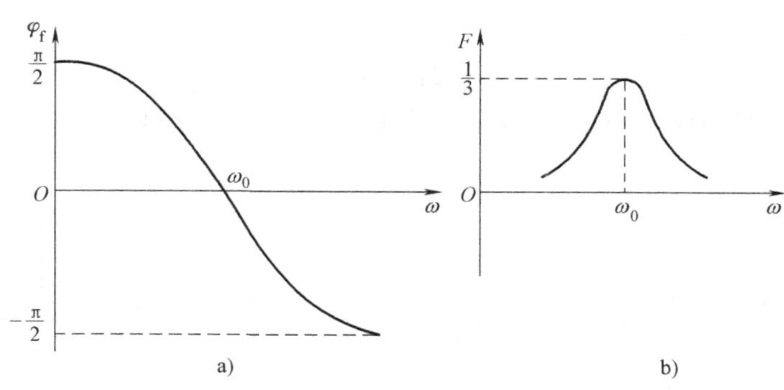

图 2-18 RC 串并联电路的相频、幅频特性

2. 石英晶体振荡电路

以石英晶体取代 LC 振荡器选频网络中的电感、电容元件所构成的振荡电路称为石英晶体振荡器。它的频率稳定度可达$10^{-8}\sim10^{-6}$，在要求频率稳定度高的设备中得到了广泛应用。

在石英晶体上按一定方位切下薄片，然后在薄片的两个对应表面上蒸涂金属薄膜构成一对电极，就形成了作为振荡元件的石英晶片。

若在切得的晶片上加一个电场，会使晶片产生机械变形；若在晶片上加机械压力，就会在相应的方向产生电场，这种物理现象称为压电效应。若在晶片电极上加交变电压，就会产生机械变形振动，同时机械变形振动又会产生交变电场。在一般情况下，这个机械变形的振幅和交变电场的振幅都很小，只有在外加交变电压的频率为某一特定频率时，振幅才突然增大，这种现象称为压电谐振。这个特定的频率称为晶片的固有频率（或谐振频率）。

石英晶体的等效电路及电抗频率特性如图 2-19 所示。图中 C_0 为切片与金属膜构成的电容；L 和 C 为压电谐振参数；R 为振动时摩擦损耗的等效电阻。图 2-19b 中，$\omega_1=2\pi f_s$，$\omega_2=2\pi f_p$，然而，$f_s=\frac{1}{2\pi\sqrt{LC}}$为石英晶体串联支路的谐振频率；$f_p=f_s\sqrt{1+\frac{C}{C_0}}$为它的并联谐振频率。由于 $C<C_0$，所以 f_s 与 f_p 非常接近。频率在 f_s 和 f_p 之间时，石英晶体呈电感性；频率在此区域之外时，石英晶体呈电容性。

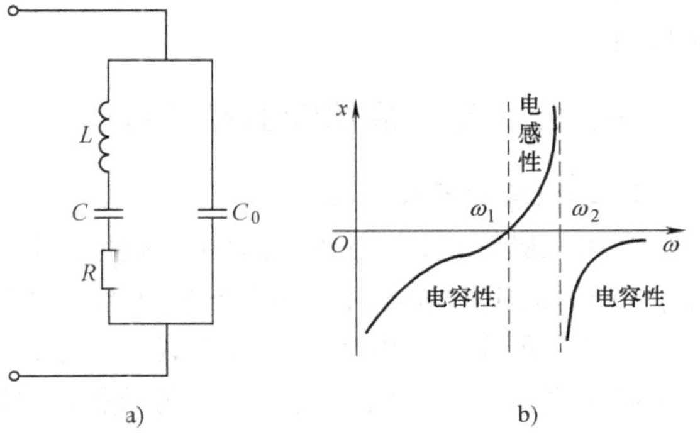

图 2-19 石英晶体的等效电路及电抗频率特性

石英晶体振荡电路的形式是多种多样

的。图 2-20 所示是低频石英振荡电路。图中，C_1、C_2 和石英晶体组成选频网络。图 2-21 是图 2-20 的交流等效电路，由图 2-20 看出，该电路属于电容反馈式(电容三点式)振荡电路。因为③端接晶体管基极，②端接地，所以 C_2 两端的电压就是反馈电压 U_f。用瞬时极性法可判断出③端电压与基极电压同相，电路满足相位平衡条件。因为

$$C<\left(C_0+\frac{C_1C_2}{C_1+C_2}\right)$$

回路中起作用的是 C，则谐振频率为

$$f_0\approx\frac{1}{2\pi\sqrt{LC}}=f_s$$

f_0 基本上等于晶体的固有频率 f_s，因而电路振荡频率的稳定度很高。

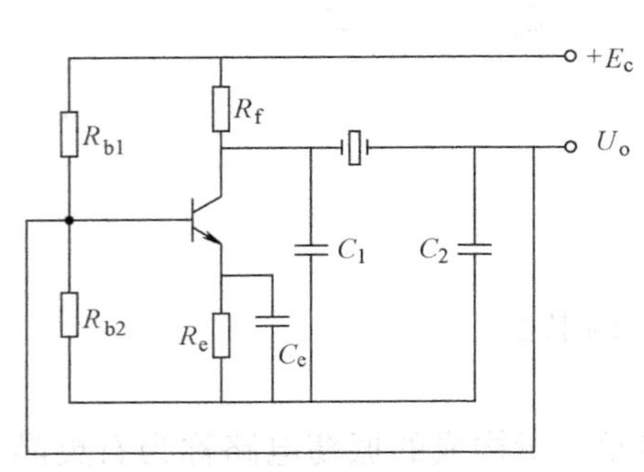

图 2-20　低频石英振荡电路

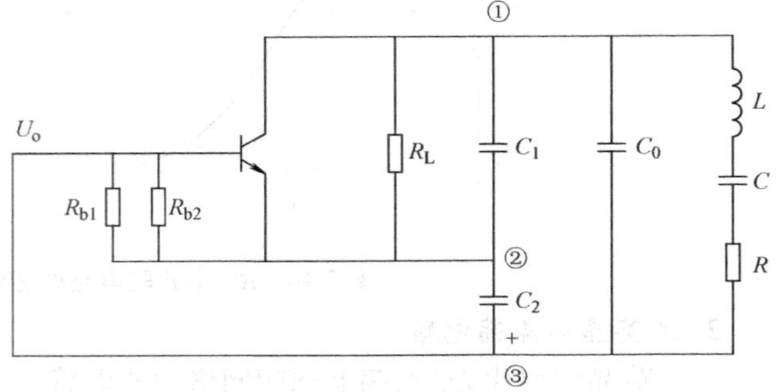

图 2-21　低频石英振荡电路的交流等效电路

第五节　门电路的基本知识

电子技术中的电信号分为两大类：模拟信号和数字信号。

模拟信号是连续不断变化的，处理模拟信号的电路为模拟电路；数字信号是不连续的脉冲信号，处理数字信号的电路为数字电路。

数字电路是电子技术的重要组成部分。它运用二进制数“0”和“1”通过单元逻辑电路实现输出与输入的特定逻辑关系。门电路是数字电路的基本逻辑单元，是一种利用脉冲信号控制的开关电路。基本门电路可由二极管、晶体管和电阻组成，也可由集成电路构成。

一、二极管和晶体管的开关特性

1. 二极管的开关特性

利用二极管正、反向电阻值相差很大的特性组成数字电路中的开关电路。硅二极管承受大于 0.7V 的正向电压时，处于导通状态，这时它可等效成一个闭合开关和 0.7V 的电源串联；而当它承受反向电压时，处于截止状态，可等效成开关处于断开状态。理想化的二极管是正向压降为零、反向电流为零的无触点开关器件。

2. 晶体管的开关特性

晶体管的输出特性曲线可分为三个区：截止区、放大区及饱和区。在截止区，晶体管的发射结、集电结均处于反向偏置，电路中几乎没有电流流动，这种状态可等效为开关处于断开的状态；在饱和区，晶体管的发射结、集电结均处于正向偏置，集电极与发射极之间的压降 U_{ce}很小，它们之间近似于短路，这种状态可等效为开关处于闭合状态。

二、基本逻辑关系

数字电路常常是由很多基本逻辑电路按照一定的逻辑关系组合而成的。它所研究的是输入与输出变量之间的逻辑关系。它的变量也是用字母 A、B、C、…、P 等来表示，但这些变量只能是 0 或 1 两个数，只表示两种状态，如电位的高或低、电路的通或断。在数字电路中均以电平的高、低来反映这两种状态。若“1”代表高电平，“0”代表低电平，称为正逻辑关系，反之为负逻辑关系。本书均指正逻辑关系。

基本的逻辑关系有三种，它们是与逻辑、或逻辑和非逻辑。

1. 与逻辑

只有决定一件事情的条件全部具备之后，这件事情才能发生，这种因果关系被称为与逻辑关系。例如，用两个串联的开关与电灯泡串联时，只有当两个开关全部闭合时，电灯泡才亮。

数字电路中的逻辑关系可用逻辑表达式、逻辑状态表(真值表)、逻辑图及卡诺图等方法表示。

与逻辑的逻辑表达式为

$$P=A\cdot B=AB$$

式中，A、B 是输入逻辑变量，P 是输出逻辑变量。这种关系也叫“逻辑乘”或“逻辑与”。

把输入的各种可能状态和相应的输出变量状态排列在一起，就形成了逻辑状态表。两个输入变量(A、B)的与逻辑状态表见表 2-1。

表 2-1　与逻辑状态表

A	B	P	A	B	P
0	0	0	1	0	0
0	1	0	1	1	1

在逻辑电路中，与逻辑的逻辑符号如图 2-22 所示。也称与逻辑门，简称与门。

2. 或逻辑

在决定一件事情的各个条件中，只要具备一个或一个以上的条件，该事情就可发生，这种因果关系叫或逻辑。例如，用两个并联的开关去控制与它们串联的电灯泡的亮灭，只要其中任意一个开关合上，灯就亮，这种逻辑就叫或逻辑。

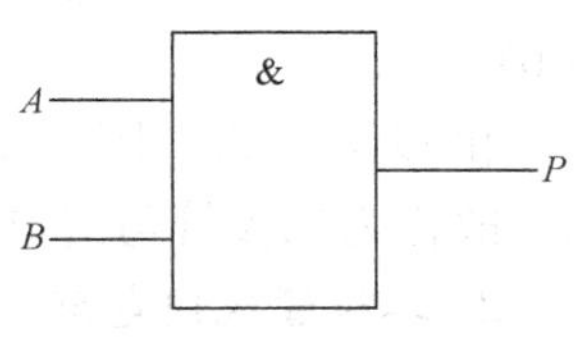

图 2-22　与逻辑的逻辑符号

或逻辑的逻辑表达式为

$$P=A+B$$

这种关系也叫“逻辑加”或“逻辑或”。它的逻辑符号如图2-2。它的逻辑符号如图

2-23 所示。或逻辑电路简称或门。

表 2-2　或逻辑状态表

A	B	P	A	B	P
0	0	0	1	0	1
0	1	1	1	1	1

3. 非逻辑

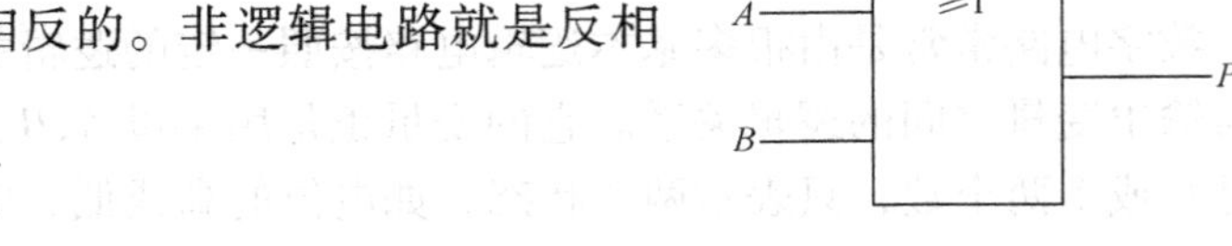

图 2-23　或逻辑的逻辑符号

非逻辑就是输出与输入总是相反的。非逻辑电路就是反相器。非逻辑的逻辑表达式为

$$P=\overline{A}$$

非逻辑 $\overline{A}$ 的功能是当 A 为 1 时，P 为 0；而 A 为 0 时，P 为 1。非逻辑也称逻辑反。它的状态表见表 2-3，它的逻辑符号如图 2-24 所示。非逻辑电路简称非门。

表 2-3　非逻辑状态表

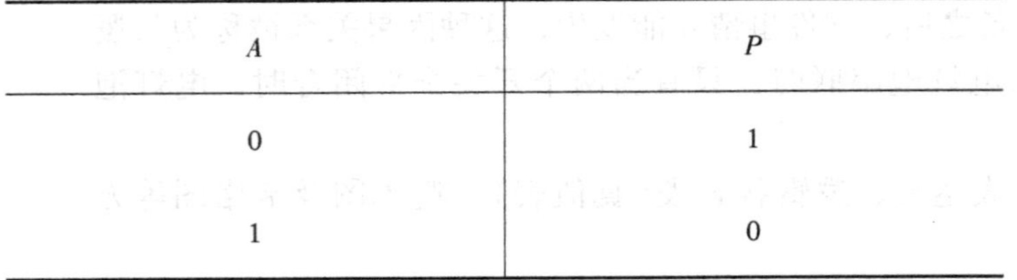

A	P
0	1
1	0

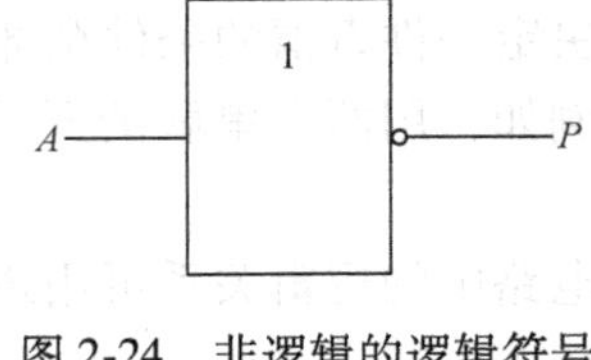

图 2-24　非逻辑的逻辑符号

三、分立元器件逻辑门电路

由二极管、晶体管及电阻等分立元器件构成各种逻辑门的电路称为分立元器件逻辑门电路。

1. 二极管与门电路

图 2-25 所示是二极管与门电路。A、B 为逻辑输入，P 为逻辑输出。

若 A、B 端都输入高电平，$V_A=V_B=3V$，两个二极管正极都接正电压，它们都处于导通状态，忽略二极管导通压降，则 P 点电位被限制在 3V，即 $V_P=V_A=V_B=3V$。

若 A 端为高电平，$V_A=3V$，B 端为低电平，$V_B=0V$，二极管 V2 优先导通，P 点电位被限制在 0V，V1 处于反向截止。若 B 端为高电平，A 端为低电平，P 点仍被限制在 0V。

若 A、B 端都为低电平，两管同时导通，P 点电位被限制在 0V。

由以上分析，图 2-25 所示电路的输入输出符合与逻辑关系，故称为二极管与门电路。

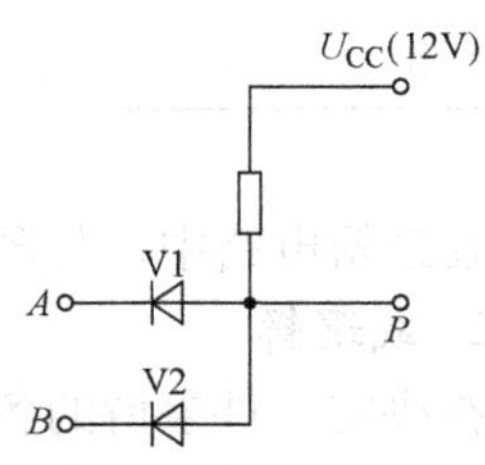

图 2-25　二极管与门电路

2. 二极管或门电路

图 2-26 所示的电路中，若 A、B 都是高电平，$V_A=V_B=3V$，V1、V2 都导通，P 点为高电平，即 $V_P=V_A=V_B=3V$。

若 A 为高电平 $V_A=3V$，B 为低电平 $V_B=0V$，二极管 V1 优先导通，P 点电位被限制在 3V，V2 处于反向截止。若 B 为高电平，A 为低电平，P 点电位仍被限制在 3V，只是 V1 处于反向截止。

若 A、B 都是低电平，$V_A = V_B = 0V$，P 点电位也是 0V。

由以上分析，图 2-26 所示电路的输入输出符合或逻辑关系，故称为二极管或门电路。

3. 晶体管非门电路

如图 2-27 所示，基极输入与集电极输出的电平关系符合非逻辑，故称图 2-27 所示电路为晶体管非门电路。

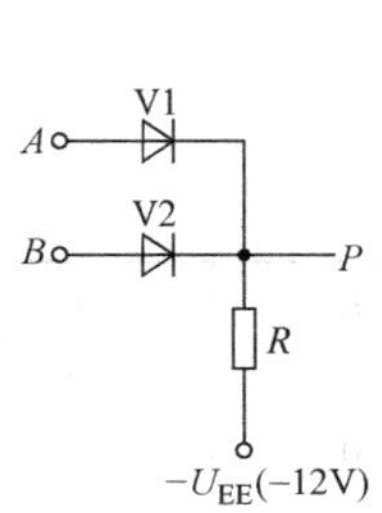

图 2-26　二极管或门电路

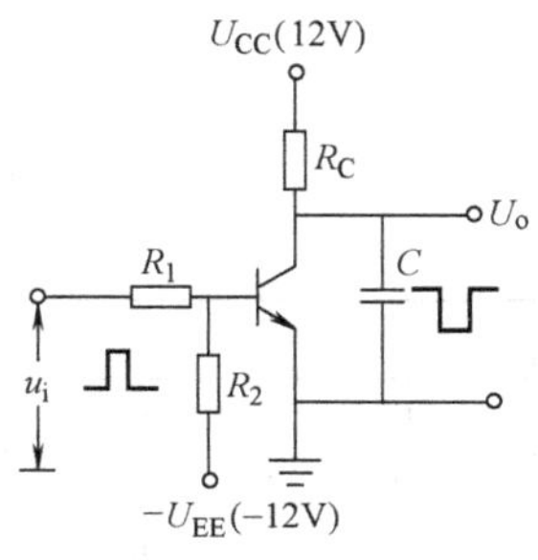

图 2-27　晶体管非门电路

4. 与非门电路

由与门、非门组合而成的电路称为与非门电路，与非门电路及逻辑符号如图 2-28 所示。

若输入端 A、B、C 有一个或几个为低电平时，S 点必为低电平，晶体管基极因 R_1、R_2 分压而处于负电位，晶体管截止，P 端为高电平。

若输入端 A、B、C 都为高电平，S 点必为高电平，经 R_1、R_2 分压后，晶体管饱和导通，P 端为低电平。

综上所述，可写出逻辑关系为

$$P = \overline{ABC}$$

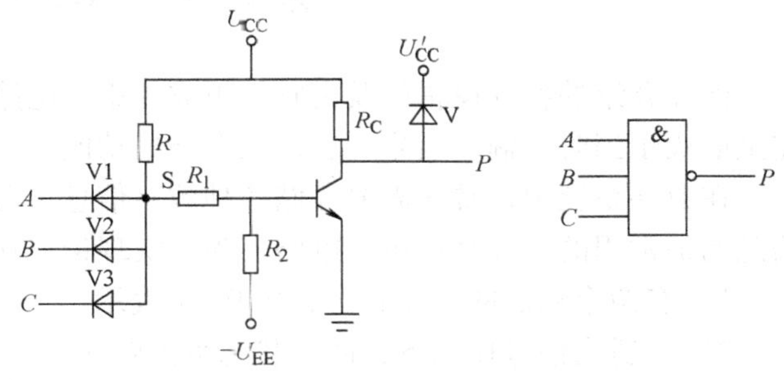

图 2-28　与非门电路及逻辑符号

与非门的逻辑状态表见表 2-4。

表 2-4　与非门的逻辑状态表

A	B	C	P	A	B	C	P
0	0	0	1	1	0	0	1
0	0	1	1	1	0	1	1
0	1	0	1	1	1	0	1
0	1	1	1	1	1	1	0

5. 或非门电路

或非门电路及逻辑符号如图 2-29 所示。当输入端有一个或几个为高电平时，S 点被钳制在高电平，晶体管导通，输出为低电平。只有全部输入为低电平时，S 点为低电平，晶体管截止，输出端 P 才为高电平。其逻辑表达式为

$$P = \overline{A+B+C}$$

或非门的逻辑状态表见表 2-5。

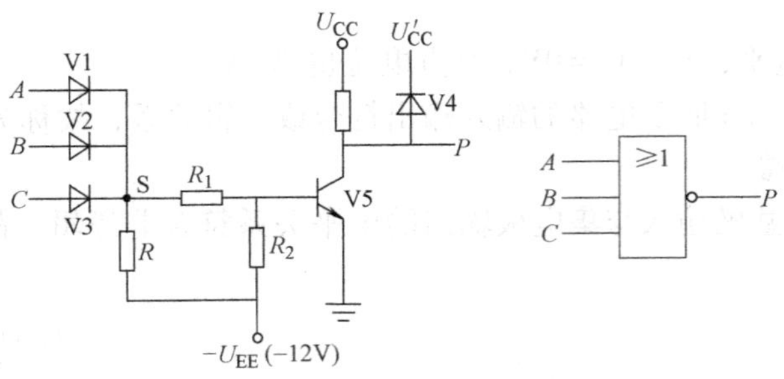

图 2-29　或非门电路及逻辑符号

表 2-5　或非门的逻辑状态表

A	*B*	*C*	*P*	*A*	*B*	*C*	*P*
0	0	0	0	1	0	0	0
0	0	1	0	1	0	1	0
0	1	0	0	1	1	0	0
0	1	1	0	1	1	1	1

第六节　RS 触发器

前面介绍的各种逻辑门及由它们组成的组合电路都有一个共同的特点，即某时刻的输出完全取决于当时的输入信号，它们没有记忆功能。

在数字系统中，常常需要存储各种数字信息。触发器就是具有记忆功能，可以存储数字信息的最常用的一种基本单元电路。为了实现记忆功能，触发器必须具备以下基本特点：

1）有两个稳定的工作状态，用 0、1 表示。

2）在适当信号作用下，两种状态可以转换。

3）输入信号消失后，能将获得的新状态保持下来。

触发器种类很多，目前大量使用的是集成触发器，而各种触发器都是从基本 RS 触发器发展而来的。

一、基本 RS 触发器的电路组成

基本 RS 触发器可以用两个交叉耦合的“与非”门连接组成，其逻辑电路如图 2-30a 所示。它有两个输入端 $\overline{R}_D$、$\overline{S}_D$，两个输出端 Q 和 $\overline{Q}$。基本 RS 触发器有两个稳定状态：一个状态是 $Q=1$，$\overline{Q}=0$；另一个状态是 $Q=0$，$\overline{Q}=1$。正常情况下，两个输出端的状态总是互补的。在实际应用中，把触发器 Q 端的状态作为触发器的输出状态。$Q=0$ 且 $\overline{Q}=1$时，称触发器处于“0”态；$Q=1$ 且 $\overline{Q}=0$ 时，称触发器处于“1”态。基本 RS 触发器的逻辑符号如图 2-30b 所示。

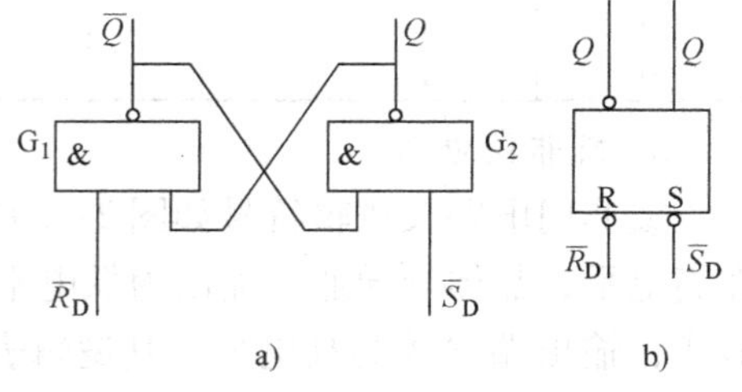

图 2-30　基本 RS 触发器
a）逻辑电路　b）逻辑符号

下面按输入的不同组合，分析基本 RS 触发器的逻辑功能。

二、基本 RS 触发器的逻辑功能

1. $\overline{R}_D=\overline{S}_D=1$，触发器保持原状态不变

若触发器原状态为“0”态，这时 $Q=0$，$\overline{Q}=1$。$Q=0$ 反馈到 G_1，$\overline{Q}=1$ 反馈到 G_2。因为 G_1 的一个输入为 0，根据“有 0 出 1”的原则，G_1 输出 $\overline{Q}=1$。于是 G_2 的输入全为 1，根据“全 1 出 0”的原则，G_2 输出 $Q=0$，触发器维持“0”态不变。同理，当触发器原状态为 1 时，即 $Q=1$，$\overline{Q}=0$，触发器维持“1”态不变。

可见，不论触发器原来是什么状态，基本 RS 触发器在 $\overline{R}_D=\overline{S}_D=1$ 时，总是保持原状态不变，这就是触发器的记忆功能，也称为保持(存储)功能。

2. $\overline{R}_D=0$，$\overline{S}_D=1$，触发器为“0”态

当 $\overline{R}_D=0$ 时，G_1 输出 $\overline{Q}=1$；G_2 因输入为全 1，输出 $Q=0$，触发器为“0”态，与原状态无关。

3. $\overline{R}_D=1$，$\overline{S}_D=0$，触发器为“1”态

当 $\overline{S}_D=0$ 时，G_2 输出 $Q=1$；G_1 因输入为全 1，则输出 $\overline{Q}=0$，触发器为“1”态，同样与原状态无关。

4. $\overline{R}_D=\overline{S}_D=0$

这时 $Q=\overline{Q}=1$，触发器既不是“0”态，又不是“1”态，破坏了 Q 和 $\overline{Q}$ 的互补关系，在两个输入信号同时消失后，Q 和 $\overline{Q}$ 的状态将是不稳定的，这种情况应避免。

用“与非”门组成的基本 RS 触发器的真值表见表 2-6。表中 Q^n 表示触发器原来所处的状态，称为现态；Q^{n+1} 表示在输入信号 $\overline{R}_D$、$\overline{S}_D$ 作用下触发器的新状态，称为次态。

表 2-6 “与非”型基本 RS 触发器真值表

$\overline{R}_D$	$\overline{S}_D$	Q^n	Q^{n+1}	功　能
0	1	0	0	置 0
		1	0	
1	0	0	1	置 1
		1	1	
1	1	0	0	保持
		1	1	
0	0	0	不定	不定
		1		

注：不定表示 $\overline{R}_D$、$\overline{S}_D$ 的 0 状态同时消失后，触发器的状态不定。

当 $\overline{R}_D$ 端加低电平信号时，触发器为“0”态($Q=0$)，所以把 $\overline{R}_D$ 端称为置 0 端，或称复位端。当 $\overline{S}_D$ 端加低电平信号时，触发器为“1”态($Q=1$)，所以把 $\overline{S}_D$ 端称为置 1 端，或称置位端。触发器在外加信号的作用下，状态发生了转换，称为翻转，外加的信号称为“触发脉冲”。触发脉冲可以是正脉冲(高电平)，也可以是负脉冲(低电平)。符号 R_D、S_D 上加

有“非”号的，表示负脉冲触发，即低电平有效；不加“非”号的表示正脉冲触发，即高电平有效。

图 2-30b 是由“与非”门组成的基本 RS 触发器的逻辑符号。输入端带小圆圈表示负脉冲触发，或称低电平有效，这与 R_D、S_D 上的“非”号意义相同。输出端不加小圆圈的表示 Q 端，加小圆圈的表示 $\overline{Q}$ 端。

综上所述，RS 触发器具有置 0、置 1 和保持原状态不变的逻辑功能。上述 RS 触发器电路简单，是其他多功能触发器的基本组成部分，所以称为基本 RS 触发器。

例 2-1 若加到由“与非”门组成的基本 RS 触发器$\overline{R}_D$、$\overline{S}_D$ 上的信号波形如图 2-31 所示，试画出 Q 与 $\overline{Q}$ 端与之对应的波形，假定触发器的初始状态 $Q=0$。

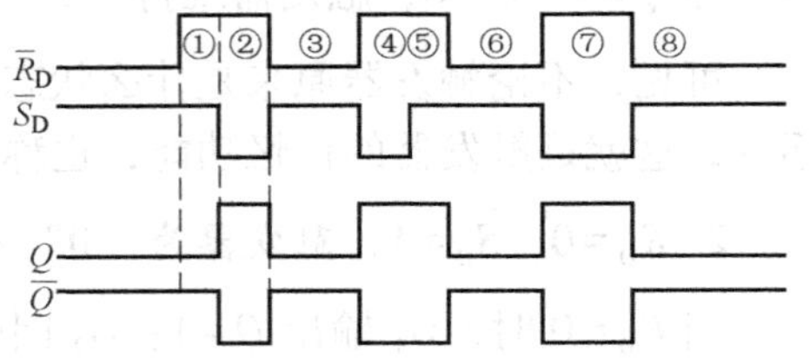

图 2-31　波形图

解： 已知$\overline{R}_D$、$\overline{S}_D$ 的波形，根据真值表可画出 Q 和 $\overline{Q}$ 的波形如图 2-31 所示。

为了便于说明，将图 2-31 分成①~⑧共八个时间段，设初态 $Q=0$，则 $\overline{Q}=1$。

① $\overline{R}_D=\overline{S}_D=1$，触发器保持原状态，即 $Q=0$，$\overline{Q}=1$。

② $\overline{R}_D=1$，$\overline{S}_D=0$，触发器置 1，即 $Q=1$，$\overline{Q}=0$。

③ $\overline{R}_D=0$，$\overline{S}_D=1$，触发器置 0，即 $Q=0$，$\overline{Q}=1$。

④ $\overline{R}_D=1$，$\overline{S}_D=0$，触发器置 1，即 $Q=1$，$\overline{Q}=0$。

⑤ $\overline{R}_D=\overline{S}_D=1$，触发器保持原状态 1 不变。即 $Q=1$，$\overline{Q}=0$。

⑥ $\overline{R}_D=0$，$\overline{S}_D=1$，触发器置 0，即 $Q=0$，$\overline{Q}=1$。

⑦ $\overline{R}_D=1$，$\overline{S}_D=0$，触发器置 1，即 $Q=1$，$\overline{Q}=0$。

⑧ $\overline{R}_D=0$，$\overline{S}_D=1$，触发器置 0，即 $Q=0$，$\overline{Q}=1$。

【技能训练单元】

技能训练一　电阻、电容的识别与检测

一、目的与要求

1）了解电阻、电容的相关知识。

2）掌握用万用表检测电阻、电容的方法。

二、材料、仪器与设备

MF27—1 万用表一块；不同型号的电阻、电容若干。

三、实训内容和步骤

1. 电阻的识别

取不同色环的电阻 30 只，由学生注明该电阻的阻值并相互交换，反复练习识别速度。

2. 用万用表测量电阻

选用无色环、无数值标志、不同阻值的电阻若干，用万用表测量其阻值，要求达到测量快速准确，区分正确。将识别、测量结果填入表 2-7 中。

表 2-7 测量结果

由色环写出具体阻值				由具体阻值写出色环			
色环	阻值	色环	阻值	阻值	色环	阻值	色环
棕黑黑							
红黄黑							
橙橙黑							
黄紫橙							
灰红红							
白棕黄							
黄棕紫							
橙黑棕							
紫绿黄							
白棕棕							

3. 电容器容量的识别

选用不同标值的各类电容器若干个，由学生反复辨别该电容的容量并注明全称。

四、思考题

用指针式万用表插表笔的(+)、(-)孔，分别对应表内电池的什么极？用数字万用表呢？

技能训练二 常用半导体器仵的识别与检测

一、目的与要求

学会半导体的测量与判别。

二、材料、仪器与设备

2AP、2CP、2CZ 系列二极管若干；晶体管 9013、3AX31、3DG6A(PNP/NPN)若干；单结晶体管、晶闸管若干三端稳压器；MF27—1 万用表一块。

三、训练步骤

1. 二极管的简易测试

常用的二极管有：2AP，2CP，2CZ 系列。2AP 三要用于检波和小电流整流；2CP 主要用于较小功率的整流；2CZ 主要用于大功率整流。一般在二极管的管壳上注有极性标记；若无标记，可利用二极管的正向电阻值小、反向电阻值大的特点来判别其极性，同时也可利用这一特点判断二极管的好坏。常用万用表的电阻挡来判断，对于耐压低、电流小的二极管只能用万用表的 R×100 或 R×1k 挡。

(1) 性能判别 根据图 2-32 所示进行测试，二极管的正、反向电阻值相差越大越好。两者相差越大，就表明二极管的单向导电性越好；如果二极管的正、反向电阻值很相近，表明管子已坏。若正、反向电阻值都很小或为零，则说明管子已被击穿，两电极已短路；若正、反向电阻值都很大，则说明管子内部已断路，不能使用。

(2) 极性判别 在测试正、反向电阻值时，若测得的电阻值较小，与黑表笔相连的电极是二极管的正极；若测得的电阻值较大，与黑表笔相连的电极是二极管的负极。由于二极管的正、反向电阻值和测量电流的大小有关，所以对于同一个管子来说，用不同的电阻挡测量出来的正、反向电阻值会有差别。

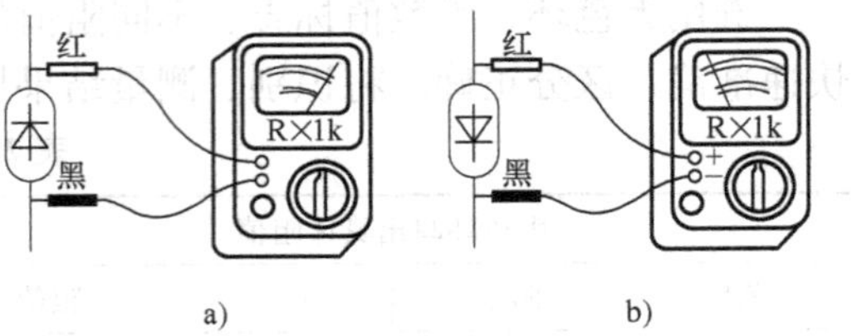

（3）二极管的检测与识别

1）识别二极管的外形及型号。

2）将万用表分别置于不同挡，测量并观察各二极管正、反向电阻值的变化，将结果填入表 2-8 中。

图 2-32　二极管的简易测试
a）正向电阻值小　b）反向电阻值大

表 2-8　测量结果

二极管型号	R×1k		R×100		R×10		材　料		质　量	
	正向	反向	正向	反向	正向	反向	硅	锗	好	坏
2AP9										
2CP10										

2. 晶体管的简易测试

（1）管型和基极的判别方法　晶体管可以看成两个二极管，以便于判别。用万用表的 R×100 或 R×1k 挡，红表笔接某一管脚，黑表笔分别接另外两个管脚，测得两个电阻值。若两个电阻值均较小（小功率晶体管约为几百欧），则红表笔所接的管脚为 PNP 型晶体管的基极，如图 2-33a 所示；若两个电阻值中有一个较大，可将红表笔改接另一只管脚再试，直到两个管脚测出的电阻值均较小时为止；若测得的电阻值均较大，则红表笔所接的管脚为 NPN 型晶体管的基极。

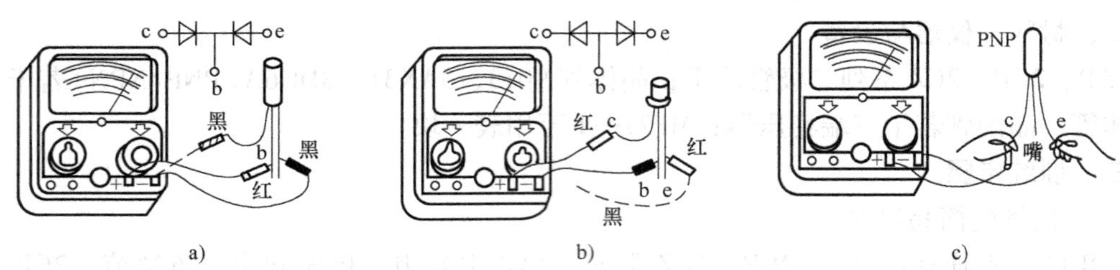

图 2-33　晶体管管型和管脚的简易测试
a）PNP 型晶体管两次读数较小　b）NPN 型晶体管两次读数较小
c）判别集电极，指针偏摆幅度较大（阻值较小）

如用黑表笔接某一管脚，红表笔接另外两个管脚，当测得两个阻值均较小时，黑表笔所接的管脚为 NPN 型晶体管的基极，如图 2-33b 所示。若两个阻值均较大，则黑表笔所接的管脚为 PNP 型晶体管的基极。

（2）集电极的判别方法　可以利用晶体管正向电流放大系数比反向电流放大系数大的原理确定集电极。使用万用表的 R×100 或 R×1k 挡，如图 2-33c 所示，两手扶住表笔和管脚，用嘴含住管子的基极，把万用表的两根表笔分别接到管子的另外两个管脚，利用人体电阻实现偏置，测读万用表的电阻值或指针偏摆的幅度，然后对调两根表笔，同样测读电阻值或指针偏摆的幅度。比较两次读数的大小，对 PNP 型晶体管，电阻值小（偏摆幅度大）的一次红表笔所接的管脚为集电极；对 NPN 型晶体管，电阻值小（偏摆幅度大）的一次黑表笔所接的管脚为集电极。

基极和集电极判定出来以后，剩下的一个管脚就必然是发射极。

各管脚确定后，按以下步骤进行检测：

1）用万用表测量晶体管各极间的正、反向电阻值，判别其管型，结果填入表 2-9 中；

2）根据表 2-9 中的有关数据，说明硅管、锗管的正、反向电阻值的大致范围；

3）根据表 2-9 中的有关数据，比较这几个管子 β 值的大小。

表 2-9　测量结果

晶体管型号	b-e 间阻值		b-c 间阻值		c-e 间阻值		管　型		材　料	
	正向	反向	正向	反向	正向	反向	NPN	PNP	硅	锗
3DG6A										
9013										
3AX31										

3. 晶闸管的简易测试

（1）极性检测　将指针式万用表置于 R×1k 挡，分别测量各电极之间的正、反向电阻值，若测得其中两电极的阻值较大，交换表笔再测时，阻值较小，则此时黑表笔所接的电极为门极 G，红表笔所接的电极为阴极 K，余下的电极则为阳极 A。单向晶闸管如图 2-34 所示。

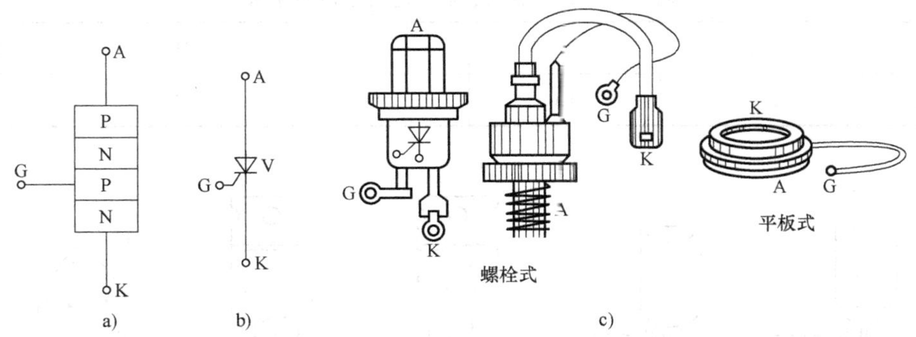

图 2-34　单向晶闸管

a）结构　b）图形符号　c）实物图

（2）性能检测　将指针式万用表置于 R×1k 挡，分别测量各电极之间的正、反向电阻值，除了门极 G 与阴极 K 之间的正向电阻值较小外，其余应为无穷大。

再将指针式万用表置于 R×10 或 R×1 挡，黑表笔接阳极 A，红表笔接阴极 K，并将阳极 A 与门极 G 接触，即给门极 G 加上触发电压，此时单向晶闸管导通，指针偏转。然后，断开阳极 A 与门极 G 的接触，晶闸管仍维持导通状态，则被测单向晶闸管正常；否则为不正常。

4. 单结晶体管的判别

（1）判别发射极　单结晶体管的发射极 e 对第一基极 b_1，e 对第二基极 b_2 都相当于一个二极管，b_1 和 b_2 之间相当于一个固定电阻。用万用表 R×100 挡，将红、黑表笔分别接单结晶体管任意两个管脚，测读其电阻值；接着对调红、黑表笔，测读电阻值。若第一次测得电阻值小，第二次测得电阻值大，则第一次测试时黑表笔所接的管脚为 e 极，红表笔所接的管脚为 b 极，另一管脚也是 b 极。e 极对另一个 b 极的测试情况同上。若两次测得的电阻值都一样，约在 2~10kΩ，那么这两个管脚都为 b 极，另一个管脚为 e 极。单结晶体管如图 2-35 所示。

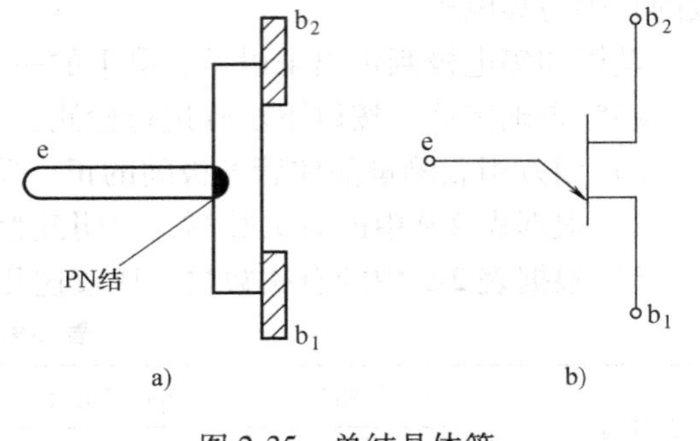

图 2-35　单结晶体管

a）结构　b）图形符号

（2）确定 b_1 极和 b_2 极　由于单结晶体管在结构上 e 靠近 b_2 极，故 e 对 b_1 的正向电阻值比 e 对 b_2 的正向电阻值要稍大一些。测读 e 与 b_1、e 与 b_2 之间的正向电阻值，即可区别第一基极 b_1 和第二基极 b_2。

5. 三端稳压器的管脚判别

集成三端稳压器根据输出稳定电压的极性不同分为 78××、79××两大系列，前者输出为正电压；后者输出为负电压。集成三端稳压器的输出电压一般为 5V、6V、9V、12V、15V、18V、20V、24V 等；输出电流为 0.1A、0.5A、1A、2A、5A、10A 等。其字母表示法见表 2-10。三端稳压器的管脚图如图 2-36 所示。

表 2-10　三端稳压器输出电流字母表示法

L	M	无　字	S	H	P
0.1A	0.5A	1A	2A	5A	10A

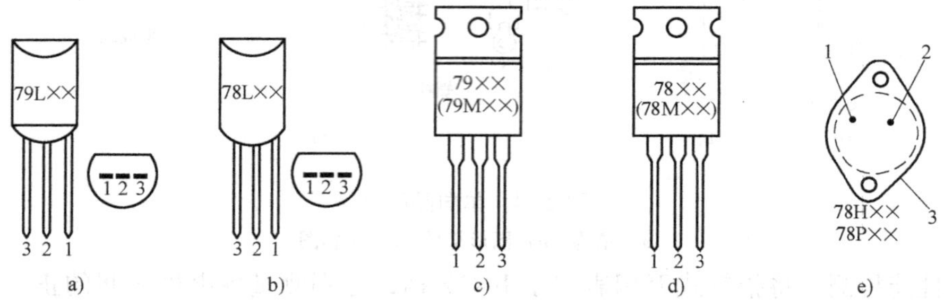

图 2-36　三端稳压器的管脚图

a）1—地 2—输入 3—输出　b）1—输出 2—地 3—输入

c）1—地 2—输入 3—输出　d）1—输入 2—地 3—输出

e）1—输入 2—输出 3—地

技能训练三　单相桥式整流滤波电路的安装与调试

一、目的与要求

1）理解整流和滤波电路的原理。

2）掌握印制电路板的制作工艺。

3）掌握电子电路的安装与调试。

二、材料、仪器与设备

电子焊接工具和电工工具各一套；印制电路板（覆铜板）一块（30mm×60mm）；三氯化铁电解分析纯一瓶；元器件明细表（见表2-11）。

表2-11　元器件明细表

序　号	代　号	名　称	型号与规格	数　量
1	S	开关		1
2	T	变压器	BK50 220V/18V	1
3	V1～V4	二极管	1N4001	4
4	C_1、C_2	电解电容器	100μF/50V	2
5	R	电阻	51Ω	1
6	FU1	熔断器	0.5A	1
7	FU2	熔断器	0.05A	1
8	R_L	电阻	1kΩ	1

三、电路原理图

单相桥式整流滤波电路图如图2-37所示。

四、实训步骤

1）按表2-11配齐元器件。

2）用万用表测试二极管及电容器的性能及好坏。

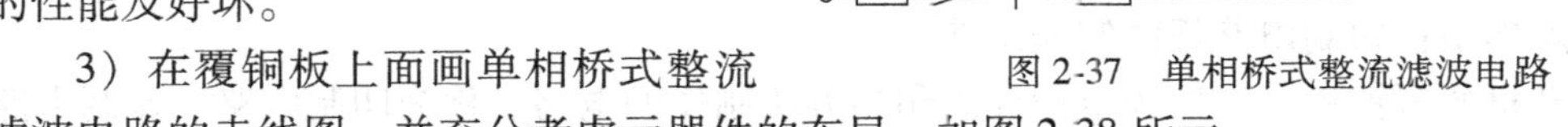

图2-37　单相桥式整流滤波电路

3）在覆铜板上面画单相桥式整流滤波电路的走线图，并充分考虑元器件的布局，如图2-38所示。

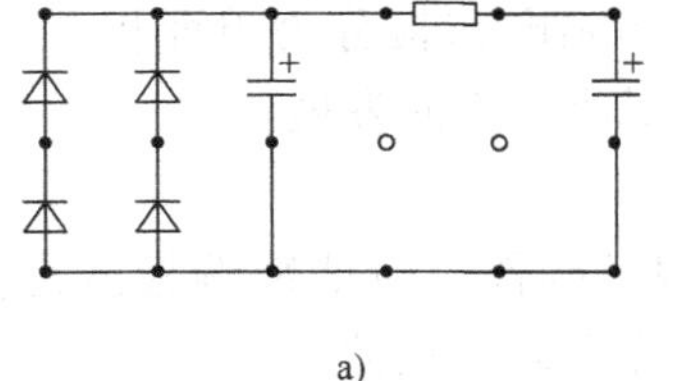

a)

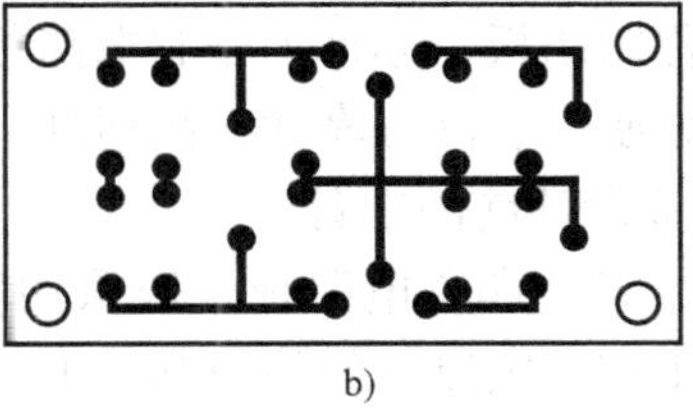

b)

图2-38　单相桥式整流滤波电路印制电路板示意图和走线图

4）用透明胶带纸覆盖住铜箔面，用刻刀和尺子去除留在铜箔面走线图形以外的胶带纸。注意留下导线的宽度以及焊盘的大小尺寸，防止焊盘过小而在钻孔时使焊盘位置消失，同时压紧留下的胶带纸。

5）腐蚀液一般用三氯化铁水溶液（分析纯），浓度为30%～40%，温度适当，并用排笔轻轻刷扫，以加快腐蚀速度。待全部腐蚀后，用清水清洗。

6）揭膜，将留在印制导线和焊盘上的胶带纸揭去。

7）清洁。

8）打孔。

9）涂助焊剂，用已配好的松香酒精溶液对印制导线和焊盘涂助焊剂，使板面得到保护，并提高焊接性。

10）焊接后检查有无虚焊、漏焊。若有虚焊、漏焊，应重新焊接。

11）调试。

① 接通电源，用万用表直流50V挡测量电路的空载输出电压。测量时，红表笔接输出端正极，黑表笔接输出端负极，空载输出电压应为22V左右。

② 若输出电压不稳定，则应检查电源电压是否有波动。输出电压应随电源电压的上升而上升，随电源电压的下降而下降。

若输出电压为16V左右，则说明滤波电容脱焊或已损坏。

若输出电压为8V左右，则说明除滤波电容脱焊或已损坏外，整流桥某个桥臂脱焊或有一只二极管断路。

若输出电压为0V，变压器又无异常发热现象，则说明电源变压器一次或二次绕组已断开或未接妥，或是熔断器已熔断，也可能是电源与整流桥未接妥。

若接通电源后，熔断器立即熔断，则说明电源变压器一次或二次绕组已短路，或整流桥中有一只二极管反接，或滤波电容短路。此时应立即切断电源，查明原因。FU1熔断为一次绕组短路，FU1、FU2均熔断为二次绕组短路，FU2熔断为C_1短路或二极管反接等。

五、注意事项

1）不可把二极管和滤波电容的极性接反，否则要烧坏二极管和滤波电容。

2）焊接元器件时，可用镊子捏住焊件的引线，这样既方便焊接又有利于散热。焊接时要防止虚焊、漏焊。

3）操作时要注意安全。

六、扩展知识：印制电路板的制作工艺

在绝缘基材的覆铜板上，按预定设计用印制方法制作的电路，称为印制电路。印制电路包括印制线路、印制元器件符号、代号或由二者组合而成的电路。完成了印制线路或印制电路加工的板子通称印制板，亦称为印制电路板。印制电路板分为单面板、双面板和多层板。目前，它正朝着高密度、高可靠性、高精度、多层化的方向发展。

1. 印制电路板设计前的准备

（1）板材的准备　印制电路板一般采用覆铜板制作。所谓覆铜板就是把一定厚度的铜箔通过粘结剂热压在一定厚度的绝缘基板上。它分为以下几种类型：

1）覆铜箔酚醛纸层压板，用于一般无线电及电子设备中。它价格低廉、易吸水，在恶劣的环境下不宜使用。

2）覆铜箔酚醛玻璃布层压板，用于温度、频率较高的电子及电气设备中。它价格适中，可达到满意的电气性能和机械性能要求。

3）覆铜箔环氧玻璃布层压板，它是孔金属化印制电路板常用的材料，具有较好的冲剪、钻孔性能，且基板透明度好，是电气性能和机械性能较好的材料，但价格较高。

4）覆铜箔聚四氟乙烯层压板，它具有良好的耐热性能和电气性能，用于耐高压的电子设备中。

选定了印制电路的板材，其后是印制电路板形状、尺寸、厚度的确定。

（2）印制电路板对外连接方式的选择

1）导线焊接方式。采用导线焊接方式时，应注意焊点尽可能引在板的边缘，并按一定尺寸排列。引线应通过印制电路板上的穿线孔，再从电路板元器件面穿过，焊在焊盘上，多根引线时应捆扎。

2）插件连接。在较复杂的仪器设备中，经常采用这种方式。

2. 印制电路板的排版设计

（1）印制电路板中的干扰及抑制

1）地线的共阻抗干扰及抑制。应尽量避免不同回路的电流同时流经某一段共用地线，且尽量扩大地线面积。

2）电源干扰及抑制。电源线与信号线不要太靠近，并避免平行。电源线不要走平行大环形线。

3）磁场干扰及热干扰。对于磁场干扰，可采用屏蔽的办法把干扰源屏蔽起来。而对于热干扰，可把热元件和热敏元件隔离开来，或安装散热片。

（2）元器件的安装与布局

1）安装方式。元器件在印制电路板上的固定方式分为卧式和立式两种。

2）元器件排列方式。它分为不规则排列和规则排列两种。采用前者时，元器件轴线方向彼此不一致，在板上的排列顺序也无一定规则；但布线方便，印制导线短，对抑制干扰有利。采用后者时，元器件轴线方向一致，并与板的四边平行；但布线复杂，一般用于低频电路中。

3）元器件布设原则。元器件在整个板面的疏密程度应一致，布设均匀，不要占满板面，四周留空便于安装固定。元器件布设在板的一面，每个引脚单独占用一个焊盘。在布设时不可上下交叉，相邻元器件要保持一定间距，并留有安全间隙（mm/200V）。安装高度应尽量矮一些，以提高稳定性和防止相邻元器件碰撞。同时要根据在整机中的安装状态确定元器件的轴向位置，以提高元器件在板上的稳定性。

（3）焊盘及印制导线

1）焊盘的尺寸和形状。对于双列直插式集成电路，焊盘的尺寸为 $\phi1.5\sim1.6$mm。一般焊盘的尺寸不小于 $\phi1.3$mm；焊盘的形状有圆形、方形、椭圆形、长方形、岛形等，一般常用圆形。

2）印制导线。导线应尽可能避免出现尖角或锐角拐弯，其宽度一般在 0.3~0.5mm，对于电源线和接地线，一般取 1.5~2mm。

（4）草图的绘制

1）分析电路图。

① 理解电路图的工作原理，找出可能引起干扰的干扰源，并制定采取抑制的措施。

② 熟悉电路图中的每个元器件，掌握每个元器件的外形尺寸、封装形式、引线方式、排列顺序、各引脚功能、散热片面积等。

③ 确定印制电路板参数，根据元器件尺寸、元器件在板上的安装方式、排列方式和印

制电路板在整机内的安装位置，确定其尺寸及厚度参数。

④ 确定印制电路板对外连接方式。

2）草图的绘制步骤，以图 2-39 所示整流滤波电路为例进行说明。

① 按草图尺寸取方格纸或坐标纸。

② 画出版面轮廓尺寸，留出版面各工艺孔空间，而且还留出技术要求说明空间。

③ 用铅笔画出元器件外形轮廓，小型元器件可不画轮廓，但要做到心中有数。

④ 标出焊盘位置，勾勒印制导线。

⑤ 复核无误后，擦掉外形轮廓，用绘图笔重描熔核及印制导线。

⑥ 标明焊盘尺寸、线宽，注明印制电路板技术要求。

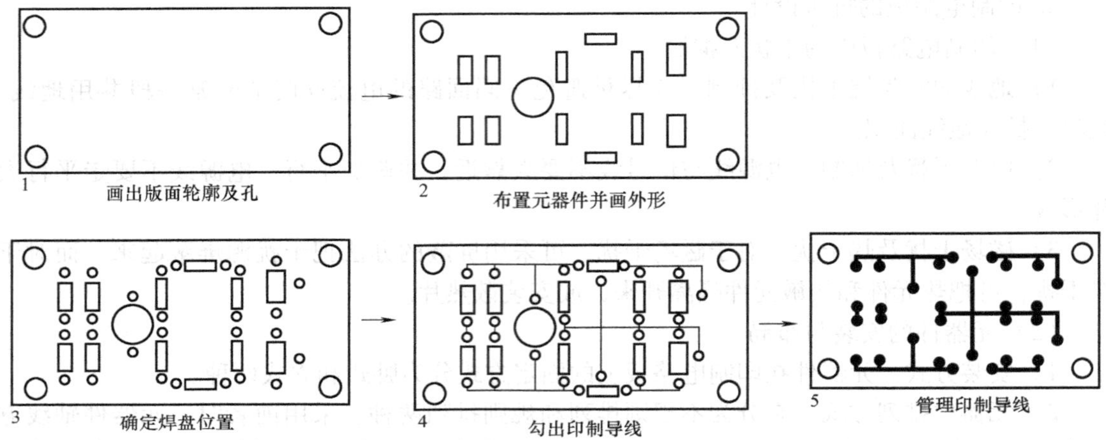

图 2-39 草图绘制步骤示意图

（5）底图的绘制。底图可以人工绘制，也可采用计算机绘制，目前较流行的绘制软件有 Protel 软件包、CAD 等。

3. 印制电路板的制作工艺与生产流程

（1）制作过程中的基本环节　印制电路板的制造工艺随印制电路板的类型和要求的不同而不同，但在不同的工艺流程中，必须具有以下七个基本环节。它们是：绘制底图→制版→图形转移→蚀刻→金属化孔→金属涂敷→涂助焊剂与阻焊剂。

（2）印制电路板的生产流程

1）单面板生产流程为：覆铜板下料→表面去油处理→上胶→曝光→显影→固膜→修版→蚀刻→去保护膜→钻孔→成形→表面涂敷助焊剂→检验。

2）双面板生产流程为：下料→钻孔→化学沉铜→电镀铜加厚（不到预定的厚度）→贴干膜→图形转移（曝光、显影）→二次电镀加厚→镀铅锡合金→去保护膜→腐蚀→镀金（插头部分）→成形热烙→印制助焊剂及文字符号→检验。

（3）手工制作印制电路板　在样机尚未定型的试制阶段或在课程设计中，经常需要手工制作印制电路板，因此，掌握手工自制印制电路板的方法很有必要。手工制作的方法有漆图法、贴图法、铜箔粘贴法。下面介绍常用的贴图法。

1）下料，按实际设计尺寸裁剪覆铜板，四周去毛刺。

2）拓图，用复写纸将已设计的印制电路板布线草图拓在干净的覆铜板的铜箔面上。注意草图拓图时的正、反面，印制导线用单线表示，焊盘用小圆点表示。拓双面板时，板与草图至少有三个以上的定位孔。

3）贴图，用透明胶带纸覆盖住铜箔面，用刻刀和尺子去除拓图后留在铜箔面的图形以外的胶带纸。注意留下导线的宽度以及焊盘的大小尺寸，防止焊盘过小而在钻孔时使焊盘位置消失，同时压紧留下的胶带纸。

4）腐蚀液一般用三氯化铁水溶液，浓度为30%~40%，温度适当，并用排笔轻轻刷扫，以加快腐蚀速度。待全部腐蚀后，用清水清洗。

5）揭膜，将留在印制导线和焊盘上的胶带纸揭去。

6）清洁。

7）打孔。

8）涂助焊剂，用已配好的松香酒精溶液对印制导线和焊盘涂助焊剂，使板面得到保护，并提高焊接性。

技能训练四　串联型稳压电源的安装与调试

一、目的与要求

1）理解稳压电路的原理。

2）掌握印制电路板的制作。

3）掌握电子电路的安装与调试。

二、材料、仪器与设备

电子焊接工具和电工工具各一套；印制电路板一块（30mm×60mm）；三氯化铁电解分析纯一瓶。

元器件明细表见表2-12。

表2-12　元器件明细表

序　号	代　号	名　称	型号、规格	数　量
1	V1~V4	二极管	1N4001	4
2	V5~V6	二极管	1N4148	2
3	V7~V8	晶体管	9013	2
4	V9	晶体管	9011	1
5	V10	晶体管	9013	1
6	R_1	电阻	RJ21、2kΩ1/8W	1
7	R_2	电阻	RJ21、680kΩ1/8W	1
8	R_3	电阻	RJ21、160Ω1/8W	1
9	R_4	电阻	RJ21、3Ω1/8W	1
10	RP_1	微调电位器	WSW1、1kΩ	1
11	RP_2	微调电位器	WSW1、10kΩ	1
12	C_1	电解电容器	CD11、470μF/16V	1
13	C_2	电解电容器	CD11、47μF/16V	1
14	C_3	电解电容器	CD11、100μF/16V	1

（续）

序　号	代　号	名　称	型号、规格	数　量
15	T	电源变压器	220V/9V	1
16	FU	熔断器	0.5A	1
17		熔断器座		
18		接线固定片		

三、电路与工作原理

串联型稳压电源的稳压精度高、内阻小、输出电压调节方便。图 2-40 所示为输出电压可在 3~6V 随意调节、输出电流为 100mA 且带有限流式电子保护的串联型稳压电源电路图。

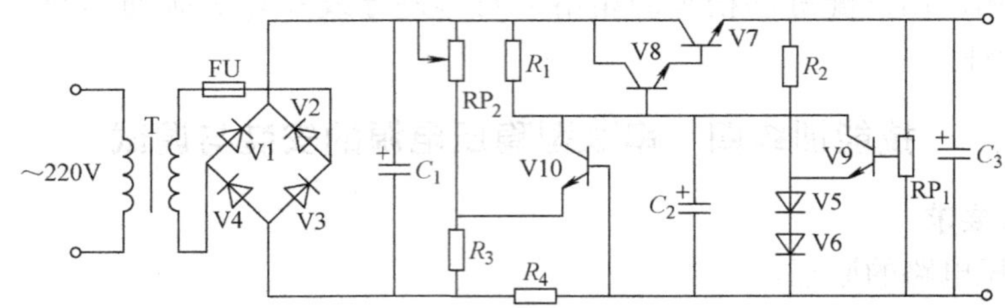

图 2-40　串联型稳压电源电路图

工作原理：电源变压器 T 二次侧的低压交流电，经过整流二极管 V1~V4 整流，电容器 C_1 滤波，变为直流电，输送到由复合管 V7、V8、比较放大管 V9 及起稳压作用的硅二极管 V5、V6 和取样微调电位器 RP_1 等组成的稳压电路。晶体管集电极与发射极之间的电压降简称为管压降。复合管上的管压降是可变的，当输出电压有减小的趋势时，管压降会自动变小，当输出电压有增大的趋势时则相反，从而维持输出电压不变。复合管的管压降是由比较放大管来控制的，输出电压经过微调电位器 RP_1 分压，输出电压的一部分加到 V9 的基极和地之间。由于 V9 的发射极对地电压是通过二极管 V5、V6 稳压的，可以认为其不变，这个电压称为基准电压。这样 V9 基极电压的变化就反映了输出电压的变化，此变化反应到 V9 的集电极，直接去控制复合管的基极，使复合管的管压降发生相应的变化，从而使输出电压保持稳定。

V5、V6 是利用它们在正向导通时管压降基本不变的特性来稳压的。R_2 是提供 V5、V6 正向电流的限流电阻。R_1 是 V9 的集电极负载电阻，又是复合管基极的偏流电阻。C_2 是考虑到在市电电压降低的时候，为了减小输出电压的交流成分而设计的。C_3 的作用是降低稳压电源的交流内阻和纹波电压。

RP_2、R_3、R_4、V10 组成限流式保护电路。RP_2 与 R_3 组成分压电路，确定晶体管 V10 的发射极电位。电源正常工作时，输出电流 I_L 同时通过电阻 R_4，在它上面产生电压降 U_{R4}（$U_{R4}=I_LR_4$），其极性是右正左负。因此，V10 发射结上的电压 $U_{be}=U_{R4}-U_{R3}$。

稳压电源正常工作时，I_L 较小，它在 R_4 上的电压降不足以使 V10 导通，所以 V10 等组成的限流式保护电路不妨碍电源工作。当发生短路或负载变化使输出电流增大时，U_{R4} 也随着增大，使 V10 的基极电压升高。当输出电流大到一定值时，V10 将导通，使复合管因基极电位降低而趋于截止，限制了输出电流。

这种保护电路的优点是：它的工作状态受输出电压的影响较小，适合在输出电压经常变动的稳压电源中使用。这个电路会使电源内阻增加，所以在保证保护电路可靠的前提下，R_4 应尽量选小些。

四、训练步骤

1. 不带保护电路的串联型稳压电路的安装、调试

1）按装配图正确安装元器件，如图 2-41 所示。

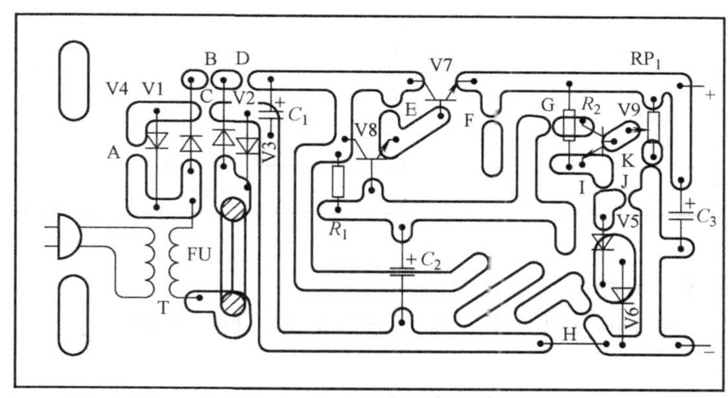

图 2-41 串联型稳压电源（无限流保护）装配图

2）检查元器件安装正确无误后，将断口 B、C、D、G、I、K 各处焊好，接通电源。

3）将万用表拨至直流电压挡，测 C_3 两端的电压，调节 RP_1，使电压在 3～6V 之间变动。

4）接负载调试，输出为 3V 时接上 30Ω 负载电阻。负载电阻接入前和接入后，输出电压的变化小于 0.5V 即可。

5）电路调试：

① 用万用表电压挡测量并记录电源变压器二次侧、C_1 电解电容两端及 V7、V8、V9 各极的电压值。

② 用电烙铁把断口 E 焊好，相当于 V7 集电结短路。调节 RP_1，观察输出电压有没有变化，并测量和记录 V7、V8、V9 各极对地电压值，将测量结果与①中的测量值对照。当 V7 集电结短路时，观察数据有什么变化并得出结论。最后用电烙铁把断口 E 焊开。

③ 用电烙铁把断口 G 焊开，相当于 V9 的 c-e 开路。调节 RP_1，观察输出电压有没有变化，并测量和记录 V7、V8、V9 各极对地电压值，将测量结果与①中的测量值对照。当 V9 的 c-e 开路时，观察数据有什么变化并得出结论。最后用电烙铁把断口 G 焊好。

④ 用电烙铁把断口 I 焊开，相当于 V5、V6 开路。调节 RP_1，观察输出电压有什么变化，并测量和记录 V7、V8、V9 各极对地电压值，将测量结果与万用表测量值对照，观察数据有什么变化并得出结论。最后用电烙铁把断口 I 焊好。

⑤ 用电烙铁把断口 J 焊好，相当于 V5、V6 击穿短路。调节 RP_1，观察输出电压有什么变化，并测量和记录 V7、V8、V9 各极对地电压值，将测量结果与万用表测量值对照，观察数据有什么变化并得出结论。最后用电烙铁把断口 J 焊开。

⑥ 用电烙铁把断口 K 焊开，相当于 RP_1 微调电位器下端开路。调节 RP_1，观察输出电

压有什么变化，并测量和记录 V7、V8、V9 各极对地电压值，将测量结果与万用表测量值对照，观察数据有什么变化并得出结论。最后用电烙铁把断口 K 焊好。

⑦ 将制作、调试结果填入表 2-13 中。

表 2-13　串联型稳压电源制作调试表

测　量　点	未接负载时的电压值	接入负载后的电压值
变压器的二次		
C_1 的两端		
V7	U_e =　U_b =　U_c =	U_e =　U_b =　U_c =
V8	U_e =　U_b =　U_c =	U_e =　U_b =　U_c =
V9	U_e =　U_b =　U_c =	U_e =　U_b =　U_c =
调节中出现的故障及排除方法		

2. 限流式电子保护电路的安装、调试

(1) 安装　在制作 1 的基础之上，按装配图安装，如图 2-42 所示。

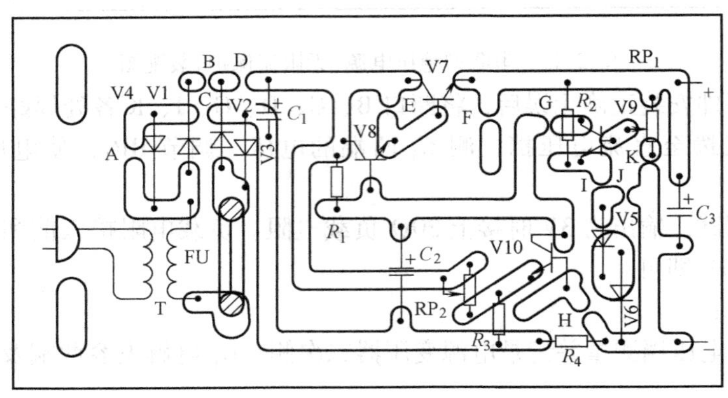

图 2-42　限流式电子保护稳压电源装配图

(2) 调试

1) 将稳压电源先调试好，输出电压调到额定值(H 点断开)。

2) 将 H 点断口处用焊锡接通，用万用表电压挡测量 R_3 两端电压，改变微调电位器 RP_2，使电表读数为 0.2V 左右，这时电源输出电流将被限制在 300mA 以内。保护电路动作的电流规定为输出电流的 2~3 倍。

3) 让电源处于超载状态，检查保护电路的动作情况。如果输出电流超出额定值，保护电路还不动作，可加大 RP_2 电阻值；而当输出电流很小时，保护电路就起作用，则可减小 RP_2 电阻值，使 V10 发射极电位适当高一些。调整时，不能让电源长时间处于超载状态，否则易造成复合管的损坏。

五、注意事项

1) 焊接前要对照图样检查印制电路是否正确，判别各元器件的好坏。

2) 焊接时要严格按操作规程进行，元器件引线成形要规范，焊接操作步骤要正确。

3）在进行每一步训练、调试前，应从理论上分析此项训练的目的以及将会出现的结果，做到心中有数后才动手操作。

4）接通或断开断口都必须在断电时进行。

六、扩展知识：单结晶体管触发电路的安装与调试

单结晶体管触发的调光电路如图 2-43 所示。它可使电灯泡两端的电压在几十伏至 200V 范围内变化，调光显著，起到功率调节的作用。

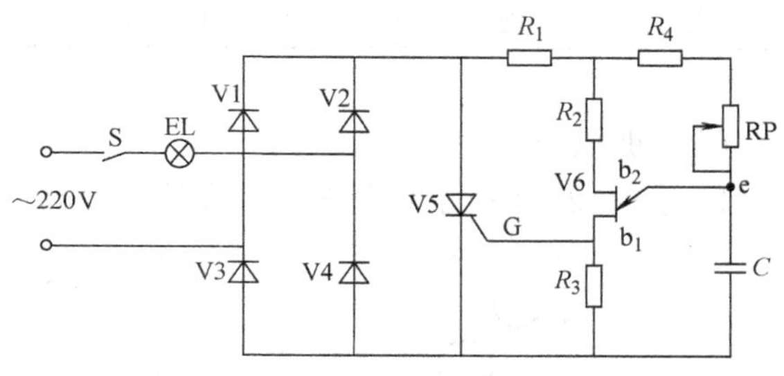

图 2-43　单结晶体管触发的调光电路

1. 工作原理

V6、R_2、R_3、R_4、RP、C 组成单结晶体管的张弛振荡器。在接通电源前，电容 C 上电压为零；接通电源后，电容经由 R_4、RP 充电使电压 U_e 逐渐升高。当 U_e 达到峰点电压时，e-b_1间导通，电容上电压经 e-b_1向电阻 R_3 放电，在 R_3 上输出一个脉冲电压。由于 R_4、RP 的电阻值较大，当电容上的电压降到谷点电压时，经由 R_4、RP 供给的电流小于谷点电流，不能满足导通要求，于是单结晶体管恢复阻断状态。此后，电容又重新充电，重复上述过程，结果在电容上形成锯齿状电压，在 R_3 上形成脉冲电压。在交流电压的每个半周期内，单结晶体管都将输出一组脉冲，起作用的第一个脉冲去触发 V5 的门极，使晶闸管导通，电灯泡发光。改变 RP 的电阻值，可以改变电容充电的快慢，即改变锯齿波的振荡频率，从而改变晶闸管 V5 的导通角大小，即改变了可控整流电路的直流平均输出电压，达到调节电灯泡亮度的目的。

2. 电路元器件明细表

电路元器件明细表见表 2-14。

表 2-14　元器件明细表

代号	名　称	型　号	数量	代号	名　称	型　号	数量
V1~V4	二极管	1N4007	4	RP	带开关电位器	470kΩ	1
V5	晶闸管	3CT041	1	C	涤纶电容器	0.022μF/50V	1
V6	单结晶体管	BT33	1	EL	电灯泡	220V、25W	1
R_1	电阻	RJ21、51kΩ1/8W	1		电源线		若干
R_2	电阻	RJ21、300kΩ1/8W	1		安装线		若干
R_3	电阻	RJ21、100kΩ1/8W	1		印制电路板		1
R_4	电阻	RJ21、18kΩ1/8W	1		灯座		1

3. 技能训练

（1）训练目的　通过调光电路的安装与调试，掌握单结晶体管和晶闸管的应用。

（2）材料、仪器与设备　所用工具、材料、仪器见表 2-15。

表 2-15　工具、材料、仪器

设备、工具	材　料	设备、工具	材　料
示波器 SR—8 一台	连接导线若干	镊子	元器件见表 2-14
万用表 MF—500 或 DT860B 一块	焊锡丝 ϕ0.8mm 若干	尖嘴钳	
电烙铁 25W 一把	印制电路板如图 2-42 所示	斜口钳	

（3）训练步骤

1）按图 2-44 所示装配图正确安装各元器件。

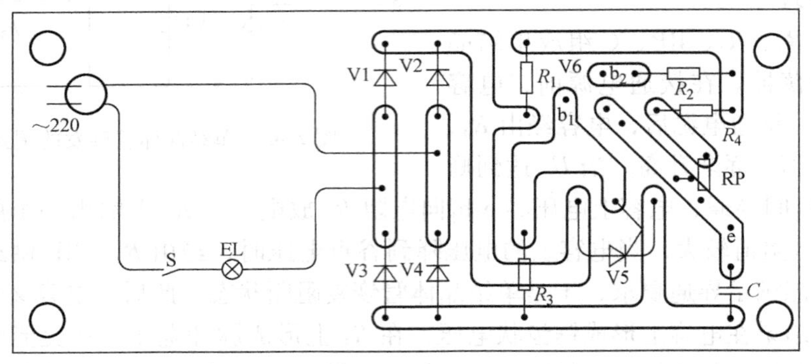

图 2-44　调光电路装配图

2）插上电源插头，打开开关，旋转电位器，电灯泡应逐渐变亮。

3）按表 2-16 调试，并将结果填入表内。

表 2-16　测试结果

状　态	电位器的电阻值	状　态	电位器的电阻值
电灯泡微亮时，断开交流电源		用示波器观察电容器 C 两端电压波形	
电灯泡最亮时，断开交流电源		调试中出现的故障及排除方法	

（4）注意事项

1）带开关电位器用螺母固定在印制电路板的孔上，电位器接线脚用导线连接到印制电路板的所在位置。

2）电灯泡安装在灯头插座上，灯头插座固定在印制电路板上。根据灯头插座的尺寸，在印制电路板上钻固定孔和串接导线。

3）印制电路板四周用四个螺母固定、支撑。

4）由于电路直接与 220V 电源相连接，调试时应注意安全，防止触电。调试前应认真、仔细检查各元器件的安装情况。最后接上电灯泡，进行调试。

5）由 V6 组成的单结晶体管张弛振荡电路停振，可能造成电灯泡不亮，或电灯泡不可调光。其原因可能是 V6 或 C 损坏。

6）电位器顺时针旋转时，电灯泡逐渐变暗，可能是电位器中心抽头接错位置。

7）当调节电位器 RP 至最小时，电灯泡突然熄灭，则应适当增大电阻 R_4 的阻值。

8）用示波器测量波形的时候要注意接一个 400V 隔直电容，并且避免阴极漏电。

【思考与练习】

1. 半导体最主要的导电特性是什么？
2. 硅二极管和锗二极管的特性有何异同？
3. 晶体管有哪些主要参数？
4. 晶体管有哪几种工作状态？处于每一种状态的条件是什么？特征是什么？
5. 什么是滤波电路？常用的滤波电路形式有哪些？
6. 直流稳压电路的作用是什么？
7. 稳压管能串联吗？为什么？能并联吗？为什么？
8. 自激振荡电路由哪几部分组成？产生自激振荡的条件是什么？
9. 根据图 2-45 的逻辑符号和输入波形，试分别画出相应的输出波形。

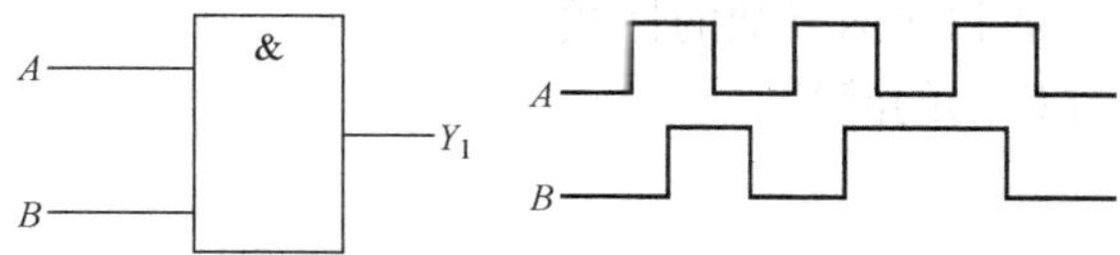

图 2-45

10. 两端输入“或非”门的逻辑符号和输入波形如图 2-46 所示，试分别画出相应的输出波形。

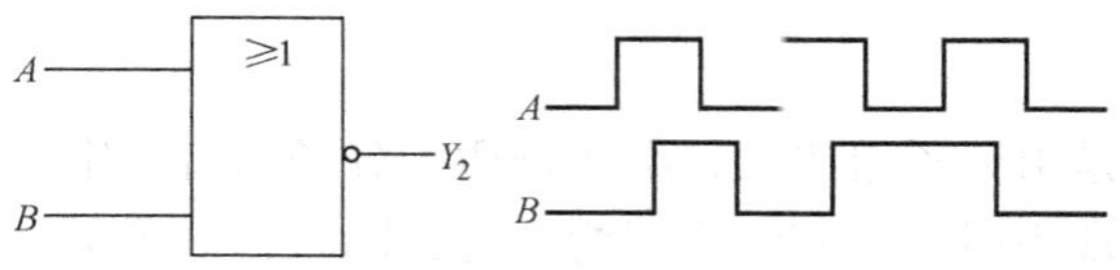

图 2-46

11. 根据图 2-47 所示波形，画出由“与非”门构成的基本 RS 触发器的输出 Q 和 $\overline{Q}$ 端的波形，设初态为 0 态。

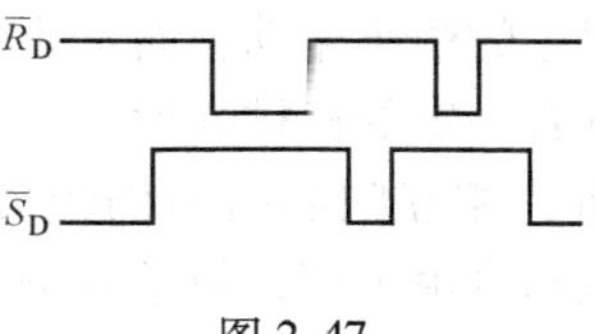

图 2-47

12. 单结晶体管的工作原理是什么？

模块三 热工与制冷技术基础

【学习目的】

1. 熟悉热工基本参数的含义，掌握它们的测量方法。
2. 熟悉传热的基本知识和应用。
3. 熟悉制冷技术的基本知识和基本的制冷方法。
4. 掌握压焓图的应用。
5. 了解制冷剂、载冷剂和冷冻机油的性质。
6. 掌握制冷剂和冷冻机油的灌注。

【基础知识单元】

第一节 制冷技术的基本知识

一、物态变化

自然界的物质大都是由分子组成的，组成物质的分子间有一定的距离，存在着相互作用力，这种作用力有时表现为引力，有时表现为斥力；同时，分子又处于无规则的永不停息的运动中，分子这种的杂乱无章的运动称为热运动。

由于分子间的作用力和热运动，物质通常呈现出三种不同的状态，即固态、液态和气态。

固态时，分子间的距离最近，相互间的引力最大；这个引力把分子束缚在平衡位置附近，热运动仅表现为在平衡位置附近的微小振动，而不能相对移动。因此，固态物质既有一定的体积，又有一定的形状，并且有一定的机械强度。

液态时，分子间的距离仍较近，相互间的引力仍较大，足以使分子之间保持一定的距离。因此，液态物质有固定的体积和自由表面，但是分子既可在平衡位置附近振动，又可单独或成群地相对移动，所以形成自由表面，同时具有流动性且没有一定的形状。

气态时，分子间距离大而引力小，甚至分子间不能相互约束。因此，气态物质既没有一定的形状，也没有一定的体积。

同一种物质在不同的条件下，由于分子间作用力和分子运动的结果，会分别以不同的状态存在。

例如，在0.1MPa(1atm)条件下将水冷却到0℃以下就会结成冰；而将它加热到100℃以上就会变成水蒸气。所以，物质的三种状态尽管表现形式不同，但是在一定的条件下(压力、温度变化到一定程度)，物质的状态就会发生变化，伴随变化过程的进行，就会进行一定的热交换，如图3-1所示。

物质由液态变成气态的过程叫做汽化。汽化现象有两种表现形式：一种是指在任何温度下(低于临界温度)液态物质表面进行的汽化现象，即蒸发；另一种是指在一定的条件下(沸点)液态物质的表面和内部同时进行的汽化现象，即沸腾。制冷技术中使用的“蒸发”概念，通常表示沸腾。反之，物质由气态变成液态的过程叫做液化。液化是汽化的逆过程。制冷技术中使用的“冷凝”概念，通常表示液化。

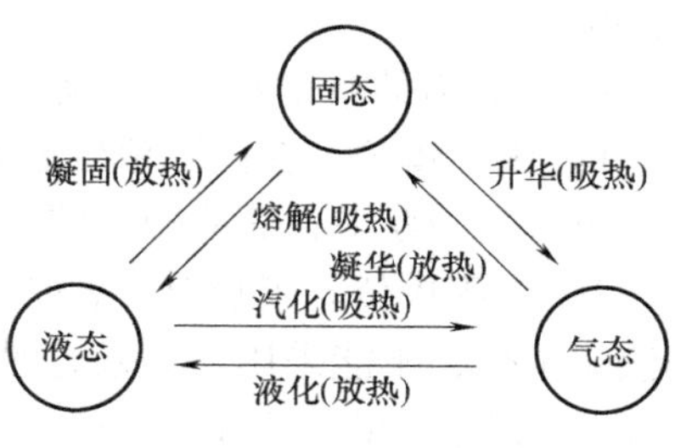

图 3-1　物态的变化

人为控制某种物质所处的环境条件，就可以按照人们的意愿使物质状态发生变化，从而实现对压力的控制或对热量的转移方向及大小的控制。

二、流体的基本状态参数

制冷技术中，通常研究的是气体和液体，它们统称为流体。在热力工程中，用来实现能量转换的物质称为工质；表示工质状态的物理量称为工质的状态参数。流体工质的基本状态参数有温度、压力、比体积、焓、熵和内能等。

1. 温度

温度是表示物体冷热程度的物理量，它是分子热运动的结果，分子运动越激烈，温度越高。采用温度概念来度量物体冷热程度时，建立温度的标准简称温标。由于规定和划分的方法不同，温标分为摄氏温标、华氏温标和热力学温标等，用这些温标确定的温度为摄氏温度、华氏温度和热力学温度等。

(1) 摄氏温度　规定在 1atm 下，水结成冰时的温度为 0℃，水沸腾时的温度为 100℃，在 0℃到 100℃之间平均分为 100 等份，每一等份叫做 1℃。摄氏温度用符号 t 表示，单位是摄氏度，用℃表示，当温度低于 0℃时，就要在数值前面加“-”号来表示。

(2) 华氏温度　规定在 1atm 下，水结成冰时的温度为 32℉，水沸腾时的温度为 212℉，在 32℉到 212℉之间平均分为 180 等份，每一等份叫做 1℉。华氏温度用符号 F 表示，单位用℉表示，当温度低于 0℉时，就要在数值前面加“-”号来表示。

(3) 热力学温度　热力学温度的零度是根据物理学原理推导出来的最低温度，即物质内部分子运动速度为零时所对应的温度。以绝对零度为起点的温度标准称为热力学温度，用符号 T 表示，单位用 K 表示。

规定在 1atm 下，水结冰时的温度为 273. 15K，水沸腾时的温度为 373. 15K。

(4) 温度单位的换算　摄氏温度、华氏温度和热力学温度之间的换算如下。

摄氏温度换算为华氏温度：$\frac{F}{℉}=\frac{9}{5}\cdot\frac{t}{℃}+32$

华氏温度换算为摄氏温度：$\frac{t}{℃}=\frac{5}{9}\left(\frac{F}{℉}-32\right)$

摄氏温度换算为热力学温度：$\frac{T}{K}=\frac{t}{℃}+273.15$

2. 压力

物理学中，单位面积上所承受的垂直作用力称为压强，工程上就称为“压力”。用符号

p 表示。

(1) 压力的单位及换算关系

1) 国际单位。在国际单位制中，力的单位是牛顿(N)，面积的单位用平方米(m^2)，压力的单位是帕斯卡，简称帕，即牛顿/平方米(N/m^2)。用符号 Pa 表示，即 $1Pa=1N/m^2$。

2) 工程单位。工程单位就是过去工程技术上常用的单位，按我国规定，这些单位都是非法定单位，不能采用。如果力的单位用千克力(kgf,1kgf≈9.8N)，面积的单位用平方厘米(cm^2)，则压力的工程单位为千克力/平方厘米(kgf/cm^2)。

$$1kgf/cm^2=10000kgf/m^2=9.8\times10^4Pa\approx0.1MPa$$

3) 标准大气压。标准大气压又称物理大气压，是指在地球纬度为 45° 的海平面上大气的常年平均压力。其值为 760mmHg。用符号 B 表示，单位为 atm。

$$1atm=760mmHg=1.033kgf/cm^2=101.325kPa\approx0.1MPa$$

工程上为了计算方便，把大气压力近似定为 1 千克力/平方厘米($1kgf/cm^2$)来计算，称为一个工程大气压。

$$1atm\approx1kgf/cm^2\approx0.1MPa$$

(2) 绝对压力、表压力和真空度　由于测量和计算的需要，在工程上气体的压力有绝对压力、表压力和真空度之分。绝对压力是指流体内部(如容器内的气体或液体对容器内壁产生)的实际压力，用符号 p 绝表示。表压力(相对压力)是通过压力表反映出来的流体内的绝对压力与当地大气压的差值，用符号 p_b 表示。当密闭容器内的流体压力(绝对压力)低于大气压力时，大气压力与容器内气体压力的差值称为真空度，用 p_v 表示。

绝对压力、表压力和真空度的关系为

$$p_{绝}=p_b+B$$
$$p_b=p_{绝}-B$$
$$p_v=B-p_{绝}$$

(3) 压力单位的换算　在工程计算中，应根据实际压力范围选用不同的压力单位。表 3-1 所示为常用压力单位的换算关系。

表 3-1　压力单位换算表

单位	Pa	$kgf/cm^2$①	atm①	mmHg①
Pa	1	1.02×10^{-5}	9.87×10^{-6}	7.5×10^{-3}
kgf/cm^2	9.8×10^4	1	9.68×10^{-1}	7.36×10^{-2}
atm	1.013×10^5	1.033	1	7.6×10^2
mmHg	1.333×10^2	1.36×10^{-3}	1.316×10^{-3}	1

① 我国规定，kgf/cm^2、atm、mmHg 均为压力的非法定单位。

3. 比体积

单位质量物质所占有的体积称为该物质的比体积，也称质量体积。习惯上把比体积看做 1kg 某种流体物质所占有的体积，用符号 v 表示，常用单位为米³/千克(m^3/kg)。

$$v=\frac{V}{m}$$

式中　V——物质的体积，单位为 m^3；

m——物质的质量，单位为 kg。

比体积 v 与密度 ρ 互为倒数，即

$$v\rho=1$$

比体积是流体（如制冷剂）的重要状态参数。在制冷机运行中，制冷剂的比体积在不同的制冷元件和管路中皆不同。

4. 热量和比热容

当两个温度不同的物体接触时，就会发生热交换。高温物体向低温物体释放的能量，就称为热量。热量是能量的一种表现形式，它只有在热能转移过程才有意义，用符号 Q 表示。在国际单位制中，热量的单位是焦耳（J）或千焦耳（kJ）。在工程单位制中，热量的单位常用卡（cal）或千卡（kcal），我国规定，它们都是非法定单位。1kcal 是指 1kg 纯净水在 1atm 下温度升高 1℃所需的热量。

$$1\text{cal}=4.18\text{J}$$

当物体发生热交换时，物体吸收或放出热量的多少与温度变化、物体的质量和物体的材料性质等因素有关。单位质量的某种物质温度升高（或降低）1℃所需吸收（或放出）的热量叫做这种物质的比热容，也称质量热容，常用符号 c 表示，单位用焦/（千克·K）[J/（kg·K）]。

气体的比热容不仅与气体的种类有关，而且与气体的加热（放热）条件有关。在压力不变的条件下获得的比热容称为比定压热容，用符号 c_p 表示；在容积不变的条件下获得的比热容称为比定容热容，用符号 c_V 表示。由于定压加热时气体要膨胀，一部分热量要消耗于气体的膨胀做功，因此比定压热容 c_p 大于比定容热容 c_V。c_p 与 c_V 的比值用 γ（$\gamma>1$）表示，称为比热比，对于理想气体，比热比相当于等熵指数。

$$\gamma=\frac{c_p}{c_V}>1$$

比热比 γ 是说明气体特性的一个重要数据。制冷剂气体在压缩机内被压缩，压缩结束时制冷剂气体温度上升的程度与比热比 γ 有很大的关系。

5. 熵

熵是用于定量分析热过程不可逆的热力学第二定律特征量。它是克劳修斯法案证明的一个导出状态参数，用符号 S 表示，单位用 J/K。比熵用小写字母 s 表示，单位用 J/（kg·K）。

对于孤立系统，熵的变化量 $\Delta S=S_2-S_1\geqslant0$，即一切孤立系统都朝着熵增的方向进行，也就朝着不可逆方向进行，只有在可逆情况，熵增为零，这就是熵增原理。在有外界交流的非孤立系统，$\Delta S>0$ 表示吸热过程，$\Delta S<0$ 表示放热过程，$\Delta S=0$ 表示绝热过程，如理想情况的压缩机压缩过程。

6. 焓

制冷剂在某一状态下时所具有的能量总和称为制冷剂在这一状态的焓；单位质量物质（制冷剂）的能量总和称为比焓，用符号 h 表示，单位为千焦/千克（kJ/kg）。

制冷剂的总能量是制冷剂的内能和推挤功之和。内能（U）与其分子热运动有关，也称为热力学能；推挤功则与制冷剂的压力（p）和比体积（v）有关。比焓的数学表达式为

$$h=u+pv$$

式中　h——比焓，单位为 kJ/kg；

p——压力，单位为 kPa；

v——比体积，单位为 m^3/kg。

焓的大小随制冷剂状态的变化而变化，如果对制冷剂加热或做功(例如对其压缩)，则制冷剂的焓会增大。反之，如果制冷剂被冷却或其蒸气膨胀并对外做功，则其焓会减少。

7. 内能

内能是物质内部所具有的能量，也叫热力学能，用符号 U 表示，单位为焦耳(J)。它包括分子的移动动能、转动动能、分子间的位能、分子中原子的振动动能、原子内部电子的能量和原子核能等。单位质量物质所具有的内能叫比内能，也叫质量热力学能，用符号 u 表示，单位为焦耳/千克(J/kg)，即

$$U=mu$$

式中　m——物质的质量，单位为 kg。

气体内动能的大小表现为气体温度的高低，内动能增大，则温度升高，反之则温度降低。而内位能与分子之间的距离有关，即与气体的比体积有关。比体积增大时，分子间的距离增大，则内位能增加，反之则内位能减小。所以，气体的内能与气体的状态有关，也是工质的状态参数之一。

三、气体的物理性质

1. 理想气体的状态方程式

人们通过生产实践和科学实验发现，对于某种气体，当状态发生变化时，在某一时刻其压力和比体积的乘积与其热力学温度的比值始终近似等于一个常数。这个常数称为气体常数，用符号 R 表示，单位为焦耳/(千克·开)[J/(kg·K)]。

$$R=\frac{p_1v_1}{T_1}\approx\frac{p_2v_2}{T_2}\approx\cdots\approx\frac{p_nv_n}{T_n}\approx\text{常数}$$

设想一种气体在任何条件下都符合关系式

$$R=\frac{pv}{T}$$

这种气体就称为理想气体，该式称为理想气体的状态方程。

对于不同的气体，气体常数 R 有不同的数值。

对于任何气体，只要知道其相对分子质量 μ，就可求出其气体常数 R，即

$$R=\frac{8314}{\mu}$$

制冷机中使用的制冷剂，在气体状态时可近似地把它当做理想气体来看待。

2. 混合气体的性质

在制冷机内的制冷剂中混入空气或其他气体后，系统内压力会发生变化，制冷剂会失去理想气体的性质。几种相互不起化学作用的气体混合后，混合气体的总压力等于各组成气体的分压力之和，即

$$p_{总}=p_1+p_2+\cdots+p_n$$

例如吸收扩散式制冷系统的蒸发器内总压力为 1.4MPa，其中氢气的分压力为 1.29MPa，而氨的分压力为 0.11MPa。

四、热力学定律

1. 热力学第一定律

能量守恒和转换定律在热能转换上的具体体现称为热力学第一定律。不论在任何场合下，如将一定量的热能转换为机械功时将产生相当数量的机械功；反之，将一定量的机械功转换为热能时也将产生相当数量的热能。它表明热能和机械功之间可以互相转换并存在着一定的数量关系，其表达式为

$$Q=W$$

式中　Q——热量，单位为 kJ；

W——机械功，单位为 kJ。

在实际的工质状态变化过程中，热力学第一定律的表达式为

$$Q=\Delta u+W$$

式中　Q——加给 1kg 工质的热量，单位为 kJ/kg；

Δu——1kg 工质内能的变化量，单位为 kJ/kg；

W——1kg 工质膨胀时对外界所做的功，称为膨胀功，单位为 kJ/kg。

热力学第一定律不仅适用于工质的吸热与放热过程，而且适用于工质的膨胀与压缩过程。通常规定：工质吸收的热量为正，放出的热量为负；增加的内能为正，减少的内能为负；膨胀功为正，压缩功为负。

设在一个密闭容器内装有 1kg 某气体，初始温度为 T_1，内能为 u_1。由外界给该气体加入热量 Q，其温度升高至 T_2，内能也增加到 u_2。由于在加热过程中，气体的容积没有变化，所以气体没有对外做功。因此，气体由外界得到的热量 Q，全部变成其内能的增加量 Δu，即

$$Q=u_2-u_1=\Delta u$$

气体在定容加热过程中所吸收的热量，等于其比定容热容与温差的乘积，即

$$Q=u_2-u_1=\Delta u=c_V(T_2-T_1)$$

以压力(p)为纵坐标、比体积(v)为横坐标构成的 p-v 图，称为压容图，如图 3-2 所示。该图上任意一点都有一个确定的压力(p)和比体积(v)与其对应，都表示工质的一个确定状态。同理，图上的任一条曲线都表示工质状态的一个变化过程。

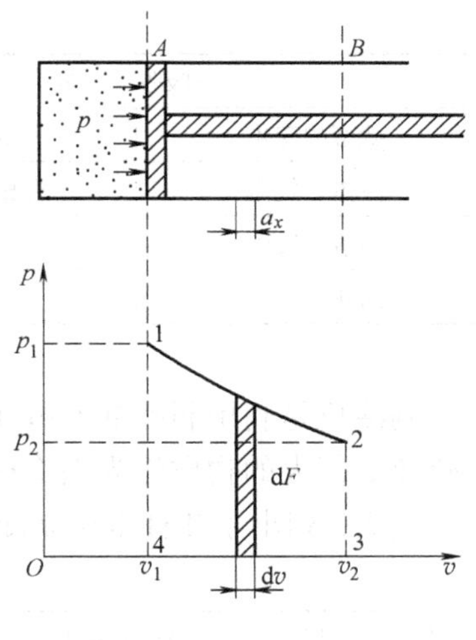

图 3-2　压容图

设在一个活塞可移动的气缸中装入 1kg 某种气体，当活塞在外力推动下向左运动时，气体的压力升高而比体积减小，气体接受外界的压缩功；反之，当气体膨胀时，气体的压力降低而比体积增大，推动活塞向右运动并对外做膨胀功。图 3-2 中的过程线 2→1 表示该气体的压缩过程，1→2 表示该气体的膨胀过程。

2. 热力学第二定律

实践中的大量事实证明：在自然条件下，热量只能从高温物体向低温物体转移，而不能

由低温物体向高温物体转移，要使热量反方向传递，只有依靠消耗功来实现；自然界中任何形式的能量都很容易变成热，而热量却不能在不产生其他影响的条件下完全变成其他形式的能量。这就是关于热力学第二定律的表述。

热机能连续不断地将热变成机械功，一定伴随有热量的损失。制冷机就是在消耗一定外功的条件下，利用制冷工质的状态变化将热量由低温物体转移到高温物体从而达到制冷的目的。

五、显热与潜热

在加热(或冷却)过程中，物质的温度、状态将发生改变。物质的温度和状态随时间变化的曲线如图 3-3 所示。

在加热(或冷却)过程中，温度升高(或降低)所吸收(或放出)的热量称为显热，用符号 $Q_{显}$表示，单位为千焦(kJ)。显热能使人们对物体的冷热变化有明显的感觉，可用温度计测量出物体温度的变化。不论是气体、液体或固体，只要知道它的比热容 c，质量 G 以及温度变化量 Δt。就可以计算出它的显热

$$Q_{显}=cG\Delta t$$

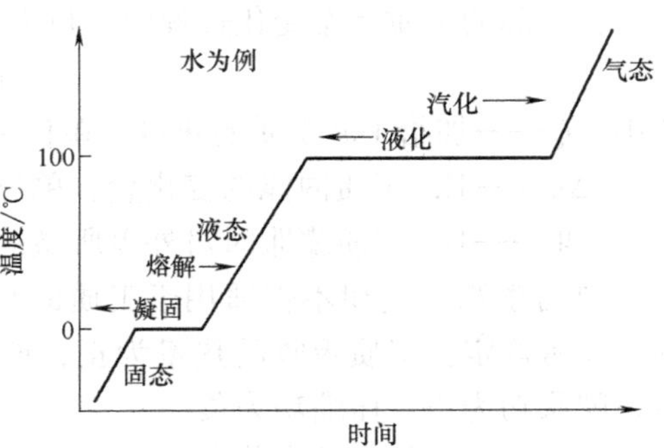

图 3-3　物质在加热(或冷却)过程中温度和状态随时间变化的曲线

物质在加热(或冷却)过程中，只改变原有的物质状态，而温度不发生变化，这种改变物态所得到(或失去)的热量称潜热，用符号 $Q_{潜}$ 表示，单位为千焦(kJ)。这种热量无法测量，只能通过实验计算出来。

因物质状态变化的种类不同，潜热的种类也不同，见表 3-2。

表 3-2　潜热的种类

应吸收的热量		应放出的热量	
状态的变化	潜热种类	状态的变化	潜热种类
液体→气体	蒸发热、汽化热	气体→液体	凝结热、液化热
固体→液体	熔化热	液体→固体	凝固热
固体→气体	升华热	气体→固体	凝华热

制冷机是利用制冷剂液体在汽化时要吸收大量的汽化热来达到制冷目的的，故通常选用汽化热数值大的物质作为制冷机中的制冷剂。

表 3-3 列出了几种常用制冷剂的汽化热值。

表 3-3　常用制冷剂的潜热值

制　冷　剂	潜热的种类	潜热/(kJ/kg)	制　冷　剂	潜热的种类	潜热/(kJ/kg)
水(R718)	汽化热	2219~2512	氟利昂 22(R22)	汽化热	234
氨(R717)	汽化热	1256~1382	冰	熔化热(0.1MPa 下)	335
氟利昂 12(R12)	汽化热	167	干冰	升华热(0.1MPa 下)	574

第二节　传热学基础知识

热量转移的过程称为热传递。根据热量传递的物理过程不同，热传递分为三种方式：传导、对流和辐射。在实际的传热过程中，这三种方式往往是同时进行的。在制冷系统中，往往希望加快一部分器件（蒸发器、冷凝器）热量传递的速度，而希望降低另一部分器件（保温层）热量传递的速度。

一、热传导

热传导也称导热，它是指热量从物体中温度较高的部位传递到较低的部位，或者从温度较高的物体传递到与之直接接触的温度较低的另一物体的过程。如给铜管的一头加热，另一头很快发烫；又如烧开水时，热量由水壶传递给水。

在物体导热过程中，材料传导热量的能力称为热导率。以单层平壁的热传导为例（见图 3-4），在稳定的导热条件下，通过壁面的传导热量 Q，与平壁材料的导热能力、壁面之间的温差、传热面积和传热时间成正比，与平壁的厚度成反比，即

$$Q=\frac{\lambda(t_w-t_n)FZ}{\delta}$$

式中　Q——传导的热量，单位为 kJ；

λ——材料的热导率，单位为 kJ/(m·h·℃)；

δ——平壁的厚度，单位为 m；

t_w、t_n——平壁的外表面和内表面的温度，单位为℃；

F——平壁的表面积，单位为 m^2；

Z—— 热传导的时间，单位为 h。

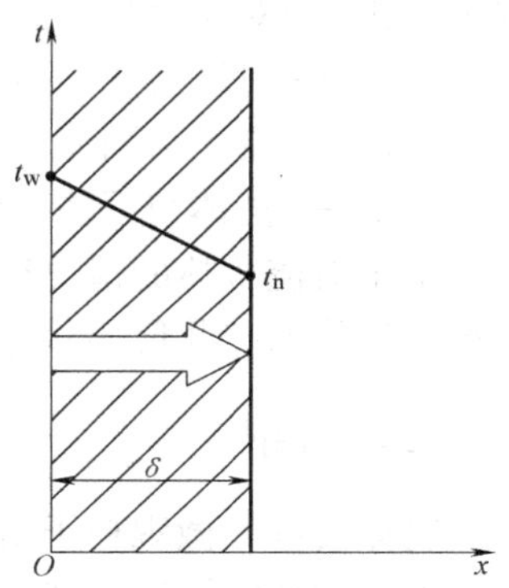

图 3-4　单层平壁的热传导

热导率与材料的成分、密度和分子结构等因素有关。表 3-4 列出了制冷装置中几种常用材料的热导率。

表 3-4　几种常用材料的热导率 λ　　（单位：kJ/m·h·℃）

材料名称	热导率 λ		材料名称	热导率 λ	
	名义值	设计时采用值		名义值	设计时采用值
纯铜	330~1256	330~1256	空气	0.088	0.088
铝	733	733	水	1.968	1.968
黄铜	308	308	水垢	4.187~12.561	4.187~12.561
铸铁	268	268	油膜	0.502	0.502
低碳钢	188	188	R22 液体	0.1	
聚苯乙烯泡沫塑料	0.126	0.167	R22 气体	0.0125	
聚氨酯泡沫塑料	0.080	0.113	NH_3 液体	0.049	
乳液聚苯乙烯泡沫塑料	0.121	0.159	NH_3 气体	0.028	
玻璃纤维	0.126	0.252			

二、对流

对流是指在气体或液体中由于温度差引起密度差、压力差而造成的热传递。温度低的气体或液体密度大，在重力作用下向下流动，温度高的气体或液体则因密度较小而上升，形成上下对流。

对流可分为自然对流和强制对流两种。自然对流是由于温度不均匀而形成的；强制对流是由于外界因素对流体的影响而形成的。直冷式电冰箱箱内的低温是箱内空气自然对流的结果；而间冷式电冰箱箱内的低温主要是通过强迫箱内空气对流来获得的。

制冷机中制冷工质与外界的热传递要通过流动着的制冷剂与蒸发器或冷凝器的管壁接触换热（对流换热）和以传导方式同时进行。对流换热的传热量 Q 与流体流动时接触壁面的面积、流体与壁面的温度差成正比，即

$$Q=\alpha F\Delta t$$

式中　Q——对流换热的热量，单位为 kJ；

α——对流换热的传热系数，称为表面传热系数，单位为 kJ/（m^2·℃）；

F——流体与固体壁面接触面积，单位为 m^2；

Δt——流体与固体壁面温度差，单位为℃。

由于对流传热的情况很复杂，影响表面传热系数的主要因素有流体的性质、流体的流动状态、传热面的几何形状等。

三、辐射

物体内部的微观粒子由热运动而激发出来电磁波的过程称为热辐射。在热辐射过程中，物体不断把热能转变为热辐射能。这个热辐射能的大小是随物体温度的大小而变化的。

物体以辐射或吸收的形式进行的换热过程，称为辐射换热，简称辐射。物体的辐射与温度有关，即使在同一温度下，不同物体的辐射与吸收能力也不一样。

辐射换热过程中，单位时间里通过单位面积上的辐射热量与温度之比，称为辐射传热系数，常用符号 α_r 表示。因此，两物体之间的辐射热量 Q 为

$$Q=\alpha_r F\Delta t$$

式中　Q——辐射热量，单位为 kJ；

α_r——辐射传热系数，单位为 kJ/（m^2·℃）；

F——辐射或吸收的面积，单位为 m^2；

Δt——辐射物体间的温差，单位为℃。

显然，α_r 是随温度而剧烈变化的函数。实际上，辐射换热与物体热力学温度的四次方成正比。实际物体的辐射，除与温度有关外，还与物体表面的颜色和粗糙度有关。表面颜色越深，表面越粗糙，物体的辐射能力就越强。

在制冷装置中，由于温度不是很低，温差也较小，传热计算中通常忽略辐射换热。只有在冷库和空调设计中计算冷负荷时才把太阳辐射热考虑进去。

四、传热的增强与削弱

在工程实际中，热量传递往往是传导、对流和辐射换热这三种基本热传递方式的组合，

如图 3-5 所示，可表示为

$$Q=KF\Delta t$$

其中 K 称为传热系数。传热过程的传热热阻为

$$R_K=R_1+R_\lambda+R_2=\frac{1}{\alpha_1}+\frac{\delta}{\lambda}+\frac{1}{\alpha_2}$$

传热系数为

$$K=\frac{1}{R_K}=\frac{1}{\frac{1}{\alpha_1}+\frac{\delta}{\lambda}+\frac{1}{\alpha_2}}$$

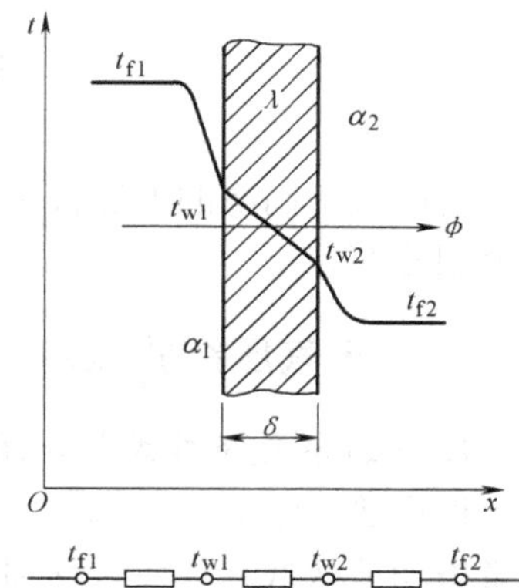

图 3-5　通过单层平壁的传热

工程实践中的传热问题通常分为两大类：增强传热和削弱传热。增强传热可使换热设备的尺寸缩小，提高换热能力；削弱传热则可减少热污染和热损失，有利于隔热保温措施的实施。

1. 增强传热

从传热方程式 $Q=KF\Delta t$ 可知：传热系数 K、面积 F 和温差 Δt 增大，都能增强传热。因此增强传热应从以下几方面考虑。

（1）增大传热系数 K　传热系数的大小取决于冷、热流体的性质和流动状态及固体壁面的材料及其形状等。

增大 K 的最有效方法是把总热阻降低，因此，当换热面两侧的表面传热系数相差较大时，应设法增强 K 较小一侧的换热条件。在 K 较小的一侧壁面上增加肋片，是增强传热的有效方法。若两侧的 K 都较小，则应尽可能设法对两侧都采取强化措施。但是，污垢、水垢、油垢、灰垢或其他积垢会造成 K 明显减小，例如 1mm 厚水垢的热阻约等于 40mm 厚钢板的热阻，所以，换热设备要定期清洗。缩小管径可以增大 K，但会增大管内流体的流动阻力。

（2）合理增大传热面积 F　在一定的金属耗量下增大传热面积，常用的方法是扩展表面，如肋片管、波纹管、板翅式换热面等。

（3）增大传热温差 Δt　提高热流体温度和降低冷流体温度，都能达到提高 Δt 的目的。但是 Δt 的提高受到工艺、材料和设备条件的限制，且 Δt 的提高，还将增加换热系统的不可逆性，降低换热能力。在相同的冷、热流体进、出口温度下，尽可能采用逆流或接近逆流，可有效地提高 Δt。

2. 削弱传热

在器件的外部或外围空间敷设隔热保温层，以增大传热热阻的方法，叫做热绝缘。对于热绝缘层的选择和设计，应从经济、工艺技术和环保、卫生等方面综合考虑。一般隔热保温材料的热导率 λ 应小于 0.90kJ/(m·h·℃)，相关行业标准规定为不大于 0.52kJ/(m·h·℃)。选用保温材料，还应注意材料表面黑度的影响。对于平壁传热面，敷设的隔热保温层越厚，保温效果越好。对于管路的隔热保温技术，则临界热绝缘直径是一个重要的数值，而不是保温层越厚越好。对于大管径的管路，随着隔热保温层的加厚，其热损失减少。当管路直径较小，所用热绝缘材料的热导率 λ 又较大时，则应重点考虑临界热绝缘直径的问题。

第三节　常见制冷方法

目前人工制冷的方法很多，常见的有蒸气压缩式制冷、吸收式制冷、蒸汽喷射式制冷和热电制冷等。

一、蒸气压缩式制冷

1. 单级蒸气压缩式制冷循环

根据热力学第一定律，人工制冷装置的作用是，在消耗一定机械功或热能的条件下，将热量被动地从低温物质转移到高温物质中去，从而将被冷却系统的温度降低至低于周围介质的温度并维持此低温。蒸气压缩式制冷是目前应用最广泛的一种制冷方式。按所要求达到的制冷温度不同，可采用单级蒸气压缩式、两级蒸气压缩式及复叠式压缩制冷循环。

单级蒸气压缩式制冷系统，如图 3-6 所示，主要是由制冷压缩机、冷凝器、节流器(膨胀阀或毛细管)及蒸发器这四个最基本部件组成的一个由管道互相连接而又密闭的系统，系统工作时制冷剂沿一定的方向在系统内不断循环流动。这四个基本部件即通常所说的“四大部件”。

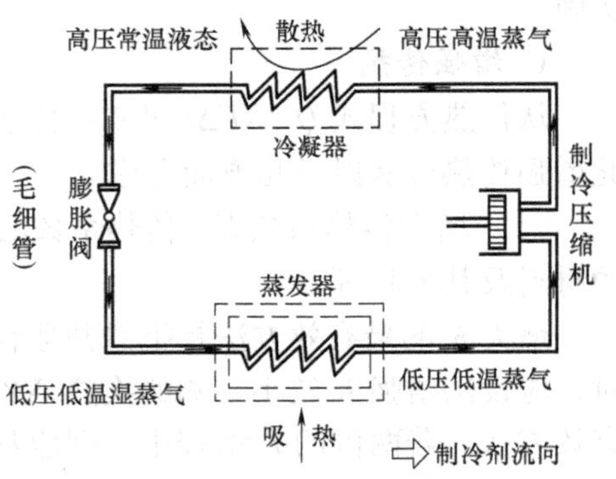

图 3-6　单级蒸气压缩式制冷系统图

制冷压缩机从蒸发器吸入低压低温制冷剂蒸气，经过压缩使其压力和温度升高后排入冷凝器；在冷凝器中制冷剂蒸气的压力不变，放出热量而被冷凝为高压液体，高压液体制冷剂经节流装置，压力和温度同时降低并进入蒸发器；低压低温制冷剂液气混合物在蒸发器内压力不变，不断吸热蒸发(制冷)，最后蒸气被压缩机吸走。这样制冷剂便在系统内经过压缩、冷凝、节流和蒸发四个过程完成了一个制冷循环。

要利用制冷剂实现连续制冷的目的，制冷系统必须具备上述四个基本部件以促进制冷剂循环并产生制冷剂的状态变化。即制冷剂在蒸发器中吸热汽化，在压缩机中受压缩使其压力和温度均升高，同时由于压缩机的吸气、排气作用促进制冷剂系统不断流动循环。制冷剂在冷凝器中放热而冷凝为高压液体；节流装置使高压液体制冷剂节流降压为低温的湿蒸气，并不断流入蒸发器中吸热蒸发，如此反复循环，达到人工制冷的目的。根据热力学第二定律，驱动压缩机所消耗的功起了补偿作用，使制冷剂不断从低温物体(冷藏物品)中吸热使之降温，并向高温物体(空气或水)放热，从而实现了制冷循环。

2. 两级蒸气压缩式制冷循环

在单级压缩式制冷循环中，来自蒸发器的蒸气，经压缩机一次压缩后便送入冷凝器中冷凝。理论和实践分析表明，单级蒸气压缩式制冷循环仅能获得-30℃以上的蒸发温度，当要获得更低的蒸发温度(一般为-60～-30℃)导致压缩比超过 10 的时候，需要采用两级蒸气压缩式制冷循环，如图 3-7 所示。所谓两级蒸气压缩，就是将来自蒸发器的蒸气，先用低压压缩机(低压级)压缩到适当的中间压力 p_m，然后经中间冷却后，再进入高压压缩机(高压级)再次压缩到冷凝压力，整个压缩过程分为两个阶段进行。这样既可满足取得低温的要求，又

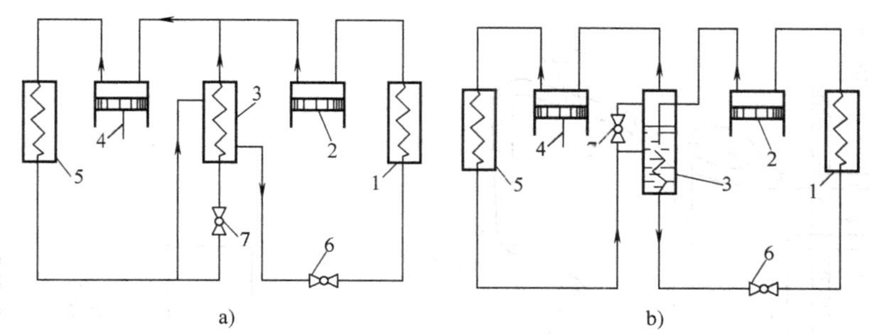

图 3-7　一级节流、两级蒸气压缩式制冷循环的系统图

a）中间不完全冷却　b）中间完全冷却

1—蒸发器　2—低压压缩机　3—中间冷却器　4—高压压缩机

5—冷凝器　6—节流阀　7—中间冷却器的节流阀

可降低在单级压缩制冷循环中因降低蒸发温度带来的有害影响。

两级蒸气压缩式制冷循环的中间冷却可以有不同的方式，而且与制冷剂的种类有关。例如，按高压气缸收入的制冷工质蒸气的温度，分为中间完全冷却和中间不完全冷却。而按照制冷工质从冷凝压力节流到蒸发压力所经过的节流阀数目，又可分为一次节流和二次节流两种。

3. 复叠式制冷循环

采用两级压缩制冷循环可以获得较低的蒸发温度，可以解决压缩比过大的问题，但由于工质的物理性能给制冷系统带来许多问题，如果要获得更低的蒸发温度（-130～-80℃），则更困难。要获得更低的温度就必须使用复叠式制冷循环。

复叠式制冷循环是用两种或两种以上不同的制冷剂，分别组成两个以上相互独立的单级（或两级）压缩制冷循环，并把它们组合成系统。这样的复叠式制冷循环系统可获得-130～-60℃的低温。

复叠式制冷机可以具备各种不同的具体形式，以二元复叠单级压缩制冷系统为例，说明它们的组成及工作过程，如图 3-8 所示。

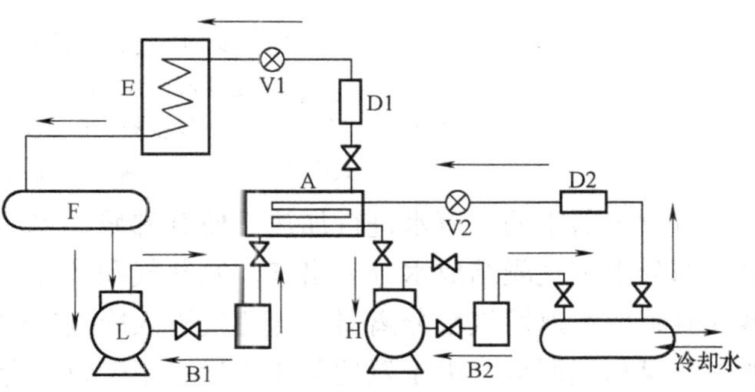

图 3-8　二元复叠单级压缩制冷系统图

该系统的两个部分分别形成一个独立系统：一个是高温部分，采用中温制冷剂；另一个是低温部分，采用低温制冷剂。高温部分所吸收的热量为低温部分对外放出的热量，低温部分的冷凝器是高温部分的蒸发器，故把这个将两部分联系起来的换热设备称为蒸发冷凝器。其余各部分与前述的单级和两级压缩式制冷系统相同。

二、吸收式制冷

吸收式制冷是利用某些物质对制冷剂蒸气有很强的吸收能力这一特性来实现制冷目的的。氨水吸收式制冷机的工作原理如图 3-9a 所示。这是一个连续吸收—扩散式制冷系统，在系统中充注有制冷剂—氨、吸收剂—水、扩散剂—氢。

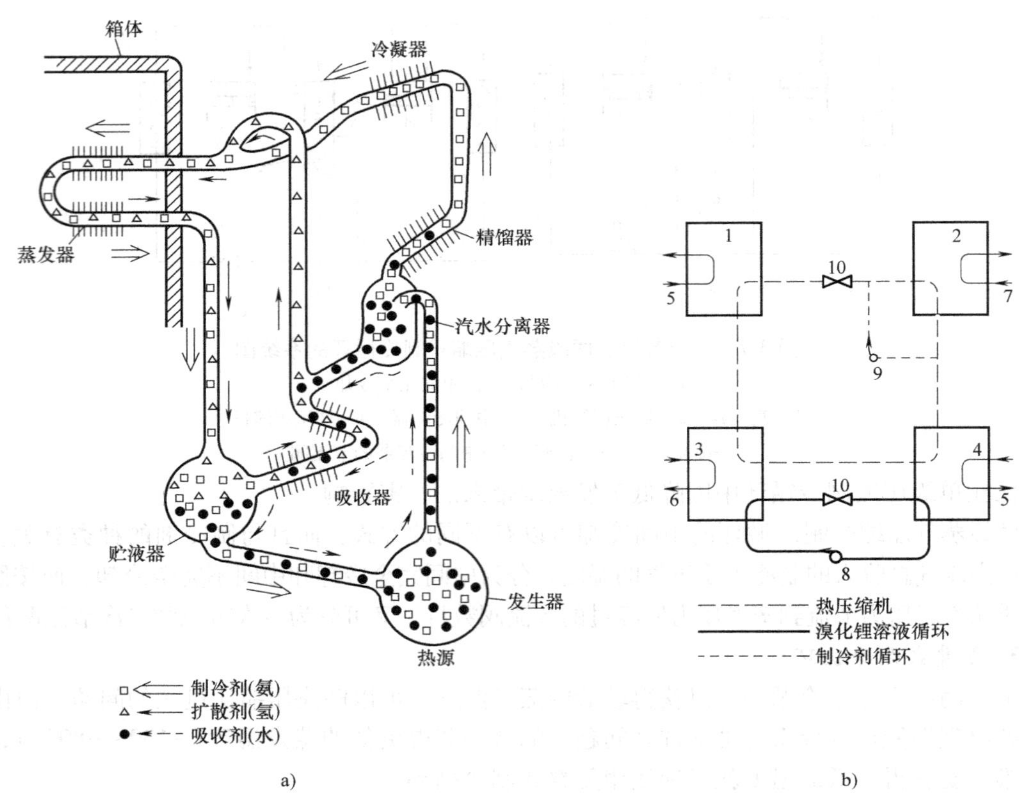

图 3-9　吸收式制冷机工作原理

a）氨水吸收式　b）溴化锂吸收式

1—冷凝器　2—蒸发器　3—发生器　4—吸收器　5—冷却水管　6—蒸气管

7—载冷剂管　8—溶液泵　9—制冷剂泵　10—调节阀

对发生器中的浓氨水进行加热，使其沸腾。氨蒸气和水蒸气上升，通过汽水分离器时，将一部分水蒸气凝结成水分离出来，氨蒸气和部分水蒸气进入精馏器后继续散热，使剩余水蒸气凝结成水返回汽水分离器。氨蒸气进入冷凝器中冷凝成液态氨，再流入蒸发器。在蒸发器内，氨和氢混合，由于氨的分压力远远小于氢的分压力(总压力约 1.4MPa,其中氢的分压力约为 1.25MPa,氨的分压力约为 0.15MPa)，氨液在此迅速蒸发吸收外部热量变为氨气，扩散到氨氢混合气体中形成蒸发制冷。蒸发后的氨氢混合气体在扩散剂氢的作用下，经过贮液器到吸收器时，氨气被氨水吸收回到发生器中，而氢气则经过平衡管回到蒸发器内。如此对发生器不断加热，使该循环持续进行而实现制冷目的。

除此之外，目前较常见的是溴化锂吸收式制冷系统，它以水为制冷剂，溴化锂溶液为吸收剂。在吸收式制冷中，发生器和吸收器两个热交换装置相当于蒸气压缩式制冷系统中的压缩机，因此，常把溴化锂制冷机吸收器和发生器及其附属设备所组成的系统，称为“热压缩机”。发生器的作用，是使制冷剂(水)从二元溶液中汽化，变为制冷剂蒸气(水蒸气)；而吸收器的作用，则是把制冷剂蒸气(水蒸气)重新输送回二元溶液中去，两热交换装置之间的二元溶液的输送，是依靠溶液泵来完成的。由此可见，溴化锂吸收式制冷系统必须具备四大热交换装置，即发生器、冷凝器、蒸发器和吸收器。这四大热交换装置，辅以其他设备连接组成各种类型的溴化锂吸收式制冷机。图 3-9b 所示为溴化锂吸收式制冷循环原理框图。图中上半部分，贯穿四个热交换装置，虚线所示为制冷剂循环，由蒸发器、冷凝器和节流装置(调节阀)组成，属于逆循环；图中下半部分，实线所示循环回路，则是由发生器、吸收器、溶液泵及调节阀组成的热压缩系统的二元溶液循环，属于正循环。以上循环是不考虑传质、传热及工质流动的系统阻力等损失的理论循环。正循环为卡诺循环，具有最大的热效率；逆循环为逆卡诺循环，具有最大的制冷系数。因此，由这样一个正循环与一个逆循环联合组成一个以热力为主要动力，辅以少量电能驱动溶液泵所构成的吸收式制冷机，具有最大的热力系数。

三、蒸汽喷射式制冷

蒸汽喷射式制冷机主要由冷凝器、蒸发器、节流阀、泵、喷射器等组成。喷射器又由喷嘴 a、吸入室 b 和扩压器 c 三部分组成，如图 3-10 所示。其工作原理是使从锅炉出来的高温高压蒸汽(称为工作蒸汽)进入喷射器，在喷嘴 a 中膨胀，获得很大的气流速度(可达 1000m/s 以上)，从而在喷嘴 a 的出口处造成相对压力很低的负压(例如当蒸发温度为 5℃时，出口相应的压力为 0.87kPa)，这就为蒸发器内的水在低温下汽化创造了条件。由于水汽化时需从未汽化的水中吸收汽化热，因而使未汽化水的温度降低(制冷)。这部分低温水便可以用于空气调节或其他生产工艺过程。蒸发器中产生的制冷剂蒸气(水蒸气)和工作蒸汽在喷嘴 a 的出口处混合，一起进入扩压器 c。在扩压器 c 中，由于速度的降低而使压力升高(例如当冷凝温度为 35℃时，其相应压力为 5.63kPa)，然后进入冷凝器，与外部的冷却水交换热量，冷凝成液体。出冷凝器时凝结水分为两路：一路通过节流阀节流降压后进入蒸发器，以补充蒸发掉的水量；另一路通过给水泵返回锅炉，再一次加热，又产生工作蒸汽。

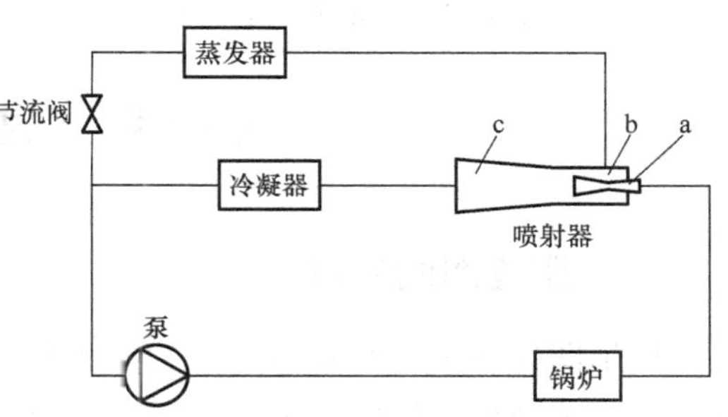

图 3-10　蒸汽喷射式制冷机的工作原理

四、热电制冷

一百多年前，珀尔帖就发现了两种不同半导体连成的闭合环路，当在此闭合环路中接入一直流电源时，一端的温度会降低成为吸热端，另一端的温度会升高而成为放热端，如图 3-11 所示。把这种现象叫做热电制冷(致冷)和制热(致热)，或称珀尔帖效应。半导体制冷器就是在这个基础上研制出来的，其原理如图 3-12 所示。当一个 P 型半导体器件和一个 N 型半导体器件连接成电偶时，给此电路接上直流电源，电流通过电偶就会使电偶的一个接头(热端)放出热量，另一个接头(冷端)吸收热量。若电源极性接反，则冷热端互相调换。由于每个半导体电偶产生的电热效应较小，所以实用上都是将一定数量的这种电偶串联组成电堆。半导体电冰箱就是利用这一原理来实现制冷的，如图 3-13 所示。

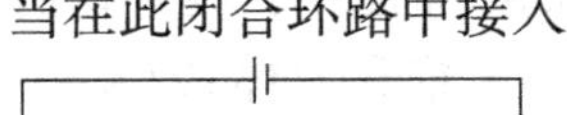

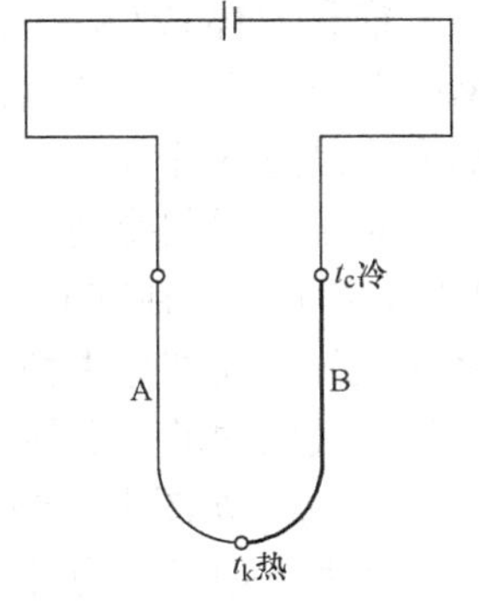

图 3-11　珀尔帖效应

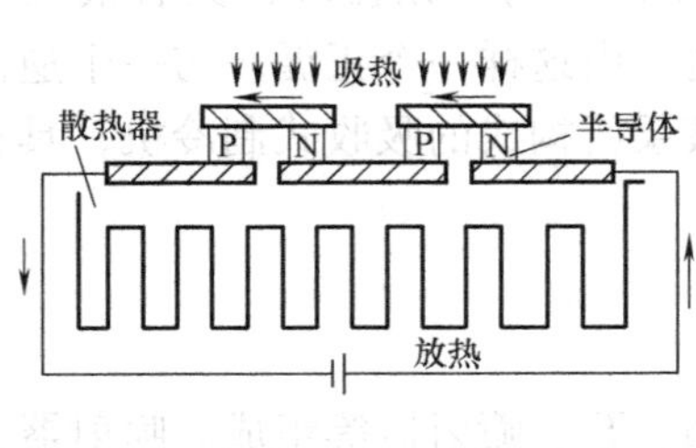

图 3-12 半导体制冷原理

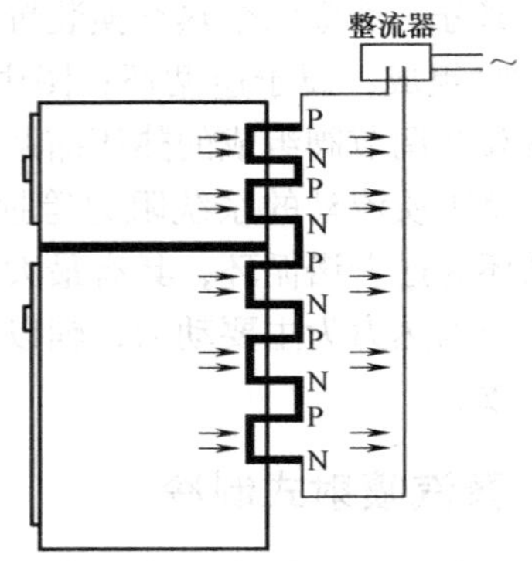

图 3-13 半导体电冰箱制冷原理

第四节 压焓图及其应用

一、压焓图的构成

压焓图（lg$p$—h 图）是以焓 h 为横坐标，压力 p 为纵坐标，用来表示物质（制冷剂）状态的图。为了缩小图形的尺寸，并使低压区内的线条交点清晰，通常采用的纵坐标是按压力的对数 lg$p$ 绘制的，如图 3-14 所示，共由八条线构成：①饱和液体线（$x=0$）；②干饱和蒸气线（$x=1$）；③等干度线（x）；④等压线（p）；⑤等温线（t）；⑥等焓线（h）；⑦等熵线（s）；⑧等比体积线（v）。lg$p$—h 图中的饱和液体线（$x=0$）和干饱和蒸气线（$x=1$）在上部有一交点 C，称为临界点。该点对应的压力和温度，分别称为临界压力和临界温度。由于一般的制冷循环都在临界点以下的区域进行，故在一些制冷剂的 lg$p$—h 图中，没有画临界点 C。

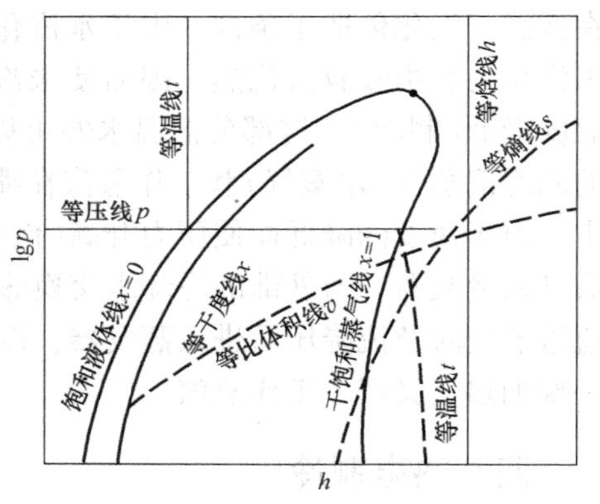

图 3-14 制冷剂 lg$p$—h 图的构成

饱和液体线（$x=0$）和干饱和蒸气线（$x=1$）把 lg$p$—h 图分为三个区域：①饱和液体线（$x=0$）的左边是过冷液体区；②干饱和蒸气线（$x=1$）的右边是过热蒸气区；③饱和液体线（$x=0$）和干饱和蒸气线（$x=1$）之间的区域是湿蒸气区。

对于不同制冷剂，其 lg$p$—h 图的形状是不同的。例如，氨制冷剂的实际使用压力均在 2MPa 以下，故在其 lg$p$—h 图中只标出压力小于 2MPa 的部分，并把实际计算时用不到的湿蒸气区的中间部分去掉。在液体区的等温线（t）几乎为铅垂线，在湿蒸气区与等压线重合；过热蒸气区内的等温线（t）则逐渐与等焓线趋向一致。

在 lg$p$—h 图中，制冷机的制冷量、冷凝放热量和压缩机功耗量均可用线段形式表示出来，大大方便了热力计算和研究。

二、压焓图的应用

对于制冷剂的任一状态的参数，一般只要知道上述任何两个参数，即可在 lg*p*—*h* 图中找出代表这一个状态的一点，在这个点上可以读出其他有关参数的数值。

例 3-1　压力为 137kPa，比体积为 0.158m³/kg 的 R12 呈何种状态？求其他有关参数。

解：所求的状态点如图 3-15 所示，从图中可看出，$p=137$kPa 的水平线 *AB* 和比体积 $v=0.158$m³/kg 的等比体积线 *CE* 的交点为 *M*。该点还可以读出其他状态参数：$h=600.8$kJ/kg；$s=4.9$kJ/(kg·K)；$t=40$℃；$\Delta t=63$℃。因为 *M* 点在过热区，所以这时的 R12 是过热的蒸气状态。

下面再以空调器为例说明 lg*p*—*h* 图的应用。制冷剂在空调系统中流过 1、2、3、4、5、6、7 点时的状态分别对应压焓图上的 1、2、3、4、5、6、7 点，如图 3-16 所示。

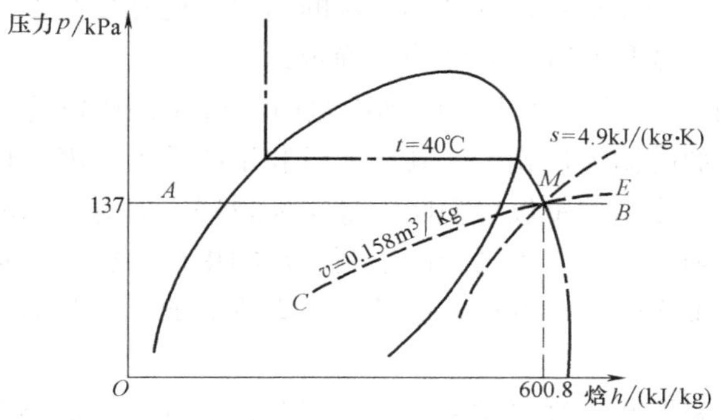

图 3-15　lg*p*—*h* 图的应用

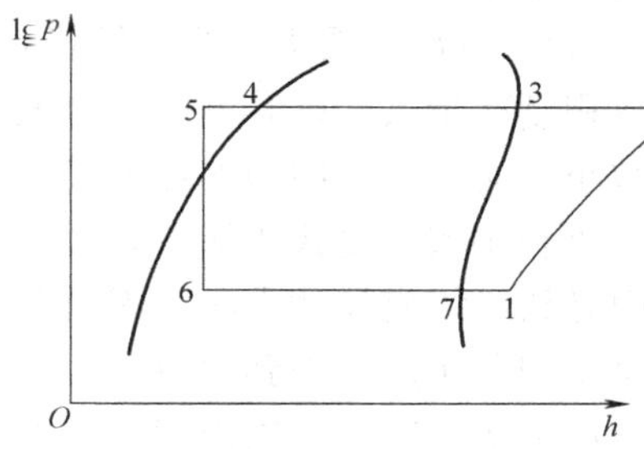

图 3-16　制冷系统的 lg*p*—*h* 图

点 1 为制冷剂进入压缩机的状态，点 2 为制冷剂排出压缩机的状态，过程 1→2 为制冷剂在压缩机中绝热压缩的过程，这样，低温低压的制冷剂蒸气压缩为高温高压的制冷剂蒸气。

制冷剂在冷凝器中从 2→3→4→5 不断降温放出热量冷凝。2→3 是冷却降温过程；从 3 开始液化，3→4 是不断液化、等温放出潜热的过程；到 4 就全部液化了，变成饱和液体；4→5 制冷剂进一步冷却，是一个过冷的过程；5→6 是在节流阀内绝热节流的过程，有一部分液体蒸发成气体，制冷剂的温度和压力下降，故 6 在湿蒸气区内。

6→7 是制冷剂液体在蒸发器中不断吸热汽化的过程，7→1 是一个过热的过程，这是为了防止未汽化的液体进入压缩机造成液击。

从 lg*p*—*h* 图中可以看出单位质量制冷剂的放热量 $q_k=h_2-h_5$；单位质量制冷剂的制冷量 $q_o=h_1-h_6=h_1-h_5$；压缩机所消耗的理论绝热压缩功 $w=h_2-h_1$。

从图中明显看出 $q_k=q_o+w$，即冷凝器放出的热量等于蒸发器吸收的热量和压缩机对制冷剂所做的功。

第五节　制冷剂、载冷剂和冷冻机油

一、制冷剂

制冷剂又称制冷工质，用英文字母“R”为代号。

它是一种在制冷循环过程中通过外功作用，利用自身状态变化(液态汽化、气态液化)吸收或放出热量而实现热量转移的物质。对制冷剂的一般要求是易于液化，又易于汽化。

1. 对制冷剂的要求

1) 临界温度较高，在常温或制冷温度下能够液化。一般来说，制冷循环越接近临界温度，节流损失越大，制冷系数越小，因而制冷效果就越差。

2) 蒸发器和冷凝器内制冷剂的压力要适中。即要求在蒸发器内制冷剂的压力最好和大气压力相近并略高于大气压力。因为当蒸发器中制冷剂的压力低于大气压力时，外部的空气可能会漏入系统中而降低制冷装置的制冷能力，而且空气中的水蒸气进入氟利昂制冷系统后对设备和管路会产生腐蚀；同时在低温部分的节流孔口处还会造成“冰堵”现象。

在冷凝器中制冷剂的压力不应过高，以降低制冷设备承受的压力，也同时降低对冷凝器密闭性的要求，从而减少金属消耗量，降低生产成本；减少循环中功的消耗，也减少制冷剂泄漏的可能性。冷凝温度是根据冷却介质的温度和冷凝器的结构来确定的。

3) 容积制冷量要大。当压缩机在一定的工况下，要求相同制冷量时，若所用的制冷剂单位容积制冷量大，则其制冷量也大，制冷剂的循环量就少，其压缩机和系统的尺寸就可以大大减小。对于大、中型的往复式压缩机，制冷剂的单位容积制冷量越大越好。但对于离心式压缩机和小型往复式压缩机来说，其要求则不一定，否则会由于制冷剂的单位容积制冷量太大而导致压缩机尺寸太小，因而会给制造带来一定的困难，但是，随着机械加工工艺的提高，这个问题正逐步得到解决。

应该说明，同一种制冷剂在不同的蒸发温度和冷凝温度下，其单位容积的制冷量是不相同的；而不同的制冷剂在相同的蒸发温度和冷凝温度下，单位容积的制冷量也各不相同。

4) 凝固点要低。

5) 粘度和密度要小，以保证制冷剂在系统中流动的阻力损失小。

6) 热导率要高，以提高各换热器的传热系数。

7) 与冷冻机油的溶解性要合适。制冷剂与冷冻机油能否溶解各有利弊。制冷剂能溶解于冷冻机油，优点是冷冻机油能渗透到压缩机的各个部件，为机件润滑创造良好的条件，且蒸发器和冷凝器的传热面上不会形成阻碍传热的冷冻机油层；缺点是从压缩机中带出的油量多，在蒸发器中产生的泡沫多，影响传热，并会引起蒸发温度升高，同时使冷冻机油的粘度降低。不溶于或微溶于冷冻机油的制冷剂，优点是从压缩机中带出的油量少，在蒸发器中的蒸发温度比较稳定；缺点是在蒸发器和冷凝器的传热面上会形成难以清除的油层，影响传热。

8) 等熵指数要小，可使压缩过程耗功减小，压缩终了时气体的温度不至过高。

9) 不燃烧，不爆炸，无毒，对金属不起腐蚀作用，与冷冻机油不起化学作用，高温下不分解，对人体无毒害。

10) 价格便宜，易于获得。

实际上，不同的制冷机和不同的工作温度对制冷剂的要求也不同。

2. 制冷剂的安全性分类

制冷剂的安全性包括毒性和可燃性两项内容。我国国家标准 GB/T 7778—2008 中关于安全性的分类如表 3-5 所示。

表 3-5　制冷剂安全性分类

可燃性＼毒性	低毒性	高毒性	可燃性＼毒性	低毒性	高毒性
高度可燃性	A3	B3	无火焰专播	A1	B1
低度可燃性	A2	B2			

可见，毒性分为 A、B 两类；可燃性分为 1、2、3 三类。对于可燃性而言，第 1 类的测定条件为 18℃ 和 1atm，而对 2、3 两类的测定条件为 21℃ 和 1atm。

3. 常用的制冷剂

目前制冷系统常用的制冷剂主要有水、氨、氟利昂及一些碳氢化合物。表 3-6 列出的是一些常用制冷剂及其特性参数。

表 3-6　常用制冷剂及其特性参数

制冷剂名称	化学分子式	代号	相对分子质量	1atm 下的沸腾温度/℃	临界温度/℃	临界压力/MPa	1atm 下的凝固温度/℃
水	H_2O	R718	18.016	100.0	374.15	22.114	0.0
氨	NH_3	R717	17.031	-33.35	132.4	11.290	-77.7
一氟三氯甲烷	$CFCl_3$	R11	137.39	23.7	197.78	4.371	-111.0
二氟二氯甲烷	CF_2Cl_2	R12	120.92	-29.8	112.04	4.1112	-155.0
四氟乙烷	CF_3CH_2F	R134a	102.03	-26.5	101.1	4.067	-96.6
三氟一氯甲烷	CF_3Cl	R13	104.47	-81.5	28.78	3.865	-180.0
四氟甲烷	CF_4	R14	88.01	-128.0	-45.45	3.744	-184.0
一氟二氯甲烷	$CHFCl_2$	R21	102.92	8.9	178.5	5.163	-135.0
二氟一氯甲烷	CHF_2Cl	R22	86.48	-40.8	96.0	4.932	-160.0
三氟三氯乙烯	$C_2F_3Cl_3$	R113	187.39	47.68	214.1	3.412	-36.6
四氟二氯乙烯	$C_2F_4Cl_2$	R114	170.01	3.5	145.8	3.273	-94.0
五氟一氯乙烯	C_2F_5Cl	R115	154.48	-38.0	80.0	3.234	-106.0
二氟一氯乙烯	$C_2H_3F_2Cl$	R142	100.48	-9.25	137	4.116	-130.8
乙烯	C_2H_4	R1150	28.05	-103.7	9.5	5.057	-169.6
丙烯	C_3H_6	R1270	42.08	-47.7	91.4	4.596	-185.0
异丁烷	C_4H_{10}	R600a	58.13	-11.73	135.0	3.646	-160

（1）水　水是最容易得到的物质，没有毒性，不会燃烧，也不会爆炸，而且汽化热大，为 2500kJ/kg 左右。但水作为制冷剂的最大缺点是，在常温下饱和温度较高，达 100℃，在常温下的饱和蒸汽压力很低，比体积非常大。而且在以水为制冷剂的制冷机中，蒸发温度只能在 0℃ 以上。所以水作为制冷剂的实用范围受到一定的限制。目前，水制冷剂一般只用于蒸汽喷射式制冷机、溴化锂吸收式制冷机和吸附式制冷机中。

（2）氨(无机化合物)　氨是应用较广的中温制冷剂，在常温和普通低温范围内压力比较适中，单位容积制冷量大，粘度小，流动阻力小，传热性能好。氨在冷冻机油中的溶解度很小，油进入系统后，会在换热器的传热表面上形成油膜，影响传热效果，因此在氨制冷系统中往往设有油分离器。氨液的密度比冷冻机油小，因此运行中油会逐渐积存于贮液器、蒸发器等容器的底部，可以较方便地从容器底部定期放出。

氨对人体有较大的毒性。其蒸气无色，具有强烈的刺激性臭味，刺激人的眼睛及呼吸器官，液态氨飞溅到皮肤上会引起肿胀甚至冻伤。人在含有0.5%~0.6%的氨的空气中停留半小时即可中毒。

氨可以燃烧，当空气中氨的含量达15%~28%(体积分数)时，如遇点火源则可引起爆炸，因此要求工作区内氨蒸气的浓度不超过20mg/m^3，对其进行处理时要特别小心。

氨能以任意比例与水相互溶解，形成氨水溶液，在低温时水也不会从溶液中析出冻结而造成冰堵，所以氨系统中不必设置干燥器。但氨水溶液会加剧金属的腐蚀，所以氨中的含水量仍限制在≤0.2%的范围内。

氨对碳钢不起腐蚀作用，但对锌、铜及其铜合金(磷青铜除外)有腐蚀作用，因此在氨制冷系统中，不允许使用铜及铜合金材料，只有连杆衬套、密封环等零件允许使用高锡磷青铜。目前氨制冷剂常用于蒸发温度在-65℃以上的大、中型单级和两级制冷机中。

氨制冷剂破坏臭氧层潜能值(ODP,以R11为1)和温室效应潜能值(GWP，以CO_2为1)均为0。安全级别为B2。

(3) 氟利昂

1) R12。R12的沸点为-29.8℃，凝固点为-155℃，可用来制取-70℃以上的低温(特性见表A-1、图B-1)。

R12无色，气味很弱，毒性小，不燃烧，不爆炸，等熵指数小，所以其压缩后排气温较低。但当温度达到400℃以上时，遇明火会分解出具有剧毒性的光气。R12的单位容积制冷量小，相对分子质量大，流动阻力大，热导率较小。

水在R12中的溶解度很小，低温状态下水易析出而造成冰堵，因此R12系统内必须严格限制含水量，并规定R12产品的含水量不得超过0.0025%，且系统中的设备和管道在充注R12前必须经过干燥处理，在充注管路中及节流阀前的管路中加设干燥器。

R12能与矿物性冷冻机油无限溶解，在传热管表面不易形成油膜，但在蒸发器中，随着R12的不断蒸发，冷冻机油在其中逐渐积存，使蒸发温度升高，传热系数下降。由于冷冻机油的相对密度比R12的小，油膜浮在R12液面上，无法直接从容器底部放出，因此，蒸发器多采用干式蛇管式，从上部供液，下部回气，使冷冻机油与R12一同返回压缩机。在压缩机曲轴箱内，冷冻机油会溶解R12，降低了油的粘度，因此应采用粘度较高的冷冻机油。另外，当压缩机停机时，曲轴箱内压力升高，油中R12的溶解量增多；当压缩机起动时，曲轴箱内压力突然降低，油中的R12便大量蒸发，将油液带入系统，并形成泡沫，造成曲轴箱内油位下降，影响液压泵的正常工作。所以往往在曲轴箱底部设有电加热器，起动前先对冷冻机油加热，使R12蒸发，以免起动时造成失油现象。

R12对一般金属没有腐蚀作用，但能腐蚀镁及含镁量大于2%的铝镁合金。含水后会产生镀铜现象。R12对天然橡胶及塑料等有机物有膨润(膨胀渗透)作用，故密封材料应使用耐氟利昂腐蚀的丁腈橡胶或氯乙醇橡胶，密封式压缩机中绕组导线要涂覆耐氟绝缘漆，电动机采用B级或E级绝缘。R12极易渗透，故对铸件质量及系统的密封性要求较高。

R12由于其压力适中，压缩终了时温度低，热力性能优良，化学性能稳定，无毒，不燃烧，不爆炸等优点，过去广泛用于冷藏、电冰箱、空调器和低温设备，从家用电冰箱到大型离心式制冷机中都有采用。但 R12 对地球的大气臭氧层有严重的破坏作用，使地球产生温室效应，危及人类赖以生存的自然环境，因此它的使用将受到限制和禁止。目前，在冷柜中使用比较多的是 R502 制冷剂，特性如图 B-4 所示。

R12 破坏臭氧层潜能值（ODP，以 R11 为 1）为 1 和温室效应潜能值（GWP，以 CO_2 为 1）为 14000。安全级别为 A1。

2）R22。R22 也是较常用的中温制冷剂，其沸点是-40.8℃，凝固点为-160℃，单位容积制冷量稍低于氨，但比 R12 的大得多。压缩终了时温度介于氨和 R12 之间，能制取-80℃以上的低温（特性见表 A-2、图 B-2）。

R22 无色，气味很弱，不燃烧，不爆炸，毒性比 R12 的稍大，但仍属安全性制冷剂。它的传热性能与 R12 相近，溶水性比 R12 稍大，但仍属不溶于水的物质，含水量仍限制在 0.0025%之内。以防含水量过多而造成“冰堵”，所采取的措施与 R12 系统相同。

R22 的化学性质不如 R12 稳定。它的分子极性比 R12 大，故对有机物的膨润（膨胀渗透）作用更强。密封材料可采用氯乙醇橡胶，封闭式压缩机中的电动机绕组线圈可采用 QF 改性缩醛漆包线（E 级）或 QZY 聚酯亚胺漆包线绕制。

R22 能部分地与冷冻机油互溶，温度高时溶解性较好，但在低温下（蒸发器中）会出现分层现象，采用的回油措施与 R12 相同。

R22 对金属的腐蚀性、渗漏性与 R12 相同。

R22 广泛用于冷藏、空调器、低温设备，在活塞式、离心式、回转式压缩机系统中均有采用。由于对地球大气臭氧层仅有微弱的破坏作用，它作为近期过渡性的制冷剂，广泛在空调行业使用，现在逐渐开发了替代制冷剂，主要有 R407C、R410 等。

R22 破坏臭氧层潜能值（ODP，以 R11 为 1）为 0.034 和温室效应潜能值（GWP，以 CO_2 为 1）为 1700。安全级别为 A1。

R22 制冷剂钢瓶的安全贮存有如下要求：

① 开、关制冷剂钢瓶的阀门，必须用专用扳手或其他工具。

② 向系统充注制冷剂时，如需对钢瓶加温，最好使用温度不超过 65℃的温水。不得用明火对钢瓶加热。

③ 钢瓶最好直立存放，这样杂质就可留在瓶底，而不致进入排液管。

④ 不得在阳光直射的地方或周围温度超过安全阀规定值的地方存放制冷剂钢瓶。

⑤ 制冷剂钢瓶应按规定定期检查，不得使用超过检查期的钢瓶。

⑥ 不得擅自改变制冷剂钢瓶上的安全装置。

⑦ 不得把过量的制冷剂充入制冷剂钢瓶。

⑧ 不得自行修理制冷剂钢瓶。

⑨ 不得放倒、敲击、碰撞制冷剂钢瓶。

⑩ 不得把不同种类的制冷剂灌入同一个瓶内。

3）R13。R13 属低温制冷剂，沸点为-81.5℃，凝固点为-180℃，毒性比 R12 更小，不燃烧，不爆炸。低温时蒸气的比体积小，常温下饱和压力高，临界温度低（28.78℃），临界压力为 4MPa，故应使用耐高压的容器贮存，特别要注意防晒与防碰撞。

R13 微溶于水，系统中也应设干燥器。它不溶于油，对金属、有机物的作用及渗漏性与 R12 相同，可用来制取-100～-70℃的低温。

R13 破坏臭氧层潜能值（ODP，以 R11 为 1）为 1 和温室效应潜能值（GWP，以 CO_2 为 1）为 14000。安全级别为 A1。

4） R11。R11 属高温制冷剂，沸点为 23.7℃，凝固点为−111℃，常温常压下呈液态。它的相对分子质量较大，单位容积的制冷量小，所以适用于离心式压缩机制冷系统。

R11 的毒性比 R12 大，与明火接触时更易分解出剧毒光气，其溶水性、溶油性、对金属及有机物的作用均与 R12 相类似。由于其沸点高，曾广泛应用于空调系统、热泵装置中，制取−5～10℃的低温。由于它对大气臭氧层有较强的破坏作用，也属于限用和禁用的制冷剂。

R11 破坏臭氧层潜能值（ODP，以 R11 为 1）为 1 和温室效应潜能值（GWP，以 CO_2 为 1）为 4600。安全级别为 A1。

5） R123。制冷剂 R123 又名二氯三氟乙烷，分子式为 $CHCl_2CF_3$，标准沸点是 27.87℃，无色，无异味，其破坏臭氧层潜能值（ODP，以 R11 为 1）为 0.02 温室效应潜能值（GWP，以 CO_2 为 1）为 93，目前是较好的替代 R11 的制冷剂，已经成功用在离心式压缩机中。但是，R123 有毒性，安全级别为 B1。

6） R134a。R134a（即 HFC—134a）化学名称为四氟乙烷。它与 R12 具有较相似的热物理性质，基本上无毒性，对大气臭氧层的破坏性很小。因此，它目前被大多数制冷设备厂商普遍看好。其特性如表 A-3 和图 B-7 所示。

其破坏臭氧层潜能值（ODP，以 R11 为 1）为 0 和温室效应潜能值（GWP，以 CO_2 为 1）为 1300。安全级别为 A1。

表 3-7 是 R134a 与 R12 的基本特性比较。

但 R134a 作为一种新型的制冷剂也存在一些缺点，在制冷设备中，必须相应地采用一

表 3-7　R134a 与 R12 的基本特性比较

项　目	R12	R134a	结论（R134a）
化学分子式	CF_2Cl_2	$C_2H_2F_4$	—
名称	二氯二氟甲烷	四氟乙烷	—
分子大小/Å①	4.4	4.2	分子小，易渗透
相对分子质量	120.9	102.04	—
标准沸点/℃	−29.8	−26.5	较高
凝固点/℃	−155	−101	
临界点/℃	112	101	
汽化热/（kJ/kg）	165.3	219.8	单位制冷量大 30%
25℃时在水中的溶解度/（g/100g）	0.009	0.15	水溶解性大
破坏臭氧层潜能值（ODP）	1.0	约 0.0	对臭氧几乎无破坏
温室效应潜能值（GWP）	14000	1300	温室效应小
与矿物油互溶性	相溶	不相溶	采用新型油
与橡胶互溶性	氯丁橡胶、氟橡胶、丁腈橡胶可用	氯丁橡胶、高丁腈橡胶、尼龙橡胶可用	改变部分材料

注：① Å=0.1nm=10^{-10}m

定的技术来克服它的负面影响。其缺点主要有以下几个方面：

① 渗漏性较强。由于 R134a 比 R12 的分子更小，其渗透性更强，从而对密封材料的选用及气密性试验提出了更高的要求。

② 饱和压力较高。与 R12 相比，同温度下 R134a 的饱和压力较高，使三星级电冰箱在制冷工况下运行时低压段出现负压状态，这就要求在维修过程中必须确保注氟工具密封性良好，以防空气和水分进入系统。而高压段由于温度较高，压力较大，则需要对压缩机的结构材料作部分改动。在对电冰箱进行修理时，应根据 R134a 饱和状态热力性质中温度与压力的对应关系值进行细致调试，以保证设备达到原工况要求。R134a 饱和温度与饱和压力对应关系见表 3-8。

表 3-8 R134a 饱和温度与饱和压力对照表

温度/℃	压力/MPa	温度/℃	压力/MPa	温度/℃	压力/MPa
-40	0.052	-15	0.164	10	0.415
-35	0.066	-10	0.201	15	0.489
-30	0.085	-5	0.243	20	0.572
-25	0.107	0	0.293	25	0.666
-20	0.133	5	0.350	30	0.771

③ 水的溶解性较小。由于 R134a 是部分卤化的碳氢化合物，化学性质不如全卤化的碳氢化合物稳定，其氟原子的负电极易于发生水解去卤化反应，因而要求制冷循环系统的干燥程度更高。

④ 腐蚀性强。产生 HCl 化合物，腐蚀元件和管道，因而对电冰箱电动机漆包线的耐氟性要求较高。

⑤ 润滑特点。R134a 是非溶于矿物油的制冷剂，且具有很强的水解性能，原用于电冰箱的矿物性冷冻机油已不能满足压缩机的润滑要求，通常使用人工合成的聚酯类(POE)油。

7）R600a。制冷剂 R600a 又名异丁烷(2—甲基丙烷)，属碳氢化合物，相对分子质量为 58，分子式结构为 C_4H_{10}，标准沸点是-11.73℃(特性见图 B-5)。R600a 是从原油中提炼出来的，所以也算是天然气的一种，比空气重，很易聚积，无色，微溶于水，性能稳定，其破坏臭氧层潜能值(ODP)为 0，温室效应潜能值(GWP)为 0，安全级别为 A3，有别于以往的制冷剂如 R12、R134a 等，所以它是目前 R12、R134a 在电冰箱制冷剂方面的替代品。它最大的特点是能与空气形成爆炸性混合物，爆炸极限为 1.9%~8.4%(体积分数)，当达到或高于此比例时，如遇明火等即刻引起爆炸，因此特别要注意安全。

R600a 是异丁烷，打火机里的气体是正丁烷，前者分子式又可写为 $CH(CH_3)_3$，后者是 $CH_3CH_2CH_2CH_3$，是同分异构体，易燃易爆，但是一般每台电冰箱就充装 60~100g，也就是两三个打火机的量，用于家庭基本不会导致恶性爆炸，R600a 的危险性主要是对于生产厂家和运输过程而言的。而且，R600a 比 R134a 便宜得多，所以它作为 R12、R134a 在电冰箱制冷剂方面的替代品是有广阔空间的。

在电冰箱中用 R600a 替代 R12 时，主要值得注意的特点如下：

① 由于低压工作压力为负压，所以要严格控制泄漏。

② 压缩机气缸容积在 R12 基础上增大 65%~70%，外形尺寸基本不变，同 R12 相比，功率相同的电动机所配压缩机的制冷量基本相同。

③ 因异丁烷具有易燃性，使用时必须对电器元件进行改动，R600a 压缩机的起动继电器应采用 PTC 元件且密封，绝对不能使用重锤式起动继电器；R600a 压缩机铭牌上有黄色火苗易燃标志。

④ 用于 R12 系统的冷凝器和蒸发器同样适用于 R600a 系统，但需要作必要的匹配调整。

⑤ 异丁烷与钢、纯铜、黄铜、铝、氯丁橡胶、尼龙和聚四氯乙烯相容，这些相容的材料均可用于 R600a 系统，硅和天然橡胶与 R600a 不相容，故不能用于 R600a 系统。

⑥ 用于 R12 系统的毛细管同样适用于 R600a 系统，只是流量稍有区别。

⑦ 目前用于 R12 系统的干燥剂均可用于异丁烷系统中，生产维修中考虑到 R600a 的结构性质，要求使用专用干燥过滤器 XH9。

⑧ 异丁烷的充注量相当于 R12 的 40%左右，因此需要高精度的制冷剂灌注设备、校准设备。

⑨ 用于 R12 系统的电磁阀同样适用于 R600a 系统。

8）R407C。它是由 R32(二氟甲烷,分子式为 CH_2F_2,标准蒸发温度为-56.6℃)、R125(五氟乙烷,分子式为 C_2HF_5,标准蒸发温度为-48.5℃)和 R134a 混合而成，其混合比例(质量分数)为 R32 占 23%、R125 占 25%、R134a 占 52%。R407C 是 R22 的替代物，原有 R22 制冷设备改用 R407C 后除更换冷冻机油、调整系统充注量及节流元件外，对压缩机及其余设备均可不作改动，但采用 R407C 后制冷机的制冷量及能效比要比使用 R22 稍有下降，经过结构优化后性能可望与 R22 相近。

9）R410A 和 R410B。它们都是由 R32 和 R125 混合而成，其中 R410A 的混合比例(质量分数)为 R32 占 50%、R125 占 50%(特性见图 B-6)，而 R410B 的混合比例(质量分数)为 R32 占 45%、R125 占 55%。R410A 和 R410B 的热力学性能十分接近单工质，这给热力计算、充注、维修均带来方便，用它们替代 R22 时空调设备结构上要作改动，制冷系统的冷凝压力及制冷量均增大近 60%左右，而能效比与使用 R22 相近。用这种工质替代 R22 后机器可做得更为紧凑，这些有利因素使它具有较大的开发潜力。

4. 氟利昂物质和其对大气环境的影响

氟利昂主要有氢、氟、氯组成，氢原子数量越少，可燃性也越小；氟原子数越多，对人体越无害，对金属腐蚀性越小；氯原子增加可以提高制冷剂的沸点，但是对大气臭氧层的破坏作用增强。科学家经过多年的研究，发现最常用的制冷剂氟利昂是破坏大气臭氧层的元凶，而且它破坏的速度越来越快。一般来说，一个氯氟烃(CFCs)分子通过紫外线的光照分解作用产生的一个氯原子可以通过连锁反应，破坏十万个臭氧分子。

根据氟利昂对臭氧层的影响不同以及氟利昂中氢、氟、氯的组成情况可将氟利昂分为氯氟烃(CFCs)、氢化氯氟烃(HCFCs)、氢氟烃(HFCs)三类。其中，氯氟烃(CFCs)对臭氧层的破坏作用最大，如 R11、R12 等；而氢化氯氟烃(HCFCs)中的氯受到氢键约束，所以其对大气臭氧层的破坏作用大大减弱，如 R22、R123 等；至于氢氟烃(HFCs)，由于不含氯原子，所以对大气臭氧层没有破坏作用，如 R32、R134a 等。

氟利昂对环境的影响主要是对臭氧层的破坏和造成的温室效应，易产生以下结果：

（1）全球性温度上升 温室效应导致很多城市面临更酷热的气候。表3-9所示是某些城市目前与预测2030年时，每年室外温度高于32℃的天数比较。

表3-9 某些城市目前与预测2030年时每年室外温度高于32℃的天数比较 （单位：天）

城市＼时间	目前	2030年	城市＼时间	目前	2030年
纽约	15	48	达拉斯	100	162
芝加哥	16	56	洛杉矶	5	27

（2）全球性海平面上升 温室效应已使海平面由1990年到目前为止上升了100mm，酷热的气候将导致冰雪融化使海平面继续上升。预测到公元2050年，海平面将较目前再上升1220mm以上，这将影响地球上许多生物的生存并给人类带来严重的灾害。

（3）皮肤癌患者增加 紫外线是皮肤癌形成的主要原因，由于地球臭氧层的破坏，使地球接受外太空紫外线的辐射量大大增加。预估臭氧层破坏1%，人类皮肤癌罹患率将提高3%~6%。仅美国地区，一年将增加43000名皮肤癌患者。

所以，需要加强对CFCs制冷剂的管理，严格管理、维护好制冷系统，防止CFCs制冷剂外漏；设法回收CFCs制冷剂；研制并使用其他非CFCs的制冷剂。

根据《关于消耗臭氧层物质的蒙特利尔议定书》的最新修定，发达的缔约国在2000年前全部停止消费议定书中的受控物质，一些发达国家还制定了法律，已于1995年前全部停止CFCs类物质的消费。

CFCs破坏臭氧层的问题给制冷制造业在经济上、技术上造成了巨大压力。因而，欧、日等国目前已趋向于采用R600a、R407C、R410A和R410B等制冷剂。

5. 制冷剂使用注意事项

制冷剂属于化学制品，在一般温度下呈气态，有些制冷剂还有可燃性、毒性、爆炸性等，所以在保管、运输、使用过程中必须注意安全，防止造成人身事故和财产损失。制冷剂在保管、运输、使用过程中必须注意如下几点：

1）盛放制冷剂的钢瓶必须经过严格检验，确保能承受规定的压力，使用前必须经干燥和真空处理。

2）各种制冷剂钢瓶应标有明显的产品名称、数量及质量卡，以防错用。

3）制冷剂钢瓶应放在阴凉处，防止高温和太阳直接照射。在搬动和使用时应轻拿轻放，禁止敲击，以防发生爆炸。

4）保存制冷剂的钢瓶阀门处不允许有泄漏现象，否则会造成经济损失并污染环境。

5）分装和充加制冷剂时，环境的空气必须畅通，操作时要戴手套、眼镜，以防制冷剂喷出时造成人身冻伤。若在室内操作时发生泄漏，应立即设法通风，防止中毒。如果出现中毒症状，应立即将中毒者移离现场送到空气清新的地方。若患者昏迷，则应检查有无自主呼吸和心跳；如其呼吸、心跳停止，则应立即就地施行心肺复苏法抢救，并同时通知医院。

6）制冷剂使用后，应立即关闭阀门，重新装上瓶帽或铁罩加以保护。

7）在检修系统时，如果需要从系统中将制冷剂抽出压入钢瓶时，钢瓶必须得到充分的冷却，并严格控制注入量，绝不能装满，一般按规定应小于钢瓶总容积的80%，使其在常温下有一定的膨胀余地，避免发生爆炸事故。

二、载冷剂

载冷剂又称冷媒，是制冷系统中借以传递冷量的中间媒介物质，如中央空调系统中的冷媒水等。工作原理是载冷剂在制冷系统的蒸发器中被冷却，再送到冷却设备中去吸收被冷却或被冻结物体的热量，然后返回到蒸发器内将吸收的热量传递给制冷剂而变冷，又再进入冷却设备吸收热量。如此反复循环，实现热量传递。

1. 对载冷剂的基本要求

1）凝固点低。凝固点低可以扩大载冷剂的使用范围。

2）比热容要大。在传递一定冷量时，载冷剂比热容大则流量小，可以减小载送载冷剂的循环泵功率。

3）对制冷设备不起化学腐蚀作用。

4）无毒、粘度小、密度小、价格低而且容易获得。

2. 载冷剂的种类

载冷剂的种类很多，按其工作温度大致分为三类。

1）高温载冷剂(如水)，适用于0℃以上的制冷循环，被广泛用于空调系统。

2）中温载冷剂(如氯化钠或氯化钙的水溶液)，适用于-50~5℃的制冷系统中。

3）低温载冷剂(如R11、三氯乙烯)，适用于-50℃以下的制冷系统中。

3. 常用载冷剂的主要性质

(1) 空气　空气是一种最容易获得的载冷剂，具有凝固点低、对金属腐蚀性小、所需设备结构简单等优点；其缺点是比热容小、放热系数低，需要加大换热器空气一侧的传热面积。它适用于空气直接冷却的场合，如分体式空调器等。

(2) 水　水是一种理想的载冷剂，具有比热容大、密度小、放热系数高、传热性能好、安全无毒、来源充裕、价格低廉等优点，因此被广泛地采用，特别是空调系统；其缺点是凝固点高(0℃凝固)，使用范围受到一定的限制。

(3) 盐水溶液　盐水溶液是氯化钠、氯化钙或氯化镁与水配制而成的。在0℃以下的温度系统中，一般都用盐水作载冷剂。盐水具有比热容大、传热性能好、凝固点较水低等优点。其缺点是对金属腐蚀性较强、密度大、而比热容较水小，故动力消耗相对水循环系统大。

盐水溶液的性质与盐的含量有关。图3-17所示为无机盐水溶液的凝固曲线。图中左右各有一条曲线，左边是析冰(凝固)曲线，右边是析盐曲线。两曲线的交叉点称为冰盐共晶点。由析冰曲线可知，起始析冰温度随着含盐量的增加而降低，直到冰盐共晶点为止。冰盐共晶点是盐水的最低凝固点。当含盐量低于冰盐共晶点时，从盐水中析出的首先是结晶盐，而且析盐温度随着含盐量的增加而升高。

常用的盐水载冷剂是由氯化钙($CaCl_2$)、氯化钠(NaCl)和氯化镁($MgCl_2$)配置而成。相比之下，氯化镁($MgCl_2$)溶液因价格较贵而使用较少。对氯化钙($CaCl_2$)、氯化钠(NaCl)而言，它们的冰盐共晶点温度和含盐量分别为-55℃、42.7%和-21.2℃、29%。所以它们分别只能适用于蒸发温度在-50℃和-16℃以上的系统中。

氯化钠等盐水溶液的最大缺点是对金属有强烈的腐蚀作用。而腐蚀作用的强弱与盐水中的含氧量有关，含氧量越大，腐蚀性越强。因此，用盐水作载冷剂的设备最好采用闭式循环系统。为了减缓对设备的腐蚀，一般应在系统中加入一定量的缓蚀剂。缓蚀剂一般采用氢氧

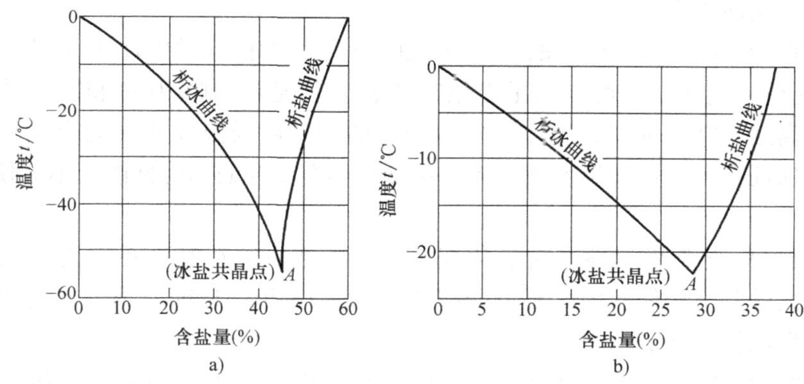

图 3-17　无机盐水溶液的凝固曲线

a）$CaCl_2$　b）NaCl

化钠（NaOH）和重铬酸钠（$Na_2Cr_2O_7$），溶液呈碱性反应（pH 值约为 8.5），使用时可用酚酞试剂进行测试。

（4）有机物　作为载冷剂的有机物主要有乙二醇、丙二醇、酒精（乙醇）、二氯甲烷（R30）等有机溶液，它们的凝固点很低，适用于作低温载冷剂，有以下主要特性：

1）纯乙二醇溶液无色、无味、无电解性、不燃烧，其凝固点随温度增加而降低。

2）丙二醇溶液是无毒、无色、无味、无电解性溶液。丙二醇溶液多用于接触性食品冻结装置中。

3）酒精（C_2H_5OH）的凝固点为-114℃，可用作低温（-100℃以上）载冷剂。

4）二氯甲烷（CH_2Cl_2）为无色液体，其凝固点为-97℃，因粘度小、流动性好，可用作低温（-90℃以上）载冷剂。

三、冷冻机油

冷冻机油是制冷压缩机的润滑油，它是一种深度精制的专用润滑油，也称冷冻油或冷冻润滑油。它在制冷压缩机中起着至关重要的作用。

1. 冷冻机油的主要作用

1）润滑摩擦零件表面，降低摩擦而引起的温升，减少零件的磨损。

2）冷却摩擦件产生的摩擦热。

3）带走金属摩擦表面的磨屑。

4）在气缸与活塞及轴封摩擦面等摩擦面间，冷冻机油起密封作用，防止制冷剂的泄漏。

2. 冷冻机油的基本要求

1）凝固点要低。如果凝固点高，就会造成低温流动性差，在蒸发器等低温处失去流动能力，形成沉积，影响制冷效果和降低制冷能力。此外，当压缩机温度低时，会影响机件润滑，造成磨损。一般家用电冰箱和家用空调器采用凝固点低于-30℃的冷冻机油。

2）要有适当的粘度。如果粘度太小，在摩擦面不易形成正常的油膜厚度，会加速机件的机械磨损，甚至会发生拉毛气缸、抱轴等机械故障，机械密封性能也不好，制冷剂容易泄漏；如果粘度太大，润滑和密封性能虽好，但压缩机相对消耗的功率会增大，耗电量增加。冷冻机油的粘度过大或过小都会引起气缸温度过度升高，造成排气温度过高，影响制冷压缩机的正常运行和制冷效果。

3）有较好的粘-温性能和较高的闪点(燃油在规定结构的容器中加热,挥发出的可燃气体与空气混合,达到一定浓度时可被火星点燃时的燃油温度)。制冷压缩机在工作中，气缸等高温处的温度高达130~150℃，所以要求冷冻机油的粘度受温度变化的影响要小，闪点要高，这样才能保证在各种不同温度条件下，系统都具有良好的润滑性能，不会使冷冻机油因高温而发生炭化。

4）要有良好的化学稳定性和抗氧化安定性。冷冻机油在制冷系统内与制冷剂经常接触，在全封闭式的制冷压缩机内，要求能够使用10~15年，长期不换油。所以必须要有良好的化学稳定性和抗氧化安定性。

5）不含水及酸类杂质，要有良好的电气绝缘性能。在半封闭和全封闭式制冷压缩机中，电动机绕组要与冷冻机油经常接触，所以要求冷冻机油要有良好的绝缘性能而不能破坏电动机绕组的绝缘层。

3. 普通冷冻机油的种类

目前国产压缩机冷冻机油分石油部标准(SYB)和企业标准两类。

国产普通冷冻机油按其50℃时的粘度大小分为13#、18#、25#、30#、40#和60#等，冷冻机油的牌号是按其运动粘度来标定的，粘度大者标号高。

13#冷冻机油主要用于以氨、CO_2作制冷剂的制冷装置中，适用于低速、小负荷活塞式制冷压缩机上。

18#冷冻机油主要用于对冷冻机油要求较高、以R12为制冷剂的压缩机上，也可适用于以其他制冷剂为工质的压缩机上。

25#、30#、40#冷冻机油主要适用于转速较高、负荷较大的各类制冷压缩机上。R22制冷剂的空调制冷系统多使用25#冷冻机油。

表3-10所示是国产压缩机冷冻机油的规格及性能。

表3-10　国产压缩机冷冻机油的规格及性能

质量标准	SYB_{1213}—1975				企业标准
	13#	18#	25#	30#	40#
50℃，运动粘度/($\times 10^{-6}m^2/s$)	11~15	18~22	25~29	20~35	≥40
酸值/[mg(KOH)/g]	≤0.01	≤0.03	≤0.05	≤0.01	≤0.1
灰分(%)	≤0.01	—	≤0.01	≤0.01	—
腐蚀(T3铜片,50或40钢片,100℃,3h)	合格	合格	—	合格	合格
水溶酸或碱	无	无	无	无	无
机械杂质	无	无	无	无	无
水分	无	无	无	无	无
闪点(开口)/℃	≥160	≥160	≥190	≥180	≥190
凝固点/℃	≤-40	≤-40	≤-40	≤-40	≤-40
浊点(与氟氯烷的混合液)/℃	—	≤-28	—	—	—
氧化后酸值/[mg(KOH)/g]	—	≤0.05	—	—	—
抗氧化安定性	较好	较好	较好	较好	较好
氧化后沉淀物(%)	—	≤0.005	—	—	—

以上是旧标准下的冷冻机油规格和性能参数情况。目前，随着社会进步，过去的旧标准已经被 GB/T 16630—1996 标准所取代，产品粘度等级出现 46#、68#、100#等，不久的将来甚至会出现更高等级的冷冻机油以适应生产生活的需要。

4. 特殊冷冻机油

实践证明，传统的矿物油与氢氟烃(HFC)类制冷剂因不相溶而不能使用。为了 HFC 类制冷剂的使用推广，开发了 POE 和 PAG 冷冻机油。

POE(Polyol Ester)是一类合成的多元醇酯类油，也常称聚酯油。PAG(Polyalkylene Glycol)也是合成的聚(乙)二醚类冷冻机油，也称聚醚油，其中文名也不十分统一。这两类油均是为了适应氢氟烃(HFC)类制冷剂(如 R134a)的应用才在最近开发出来的。POE 不仅能良好地用于 HFC 类制冷剂系统中，而且也能用于烃类制冷剂系统中。PAG 油则可用于 HFC 类、烃类及氨作为制冷剂的系统中。

5. 冷冻机油的选用原则

(1) 粘度的选择　选择粘度时要考虑到制冷压缩机的负荷及转速。负荷大、转速高的制冷压缩机选用粘度大的冷冻机油。反之，负荷小、转速低的制冷压缩机则选用粘度较小的冷冻机油。如 13#冷冻机油主要用于氨和二氧化碳制冷剂、转速低、负荷小的活塞式制冷压缩机。选择冷冻机油的粘度还应考虑到制冷剂的种类、轴与轴承、活塞环与气缸的间隙以及排气温度等。间隙大或排气温度高的要用粘度较大的冷冻机油；使用氟利昂制冷剂的压缩机用的冷冻机油粘度要比使用氨制冷剂的压缩机用的冷冻机油粘度大。

(2) 凝固点和浊点的选择　选择凝固点和浊点时要考虑到制冷剂的种类和蒸发温度。蒸发温度低的要用凝固点和浊点油类等液体样品在标准状态下冷却至开始出现混浊(水分或固体析出)的温度低的冷冻机油。采用氟利昂制冷剂时，冷冻机油的凝固点和浊点要稍高于蒸发温度；采用氨制冷剂时，冷冻机油的凝固点和浊点要低于蒸发温度。目前国产冷冻机油的凝固点仅有两种规格，即-40℃和-25℃。凝固点为-25℃的冷冻机油适用于蒸发温度高于-20℃的氨制冷压缩机和蒸发温度低于-20℃的氟利昂制冷压缩机。当氨制冷压缩机的蒸发温度低于-20℃时，就应选用凝固点为-40℃的冷冻机油。

(3) 抗氧化安定性的选择　主要是考虑排气温度和制冷压缩机的密封程度。尤其是全封闭式制冷压缩机中的冷冻机油所处的工作环境要求的条件较高，长期不需要换油。所以一定要选择抗氧化安定性好的冷冻机油。

(4) 闪点的选择　选择闪点时要考虑到排气温度。排气温度的高低和制冷压缩机的结构型式有关，并与选择的冷冻机油是否合适有关。排气温度高，要求冷冻机油闪点也高。一般都要求冷冻机油的闪点比排气温度高 15~30℃。

(5) 电气性能的选择　判断其电气性能时要根据制冷压缩机的密封程度。半封闭式和全封闭式制冷压缩机要求冷冻机油具有良好的电气绝缘性能(击穿电压要高)和不会破坏绝缘材料的性能。

总之，冷冻机油的牌号是根据其粘度和凝固点来划分的。粘度和凝固点是选择冷冻机油的两个重要指标。在选择冷冻机油时，首先要根据制冷压缩机的种类、型式、负荷、转速、制冷剂种类和所需蒸发温度来确定粘度和凝固点，然后再结合其他方面的要求来确定冷冻机油的牌号和种类。

6. 冷冻机油的代用和管理

（1）冷冻机油的代用　选择代用油的方法主要是根据粘度，尽可能选用相邻牌号、品质相似的冷冻机油代替。如原来用18#冷冻机油的压缩机，在没有18#冷冻机油时可选用13#或25#冷冻机油代替。

（2）冷冻机油的管理

1）贮存冷冻机油时要注意降低冷冻机油的贮存温度，将其存放在阴凉处或室内温度较低的地方，同时应注意干燥与通风，防止阳光暴晒。

2）减少冷冻机油与空气的接触。存放冷冻机油的容器一定要加盖拧紧，油料尽量装满容器并使容器卧放在垫木上。

3）防止冷冻机油污染变质。存放冷冻机油要用专用的容器，并加标签区别，不要与其他油料或液体等的容器相混。

4）存放和运输冷冻机油时，容器应加以固定，避免产生碰撞，严禁与明火接近。

7. 冷冻机油给系统带来的问题

1）冷冻机油的粘度对制冷系统的影响。粘度是冷冻机油的主要性能指标之一。粘度过高，则会使摩擦功率增大和起动转矩加大；粘度过低则会使润滑的质量降低。

2）冷冻机油的溶解性对制冷系统的影响。冷冻机油的溶解性是对制冷剂而言的，对不同的制冷剂，溶解性不同。R717、R13、R14等制冷剂与冷冻机油不相溶解，因而，在低温区，温度降低到一定程度时，制冷剂和冷冻机油分层，影响制冷剂产生作用，并且冷冻机油也不易被压缩机吸回。R11、R12等制冷剂与冷冻机油可以互溶，但由于冷冻机油是一种高温蒸发的液体，制冷剂中溶油量多，会使制冷剂在定压下沸点升高，降低制冷量。同时，冷冻机油中的制冷剂过多，也会稀释冷冻机油。

8. 冷冻机油变质的原因及冷冻机油油质的判断

冷冻机油变质的原因主要有：

1）混入水分。由于制冷系统中渗入了空气，空气中的水分在与冷冻机油接触后便混合进去；此外，也有可能是由于氨中含水量较多，使水分混入了冷冻机油。冷冻机油中混入水分后，其粘度降低，可引起对金属的腐蚀。在氟利昂制冷系统中，还会引起管道或阀门的冰塞现象。

2）氧化。冷冻机油在使用过程中，当压缩机的排气温度较高时，有可能引起氧化变质，特别是抗氧化安定性差的冷冻机油，更易变质，经过一段时间，冷冻机油中会形成残渣，使轴承等处的润滑变坏。

3）冷冻机油混用。几种不同牌号的冷冻机油使用时，会造成冷冻机油的粘度降低，甚至会破坏油膜的形成，使轴承受到损害；如果两种冷冻机油中含有不同性质的抗氧化添加剂，混合在一起时，就有可能发生化学变化，形成沉淀物，使压缩机的润滑受到影响，故使用时要注意。

冷冻机油的质量变坏与否，应通过一定的化学和物理分析、化验得出。平时在使用过程中，也可从外观的颜色、气味直观地判断出来。

当冷冻机油变坏时，其颜色会变深，将油滴在白色吸墨纸上，若油滴的中央部分没有黑色，说明冷冻机油没有变质；若油滴中央呈黑色斑点，说明冷冻机油已开始变坏。当油中含有水分时，则油的透明度就降低。当冷冻机油中含较多的水分、杂质时，利用这种经验是可以判断的，因此经验判定法常用于在制冷设备维修现场对冷冻机油进行质量判断。

四、制冷剂钢瓶与分装技术

1. 制冷剂钢瓶

钢瓶是贮存和运输制冷剂的专用容器，属于二类低压液化气体容器。由于各种制冷剂在常温下的饱和压力不同，对钢瓶耐压程度的要求也不同。用来贮存 R12、R22 的钢瓶，要求其耐压程度在 2.5MPa 以上。目前，市场上出售的钢瓶在出厂前都经过了耐压试验，因此，只要避免在使用中的外力碰撞和热力烘烤，一般不会发生意外。尽管如此，为保证安全，钢瓶仍必须定期检验，不能逾期使用。

钢瓶的容积有多种规格，钢瓶外一般都标有制冷剂的种类和瓶重，不同的制冷剂应使用不同标志的固定钢瓶盛装，不能随便混用。钢瓶中制冷剂的存贮量要根据钢瓶容积的大小来决定，不可超过规定限额。一般充装量以钢瓶容积的 2/3 为宜，以免遇热膨胀后压力增大而爆裂。钢瓶上口装有黄铜制成的开关阀，使用时要避免碰碰，使用后要关严。钢瓶应放置在阴凉处，避免日光曝晒。

2. 软管及其连接

在制冷设备维修中，常常使用软管作为连接管路，如系统与真空泵、钢瓶、定量加液器的连接，检测仪表阀门与设备的连接等。用于连接的软管大多是耐高压的橡胶软管，长度为 500~800mm，软管的两端制成带螺纹的管帽，便于连接后的密封。目前用于充注制冷剂的软管也有用透明聚氯乙烯制作的，主要是为了便于观察制冷剂的充注情况。选择连接软管的长度时以短为宜，并且要保持软管的干燥和清洁，避免沾上油污或接触锐器。

3. 制冷剂从大钢瓶移入小钢瓶的方法

制冷维修部门使用的钢瓶容积较大，外出维修时不太方便。下面介绍一种把制冷剂从大钢瓶分装到小钢瓶的方法：

1）用角铁做一个倾斜 45°的三角架，将三角架放到合适的高度，然后将大钢瓶倒置在三角架上，如图 3-18 所示。

2）对小钢瓶进行检漏、抽真空，放在称重衡量器上称出小钢瓶的重量。

3）根据图 3-18 所示，用带管帽的耐压胶管将大钢瓶、干燥过滤器、小钢瓶连接起来。

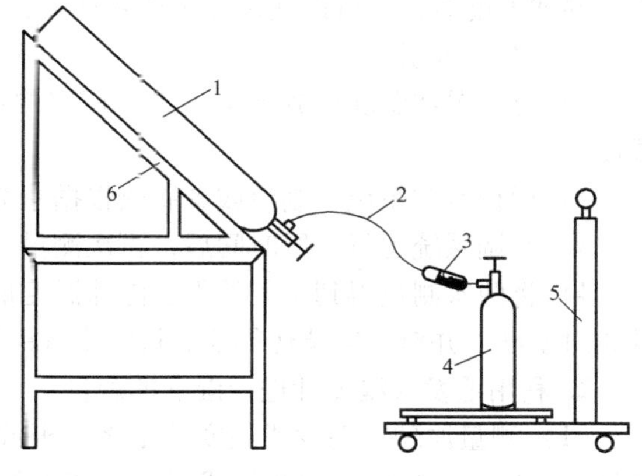

图 3-18　制冷剂分装图

1—大钢瓶　2—耐压胶管　3—干燥过滤器
4—小钢瓶　5—称重衡量器　6—搁置大钢瓶的三角架

4）将大钢瓶的阀门稍稍开启，然后松开小钢瓶上的连接胶管的管帽，让胶管和干燥过滤器中的空气排出，当有制冷剂液体喷出时立即将胶管管帽拧紧。

5）开启小钢瓶阀门，这时可听到制冷剂从大钢瓶流入小钢瓶的声响，然后逐渐加大大钢瓶阀门。充注的制冷剂不得超过小钢瓶容积的 2/3，即每升容积的最大充注量应小于 0.53kg，以防小钢瓶遇热压力升高造成爆裂。

6）当小钢瓶达到充注量后，先关闭大钢瓶阀门，再关闭小钢瓶阀门。

【技能训练单元】

技能训练一　湿度的测量

一、目的与要求

制冷与空调系统中常用的湿度测量仪表有干湿球温度计、毛发式湿度计、电阻式湿度指示调节仪等。

本实训目的是熟悉不同湿度测量仪器的使用，并掌握空调系统中湿度的测量方法。

二、材料、仪器与设备

小型中央空调系统一套；电冰箱或冷柜一台；干湿球温度计；毛发式湿度计；5NSZ—11 型电阻式湿度指示调节仪。

三、实训步骤

1. 利用干湿球温度计进行湿度的测量

（1）测量原理　干湿球温度计由两支完全相同的温度计组成。一支用于直接测量空气的温度，称为干球温度计；另一支温度计的温包上包有细纱布，纱布的末端浸没在盛水的小瓶中，由于毛细管的作用，细纱布将水吸上来，使温包周围经常处于湿润状态。该温度计测量的是湿球温度，称为湿球温度计。利用潮湿物体表面水分蒸发冷却的效应，使湿球表面空气层温度下降。因此，湿球温度通常总是低于干球温度。干、湿球温度差的大小与被测空气的湿度有关，空气越干燥，湿球上的水分蒸发越快，干、湿球温差越大；空气越潮湿，湿球上水分蒸发越慢，干、湿球温差越小；如果是饱和空气，则干、湿球温差为零。测量得到干、湿球温度后，就可以通过查表或者计算，求得空气的相对湿度。

（2）实训步骤

1）将干湿球温度计放于室中央，在空调系统运行前测量室内空气的干球温度 t，湿球温度 t_w。

2）运行空调系统，制冷或者制热根据季节自定。

3）空调系统运行一段时间后，再次测量室内空气的干、湿球温度 t、t_w。

4）将两次测量得到空气的干、湿球温度值填入表 3-11 中，利用图或表，查出被测空气的相对湿度。并对比空调运行前后被测空气的湿度变化情况。

2. 利用毛发式湿度计进行湿度的测量

（1）测量原理　毛发式湿度计是将一根或一束脱脂毛发的一端固定在金属架 L 端的调节杆上，另一端与杠杆相连构成的。脱脂毛发的长度随着湿度的变化而发生变化并牵动杠杆，带动指针沿弧形刻度盘移动，直接指示出被测空气的相对湿度。

（2）实训步骤

1）将毛发湿度计放于电冰箱或者冷柜中间位置，在电冰箱或者冷柜制冷前测量箱内空气的相对湿度；

2）起动电冰箱或者冷柜进行制冷；

3）等电冰箱或冷柜运行一段时间后，再次测量箱内空气的相对湿度；

4）将两次测量得到空气的相对湿度填入表 3-11 中，并对比制冷前后被测空气的湿度变化情况。

3. 注意事项

1）利用不同湿度测量仪器进行各项湿度检测时，可以只对空调系统中被测空气的相对湿度进行测量，也可只对电冰箱或冷柜中被测空气的相对湿度进行测量。

2）被测空气相对湿度的测量可以和被测空气温度的测量同时进行。

表 3-11　相对湿度测量记录表　　（单位：℃）

<table>
<tr><td rowspan="2">被测参数
测量仪器</td><td colspan="8">室内空气的相对湿度</td><td colspan="8">电冰箱内空气的相对湿度</td></tr>
<tr><td colspan="4">运行前</td><td colspan="4">运行后</td><td colspan="4">运行前</td><td colspan="4">运行后</td></tr>
<tr><td rowspan="2">干湿球温度计</td><td>t</td><td>t_w</td><td>t</td><td>ϕ</td><td>t</td><td>t_w</td><td>t</td><td>ϕ</td><td>t</td><td>t_w</td><td>t</td><td>ϕ</td><td>t</td><td>t_w</td><td>t</td><td>ϕ</td></tr>
<tr><td></td><td></td><td></td><td></td><td></td><td></td><td></td><td></td><td></td><td></td><td></td><td></td><td></td><td></td><td></td><td></td></tr>
<tr><td>毛发式湿度计</td><td colspan="4"></td><td colspan="8"></td><td colspan="4"></td></tr>
</table>

四、思考题

湿球温度计在环境温度低于0℃时，能否测量空气湿度?

技能训练二　压力的测量

一、目的与要求

在制冷系统中常用的压力测量仪器有液柱式压力计、弹簧管式压力计、电气式压力计等。

本实训的目的是掌握不同压力计测量压力的方法，从而进一步实现对压力的控制。

二、材料、仪器与设备

小型中央空调系统（带风管系统），或用一台离心风机外接一段回风管和一段送风管，做成模拟风管系统；U 形管压力计、单管压力计、倾斜式压力计；皮托管；弹簧管式压力计；连接用橡皮管、加液管；真空泵；三通阀；YST—2 型差动变压器式压力变送器；YZCD—150 型电位器式压力变送器；氟利昂钢瓶（一空一满）。

三、实训步骤

1. U 形管压力计、单管压力计、倾斜式压力计的使用

1）在空钢瓶上，外接一个三通阀。U 形管压力计一端用橡皮管接三通阀的一个接头，另一端暴露于空气中，三通阀另一个接头接真空泵。

2）打开钢瓶阀门，将真空泵开启 1min 后停机。观察液柱，待压力稳定后，读出压力计两侧标尺上的读数，并计算出钢瓶内部压力。

3）将钢瓶的阀门关闭，拆下 U 形管压力计，将橡皮管与单管压力计的测压管连接。打开钢瓶阀门，观察液柱。待压力稳定后，读出标尺上的压力值。

4）按同样方法更换为倾斜式压力计进行测量。

5）将测量得到的压力值填入表 3-12 中。

2. 弹簧管式压力计的使用

1）在充氟钢瓶上外接一个三通阀。三通阀一端接弹簧管式压力计，另一端关闭。

2）打开钢瓶阀门，观察指针变化情况，待指针稳定后，读出指针所示压力值。

3）将测量得到的压力值填入表 3-12 中。

3. 皮托管的使用

1）将六个倾斜式压力计分别与四个皮托管相连接。

2）按照要求，将皮托管与压力计正确连接，并将压力计开关放到“校正”的位置，调好仪器。

3）起动风机系统，观察压力计液面变化情况，当液面稳定后，读出标尺上读数，计算求得回、送风管中空气的总压、静压和动压。

4）在测总压、静压时，由于事先不知道它的实际数值有多大，建议将压力计的倾斜管固定在最大 K 值处，以免酒精被吸入（或压出）橡皮管中。如果酒精柱升高较小，不易读取数值时，可将倾斜管降低到一个适当的 K 值处，这样酒精柱上升明显，读数也就比较清晰。但测量动压时，一定要固定在换算时所采用的 K 值处；

5）将测量得到的压力值及计算所得的压力值填入表 3-12 中。

表 3-12　压力测量记录表

<table>
<tr><td>测量参数 / 测量仪器</td><td colspan="7">各项压力值</td><td></td></tr>
<tr><td rowspan="4">压力计</td><td colspan="7">氟利昂钢瓶中气体的真空度</td><td></td></tr>
<tr><td colspan="3">U 形管压力计</td><td>单管压力计</td><td colspan="3">倾斜式压力计</td><td>弹簧管式压力计</td></tr>
<tr><td>H_1</td><td>H_2</td><td>$p=H$</td><td>p</td><td>L</td><td>K</td><td>$p=KL$</td><td>p</td></tr>
<tr><td></td><td></td><td></td><td></td><td></td><td></td><td></td><td></td></tr>
<tr><td rowspan="3">皮托管</td><td colspan="3">送　风　管</td><td colspan="4">回　风　管</td><td></td></tr>
<tr><td>总　压</td><td>静　压</td><td>动　压</td><td>总　压</td><td>静　压</td><td colspan="2">动　压</td><td></td></tr>
<tr><td></td><td></td><td></td><td></td><td></td><td colspan="2"></td><td></td></tr>
</table>

技能训练三　制冷剂的分装

一、目的与要求

1）要能够准确了解所给小钢瓶的容积，并能通过换算得出该钢瓶的最大允许充注量。

2）掌握用带管帽的耐压胶管正确连接大钢瓶、干燥过滤器和小钢瓶的方法。

3）正确掌握大、小钢瓶阀门的开启和关闭次序。

二、材料、仪器与设备

大钢瓶、耐压胶管、干燥过滤器、小钢瓶、称重衡量器、真空泵和搁置大钢瓶的三角架。

三、实训步骤

1）将制冷剂大钢瓶倒置在三角架上。

2）对小钢瓶进行检漏、抽真空。确定没有问题后放在称重衡量器上称出小钢瓶的质量，调整好充装制冷剂小钢瓶的砝码。

3）如图 3-18 所示，用耐压胶管连接大钢瓶、干燥过滤器、小钢瓶。连接处不应有泄漏，并且管路要尽量短，以减小对称重的影响。

4）松开连接小钢瓶耐压胶管的管帽，微微开启大钢瓶的阀门，让制冷剂把连接通路中的空气排出，当管帽处喷出制冷剂液体时迅速拧紧管帽。

5）开启小钢瓶阀门、加大大钢瓶阀门的开启量，注意观察磅秤变化，符合要求后立即关闭大钢瓶的阀门，然后关闭小钢瓶的阀门。

四、注意事项

1）各器件在操作前都必须进行检查，如耐压胶管需检漏，称重衡量器需检查其精度及校准等，防止操作时产生偏差。

2）制冷剂从大钢瓶移入小钢瓶之前，必须利用制冷剂将胶管内的空气排出，防止空气随制冷剂一起进入小钢瓶。

五、思考题

充注中出现泄漏怎么处理？

【思考与练习】

1. 物质状态变化与热传递有何关系？
2. 流体的基本状态参数主要包括哪些？了解比体积、比热容、焓、熵和内能的概念。
3. 什么是温标？摄氏温度、华氏温度和热力学温度之间如何换算？
4. 掌握压力的概念及压力单位的换算。用简图表示绝对压力、相对压力(表压力)、真空度与大气压力之间的关系。
5. 掌握热力学第一、第二定律的含义，并能用定律解释常见现象。
6. 什么是显热？什么是潜热？举例说明。
7. 热量传递的方式有哪些？举例说明。
8. 如何增强传热？如何削弱传热？举例说明。
9. 制冷的常见方法有哪些？各有什么特点？
10. 试述吸收式制冷的基本原理。
11. 试述蒸气压缩式制冷的基本原理。
12. 对制冷剂有何要求？常用的制冷剂有哪些？
13. R12、R22、R11、R134a 和 R600a 的特性是什么？
14. 什么是 CFCs？它对我们的生活有什么影响？
15. 制冷剂使用中应注意哪些事项？
16. 对载冷剂有哪些要求？常用的载冷剂有哪些？
17. 对压缩机冷冻机油有哪些要求？
18. U 形管压力计和单管压力计各有何优缺点？
19. 用皮托管测量风管各项压力时，在送、回风管中的连接方法为何不同？
20. 制冷设备中压力的测量常用什么压力计？压力如何传输？
21. 熟悉 $\lg p—h$ 图的构成与作用。根据 R12 的 $\lg p—h$ 图，求出压力为 0.58kPa，温度为 20℃的 R12 呈何种状态？求出温度为-20℃，焓为 345kJ/kg 时的 R12 呈何种状态？

模块四　常用仪器仪表的使用与维修

【学习目的】

1. 熟悉万用表、兆欧表、钳形电流表的工作原理，并掌握它们的使用。
2. 掌握示波器、毫伏表、低频信号发生器的使用。
3. 熟悉制冷专用仪器（温度计、湿度计、检漏仪、检漏灯等）的使用。

【基础知识单元】

第一节　万　用　表

一、指针式万用表

1. 磁电式表头测量原理

指针式万用表的表头采用磁电式结构，如图 4-1 所示。在马蹄形永久磁铁 1 的两个磁极 N、S 之间放置有由良好的导磁性材料制成的极靴 2，极靴间的圆柱形孔内固定放置有由纯铁制成的圆柱形铁心 3，由绝缘导线绕在铝框架上的活动线圈 4 放在极靴与圆柱铁心之间的空隙处，这里有均匀辐射的磁场，指针 5 则固定在活动线圈上，并随着活动线圈的转动而转动。

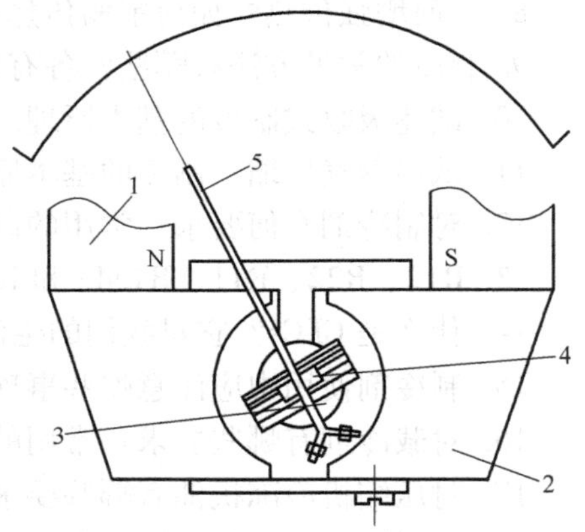

图 4-1　磁电式表头结构示意图

当被测电流通过活动线圈时，电流所产生的磁场与永久磁铁所产生的磁场相互作用在线圈上，产生转矩 M：

$$M = K_1 I$$

这里 K_1 为结构参数。随着线圈的转动，附在转轴上的游丝发生压缩形变而产生阻转矩 M_C，阻转矩与游丝的形变（转轴转动的角度 α）成正比，即

$$M_C = D\alpha$$

这里 D 也为结构参数。当转矩与阻转矩达到平衡时，线圈停止转动，指针也就指示在某一位置。于是

$$\alpha = \frac{M}{D} = K_2 I$$

即指针偏转的角度 α 与流过线圈的电流 I 成正比。将表头的刻度线依此划分，就可以测量出不同数值的电流。

2. 指针式万用表电路分析

指针式万用表种类很多，它们的电路结构基本类似。图 4-2 所示是 MF27—1 型指针式万用表电路图。

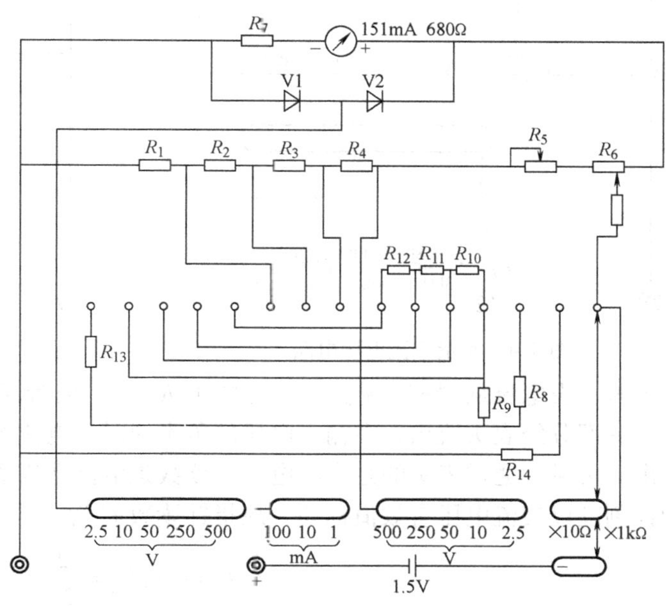

图 4-2　MF27—1 型指针式万用表电路图

（1）直流电流的测量　对于 MF27—1 型指针式万用表，测量直流电流的电路如图 4-3 所示。表头中活动线圈及游丝只允许通过很小的电流，故万用表中的表头是微安表，用它来测量较大电流时只能采用分流电路。在图 4-3 中，总电流被分为流过万用表的电流 I_m 和流过分流电阻的电流 I_S。量程的扩大完全取决于表头支路电阻 R_m 及分流支路电阻 R_S 的比率。例如，图中的量程转换开关放在 1mA 的位置时，$R_m = R_4 + R_5 + R_6 + R_7 +$ 表头内阻 $= 2959.3\Omega$，$R_S = R_1 + R_2 + R_S = 551.14\Omega$，$R_m / R_S = 5.3694$。电流表满量程为 157μA，所以分流电流 $I_S = 157\mu A \times R_m / R_S = 842.998\mu A$。$I = I_m + I_S = 999.998\mu A$，误差仅为 0.002μA。

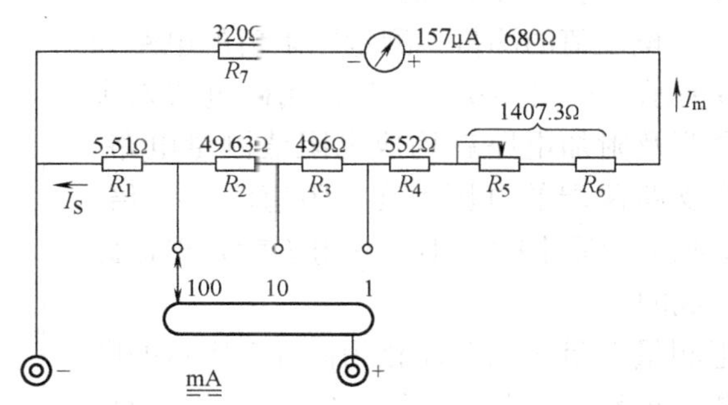

图 4-3　测量直流电流电路图

（2）直流电压的测量　测量直流电压的电路如图 4-4 所示。从图中看出，直流电压测量电路的基础仍然是直流电流测量电路，将其改变为电压测量或扩大电压测量的量程采用与其串联电阻的方法。当量程转换开关放在 2.5V 位置时，若表头指针为满度，根据图上的阻值可计算出此时的实际电压。

$$U_{AB} = 157\mu A \times (320 + 680 + 1407.3)\Omega = 0.3779461V$$

流过 $R_1 \sim R_4$ 的电流为

$$I_S = \frac{U_{AB}}{(R_1 + R_2 + R_3 + R_4)} = 342.6\mu A$$

则测得两端实际电压为

$$U_{测} = 0.3779461V + 4200 \times (157 + 342.6) \times 10^{-6}V = 2.477V$$

尽管量程标注为满度 2.5V，但实际电压为 2.477V，其差值即仪表误差。

（3）交流电压的测量　测量交流电压的电路如图 4-5 所示。将图 4-5 与图 4-4 比较，除了前者个别支路阻值改变及增加了半波整流电路外，二者的电路大体相同。在输入电压的正

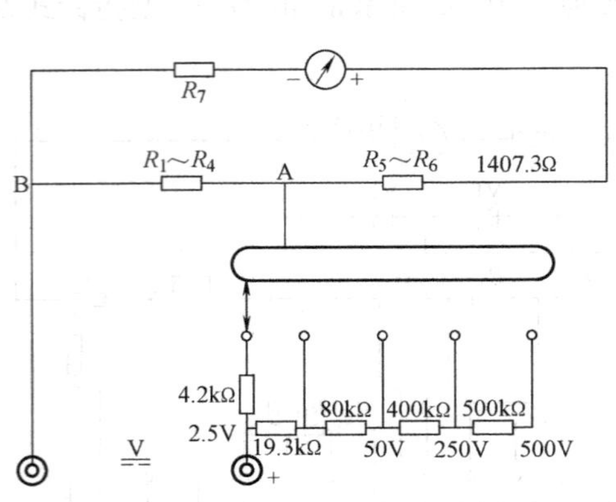

图 4-4　测量直流电压电路

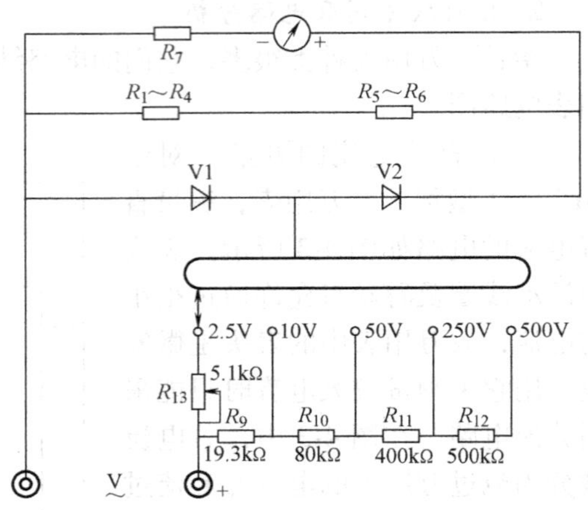

图 4-5　测量交流电压电路

半周时，设电流从“+”端流进，经电阻 R_{13}、二极管 V2 后，一部分电流从支路 $R_1 \sim R_6$ 流出，一部分经表头流出；在输入电压的负半周时，电流经过二极管 V1、电阻 R_{13} 从“+”端流出。可见，通过表头的是半波电流，读数是电流平均值。对于正弦交流电，交流电压表的指针刻度以交流电压有效值标注，故指针读数 U 为

$$U=1.11U_q=\frac{\sqrt{2}}{2}U_m$$

式中，U——交流电压平均值；

U_m——交流电压峰值。

（4）电阻值的测量　测量电阻值的电路如图 4-6 所示。从图 4-6 中看到，用磁电式表头配上电源及附加电路就构成电阻值测量电路。若一个支路两端的电压不变，阻值增加一倍，电流就减少为原来的一半，欧姆表就是根据此原理制成的。

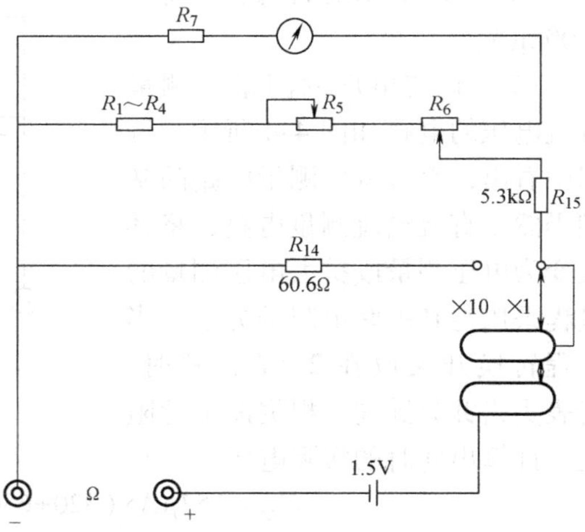

把测量电阻值电路简化为图 4-7 所示的欧姆挡调零电路，并把“+”、“-”表笔短路，调节 R_d，使表针指满度，满度电流 $I=E/R_e$。R_e 称为欧姆表综合内电阻。

$$R_e=R_d+R_m /\!/ R_S+R_0$$

式中，R_d——限流电阻；

R_m——表头内阻；

R_S——分流电阻；

R_0——电池内阻。

图 4-6　测量电阻值电路

把表笔接被测电阻 R_x 两端，设此时电流为 I'，$I'=E/(R_e+R_x)$，用满度电流 I 表示可得

$$I'=\frac{R_e}{R_e+R_x}I$$

当 $R_x \to 0$ 时，$I'=I$；$R_x=R_e$时，$I'=0.5I$；$R_x=2R_e$时，$I'=\frac{1}{3}I$；$R_x \to \infty$ 时，$I'=0$。显然，欧姆表刻度为不等分的倒数标度。当被测电阻等于欧姆表综合内阻 R_e 时，指针刚好指在表盘刻度的中心，故称 R_e 为欧姆中心。

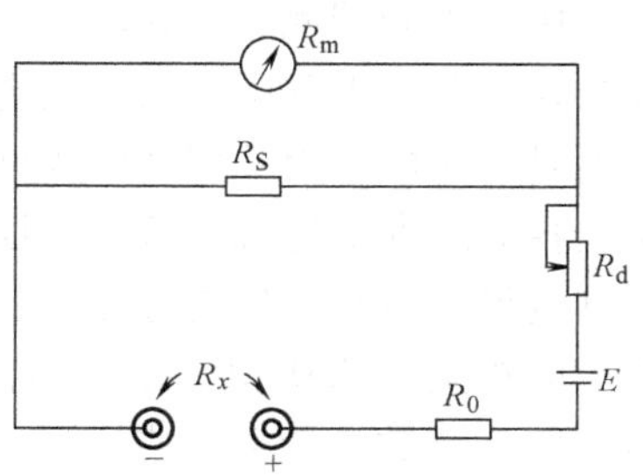

图 4-7　欧姆挡调零原理

理论上欧姆表可测从零到无穷大的电阻值，实际上由于刻度的非线性，太大或太小的电阻都无法精确测量。比较准确的测量范围在 $0.1 \sim 10R_e$之间，它与欧姆表 R_e值有紧密联系。欧姆表按十进制分挡，每挡都有自己的 R_e值。

显然，只有 R_e 不变的情况下，测量值 R_x才准确。然而，随着电池的使用电池内阻 R_0 逐渐变大，因此 R_e变化是必然的。为消除 R_0的影响，电路中设计了一个零欧姆调节电阻，图 4-6 中的 R_6就起此作用。

3. 指针式万用表的使用方法和注意事项

1）每次测量前应把万用表水平放置，观察指针是否在表盘左侧电压挡的零刻度上，若指针不指零，可用旋具微调表头的机械零点螺钉，使指针指零。

2）将红、黑表笔正确插入万用表插孔。根据被测对象（电流、电压、电阻等）的不同，将转换开关拨到需要测量的挡位上，决不能放错。如果被测量的大小不确定，则应先拨到最高量程挡试测，以保护表头不致损坏，然后再调整到适宜的量程上进行测量，以减少测量中的误差。

3）测量直流电压或直流电流时，如果不清楚被测电路的正、负极性，可将转换开关拨至最高一挡，测量时用表笔轻轻碰一下被测电路，同时观察指针的偏转方向，从而判定出电路的正、负极。

4）测量电压时，如果不清楚所要测的电压是交流还是直流，可先用交流电压挡的最高挡来估测，得到电压的大概范围，再用适当量程的直流电压挡进行测量，如果此时表头不发生偏转，就可判定为交流电压，否则为直流电压。

5）测量电流、电压时，不能因为怕损坏表头而把量程选择得很大，正确进行量程选择时应该使表头指针的指示值在大于量程一半的位置上，此时测量的结果误差小。

6）测量电压时，一定要正确选择挡位，决不能放在电流或电阻挡上，以免造成万用表的损坏。

7）测量高阻值的电气元件时，不能用双手接触电阻两端，以免将人体电阻并联到待测元件上，造成大的测量误差。

8）测量电阻时，一定要先断掉电源，将电阻一端与电路断开再进行测量。若电路待测部分有容量较大的电容存在，应先将电容放电后再进行测量。

9）测量电阻时，每改变一次量程，都应重新调零。若发现调零不能到位，应更换新电池。

在空调器维修过程中，还可以用万用表的欧姆挡来测量电路导线的通断。方法是：用表笔接触电路导线两端时，指针应指“0”，说明导线是导通的；若指针指向“∞”的位置，说明导线已断。

10）电容器测量。将转换开关调至 R×1k 或 R×10k 挡最高量程挡，事先将电容器进行放电处理后，用万用表的两表笔分别接触电容器的两端，若指针很快摆动一下后复位，再将表笔对调测量，指针摆动的幅度更大，而后又复原，说明电容器是好的，指针摆幅越大，表明电容器的容量越大。若指针摆动到某一位置后，不能复位，那么此时的数值就是电容器的漏电电阻，表明这只电容器不能使用了。若测量时指针指在零位，表明电容器已击穿。当用 R×10k 挡测量 0.01pF 以上的电容器时，指针若不动，表明电容器内部已开路。

11）读数。读数时应注意：不同的测量项目应在相应的刻度线上读取数值；读数时视线应正视表针，可用表盘中安装的弧形反光镜作为正视的参考。当视线正视表针时，反光镜中就看不见表针的影像。

使用万用表的注意事项如下：

1）万用表使用完毕后，应将转换开关调至交流电压最高挡，以防下次测量时，不慎损坏万用表。

2）测量电阻前要对万用表进行调零，调零时若调不到零点，说明万用表内电池不足，应更换新电池。

3）测量时，手不要接触表笔的金属部分，以确保测量结果的准确和人身的安全。

4）测量高电压和大电流时，不要带电拨动转换开关，以免产生电弧而烧毁开关触点。

5）万用表若长期不用，应将电池取出，以免电池漏液腐蚀表内零件。

4. 指针式万用表常见故障维修

万用表功能多，量程转换开关使用频繁，很容易出现错误操作，发生故障的概率很高。例如，当量程转换开关在低压挡时测量了高压；在电流挡时测量了高压及在电阻挡上测量了电压等，都会使万用表发生故障。尽管使用者对万用表的损坏原因清楚，也要从外到内详细观察，如表针是否被打弯或卡住，接线柱或插孔是否接触不良或已断开，电阻是否被烧坏，多位开关接触处是否有烧毁痕迹等。

指针式万用表常见故障有两个方面：表头机械故障和电路故障。错误的操作将使大电流流过活动线圈，轻则将使表针打弯，重则将使表头线圈烧坏。判断表头是否良好的办法是用另一万用表电阻挡的两个表笔轻而快速地接触表头的两端，若指针偏转则表头正常。若表针被打弯，可打开表头玻璃罩板，用镊子将表针拨正且不与玻璃发生摩擦。电路故障及产生的原因见表 4-1、表 4-2。

表 4-1 电压、电流挡故障及产生的原因

故障现象	产生故障原因
测量时表针无指示	1. 表头导线断 2. 表头活动线圈断 3. 分流支路电阻短路 4. 转换开关没有接通 5. 二极管被击穿短路

表 4-2 电阻挡故障及产生的原因

故障现象	产生故障原因
测量时表针无指示	1. 表 4-1 中的任何一个原因都可使电阻挡不能正常工作 2. 万用表内无电池 3. 电池与电路线断开 4. 调零电位器中心熔核脱焊 5. 欧姆电路中的电阻脱焊
表针调不到零	1. 电池老化，内阻太大 2. 串联电阻虚焊 3. 转换开关拨子触点间存有氧化层 4. 调零电位器滑动点接触不良

二、数字万用表

用数字显示测量电参量数值的万用表叫做数字万用表。它能对多种电参量进行直接测量并把测量结果用数字形式显示，与指针式万用表相比，其各项性能指标有大幅度提高。数字万用表种类很多，便携式数字万用表有 DT830、DT890 型等，每一种又有若干序号。表 4-3 所示为 DT830 型和 DT890A 型数字万用表的主要技术性能。

表 4-3　DT830 型和 DT890A 型数字万用表的主要技术性能

	DT830 型		DT890A 型	
	量　程	分　辨　力	量　程	分　辨　力
直流电压	200mV	0. 1mV	200mV	100μV
	2V	1mV	2V	1mV
	20V	10mV	20V	10mV
	200V	100mV	200V	100mV
	1000V	1V	1000V	1V
	输入阻抗：10MΩ			
交流电压	200mV	0. 1mV	200 mV	100μV
	2V	1mV	2V	1mV
	20V	10mV	20V	10mV
	200V	100mV	200V	100mV
	750V	1V	700V	1V
	输入阻抗：10MΩ			
直流与交流电流	200μA	0. 1μA	200μA	0. 1μV
	2mA	1μA	2mA	1μV
	20mA	10μA	20mA	10μV
	200mA	100μA	200mA	100mV
	10A	1mA	10A	10mA
	超载保护：0. 5A/250V 熔断器			
电阻	200Ω	0. 1Ω	200Ω	0. 1Ω
	2kΩ	1Ω	2kΩ	1Ω
	20kΩ	10Ω	20kΩ	10Ω
	200kΩ	100Ω	200kΩ	100Ω
	2MΩ	1kΩ	2MΩ	1kΩ
	2MΩ	10kΩ	20MΩ	10kΩ
电容			200pF	1pF
			20nF	10pF
			200nF	100pF
			2μF	1nF
			20μF	10nF
h_{FE}	0~1000，测试条件：U_{CE} = 2. 8V，I_B = 10μA		0~1000，测试条件：U_{CE} = 2. 8V，I_B = 10μA	
电路通断检查	被测电阻小于 20Ω 时报警		被测电阻小于 30Ω 时报警	
显示方式	液晶显示，最大显示 1999			

1. 数字万用表的面板

数字万用表以 DT830 型(见图 4-8)为例，前面板装有数字液晶显示器、电源开关、量程转换开关、晶体管放大倍数测量口、输入插口等。

电源开关：在字母“POWER”下边有“OFF”(关)和“ON”(开)，把电源开关拨至“ON”，接通电源，显示屏显示数字，使用结束，把开关拨至“OFF”。

数字液晶显示器：最大显示 1999 或-1999，有自动调零和自动显示极性的功能。

量程转换开关：为 6 刀 28 掷，可同时完成测试功能和量程选择。开关周围用不同的颜色和分界线标出各种不同测量种类和量程。

输入插口：有“10A”、“mA”、“COM”、“V · Ω”四个口。面板插口附近还有“10AMAX”(或“MAX200mA”)和“MAX750~1000V”标记，前者表示在对应的插口间所测量的电流值不能超过 10A 或 200mA；后者表示测交流电压时不能超过 750V，测量直流电压时不能超过 1000V。

晶体管放大倍数测量口：采用四芯插座，为测试晶体管的专用插口。测试时，将晶体管的三只管脚相应插入，显示屏即可显示出放大倍数 β。

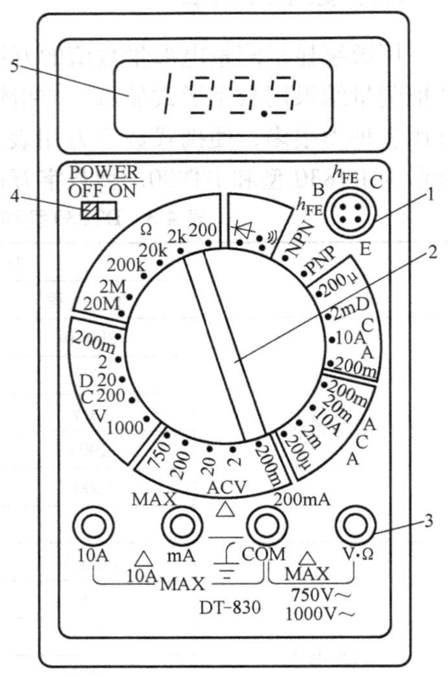

图 4-8 数字式万用表面板图

1—h_{FE}插口 2—量程转换开关 3—输入插口 4—电源开关 5—数字液晶显示器

2. 基本使用方法

电压测量：将红表笔插入“V · Ω”口内，根据直流或交流电压合理选择量程；然后将红、黑两表笔与被测电路并联，即可进行测量。

电流测量：将红表笔插入“mA”或“10A”插口(根据测量值的大小)，合理选择量程，然后将红、黑两表笔与被测电路串联，即可进行测量。

电阻测量：将红表笔插入“V · Q”口内，合理选择量程，然后将红、黑两表笔与被测元件的两端并联，即可进行测量。

h_{FE}值测量：根据被测管的类型(PNP 或 NPN)的不同，把量程转换开关拨至“PNP”或“NPN”处，再把被测管的三只管脚插入相应的 B、C、E 孔内，此时，显示屏将显示出放大倍数。

电路通断检查：将红表笔插入“V · Ω”孔内，量程转换开关拨至标有“ ·)))”的符号处，让表笔触及被测电路，若表内蜂鸣器发出叫声，则说明电路导通，反之则不导通。

第二节 兆 欧 表

一、兆欧表的工作原理

兆欧表由比率表和手摇发电机两部分组成。比率表的结构如图 4-9 所示，可动线圈 1 和 2

成丁字形交叉放置，并一起固定在同一转轴上，线圈中的电流由不产生反作用转矩的软银丝引入。永久磁铁 3 和 4 的极靴为不对称形状，其空隙不均匀。圆柱形铁心 5 有缺口，6 为指针。

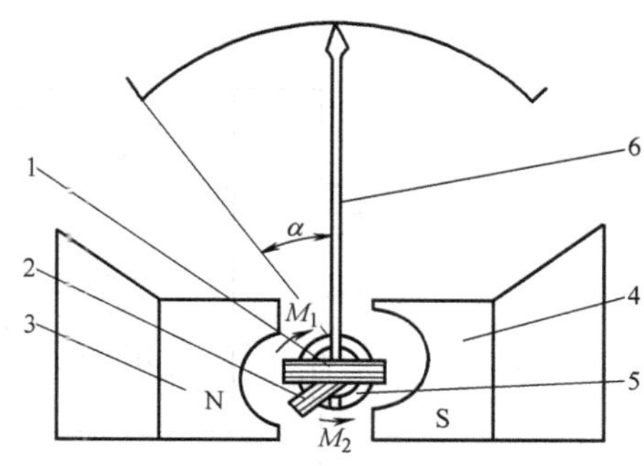

图 4-9　比率表的结构示意图

进入比率表两线圈的电流方向相反，也就是一个线圈产生转矩 M_1，另一个线圈产生反作用转矩 M_2，它们分别是

$$M_1 = N_1 B_1 S_1 I_1 = I_1 f_1(\alpha) \quad M_2 = N_2 B_2 S_2 I_2 = I_2 f_2(\alpha)$$

式中，I_1、I_2是两线圈中的电流；S_1、S_2是两线圈的面积；N_1、N_2是两线圈的匝数；B_1、B_2是两线圈处的磁感应强度。

当 $M_1 = M_2$时，转轴转矩达到平衡，指针不动，于是得

$$\frac{I_1}{I_2} = \frac{f_2(\alpha)}{f_1(\alpha)} = f(\alpha)$$

或者写成

$$\alpha = F\left(\frac{I_1}{I_2}\right)$$

从式中看出，指针偏转角 α 与两线圈中的电流比值成正比。如果两个线圈由同一电源供电，则电源电压的变化不会改变比率表的指示。

兆欧表的内部电路如图 4-10 所示。比率表的两个线圈由同一台手摇发电机供电。发电机体积小，所产生的电压很高。在图 4-10 中，被测电阻 R_x通过兆欧表接线柱 L、E 接入线圈所在支路，R_1、R_2 为限流电阻，若用 r_1、r_2分别表示两线圈电阻，则

$$I_1 = \frac{U}{r_1 + R_1 + R_x}, \quad I_2 = \frac{U}{r_2 + R_2}$$

$$\alpha = F\frac{I_1}{I_2} = F\frac{r_2 + R_2}{r_1 + R_1 + R_x}$$

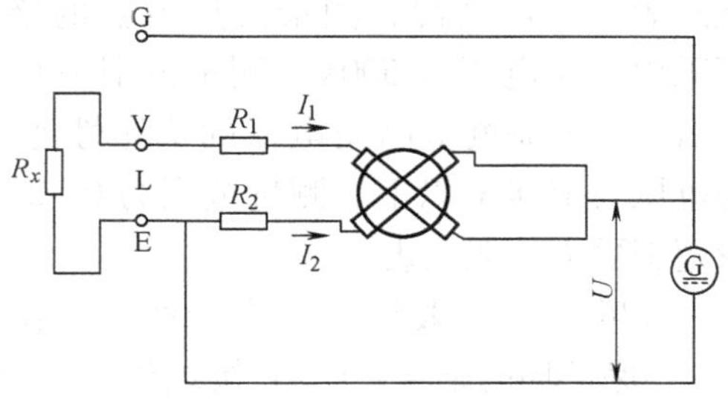

图 4-10　兆欧表内部电路图

当 r_1、r_2、R_1、R_2被确定后，α 只与 R_x一一对应。在测量中，即使电压 U 有波动，对结果也不产生影响。但在实际使用中由于仪器灵敏度的限制，要求发电机转速大约为 120r/min。

实际使用的兆欧表结构电路如图 4-11 所示。兆欧表的高压直流电源是由手摇发电机 G、整流二极管 V1、V2 和电容 C_1、C_2 等元器件构成的。当交流发电机转动时，在电流的正半周，电流通过 V1 对电容 C_1 充电，此时 V2 截止不导电；而在电流的负半周，V1 截止不导电，电流通过 V2 对 C_2 充电。这样在串联电容 C_1 和 C_2 的两端形成了直流高压，其值大约等于手摇发电机交流电压峰值的两倍。

当用兆欧表测电机类绕组的绝缘电阻时，可将绕组接 L 端，机座接 E 端。而测量电缆材料的绝缘电阻时，应将电缆芯接 L，电缆外皮接 E，而将中间的绝缘材料通过一金属环接 G，

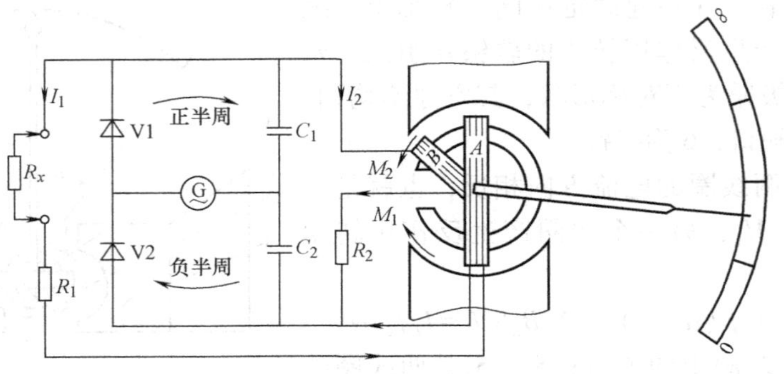

图 4-11　兆欧表结构电路图

测量电缆线绝缘电阻的接线图如图 4-12 所示。测量时，通过电缆芯线与外皮之间的电流 I_V 进入兆欧表测量线圈。但是除 I_V 之外，沿电缆表面还有漏电流 I_S 存在。这时，I_S 就经 G 端直接回到电源的负极，不进入兆欧表测量线圈，减小了测量误差。

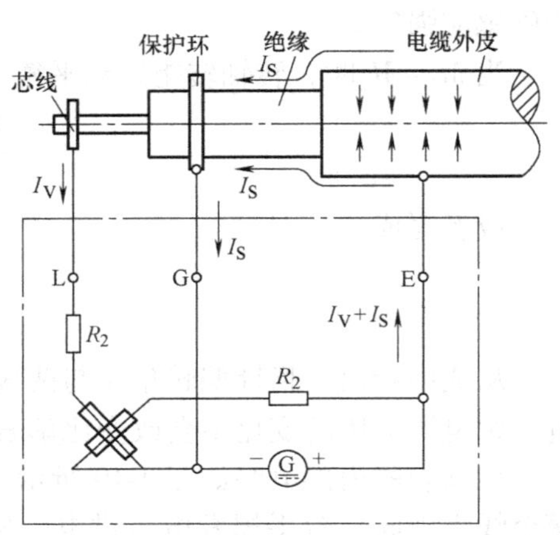

图 4-12　测量电缆线绝缘电阻的接线图

二、兆欧表的使用方法和注意事项

由于电器的工作电压和绝缘电阻要求不同，因此测量不同电器的绝缘性能时，要采用相应规格的兆欧表。一般情况，测量民用电器的绝缘性能时，可采用工作电压为 500V、测量范围为 0～200MΩ 的兆欧表。若需测量高压电器的绝缘性能，要采用工作电压为 1000V 以上、测量范围为 0～2000MΩ 或测量范围更大的兆欧表。

兆欧表上一般设有三个接线柱，在接线柱的附近分别标有 E——接地、L——电路、G——保护环的记号，E、L 接线柱上分别接上测试棒。使用兆欧表时，要对兆欧表进行一次开路和短路试验，检查兆欧表是否良好。两根测试棒开路时，摇动发电机手柄，指针应指向表面刻度的无穷大处；两根测试棒短接时，摇动手柄，指针应指向零处，否则兆欧表有故障。

1）当测量电器对大地的绝缘电阻时，被测电路应接 L 测试棒，大地应接 E 测试棒。测量电动机、变压器等电气设备的绝缘电阻时，L 测试棒应接电动机、变压器绕组导线，E 测试棒应接电动机、变压器的金属外壳。

2）测量电缆缆芯对缆壳的绝缘电阻时，除将 L、E 测试棒分别接缆芯、缆壳外，还需将电缆壳、芯之间的绝缘物接到兆欧表的保护环 G 接线柱上，以消除测量中引起的误差。测量电缆各芯线间的绝缘电阻值时，应将 L、E 上的测试棒分别接到两根芯线上，保护环接线柱 G 接到任何一根被测芯线的绝缘物上。

使用注意事项如下：

1）使用兆欧表测量电气设备的绝缘电阻值时，要先切断电气设备的电源，以保障设备及人身安全。

2）转动兆欧表的手柄，要保持一定转速，要求转速为 120r/min，最小不低于 90r/min，最大不超过 150r/min。

3）测量电器的绝缘电阻时，若兆欧表的指针已指向零，这时就不能继续摇动手柄，以免损坏表内线圈。

三、常见故障的分析

兆欧表常见故障及产生原因见表 4-4。

表 4-4　兆欧表常见故障及产生原因

故障现象	故障原因	故障现象	故障原因
指针不指零	1. 电压回路中电阻（R_2）值变化 2. 发电机电压不足 3. 游丝变形 4. 活动线圈有局部短路或断路	摇把打滑，无电压输出	1. 偏心轮固定螺钉松动，导致齿轮啮合不良 2. 调速器上的螺钉弹簧失灵
指针不指“∞”	1. 电压回路中电阻（R_2）值变化 2. 发电机电压不足 3. 游丝变形	电压很低或无电压	1. 发电机绕组断线 2. 线路接头断线 3. 炭刷接触不良，炭刷磨损
发电机摇不动或手感沉重	1. 发电机转子与极靴相碰 2. 增速齿轮啮合不良或损坏 3. 转轴与轴承装配间隙过小 4. 固定螺钉松动使转子在轴承处不正 5. 轴承脏，油干涸	机壳漏电	1. 内部接线碰外壳 2. 发电机弹簧引线碰外壳 3. 仪表受潮后绝缘不良

第三节　钳形电流表

一、钳形电流表的工作原理

钳形电流表是利用互感原理将电流互感器与电流表组合在一起的。它是用来测量大电流的专用仪器。其结构原理如图 4-13 所示。在闭合磁路 2 中，导线电流 1 引起磁路磁通的变化，在闭合的二次线圈 3 中产生感应电流，该电流与导线电流的大小成正比。

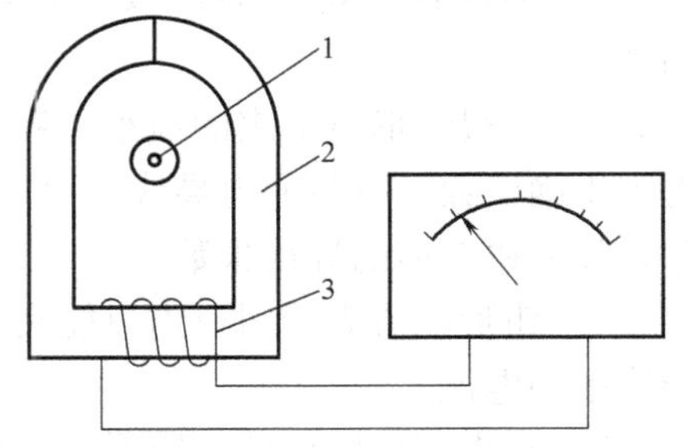

图 4-13　钳形电流表结构原理图

单功能多量程指针式钳形电流表电路如图 4-14 所示。图中 L 为闭合磁路的二次绕组，感应电流一路由 A 经桥式检波器被电流表显示出来，再到 B 形成闭合回路；另一路仍由 A 经过分流电阻（R_1、R_2、…）被分流，形成多量程钳形电流表。

MG—28 型可携带指针式多功能钳形电流表是由指针式万用表和钳形互感器组成的。钳形电流表中测量交流大电流的电路如图 4-15 所示。图中 L 仍为互感器二次绕组。在互感电流的正半周，一路由 B 经电阻 R_{16}(或 R_{P1})、电容 C、二极管 V2、表头及限流电阻 R 回到 A 点；另一路则直接经过分流电阻 R_{11}、R_{12}、…(或 R_{P2})到 A 点。在互感电流的负半周，电流从 A 点经过分流电阻到达 B 点；同时还有一路经过 V1、电容 C 等到达 B 点。可见电路采用了半波整流电路。图中稳压管 V3 是用来保护表头的。

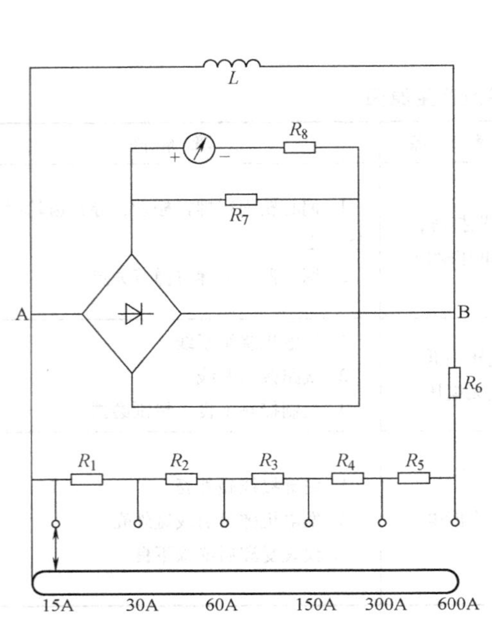

图 4-14 单功能多量程指针式钳形电流表电路图

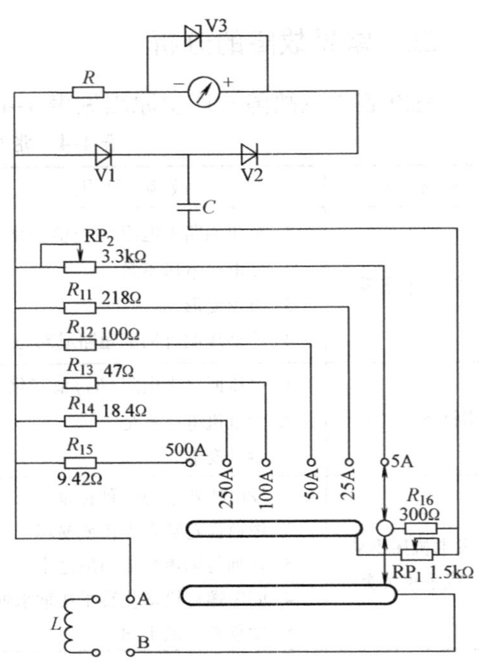

图 4-15 MG—28 型多功能钳形电流表中测量交流大电流的电路图

二、钳形电流表的使用方法和注意事项

1）使用钳形电流表应先估计被测电流的大小，选择合适量程。一般要先选择较大量程，然后再视被测电流的大小，调整到合适量程。

2）为使钳形电流表的读数正确，导线夹入钳口中后，钳口铁心的两个面应很好地吻合。

3）一般钳形电流表的最小量程为 5A，测量较小电流时，指针读数会有较大误差，为能得到正确读数，可将通电导线在钳形铁心上绕几圈后再测量，但是实际读数应该是指针读数除以放入钳口内的导线根数。

4）钳形电流表的钳口内只能夹一根导线，若将中性线和相线两根导线夹入，将测不出导线中的电流。

5）每次测量完毕后，钳形电流表的量程转换开关应放在最大量程位置，以免他人未进行量程选择直接使用，从而损坏仪表。

三、常见故障的分析

常见故障及产生原因见表 4-5。

表 4-5　钳形电流表的常见故障及产生原因

故障现象	产生原因	故障现象	产生原因
指针无指示	1. 电流表线圈已断 2. 与电流表连接的熔核脱焊 3. 与互感器连接的熔核脱焊	指示值偏低	1. 整流元器件性能变坏 2. 指示机构有摩擦现象或已磨损 3. 分流电阻值变化 4. 磁路接口有污物，闭合不严密

第四节　示波器、毫伏表与信号发生器

一、双踪示波器

双踪示波器是一种能同时直接观察和显示两个被测信号的综合性测量仪器。用它不仅能定性地观察电路的动态过程，如电压、电流等的变化过程，还可以定量地测量各种电参数，如幅值、频率、相位等。所以它是电工、电子电路测量与调试中的一种重要的仪器设备。图 4-16 所示为 SR—8 型双踪示波器的面板图，下面简述其使用方法。接通电源后，首先调出扫描基线。若扫描基线偏离屏幕，可按下“寻迹”开关，找出偏离方向，然后调节“移位”旋钮，使之回到屏幕中央。信号电压的幅度和时间的读数方法均采用标尺法，但在测量之前，需用方波校准信号进行校准。其方法是：将“显示方式”置“Y_A”；“极性”和“内触发”置“常态”（不拉出）；“DC、AC”置“AC”；“高频、常态、自动”置“自动”；“AC、AC(H)、DC”置“AC”；“V/div”置“0.2V/div”；其“微调”置“校准”（即红色旋钮顺时针旋到底）；“t/div”置“1ms/div”；其“微调”置“校准”（即红色旋钮顺时针旋到底）。然后用同轴电缆将校准信号输出端与 Y_A 通道的输入端相连接。开启电源和打开校准信号控制开关后，示波器屏幕上应显示幅度为 5div 和周期为 1ms 的方波。若 1ms 时间

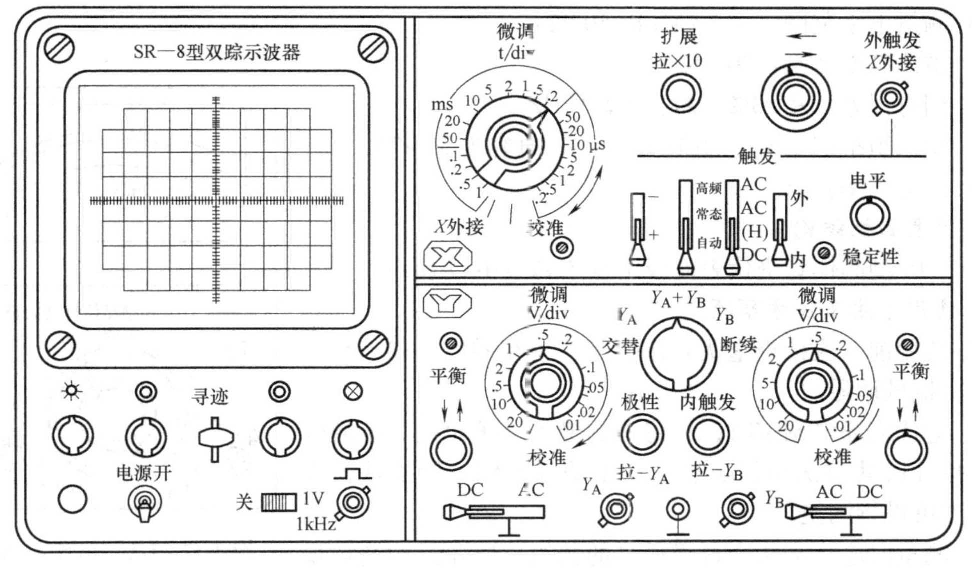

图 4-16　SR—8 型双踪示波器的面板图

显示的横向格数不准，可调节“t/div”下方电位器用来校准。

1. 信号电压幅度的测量

测量时，将“微调 V/div”中的红色旋钮顺时针旋到底，置于“校准”位置。这时其 y 轴灵敏度选择的黑色旋钮所指分度值即为屏幕纵向每格的电压值。若用 10∶1 探头，读数值再乘以 10。

2. 信号时间的测量

测量时，将“微调 t/div”中的红色旋钮顺时针旋到底，置于“校准”位置。这时扫描时间选择的黑色旋钮所指分度值即为屏幕横向每格的时间值。然后读取信号一个周期 T 所占的格数 D，则 $T=\mathrm{t/div}\times D(\mathrm{div})$。

3. 信号频率的测量

信号周期的倒数即为频率，$f=1/T$。

4. 注意事项

1）示波器正常使用的温度应为 0～40℃，使用时不要将其他仪器或杂物盖在示波器通风孔上。

2）使用时示波器亮度不要过高，以免损伤眼睛和示波管荧光屏。

3）输入电压不要超过额定电压范围。

二、DA—16 型晶体管毫伏表

DA—16 型晶体管毫伏表采用放大、检波的形式，因而具有较高的灵敏度、稳定度。检波置于最后，使其在强信号检波时产生良好的指示线性。DA—16 型晶体管毫伏表频带较宽，为 $20\sim10^6$Hz。采用二级分压，其测量电压范围较广，为 $100\times10^{-6}\sim300$V。它广泛地用于交流毫伏级电压的测量，此表的指示值为正弦波有效值。

1. 主要技术性能

1）测量电压范围：$100\times10^{-6}\sim300$V。

2）测量电平范围：−27～32dB（600Ω）。

3）被测频率范围：$20\sim10^6$Hz。

4）固有误差：≤±3%（基准频率 1kHz）。

5）输入阻抗（1kHz）：电阻为 1MΩ，电容为 50～70pF。

6）消耗功率：3W。

2. 仪表面板结构

DA—16 型晶体管毫伏表面板示意图如图 4-17 所示。

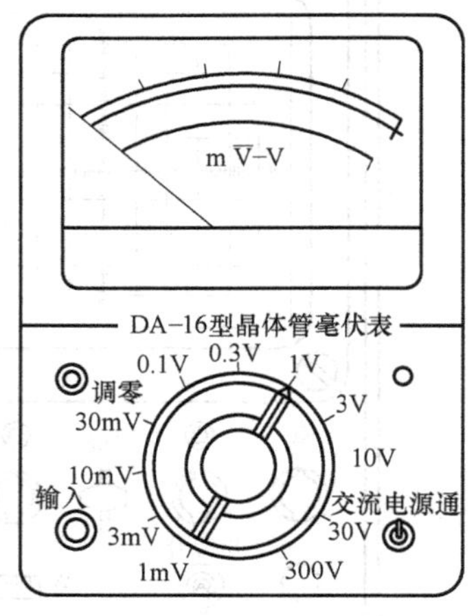

图 4-17　DA—16 型晶体管毫伏表面板示意图

3. 使用方法及注意事项

1）使用前，应检查毫伏表指针是否指在零位，如不在零位应进行机械调零。

2）毫伏表通电调零时，先将表的输入夹子短接。接通电源，待指针摆动数次至稳定后，校正调零旋钮，使指针在零位置，即可进行测量。

3）测量时应将毫伏表置于适当的挡级，以免过载烧坏仪表内部的晶体管。

4）被测电压为非正弦波或正弦波形有失真时，读数有误差。

5）测量完毕后，应将“测量范围”开关置于最大量程挡，然后关掉电源。

6）所测交流电压中的直流分量不得大于 300V。

7）用其测量市电时，必须将相线接输入端，中性线接地，不能反接，测量 36V 以上的电压，以免机壳带电伤人。

8）由于本仪表灵敏度较高，使用时必须正确选择接地点，以免造成测量误差。

三、XD1B 型低频信号发生器

XD1B 型低频信号发生器可连续产生 $1\sim10^6$Hz 的正弦波，电压级可输出 5V 以上的电信号，功率放大级的输出容量大于 4V · A，正弦波输出可带 50Ω、75Ω、150Ω、600Ω、5kΩ 的负载。本仪器设有 5 位数字频率计，可显示本仪器的输出信号频率，也可外测频率，作为频率计使用。

1. 主要技术性能

1）频率范围：$1\sim10^6$Hz。

2）误差：频率为 $1\sim10^5$Hz 时，小于±1%；频率为 $10^5\sim10^6$Hz 时，小于±2%。

3）正弦功率输出：>4V · A。

4）额定负载：50Ω、75Ω、150Ω、600Ω、5kΩ。

5）脉冲占空比：在 30%～70%范围连续可调。

6）正、负脉冲输出(电压峰-峰值)：电压级输出>3.5V；功率级输出>7V。

7）机内电压表：测量频率范围为 $10\sim10^6$Hz 不经衰减的正弦波电压级输出信号幅度；测量误差<10%(满刻度值)。

8）机内频率计：测量频率范围为 $10\sim10^6$Hz 的五位数字显示；测量幅度范围为 1～10V；外测输入阻抗>10kΩ、30pF。

9）工作条件：环境温度为 0～40℃。

2. 仪器面板结构

XD1B 型低频信号发生器的面板示意图如图 4-18 所示。

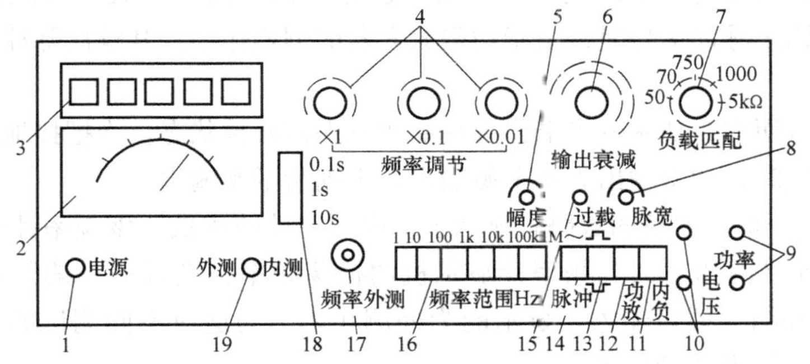

图 4-18　XD1B 型低频信号发生器面板示意图

1—电源开关　2—电压表　3—显示器　4—十进制频率调节　5—输出幅度调节　6—输出衰减　7—负载匹配选择开关　8—脉宽调节　9—功率输出端钮　10—电压输出端钮　11—内负载控制　12—功率输出控制　13—正、负脉冲选择　14—波形选择　15—过载指示　16—频率范围　17—频率计外测输入插口　18—频率计闸门时间选择开关　19—内、外测选择

3. 使用方法

1）频率设置。本仪器输出信号的频率（正弦波与脉冲波）均由前面板上的按键开关及其上方的波段开关设置。按键开关用来选择频率范围，波段开关按十进制原则确定具体的频率值。从左至右分别为×1、×0.1、×0.01，其中最右边一位×0.01是电位器，可连续进行频率微调。

2）衰减器。为得到不同的输出幅值，可以配合调整“幅度调节”电位器和“输出衰减”波段开关。其中“幅度调节”是连续的，“输出衰减”是步进的。本机后面板上设有一个TTL电平信号输出插座，此正脉冲信号不受“幅度调节”和“输出衰减”两个旋钮的控制。

3）输出阻抗。从电压输出端看进去的输出阻抗是不固定的，它随“幅度调节”与“输出衰减”两个旋钮的位置而改变，但输出阻抗都比较低。使用时，应特别注意被测设备端不能有任何信号电流倒流入仪器的输出端，以防烧毁衰减器。

从功率输出端看进去的输出阻抗，在“输出衰减”为0dB时为低阻抗，其值远小于“负载匹配”旋钮所指示的阻值；在“输出衰减”的其余位置，输出阻抗等于“负载匹配”旋钮所指示的阻值。

4）电压输出。电压输出的正弦最大额定电压为5V，它有较好的失真系数和幅度稳定性，主要用于不需要功率的小信号输出场合。电压输出的正、负脉冲幅度均大于3.5V。功率输出是将电压输出信号经功率放大器放大后的输出信号，主要用于需要有一定功率输出的场合，在正弦波输出时，需根据被测对象通过“负载匹配”开关，可适当选取五种不同的匹配值，以求获得合理的输出电压、电流值。当使用中只需电压输出时，要把“功放”按钮抬起，以防烧坏功率放大器。

5）功率输出。当需要使用功率输出时，要先将“幅度调节”旋钮逆时针旋到0位，把“功放”按钮按下，然后调节“幅度调节”旋钮至功率输出所需达到的电压值。当正弦波功率输出的负载为高阻抗时，为避免功放受电抗负载成分过大的影响，应把“内负载”按钮按下（尤其在频率较高时）。当需要选择脉冲输出时，正弦与脉冲波形选择按钮抬起，而通过正、负脉冲选择按钮选择正或负脉冲输出。这时“脉宽调节”旋钮可改变输出方波的占空比。当用功率输出脉冲信号时，由于功率放大器的倒相作用，其输出脉冲与所选择脉冲的相位正好相反。

对正弦波信号而言，功率输出端钮有平衡或不平衡两种状态。当把接地片与电压输出端的接地端柱相连接时，功率输出为不平衡输出；否则为平衡输出。

6）频率计。面板左上角的数码管显示了机内频率计的读数，该频率计既可“内测”又可“外测”。进行“内测”时，频率计显示机内振荡频率；进行“外测”时，频率计的输入信号从“频率外测”插口输入，显示的为外测频率。为适应不同测试的频率需要，可适当改变“闸门时间”开关的位置。

7）电压表。数码管下方的表头指示的是机内电压表的读数，机内电压表只用于机内“电压输出”的正弦波测量，它显示出机内正弦振荡经“幅度调节”衰减后的正弦波信号有效值，而“输出衰减”的步进衰减对它不起作用。因此，实际“电压输出”端钮上的正弦信号的大小等于机内电压表指示值加上“输出衰减”的衰减分贝值。

第五节　其他制冷仪表

一、电子检漏仪

电子检漏仪是检测制冷设备有没有氟利昂和R134a泄漏的新型检漏仪器。它具有体积小、灵敏度高、使用方便、便于携带的特点，在制冷设备生产和维修行业中得到了广泛应用。其外形如图4-19所示。

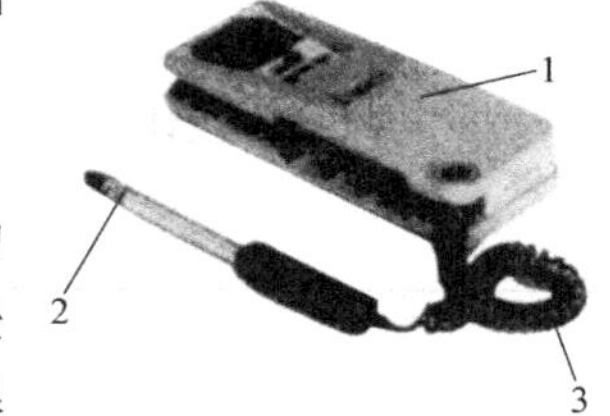

图4-19　电子检漏仪
1—本体　2—传感器探头
3—连接管道

1. 原理

电子检漏仪是根据六氟化硫等负电性物质对负电晕放电有抑制作用这一原理制成的。当氟利昂气体进入具有特殊结构的电晕放电探头时，就会改变放电特性，使电晕电流产生变化，经仪器内的电子电路将电晕电流的变化放大、变换后以光信号和音响的方式表达出来。

2. 电子检漏仪的使用方法和注意事项

1）将电池装入电池盒内，接通电源，把开关拨到“氟利昂”处，会听到“滴、滴、滴”匀速的声音；如要检测R134a，便拨到“R134a”挡。

2）将传感器探头靠近制冷设备的被检验部位，慢慢移动(一般以2cm/s以下速度)，当接近泄漏源时，泄漏气体被吸入探头，“滴、滴、滴”的叫声频率会加快，同时，指示灯也开始闪亮，被测气体氟利昂的浓度越大，叫声的频率越高，闪亮的指示灯数越多。据此就可知道氟利昂的泄漏处。

3）要保持清洁，避免油污、灰尘、水分污染探头。若探头的保护罩已被污染，可小心拆下电池后，旋下保护罩，用航空汽油清洗，吹干后再照原样装好。制冷剂浓度太高，也会污染探头，使其灵敏度降低，所以发现大量泄漏时就要关机，不要让检漏仪继续工作。

4）使用电子检漏仪，要防止撞击传感器的探头，更不要随意拆卸，以免损坏探头。

5）电子检漏仪在使用中工作不正常如啸叫时，应检查电池电压是否太低，探头是否已污染或损坏。

二、测温仪表

1. 测温仪表的分类

测温仪表按其测温范围可分为高温温度计和一般温度计两种。测量600℃以上的温度计称为高温温度计，测量600℃以下的温度计称为一般温度计。

测温仪表按用途可分为标准仪表、示范型仪表和实用仪表三种。按读数方式可分为指示式、记录式、远距离测量式三种。按作用原理又可分为膨胀式温度计、压力式温度计、热电阻温度计、热电偶温度计和辐射高温计五类，各类温度计的测量范围见表4-6。

热电阻温度计测量范围一般在-200~600℃，而热电偶温度计甚至可以测量1800℃左右的温度。

表 4-6 各类温度计的测量范围 (单位:℃)

膨胀式温度计	液体膨胀式	-100~600
	固体膨胀式	-50~500
压力式温度计	液体型	-40~650
	气体型	0~500
	蒸气型	-20~170
热电阻温度计	铂电阻 Pt10	0~650
	铂电阻 Pt100	-200~600
	铜电阻 Cu50	-50~100
	半导体热敏电阻	-50~300
热电偶温度计	EA 热电偶	-200~800
	EU 热电偶	-200~1200
	铂铑 30-铂铑 6 热电偶 B	0~1600(短期 1800)
	镍铬-镍硅热电偶 K	0~1000
	镍铬-铜镍热电偶 E	0~800
辐射高温计	全辐射高温计	100~3000
	光学高温计	700~3000
	比色高温计	700~3000

前四类温度计的测温元件与被测介质直接接触，又称为接触式温度计；辐射高温计的测温元件与被测介质不直接接触，称为非接触式温度计。接触式温度计是利用热敏元件的热膨胀性、热电性或热变色性进行温度测定的。在制冷系统中，由于检测温度较低，因此采用的是接触式温度计。

2. 制冷测温仪表

(1) 膨胀式温度计　一般物体受热膨胀，遇冷收缩，根据物体热胀冷缩原理制成的温度计称为膨胀式温度计。膨胀式温度计按其所用的物质状态不同又可分为液体膨胀式温度计和固体膨胀式温度计两种。

1) 液体膨胀式温度计(即玻璃管液体温度计)　由装有液体的玻璃温包 1、毛细管 2 和刻度标尺 3 三部分组成，如图 4-20 所示。它是根据液体热胀冷缩的原理制成的。

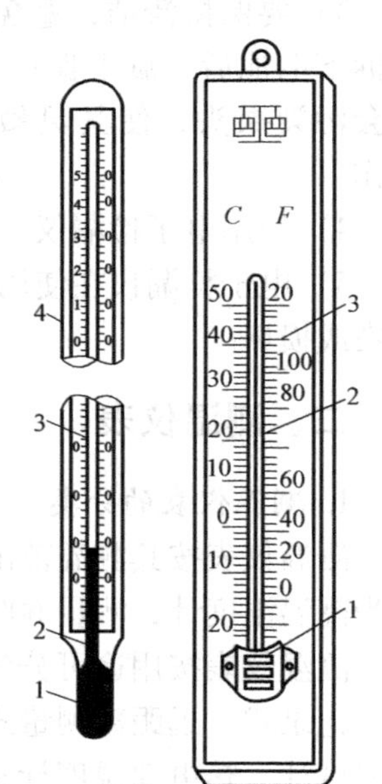

图 4-20 玻璃管液体温度计

1—温包 2—毛细管 3—刻度标尺 4—套管

工作介质的膨胀系数越大，液体的体积随温度变化的增加量(或减少量)就越大，毛细管内液柱升高(或降低)的距离也就越大。因此，选用膨胀系数大的液体作为工作介质，可以提高温度计的测量精度。液体膨胀式温度计广泛应用于-100~600℃的温度范围，其测温上限由玻璃的机械强度、软化变形及工作液体的沸点决定，它的测温下限则视液体的凝固点而定。

水银温度计是常见的液体温度计。水银的膨胀系数虽然不大，但它具有测量精度高、不粘玻璃、不易氧化、容易纯化、体膨胀几乎和温度成线性关系等优点，因而得到了广泛的应用。

水银温度计可用来测量-30～600℃的温度。这里以电接点水银温度计为例说明。

电接点水银温度计利用水银的热胀冷缩和导电性能来启动电接触点，从而将温度控制在一定范围内。它属于一种双位温度调节装置，常用于恒温控制、信号报警等自动控制中，可控温度范围为-30～300℃。

电接点水银温度计分为可调式和固定式两种。可调式电接点水银温度计如图4-21所示，它由两条金属丝通过水银组成一个电接点。一条是铂丝，其一端焊在玻璃温包内，使铂丝浸于温包的水银内；另一端烧结在玻璃外壳上作为引出线，从顶部引出。另一条是钨丝，钨丝的一端固定在指示铁上，钨丝外面套有螺旋状铂丝，铂丝的另一头烧结在玻璃外壳上，作为钨丝的另一端引出线。当旋转外面的磁钢套时，指示铁跟着在上标尺刻度范围内作上下移动。当指示铁的下沿停在上标尺的某一个刻度值时，该值即为预定值。当温度升高到预定值时，水银面和钨丝相碰，由于水银的导电性，下面的铂丝就与钨丝接通。这样就将外电路闭合，使控制或报警机构动作，起到自动控制作用。电接点水银温度计有上、下两个标尺，上标尺用于调节温度的预定值，下标尺用于指示被测介质温度。此种温度计毛细管内充有压力为39.99～53.32kPa（300～400mmHg）的氮气，以防水银倒充和避免钨丝与水银接触时产生电火花。

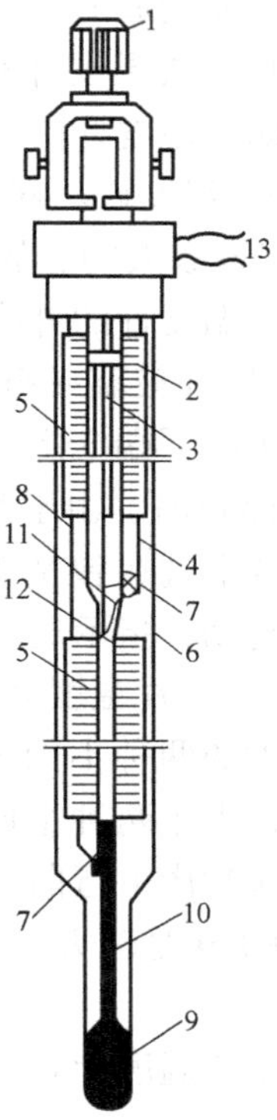

图4-21 可调式电接点水银温度计
1—调整螺母 2—椭圆形螺母 3—螺旋杆 4—铜丝 5—刻度标尺 6—圆玻璃管 7—钨丝引接点 8—椭圆形玻璃管 9—温包 10—水银柱 11—铂丝 12—钨丝 13—导线

在制冷设备中，电接点水银温度计用于储藏鸡蛋和水果等要求静态温度偏差比较小的冷藏间中。在选用时，应选用适合冷藏库用的范围小、刻度宽的电接点水银温度计。

电接点水银温度计额定电流很小，不能直接与一般继电器配合使用。

玻璃管液体温度计按结构可分为棒形温度计、内标尺温度计和外标尺温度计三种。内标尺温度计的乳白色玻璃片标尺放在带有玻璃温包的毛细管后面，二者一起封于玻璃外壳内。外标尺温度计玻璃温包的毛细管直接固定在外标尺上。棒形温度计的标尺直接刻在毛细管的外表面上。可调式电接点温度计是内标式的，有直形和角形（角度一般是90°和135°）两种。

固定式电接点水银温度计的铂丝固定在限定的温度计上，其工作点一般不多于三个，在制冷设备中很少采用。

电接点水银温度计需和电子继电器配合使用，温度计触点额定电流为20mA，电压为36V。

调节触点温度时，应先旋松帽上的固定螺钉，然后利用磁力转动调温螺杆，顺时针转动使接点温度升高，逆时针转动使接点温度下降。当调节到控温点时，应把调节帽上的固定螺钉旋紧。调温时切勿把指示铁旋到上标尺刻度之外，以免调节失灵。

按浸没长度把温度计垂直安装在设备上，标尺部位不能浸入介质，以免受热损坏。

当发现水银柱间断裂时，应停止使用，进行修理。可用先加热、后慢慢冷却或先冷却、后慢慢加热的方法使水银柱复原。

2）固体膨胀式温度计是利用固体(杆料)长度随温度变化而改变的性质制成的。

固体膨胀式温度计有两种形式，一种为杆式温度计，另一种为双金属片温度计。

① 杆式温度计。杆式温度计的结构如图4-22所示。测温管1是用膨胀系数大的金属材料(如黄铜)制成的感温元件，它的上端固定在温度计的外壳5上。管内的传递杆2是用膨胀系数较小的材料(如玻璃或石英等)制成的，它的下端用弹簧4压紧在测温管1的下端3上。当测温管1周围的被测介质温度发生变化(如升高)时，由于测温管1比传递杆2的膨胀系数大，故传递杆2的上端在弹簧4的作用下将向下移动；控制摇板6带动指针7转动，指示出所测温度值。

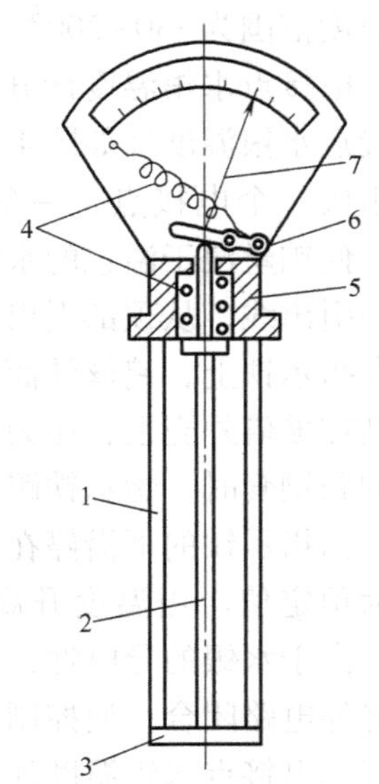

图4-22 杆式温度计
1—测温管 2—传递杆
3—管1的下端 4—弹簧
5—外壳 6—摇板 7—指针

② 双金属片温度计。双金属片温度计的测温元件是膨胀系数相差甚大的两种不同金属材料叠焊在一起的双金属片。当温度改变时，由于两种金属膨胀系数不同，必然引起变形程度不同，双金属片产生弯曲，如图4-23所示。温度改变越大，引起弯曲变形的角度越大。双金属片温度计就是利用这个原理制成的。

双金属片温度计有两种结构形式。一种是盘旋式的，另一种是螺旋式的，如图4-24所

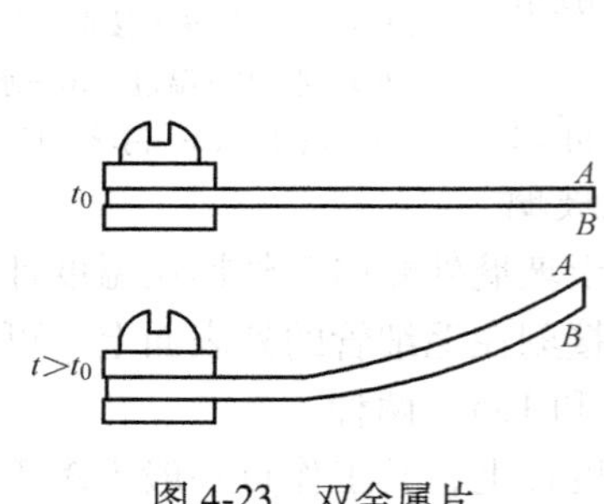

图4-23 双金属片

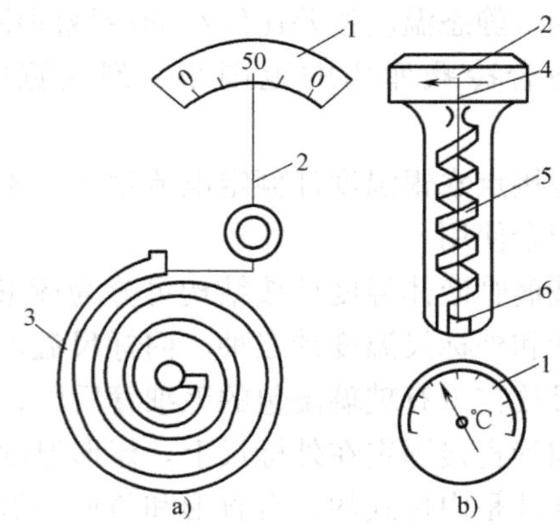

图4-24 双金属片温度计
a）盘旋形双金属片温度计示意图
b）螺旋形双金属片温度计示意图
1—刻度盘 2—指针 3—盘旋形双金属片
4—转轴 5—螺旋形双金属片 6—轴承

示。其中螺旋式感温元件外加金属保护套管。当温度变化时，螺旋的自由端便绕固定端旋转，同时带动指针转动，指示出所测温度值。双金属片温度计结构简单、成本低，比水银温度计坚固、耐用、耐振，读数指示明显，但精度不高，不能测量物体温度的微量变化。

（2）压力式温度计　压力式温度计主要由感温元件（温包）1、毛细管2、盘簧管3和指针4等组成。温包内充满工作介质，介质可以是气体、液体或饱和蒸气。温包内介质的压力随温度的变化而变化，使盘簧管发生弹性变形，带动指针偏转指示出所测温度值，如图4-25所示。压力式温度计在制冷设备中很少使用，但根据介质压力随外界环境温度而变化的性质制成的温度控制器，在制冷系统中却得到了广泛的应用。

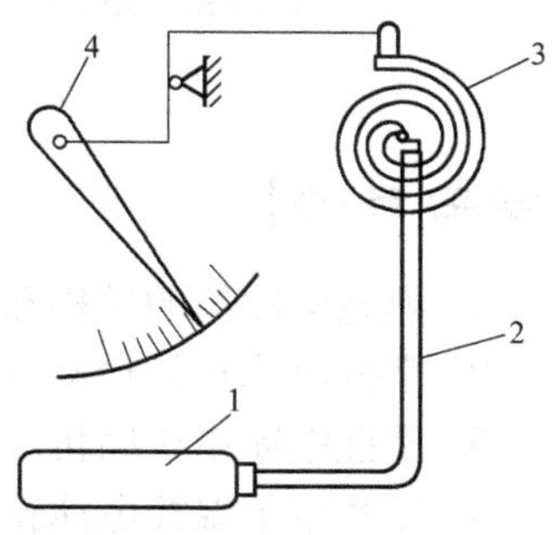

图4-25　压力式温度计原理图
1—温包　2—毛细管
3—盘簧管　4—指针

（3）热电阻温度计　热电阻温度计是根据金属导体或半导体的电阻随温度而变化这一特性制成的。热电阻温度计由感温元件（热电阻或热敏电阻）、显示装置及连接导线组成。它的精度高，适合于测量低温和对温度进行遥测，并能实现多点测量。热电阻温度计测温的实质是测量热电阻的阻值，测量范围为-200～500℃。与热电阻配套使用的仪表有比率表、平衡电桥和不平衡电桥，它们用来测量热电阻阻值的变化。

【思考与练习】

1. 温度测量的基本原理是什么？
2. 指针式万用表和数字万用表有什么功能差别？
3. 卤素试漏灯检出泄漏后，为什么要立即移走？
4. 电子检漏仪不能检测是什么制冷剂，为什么？
5. 热电阻温度计的测量范围是什么？
6. 用示波器在实验台上测量低值脉冲直流电的波形，并计算大小。

模块五　电冰箱的结构与维修

【学习目的】

1. 熟悉电冰箱的结构和性能参数，懂得基本电冰箱电气电路的安装与调试。
2. 掌握电冰箱的检修方法和基本维修技能。
3. 掌握电冰箱压缩机的检测和修理。
4. 熟悉电子温控电冰箱的工作原理，懂得电子除霜电路的故障判断。
5. 掌握电冰箱的开背修理。

【基础知识单元】

第一节　电冰箱的结构与性能指标

电冰箱是家庭中用于冷藏和冷冻食品的制冷装置。它一般分为冷藏箱(单门冰箱)、冷藏冷冻箱(双门或多门冰箱)、冷冻箱(冷柜)。

电冰箱应具有制冷、保温、控温三项基本功能。制冷就是使箱内空间满足冷藏、冷冻物品所需要的低温环境条件，这是电冰箱的首要功能；保温就是尽可能地减少外界热量传入箱内低温空间，维持箱内低温；控温就是使箱内温度控制在一定的温度范围内，以满足冷藏、冷冻物品的需要。

为实现上述三项基本功能，电冰箱在整体结构上应具有与之相应的三个组成部分，即制冷系统、隔热保温系统和电气控制系统。

1）制冷系统：绝大多数电冰箱采用的是蒸气压缩式制冷系统，由制冷压缩机、冷凝器、干燥过滤器、毛细管和蒸发器等组成。它是通过强制制冷剂的循环变化，把箱内的热量转移到箱外空气介质中，使箱内达到降温制冷的目的。

2）隔热保温系统：由电冰箱的外箱体、隔热保温层、内胆等部分组成，是整个电冰箱的躯体部分，其作用是使箱内空气与外界空气隔绝，尽量保持箱内低温环境，以利于存放食品。

3）电气控制系统：由电气控制元件组成，控制电冰箱制冷系统的工作，使其自动开停、安全运转、温度控制和除霜等。

家用电冰箱除上述三个主要组成部分外，为适应使用的需要，还增设了一些必要的附件，有制冰盒、搁架、肉食盒、蛋品架、果菜盒、接水盘(蒸发器皿)等。图 5-1 所示为电冰箱基本结构部件分解图。

一、电冰箱制冷系统的结构特点及组成

1. 结构组成

蒸气压缩式电冰箱制冷系统的结构如图 5-2 所示。它主要由压缩机、冷凝器、干燥过滤

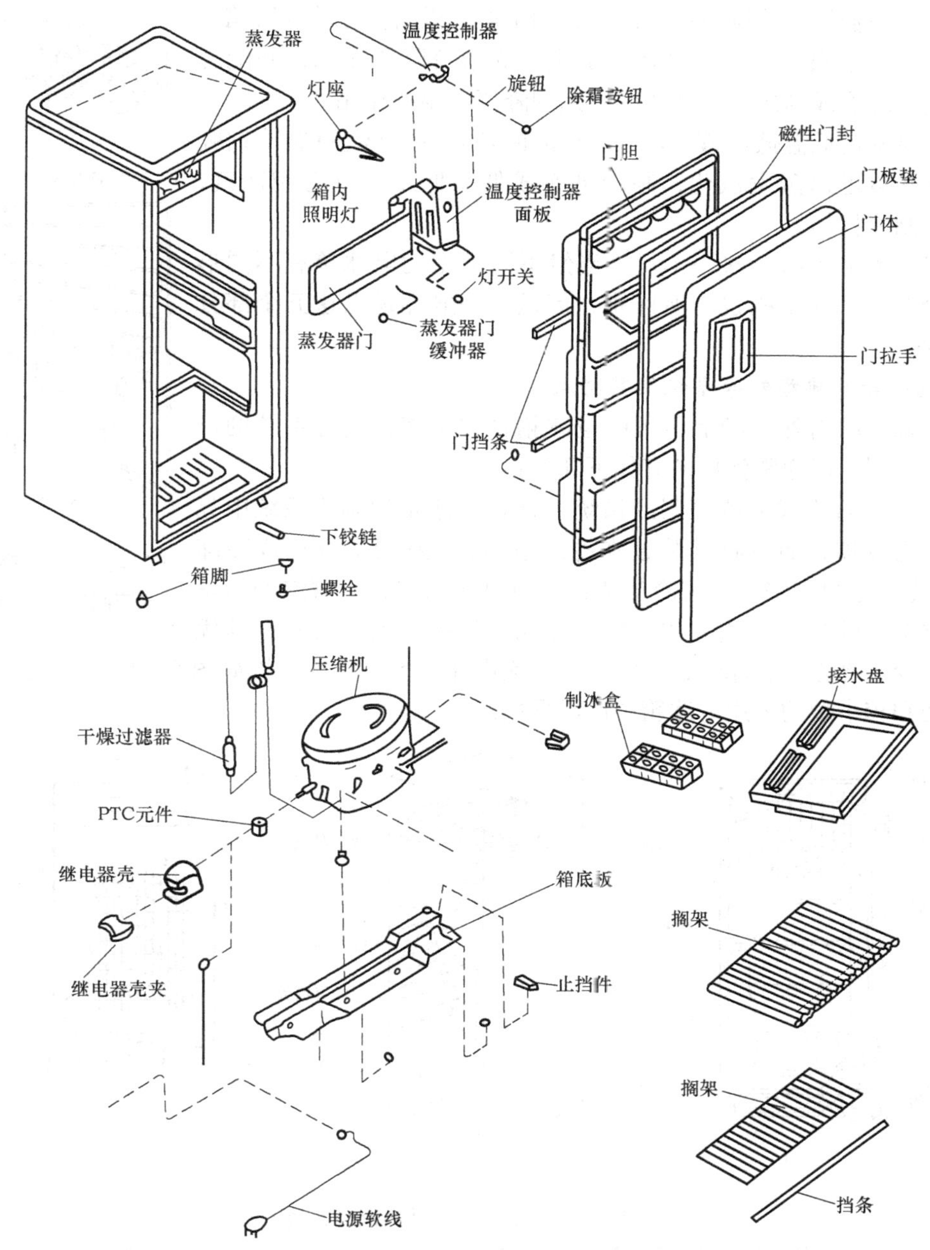

图 5-1 电冰箱基本结构部件分解图

器、毛细管和蒸发器五部分组成，并由管道将各个部分连接起来，构成一个密封的循环系统，内部充有适当的制冷剂。

制冷系统的这五大部件各有其功用：

压缩机用于提高制冷剂气体的压力和温度，促使制冷剂在系统内进行循环，将其压缩成高温高压的气态制冷剂后送入冷凝器。

冷凝器则将大量的热散发给箱外的空气，使制冷剂由气态冷却冷凝成中温高压的液态制冷剂。

干燥过滤器可去除制冷剂中的水分和杂质，以防止冰堵和脏堵。

毛细管用于限制制冷剂液体的流量，起节流降压作用，并配合压缩机使系统形成高压区和低压区，达到降压降温的作用。

蒸发器则使低温低压液体状态(严格说是湿蒸气状态)制冷剂吸收箱内的热量迅速蒸发汽化，制冷剂变成低温低压的气态制冷剂，最终实现制冷目的。

上述五大组成部分缺一不可。当然不同类型的电冰箱有不同形式的制冷系统，其结构也有所区别，但是，一般都是以这五个部分为基础的。

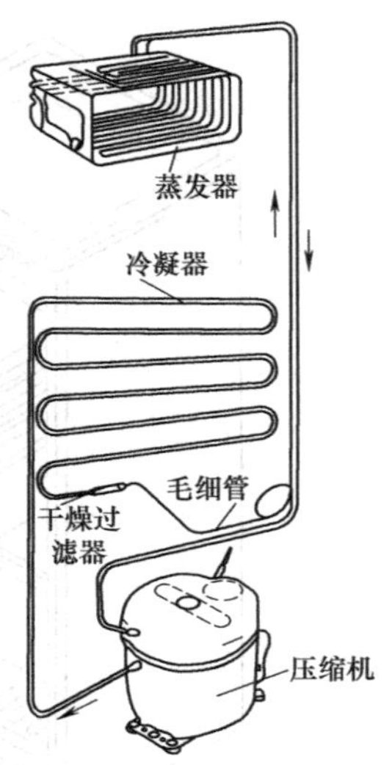

图 5-2　蒸气压缩式电冰箱制冷系统结构图

2. 电冰箱的典型制冷系统及其特点

近年来，国内外市场上出现的电冰箱种类很多，制冷系统的形式也有所不同，但通常使用的有如下几类：

（1）单门直冷式电冰箱制冷系统　这种电冰箱的制冷系统中只设置一个蒸发器，而且将其装置在冷冻室内(蒸发器本身构成冷冻室)，而冷藏室内不安装任何冷却装置。箱内冷冻室和冷藏室的热量传递，靠空气的自然对流方式进行，冷冻室的霜需人工去除；其优点是耗电少，冷冻、制冰快，各室独立，无串味发生。系统结构如图 5-3 所示。这类制冷系统在初期和较小型的家用电冰箱中广泛采用。

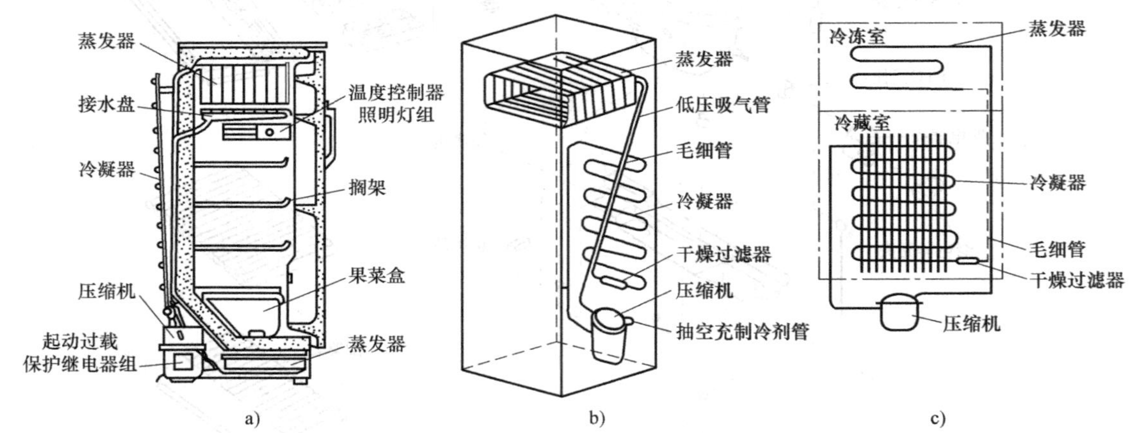

图 5-3　单门直冷式电冰箱制冷系统

a）直冷式单门电冰箱剖面图　b）直冷式单门电冰箱管路系统图　c）制冷系统原理图

（2）双门直冷式电冰箱制冷系统　双门直冷式电冰箱制冷系统中设置有两个蒸发器，分别安装在冷冻室和冷藏室中，一般从毛细管出来的制冷剂先进入冷藏室蒸发器，然后再进入冷冻室蒸发器。但也有一些电冰箱与此相反。它能自动除霜，其优点也是耗电少，冷冻、制冰快，各室独立，无串味发生。

其典型的系统结构如图 5-4 所示。

（3）双门间冷式电冰箱制冷系统　双门间冷式电冰箱制冷系统的特点是在制冷系统中选用翅片盘管式蒸发器，它可以水平地夹在冷冻室和冷藏室之间，也可以垂直地安置在冷冻

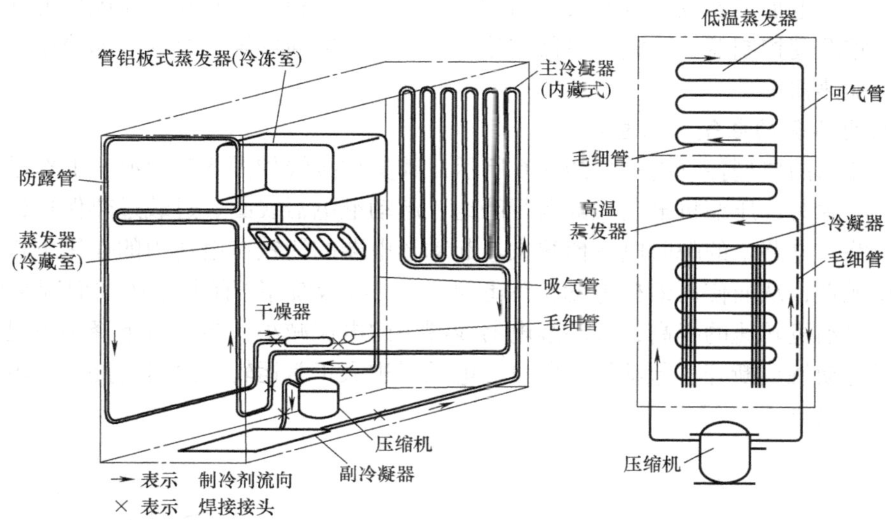

图 5-4 双门直冷式电冰箱制冷系统

室的后壁上，其安装位置视设计要求而定，通过小型风机强制上下格之间通风对流冷却，冷冻室温度可达-18℃以下而无结霜现象。典型的系统结构如图 5-5 所示。

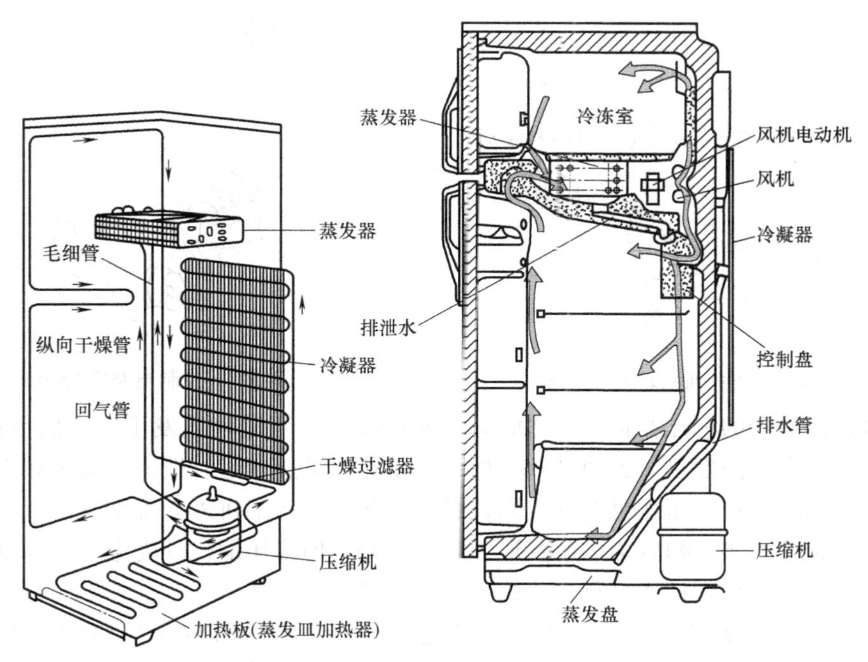

图 5-5 双门间冷式电冰箱制冷系统

二、电冰箱的电气控制电路组成

一般的单门电冰箱由压缩机单相电动机、起动继电器、过载过热保护器、温度控制器、箱内照明灯和灯开关等组成；双门直冷式电冰箱一般还装有防止箱内过冷和冷藏室蒸发器除霜不完全的两组电加热器及节电开关；而双门间冷式电冰箱则还有蒸发器风机电动机、除霜定时器、除霜温度控制器、除霜加热器和除霜加热保护熔断器等。有的电冰箱还装有起动电容器、除霜加热器等。

1. 单门电冰箱的电气控制电路

单门电冰箱的典型控制电路如图5-6所示，其实物接线如图5-7所示。工作过程是，当电冰箱接入电源时，压缩机电动机的运行绕组、起动继电器线圈、过载过热保护器、温度控制器构成通路；电路中的瞬时电流值很大。起动继电器的衔铁在电场力的作用下被吸住。接通常开起动触点，从而使压缩机电动机的起动绕组（次级绕组）有电流通过而起动压缩机电动机；随着电动机转速的提高，起动继电器线圈中的电流减小。当电流下降到不足以吸住衔铁时，常开起动触点断开。起动绕组断电，电动机进入正常运转，这时电路中的电流由起动电流下降到额定电流。

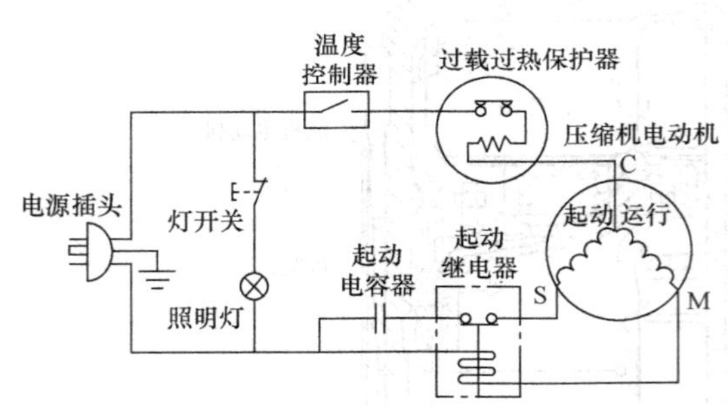

图5-6 单门电冰箱典型控制电路图

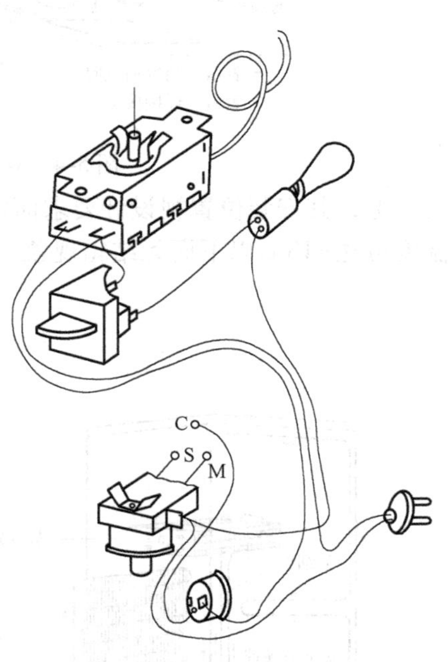

图5-7 控制电路实物接线

过载过热保护器的触点在正常工作时处于常闭状态。当电动机发生故障而负荷增大时，电阻丝因大电流通过而发热，致使其双金属片因受热而迅速变形，造成过载过热保护器的常闭触点断开，切断电路。压缩机电动机因长时间工作而使压缩机外壳温度升高，当温度超过90℃时，双金属片受热影响也会迅速变形，切断电路。但当压缩机外壳温度下降到65～80℃时，过载过热保护器重新接通电路，压缩机恢复运转。

箱内照明灯与门开关串联后再与压缩机电动机控制电路并联于电路中，不管压缩机电动机运转与否，只要箱门一打开，门开关便接通，照明灯即亮；关上箱门，照明灯即灭。

温度控制器利用感温包感应冷藏室内温度，通过对压缩机电动机的开停控制来达到对箱内温度的控制。单门电冰箱只有一个温度控制器，主要用来控制冷藏室内的温度。当冷藏室内温度高于设定值时，温度控制器的触点接通，压缩机电动机起动运转，制冷系统开始工作；当冷藏室内温度低于设定值时，温度控制器的触点断开，压缩机电动机停止运转，制冷系统停止工作。

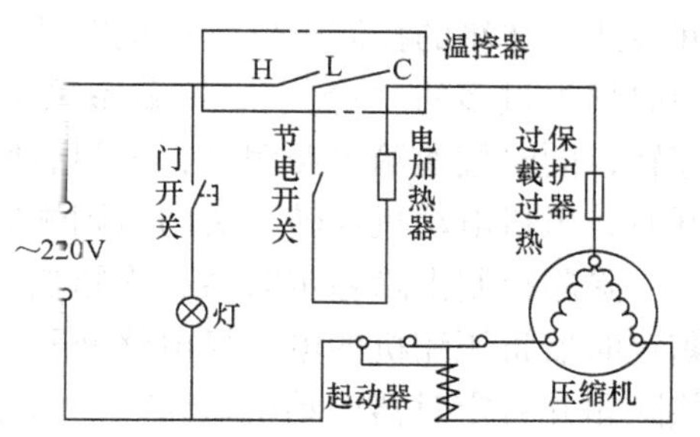

图 5-8 双门直冷式电冰箱典型电路图

2. 双门直冷式电冰箱的电气控制电路

双门直冷式电冰箱典型控制电路如图 5-8 所示，温控器采用定温复位型。工作过程是，若温控器旋钮置于 OFF(断开)位置，端子 H、L 之间触点断开，压缩机和加热器都不能构成电流通路，处于不工作状态，但箱内照明灯回路还能工作；若将温控旋钮旋离 OFF 位置，端子 H、L 间触点闭合，压缩机起动运转，制冷系统开始工作。待箱内温度下降到设定值时，温控器 L、C 间触点断开，压缩机电动机停止运转，制冷系统停止工作。这时，虽然温控器端子 L、C 间触点断开，但电加热器与电动机运转绕组仍构成一个闭合通路，故电加热器工作。

因电加热器与电动机运转绕组串联，因电动机运转绕组阻值较小，其电压降绝大部分作用在 H 两端，所以电动机并不工作。电加热器包含两个加热器，一个加热器是为了防止冷藏室蒸发器自然除霜不完全，另一个是为了防止冷藏室过冷和排水管冻结。当箱内温度升高到设定值时，温度控器端子 L、C 间触点闭合，电加热器被短路，电源与压缩机电动机构成通路，压缩机电动机起动运转，制冷工作继续。当箱内温度降低到设定值时，温控器端子 L、C 间触点再次断开。之后重复上述过程。

双门直冷式电冰箱一般都具有类似上述功能的加热器。由于厂家的不同，在设计上加热器的数量多少和功率大小不一样。若双门直冷式电冰箱不安装上述加热器，在气温偏低时会造成压缩机长时间不工作，导致冷冻室的温度达不到标准。

3. 间冷式电冰箱控制电路

间冷式电冰箱是通过强制箱内空气对流而实现快速制冷的。所以在直冷式电冰箱控制电路的基础上，还增加了风机的控制和除霜加热器及除霜温度控制器等。图 5-9 所示为典型的

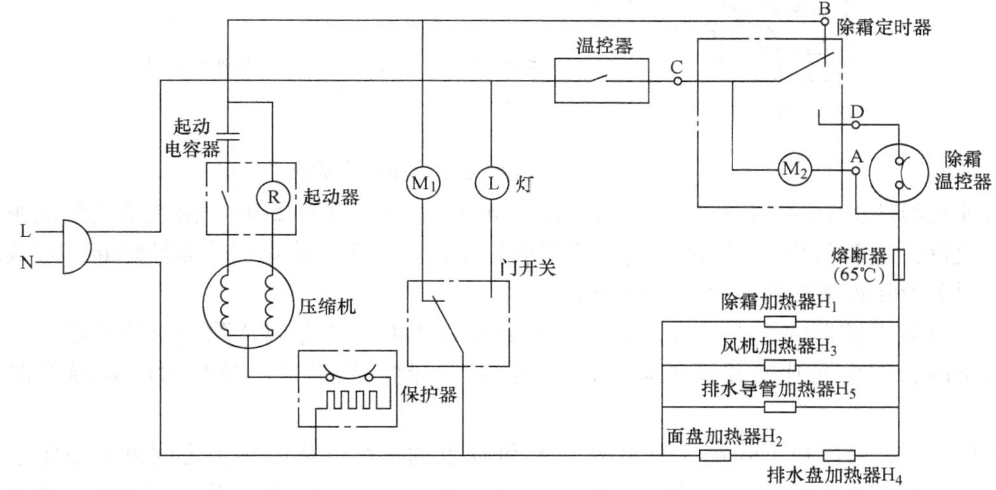

图 5-9 双门间冷式电冰箱电路图

间冷式电冰箱的控制电路，风机电动机通过门开关与压缩机电动机并联，为避免打开电冰箱门时损失过多的“冷气”，冷藏室采用双向触点的门开关，即当冷藏室开门时，风机电动机停转，同时接通箱内照明灯；关门后风机电动机又运转，而箱内照明灯灭；当冷冻室的门打开时，风机电动机停转，关门后则恢复运转。

除霜控制由除霜定时器、除霜加热器、除霜温控器和除霜熔断器等组成。在除霜时，除霜定时器将压缩机的电动机电路断开，压缩机停机，同时将除霜加热器的电路接通，开始加热除霜并将定时器电动机短路。当除霜完成并达到一定的温度(一般为13℃±3℃)后，除霜温控器切断除霜加热电路并接通除霜定时器的电动机电路。在除霜加热器停止加热约2分钟后，除霜定时器才将压缩机电动机电路接通，恢复制冷状态。为防止除霜温控器短路而导致不能断开除霜加热器的电路，使温度过高损坏塑料构件及隔热层等，在除霜加热电路中还设有除霜熔断器，以确保除霜时的安全。

由于目前的很多间冷式电冰箱采用的都是上述全自动除霜控制方式，所以在维修过程中，懂得除霜电路元器件检测对故障判断和排除起到重要作用，基本事项如下：

(1) 除霜熔断器和加热器的检测　从图5-10中可以看到，一般双门间冷式电冰箱共有5个加热器，它们分别是 H_1——除霜加热器、H_2——面盘加热器、H_3——风机加热器、H_4——排水盘加热器及 H_5——排水导管加热器。其阻值分别为：320Ω、580Ω、9.3kΩ、4.6kΩ、1.23kΩ。它们在电冰箱内的放置位置如图5-10所示。加热排水盘和排水管道，是为了防止除霜水在排水途中再被冻结。

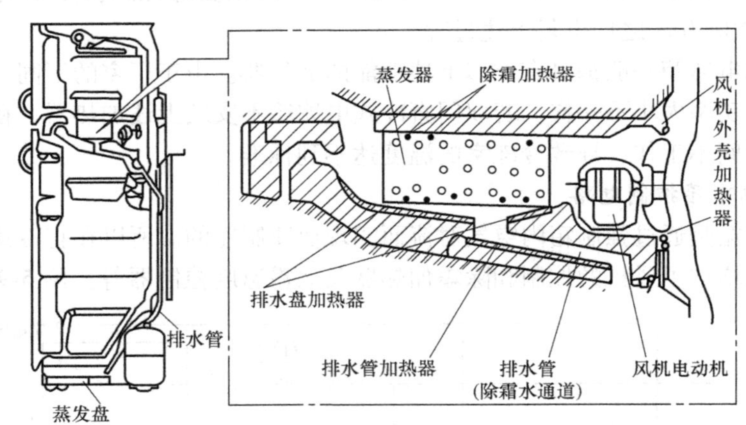

图5-10　双门间冷式电冰箱除霜加热系统

当各元器件正常时，拔掉除霜定时器接头A上的接线(见图5-9)，由此接线到电源插头的N端之间的电阻值应为200Ω左右。若阻值相差较大，多为除霜加热器被烧断。若其阻值为∞，则多为除霜熔断器被烧坏，应予更换。

(2) 除霜温控器的检查　当温度在13℃±3℃以上时，双金属片除霜温控器断开。而在-5℃以下时，双金属片除霜温控器又闭合接通，因此可根据这一特性对除霜温控器进行检查。

在常温下，可以拔下除霜定时器接头A和D上的接线，从两接头之间测其电阻值，此时应为∞；然后让电冰箱制冷运转，最好让其自动停机后，同样拔下除霜定时器上的接头A和D上的接线，从两接头之间测其电阻值，此时应为0。若符合上述测试过程，则可判定双金属片除霜温控器能正常工作。

(3) 除霜定时器的检测　要对除霜定时器进行检测，最好先将其四个接头上的接线拔掉。除霜定时器的接头A、C之间为电动机阻值，若为7kΩ左右即正常。然后测其C、B接头是否接通，此时若C、D之间不通，而C、B之间应通。再将其手控钮顺时针旋转到出现一声“嗒”的声音时停止扭动，此时即为除霜位置，在此位置上测量C、B之间应该已经断开，而C、D接头之间被接通。如果再将手控钮顺时针旋转很小一个角度，又会出现“嗒”的一声，又恢复到C、B接通，C、D被断开的位置。

由于除霜定时器中还有一些减速齿轮，必须对其传动性能进行检测。简单的办法就是将除霜定时器的接线仍然接上，让电冰箱通电工作，并在手控钮上作上一记号，待电冰箱工作1~2h后，所作的记号应顺时针转动一角度。否则，除霜定时器的传动机构有问题。这里值得注意的是等待的时间不能太短，否则手控钮的旋转角度太小而不易分辨，容易作出错误的判断。一般8h手控钮旋转1周，如果时间允许的话，可以让其运转1周以上再作判断。

三、家用电冰箱的性能指标及测试

1. 总有效容积

电冰箱总有效容积是指关上箱门后，由电冰箱内壁所包括的可供储藏物品使用的有效容积，即为冷藏室、冷却室、制冰室、冷冻食品储藏室、冷冻室等有效容积的总和。国家标准中要求电冰箱的铭牌应以总有效容积(以升为单位)标明其规格，还对总有效容积的测定作了具体规定，有效容积的测量值不应小于产品铭牌标称容积的97%。

2. 储存温度与保质期

不管是冷藏室还是冷冻室，其冷藏室、冷冻室和冷却室温度均应符合表5-1中的规定。

表5-1　储存温度　(单位:℃)

气候类型	环境温度	冷藏室		冷冻室		冷却室 t_{cm}
		t_1、t_2、t_3	t_m(max)	三星级	二星级	
SN	10~32	$-1\leq t_1$、t_2、$t_3\leq 10$	7	≤-18	≤-12	$8\leq t_{cm}\leq 14$
N	16~32	$0\leq t_1$、t_2、$t_3\leq 10$	5			
ST	18~38	$0\leq t_1$、t_2、$t_3\leq 12$	7			
T	18~43					

注：t_1、t_2、t_3为室内三个测温点温度，t_m为冷藏室内的平均温度，t_m>0℃。t_{cm}为冷却室内的平均温度。

表5-1说明对于亚温带(SN)、温带(N)型电冰箱，在环境温度为10℃或16℃时，调温旋钮对准弱冷点试验；在环境温度为32℃时，调温旋钮对准强冷点试验，冷藏室内平均温度不高于7℃或5℃；而对于亚热带(ST)、热带(T)型电冰箱，在环境温度为38℃或43℃时，调温旋钮对准强冷点试验，冷藏室内平均温度不高于7℃。另外，具有低温室的电冰箱，其冷冻食品储藏室的温度应符合国家标准的星级标准。

根据国家标准的星级标准，二星级电冰箱的冷冻室温度为不大于-12℃，保质期为1个月；高二星级电冰箱的冷冻室温度为不大于-15℃，保质期为1.8个月；三星级电冰箱的冷冻室温度为不大于-18℃，保质期为3个月。目前，三星级电冰箱居多。

3. 冷却速度

冷却速度体现了电冰箱在一定的绝热性能条件下制冷能力的大小。它在一定程度上也反映出箱内空气流动状况等因素对冷量传递速度的影响。

4. 制冰能力

制冰能力是以实际的制冰直观结果考核的。国标要求在电冰箱制造提供的冰盒内，装入温度为20℃的水，水充入到离冰盒顶部5mm处，然后将其放入冷冻食品储藏室或制冰室内。冰盒中的水应在2h内完全结成冰。

5. 耗电量

耗电量是评价电冰箱性能的一项综合性经济指标。国家标准中规定其实测值不应超过其额定值的15%。

6. 除霜性能

电冰箱的除霜装置及有关结构应保证合适的除霜速率，且控制灵活，除霜水排出方便，并减少除霜过程中因温度升高而对冷冻食品储藏质量的影响。国家标准规定仅对自动或半自动除霜的电冰箱进行考核，考核的标准是：除霜结束后，蒸发器表面及排水管路中不应残留影响正常工作性能的霜和水；除霜完毕，应能自动恢复正常运行。

7. 绝热性能

绝热性能主要取决于箱体保温层的隔热性能。要求电冰箱应有良好的绝热性能，绝热材料不应有明显的收缩变形，也不允许电冰箱正常工作时外面积累过多的水和汽。

8. 门封气密性

为防止冷量泄漏，电冰箱的门封四周应严密。

国家标准规定，当箱门(或盖)关闭后，门封四周应严密。将一层厚0.08mm、宽50mm、长200mm的纸片放在门封条上任意一点处，将门关闭后，垂直移动纸片，纸片不应自由滑动。

9. 制冷系统密封性能

电冰箱制冷系统内的制冷剂具有很强的渗透力，极易泄漏。一旦有微量泄漏，就会长期影响制冷能力，使电冰箱使用寿命缩短。国标规定，环境温度为16~32℃时，电冰箱不通电。调整灵敏检测仪检测，年泄漏量不应超过0.5g。

10. 噪声和振动

国家标准规定，电冰箱运行时，不应产生明显的噪声和振动。噪声测试环境为半消声室，在规定条件下，250L以下的电冰箱噪声的声压级不应大于52dB(A)，250L以上的电冰箱噪声的声压级不应大于55dB(A)。电冰箱运行时，其振动速度的有效值不大于0.71mm/s。

第二节　电冰箱的检修

一、电冰箱故障的检查和分析方法

1. 电冰箱故障的检查方法

电冰箱的检查方法一般来说有“一问、二看、三听、四摸”等几个环节。

（1）问 指询问用户发现的故障现象（如电冰箱是否制冷、制冷是否缓慢、压缩机是否不停机、压缩机是否不工作、电源电压是否稳定等）、购买时间和使用情况等。

（2）看 电冰箱在正常的工作状态下，蒸发器表面的结霜应该是均匀的。所以，判断电冰箱的故障前，应首先察看蒸发器的结霜情况。

1）正常工作的直冷式电冰箱蒸发器表面应有霜，且霜层均匀，若发现蒸发器无霜、上部结霜下部无霜、结霜不均匀或有虚霜等现象，都说明电冰箱制冷系统工作不正常。若出现周期性结霜情况，则说明制冷系统中含有水分，可能已经出现冰堵。若电冰箱工作很长一段时间后，蒸发器仍不结霜，则说明制冷系统可能有泄漏。

2）观察毛细管、干燥过滤器局部是否有结霜或结露。若有，则表明局部有堵塞现象。观察压缩机吸气管是否结霜、箱门四周是否有凝露，由此判断制冷剂是否过量、防露管是否有故障。观察制冷管路系统，主要看管路的接头处是否有油迹，管路外部若有油迹出现，则说明此处制冷剂有渗漏，因为制冷剂 R12 有很强的渗透力并可与冷冻机油以任意比例互溶，所以，凡是有油迹出现，都说明有制冷剂渗漏。

（3）听 听电冰箱的运行情况。电冰箱正常工作时，压缩机会发出微弱的声音，这是高压液态制冷剂通过毛细管进入低压蒸发器内，进行蒸发吸热制冷时发出的。打开箱门，将耳朵贴近蒸发器或箱体外侧，若听到有气流声，则说明电冰箱工作正常。

若有下列声音，则属不正常现象：

1）接通电源后，若听到“嗡嗡”的声音，说明电动机没有起动，应立即切断电源。

2）若听到压缩机壳内发出“嘶嘶”的气流声，说明压缩机内高压缓冲管断裂，有高压气体窜入机壳。

3）压缩机在运行过程中若发出“铛铛”的异常声，说明压缩机外壳内吊簧松脱或折断，压缩机倾斜运转。

4）若听到“嗒嗒”的异常声，说明压缩机内部金属有撞击，表明内部运动部件松动。

5）若听不到蒸发器内的气流声，说明制冷系统存在脏堵或冰堵。若听到的气流声很小，说明制冷剂几乎已漏完。

（4）摸 用手触摸电冰箱有关部件，以感觉各部位的温度变化情况，从而分析、判断电冰箱的故障所在。

1）在室温 25℃时，接通电冰箱电源，运行 30min 后，用手触摸排气管时，应感到烫手。

2）用手触摸冷凝器表面温度是否正常。电冰箱在正常连续工作时，冷凝器表面温度约为 55℃，其上部最热、中部较热、下部微热。冷凝器的温度与环境温度有关。

手摸冷凝器时应有热感，但可长时间接触，这是正常现象。若手摸冷凝器进口处感到温度过高，则说明冷凝压力过高，系统中可能含有空气等不凝结气体或制冷剂过量；若手摸冷凝器感觉不热，蒸发器中也听不到“嘶嘶”的气流声，则说明制冷系统在干燥过滤器或毛细管等部位发生了堵塞。

3）用手触摸干燥过滤器表面温度。正常工作时，其表面温度应与环境温度相差不多，用手摸时应有微热感觉（40℃左右），若出现明显低于环境温度或结露、结霜现象，说明干燥过滤器内部有脏堵。

4）用手沾水贴于蒸发器表面，然后拿开，如有粘手感觉，表明电冰箱工作正常。若手贴蒸发器表面不粘手、而且原来的霜层也化掉，表明制冷系统内制冷剂过少或过多。

电冰箱的故障检查是电冰箱维修的一个重要环节，是通过以上的“问”（向用户了解情况）、“看”（察看系统各部件的表面）、“听”（听电冰箱运转声音）、“摸”（用于触摸部件各部位的温度）等手段来进行的。

2. 电冰箱故障的分析方法

电冰箱故障的分析是根据故障检查情况来综合判断出故障类型和故障所在范围，便于最终找出故障点并加以修复。

电冰箱的故障可分为两大类型：假性故障和实质性故障。假性故障又称为非修理性故障，主要指因环境温度超过设计要求、电冰箱内负荷过大、使用不当等引起的问题，这类故障并非真正的故障，可以由用户自己解决。实质性故障则必须由专业修理人员排除。

实质性故障主要分为电气控制系统故障和制冷系统故障。电气控制系统主要包括两部分：温度控制部分和制冷压缩机电动机控制部分。制冷系统最常见的故障主要有：制冷系统泄漏、制冷系统脏堵、制冷系统冰堵、制冷压缩机不工作等。

分析、判断故障原则上可按下列步骤进行：假性故障——电气控制系统故障——制冷系统故障。

可见，分析、判断电冰箱故障是有一定规律可循的，对初学者来说，可将基本原则归纳为如下准则：先外后内，先电后冷，先易后难。

“先外后内”是指先排除外部假性故障的影响，再着手判断电冰箱内部实质性故障，不把外部的影响排除，对电冰箱内部的故障也就无从下手。“先电后冷”是要求先把电气控制系统的故障排除，使压缩机电动机运转起来后再检测制冷系统的故障。“先易后难”是说先解决容易发生的、常见的、单一的故障，后考虑特殊的、复合的故障。

二、电冰箱电气控制系统故障的检修

1. 电冰箱电气控制系统故障的检修流程图

以直冷式电冰箱为例，图 5-11、图 5-12、图 5-13 所示给出了三种常见故障的检修流程图。

2. 电冰箱电气控制系统故障的检修方法及步骤

（1）电冰箱电气控制系统故障的检修步骤　在判断电冰箱制冷系统故障之前，必须使制冷压缩机电动机能运转起来，因此，先通电检查，判断压缩机电动机部分和电源进线部分是否正常是首要任务。如果电冰箱压缩机电动机不能起动，应先察看电源是否有电，熔断器是否完好。若电源和熔断器都正常，就要检查温控器、起动继电器、过载过热保护器等器件是否完好。若温控器、起动继电器、过载过热保护器等器件也都正常，再

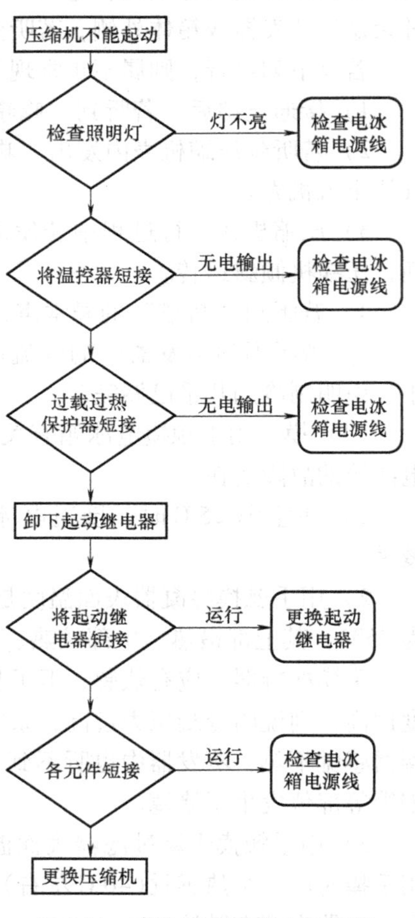

图 5-11　直冷式电冰箱电气控制系统故障检修流程图之一

检查压缩机电动机是否烧毁，直至找到故障的真正原因。

（2）电冰箱电气控制系统故障的检修方法　若电冰箱压缩机电动机不能起动或起动频繁，则可能是压缩机电动机或电气控制电路中出现了故障。要确定是哪一部分的问题，就需要逐步检查。这类故障的检查流程如图5-11、图5-12、图5-13所示。由于电冰箱的温控器、起动继电器、过载过热保护器、压缩机电动机是串联后再与照明灯并联接入电源的，所以可以先从检查照明灯入手。

1）检查照明灯。若照明灯不亮，则有两种可能性：一种是电灯泡坏了；另一种是没有电。这时可用交流电压表或试电笔测试电源插座。如果电源插座有电，再检查电冰箱的线路。如果是线路故障，则可能是电源线断路或插头松动接触不良。如果线路没有故障，则可能是电灯泡损坏或电灯泡接头有故障。若照明灯亮，说明有电，则可能是温控器、起动继电器、过载保护器、压缩机电动机等串联电路中有故障，这就需要逐一检查。

2）检查温控器。温控器的故障集中到一点是快跳微动开关的动、静触点不能接触导通。这时有如下几种可能：温控器旋钮被置于停止位置，或除霜按钮按下后受阻不能复位，或主架受阻不能下移，或移动开关失灵，或触点严重氧化，或感温管内感温剂泄漏等。要准确判定温控器是否有故障，需要把它拆下来，用万用表欧姆挡测量温控器的触点是否导通，如果不导通，则证明温控器有故障。这时用导线短接温控器开关的两端，电冰箱应能起动，如果温控器没有故障，就要检查起动继电器。

3）检查起动继电器。用一根导线短接重锤式起动继电器的两个静触点（要注意导线短接的时间不要超过2s，时间长了会烧毁起动绕组），如果电冰箱能够起动运转，说明起动继电器有故障，可能是电流线圈断路，或T形架受阻不能上移。如果用导线短接不能起动，就要检查过载过热保护器。

4）检查过载过热保护器。可用短接的方法检查过载过热保护器，即用一根导线把过载过热保护器的两个接线柱短接起来。如果电冰箱能够起动运转，说明过载过热保护器有故障，可能是电阻丝烧断，或蝶形双金属片受阻不能下翻。如果电冰箱仍不能起动，就要检查压缩机电动机。

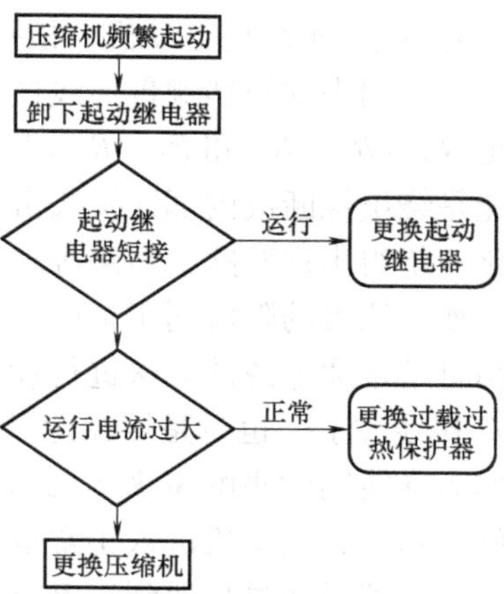

图5-12　直冷式电冰箱电气控制系统故障检修流程图之二

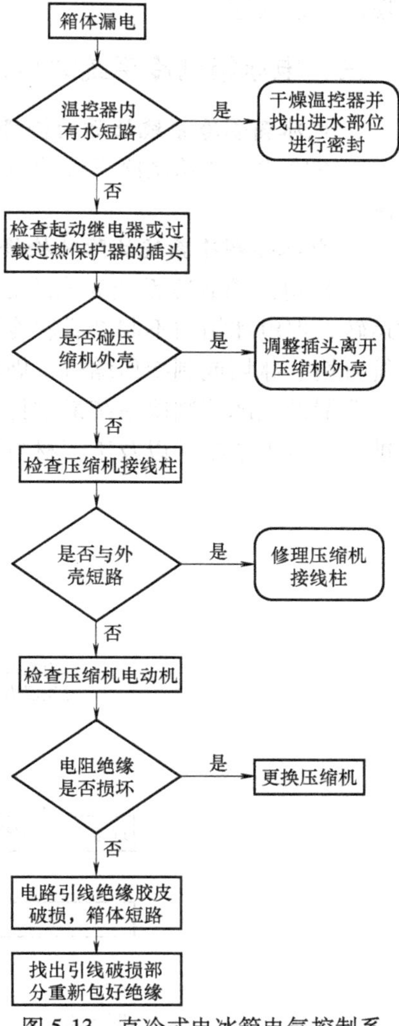

图5-13　直冷式电冰箱电气控制系统故障检修流程图之三

5）检查压缩机电动机。检查的时候，把起动器和保护器拆下，露出电动机的三根接线柱。用万用表欧姆挡测量接线柱之间的电阻值。如果每两根接线柱之间有一定的电阻值，且满足 $R_{MS}=R_{MC}+R_{SC}$ 和 $R_{MS}>R_{SC}>R_{MC}$，则说明电动机绕组没有故障。如果测得的阻值很大，则可能是绕组烧断或内部连接线折断。如果测得的阻值很小，则可能是绕组短路或内部连接线短路。绕组出现断路、短路等现象时，都需要开壳修理。

如果测得的阻值同正常值相差不多，但又不能起动运转时，不要急于拆开压缩机，可以采用直接接通电源的方法进行检查。具体的方法是：用带有电源插头的两根电源线接在 M 和 C 接线柱上，也就是接在运行绕组上，然后把插头插在电源插座上，再用旋具的金属部分作为导线同时碰触 M 和 S 接线柱，如果压缩机电动机没有故障，就会起动。起动 2s 左右，把旋具移开，电动机进入正常运转。注意通电时间不要超过 15s，因为这时候没有过电流保护装置，若时间过长遇到过电流情况发生，容易烧毁电动机。如果能起动运转，说明电动机没有故障，故障发生在电动机外部，可能是外部连接线折断，或接线柱接触不良，也可能是环境温度过低等。

三、电冰箱制冷系统故障的检修

1. 电冰箱制冷系统故障的检修流程图

以直冷式电冰箱制冷系统故障为例，图 5-14a、b、c 所示给出了三种常见故障的检修流程图。

2. 电冰箱制冷系统故障的检修方法

（1）电冰箱制冷系统故障的分析　制冷系统故障现象表现为电冰箱压缩机电动机能正常运转，但电冰箱内不制冷或制冷效果差，产生这类故障的主要原因是：制冷剂泄漏、制冷系统脏堵、冰堵或制冷压缩机不做功。

泄漏是电冰箱制冷系统最常见的故障。在长期运转中，由于使用不当、制冷系统内外的腐蚀、制造工艺缺陷以及工程材料先天缺陷等，都会使制冷系统发生泄漏。泄漏一般易发生

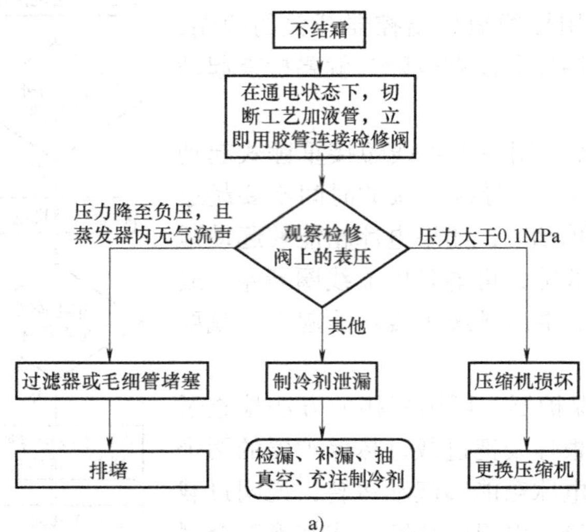

a)

图 5-14　直冷式电冰箱制冷系统故障的检修流程图

a）故障一

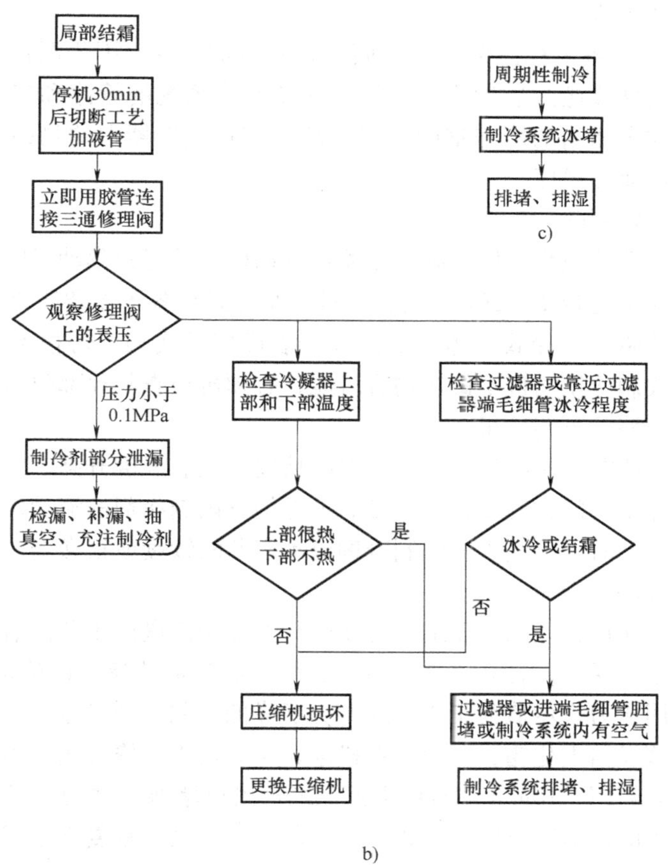

图 5-14 直冷式电冰箱制冷系统故障的检修流程图(续)

b）故障二 c）故障三

在各个坡口、铜铝过渡接头、铝质蒸发器和全封闭式制冷压缩机电动机的接线柱等处。

脏堵分为干燥过滤器堵塞和毛细管堵塞两种。造成脏堵的机械杂质来源于制冷零部件残存的污物、品质差的制冷剂和干燥剂脱落的粉末等。一般情况下，系统内机械杂质过多，在干燥过滤器的过滤网处沉积造成堵塞是最基本的故障。另外，对运转很长时间的电冰箱，因氟利昂制冷剂与冷冻机油互溶，长期循环后，油中的蜡成分会在低温下析出，逐渐沉积在温度很低的毛细管出口附近的管壁上，导致毛细管内径变小，直至堵塞，此种堵塞亦称为“结蜡”或“油堵”。

冰堵产生的原因是维修中进入制冷系统的水分过多。水分来源于制冷剂不纯净、换入的制冷零部件未经干燥处理或打开的制冷系统在过于潮湿的环境中长时间暴露以及用压缩空气进行压力试验等不正确的操作。

制冷压缩机不做功是指电动机起动运转正常，也无运转异声，但却不能压缩制冷剂，主要故障是制冷压缩机吸排气阀片损坏、缸垫击穿或制冷压缩机内高压排气缓冲管断裂等。

（2）电冰箱制冷系统故障的检修步骤 检修这类故障是在排除假性故障和电气控制系统故障的前提下，根据制冷系统故障的检修流程图进行，大致可分为三个基本步骤：外观初步检查——通电运转判断——放气检查判定。

第一步：外观初步检查。

仔细检查制冷系统各个裸露部位的表面是否有漏油现象，因为漏油必然导致制冷剂泄漏。如果故障是在清理或搬运后发生的，则要注意制冷系统的管路和零部件是否有机械损伤，例如，在直冷式电冰箱的冷冻室中为了分离冻结在蒸发器上的物品，使用金属工具硬撬，导致铝质蒸发器泄漏损坏。

第二步：通电运转判断。

只有在电气控制系统绝缘良好和制冷压缩机电动机能够正常起动运转的情况下通电运转才能进行。电冰箱连续运转20~30min后，通过对制冷系统各个主要零部件的感官检查来初步判断制冷系统的故障。直冷式电冰箱的蒸发器表面应结实霜，若根本不结霜则制冷剂泄漏、制冷系统脏堵或制冷压缩机不做功均有可能，必须再检查其他部位后综合判断。如果结霜很少，则微堵或微漏的可能性很大。

冷凝器在制冷剂泄漏和制冷压缩机不做功的情况下没有温度升高。

打开电冰箱冷冻室的门，制冷正常时可听见毛细管内制冷剂的流动声，泄漏、微堵和制冷压缩机压缩能力变差时，毛细管内的制冷剂流动声断断续续或很微弱。如果出现堵死的情况，则起动时有过液声，继而无声。

如果制冷系统有冰堵，在制冷压缩机起动运行的最初阶段由于节流后温度较高并未产生冰堵，制冷剂仍可维持循环，打开冷冻室门能够听见制冷剂节流后的流动声，冷凝器发热，蒸发器结霜，修理用压力表示值为正压。随着温度降低，制冷剂节流后的流动声逐渐变小消失，冷凝器变凉，蒸发器上化霜，制冷压缩机运转声音增大，修理用压力表示值变为负压。

停机后打开电冰箱门，10min左右可听见毛细管出口堵塞处冰融化后而产生的制冷剂流动声，修理用压力表的示值明显回升至正压。再起动运行又会重复上述现象。

通过对蒸发器的表面状态观察，对冷凝器的温度感觉和听毛细管的过液声，可对故障作初步的判断，见表5-2。

表5-2　通电运转检测主要制冷零部件的感官状态表

故障情况	蒸发器结霜情况	冷凝器温度情况	毛细管内声音情况
系统微漏	无或很少	温升很少	断续微弱
系统泄漏	无	无温升	极微弱
微堵	无或很少	温升很少	断续微弱
堵死	无	无温升	无
制冷压缩机不做功	无	无温升	无

由表5-2可见，各种故障的感官状态差别不大，因此要“确诊”还必须经过第三步的打开制冷系统才能最终判断出具体故障部位。

第三步：放气检查判定。

打开制冷系统用放气检查法判定故障必须在通电运转结束后进行。打开制冷系统的部位如图5-15所示。将干燥过滤器后约10mm处的毛细管钳断，钳断处必须密封。判定故障的基本思路是：在制冷压缩机运转一定时间后，如果制冷系统堵塞，则液态制冷剂一定聚积在冷凝器的下部；如果有泄漏，则无制冷剂；如果制冷压缩机不做功，则有大量气态制冷剂。

具体操作步骤是：

1）制冷压缩机运转20~30min后停机。

2）在两端密封的状态下，钳断毛细管。

3）打开左侧毛细管，会出现以下现象：无制冷剂气体，有大量制冷剂液体喷出或有大量制冷剂气体喷出。

4）看清后立即夹封住，然后进行以下操作：

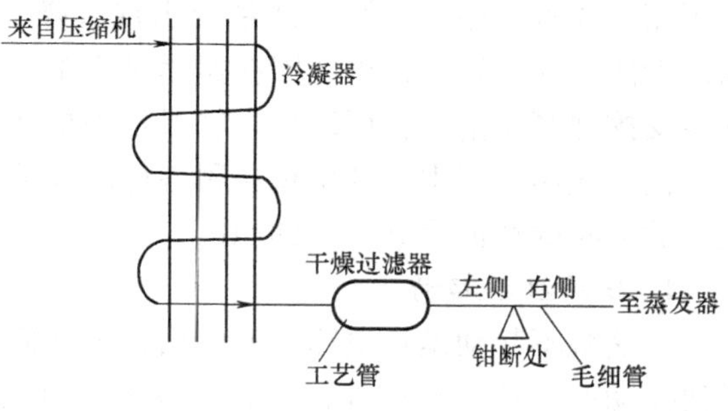

图5-15　打开制冷系统的部位图

若无制冷剂气体喷出，这时应继续打开干燥过滤器工艺管，如仍无制冷剂气体，则判定为泄漏。若有大量制冷剂液体喷出，则判定为干燥过滤器堵塞（但不排除毛细管同时堵塞的情况）。如仍有大量制冷剂气体喷出，则判断为制冷压缩机不做功。

5）将低压回气管从制冷压缩机吸入口上在气焊加热下拔出，通入0.8MPa的氮气，打开毛细管右侧钳断处，有气体喷出则说明毛细管通畅，否则判定为毛细管脏堵。

6）若判断为制冷压缩机不做功，则将制冷压缩机高、低压管均在气焊加热下拔出，起动制冷压缩机，用拇指堵住制冷压缩机排气口，无压力则判定为制冷压缩机内部的配气系统故障。

修理后，在低压侧装入修理用压力表，对判定故障更加有效。一般电冰箱正常运转时，修理表表压力指示值为0.02~0.05MPa（三星级电冰箱），普通电冰箱为0.08MPa。若制冷剂充注量合适，检测修复的制冷压缩机时，运转中表压力过高，则应继续对制冷压缩机压缩能力进行检验。若表压力过低，呈负压状态，则要考虑仍有堵塞现象。

第三节　电冰箱压缩机的修理

目前所使用的电冰箱采用的都是制冷量较小的全封闭式压缩机。它将压缩机和电动机组装在一起后，再装入一个封闭的壳体内。壳体由上、下两部分焊接而成，平时不能拆卸。它结构紧凑，重量轻，密封性好；机组与壳体之间设有减振装置，使用时，机壳底座还设有弹性橡胶垫，经过二次减振，运转平稳，噪声低。

电冰箱所使用的压缩机，有旋转式和往复活塞式两种，目前，绝大多数电冰箱采用的是往复活塞式压缩机。本节所谈的压缩机，指的就是这种小型全封闭往复活塞式压缩机。

一、压缩机故障的判断

压缩机是电冰箱最重要的部件之一，价格较高。压缩机一旦发生故障，会给用户带来很多不便和烦恼。

被外壳封闭的压缩机与电动机，在壳内与冷冻机油、制冷剂长期接触，又处于高温、高压的作用下，常会因制冷剂或冷冻机油中的水分含量过高，致使电动机绝缘材料的绝缘程度下降或遭到破坏，而发生短路现象；也会因长期的高速运转，致使摩擦副出现磨损，间隙增大，而使压缩机运转噪声增大；也可能因起动继电器和过热保护器发生故障，使压缩机不能正常起动；或因温控器失灵，使压缩机不能正常停机，导致电动机绕组过热而烧坏；还可能因压缩机久置不用或润滑供油系统出现故障，摩擦副得不到润滑，出现“咬死”现象，压缩机无法起动运转；也可能因在搬运过程中，电冰箱倾斜或振动过度，使压缩机壳内的机体减振支撑弹簧脱落，在压缩机运转过程中机体与外壳相撞而产生机械撞击声等。也就是说，压缩机在使用过程中，会出现各种各样的故障。现结合电冰箱的一些常见故障，谈谈压缩机发生故障时的特征及其产生的原因。

1. 压缩机不起动

压缩机不起动是指电冰箱通电后，无任何起动的迹象，当用手触摸压缩机外壳时，也无任何振动的感觉。对这种情况，应首先判断是属于电冰箱本身的故障，还是由外界因素所引起。

外界因素有：室内电源熔断器被烧坏、电源插头与插座接触不良等。上述因素容易检查、排除。

由电冰箱本身因素造成的压缩机不起动，其原因可能有：电源线断路、温控器调节旋钮调在了停机点上或温控器不通、起动继电器或热保护器被烧坏、接线脱落等。如果上述各部位经仔细检查均无故障，就应该考虑到是压缩机的故障了。

压缩机不起动，大多因为电动机绕组被烧断，也可能因为电动机绕组引线内插座脱落。烧坏电动机绕组的原因可能有两种：一种是其中的一个绕组被烧断；另一种就是绕组与定子或两绕组之间形成短路。在后一种情况中，电冰箱一通电，电源熔断器就会被烧坏，或者是热保护器也被烧断，致使电冰箱不起动。但视短路点不同，也有不烧坏熔断器的，但电流值肯定比额定电流的值大。

压缩机电动机绕组的烧坏，多发生在起动绕组。因起动绕组的工作特性是按瞬时工作设计的，如果电动机未能正常起动，热保护器又未能及时动作，首先就要烧坏起动绕组。如果热保护器能及时动作，就出现频繁起动现象。由于起动时电流较大（一般都在5A或以上），将使起动绕组的温度不断升高，若不及时断电，时间过长，就会烧坏起动绕组。

电动机运行绕组烧坏的也有，但较少。因运行绕组导线较粗，且不是按瞬时工作设计的。一般在制冷剂泄漏或毛细管堵塞，电冰箱不能降温或达不到停机温度；或者虽能降温，但温度控制器失效，不能自动停机，致使压缩机长时间地连续运行，如果热保护器的保护作用也失效时，才会致使运行绕组烧坏。

检查压缩机电动机绕组最好的方法是测量其绕组的直流电阻值。其方法是卸下压缩机接线盒，拆下热保护器和起动继电器，如图5-16所示。用万用表的R×1挡测量电动机绕组的阻值。如果某一绕组的阻值为无穷大，则表明该绕组断路。如果两绕组的阻值均为无穷大，则有可能是因为电动机绕组内引线插头脱落。如果某一绕组或绕组之间的阻值减少过多，或者绕组与铁心短路，则都表明电动机绕组损坏。

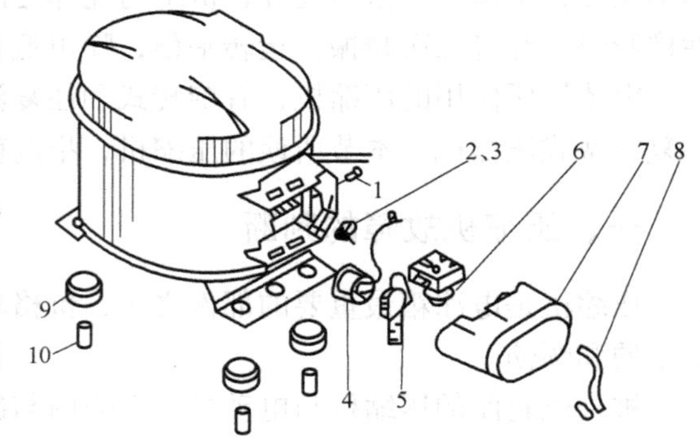

图5-16　压缩机接线盒分解图

1—地线螺钉　2、3—线夹螺钉　4—热保护器　5—热保护器压簧片　6—起动继电器　7—盒盖　8—盒盖卡簧　9—防振胶垫　10—胶垫套管

压缩机的机壳上都有三根引线柱，机壳外的三个端子分别用来连接起动继电器和热

保护器，引伸到机壳内的三个端子用于连接压缩机电动机的三根引线。常用 C 表示电动机运行绕组与起动绕组各自一个端头的公共引出线端，用 M 表示运行绕组的另一端头引出线端，而用 S(或 A) 表示起动绕组的另一端头引出线端。

在前面已经讲过，电冰箱压缩机大多采用单相阻抗分相式和电容起动式电动机，电动机的绕组有两个，即起动绕组(亦称次级绕组)和运行绕组(亦称初级绕组)。起动绕组的匝数虽少，但导线截面积较小，其电阻值较大，而运行绕组虽匝数较多但所用导线的截面积较大，故电阻值较小。例如，一台压缩机电动机运行绕组的导线直径为 $\phi0.64$mm，匝数为 2×376 匝，其直流电阻值为 12Ω；起动绕组的导线为 $\phi0.35$mm，匝数为 2×328 匝，其直流电阻值为 33Ω。利用这一特性，即可用万用表来判定各接线端子。具体的判定方法如下：

在测量之前，先分别在每个引线柱边标上 1、2、3 的记号(用认定的方法亦可)，然后用万用表的 R×1 挡分别测定 1-2、2-3、3-1 之间的电阻值，测量得到的电阻值如图 5-17 所示。

从图 5-16 可见，2 与 3 之间的电阻值为三个电阻值中的最大值，可知是运行绕组与起动绕组两个绕组的电阻值之和，则另一引线柱 1 为运行绕组与起动绕组的公共接头。1 与 3 之间的电阻值为 33Ω，是起动绕组的电阻值。1 与 2 之间为 12Ω，是运行绕组的电阻值。从以上的测量可以判断：引线柱 1 为分共接头，引线柱 2 是运行绕组的另一端头引出端，引线柱 3 则是起动绕组另一端头的引出端。

常见的电冰箱压缩机的接线端子，可通过图 5-18 进行识别。观察位置为面对压缩机外接线端子。

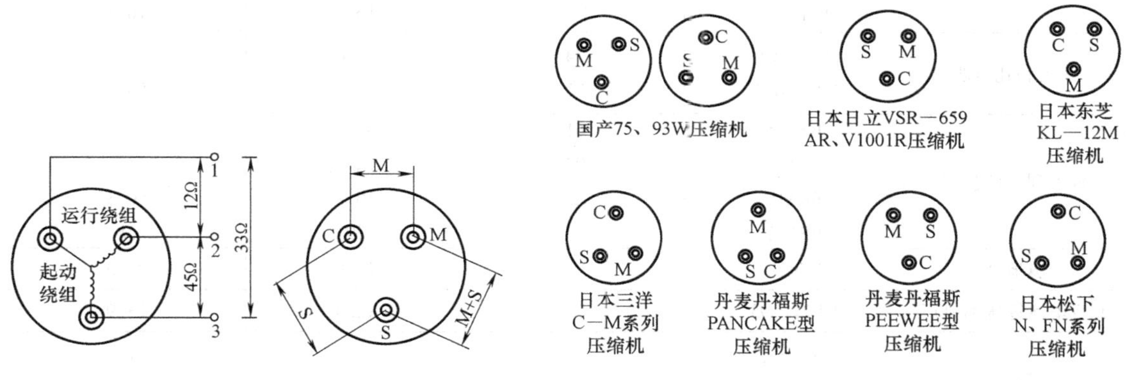

图 5-17　压缩机接线端子的判断　　图 5-18　常见国内外压缩机接线端子的识别

其中，东芝 KL—12M 型压缩机电动机绕组与一般的不同，它是将起动绕组串联在运行绕组的中点上，以改善压缩机电动机的起动性能，其内部接线如图 5-19 所示。

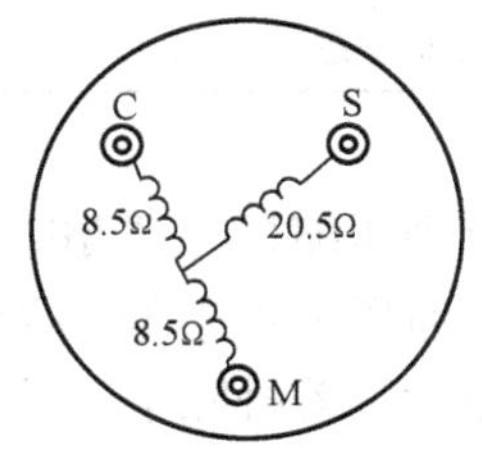

图 5-19　东芝 KL—12M 型压缩机接线端子的识别

另外，某些国外电冰箱产品中所使用的电容起动方式的压缩机，它起动绕组的直流电阻值反而小于运行绕组的直流电阻值，此点在实际维修中一定要注意。

表 5-3 所示为家用电冰箱常见压缩机的电阻值，供大家参考。应该指出，电动机绕组的电阻值与温度有关：温度越高，电阻值越大。因此，电阻值的测量应该在压缩机停止工

作 4h 后进行。表 5-3 列出的压缩机电阻值是在温度为 20~25℃条件下测定的。

表 5-3 家用电冰箱常见压缩机的电阻值

制造厂家	压缩机型号	功率/W	运行绕组直流电阻值/Ω	起动绕组直流电阻值/Ω
日本日立公司	HQ651—BQ	61	15	37
	V1001R	92	19.15	24
	VMA909AR	103	23.2	25.8
	VMN101AR	115	18.9	25.3
	VCK101BR	100	16.8	25.1
日本松下公司	FN51F88G	90	16.2	42.9
	FN51Q10G	100	14.5	29
	FN24N45	75	19	100
日本东芝公司	FN33N		46.9	21.6
	SL17N1—4		18.6	20.2
	PL17N1—4A		19.2	30.1
	PL19N1—4A		18.3	29.4
	PL45Y—4		19.3	42.2
法国泰康公司	AZ1328D	98	17	32.8
	AZ1333A	100	22	30.2
	AZ1335D	100	16.8	24.8
	AZ1340D	100	17.2	20.7
	AZ1345D	112	16.5	16.5
意大利扎努西	E44.101	74	18.45	54
	E44.101A	92	19.8	53.5
意大利伊瑞公司	B5A15	61	31.4	55.4
	B8A10	92	22	55
	B8A19	123	16.1	50.3
	B5A42	95	29	58
奥地利	V792E	94	24.9	27.3
北京电冰箱压缩机厂	QF21—93	93	12.8	23.9
丹福斯	PW3.5K7	74	30	15
	PW4.5K9	92	15	37
西安远东机械厂	YD45	105	18	28
北京伊瑞	QD60	125	12.5	40

听到压缩机有“嗡嗡”声，热保护器在很短的时间里就动作。一段时间后热保护器复位，接通压缩机电源，很快热保护器再次动作。如此反复动作，压缩机均不能起动。出现这种现象时，若排除了起动继电器的故障后，则可能是压缩机发生了“抱轴”或“卡缸”故障。此种故障发生时，去掉接线盒，测量压缩机电动机绕组的电阻值，阻值应正常。

产生“抱轴”或“卡缸”故障的主要原因是：

（1）机械杂质的破坏作用　由于制冷系统部件组装前清洗不彻底，致使系统中残留有较多的尘土、铁屑等杂质，甚至在压缩机中遗留下钢丝段等。杂质一旦进入气缸或轴承中将摩擦副破坏，或钢丝段等进入定子与转子之间的间隙，而将转子卡死，都会造成“抱轴”或“卡缸”故障。

（2）润滑不良　因压缩机缺油，或润滑系统出现堵塞或失灵，冷冻机油不能循环，使摩擦副温度升高而造成烧损卡死。久置不用的电冰箱压缩机，也可能因摩擦副缺油后锈蚀而卡死。

（3）定子移位　有的压缩机在运输过程中，由于受到剧烈振动而使电动机定子移位，定、转子间产生摩擦。轻则使压缩机工作电流增大，电动机温度升高加快；重则转子卡死而不能运转。

（4）余隙过小　此故障发生在滑管式压缩机上。由于结构上的需要，滑管式压缩机气缸体用螺钉固定在机架上，且有少量间隙可调整。为了提高压缩机的排气效率，活塞端面与阀板的间隙(上止点间隙)越小越好，以减小余隙容积，从而在转动曲轴时，活塞不碰阀板，且距离越小越好。但可能由于种种原因，如剧烈振动、螺钉松动及活塞顶积炭等，使活塞在上止点与阀板相碰撞，甚至顶死，而使压缩机卡死。

还有一种原因就是机件的热膨胀作用。例如，轴与轴承或活塞与气缸的配合间隙过小，运行一段时间后，机件温度升高，由于热膨胀作用而产生“抱轴”或“卡缸”，致使压缩机不能继续转动。但此类故障的特点是，当压缩机冷却一段时间后，再开机时又能起动，运转一段时间后又被卡死。

对于上述产生抱轴、卡缸的压缩机，首先可试用锤子从各个方位敲击后，再通电让其起动。若卡轴不太严重，经过这样的处理，压缩机有恢复工作的可能。

若仍不能起动，可逐渐将电源电压提高，并在压缩机的起动绕组上串联一个75μF的电容器，如图5-20所示，其目的是增大电动机的起动转矩。

具体操作方法是：接上电源，并将电压调至200V，然后先闭合开关S_1，再快速按一下开关S_2，看压缩机是否能起动。如果仍未起动，5min后将电压调高后再试。每次可增高电压5～10V，不可一次增高太多。经过这样处理，一般的抱轴、卡缸故障都能排除。

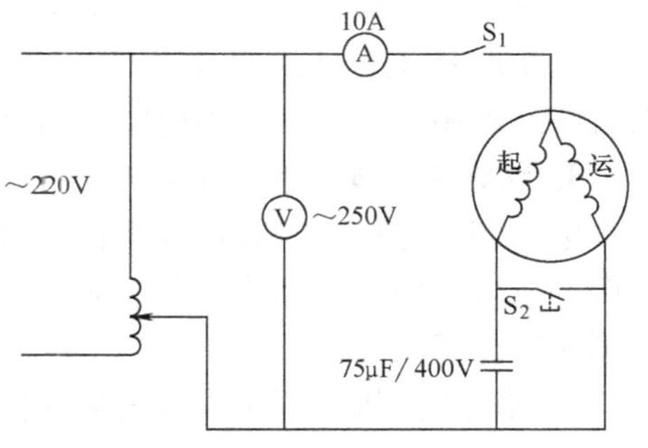

图5-20　加大起动转矩接线示意图

2. 压缩机能起动，但不能正常运行

前面叙述的是压缩机根本不能起动的原因。而这里要讲的是电冰箱通电后，压缩机能起动运转，但在起动运转后的几十秒或在较短的一段时间即自动停机。数分钟后又重新起动，起动后的很短时间内又自动停机。如此反复动作，形成频繁起动现象。

出现此种故障的原因，除电源电压波动过大、电冰箱内热负荷过大、起动继电器或热保护器与压缩机匹配不当外，还可能是压缩机运行电流过大。

电冰箱压缩机因电流过大，起动后不能正常运转有两种情况。一种是压缩机起动数秒或数十秒后，即自动停机；数分钟后再起动，很快又自动停机，如此反复动作，形成压缩机频繁起动，但电冰箱内不能降温。出现这种情况时，如未能及时发觉并拔掉电源，长时间的反复动作最终将会使压缩机过热而烧坏，或将起动继电器、热保护器烧坏。另一种是压缩机起动后能运行一段时间，电冰箱内温度有所下降，但尚未达到要求时就自动停机，数分钟后再起动，运行一段时间后又自动停机。

产生第一种情况的原因主要是：电动机绕组绝缘受到局部破坏，产生了匝间短路，电流偏大，但又未达到烧坏熔断器的程度；其次是压缩机运动副磨损，增大了轴表面的粗糙度，致使压缩机的运行电流增大，但此种情况尚未达到“抱轴”或“卡缸”的程度。电动机绕组匝间短路或是运动副磨损都将使电动机的电流过大，当电流超出允许范围后，起动继电器的触点吸合后不能释放，起动绕组不能被断开，这时的电流比压缩机正常运行的电流大 5 倍以上，热保护器在 10s 左右开始起作用，形成频繁起动的现象。另外，当新更换的起动继电器型号不对时，也会发生同样的情况。

产生第二种情况的原因主要是：压缩机电动机的绕组绝缘受到轻微的破坏，产生了较轻程度的匝间短路，因而导致压缩机运行电流增大，超过额定值但尚未达到使起动继电器触点吸合或使热保护器迅速动作的程度。由于压缩机运行电流超过了额定值，致使电动机绕组温升较快，热保护器的温度也逐渐升高，当温度升至设定值时，热保护器动作，切断电源。

检查的方法是：拆掉压缩机接线盒及所接的起动继电器和热保护器，采用直接起动的方法让压缩机起动，同时监测压缩机的工作电流。若压缩机起动后，运行电流超过电冰箱铭牌标定的额定值过多，则说明压缩机运行电流过大，应更换新的压缩机或者将原压缩机开罐大修。如果压缩机运行电流正常，则可判定压缩机没有问题，而是起动继电器或热保护器存在问题，应将其更换。

也可用兆欧表和万用表进行检查。首先用 500V 兆欧表检查电动机绕组的对地电阻，正常值应在 2MΩ 以上。如果绝缘电阻比 2MΩ 小很多或接近于零，即说明电动机绕组对地短路，绝缘已受到破坏，应进行开罐大修或者更换新的压缩机。如果绝缘电阻正常，应进一步用万用表检查压缩机电动机的起动绕组和运行绕组的直流电阻值。如果绕组的电阻值小于正常值的 10%以上，即说明绕组产生了匝间短路，应更换新的压缩机或将原压缩机进行大修。若各绕组的阻值均正常，则说明压缩机没有问题。

3. 电冰箱不降温和降温不足

电冰箱压缩机长时间连续运行，但箱内温度不下降或降温不足，达不到规定要求。这种故障的主要原因除了制冷剂严重泄漏、毛细管或干燥过滤器出现堵塞外，还有压缩机内的排气系统发生了故障。

压缩机内的排气系统发生故障的特征是：压缩机长时间运行，电冰箱内不降温或者降温不足，冷凝器微热或根本不热，压缩机壳比较热，压缩机内发出轻微的气流声或者不太明显的金属碰撞声。

产生排气系统故障的主要原因有：压缩机内高压排气管断裂、高压密封垫被击穿、阀片破裂、阀片积炭等。排气管管径较细，而且悬挂在机壳内，压缩机运转中要产生高频颤动，如果排气管材质有缺陷或产生“共振”现象，就可能使机内高压排气管断裂。密封垫被击穿多是由于紧固螺栓紧固力较小或紧固螺栓松动，压缩机工作中出现偶然非正常高压等原因所致。阀片破裂大多是由于加工或材质有缺陷，或运行中产生“液击”所致。例如：电冰箱在低温环境中放置时间较长时，R12 制冷剂大部分溶于冷冻机油中，如果不等到压缩机恢复至正常室温时就开机，R12 就要迅速从冷冻机油中逸出而形成泡沫沸腾状态，冷冻机油和

R12 的混合物可能被吸入气缸而造成“液击”事故，使阀片遭到破坏。在压缩机运行时，由于弹簧阀片开关频繁，每秒 50 多次，气缸活塞以每秒 100 次左右的速度运动，从而使温度变得很高，在高温压缩以及氟利昂的作用下，冷冻机油逐渐老化变质，降低了润滑和散热作用，故在弹簧阀片和阀板上产生积炭现象，致使弹簧阀片关闭不紧密，压缩机的排气系统出现故障。当然，机件的严重磨损、阀片的损伤，也可能使弹簧阀片密封性下降，从而使压缩机的排气效率降低，使电冰箱的温度达不到要求。

值得注意的是：机件磨损、弹簧阀片积炭和损伤致使密封性下降，引起压缩机排气效率降低时，电冰箱的蒸发器能结一部分霜，但箱内温度达不到要求。而排气管断裂、密封垫被击穿、阀片破裂时，箱内的温度基本不下降。

不论压缩机排气系统的故障大小，要么剖开压缩机壳进行修理，要么更换新的压缩机。

4. 电冰箱出现异常噪声

电冰箱的压缩机在运行中，必然会有一定的声响，只要整个电冰箱工作时的噪声不超过 42dB，就属于正常。如果噪声超过了规定的限度或出现了异常的声响，则说明某些部位出了故障。

噪声异常现象也与电冰箱的安放和使用不当有关。例如，电冰箱没有安放平稳，箱脚与地面虚接，当压缩机工作时，微小的振动就能导致箱体与地面之间产生较大的振动声。箱内放置的器皿之间或器皿与搁架之间有虚接触时，也可能导致电冰箱发出异常噪声。

电冰箱本身的噪声主要由管道振颤、零部件松动和压缩机本身所产生。电冰箱可能发生噪声的部位如图 5-21 所示。

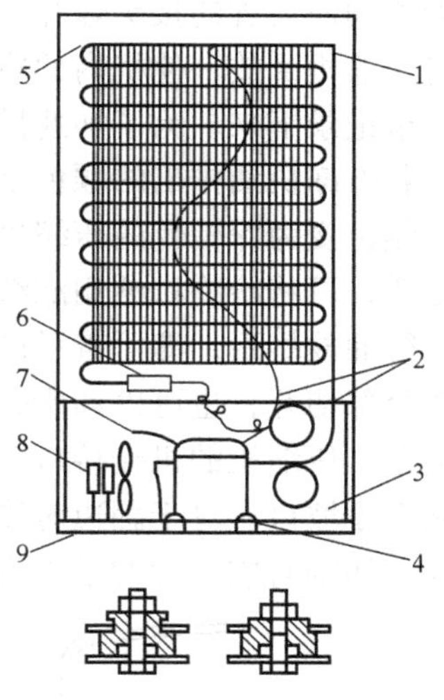

图 5-21　电冰箱可能发生噪声的部位

1—冷凝器固定部　2—连接管道　3—机器底板　4—压缩机固定部　5—箱体不稳定　6—制冷剂流动声　7—工艺管过长　8—风机　9—箱脚

管道振颤和零部件松动所引起的噪声，可以在电冰箱运行过程中，用手按压各个发生振颤的部位，当按压至某一部位时噪声明显减小或消除，即找到了噪声源，就可根据不同情况而采取加固、垫稳、隔离等措施加以解决。

压缩机的异常噪声的产生有两种可能的原因。一种是由于压缩机的机体是用三只弹簧悬挂或支撑在机壳内，以达到内防振和消除部分噪声的效果。机体周围与机壳的距离较小，在压缩机起动或停机时，机体的抖动较厉害，如果壳内三根弹簧的弹力不均，就会使机体在某一方向更靠近机壳，因抖动较厉害而使机体与机壳相撞击，发出“铛、铛”的金属撞击声。此种原因引起的异常噪声只发生在压缩机起动和停机的很短时间里，正常运转后即消逝。这种现象俗称为“撞锅”或“撞壳”。

若是压缩机在搬运过程中受到剧烈振动，可能使机体下部的吸油管从定位圈中脱出，或者因这样或那样的原因，使机壳内的减振弹簧脱位、严重变形甚至断裂，使弹簧失去了减振作用。这时如果通电让压缩机运行，将会产生连续的强烈抖动和很大的金属撞击声。

对于吸油管脱出这类故障，经压缩机强烈振动后，有复位的可能。但其他原因造成的压缩机异常噪声，都必须打开压缩机外壳将减振弹簧予以更换，否则，将需要更换新的压缩机。

综上所述，可以将压缩机的故障分为电气故障和机械故障两大类。电气故障包括压缩机电动机绕组的匝间短路、断路；绕组之间的短路和绕组与铁心之间的短路等。而机械故障包括“抱轴”，“卡缸”，阀片的损伤、断裂、积炭和排气管断裂，减振弹簧的变形、脱落和断裂，机件的磨损等。对于这两大类故障的修复，一般都需要进行开罐修理。开罐后，机械故障的修复相对来说比较简单，而电气故障的修复则比较费时。修理人员可根据自己的实际情况决定是否开罐修理。

二、电冰箱压缩机的开罐修理

电冰箱压缩机出现的一些故障，能不开罐修理的尽量不开罐，当不得不开罐维修时，才作开罐处理。

现将电冰箱压缩机的开罐修理方法及其注意事项介绍如下：

1. 开罐的准备和方法

首先按拆卸制冷系统的操作方法，放出制冷系统内的制冷剂，然后利用气焊将压缩机与冷凝器和回气管的接头焊开，再去掉压缩机的固定螺钉，将压缩机从电冰箱的底座上取下。再将压缩机倒放，使机内的冷冻机油从低压管接口或从工艺管流入一个量杯中，待油流尽，将油量记录下来。为了加速排油，可用氮气从工艺管或低压管接口处吹入。

若冷冻机油排出的颜色已经变为深棕色，则这样的冷冻机油不能再回收利用，而且冷冻机油颜色变为深棕色的压缩机，多为电动机绕组曾经过热或已被烧坏。若冷冻机油未被污染或变质，可将冷冻机油用滤纸过滤后再度回收利用。

待油放尽后，即可着手进行压缩机机壳的解剖。圆形机壳的压缩机，可将其夹在车床上将接合部切开，也可以和椭圆形或其他形状机壳的压缩机一样，将其夹在台虎钳上用手锯将其剖开。压缩机的机壳接口有翻边对接和套接两种形式，如图5-22和图5-23所示。切割时要贴近原坡口，对于翻边对接式的压缩机外壳，还可以利用角向磨光机来磨掉原焊处而打开机壳。切割时应注意的是不可过多地切掉搭边，以备再修时仍有一定的切割余量。

图5-22 翻边对接压缩机壳　　图5-23 套接压缩机壳

切割过程中还应注意切口不可过深，一是避免因切口过深而造成内部机件的人为损伤，给维修工作增加不必要的麻烦；二是应避免铁屑进入机壳内部，增加清洗的困难。另外，在切割机壳时还要注意保护压缩机壳上的接线引柱，因为引柱周围的绝缘体是玻璃或陶瓷烧结而成的，容易破裂。

2. 零部件的拆卸和清洗

打开压缩机机壳后，就要拆下机体进行修理，现将拆卸的步骤介绍如下。在拆卸时应记住各零部件的组合部位，必要时可用尖冲作出标记，以免装配时发生差错。

1）用冲子将固定避振弹簧挂钩的三个压点用力冲开．再用尖嘴钳将三根避振弹簧从挂钩上松脱。由于压缩机的型号有多种，安装避振弹簧的方法也有多种，所以拆卸弹簧的方法也不尽相同。例如，罗马尼亚产的 ARCTICCF04.5 型压缩机的避振弹簧，只需用较大的平口螺钉旋具卡在弹簧上端，反时针旋转即可将避振弹簧旋出。需要重新安装时，仍用平口螺钉旋具伸入避振弹簧底部卡住后，注意机架与弹簧固定座的距离，用力顺时针旋进即可固定。总之，避振弹簧的拆卸要注意摸索，切不可鲁莽，以免将弹簧损坏或使其变形，最后无法还原。

2）将固定高压输出管的螺钉和卡子松开后拿下，并将其高压管轻轻地弯向机壳一侧，再将电动机的内引线插座从插头上拔下，此时就可以将机体整个从机壳中取出。机体取出后，检查机件是否生锈，用手拨动电动机转子，检查曲轴和活塞是否有受阻现象。

3）将气缸盖和阀板的四个固定螺钉拆下后，气缸盖、阀板、阀片和阀板纸垫等就都可拆下了。如果该压缩机不是排气系统故障，此处也可不拆卸。

4）将电动机定子的四个固定螺钉拆下，电动机的定子就可取下，以检查电动机的定子绕组及其引出线是否完好无损。拆卸电动机定子时，注意绕组引出线的出线位置，以免将来弄错而增加一些不必要的返工。

5）当需要拆卸气缸体时，只需将其紧固螺钉取下后即可。当出现活塞与气缸、气缸体与机架配合太紧时，可用锤子或铜棒轻轻敲击，松动后再小心取下。

6）当需要拆卸曲轴时，可先用锤子将曲轴下端的吸油嘴轻轻敲下来，再将曲轴夹在台虎钳上。如图 5-24 所示。在曲轴小头一端套上一根粗铁管，连偏心平衡块一起套入，夹紧后用力转动台虎钳手把，即可将曲轴、机架、转子三者拆开。

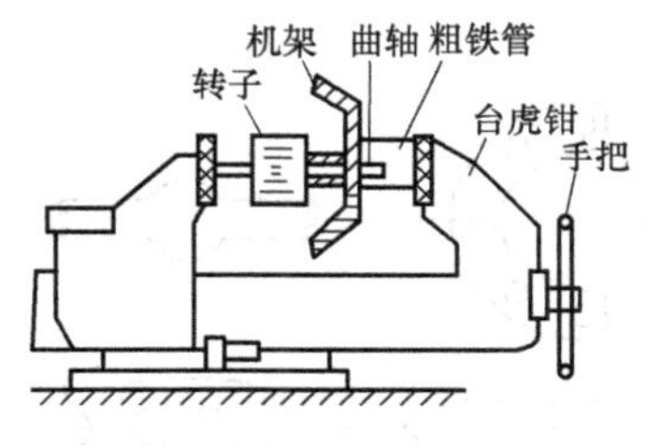

图 5-24　曲轴的拆卸

压缩机零部件的拆卸，原则上是哪个部件出现故障就拆修哪个部件，切不可盲目地将压缩机全部拆开，以免人为地造成新的故障，增加维修的难度。

清洗零部件时，除电动机的定子外，其余拆下的零部件都应浸泡在汽油或煤油中清洗 2~3 次为宜。用汽油清洗时，必须注意防火，以防意外事故的发生。清洗前，应用薄刀片将高、低压阀片的石棉垫取下来。取下来的石棉垫不能再用，安装时应更换新垫。已经变形或严重磨损的机件也不能再用，必须更换。清洗过的零部件应防止灰尘污染和生锈。压缩机机壳内的铁屑及接线引柱上的污物，也需用汽油清洗，并用高压氮气吹洗干净。

3. 机械故障的维修

在进行压缩机机械故障维修时，要避免碰撞定子绕组，以防绕组漆包线脱漆和绕组变形。

对不同机械故障的具体处理方法如下：

（1）吸、排气阀片关闭不严的修理　在拆卸气缸盖和阀板时，如果气缸盖、阀板的密封垫片与气缸顶面粘得较牢，不易取下时，可用纯铜棒轻击缸盖，松动后再取下。卸下气缸盖和阀板后，要细心测量活塞上止点与气缸顶面的间隙和气缸顶面密封垫片的厚度，并作好记录，以备在装配时能保证原有的余隙容积。在拆卸过程中应注意检查气阀损伤的部位和程度，以便进一步消除导致损伤的因素。

吸、排气阀片关闭不严是往复活塞式压缩机的常见故障之一。除阀片材质不佳，加工有缺陷和高频率动作造成阀片的断裂和变形外，由于制冷系统中残留水分和空气过多，或系统中冷冻机油过多，排气温度过高，也易导致阀片和阀口处结炭，加速冷冻机油的变质。而制冷系统中有氧化物、砂粒、铁屑等固体杂质滞留在阀片与阀板的密封面上，更易使阀片和阀口受到损伤。

电冰箱压缩机大多采用簧片阀。簧片阀的阀片像弹簧片一样，是用厚度为 0.15～0.25mm 的具有弹性的薄钢片制成。阀片的一端固定在阀座上，另一端是自由状态。工作时，它像口琴中的簧片那样上下跳动。

簧片阀的吸气阀片呈舌形，它的一端靠销钉定位紧夹在阀板与气缸体之间，另一端是自由端。它的舌尖部分插在气缸一面的相应凹槽中，凹槽的深度限制了簧舌的升程。排气阀片多呈马蹄形，排气阀片的升程由一片和它形状相似、安装在一起的阀片升程限位板予以限制。簧片阀阀片的形状随阀板上气流通道和阀片固定位置而变化。图 5-25 所示为常见的几种阀片形状。图中上排为排气阀片，下排为吸气阀片，虚线为阀口位置。簧片式气阀的结构如图 5-26 所示。

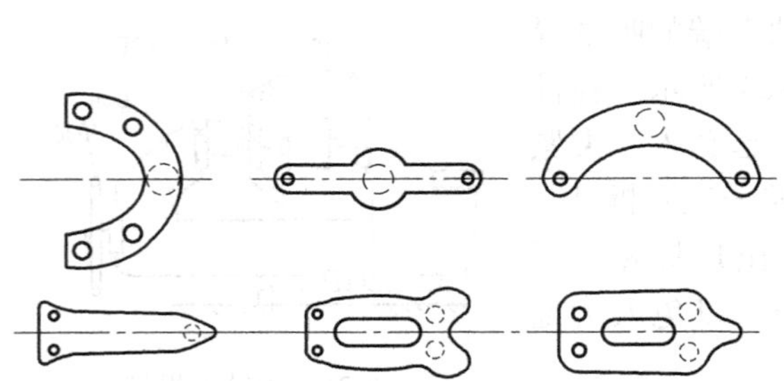

图 5-25　常见的几种阀片形状

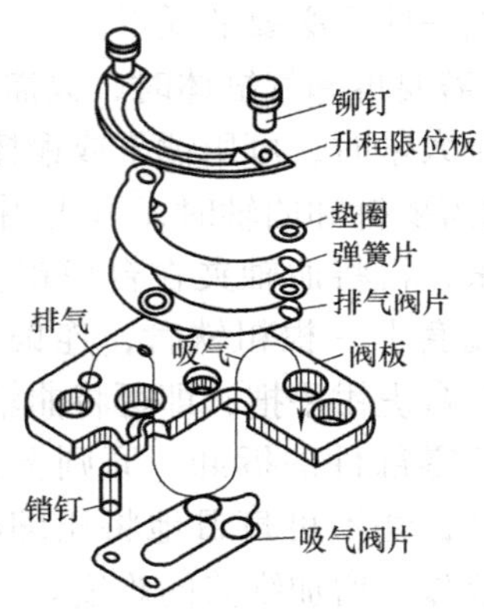

图 5-26　簧片式气阀的结构

修理中，若是阀片与阀板吻合面之间有污物而引起闭合不严，可用四氯化碳或汽油将其清洗干净，然后把阀片和阀板分别抛光即可；若是因结焦而使阀片与阀板闭合不严，可用保险刀片轻轻撬下弹簧阀片。撬弹簧阀片时，千万不可用力过猛，以防阀片破裂。撬下的弹簧阀片，用保险刀片削除上面的结焦块。如果阀片上的结焦块较大，同时阀片呈棕黑色时，清除结焦块后，可用牙膏掺水将阀片在平整的玻璃上研磨，直至光亮如镜。

如果阀片发生变形、磨损和断裂，都要更换新阀片，最好是选用压缩机生产厂提供的同型阀片。如果没有新阀片而又必须配制时，一定要注意，材质应具有一定的刚度和韧性，决不能用普通钢片代替。加工后要保证阀片的平整，边缘的毛刺和切痕都要抛光，否则，使用寿命不会长久。配制的阀片还应注意开启升程的高低。为保证合理的升程，在拆卸阀片之前，应测出升程限位板的高度，并作好记录，以备重装时参考。

阀片修理好后，清洗干净再与阀片进行组装。气阀组与压缩机装配后，在压缩机壳封焊之前应先进行 1～2h 的磨合，再经密封性试验合格后方可封焊。

（2）气缸垫击穿的修理 气缸垫击穿与阀片关闭不严的故障特征相似，多发生在高、低压分隔处，拆卸气缸盖与阀片时应注意检查。气缸垫是以石棉丁腈橡胶板制成的，如果气缸盖紧固力不够或者在运行中出现短时间的反常高压，垫片最窄处就容易被击穿。气缸垫一旦被击穿，压缩机即失去排气能力，这时应更换新的气缸垫，若无标准备件配用时，切不可用普通石棉板代替。因普通石棉板遇油会变形掉渣，同时还含有铅粉和银粉成分，会使管道脏堵，还会使电动机绕组绝缘降低。要严格检查材料的厚度，必须与原垫片厚度相同。制成的垫片边角不能有毛刺，且在使用前应在冷冻机油中浸泡数小时。

（3）压缩机抱轴或卡缸的修理 对于发生抱轴或卡缸的压缩机，将机体从机壳中取出后，将电动机定子部分取下，放入60℃的烤箱内，以免受潮。将其余机件放入汽油中浸泡一段时间后，用锤子或纯铜棒在主轴的端面或平衡块上轻轻敲击，如稍有松动，即可用煤油调制研磨砂料涂于松动处，让它渗入后，继续来回敲击，使研磨砂料逐渐进入摩擦面，使之松动。然后再相对移动几次后，即可拆下零部件，擦除污层并清洗干净，重新涂上冷冻机油。

如果用汽油浸泡、纯铜棒敲击仍无松动迹象，可将机件放入干燥箱中加热，温度控制在120℃左右，时间长短视工件大小而定。利用加热过程中热传导造成的机件内外的膨胀差，使咬紧的部位增大间隙，并使咬紧部位黏稠物的张力下降而有利于松动。松动后再拆下零部件，逐个清洗。

活塞、气缸或主轴等由于卡死或其他原因而造成局部损伤时，可用细油石将毛刺、划痕等凸出部分磨光即可，决不可将整个磨光，以保证合理的配合间隙。

活塞、气缸稍有松动后决不能强行扭转，否则会导致活塞外圆柱和气缸内壁出现螺旋状拉丝。活塞或气缸如果出现沿轴向的贯通划痕时，可用金属喷镀加工再磨光后使用。否则，须更换新部件。若卡得非常死，可用与活塞直径相同的圆木锤轻轻敲击活塞，将活塞取出。

若是电动机转子与定子发生摩擦，可卸下电动机定子紧固螺栓，取下电动机定子，将电动机定、转子表面因摩擦而产生的拉毛仔细清除干净，然后装上定子，并用塞尺检测定子与转子之间的周围间隙，使其保持一致，最后将定子紧固即可。

活塞与气缸的“卡缸”，主要是由锈蚀引起的。长时间搁置不用的压缩机，因活塞与气缸缺油，或因系统内水分较大而产生锈蚀，电动机绕组烧坏产生的氧化物等也会使活塞与气缸产生锈蚀，一般是先出现抱轴或滑管与滑块卡住，最终导致压缩机卡缸。因此，对于久置不用的电冰箱，应间隔一定时间通电一次，让压缩机运行，避免产生抱轴和卡缸事故。

（4）压缩机润滑机构故障的修理 电冰箱压缩机由于转速较高，多采用离心液压泵润滑方法。离心液压泵润滑方法的主要优点是构造简单，加工容易，无磨损，无噪声。它是依靠压缩机主轴高速旋转而产生的离心力，将冷冻机油输往各摩擦副，但输油压力较低。图5-27所示为常见的三种离心液压泵。

图5-27a所示为吸管式离心液压泵。这是一种结构最简单、应用最广泛的液压泵。它只有一个吸油管装在主轴末端，油管浸入油池中，当主轴高速旋转时，吸油管内的冷冻机油被甩向管壁，管中心的压力降低，冷冻机油被吸入并继续被甩向管壁。油沿管壁上升，当升至主轴时，又借助主轴上的螺旋油槽继续向上输送至各摩擦副。从摩擦副排出来的油又回到机壳底部的油池，从而形成冷冻机油的不断循环。吸管上部侧面设有排气孔，排气孔在管内凸出内壁上，以防沿管壁上升的冷冻机油从此甩出，而油中逸出的制冷剂蒸气则从此孔中排

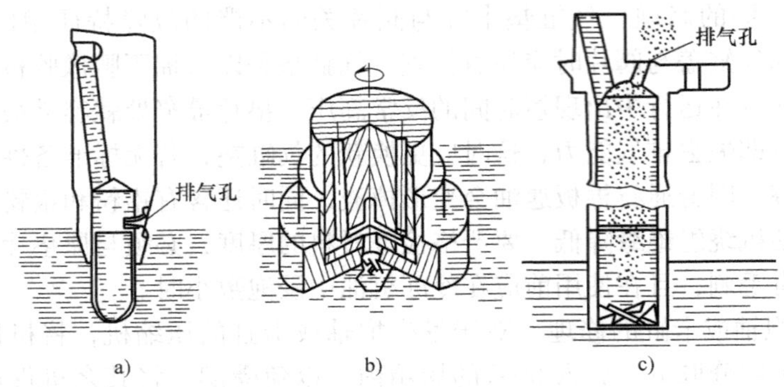

图 5-27 离心液压泵示意图

a) 吸管式 b) 偏心式 c) 叶片式

出，以防油路中进入气体而降低润滑性能。

图 5-27b 所示为偏心式离心液压泵。该泵的油从轴中心孔吸入，当主轴高速旋转时，使冷冻机油经偏心油路输往各摩擦副。这种形式的液压泵适用于功率较大的压缩机。

图 5-27c 所示为叶片式离心液压泵。它是在主轴的末端装上一个类似电风扇叶的叶片，当主轴高速旋转时，借助叶片的推力和离心力向上输送冷冻机油，达到润滑、散热和清洗机件的作用。排气口设在主轴上端，从油中逸出的制冷剂蒸气从此处排出。

在拆卸和装配离心油泵时，应使吸油管中心与曲轴的旋转中心一致，对于叶片式离心油泵还要保护叶片。否则会造成供油不足，甚至不供油。

压缩机润滑系统的故障主要有：

油路堵塞。电动机的旋转方向正确，油槽内无油喷出，多数是压缩机壳中的污物或者焊接机壳和管路时的氧化物沉积后被吸入油槽内所致。油路最易堵塞处如图 5-28 所示，应将其清洗干净。

如果是修过电动机定子的压缩机不上油，这可能是由旋转方向错误造成的，如图 5-29 所示。曲轴反时针旋转不上油，而顺时针旋转时就能上油。解决方法是改变电动机绕组的接线，就可把曲轴的旋转方向纠正过来。

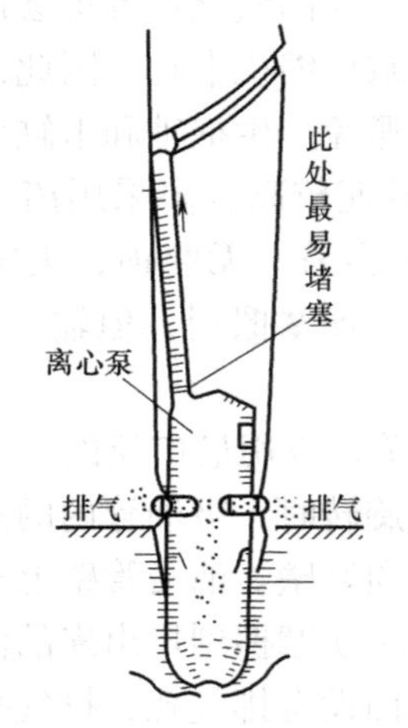

图 5-28 油路最易堵塞处

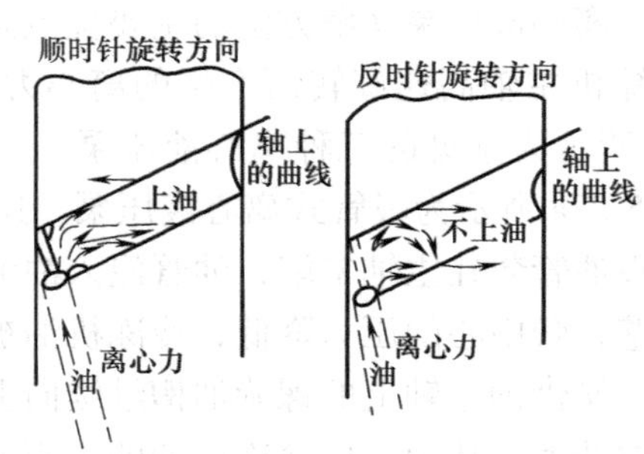

图 5-29 上油与旋转方向

油路畅通而供油不足，主要是由磨损造成的。磨损使曲柄销和滑块的间隙增大，油路的密封性变差，滑块的上油量减少。冷冻机油在高温的作用下呈细雾状，使压缩机温升很快，如不及时修理，滑块的上油量将进一步减少，最终将导致压缩机抱轴、卡缸等故障产生。解决的方法是拔下油嘴，在油嘴里插入一块厚0.1mm的铜丝，冷冻机油的供油情况将有所好转。若不行则应更换零件。

（5）其他机械故障的修理　压缩机的其他机械故障包括压缩机高压输气管断裂，机内减振弹簧断裂、变形及脱落，机壳上的弹簧座断裂或脱落。

压缩机的高压输气管断裂时，可视其断裂的部位不同，或去掉断头重新焊接，或更换同规格输气管，或用一段稍大的管子套焊断头即可解决。

机内减振弹簧断裂、变形，应更换同规格弹簧。若减振弹簧脱落，应找出其脱落的原因，加以解决之后，重新固定，以防再次脱落。

机壳内的减振弹簧座断裂或脱落，必须先将压缩机体从壳内取出。若弹簧座脱落，应先将弹簧座在原位置焊好后，再重新固定机体。若弹簧座断裂，必须先将原弹簧座残留体铲掉，再用相同的弹簧座在原位置焊好即可。

4. 压缩机部件的安装及要求

（1）曲轴、转子的安装　先将曲轴涂上冷冻机油，插入机架孔内，然后将电动机转子套入曲轴下端，在曲轴末端再套上一根粗铁管，放在台虎钳上将曲轴压入转子中心孔内。为防止装偏，在压入一定距离后，应将转子和曲轴一起旋转一定角度后再压。转子的轴向窜动量为0.3mm。装好曲轴与转子之后，再将吸油嘴装到曲轴下端。

（2）电动机定子的安装　电动机定子多安装在机架下面，用四只螺栓固定。螺栓应依次对角拧紧，边拧紧边转动曲轴和转子。可用厚薄塞尺插入电动机定、转子间隙，检查四周间隙是否均匀(应为0.3~0.35mm)，直到曲轴灵活转动为止。

（3）气缸体、机架的固定及活塞的安装　将活塞与气缸分别涂上一层冷冻机油，将活塞插入气缸内，用手掌封住气缸上端面，另一手拉动活塞。当活塞被拉出一段距离后，封住气缸端面的手掌会感觉到一定吸力，活塞越往外拉，感觉到的吸力也越大。如果拉活塞的手一旦放开，活塞就会被气缸内的负压吸回去。这就说明该活塞和气缸可以继续使用。若没有吸力或者吸力很小，则说明活塞与气缸之间的间隙过大，不要继续使用。活塞与气缸的配合间隙一般为14~20μm。

安装时，将活塞组件插入气缸体内，插入时，运转及摩擦件均应涂油。滑管较长的一端应靠近低压腔，较短的一端靠近高压腔。在滑管中推入滑块，然后将滑块孔套在曲轴的小头上，再用四只螺钉重新按原样将气缸体固定在机架上。在气缸体与机架之间不要忘了放上石棉垫。在安装过程中应反复转动曲轴，看活塞上下运动是否灵活，尤其在上止点时不能碰撞阀板。如不灵活或者碰撞阀板，可松动缸体的四只固定螺栓，适当调整阀体的位置。

为提高压缩机的排气效率，应减小余隙容积。因此，活塞端面与阀的间隙(上止点间隙)越小越好，一般为40~50μm，以转动曲轴的时候，活塞不碰撞阀板为佳。

（4）气阀的安装　按拆下的位置将气缸垫及低压(吸气)阀片装在阀板低压侧一边，阀片上沾少许冷冻机油。将吸气阀片顶端轻轻地往外掰一掰，使阀片与阀板有0.2~0.3mm的间隙。这样做的结果是，电动机停止运转后，气缸中剩余的高压气体可以从间隙中泄出。电动机在起动瞬间，活塞上行时无气体压缩，减轻了电动机的起动负荷，有利于压缩机的起动。

将装好吸气阀片的阀板翻过来，再装高压阀片（排气阀片）、弹簧片、限位板及阀垫。固定排气阀片的螺钉一定要拧紧，并检查一下排气阀片是否将高压阀口关闭严密。最后将气缸盖盖上，用螺栓拧紧，气缸盖的上、下位置不可搞错。

另外需要注意的是，在进行压缩机试验前，必须将高压输出管和电动机绕组引出线按原来的位置装好，而且高压输出管的接头处不得发生泄漏。

5. 压缩机电动机的维修

在谈压缩机电动机的维修前，简单地谈一下压缩机电动机的结构特点及对它的一些特殊要求。

压缩机电动机的结构比较简单，与一般的单相交流异步电动机结构大体相同。它的转速是由电动机定子绕组的极数所决定的。两极电动机的同步转速为3000r/min，四极电动机的同步转速为1500r/min。现在的全封闭式压缩机组中的电动机，多为两极电动机。

单相电动机和三相电动机的不同点是它没有旋转磁场，不能获得起动转矩，在解决这类问题上，采用了多种方法，一般单相电动机都有运行端和起动端，根据起动原理的不同，把单相电动机起动方式分为：

（1）阻抗分相式（RSIR）

1）PTC起动：把热敏电阻和起动端串联，利用起动电流产生的热量使得热敏电阻值变大，从而使起动端只在起动的时刻产生转矩。这种方式适用于150W以下的单相电动机。

2）重锤起动：利用较大的起动电流通过辅助线圈产生大于重锤重力的吸合力来接通起动端，从而产生起动转矩。运行平稳后，电流变小，吸合力小于重锤重力以断开起动端。这种方式适用于150W以下的单相电动机。

（2）电容运转式（PSC）　将适当的电容和起动端串联起来，改变起动端绕组的相位，形成旋转磁场，产生起动转矩。这种方式适用于300～1100W的单相电动机。

（3）电容起动式（CSIR）　电容的串联和电容运转式相同，只是增加一个辅助线圈，起动数秒后利用这个辅助线圈断开起动端，因为和起动端串联的电容只在起动几秒内通电，所以叫做电容起动式。这种方式适用于150～300W的单相电动机。

（4）电容起动运转式（CSR）　这种方式多用于大功率空调压缩机。

（5）并联热敏电阻的电容运转式（PAS）　略。

压缩机中的电动机又有不同于一般单相电动机的地方，压缩机中的电动机虽然也由定子和转子两部分组成，但由于封闭在压缩机壳内，电动机本身没有机壳、端盖，转子与一般单相电动机的笼型铸铝转子相近，不同点在于压缩机电动机转子只是在靠近机架端的短路环上才有风机，而另一端却没有。

压缩机中电动机的定子铁心以定子冲片的形状可分为长方形（较接近正方形）、正方形和圆形三种。两极电动机的定子铁心槽数均为24槽，四极电动机为32槽。正方形和圆形定子冲片的24槽的槽形尺寸都是一样的，但长方形冲片的定子槽形尺寸是不一样的，槽形分为大槽、中槽和小槽三种。

由于电冰箱压缩机为全封闭式，电动机长期与制冷剂、冷冻机油接触，并在一定压力和高温状态下工作，因此，对其电动机提出了一些特殊的要求。主要有以下几点：

（1）耐制冷剂和耐油　由于电动机处于制冷剂的包围和冷冻机油的浸泡之中，制冷剂本身具有一种有机溶剂的特性，因此，压缩机电动机的绝缘纸、捆扎线等大多采用聚酯材料，如聚酯薄膜青壳纸，槽楔也可采用红反白纸(钢板纸)；电磁线绝缘膜可采用聚酯或聚酰胺系材料，如QZ型聚酯漆包线或QF耐氟漆包线。不能使用QQ型缩醛漆包线。根据所用制冷剂的不同，所用的绝缘导线和绝缘材料见表5-4。

表5-4　全封闭压缩机用绝缘导线和材料

所用制冷剂	漆包线	绝缘处理(滴漆)	槽绝缘材料
R12 R13	QZ和 QF型	6440环氧树脂绝缘清漆 (H30-4)	聚氨酯薄膜青壳纸 槽楔：用红反白纸(钢纸)
R22 R502	QF. QXY QY. QZY(聚酰胺酰亚胺)	EIU环氧改性无溶剂漆	聚酰亚胺薄膜及聚砜纤维复合箔 引线：聚四氟乙烯电缆 槽楔：酚改性二甲苯树脂层压板

(2) 具有一定耐热性　压缩机的电动机故障，多为电动机绕组烧坏。压缩机的电动机工作环境是非常恶劣的。压缩机的电动机在封闭壳内，因为电动机无功耗损的热量、气缸的热量、排出过热蒸气的热量、摩擦副热量等造成壳体中温度较高，内消振结构更使机体热量不易通过壳体散发，致使压缩机电动机的工作环境温度一般在70℃以上。在这样的高温环境下长期工作，绝缘材料会加速老化，绝缘强度降低，加之起动和制动电流大，易使电动机绕组异常发热，以致被烧坏。

在电动机的绝缘等级上，压缩机电动机一般采用E级绝缘或B级绝缘，其极限工作温度分别为120℃和130℃。旋转式压缩机的温升更高，要采用F级绝缘，其极限工作温度为150℃。

单纯采用提高绝缘材料的耐热性能的措施是不够的，更积极的措施是降低压缩机的壳内温度。具体办法是压缩机进气口尽量对着电动机定子，在壳体内下部的存油部位中，装入冷却盘管，排出的制冷剂蒸气通过油中的冷却盘管，冷却冷冻机油后，再进入冷凝器。冷却冷冻机油装置如图5-30所示。

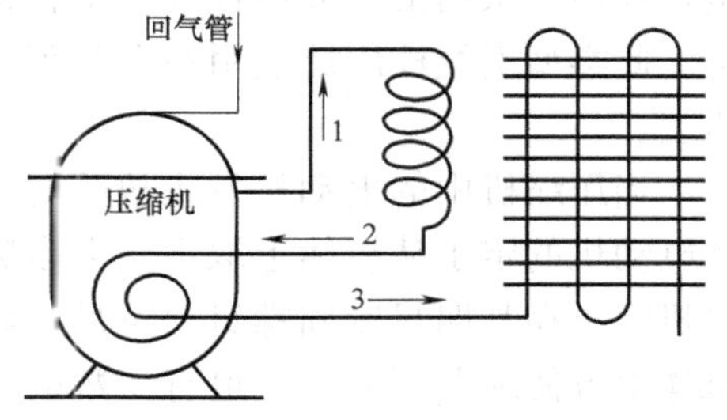

图5-30　冷却冷冻机油装置

1—排出的过热蒸气进入冷却盘管

2—已被冷却的过热蒸气进入油冷却管

3—被油加热的过热蒸气进入冷凝器

(3) 耐振动和冲击　压缩机的电动机受到的冲击主要有起动电流引起的电磁力冲击、制冷剂进入壳内的冲击、开机时急剧蒸发现象所引起的热冲击、起动和停机时的机械冲击等。

机械和电磁力的冲击，会引起电动机电磁线的相互摩擦和相互排斥，使绝缘膜和填充层破坏，引起电动机绕组烧坏。制冷剂的热冲击，也会使电磁线的漆膜产生龟裂，破坏电动机绝缘。因此，电动机绕组在嵌线时要将电磁线整齐排列放入槽内，压紧后加槽楔固定，并应将电动机绕组的两个端部的导线整形、捆包并扎紧固定。

(4) 起动转矩大、起动性能好　由于压缩机的电动机在起动瞬间要承受最大负荷，因此，要求电动机有较大的起动转矩；又由于制冷压缩机起动比较频繁，电动机绕组的温度可达100℃以上，造成绕组电阻增加，使电动机的起动转矩有所下降。考虑到以上各种因素，为确保电动机在电源电压为 180V 时也能顺利起动，我国设计的压缩机电动机充分利用起动绕组的作用，将起动转矩倍数(起动转矩与额定转矩之比)由一般电动机的 1.4~2 倍提高到 2.5~3 倍。

(5) 对电压波动的适应性　电动机的转矩与供电电压的平方成正比，当电网电压波动幅度较大时，转矩的变化也很大。电冰箱运行时，周围环境温度变化甚大，而导致电动机负荷变化十分剧烈。当电网电压不稳定时，为使压缩机的电动机能正常起动，其电压波动范围为-15%~10%。

(6) 电动机引线柱　全封闭式压缩机的电动机封闭在壳体内，电动机供电电源通过壳体时，要用专用的引线柱。引线柱要有耐压、耐热和与壳体绝缘性好的特点，并与壳体有相似的膨胀系数，不因温度变化而发生破裂，电极与柱壳间耐压为 500V，直流绝缘电阻为 50MΩ 以上，进行耐受气压试验，保证不泄漏制冷剂。大多采用高温钠玻璃或烧结陶瓷以及高分子材料(如聚四氟乙烯)制成。

引线柱一般分为两类：固定绝缘物引线柱和充填可拆式绝缘物引线柱。下面介绍固定绝缘物引线柱。

固定绝缘物引线柱以玻璃绝缘体烧结在电极与柱体之间，如图 5-31 所示。图 5-31a 是三个电极一起制造在圆形柱体上，柱体再用大电流对焊机与封闭机壳体焊接，或者采用高频银焊、锡钎焊。图 5-31b 所示是单个电极柱体，采用银焊或锡钎焊固定在机壳体上。此类型引线柱广泛应用在全封闭式压缩机上。

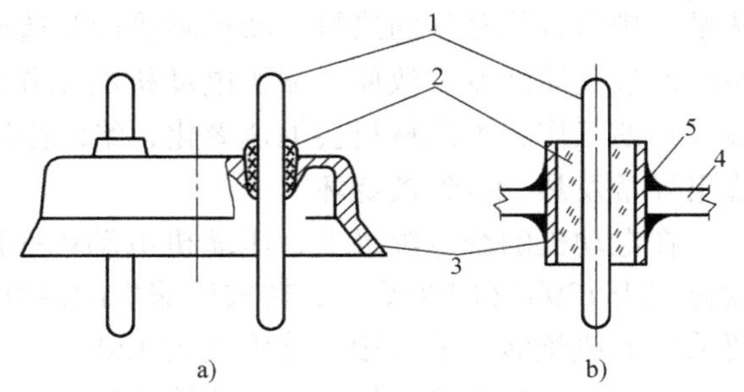

图 5-31　全封闭压缩机用引线柱

a) 三个电极柱体　b) 单个电极柱体

1—电极　2—玻璃绝缘体　3—柱体

4—机壳体　5—焊接处

当压缩机中的电动机发生故障时，必须将电动机的定子从机体上取下。大多数的电动机定子在其四只紧固螺钉松下后，就能从机体上方便地取下来。但也有少数的进口压缩机除松掉电动机定子的四只紧固螺钉外，还必须将转子取掉，然后才能将电动机定子取下。不然就是剪掉电动机的绕组线圈后，才能将定子取下。

在取下电动机定子前，应在定子和机座上作出方位标记，以防重装时将方位弄错。如有条件，还应测出定子、转子之间的间隙值和偏差值，并作好记录。定子拆下后，应先作直观检查。检查发生故障的部位和损坏的程度后，再针对不同的情况，采取不同的修理方法。

压缩机电动机的故障大多为线圈短路、断路、起动绕组烧坏，或者绕组与铁心短路等。

如果只是起动绕组的一个小圈烧坏，可以只拆出这一小圈，用同规格的漆包线按测得的数据重新绕制即可。

如果只是少数的几匝在同一点上被烧坏，其他部分的漆包线未受到损伤，可找出断线各自的头与尾，然后用相同的漆包线将断头串联起来，即可解决。但在接头处必须注意绝缘，禁止使用黄蜡管、聚氯乙烯塑料管和普通绝缘胶布包裹。其原因是这些材料不耐油，在压缩机内，这些材料经冷冻机油浸泡一段时间后，会使绝缘性能降低甚至失效，又重新造成短路。

也有的定子绕组故障是起动绕组与运行绕组之间有短路点存在。对于这样的故障，可去掉绑扎线后，在用万用表监测两绕组总阻值的同时，掰松起动绕组，当使两绕组总阻值恢复正常时，则短路点排除。此时应在两绕组之间加入聚氨酯薄膜青壳纸作绝缘，然后用绑扎线扎紧线圈。若两绕组各自的电阻值、两绕组的总阻值和绝缘电阻值均正常，则说明电动机定子又能继续使用。

如果定子绕组损坏严重，或者槽绝缘被破坏，不拆绕组无法解决，就只能将定子绕组全部拆除后重新绕制。

电动机定子绕组重绕的步骤、方法和注意事项如下：

（1）绕组线圈的拆除　记下出线位置，这是决定电动机正、反转的关键。如果手头没有所拆电动机绕组的技术数据，则在线圈拆除时应完整地保留运行绕组、起动绕组的线圈各一组，分别数出每个线圈的匝数和每组绕组的总匝数，记下每个线圈的节距，用外径千分尺测量运行绕组和起动绕组的导线直径，记下接头连接和起动绕组与运行绕组的相互排列位置。

在拆线圈时，特别要注意起动绕组中的反绕部分(先正绕一定圈数后,再反绕一定圈数,然后再正绕若干圈,并不是所有压缩机电动机的起动绕组中都有反绕部分)，反绕是为增加电动机的起动转矩，减小起动电流。如果将反绕圈数也作为正绕部分来绕制，将会直接影响电动机的起动性能。因此，在拆线时切不可为了拆卸方便而将绕组从端部剪断，抽出绕组后再查匝数。这样做会弄不清是否有反向绕组或把反向绕组的匝数数错而造成麻烦。

（2）定子铁心的清洁和干燥　定子拆线完毕后，应将铁心上的毛刺弄掉，并用汽油清洗干净，待风干后再放入100℃左右的干燥箱中干燥2h以上，以备重新下线时使用。定子铁心中的漆膜一定要清除干净，禁用明火烘烤定子的方法清除漆膜。

（3）槽绝缘的准备　采用0.5mm厚的聚氨酯复合青壳纸来作槽绝缘材料。裁切时，宽度为定子槽周长，长度较铁心叠厚多15~20mm，将槽绝缘伸出部分选成双层放置，以防下线时纸箔发生窜动。槽绝缘示意图如图5-32所示。

（4）绕线模板的制作　按照拆线时所记录的运行绕组和起动绕组的尺寸制作绕线模板。模板如图5-33所示。表5-5所列为QF—21—93型和QF—21—75型压缩机电动机的绕线模板尺寸。该模板适用于绕制两极93W电动机和两极75~80W电动机的绕组。

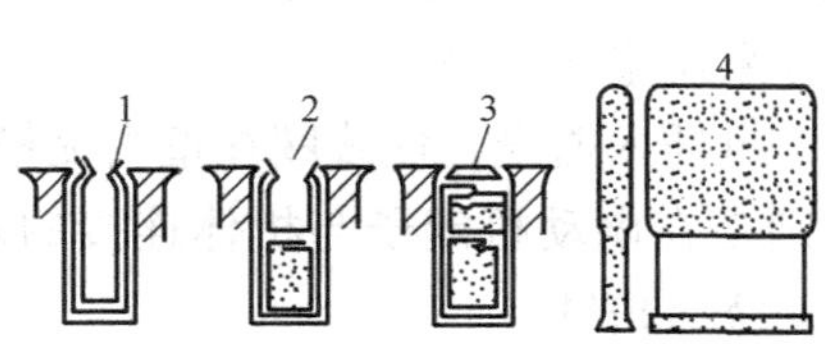

图5-32　槽绝缘示意图

1—垫绝缘层　2—垫相间绝缘层

3—槽楔　4—压线器

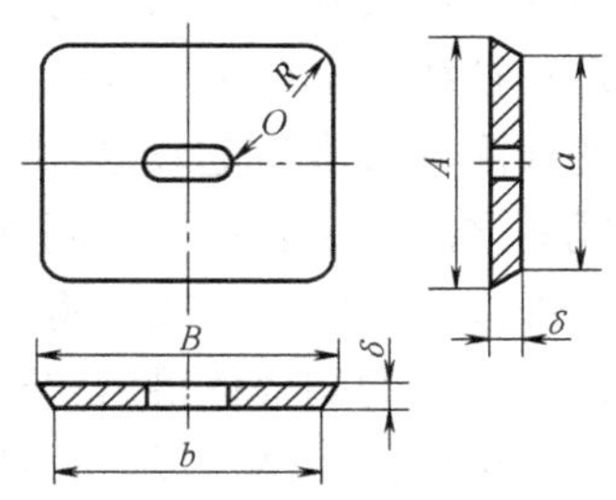

图5-33　绕线模板尺寸

（5）绕线方法　根据拆线时所记录的线径、匝数分别绕制运行绕组和起动绕组。运行绕组和起动绕组可分别采用联绕或每极线圈分绕的方法绕制。所谓联绕就是一次将两组运行

(或起动)绕组的 10 个(或 8 个)线圈全部绕出。绕线时，从最小圈开始绕起，中间经过两个大圈，最后以绕好另一个最小圈时结束。而每极线圈的分绕方法，就是从最小圈开始绕起，到绕完一个大圈时为一极线圈绕制结束。

表 5-5 绕线模板尺寸 (单位:mm)

		QF—21—93 型压缩机电动机							QF—21—75 型压缩机电动机						
		a	*A*	*b*	*B*	*δ*	*R*	*O*	*a*	*A*	*b*	*B*	*δ*	*R*	*O*
运行绕组	小小	35	37	48	50	6.5	7	根据绕线机轴径尺寸开孔	34	36	40	42	6.5	6	根据绕线机轴径尺寸开孔
	小	53	55	53	55	9	10		46	48	52	51	7.5	10	
	中	70	72	64	66	11	14		54	56	72	74	10	14	
	大	74	76	96	98	11	18		65	67	92	94	10	20	
	大大	84	86	120	122	11	12		78	80	116	118	12	26	
起动绕组	小小	48	50	56	58	5	9		45	47	50	52	6	10	
	小	62	64	72	74	8	12		55	57	62	64	7.5	14	
	中	68	70	88	90	9	16		58	60	80	82	7.5	18	
	大	78	80	100	102	12	20		65	67	100	102	9	20	

绕制线圈时，导线要均匀排列，不得交叉叠置。在绕起动线圈的过程中，若绕组中有反向线圈，一定要按原数据绕制，不得随意增加和减少。绕好每一槽线圈后，应用棉线扎紧后再脱去模板，以防止线圈散乱。

(6) 嵌线 嵌线亦称下线，就是将绕制好的线圈，按规定逐一嵌入定子铁心的线槽中去。嵌线前，应先放好槽绝缘，并根据电动机绕组拆线时记下的出线标记，确定定子的上下前后位置。嵌线时，应先下运行绕组中的最小线圈，其次下小线圈，然后再下中线圈、大线圈，最后下最大线圈。嵌完一极运行绕组后，再嵌另一极运行绕组。运行绕组嵌完后，再嵌起动绕组，嵌线顺序与嵌运行绕组时相同。下线时应格外小心，最好使用进槽纸，以防止铁心槽口刮破导线漆皮而留下隐患，不可用有锐角的金属钎板，严防损坏漆包线的绝缘膜。要注意将每根导线都要确实放入槽绝缘所包围的空间里去。

每下好一把线，都要进行大致的整形，以避免最后一起整形困难。若在一个槽内既嵌有运行绕组的线圈，又嵌有起动绕组的线圈时，则运行绕组线圈在下层，起动绕组线圈在上层，两个线圈之间一定要放好层间绝缘。层间绝缘最好采用整体绝缘。

线圈全部嵌完后，用压线器将每槽内的导线压紧，再插入槽楔，使线圈在槽内无松动现象。然后再对绕组的端部作最后整形和绑扎固定。特别是在电动机定子与机体连接的端部，绕组整形后不可伸出过高，以防止铁心与机体连接时的绕组搭铁。

此时可先不急于焊接引出线，应进行以下的简单测量：

①用万用表测量运行绕组和起动绕组各自的直流电阻值和两者之和，应符合要求。

②用 500V 兆欧表分别检查电动机绕组对铁心的绝缘电阻。其绝缘电阻值应不小于 2MΩ。若有不符，应找出绝缘不良之处并加以处理，直至合格。

电动机各连接头用短路电流焊或锡钎焊。引出线要用 E 级绝缘电动机专用引出线，不能用普通塑料线或纱包线。引线既不能太短，也不能太长，应有一定的松弛度，如图 5-34 所示。

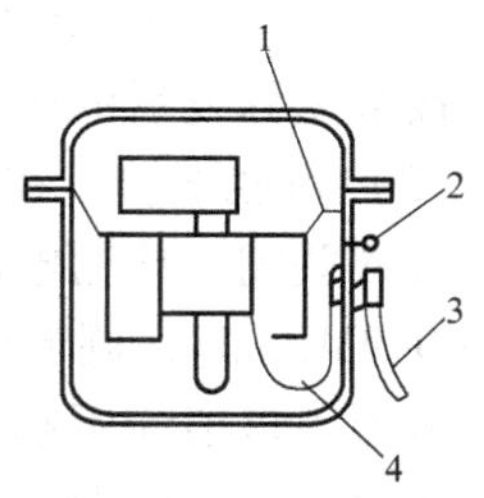

图 5-34　电动机引线长度示意图

1—减振弹簧　2—壳内接线柱　3—电源线　4—引线

压缩机电动机的正、反转是由电动机绕组的接线所决定的。一般厂家为直观起见，也有用电动机引线位置来区分的，由电动机上端引出线的一般为反转，由电动机下端引出线的为正转。重新嵌线时应按原出线位置确定。

如果对电动机的绕线、下线和接线不大熟悉，可在电动机绕组下线后暂不绑扎端部，先做电动机转向试验后，待转向正确后再进行端部的绑扎。其方法是：用 ϕ0.64mm 刮去漆膜的漆包线做一个直径为 10mm 的闭合小铜环，然后用一根细棉线将其吊在定子铁心的中心，将运行绕组和起动绕组的出线头并联，再与公共线端接通 110V 交流电源，在通电的瞬间（通电时间不宜超过 5s），若小铜环顺转，则代表电动机正转，若小铜环逆转，则代表电动机反转。如果运转方向与原来的不符，只要将起动绕组或运行绕组的两个出线头对调一下即可纠正过来。

在定子绕组的修理工作全部结束后，即可进行装机、试验。

三、压缩机修复后的性能试验

开罐修理的压缩机，待故障排除，组装完毕后，在封焊之前应进行一些性能试验。性能试验的目的在于检验修理后的压缩机是否能满足制冷设备的基本要求。

家用电冰箱压缩机性能试验装置如图 5-35 所示。

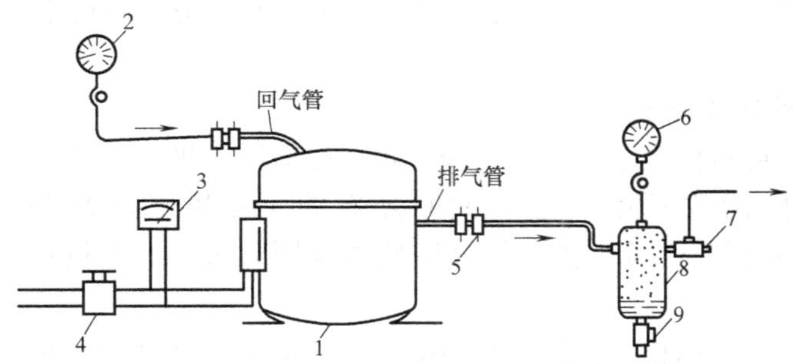

图 5-35　压缩机性能试验装置

1—压缩机　2—真空表　3—电压表　4—调压器　5—光管接头　6—压力表　7—放气阀　8—排气罐　9—放油阀

其中单相交流调压器的容量以 1kV·A 为佳，压力表的最大量程为 2.4MPa，真空表采用 U 形管水银真空计，排气罐容量为压缩机每小时理论排气量的千分之一。为了适用于不同规格的压缩机，排气罐可按最大的规格配置。检验测量较小的压缩机时，可充入冷冻机油来调节其容量。

1. 电动机空载与负载起动性能与运转试验

（1）空载试验　压缩机按图 5-35 接入测试装置，且将压缩机固定好。如果是修复后的压缩机，千万别忘记装入规定量的冷冻机油。

空载试验时，压缩机的吸、排气口均不接仪表。接通电源后，电动机应在 1~3s 内起动，其起动电流为5A左右，当压缩机电动机正常运转后，其空载电流一般都在800mA左右，按数据修复后的压缩机电动机，绝大多数都能比较顺利地通过此项试验。

(2) 负载试验　在上述试验连接的基础上，将压缩机排气口接上排气罐，将排气罐上的放气阀关闭。接通电源后，压缩机开始工作，排气罐内的压力逐渐上升，当压力表读数为0.8~0.9MPa时，调节放气阀的开闭，使压力值稳定在0.8~0.9MPa范围内，记下电动机的工作电流，该值应不超过同型号电动机的额定电流值。

此时可切断电源，调节放气阀使压力表读数保持在0.3~0.35MPa，再接通电源，让压缩机在高压端有负载的情况下起动。测出有负载时的起动时间和起动电流，所测数据应与空载时的数值相差不大。如果在此种情况下不能顺利地起动，应拆除检查电动机起动绕组的正、反绕匝数是否正确。

不能通过负载试验的压缩机往往在装机使用后很快被烧坏。原因是，在夏季气温较高时，电冰箱内外温差较大，导致温控器动作的间隔时间缩短，往往在制冷系统的高、低压还未完全平衡时，下一次起动的电路已经接通，从而造成压缩机的带负荷起动。如果电动机起动转矩不够或起动时间过长，都将造成电动机温升过高，直至电动机绕组被烧毁。

作整机试验时，压缩机的吸气口不可堵塞。

2. 排气侧气密性试验

吸气口敞开，排气侧仍接排气罐，且将放气阀关闭。

接通电源，起动压缩机，当压力表指示达到1.5MPa时停机，再用毛刷蘸上冷冻机油涂刷密封垫、缸盖螺栓、排气管接头等可能发生泄漏的部位，如无气泡产生即为合格。如果产生气泡，即有泄漏产生，可适当调整螺栓紧固度直至不产生气泡为止。若铜垫片经调整后仍然泄漏，可将铜垫片在油石上磨去毛刺，用火烧红放入水中退火后再用。这样处理可消除漏气现象。

3. 排气阀片密封性及排气量试验

将吸气口敞开，再将排气罐上的放气阀关闭。起动压缩机，当压力表读数为1.5MPa时停机，观察压力表的读数下降情况。100W左右的压缩机停机5min，压力下降不超过0.1MPa为合格。此项试验也可与排气侧气密性试验同时进行。开机后，压力达到1.5MPa的时间不超过90s。

由于排气罐的容积各不相同，因此此项试验最好采用对比的方法进行。即先将一台相同型号的新压缩机按此项试验的线路和管路接好，起动后记录相应的时间与压力的关系。然后取一台修复后的压缩机替代原压缩机，采用相同的步骤和方法来进行试验，所测得的时间与压力的数据应与新压缩机测得的数据相差无几，否则应找出相应的故障部位并加以排除。

4. 负荷抽空试验

在压缩机的吸气侧接上真空表，起动压缩机后，通过调节放气阀使排气侧压力表稳定在1MPa，此时吸气侧的真空度应不低于0.05MPa。作此项试验，若在压缩机壳封焊前进行，需要用一个临时性的端盖将压缩机壳密封，否则无法进行此项试验。

上述各项试验均是以空气为介质的，长时间运行会使放气阀结炭或锈蚀，亦会使高压腔出现积水或锈蚀现象，因此，开机时间应尽可能地短。

5. 绝缘电阻试验

用500V兆欧表测量，其绝缘电阻值应不低于2MΩ。

四、压缩机壳的封焊及注意事项

通过了上述试验的压缩机，就可以进行封焊了。封焊时还应注意以下几点：

1）固定压缩机机体的减振弹簧应调整到使中轴处于垂直状态，且在运转中机体不应碰撞外壳。最好是先盖上上盖后让压缩机起动运转，检查压缩机机体与外壳在起动与停机时是否发生撞击。若发生撞击，应再调整减振弹簧。

2）电动机的引出线内插头一定要插牢，防止因压缩机在运转过程中抖动而脱落。

3）按规定的油量注入冷冻机油，或按拆机时倒出的油量再增加 10%~15%。

4）机壳封焊最好采用气体保护焊，也可用手弧焊。用手弧焊焊接时，应调节好焊接电流，既要保证焊缝的一定深度，又要尽量缩短焊接时间，防止压缩机过热损坏。

5）封焊好的压缩机应充入 1MPa 的氮气，用肥皂水检漏法或水中检漏法对焊缝进行检漏。要保证无任何泄漏，否则应进行补焊。

此时，压缩机的修复工作基本结束，只需再用黑色油漆涂刷焊缝，就可交付使用了。

在有条件的地方，还可以对压缩机进行抽空干燥，以便将冷冻机油、电动机绕组及修理过程中侵入的残留水分最后清除。图 5-36 所示为压缩机抽空干燥示意图。具体做法是：将压缩机置于干燥箱内，用管道将压缩机与箱外的真空泵连接，干燥箱升温至 120~130℃，抽空 2~3h，当真空度保持在 1.33×10^3Pa 以下时停止加热，停泵，并充入氮气。充氮气的目的，是为了使压缩机内保持一定的压力，以防出箱后温度降低形成负压，又吸入外界的湿空气。当氮气压力充注至 0.03~0.05MPa 时停止。然后冷却至室温出箱，并立即封口，以备使用。至此，压缩机的维修工作全部结束。

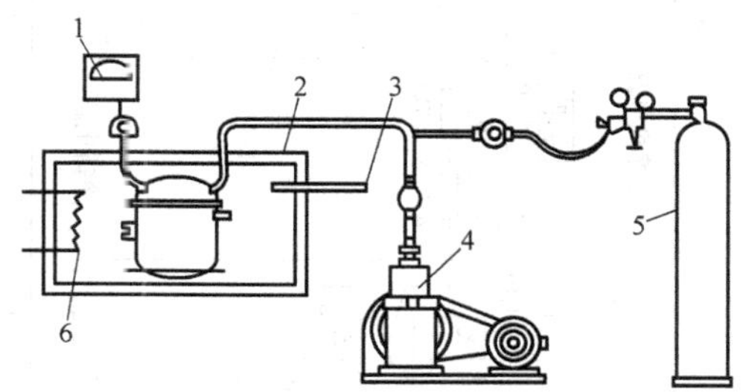

图 5-36　压缩机抽空干燥示意图

1—真空表　2—干燥箱　3—温度计
4—真空泵　5—氮气瓶　6—电加热器

第四节　电子温控电冰箱

一、电子式温控器的电路原理

电子式温控器大多采用热敏电阻作为感温元件，其工作原理是将热敏电阻放在箱内适当的地方，热敏电阻受到箱内较小的温度变化影响时，阻值会发生变化，相应点的电压也会发生变化，电压的变化也会导致控制电路中一些电位的变化，最后控制半导体晶体管的饱和与截止状态的转变，实现压缩机开与停的控制，从而使电冰箱箱内温度得以控制。

电子式温控器的电路较多，常见的是日本东芝（TOSHIBA）电冰箱的控制电路。图 5-37 和图 5-38 所示分别是东芝 GR—204E 和 GR—205E 的基本电路图。

为方便维修，这儿列出它们的布线图，图 5-39 是“东芝”GR 型电冰箱电路布线图，图 5-40 是“东芝”GR 型电冰箱实体布线图，图 5-41 是印制电路板组装图。

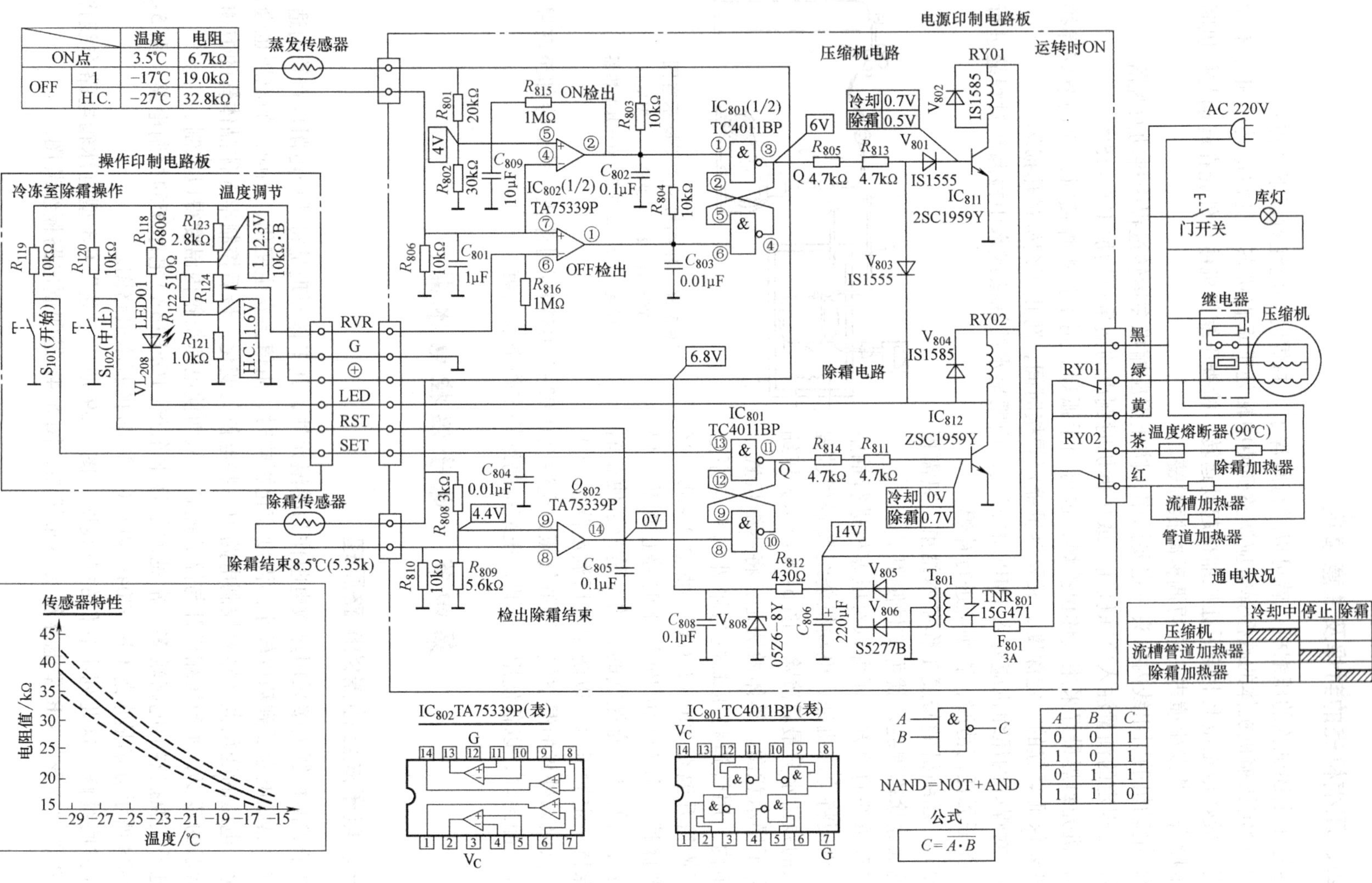

	温度	电阻
ON点	3.5℃	6.7kΩ
OFF 1	−17℃	19.0kΩ
OFF H.C.	−27℃	32.8kΩ

	冷却中	停止	除霜
压缩机	▨		
流槽管道加热器		▨	
除霜加热器			▨

A	B	C
0	0	1
1	0	1
0	1	1
1	1	0

图 5-37　GR—204E 基本电路图

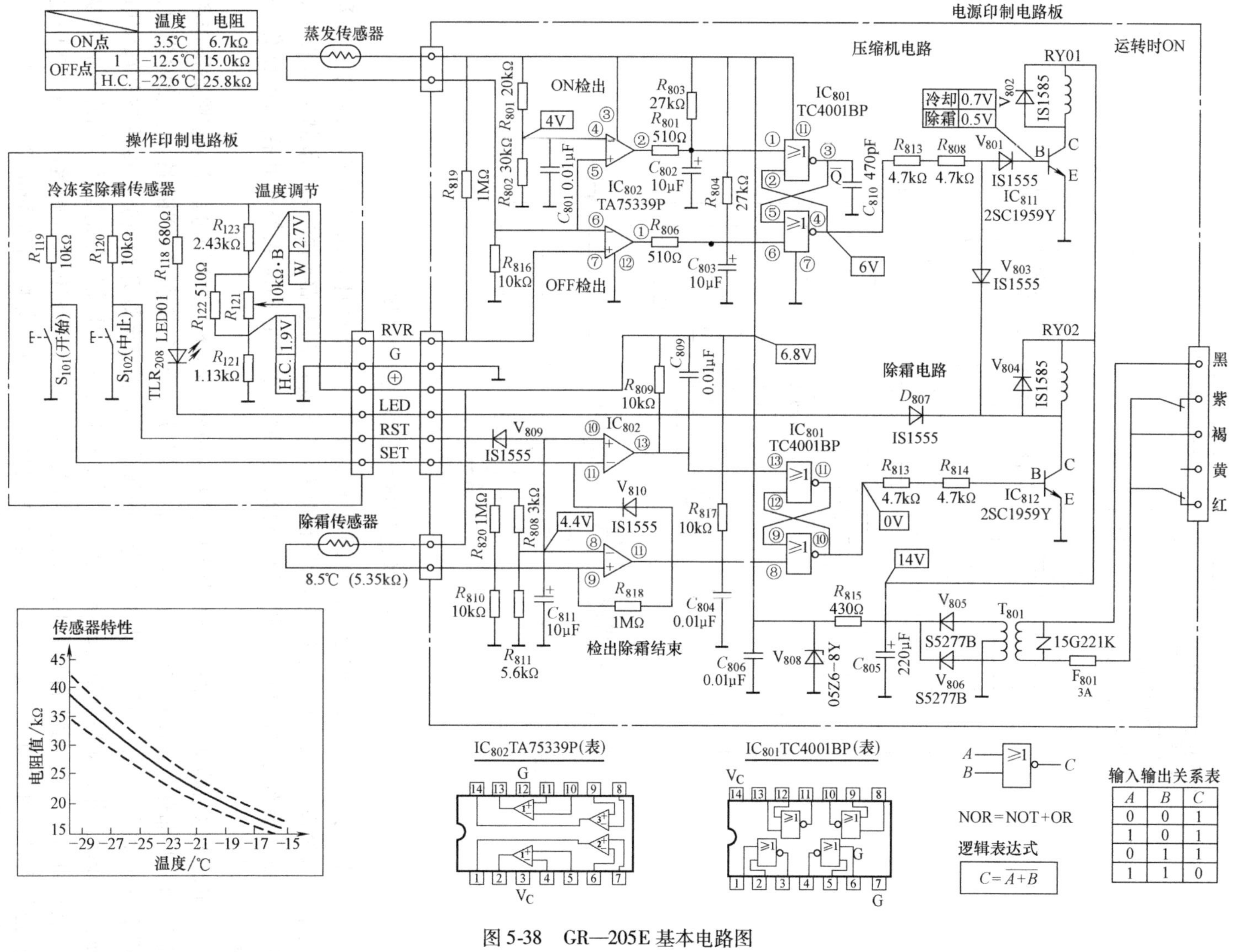

图 5-38 GR—205E 基本电路图

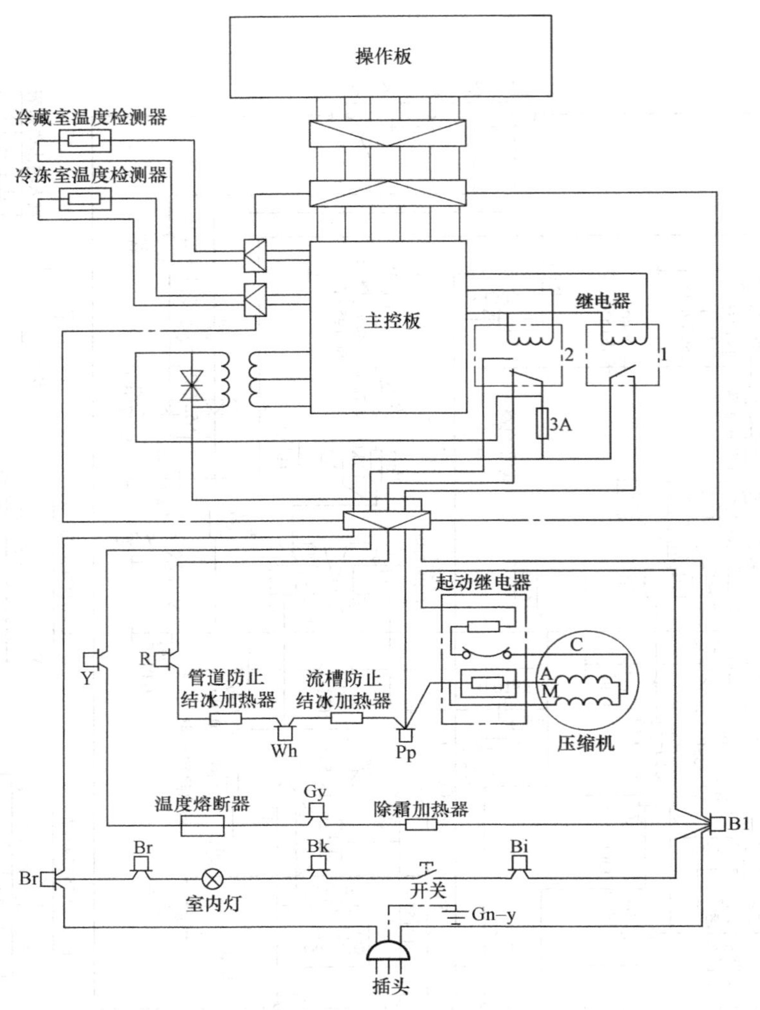

图 5-39 “东芝” GR 型电冰箱电路布线图

这里以东芝 GR—204E 为例，介绍电子温控器的电路原理。由于东芝电冰箱大都采用半自动除霜方式，其除霜操作和控制电路与温度控制电路都在一块印制电路板上，所以，在介绍东芝电冰箱的温度控制电路的同时，也把它的除霜操作和控制电路作一简要介绍。

东芝电冰箱的基本电路可分为操作板和主控板两大部分。操作板包括冷冻室除霜操作和温度调节两部分，它设置在电冰箱的前框上，其外形如图 5-42 所示。当冷冻室需要除霜时，用手按动除霜“开始”按钮，此时发光二极管作为除霜指示灯开始发光，冷冻室外部的电加热器开始工作，对冷冻室内的结霜进行加热，强制去除，压缩机停止运转。当冷冻室的温度上升到 8.5℃时，除霜自行结束，发光二极管不再发光，压缩机又开始运转。当需要中途停止除霜时，可按动“中止”按钮。需注意的是，不可在开始除霜的 3min 内按动“中止”按钮，以免压缩机不能正常起动，甚至被损坏。

操作板上的温度调节是用来调节冷藏室的温度的。温度调节的具体内容如表 5-6

所示。

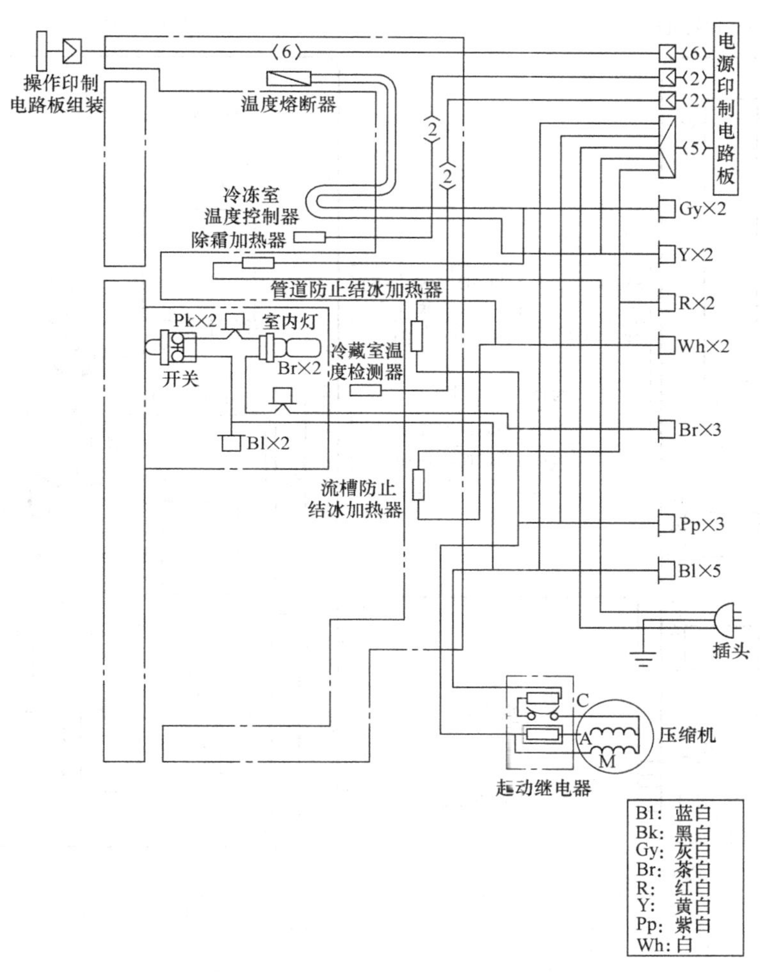

图 5-40　“东芝”GR 型电冰箱实体布线图

表 5-6　温度调节的具体内容

刻度盘	内容
1	比“4”高 3℃左右
4	冷藏室约 3℃ 冷冻室约-18℃
7	比“4”低 3℃左右
HEAVY COOL	周围环境温度低于 10℃时，冷藏室温度感觉不冷，此时使用调节温度盘，使温度达到要求

操作板上的温度控制和除霜的操作程序，如图 5-43 所示。

主控板放置在电冰箱后背的上部，用塑料板封盖。从操作板、冷藏室传感器和冷冻室传感器来的信号都汇集于主控板上，经过它的处理，再控制压缩机的开与停。

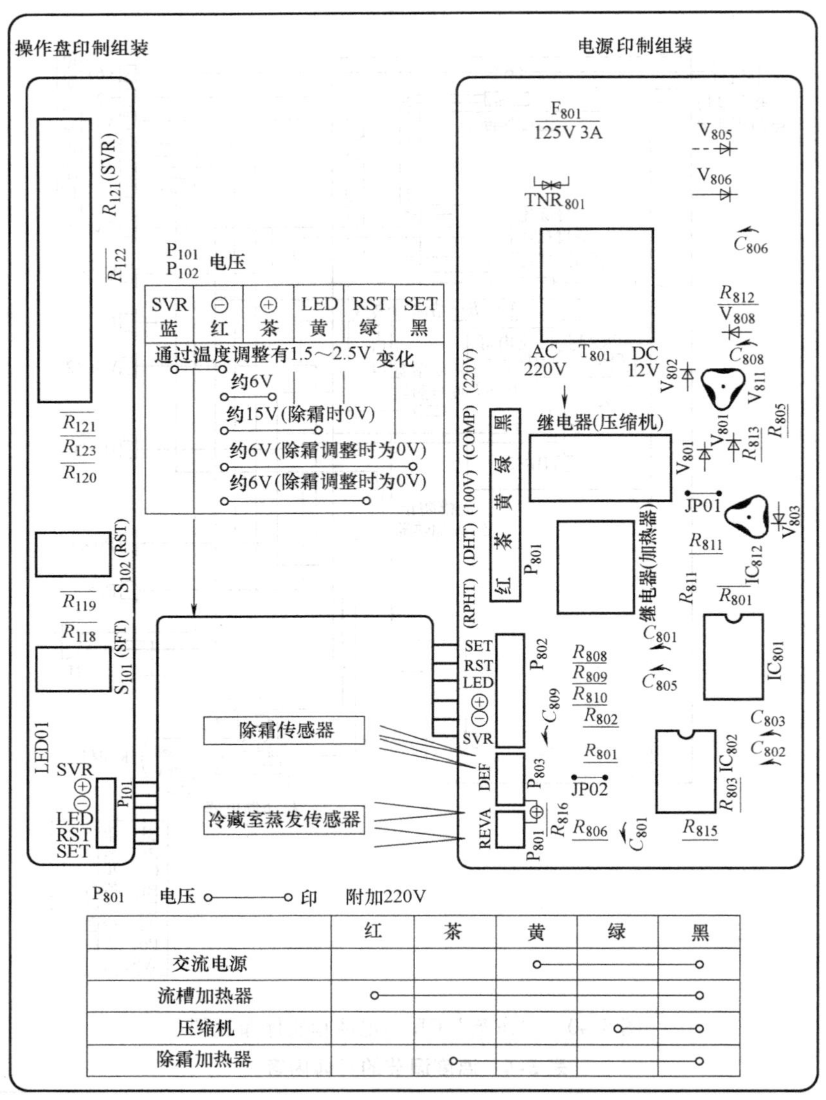

	红	茶	黄	绿	黑
交流电源			○	—	○
流槽加热器	○	—	—	—	○
压缩机				○	○
除霜加热器		○	—	—	○

图 5-41　印制电路板组装图

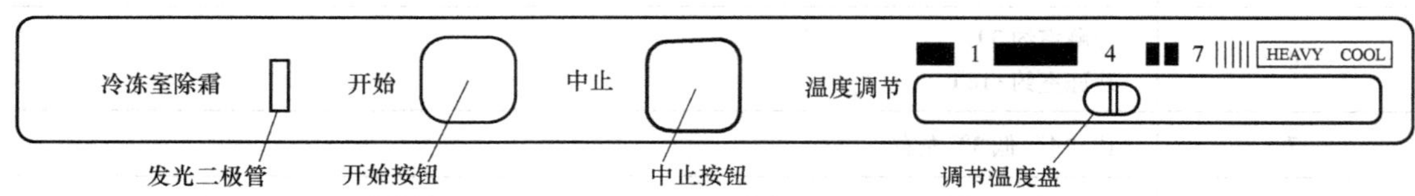

图 5-42　东芝电冰箱操作板

为了对东芝 GR—204E 电冰箱的控制电路有一个比较清楚的了解，现在将其电路分解为几个部分来进行说明。各部分图中元器件的编号，均与 GR—204E 基本电路图中的编号相同，以便对照查阅。

1. 电源电路

电源电路如图 5-44 所示。从这个电源电路中可以获得控制电路所需要的直流 14V 和直流 6.8V 的电压。

利用变压器 T_{801} 将交流 220V 变为交流 16V 的电压，经二极管 V_{805} 和 V_{806} 组成的全波整流电路整流后，再经电容器 C_{806} 滤波，得到一个直流 14V 的电压，该电压只是供给控制电路中的两个继电器 RY01、RY02 使用。直流 14V 电压再经稳压二极管 V_{808}、电阻 R_{812} 和电容 C_{808} 构成的稳压电路作用后，得到一个 13.8V 的电压。该电压供给控制电路中除继电器外的其他部件使用。

TNR_{801} 是一只压敏电阻，它的作用是当交流 220V 侧的电压超出过高（例如因外线错接成交流 380V 或因落雷电压升高等）时，该电阻变成短路状态，使得电源变压器一次侧的熔断器烧毁，从而对控制电路起保护作用。该器件是一次性使用的，一旦损坏，必须更换。有的时候该器件损坏后，因购置困难，就去掉压敏电阻，电冰箱在此情况下虽然能工作，但若遇意外情况，无法起到保护作用，将会造成严重损坏。此点应引起注意。

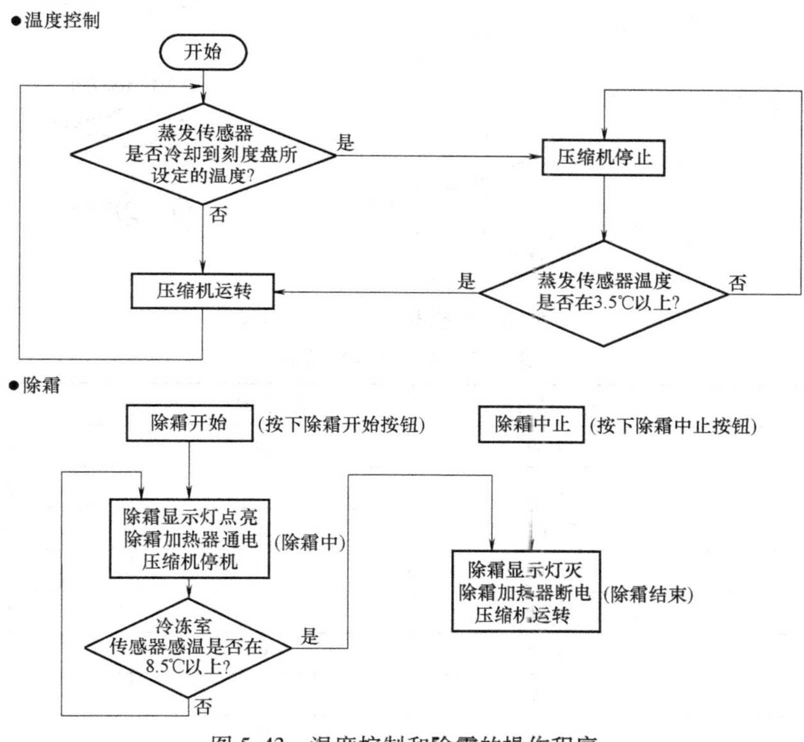

图 5-43　温度控制和除霜的操作程序

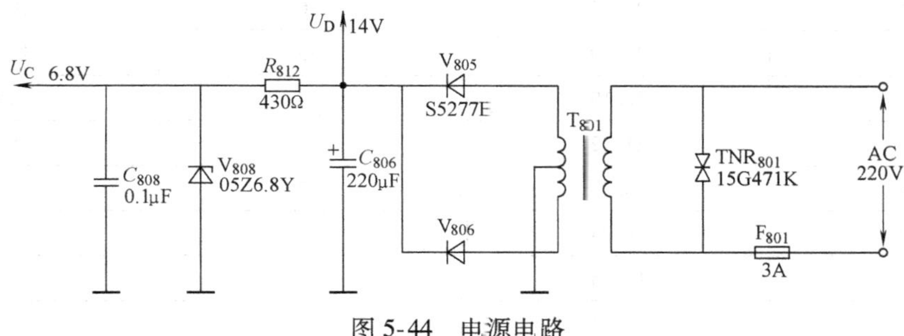

图 5-44　电源电路

压敏电阻在不同的情况下损坏的状况也不一样。若是因高电压作用而损坏，其顶部会出现裂纹甚至破裂为两半。若是因脉冲电压作用而损坏，其中心会出现一烧坏点。根据压敏电阻损坏的不同状况，寻找造成损坏的原因，并加以排除，从而保证电冰箱正常工作。

2. 冷藏室的温度控制电路

GR—204E 电冰箱的制冷管路采取先上后下的形式，即制冷剂经压缩、冷凝、节流降压后先进入上蒸发器，再经过下蒸发器而被吸回压缩机。这样只要控制了冷藏室的温度也就控制了冷冻室的温度。

冷藏室的温度控制是通过冷藏室传感器探知冷藏室的温度，控制压缩机的开、停来实现的。

冷藏室传感器与冷冻室传感器都是具有负温度特性的热敏电阻，两者虽然外形不同，却具有相同的特性，其外形及特性曲线如图 5-45 所示。传感器特性数值见表 5-7。

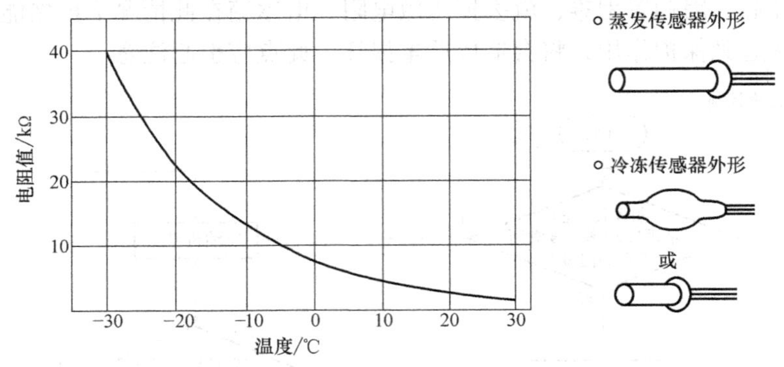

图 5-45　传感器外形及特性曲线

表 5-7　传感器特性数值

温度/℃	电阻值/Ω	温度/℃	电阻值/Ω
-30	39. 39	-14	16. 13
-29	37. 17	-13	15. 30
-28	35. 07	-12	14. 52
-27	32. 80	-11	13. 78
-26	31. 26	-10	13. 08
-25	29. 53	-9	12. 43
-24	27. 90	-8	11. 83
-23	26. 37	-7	11. 23
-22	24. 94	-6	10. 67
-21	23. 59	-5	10. 15
-20	22. 10	-4	9. 66
-19	21. 12	-3	9. 20
-18	20. 00	-2	8. 76
-17	18. 94	-1	8. 34
-16	17. 95	0	7. 95
-15	17. 01	1	7. 58

（续）

温度/℃	电阻值/Ω	温度/℃	电阻值/Ω
2	7.22	17	3.68
3	6.89	18	3.52
4	6.57	19	3.38
5	6.28	20	3.24
6	5.99	21	3.12
7	5.72	22	2.98
8	5.47	23	2.86
9	5.23	24	2.75
10	5.00	25	2.64
11	4.78	26	2.53
12	4.57	27	2.42
13	4.37	28	2.34
14	4.19	29	2.25
15	4.01	30	2.16
16	3.84		

（1）温度检知电路　温度检知电路如图 5-46 所示。利用冷藏室传感器的温度特性，将冷藏室内的温度变化转换成电压变化。此处 $U_C=6.8V$，当冷藏室温度为 30℃时，传感器阻值为 2.16kΩ，此时的 U_S 为

$$U_S=\frac{10}{10+2.16}\times 6.8V=5.59V$$

随着冷藏室温度的降低，传感器的电阻值将会增大很多，U_S 值会随之下降。

（2）温度调节电路　温度调节电路如图 5-47 所示。滑动电阻 R_{124} 为操作板上的温度调节钮，利用此滑动电阻，可以变动设定电压 U_R，以调节压缩机的关机点。这由用户根据需

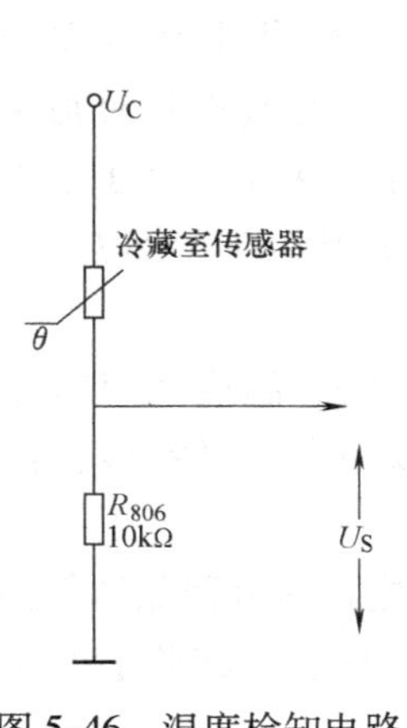

图 5-46　温度检知电路

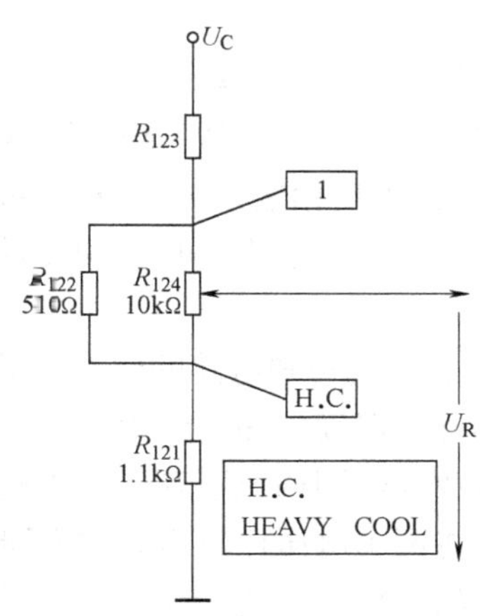

图 5-47　温度调节电路

要或季节变化而调整，一般情况滑动触头放置在中间位置，即刻度指示为“4”，当需要电冰箱制冷更强一些时，可将调节钮拨向“7”，反之向“1”方向调整。

东芝 GR—204E 电冰箱的温度调节钮在“1”与“HEAVY COOL”之间变动时，设定电压在 1.6~2.3V 之间变化。

（3）关机温度检知电路　东芝 GR—204E 型电冰箱控制电路中，使用了两块集成块，它们分别为 IC_{801}（TC4011BP）和 IC_{802}（TA75339P）。IC_{801} 集成电路为四组双输入端与非门，分别接成两组 RS 触发器；用以存储电冰箱的工作状态，即压缩机是运转还是停止，或除霜工作正在进行还是停止。这将在后面有关部分再叙述。

IC_{802} 集成电路组成四组电压比较运算放大器。其中的两组用于鉴别电冰箱内的温度变化，决定压缩机的起动或停止的工作状态；另一组用于鉴别电冰箱除霜工作的结束点；还有一组未用。

关机温度检知电路就是利用了一组电压比较运算放大器，将温度检知电路输出的电压 U_S 与温度调节电路中的设定电压 U_R 进行比较，以确定压缩机的工作状态。其具体电路如图 5-48 所示。

电路中，当 $U_S>U_R$ 时，输出端为高电平，表示为“1”；当冷藏室温度逐渐降低，温度检知电路中的输出电压 U_S 会降低，当 $U_S<U_R$ 时，输出端为低电平，表示为“0”。

（4）开机温度检知电路　开机温度检知电路如图 5-49 所示。该电路利用一组电压比较运算放大器，将温度检知电路的输出电压 U_S 与一个经分压所得到的固定电压进行比较，以确定压缩机的状态。

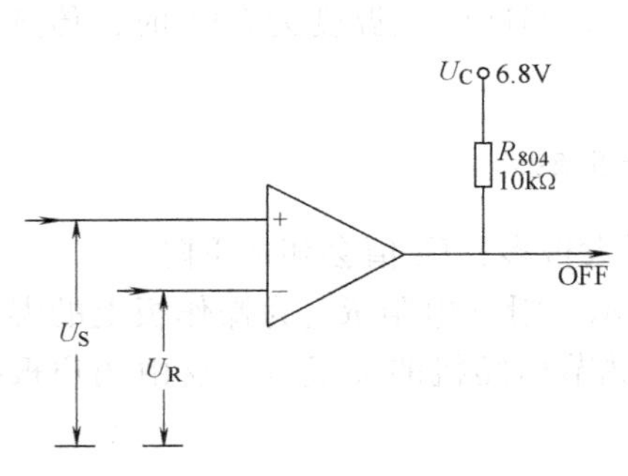

图 5-48　关机温度检知电路

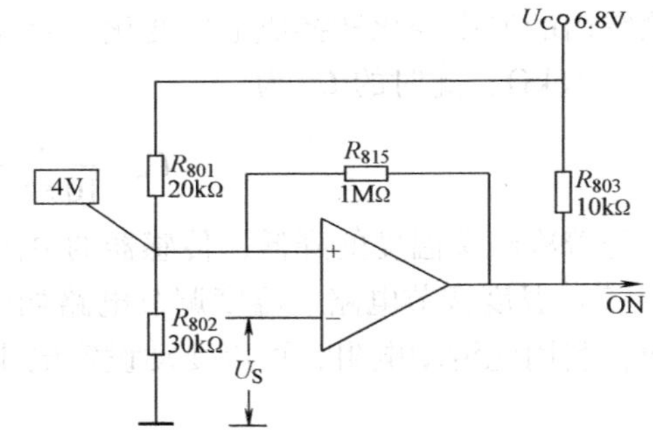

图 5-49　开机温度检知电路

图中 R_{801} 和 R_{802} 将 6.8V 分压后所得电压近似为 4V，接入电压比较运算放大器的同相输入端，而 U_S 接入反相输入端。当 $U_S>4V$ 时，输出端为低电平，表示为“0”；当 $U_S<4V$ 时，输出端为高电平，表示为“1”。只要冷藏室传感器所感受的温度在 3.5℃以上，其输出端均为低电平。

（5）开、关机检知电路的组成　将冷藏室的温度检知电路、温度调节电路、关机温度检知电路和开机温度检知电路组合在一起如图 5-50 所示。以一个冷藏室传感器连接两个电压比较运算放大器即构成了开、关机检知电路。

不可能将两个电压比较运算放大器的输出电平同时加到控制继电器晶体管的基极，这将使压缩机无法停机。为此，在电路中还需加入 RS 触发器。它根据所接收的开机和关机检知信号来决定压缩机的工作与停止。

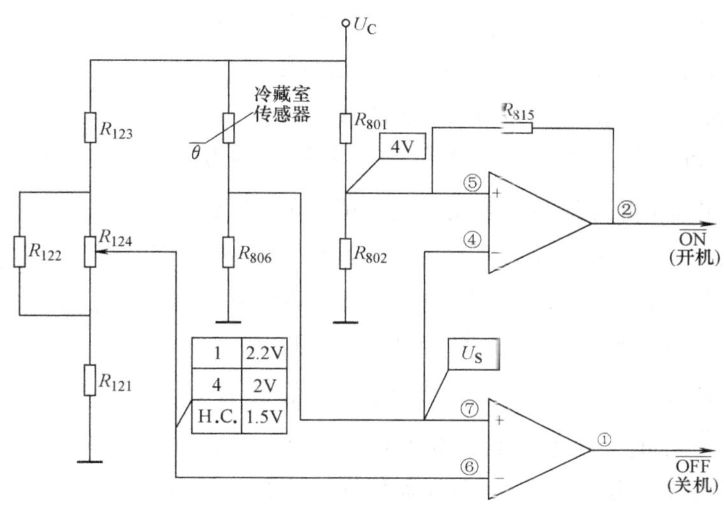

图 5-50 开、关机检知电路

（6）开、关机的控制 只有压缩机开、关机的检知信号是不够的，还必须有开、关机信号的识别和执行机构。在东芝 GR—204E 型电冰箱的控制电路中，开、关机信号的识别是利用 IC_{801} 中的两组双输入端与非门构成的一个基本 RS 触发器来进行的。而开、关机的执行，是根据基本 RS 触发器的输出电平的高或低，控制晶体管 V_{811} 进入饱和或截止状态，使继电器 RY01 的触点闭合或释放，来控制压缩机的开与停的，其电路如图 5-51 所示。

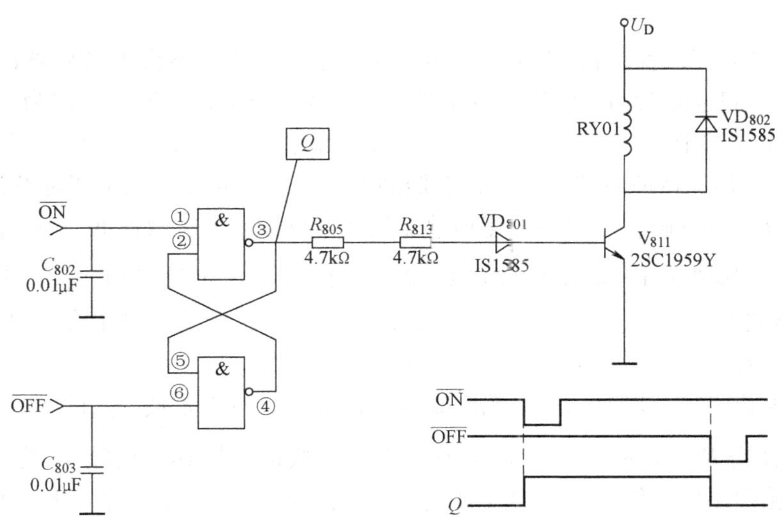

图 5-51 开、关机信号的识别与执行电路

基本 RS 触发器又称为闩锁电路或闩锁触发器。它有两个输入端和两个输出端，是一种具有记忆能力的基本单元电路，它是把两个与非门的输入、输出端互相交叉连接而成的，基本 RS 触发器如图 5-52 所示。假定触发器的初始状态为“0”态，即 $Q=0$，$\overline{Q}=1$。当置“0”端 $\overline{R}$ 保持高电平，$\overline{S}$ 端加负脉冲时，则 Q 由“0”变为“1”；由于 $\overline{R}$ 为“1”，所以，G_1 的输出 $\overline{Q}$ 由“1”变为“0”，并反馈到 G_2 输入端，此后，即使 $\overline{S}$ 端的低电平脉冲消失，触发器仍能保持在

“1” 态，即 $Q=1$，$\overline{Q}=0$。如果触发器原来处于“1”态，$\overline{S}$ 端即使加上低电平脉冲信号，触发器仍然保持“1”态不变。

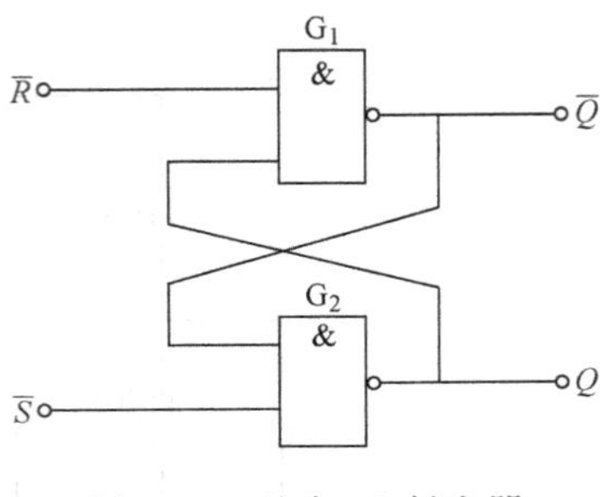

图 5-52　基本 RS 触发器

当 $\overline{S}$ 端保持高电平，$\overline{R}$ 端加负脉冲（即低电平）时，其工作过程与上述情况相反，触发器为“0”态。若触发器为“0”态；即使 $\overline{R}$ 端加正脉冲信号，触发器仍保持“0”态不变。因当 $\overline{S}$、$\overline{R}$ 全为“1”时，触发器将保持原有状态不变。

从上面的分析可知，由两个与非门构成的基本 RS 触发器采用的是负脉冲（低电平）触发，且具有以下三个特点：

① 在 $\overline{R}=1$，$\overline{S}=0$ 时，触发器为“1”态，即输出端 $Q=1$。

② 在 $\overline{R}=0$，$\overline{S}=1$ 时，触发器翻转为“0”，即输出端 $Q=0$。

③ 当两个输入端全为“1”时，触发器仍保持原有状态不变。

对上述各部分电路讨论后，即可对整个控制过程有一个较完整的了解。

当接通电源后，由 R_{801} 和 R_{802} 分压后供给 IC_{802} 的 5 脚提供约 4V 的固定电压。由于刚开始使用，电冰箱冷藏室温度必定高于 3.5℃，所以由冷藏室传感器和 R_{806} 分压后给 IC_{802} 的 4、3 脚提供的电压必定大于 4V。由于 IC_{802} 的 $V_4>V_5$（V_4 表示第 4 脚的电位，以下相同），则输出端 V_2 为“0”，此电位连到基本 RS 触发器使得 $\overline{S}=0$，而此时 RS 触发器的 $\overline{R}=1$，因而使其输出端 V_3 为“1”，使晶体管 V_{811} 进入饱和状态，继电器 RY01 的触点吸合，接通压缩机电源，压缩机开始转动。

当压缩机运转一段时间后，由于冷藏箱内温度下降，冷藏室温度传感器的电阻值增大，使 V_4 逐渐降低，假定此时用户将温度调节钮置于“4”挡位置，该点电位为 2V，即 IC_{802} 的 $V_6=2V$，V_4 的电位降到 $V_6<V_4<V_5$ 时，IC_{802} 的 V_1 仍为“1”，而其 V_2 由开始的“0”变为“1”，此时触发器仍保持原有状态，即触发器的 V_3 为“1”不变，压缩机继续运行。

当箱内温度继续下降，冷藏室温度传感器的阻值继续增大，致使 IC_{802} 的 $V_4<V_6$ 时，其输出端 V_1 为“0”，则基本 RS 触发器的 V_6 端 $\overline{R}$ 由“1”变为“0”，而此时 RS 触发器使得 $\overline{S}=1$，触发器输出端 V_3，也由“1”变为“0”，使晶体管 V_{811} 截止，继电器 RY01 复位，触点打开，压缩机停转。

当电冰箱停止工作一段时间后，箱内温度慢慢升高，首先是使 Q_{802} 的 $V_7>V_6$，输出端 V_1 变为“1”，即使得 $\overline{R}=1$，由于此时 $\overline{S}$ 端仍为“1”，故仍保持其输出端 V_3 为“0”，压缩机继续停转。当箱内温度继续升高到 Q_{802} 的 $V_4>V_5$ 时，其输出端 V_2 变为“0”。触发器又一次翻转为“1”状态，使晶体管 V_{811} 又一次导通，压缩机再次起动运转。就这样周而复始地使电冰箱处于正常工作状态。

从以上的分析可以看出下述一些问题：

1）Q_{802} 中 V_6 的高低决定压缩机运转时间的长短。当 V_6 偏低时，压缩机运转时间较长，箱内温度偏低。当需要使 V_6 偏低时，可将电冰箱操作板上的温度调节钮调到刻度“7”的位置。也就是基本电路图上的可调电阻 R_{124} 调到最下点。反之，若将可调电阻 R_{124} 向上调整，可使 V_6 偏高，压缩机运转时间缩短。

2）Q_{802}中 V_5 的高低决定着压缩机起动时间的提前或滞后。当 V_5 偏高时，压缩机起动时间滞后，表现为停机时间较长；反之，压缩机起动时间提前，表现为停机时间缩短。V_5 是靠电阻分压后获得的，在正常的情况下，厂家设计时已选择了最佳值，用户和维修人员不必变动。但由于长期使用，冷藏室传感器特性变坏，停机时间过长，此时可以改变分压比，获得较满意的结果。如果冷藏室传感器损坏，更换后的传感器与原来的性能不一样，也可以改变分压比，使电冰箱获得最佳工作点，当然，此时应使 V_5 和 V_6 相互兼顾，才能达到最佳工作点。

3）Q_{802}中 V_4 随着箱内温度的变化而变化。箱内温度越低，V_4 电位越低，其数值总在温度调节设定电位（V_6）以上变化。如果由于冷藏室传感器的温度特性变差，箱内温度变化，电阻值却不能随着变大，而是增大到某一数值后就不再变化了。这时将会使压缩机运转时间延长，甚至无法停机，这时用温度调节钮已无济于事。此时最好更换冷藏室传感器。如果没有备件可换，则可以通过改变其温度检知电路的分压比来解决，一般是减小 R_{806}的值，但不能将 R_{806}值变动过大，否则停机时间会延长。

由于操作板、主控板和传感器之间都是用接插件连接的，使用过久或受到锈蚀，接插件会出现接触不良而导致不停机或不起动等故障。此时应更换接插件或将接头焊死，再进行传感器的检查，不要因此造成误判。

3. 除霜电路

除霜是在冷冻室的冰层较厚的情况下，采用电加热器加热的方法除去冷冻室的结冰。

除霜是以手动操作开始，自动结束的。但也可以用手动操作中止除霜。

除霜电路的工作原理如图 5-53 所示。在霜层较厚需要除霜时，按动“开始”按钮，使

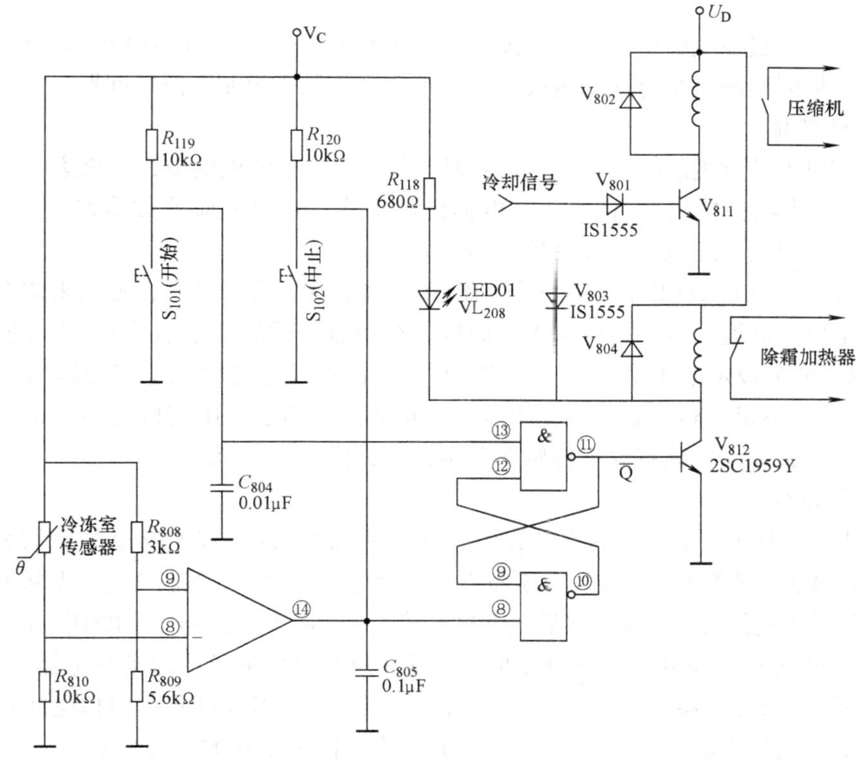

图 5-53 除霜电路工作原理图

其 IC_{801} 的另一组基本 RS 触发器的 $\overline{R}$ 端（第 13 端）为“0”态；此时，由于冷冻室内温度较低，作为除霜结束检知电路的一组电压比较运算放大器的两输入端 $V_8<V_9$，V_{14} 输出为“1”，即基本 RS 触发器的 $\overline{S}$ 端为 1，所以触发器的 Q 端变为 0，而 $\overline{Q}$ 为“1”，即输出端 V_{11} 为高电平，此高电位使晶体管 V_{812} 处于饱和状态，继电器 RY02 动作，其转换触点接通除霜加热器；除霜工作开始进行，同时由于二极管 VD_{803} 的作用，使晶体管 V_{811} 截止，以确保在除霜期间压缩机处于停止工作状态。经过一段时间的除霜，当冷冻室传感器温度达到 8.5℃以上时，IC_{802} 的 $V_8>V_9$，输出端 V_{14} 为“0”，触发器翻转，其输出端 V_{11} 为“0”，使晶体管 V_{812} 截止，继电器 RY02 断开除霜加热器，除霜工作自动结束。在除霜期间，需要中断除霜时，只需按“中止”按钮后，也同样使触发器翻转，除霜工作停止。在除霜期间，操作面板上的发光二极管发光。除霜停止，发光二极管也会停止发光。

以上分析的是东芝 GR—204E 电冰箱的控制电路。有些东芝电冰箱如 GR—205E 的控制电路原理基本上与 GR—204E 相同，所不同的是电冰箱中的 IC_{801} 使用的是四组双输入端的或非门电路，其型号为 TC4001BP。对于这类电冰箱，由或非门分别组成两个基本 RS 触发器。这种由或非门组成的触发器的置“1”端和置“0”端均为高电平有效，即是正逻辑的触发器，前面分析的 GR—204E 的控制电路由 TC4011BP 与非门组成的触发器是负逻辑触发器。正由于 GR—205E 等采用正逻辑触发，所以 IC_{802} 电压比较器的输入端也要作相应变动，才能使电路正常工作，其电路的工作原理和电路分析是相同的，在此就不再重复了。

二、电子温控电路的常见故障

电冰箱的电子温控电路中常见的故障有：压缩机不转、压缩机不停和不能自动除霜等。要说明的是如果因制冷系统有问题造成压缩机不停则不属于控制电路的问题。

1. 压缩机不转

对于压缩机不转这类故障，首先应检查晶体管 V_{811} 的集电极电位，如果集电极电位 V_C = 0.1V 左右，说明该晶体管已经饱和，继电器已经动作。这时就应着重检查继电器 RY01 的触点是否闭合，以及压缩机本身或热保护器有无问题。

如果此时 V_{811} 的 $V_C \geqslant 12V$，因晶体管未饱和，继电器肯定未动作，触点未闭合。这说明前面的控制电路有问题，可根据电路工作原理进行检查。此时应重点检查 IC_{802} 的 V_5 是否在 4V 左右，温度调节设定电压是否在 1.6~2.3V 范围内以及温度检知电路的输出电压即 IC_{802} 的 V_4（或 V_7）。压缩机运转，必须满足 $V_4>V_5$，此条件不满足，压缩机决不会运转。根据这一条件可以看出，如果冷藏室温度传感器开路，压缩机也不会运转。

2. 压缩机不停

压缩机不停，是东芝电冰箱的常见故障。当出现此故障时，首先应检查 V_{811} 是否被击穿，继电器 RY01 的触点是否出现粘连。在压缩机正在运行时可用一导线将 V_{811} 的基极和发射极短接，看压缩机是否仍然运转。如短接后压缩机不转了，证明 V_{811} 和继电器 RY01 的触点均良好。

然后继续检查 IC_{801} 和 IC_{802} 集成电路部分。这时可拔掉压缩机的起动继电器和热保护器，用一只 20~30kΩ 的电位器并联在 R_{806} 上，调整电位器改变 IC_{802} 的 V_4，模拟电冰箱在实际工作中由温度的变化而引起该点电位的变化情况，然后再按工作原理逐级检查。如果 IC_{801} 和 IC_{802} 也未发现任何异常情况，此时应将电路恢复正常。

再使电冰箱通电工作，当压缩机工作一段时间后，重点检查 IC_{802} 的 V_6、V_4 和 V_5，尤其应检查 V_4 的变化。如果冷藏室温度已达要求，而该点电位降低到某一数值后不再继续下降，则说明冷藏室温度传感器有了问题。此时应更换新的传感器或对 R_{806} 进行适当调整，使控制电路恢复正常。

在实际维修工作中，遇到传感器有故障，有的人员是在传感器上串联一定阻值的电阻，而使电冰箱压缩机停转。对于使压缩机停转来说，这样做与调整 R_{806} 的效果一样，但起动就不一样了。调整 R_{806} 后，一般停机时间不会太长，而在传感器端串联电阻，会使停机时间过长，冷冻室温度波动较大，对贮藏食品不利。所以，当传感器有故障时，最好更换新的传感器。

压缩机不停机有时是因为接插件接触不良、可调电阻 R_{124} 损坏、R_{806} 阻值变大等原因所引起的，所以在实际维修中要仔细，不要误判。

3. 不能自动除霜

不能自动除霜除了晶体管 V_{812} 和继电器 RY02 的故障外，更多的是除霜按钮失灵，除霜指示灯（发光二极管 LED01）亦不亮。这主要是由于除霜按钮内的簧片因锈蚀而断裂。解决的方法只能是更换按钮。

另外，R_{809} 短路也不能发出除霜信号，无法除霜；还要检测 V_{812} 是否烧毁，除霜加热管、温度熔断器是否烧坏等，这些都可能导致不能除霜。

控制电路还会出现其他一些故障，在此就不一一列举了。

三、电子温控电路故障的判断方法

1. 冷藏室、冷冻室完全不制冷

首先应检查压缩机的运转状态。若压缩机运转，即为制冷系统的故障。若压缩机不运转，应测量主控板上压缩机电路的电压，即插头 P_{801} 的黑—绿线的电压。若此电压有 220V，应检查 PTC 起动器是否正常或者压缩机是否卡死。若此电压为 0V，再将冷藏室传感器短路后测量，若仍为 0V，应检查电路主控板。若压缩机电路的电压为 220V，则冷藏室传感器有问题，应予更换。

操作板与主控板之间的连接见图 2-31 所示。插头 P_{801} 各接线柱之间的关系见表 5-8。

表 5-8　P_{801} 各线之间电压（220V）

	红	赭	黄	绿	黑
交流电源			●	──	●
管道加热器	●	──	──	──	●
压缩机				●	●
除霜加热器		●	──	──	●

2. 冷藏室温度过低

可在电冰箱工作过程中拔去冷藏室传感器端子，检查压缩机是否停止运转。若压缩机停止运转，则为冷藏室温度传感器工作不良；若压缩机仍然运行，则为操作板或主控板工作不良。这可以通过测量插头 P_{101}、P_{802} 各接线柱的电压加以判断。

要判断传感器的好坏，可将连接在主控板上的传感器端子拔出，通过用万用表测量其电阻值的方法来进行判断。用手握住传感器直到其温度接近体温后再测定它的电阻值，即传感器的温度在30℃时，其电阻值为2～3kΩ则属正常。在低温进行测量时，应将传感器放入冰水中，在0℃时进行测量，此时，传感器的电阻值应为8kΩ左右。

3. 按下除霜“开始”按钮，除霜灯不亮

值得注意的是，冷冻室温度达不到0℃以下时，不要按除霜“开始”按钮。如果冷冻室温度达到0℃以下，仍不能除霜时，拔去主控板上的冷冻室传感器插头，按动除霜“开始”按钮，此时灯若亮了，则为冷冻室传感器工作不良。若灯仍然不亮，再将主控板上的插座P_{802}上的SET与G两线短路。若此时灯亮了，则为操作板工作不良(多为按键损坏)或为插座P_{101}接触不良。若此时指示灯仍然不亮，则为主控板不良，可根据其工作原理，对除霜控制部分进行检查。

4. 霜融化，但除霜灯不灭

对此故障，可使主控板上冷冻室传感器的端子短路后，再观察灯的变化。若此时灯灭，则为冷冻室传感器不良，应予更换。若灯仍然不灭，则为主控板工作不良，应再根据工作原理进行检查。

5. 除霜显示灯亮，但不除霜

此时应检查主控板上的除霜电路电压，即测量插头P_{801}的黑线与赭色线之间的电压，若为220V，则为除霜加热器或温度熔断器断线而导致不除霜。若为0V，则为主控板上的问题，多是继电器RY02的故障。

上述故障的判断程序，如图5-54a、图5-54b、图5-54c、图5-54d、图5-54e所示。

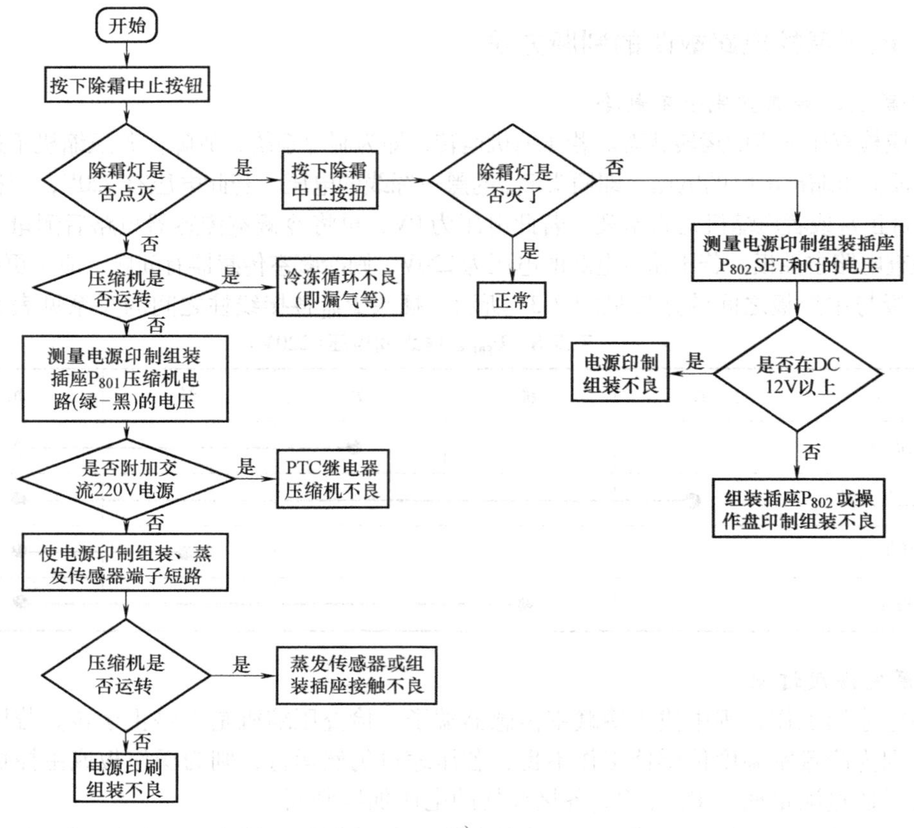

a)

图5-54 故障的判断程序

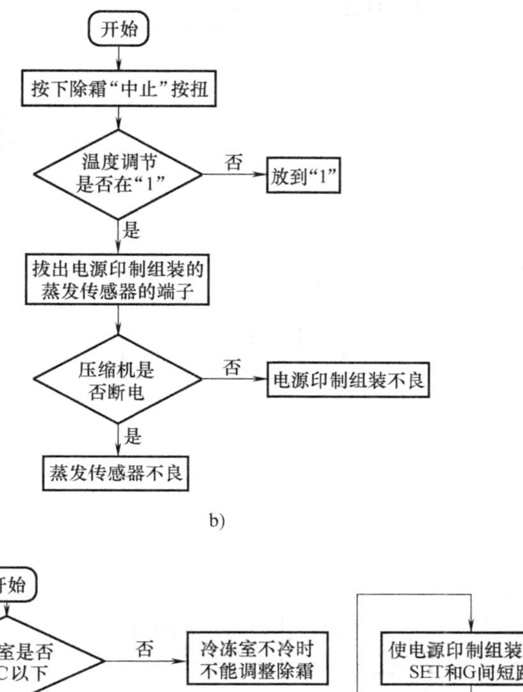

b)

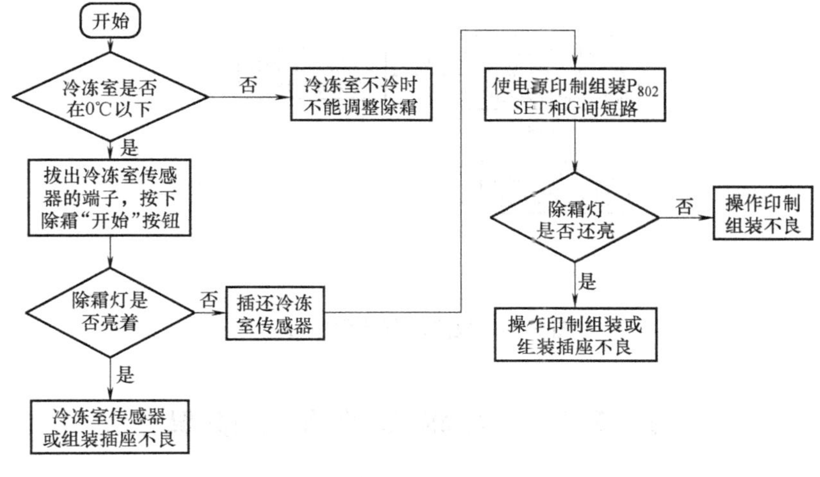

c)

图 5-54 故障的判断程序（续）

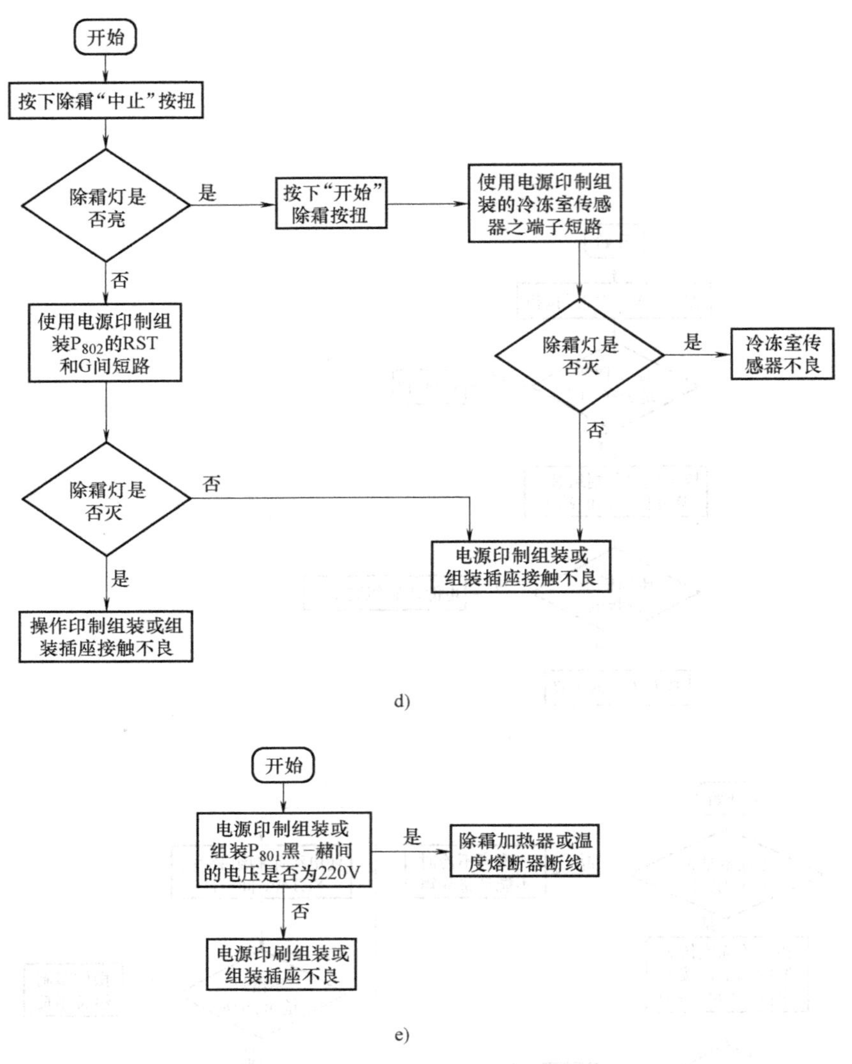

d)

e)

图 5-54　故障的判断程序(续)

第五节　电冰箱的开背修理

对于单门电冰箱和间冷式电冰箱，当蒸发器发生泄漏时，可以设法将蒸发器拆卸下来进行修补或更换。对于直冷式双门电冰箱，上蒸发器都是被发泡隔热塑料固定在箱体上，而下蒸发器有的外露在冷藏室内(如东芝等)，有的内藏在冷藏室背后的发泡隔热塑料中(如西门子、华菱等)。如果这类电冰箱的蒸发器部分发生泄漏，检修时必须使管道或接头外露，这就需要对电冰箱进行开背修理。

一、开背前的注意事项

在电冰箱的维修过程中，对于电冰箱低压部分泄漏故障的判断，要十分慎重。切不可因一次试压检漏，发现压力表的压力有所下降，就匆忙作出开背修理的结论。为了慎重起见，需要重复进行第二次或第三次试压检漏，除了保证表阀、连接管、回气管之间的接头不泄漏外，还得仔细检查下蒸发器及其各个外露接头。在确实排除了上述各个接头的泄漏可能之后，表压力指示仍然有所下降，这时才能判断为箱体内接头或管道泄漏。在实际的维修工作中也确实出现过在开背后才发觉是判断错误的情况。这些误判既浪费了自己的工作时间，也让顾客的电冰箱变得不美观，影响维修部的声誉。维修人员应把误判和失误减小到最低程度。

在对电冰箱作出蒸发器泄漏、需要开背修理的结论同时，要意识到电冰箱开背后的两种可能：一种可能是电冰箱开背后，经过检查，泄漏点很快被找到，且容易进行修补使故障得以排除，这是大家所希望的；而另一种可能是把电冰箱的后背挖开相当部分后，泄漏点仍无法找到，是继续挖下去，还是另外想办法，还是就此而止，这些都是在动手之前，需要根据维修部的条件和技术力量预先考虑的问题。

在动手挖开电冰箱后背之前，还应征得货主的同意。向他们讲清开背修理的两种可能以及大致费用和开背修理的必要性，在得到他们同意后，才能动手进行开背修理。否则，会引起一些不必要的纠纷。

综上所述，对需要进行开背修理的电冰箱在动手前应做到：“判断准确，征得同意，准备对策”。

二、电冰箱的开背修理

双门电冰箱的上蒸发器有铝板吹胀式，也有板管式；而下蒸发器多为铝板吹胀式或单脊翅片管。无论哪种蒸发器，在其两端都常接有一小段铜管。因此，存在着铜铝接头、铜焊接头和铝管接头。根据维修中的统计看，蒸发器管道本身泄漏的可能性很小，而泄漏大多发生在各个接头上。也有的电冰箱是由于冷冻室排水不当，而使化霜水进入发泡隔热层对管道进行浸蚀，造成管子穿孔。尤其是一些电冰箱为了防止管道发生冰堵，在上、下蒸发器的连接处加装有管道防冻加热器，由于时冷时热，加速水分对管道的浸蚀，也容易在这些部位造成管子穿孔。所以，开背修理时首先要找接头。

有一些电冰箱，生产厂家在生产时就考虑到要方便维修，把上述各个接头集中到一个或几个不大的范围中。如集中到后背的中上部约13cm×35cm的范围中，且在平整的电冰箱后背上打有凹形印记(或者用活动铁皮盖住)，以后出现低压泄漏需检查内藏接头时，只需从凹形印记范围内切开后背铁皮，挖掉发泡隔热层，即可露出接头，检修很方便。修理完毕，可将原来的发泡隔热物或新的发泡隔热材料充填回去，再用一块比所切开范围稍大的铁皮覆盖在原开口的位置上，用自攻螺钉固定即可。

对于那些没有印记和没有活动铁皮盖板的电冰箱，要进行开背修理，最好是先弄清内部的管路走向、接头位置和数目，这样才能准确地挖出管道接头进行检漏和维修。维修电冰箱时，如果还不知道它的内部管路走向和接头位置，也没有在生产时打上印记，它内部泄漏需要进行开背修理时，又该如何确定开背位置呢？现将寻找上、下蒸发器接头位置的一般方法作一简单介绍。注意电冰箱外露的下蒸发器的两根管子穿入发泡隔热层的位置。有的电冰箱下蒸发器的两根接管分作左、右两边穿入发泡隔热层，如图5-55所示的东芝GR—204E内部管路和图5-56a所示的内部管路；有的是两根管子集中在左边穿入发泡隔热层，如图5-56b

所示的内部管路。现以两根下蒸发器集中于左边的为例，在冷冻室与冷藏室中隔板相对应的电冰箱背部铁皮上，在与下蒸发器接管穿入发泡隔热层的位置，用小刀开一个宽6cm、长12cm的孔，揭掉所挖的铁皮，小心地挖掉隔热材料，即可露出管子的一个接头进行检查。若需再寻找其他接头，可再在适当位置开孔或采取顺着管找接头的方法进行。

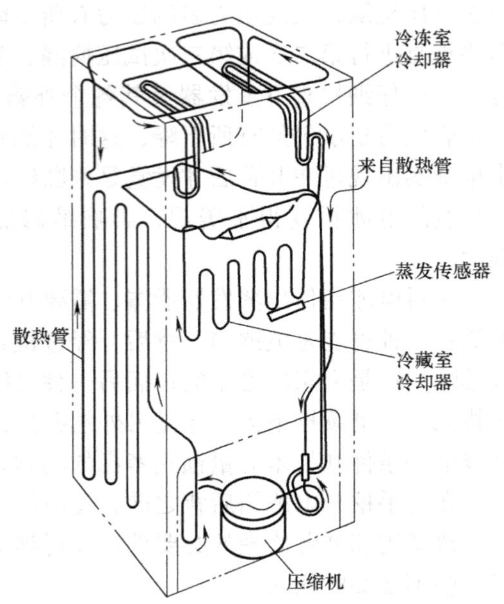

图 5-55　东芝 GR—204E 内部管路

在开背和寻找接头的过程中，应注意以下几点：

1）在用小刀或其他利器切开电冰箱背部铁皮的过程中，以切开铁皮为限，切不可一次进刀过深。因有些电冰箱防冻电热丝的电源引线就埋设在后背，若进刀过深，容易切断电源线。如果不小心在开背的过程中弄断或损伤了电源线，应将断线接上并用绝缘胶带包扎，电源线的损伤处也应认真包扎，防止电冰箱外壳带电，发生意外事故。

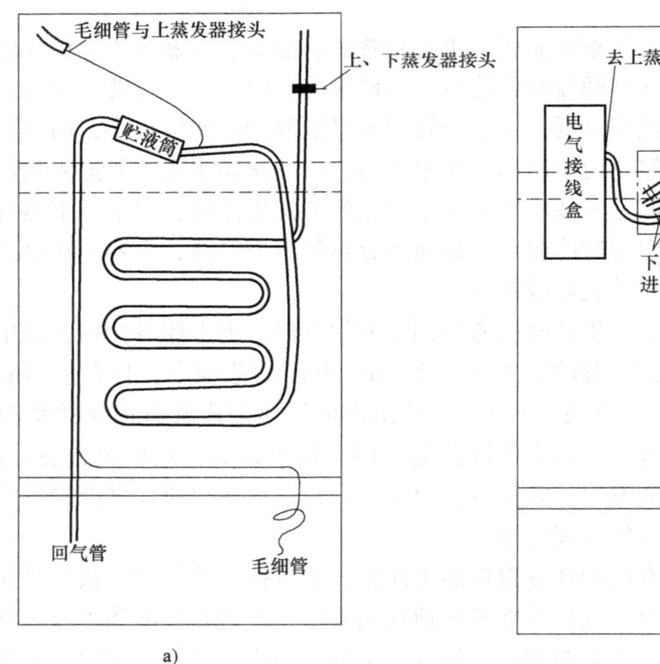

a)

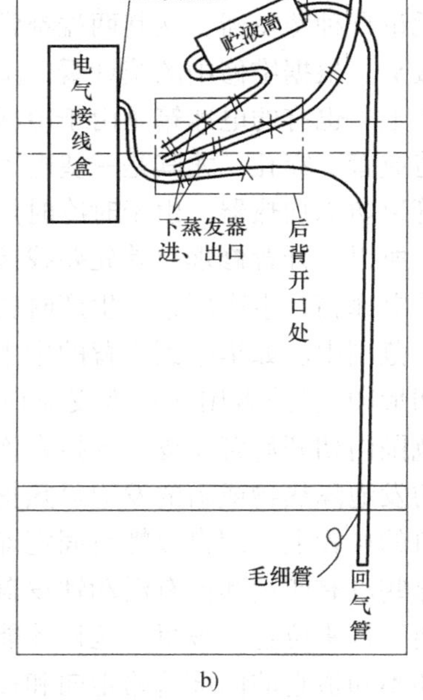

b)

图 5-56　内部管路(×:铜接头处;|:铜铝接头处)

2）在挖出发泡隔热材料的过程中，最好不要使用锐器，而且在操作过程中应该小心谨慎，切不可用力过猛；防止将管道弄坏，增加麻烦。

3）在查找泄漏点的过程中，注意该电冰箱接头的数量，应逐个寻找查漏，直至找出最后一个接头为止。多数电冰箱在上、下蒸发器各自的末端都接有一小段铜管，而在蒸发器之间和蒸发器与毛细管、回气管连接时采用钎焊。这样，在查找接头时，除了寻找铜铜钎焊接头外，还应找出各自的铜铝接头。

4）一些电冰箱的下蒸发器的两根连接管伸入发泡隔热材料内并装设有防冻电热丝，用铝箔粘胶带将其包裹在管道外。在查漏的过程中，应仔细剥开铝箔，拉开电热丝后检查被包裹的铝管是否有泄漏。在维修中经常发现该部位有不同程度的腐蚀。而在修理完毕后电热丝应仍然包裹在管道上，切不要将其切断，更不能将其短接。

如果挖开电冰箱后背找到了泄漏点，必须进行处理。对于焊接方便的管道或接头，可进行焊接补漏。但在焊接的过程中注意不要过多地烧坏隔热层，更不应使蒸发器受到损伤。当铜铝接头或不便焊接的地方需进行补漏时，可采用粘补的方法进行。将泄漏点附近用砂纸打磨后，用四氯化碳或汽油对打磨处进行清洗，除去油污，然后将 Jc—311 型环氧树脂胶按 A、B 管比例配好调匀，仔细地涂在已经清洗过的泄漏点四周，在常温下固化 24h 即可。粘补的范围应比泄漏点稍宽。对涂上的胶也可采用加热的方法以缩短固化时间，提高胶接强度。为增加强度，也可在第一次涂的胶完全固化后，用细砂纸轻轻打磨已固化的胶的表面及周围的金属表面，再按前述方法将胶调匀后涂上第二层，所涂范围应比第一次更宽一些。若孔洞较大，可先剪一块厚约 0.5mm、面积略大于孔洞的铝片，砂净、除油后置于孔洞上，用针尖顶住后上胶，待固化后再作第二次增强胶封。

对泄漏点进行处理后，还应对低压部分进行试压，若泄漏确已排除，可对所挖的孔洞进行发泡处理，或将原挖出的隔热材料回填，再用一块比所割范围稍大的铁皮，覆盖在原来开口位置上，用自攻螺钉固定即可。

也有的电冰箱的后背铁皮可以整块揭下，对于这类电冰箱，在发现蒸发器泄漏后，只需将后背铁皮揭开，仍按前述方法寻找漏点和补漏。修理结束后，充填好隔热材料，将后盖铁皮覆盖上去即可。如果有必要，也可用自攻螺钉予以加固。

在实际修理工作中，并不是每次都在接头或发生故障较多的地方找到泄漏点，有时也遇到泄漏点十分难找的情况。为进一步确认泄漏点的所在部位，可将上、下蒸发器连接点分开，并分别对其试压。如果是下蒸发器泄漏，当然可以进行更换或粘补，对于上蒸发器泄漏，若仔细检查已露出的接头后仍无结果，就只有采取特殊处理方法加以解决了。

三、上蒸发器泄漏的处理

双门电冰箱的上蒸发器经常有泄漏的现象发生。如果泄漏发生在上蒸发器的内壁，采用粘补或焊接的方法，比较容易排除。如果泄漏发生在蒸发器外壁，且不在接头和离接头不远的地方，其漏点就比较难找了，原因是上蒸发器被发泡隔热材料注死在箱体内，其外壁被隔热层所遮盖，所以维修相当麻烦。

各修理部根据各自的设备、技术条件和材料等因素的不同，在处理上蒸发器泄漏时所采用的方法也不尽相同。大致有以下几种：

1. 更换箱体

对于一些生产厂家，从维护自己产品的声誉出发，生产部分不同规格型号的箱体，提供给各特约维修部。当维修部在维修该类电冰箱的过程中，按其厂方要求查找指定的接头和管道，仍未找到泄漏点时，即可更换箱体。但原来电冰箱的两个门、压缩机和其他一些附件，仍需拆下装在新换的箱体上继续使用，以减少顾客的费用。如日本东芝（TOSHIBA）、日立（HITACHI），均有部分箱体提供。

这种方法解决问题最为彻底，也能保证电冰箱的各项性能。缺点是价格较高，部分顾客难以接收。

2. 修补后制作隔热层

这种方法是当上蒸发器的漏点难以找到时，或将电冰箱顶部揭开，或将电冰箱后背上部全部挖开，细心去掉发泡隔热层后，将上蒸发器整个抬出，再用水中检漏法找出泄漏点，修补后将上蒸发器放回原处重新发泡固定。当然，如果有上蒸发器备件，也可更换后再重新制作隔热层固定。

隔热层起保温作用，保温效果的好坏将影响电冰箱修理后的性能。

隔热层常用聚氨酯发泡剂制成，所谓发泡剂是两种液态化学材料，俗称“黑料”和“白料”。将其按 1∶1 混合，经搅拌 3~5min 后即可发泡固化。

制作方法是：

取一塑料容器，倒入两种液体原料，用棒快速搅拌，在尚未发泡之前，倒入要填充的部位。发泡剂发泡过程中应适当限制容积，不得任意扩大，以增加其密度，提高保温效果。

采用这种方法来解决上蒸发器泄漏的问题，也能保证其制冷质量。但费时较长，而且在重新发泡时，由于条件所限，没有合适的夹具或发泡不当，易造成箱体内部或外部变形。还有一些地方无法找到发泡剂，或者某些电冰箱由于结构上的问题，不便将上蒸发器取出修补。所以，这种维修方法在实际维修中要谨慎采用。

有些隔热层常用玻璃棉，玻璃棉隔热材料为超细玻璃纤维，呈棉花状，这种材料保温性能较好，但由于纤维之间有空隙，空气进入并与蒸发器表面接触，使空气中的水蒸气被捕集而结霜，影响保温效果。玻璃纤维很细，使用时易造成环境污染，已较少使用。

3. 重新盘管

重新盘管在维修工作中是一种比较经济实用的好办法。

在重新盘管处理中，常有两种方法：

（1）嵌入法　这种方法是在泄漏的上蒸发器内，将一个新的、比它稍小点的蒸发器套在里面，并将其两根连接管从原蒸发器的后面穿出，接到原蒸发器连接管所接的位置。用它来取代原来的已经泄漏的蒸发器，以此来解决电冰箱上蒸发器泄漏维修困难的问题。

这种方法比较简单，对其电冰箱冷冻室的使用容积减小不太多，嵌入也比较方便。存在的问题是合适的蒸发器不大好找，且使用中两蒸发器间易积污垢，且不易清洗。所以在嵌入新蒸发器后，应设法将其边缘与箱体之间作密封处理。

（2）盘管法　其实，前一种方法只是利用了厂家生产的蒸发器，没有自己动手盘管。而现在所谈的盘管法，就是将自己所盘的铜管放入泄漏的蒸发器内，取代已经报废的蒸发器。盘管尺寸图如图 5-57 所示。具体做法如下：

在开背检查的基础上，若查出是上蒸发器泄漏，而不便修补时，可将原上蒸发器报废，并在其后方合适的位置上钻两个 ϕ8mm 的孔，以备将来穿管所用。同时将原蒸发器的两根连接管割断。

按原蒸发面积计算好后，用 ϕ8mm 的铜管或铝管，将其盘成连续的 S 状，并且总长度为

8m 左右，将其内壁清洗干净，留足够长的连接管，将两头从钻好的孔中穿出。将所盘的管子固定在冷冻室的上部和后部。在电冰箱后部将所盘管的两个接头分别与下蒸发器和回气管（或毛细管）连接，然后用橡皮泥将孔堵塞。如果管道的连接不便于用钎焊，可采用胶粘连接。

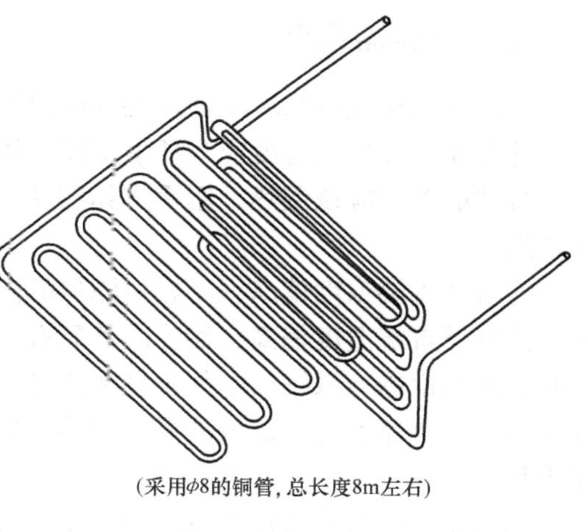

(采用ϕ8的铜管，总长度8m左右)

图 5-57　盘管尺寸图

采用此法修理，由于所盘管固定于冷冻室的上部和后部，对有效容积影响不大。由于管子外露，因此便于清洁。由于盘管位于冷冻室的上部和后部，因此对其冷冻速度稍有影响。

电冰箱的开背修理是维修中的一种特殊手段。在利用此方法修理的过程中，始终应小心谨慎，应抱着对顾客负责的态度，保证修复质量。同时，又要尽量减少对电冰箱外观的损坏，尤其不要在电冰箱的侧面开孔，以保证正视电冰箱时有一个完整的外形。

第六节　维修效果检验

家用电冰箱、冰柜修理完成后，在交还用户之前应作各种检查，判断维修效果，并对其使用寿命作出实际而科学的分析。

一、工作电流分析

压缩机的功率为确定值。制冷系统维修后，压缩机的工作状态应调整到合理范围。压缩机工作电流变大，如 125W 压缩机的工作电流达 1A 以上时，可能的原因是氟利昂充注量过多、压缩机的电动机性能变差或者压缩机机械传动阻力增大。这样的压缩机使用寿命较短。压缩机工作电流偏小，则是由氟利昂充注量不足、高压管道不畅或毛细管阻力增大等原因造成的。因此，当压缩机正常稳定运转、冷冻室温度为-15℃时，压缩机实际工作电流不应超过额定工作电流的 115%。超过这个偏差值时，应对该冰箱重新修理和调整。

二、吸气压力和排气压力分析

压缩机的吸气压力与排气压力之比，称为压缩机的压缩比。压缩机的压缩比一般不超过 8∶1。压缩机的吸气压力也就是蒸发压力，当蒸发压力调整在 0.02～0.06MPa（蒸发温度为-26～-18℃）时，排气压力便可计算出来。如当吸气压力为 0.02MPa，压缩比为 8∶1 时，排气压力应为 0.16MPa。

维修电冰箱过程中，吸气压力与排气压力同时用压力表监测，由两个压力值推算出压缩机的压缩比，从而判断压缩机的工作状态是否正常。假如压缩比超过 8∶1，压缩机的排气效率将明显下降。因此由吸气压力和排气压力及压缩机的压缩比这三个基本数据，可判断电冰箱的工作状态及效果。

三、冷凝器温度

压缩机的排气口与冷凝器连接处的温度应为冷凝温度加上环境温度。冷凝器的尾部与干燥过滤器相连接处的温度应为环境温度。用手触摸冷凝器的首端至末端，温度应逐渐降低而且冷凝器的整体应该温热。用手实际感受的温度与上述要求温度相比较，可判断电冰箱的工作效果。

冷凝器首端温度偏高，干燥过滤器的温度也偏高时，说明制冷剂充注量偏多，冷凝不充分。冷凝器首端温度偏高，而冷凝器只有一部分温热，干燥过滤器前边的一段冷凝管变为室温时，则是由制冷系统内空气含量多或是压缩机的效率低下等原因造成的。当冷凝器首端温度不高，冷凝器前边一部分冷凝管温热，后边一段不热而为室温时，则是由制冷系统中氟利昂不足造成的。

电冰箱压缩机排气温度过高的主要原因可归纳为：

1）系统中含有空气或不凝结性气体过量，系统抽真空时真空度不够高。

2）制冷剂充注量太多，流体制冷剂占有冷凝器的容积过大，使换热面积减少。

3）压缩机的压缩比大，使压缩机排气压力增大，气缸热损失变大，功率消耗增加。

4）冷凝器散热效果不良，污垢积累太多或通风不好，周围环境有热源等。

5）压缩机阀门关闭不严或存有内部泄漏。

6）制冷剂不足，过热度(下面有详细解释)增大。吸气管温度升高，经压缩后温度也升高。

四、压缩机的吸气温度

压缩机的吸气温度是指制冷剂在吸气阀处的温度。为防止产生“液击”，要求吸入的蒸气应为过热蒸气，即蒸气的温度比蒸发温度要高，这个差值叫做过热度，过热度一般控制在5℃。

吸气温度与吸气管道的保温效果有关，也与吸气管道和毛细管的安装形式即热交换效果有关。电冰箱压缩机的吸气温度应低于15℃，在吸气管处的温度在5~10℃之间，从经验的角度讲，吸气管处不应出现结霜现象，允许凝结露珠。

电冰箱出现吸气温度过高的故障的主要原因为：

1）系统中制冷剂不足；

2）毛细管或干燥过滤器不畅；

3）压缩机机壳内高压高温气体回流至低压区；

4）吸气管道过长，热负荷过大等。

【技能训练单元】

技能训练一　电冰箱制冷系统的检漏、抽真空、充注制冷剂及加注冷冻机油技术

一、目的与要求

1）掌握肥皂液检漏、卤素灯检漏、电子卤素检漏仪检漏的操作步骤。

2）掌握电冰箱制冷系统抽真空的操作步骤。

3）掌握电冰箱制冷系统充注制冷剂的操作步骤。

4）掌握给压缩机加注冷冻机油的操作步骤。

二、材料、仪器与设备

电冰箱、气焊设备、卤素灯、电子卤素检漏仪、真空泵、定量充注器、制冷剂钢瓶、氮气钢瓶（带减压阀）、复式修理阀、割管器、扩管器、封口钳、真空管、连接管、吸油管、无水酒精、冷冻机油、盛油容器、小刀、肥皂、水杯、毛笔等。

三、训练步骤

1. 检漏技术

（1）肥皂液检漏

1）用小刀将肥皂削成薄片，浸泡在杯中的热水内，并不断搅拌，使肥皂溶化并冷却成稠状黄色溶液。

2）用割管器割断压缩机的工艺管，并加焊一段 ϕ6mm 且长 200mm 的铜管。

3）用连接管连接加焊铜管和复式修理阀的压力表三通接头。

4）将带有减压阀的氮气钢瓶与复式修理阀的压力表三通接头通过连接管连接。

5）开启氮气钢瓶阀门，并顺时针旋动减压阀的调节杆。

6）当减压阀的指示数值为 0.6MPa 时，开启压力表三通阀。

7）当复式修理阀压力表的指示值达到 0.6MPa 时，关闭压力表三通阀和氮气钢瓶阀，并将减压阀的调节杆旋回原位。

8）用毛笔蘸肥皂液，并涂抹于被检处。

9）仔细观察被检处是否有气泡冒出。

（2）卤素灯检漏

1）通过复式修理阀中的压力表三通阀往制冷系统内充入 0.3~0.4MPa 的制冷剂后，关闭制冷剂钢瓶阀和压力表三通阀。

2）将卤素灯的底座倒置，向灯筒内加入无水酒精后旋紧底座并将灯放正。

3）顺时针旋转卤素灯的手轮，关闭阀芯，往酒精杯内加满酒精并点燃。

4）当酒精杯内的酒精燃尽时，逆时针旋转手轮约一圈。阀芯开启后，卤素灯火焰圈内即有酒精蒸气喷出并燃烧。

5）将卤素灯的探管移至被检处。

6）通过火焰是否变色判断是否有泄漏点。

7）检漏完毕后，将手轮按顺时针方向旋至关闭位置，然后将底盘打开，倒出未用完的酒精。

8）在进行以上操作时，应注意保持场地的通风。

（3）电子卤素检漏仪检漏

1）通过复式修理阀的压力表三通阀往制冷系统内充入 0.3~0.4MPa 的制冷剂后，关闭制冷剂钢瓶阀和压力表三通阀。

2）调整工作状态调节电位器，将仪器调至正常使用工作点。

3）将探头靠近被检处约 5mm 处，并慢慢移动。

4）当移至某处，发光二极管和蜂鸣器发出声光报警信号时，即说明该处为泄漏点。

2. 抽真空技术

1）用割管器割开压缩机的工艺管，并加焊一段 ϕ6mm、长 200mm 的铜管。

2）用连接管连接加焊铜管和复式修理阀的压力表三通接头。

3）用连接管连接真空泵和复式修理阀的真空压力表三通接头。

4）用连接管连接定量充注器的出液阀口和复式修理阀的压力表三通接头。

5）关闭复式修理阀中通往定量充注器的压力表三通阀。

6）打开复式修理阀中通往真空泵的真空压力表三通阀。

7）开启真空泵。

8）当复式修理阀真空压力表的指示数值小于 133Pa 时，关闭真空压力表三通阀，关停真空泵。

3. 充注制冷剂技术

1）在完成抽真空的前提下，保持抽真空时的管路连接。

2）打开定量充注器的出液阀。

3）打开复式修理阀的压力表三通阀。

4）仔细观察定量充注器的液位变化，同时观察当充注量达到电冰箱铭牌上的规定值时，迅速关闭定量充注器的出液阀。

5）试运行：

① 接通电冰箱的电源，将温控器置于强冷点。

② 电冰箱运行 30min 后，观察蒸发器及回气管的结霜情况及冷凝器的发热情况，同时观察电冰箱的低压压力，对于 R12 型制冷剂三星级电冰箱，低压表压力为 0. 02~0. 05MPa。

6）封口

① 确认电冰箱制冷系统性能正常后，关闭压力表三通阀。

② 用气焊将加焊铜管在距压缩机 100mm 处烧红，并迅速用封口钳夹扁 1~2 处。

③ 在距夹扁处 20~30mm 的地方切断连接铜管。

④ 封焊工艺管口。

4. 加注冷冻机油技术

1）用连接管连接压缩机的工艺管和复式修理阀的三通接头。

2）用连接管连接真空泵和复式修理阀的真空压力表三通接头。

3）将吸油管接至复式修理阀的压力表三通接头。

4）关闭复式修理阀中通往吸油管的压力表三通阀。

5）打开复式修理阀中通往真空泵的真空压力表三通阀。

6）开启真空泵，抽真空数分钟。

7）关闭真空压力表三通阀，关停真空泵。

8）缓慢打开压力表三通阀，容器中的冷冻机油即被吸入压缩机中。

四、注意事项

1. 检漏过程中的注意事项

1）检漏应在系统内压力平衡后进行。

2）使用卤素灯检漏结束后，手轮不要关得太紧，防止卤素灯冷却时阀体收缩而损坏阀座。

3）使用电子卤素检漏仪检漏时，环境空气应洁净、流动，以免出现误报警。

4）使用电子卤素检漏仪检漏时，应严防大量的制冷剂蒸气吸入检漏仪而污染电极，降低仪器的灵敏度。

5）使用电子卤素检漏仪检漏时，探头移动速度应不超过 50mm/s。

2. 抽真空过程中的注意事项

抽真空后，必须先关闭真空压力表三通阀，再关停真空泵。否则将会影响整个制冷系统的真空度。

3. 充注制冷剂过程中的注意事项

1）用连接管连接复式修理阀的压力表三通接头和定量充注器的出液阀时，应先将复式修理阀的压力表三通接头虚接，开启定量充注器的出液阀，排尽连接管内的空气后，再拧紧压力表三通接头，关闭出液阀。

2）制冷剂充注过多或不足时，应放出或补充制冷剂。

3）压缩机工艺管的封口应在压缩机运行时进行。

4. 加注冷冻机油过程中的注意事项

1）连接吸油管时，应预先在吸油管内灌满冷冻机油。

2）冷冻机油的加注量应以产品说明书为准，或比检修时的倒出量多加注 10%~15%。

3）代号不同的冷冻机油不能混合使用。

4）加注的冷冻机油与原冷冻机油不同时，应将原冷冻机油全部倒出，加入新冷冻机油，起动压缩机数分钟后，将油再次全部倒出后重新加注冷冻机油。

五、实习报告

班　　级		姓　　名		同　组　人	
真空泵的型号		卤素灯及电子检漏仪的型号		冷冻机油的型号	
检漏	1. 当用肥皂水检漏时，氮气减压阀压力指示为(　　)MPa 2. 此时复式修理阀压力表指示为(　　)MPa 3. 当用卤素灯检漏时，先要对制冷系统充入(　　)MPa 的制冷剂 4. 当用电子卤素检漏仪检漏时，先要对制冷系统充入(　　)MPa 的制冷剂				
抽真空	1. 当真空压力表指示值小于(　　)Pa 时，表示抽真空结束 2. 当抽真空结束时，应先关闭(　　)，后关闭(　　)				
充注制冷剂	1. 一般家用电冰箱需充注(　　)g 制冷剂 2. 制冷剂充注结束后，需进行试运行和封口，那么，封口应在压缩机(　　)时进行(工作，停止)				
加注冷冻机油	1. 代号不同的冷冻机油(　　)混合使用(能/不能) 2. 冷冻机油加注量过多或过少(　　)对电冰箱工作产生影响(会/不会)				
试运行	电冰箱运行(　　)min 后，蒸发器开始结霜。运行(　　)min 后，蒸发器结霜均匀，正常低压压力约为(　　)				
封口	先在距离压缩机(　　)mm 处开始封口，然后在距离封口(　　)mm 处切断铜管				
完成时间			实习成绩		

技能训练二　电冰箱压缩机更换技术

一、目的与要求

掌握压缩机更换方法的操作步骤，并能进行完整的操作。

二、材料、仪器与设备

电冰箱、全封闭式压缩机、真空泵、定量充注器或制冷剂钢瓶、复式修理阀、连接管、割管器、扩管器、封口钳、气焊设备、锉刀、扳手、旋具、尖嘴钳、胶塞、砂纸、真空管等。

三、训练步骤

1）将电冰箱断电。

2）拆下压缩机上的电气连接线。

3）用锉刀将压缩机的工艺管锉开一个小口，排尽制冷剂。

4）用气焊设备焊开压缩机高压排气管和低压回气管的连接部位。

5）用胶塞塞住连接管管口。

6）用扳手拧下底板上压缩机的安装螺母，拆下压缩机。

7）取出压缩机底座的防振橡胶垫。

8）将橡胶垫安装在新压缩机的底座上。

9）将新压缩机安装在电冰箱底板上，并拧紧安装螺母。

10）取下连接管中的胶塞。

11）将焊接部位清理干净并打磨光亮。

12）将新压缩机的高、低压管与制冷系统的管道焊接好。

13）接好压缩机上的电气连接线。

14）对整个制冷系统抽真空。

15）往冰箱充注制冷剂。

16）试运行。

17）封口。

四、注意事项

1）排放制冷剂时，不宜将工艺管整根切断，否则冷冻机油会随制冷剂喷出。

2）压缩机的防振垫老化后应予以更换。

3）新压缩机的功率、起动方式等规格应与原压缩机相同。

4）在无法得到相同功率的压缩机时，若以功率稍大的代用，则应适当加长毛细管，同时减少制冷剂的充注量；若以功率稍小的代用，则应适当截短毛细管，并增加制冷剂的充注量。毛细管的加长或截短应反复试验，以达到良好的制冷效果。

5）压缩机的安装螺母不得过松或过紧，否则将会增大噪声和振动。

五、实习报告

<table>
<tr><td>班　　级</td><td></td><td>姓　　名</td><td></td><td>同 组 人</td><td></td></tr>
<tr><td>真空泵型号</td><td></td><td>全封闭式压缩机的型号</td><td></td><td>电冰箱的型号</td><td></td></tr>
<tr><td>压缩机更换</td><td colspan="5">1. 在压缩机的接线柱 M 上应接(　　)颜色的导线
2. 在压缩机的接线柱 S 上应接(　　)颜色的导线
3. 在压缩机的接线柱 C 上应接(　　)颜色的导线
4. 在无法得到相同功率的压缩机时，若以功率稍大的代用，则应适当(　　)毛细管，同时(　　)制冷剂的充注量(加长，截短)(增加，减少)</td></tr>
</table>

（续）

班　　级		姓　　名		同　组　人	
真空泵型号		全封闭式压缩机的型号		电冰箱的型号	
抽真空	1. 当真空压力表指示小于(　　)Pa 时，表示抽真空结束 2. 当抽真空结束时，应先关闭(　　)，后关闭(　　)				
充注制冷剂	1. 一般家用电冰箱需充注(　　)g 制冷剂 2. 制冷剂充注结束后，需进行试运行和封口，那么，封口应在压缩机(　　)时进行(工作,停止)				
试运行	电冰箱运行(　　)min 后，蒸发器开始结霜。运行(　　)min 后，蒸发器结霜均匀				
封口	先在距离压缩机(　　)mm 处开始封口，然后在距离封口(　　)mm 处切断铜管				
完成时间		实习成绩			

技能训练三　全封闭式压缩机的检测与观察

一、目的和要求

1）学会全封闭式压缩机的检测方法。

2）初步掌握压缩机常见故障的判断方法。

3）通过对压缩机的观察，进一步熟悉全封闭式压缩机的结构。

二、材料、仪器与设备

全封闭式压缩机若干（有好的、有坏的）、固定压缩机的钢壳工作台、万用表一只、兆欧表一只、钢锯一把、一字形和十字形旋具若干、带电源线的电源插头、绝缘胶布等。

三、训练步骤

1）用万用表从一批有好有坏的压缩机中挑选出一台电气性能良好的压缩机，并测量出压缩机外壳三根接线柱间的电阻值，找出起动绕组、运行绕组和它们的公共端。

① 压缩机绕组的识别。用万用表 R×1 挡测量压缩机三个接线端任意两点的电阻值，并作记录，最后得到三个不同的电阻值。阻值最大的两点为 M—S，另一点即为公共端 C，阻值次之的两点为 S—C，阻值最小的为 M—C，且满足 $R_{MS}=R_{MC}+R_{SC}$。常用压缩机电动机接线柱位置如图 5-58 所示。图 5-59 所示为电冰箱压缩机电动机绕组测量值的示意图。

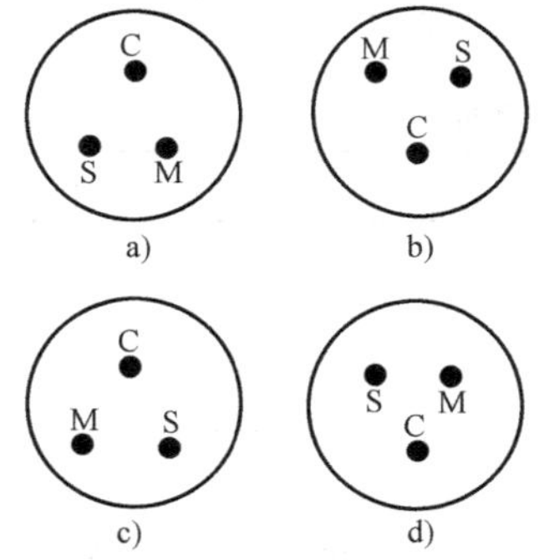

图 5-58　常用压缩机电动机接线柱位置图

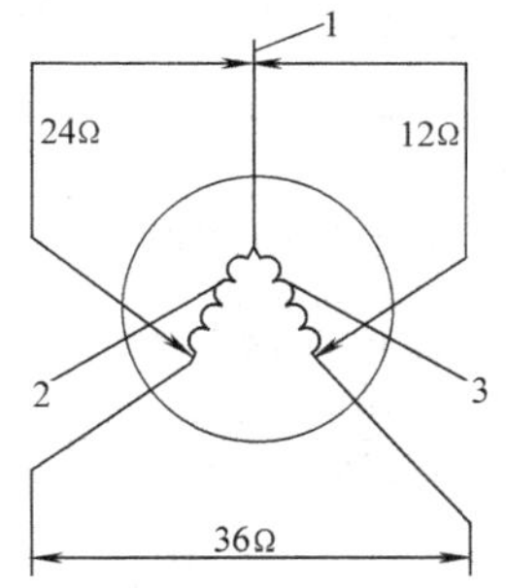

图 5-59　电冰箱压缩机电动机绕组测量值示意图

1—公共端　2—起动绕组　3—运行绕组

② 压缩机绕组好坏的判断。若测出 R_{MC}、R_{SC}很大，说明有断路现象，可能是绕组烧断，也可能是内部引线折断。如果测得的阻值很小，说明有短路现象，可能是绕组短路，也可能是内部引线短路。

分别用万用表 R×10k 挡和兆欧表测电动机三个接线端对机壳的电阻，其阻值均应大于 2MΩ。如果电阻值很小，表明绕组已碰壳漏电。

如果上述两项测出的电阻值与正常值相差很大，说明电动机绕组确已损坏，应加以修理。如果上述两项测出的电阻值与正常值相差不多，说明电动机绕组完好，可用直接起动法试起动压缩机。

2）通电检查。

如果能够起动运转，说明电动机没有故障。

如果检查绕组电阻值正常，但不能起动运转，则故障可能发生在压缩机内部，这就需要拆开压缩机详细检查和修理。

3）用万用表测压缩机起动电流和工作电流。

4）空载运行正常后，用手指按住排气管，根据手指的感觉判断压缩机性能的好坏。

5）把有故障的压缩机放在工作台上，用钢锯锯开，取出压缩机绕组观察内部结构。

6）根据检测与观察，填写好实习报告。

四、注意事项

1）通电试运行压缩机时，如压缩机不转，必须立即停电，以免烧坏压缩机。

2）空调器压缩机的电动机绕组、起动绕组和运行绕组的电阻值差值极小，应精确测量，细心判别。

3）某些国外电冰箱产品中使用电容起动方式的压缩机，它的起动绕组电阻值反而小于运行绕组，在检测中应引起注意。

五、实习报告

<table>
<tr><td>班　级</td><td colspan="2"></td><td>姓　名</td><td colspan="2"></td><td>同 组 人</td><td></td></tr>
<tr><td colspan="2">检测压缩机型号</td><td colspan="2"></td><td colspan="2">观察压缩机型号</td><td colspan="2"></td></tr>
<tr><td>使用器材</td><td colspan="7">仪器仪表
工具
器材</td></tr>
<tr><td rowspan="4">检测数据</td><td colspan="4"></td><td>接线柱分布图</td><td colspan="2">检测结果</td></tr>
<tr><td>起动绕组</td><td>运行绕组</td><td colspan="2">绝缘电阻</td><td rowspan="2"></td><td colspan="2" rowspan="2"></td></tr>
<tr><td>S—C</td><td>M—C</td><td>万用表测量</td><td>兆欧表测量</td></tr>
<tr><td></td><td></td><td></td><td></td><td></td><td></td><td></td></tr>
<tr><td>通电检查情况记载</td><td colspan="7">1. 空载运行情况＿＿＿＿＿＿＿＿
2. 起动电流(　　　　)A，工作电流(　　　　)A
3. 用手指按住排气管，手指的感觉＿＿＿＿＿＿＿＿
4. 结论＿＿＿＿＿＿＿＿</td></tr>
<tr><td>内部结构观察记载</td><td colspan="7">内部结构零部件名称：
1. (　　　)2. (　　　)3. (　　　)4. (　　　)5. (　　　)
6. (　　　)7. (　　　)8. (　　　)9. (　　　)10. (　　　)
11. (　　　)12. (　　　)13. (　　　)14. (　　　)15. (　　　)</td></tr>
<tr><td>实习时间</td><td colspan="3"></td><td colspan="2">实习成绩</td><td colspan="2"></td></tr>
</table>

技能训练四　直冷式电冰箱常见故障的分析与排除

一、目的与要求

能独立观察直冷式电冰箱的故障现象，分析、判断电冰箱的故障原因，并予以排除。

二、材料、仪器与设备

有故障的直冷式电冰箱，电冰箱检修常用设备、工具与材料。

三、训练步骤

接通电源，将温控器旋钮置于强冷点，观察压缩机的运转情况、蒸发器的结霜情况。

1）若压缩机电动机不运转，则：

① 检查电源电压是否正常。

② 用导线短接温控器的温控触点，观察压缩机是否运转，判断温控器是否正常。

③ 拆下起动继电器，接上试验线，观察压缩机是否运转，判断起动继电器是否正常。

④ 拆下过载过热保护器，接上试验线，观察压缩机的运转情况，判断过载过热保护器是否正常。

⑤ 检查压缩机电动机绕组的电阻值，判断压缩机电动机是否正常。

2）若压缩机电动机频繁起动，则：

① 拆下起动继电器，接上试验线，观察压缩机的运转情况，判断起动继电器是否正常。

② 检查运行电流，判断过载过热保护器和压缩机是否正常。

3）若箱体漏电，则：

① 检查温控器内是否进水短路。

② 检查起动继电器的插头是否与压缩机外壳相碰。

③ 检查过载过热保护器的插头是否与压缩机外壳相碰。

④ 检查压缩机接线柱是否与电冰箱外壳相碰。

⑤ 检查压缩机电动机绕组绝缘层是否损坏。

⑥ 检查电缆绝缘层是否损坏而与电冰箱外壳短路。

4）若电冰箱发出异常声音，则：

① 检查压缩机底脚螺钉是否松动。

② 检查管道与管道之间是否碰撞。

③ 检查管道与箱体是否碰撞。

④ 检查声音是否来自压缩机的内部。

5）若压缩机电动机正常运转 30min 后，蒸发器不结霜，则：

① 检查冷凝器的温度。

② 检查压缩机机壳的温度。

③ 听压缩机内部是否有气流声。

④ 在停机后切开工艺管，观察是否有气流喷出。

⑤ 判断制冷剂是否已全漏。

⑥ 重新开机，用手指堵住工艺管切口，检查切口是否有压力。

⑦ 判断压缩机是否正常。

⑧ 判断制冷系统是否堵塞。

6）若压缩机电动机正常运转30min后，蒸发器局部结霜，则：

① 检查冷凝器温度。

② 停机后，仔细听蒸发器内气流时间的长短。

③ 判断制冷剂是否部分泄漏。

④ 判断制冷系统是否部分堵塞。

7）若压缩机电动机正常运转，但结霜、化霜交替出现，则：

① 观察毛细管的结露、结霜情况。

② 检查毛细管的温度情况。

③ 用热毛巾加热毛细管。

④ 检查蒸发器是否有气流声，电冰箱是否开始制冷。

⑤ 拿走热毛巾，电冰箱是否正常制冷一定时间后又不制冷。

⑥ 判断毛细管是否冰堵。

判断出故障后，根据不同的原因分别加以排除。

四、注意事项

1）温控器旋钮应尽量旋至强冷点处。

2）检修时必须先检查电气控制系统，再检查制冷系统。

五、实习报告

<table>
<tr><td>班　级</td><td></td><td>姓　名</td><td></td><td>同 组 人</td><td></td></tr>
<tr><td>温控器的型号</td><td></td><td>压缩机的型号</td><td></td><td>电冰箱的型号</td><td></td></tr>
<tr><td>故障现象</td><td colspan="5">1. 压缩机电动机不转
2. 压缩机电动机频繁起动
3. 箱体漏电
4. 电冰箱发出异常声音
5. 压缩机正常运转30min后，蒸发器不结霜
6. 压缩机正常运转30min后，蒸发器局部结霜
7. 压缩机电动机正常运转，但结霜、化霜交替出现
根据观察，此时电冰箱的故障现象是________（1~7）</td></tr>
<tr><td>故障范围</td><td colspan="5">是在________系统。（电气控制，制冷）</td></tr>
<tr><td>故障检修步骤</td><td colspan="5">1. ________
2. ________
3. ________
4. ________
5. ________
6. ________
7. ________
8. ________</td></tr>
<tr><td>故障检测结论</td><td colspan="5"></td></tr>
<tr><td>完成时间</td><td></td><td></td><td>实习成绩</td><td></td><td></td></tr>
</table>

技能训练五　电冰箱电气控制系统的安装与调试

为确保电冰箱按照人们预定的要求进行工作，电冰箱内都装有电气控制系统。电气控制系统通过由专门的装置组成的电路来控制电冰箱的温度、除霜、起动、保护、照明等。电冰箱按冷气循环方式可分为直冷式、间冷式和间直冷式三种；按结构类型可分为单门、双门、三门、多门。下面学习双门直冷式、双门间冷式电冰箱的电路控制系统。

一、目的与要求

双门直冷式电冰箱和风冷（间冷）式电冰箱的电路是电冰箱中比较典型的电路，控制电路图如图5-60和图5-61所示，正确掌握其电路零件好坏的判断及连接方法，是维修电冰箱故障的一个重要手段。

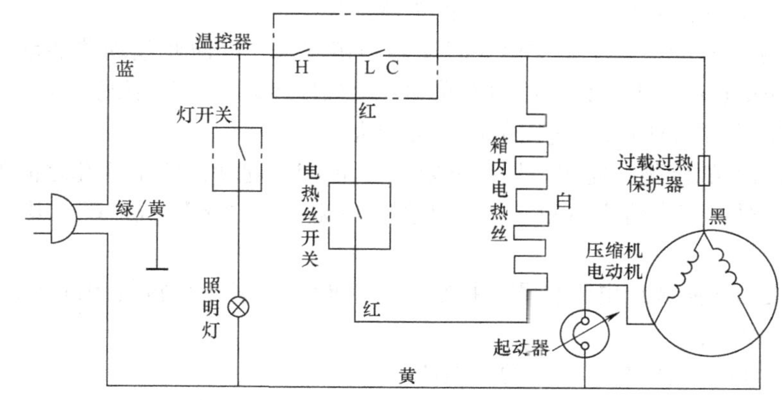

图5-60　双门直冷式电冰箱控制电路图

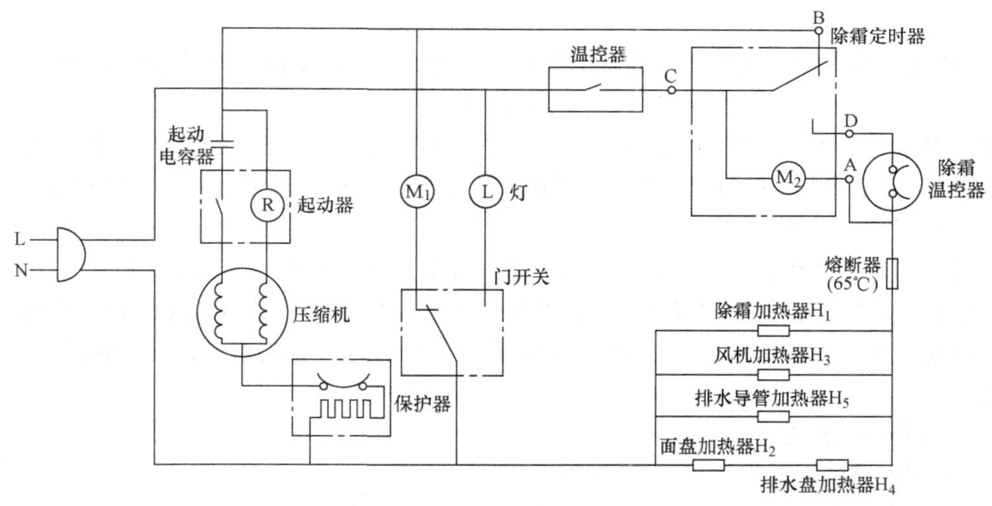

图5-61　双门风冷式电冰箱电路图（同5-9图）

二、材料、仪器与设备

电源组合插板（220V，±10%）一个，带有插头的电源线一根，连接线若干条。蒸气型温控器一个，过载保护器一个，重锤与PTC起动器各一个，灯开关一个，温度补偿开关一个，双按钮，风机电动机，除霜温控器，除霜时间继电器，温度熔断器，排水电加热管（除霜管）；压缩机一台；万用表一个，兆欧表一个；电热丝一根，电灯泡一只。

三、训练步骤

1. 双门直冷式电冰箱控制电路的安装

（1）零部件的检测

1）温控器的测量。正常情况下，温控器处在“OFF”挡时，将万用表的一个表笔接在温控器的“H”接线端子，另一表笔与“C”或“L”连接，应不导通；温控器处在“ON”挡时，将万用表的表笔分别与温控器的“L”和“C”接线端子连接，应导通，如发现不导通（调到最低温度也是如此），则有可能是触点炭化或是温控器感温管内的制冷剂泄漏。

2）过载保护器的检测。用万用表的两个表笔分别连接过载保护器的两个接线端子，正常时应导通，若测量时不导通，说明过载保护器损坏。

3）重锤式起动器的检测。将重锤式起动器翻转过来，以便使起动器活动触点与定触点闭合，使用万用表电阻挡测量起动器输入端和起动插座S端的导通情况，正常情况下电阻值应为零。起动器正位测量时接触电阻值应为无穷大。

4）PTC起动器的检测。使用万用表电阻挡测量PTC起动器两个插孔之间的电阻值，在环境温度为25℃时，正常值为20Ω左右，若测得电阻值为“∞”或“0”，则说明PTC起动器断路或短路。

（2）压缩机的线圈绕组电阻检测及接线柱的判断　测量压缩机绕组间的直流电阻值时，要考虑以下几个因素：

1）不同型号的压缩机绕组之间的电阻值不同。

2）压缩机的绕组电阻值数据通常是在环境温度为20℃时测得的。环境温度升高时，电阻值也会相应增大；环境温度降低时，电阻值也会相应降低。只要在参考值范围内均属正常现象。

3）绝大多数压缩机运行绕组的电阻值小于起动绕组的电阻值，而且有以下关系

$$R_{MS}=R_{MC}+R_{SC}$$

其中M表示压缩机运行绕组端子，S表示压缩机起动绕组端子，C表示压缩机公共端子。根据$R_{MC}<R_{SC}$及上述公式就可以判断出压缩机的运行绕组端子、起动绕组端子及公共端子。

（3）压缩机绝缘电阻的测试　选用500V、0～500MΩ的直流电压兆欧表，先拔下压缩机接线柱上的电源插线，然后将兆欧表两个接线柱上引出的导线一根与压缩机上三个接线端子中的任意一端连接，另一根导线与压缩机外壳连接，然后用手摇动兆欧表上的摇柄，当兆欧表指针稳定在某一位置时，该位置的读数就是压缩机的绝缘电阻值，正常情况下不应低于2MΩ。

（4）电路图的连接

1）根据电路图用连接线将各零部件连接起来。

2）将电源插头插上，检查压缩机是否起动，电灯泡是否亮。

2. 双门风冷式电冰箱控制电路的安装

1）对零部件检测，包括对过载保护器、重锤式起动器、PTC起动器、压缩机的直流电阻、压缩机绝缘电阻、温控器进行检测。

2）对压缩机的直流电阻进行检测，并判断绕组性质。

3）对压缩机绝缘电阻进行检测。

4）对除霜时间继电器接线柱进行判定。

除霜定时器的形状如图 5-62 所示。

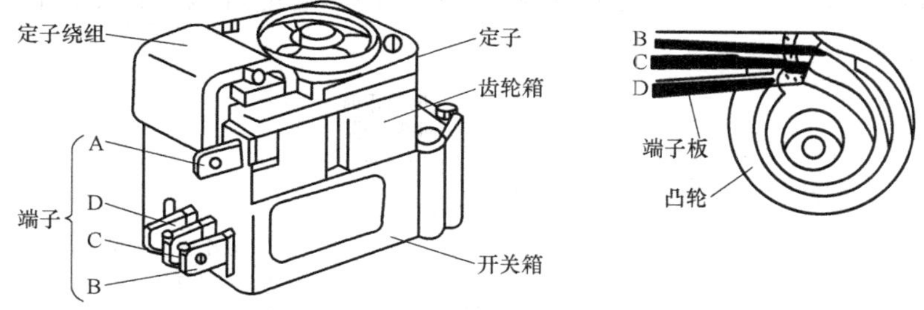

图 5-62 除霜定时器的形状

① 将除霜定时器的旋钮旋至制冷状态，用万用表两表笔分别测定时器的 A、B、C、D 四个接线柱，数据如下：

"A—C"之间相通，阻值为 7kΩ；

"A—B"之间相通，阻值为 7kΩ；

"C—B"之间相通，阻值为零；

"A—D"之间不通；"B—D"不通；"C—D"不通。

② 将除霜定时器的旋钮旋至除霜状态，用万用表两表笔分别测定时器的 A、B、C、D 四个接线柱，数据如下：

"A—C"之间相通，阻值为 7kΩ；

"A—D"之间相通，阻值为 7kΩ；

"C—D"之间相通，阻值为零；

"A—B"之间不通；"B—C"不通；"B—D"不通。

根据上述数据，在"制冷"与"除霜"两种状态下："A—C"均相通，阻值为 7kΩ，"B—D"均不通。因此，可判定"B"端连接过载保护器（压缩机）与风扇电动机的公共端；"D"连接除霜温控器；"C"为除霜定时器微型同步电动机的输入端，连接温控器；"A"为除霜定时器微型同步电动机的输出端。

5）除霜加热管阻值和除霜熔断器（熔丝）的测定。将万用表的两表笔测除霜加热器两端引出线端子，阻值约为 32kΩ，符合正常值的要求。

若拔掉除霜定时器接头 A 上的接线（见图 5-9），从比接线到电源插头的 N 端之间的电阻值应为 200Ω 左右。若阻值相差较大，多为除霜加热管被烧断。若其阻值为∞，则多为除霜熔断器被烧坏，应予更换。

若用万用表的两表笔单独测熔断器的两端，导通则为质量合格。

6）除霜温控器的测定。用万用表的两表笔测除霜温控器，导通则为质量合格。

7）双按钮接线柱的判断。

① 将万用表拨到×1Ω 挡，在双按钮自然状态下，用两表笔分别测试编号为 1、2、3 的接线柱导通情况，发现 1 分别与 2、3 导通，2—3 不导通，则可判断 1 为连接电源端；

② 按下对准 2 端的按钮测试，发现 1—2 不通，1—3 导通；同时按下两个按钮测试，

发现1—2、1—3均不导通，由此可判断2为连接电灯泡端，3为连接风机电动机端。

8）电路图的连接。

① 根据电路图用连接线将各零部件连接起来，如图5-63所示。

② 将电源插头插上，检查压缩机是否起动；开门状态电灯泡是否亮；制冷状态风机电动机是否运转。

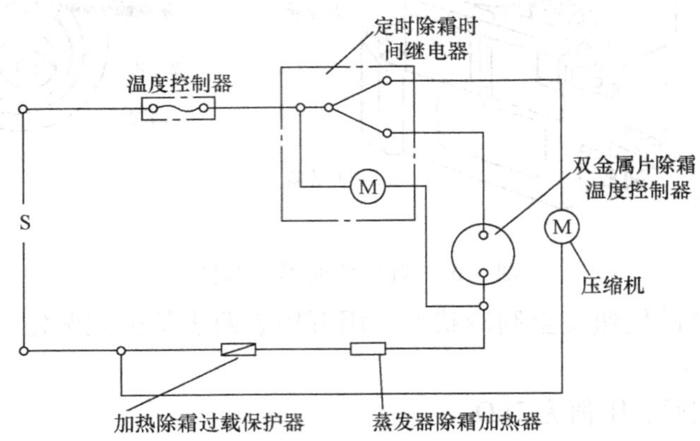

图5-63　全自动除霜电路

四、思考题

1. 如何判断压缩机的起动端、运行端及公共端?
2. 如何判断压缩机绕组的好坏?
3. 如何判断风冷式电冰箱除霜定时器的各接线端?

技能训练六　间冷式电冰箱的故障判断与排除

一、目的与要求

通过对间冷式电冰箱运行情况的观察，能熟练判断间冷式电冰箱特有的常见故障，并加以排除。

二、材料、仪器与设备

间冷式电冰箱（由指导老师设置故障），电冰箱检修常用设备、工具与材料。

三、训练步骤

接通电源，将温控器旋钮置于强冷点，观察压缩机的运转情况、蒸发器的结霜情况。

1. 故障现象：接通电源，压缩机不运转

1）用万用表测量电源电压是否正常、供电线路熔断器是否熔断、插头插座是否接触不良。

2）用导线短接温控器的温控触点，观察压缩机是否运转，若运转则为温控器故障。

3）拆下起动继电器，接上试验线，观察压缩机是否运转，判断起动继电器是否良好。

4）拆下过载保护器，接上试验线，观察压缩机运转情况，判断过载保护器是否良好；检查电源电压是否正常。

5）用试验线短接除霜定时器的C、B端子，观察压缩机运转情况，判断除霜定时器是否正常。

6）检查压缩机电动机绕组的电阻值，判断压缩机电动机是否正常。

2. 故障现象：压缩机频繁起动

1）拆下起动继电器，接上试验线，观察压缩机的运转情况，判断起动继电器是否正常。

2）检查电冰箱的运行电流，判断过载保护器和压缩机是否正常。

3. 故障现象：压缩机运转正常，但不停机

1）检查除霜温度熔断器是否熔断，若是则更换。

2）检查除霜电热丝是否被烧断，若是则更换。

3）检查除霜温控器是否断路，若是则更换。

4）检查除霜定时器是否损坏，若是则更换。

5）检查风机扇叶是否被卡并调整，风机电动机是否损坏，若是则更换。

6）检查箱门开关是否接触不良，若是则调整。

7）用割管器切开压缩机工艺管，观察是否有制冷剂喷出，若无，则为制冷剂泄漏，按制冷系统加压检漏、抽真空、充注制冷剂步骤进行。

8）若有制冷剂喷出，可按制冷系统堵塞故障步骤排除。

4. 故障现象：压缩机运转正常，但制冷量达不到要求

1）对外挂式冷凝器，可检查其积尘是否过多并进行清洗。

2）检查蒸发器是否交替结霜，判断制冷系统内水分是否过多，若是则更换干燥过滤器。

3）检查冷凝器温度是否过低、蒸发器内的气流声是否较弱、停机后液流声是否过快或过慢，判断制冷系统是否堵塞或部分泄漏。

4）检查冷凝器温度是否过低，切开压缩机工艺管，开机后观察工艺管吸力是否过低，判断压缩机是否效率低下，更换压缩机。

5. 故障现象：冷冻室温度正常，但冷藏室不降温

1）检查冷藏室出风口是否被堵塞，若是则调整。

2）检查风门温控器元件是否泄漏，若是则更换风门温控器。

3）检查风门传动机构是否卡阻并调整。

四、思考题

1. 对压缩机运转正常但制冷量不足的现象，如何判断是制冷剂泄漏还是制冷系统堵塞？

2. 压缩机正常运行 30min 后，手贴摸蒸发器的霜层熔化，应该为制冷系统的何种故障？

技能训练七　电冰箱的性能测试

一、目的与要求

掌握电冰箱主要的性能测试项目及测试方法，并能了解电冰箱维修后的正常标准。

二、材料、仪器与设备

检修后的电冰箱、500V 兆欧表、钳形电流表、带压力表的复合修理阀等。

三、训练步骤

1. 检测电冰箱的绝缘电阻

1）将 500V 兆欧表 L 端和 E 端短接，然后以 120r/min 的速度转动兆欧表的手柄，兆欧

表指针应指零。

2）将500V兆欧表L端和E端开路，然后以120r/min的速度转动兆欧表的手柄，兆欧表指针应指∞。

3）将电冰箱断电，并将500V兆欧表L端接电冰箱电源端子，E端接接地线端子，然后仍以120r/min的速度转动兆欧表的手柄，兆欧表指针指示值应大于2MΩ。

2. 检测电冰箱的工作电流

1）将电冰箱接通电源，电冰箱正常起动。

2）选用钳形电流表的5A挡，然后打开钳形电流表的环形口，让电冰箱的相线或零线中的一根垂直穿过。合上钳形电流表的环形口，然后对钳形电流表指示进行读数，若电冰箱工作正常，电流表读数应与电冰箱铭牌上的额定电流相一致。

3. 检测电冰箱的工作压力

1）电冰箱检修后，不要急于取下接在压缩机工艺管上的带压力表的复合修理阀。如果已取下了，需按加注制冷剂的方法重新连接。

2）让电冰箱正常工作，并保持通电运行16~24h，反复观察复合修理阀上压力表的读数。如果电冰箱制冷系统正常，复合修理阀上压力表的读数应为0.08MPa左右，并能始终保持。

四、注意事项

1）使用兆欧表检测电冰箱的绝缘电阻时，兆欧表的手柄的转动过程一定要均匀，而且要边转动手柄边读数。

2）使用钳形电流表检测电冰箱的工作电流时，要尽可能地让导线垂直穿过钳形电流表的环形口，以减小测量误差。

五、实习报告

班级		姓名		同组人	
兆欧表的型号		钳形电流表的型号		电冰箱的型号	
绝缘电阻	1. 将兆欧表短路时，兆欧表指针指示值为(　　)MΩ 2. 将兆欧表开路时，兆欧表指针指示值为(　　)MΩ 3. 实际测得电冰箱的绝缘电阻为(　　)MΩ				
工作电流	电冰箱铭牌上所标的额定电流为(　　)A 钳形电流表所测得的额定电流为(　　)A				
工作压力	通过压力表每3小时观察一次电冰箱的工作压力，共八次。请在下面记录： 第一次为(　　)MPa　第二次为(　　)MPa 第三次为(　　)MPa　第四次为(　　)MPa 第五次为(　　)MPa　第六次为(　　)MPa 第七次为(　　)MPa　第八次为(　　)MPa				
完成时间		实习成绩			

技能训练八　电冰箱(冰柜)毛细管长度的测定

一、目的与要求

掌握电冰箱(冰柜)毛细管长度的测定方法，并能了解电冰箱维修后的正常标准。

二、材料、仪器与设备

检修后的电冰箱(冰柜)一台、钳形电流表、带压力表的复合修理阀、毛细管等。

三、测定原理

只有电冰箱压缩比达到10∶1，制冷系统才能达到设计规范。

电冰箱的压缩机是高压压缩机，本身的压缩比已能远远满足要求，所以10∶1的压缩比只需要由节流毛细管来控制，毛细管加长可以增加压缩比，毛细管减短可以降低压缩比。

以制冷系统的低压表压力0.06MPa为基准，则其绝对压力为0.16MPa，由于压缩比为10∶1，所以高压压力是低压压力的10倍，则高压压力为1.6MPa，压力表读数为1.5MPa。

实际调试毛细管的时候，是将压缩机的低压端开口放置在大气中，大气压力在压力表上的读数为0，实际的压力为0.1MPa。在压缩机高压端接压力表、过滤器和毛细管，由于毛细管的阻流产生了高压压力读数，在压缩比为10∶1时，高压压力也应该是低压压力的10倍，所以高压压力是1MPa，压力表读数为0.9MPa。

一台好的电冰箱的压缩比可以达到12∶1，因此调试毛细管的长度时，高压压力表的读数为1.1MPa也是可以的。而且毛细管的长度可以有一定的伸缩性，一般用3m的电冰箱专用毛细管进行调试，观察高压压力表的同时，适当剪短毛细管即可完成调整过程。

四、实训步骤

1）在需要更换毛细管的电冰箱(冷柜)的冷凝器输出端换一个双尾干燥过滤器，焊接好冷凝器的接头和工艺管(工艺管选择直径5mm的铜管)。

2）选择一条基本上与原毛细管差不多直径的毛细管，长度可根据压缩机的功率估计，一般在2.0~3.0m之间。

3）把毛细管一端焊接到干燥过滤器的输出端，另一端暂不焊接；毛细管一端焊接时的插入深度一般在0.5~1cm，不能太深，过深会触到干燥过滤器的过滤网上造成堵塞，也不能过短，太短会使脏物堵住毛细管的口径。

4）焊接无误后，切开压缩机的工艺口。

5）将过滤器端的工艺管打开，并连接复式修理阀的高压管。

6）开启压缩机，观察与干燥过滤器上工艺管连接的复式修理阀压力表的压力。

7）如果压力表的压力稳定在0.95~1.1MPa，可以认为合适，压力过高时就要割断一小段，压力过低时就加一小段，反复试验直到合适为止。

8）将毛细管和蒸发器连接好，抽真空，加制冷剂，调试。在实际维修当中不断地测试即可得出标准的长度，以后无需测试便可知道长度，但是必须和测试的毛细管的直径一致。

【思考与练习】

1. 什么是电冰箱？它应具备哪些基本功能？
2. 电冰箱通常按哪几种方式分类？
3. 直冷式电冰箱和间冷式电冰箱各有什么优缺点？
4. 电冰箱按使用地区和气候可分为哪四种类型？
5. 电冰箱的型号表示方法是怎样的？举例说明。
6. 电冰箱主要由哪几大部分组成？各部分又包含哪些构件？
7. 电冰箱主要技术性能和指标包括哪些内容？

8. 单门直冷式电冰箱电气控制系统的工作原理是什么?
9. 双门直冷式电冰箱双温单控和双温双控制冷系统循环工作有什么不同?
10. 双门间冷式电冰箱与双门直冷式电冰箱有何区别?
11. 如何对制冷系统进行压力检漏?
12. 试述电子温控器的工作原理。
13. 制冷系统为什么要抽真空?
14. 如何用真空泵对电冰箱制冷系统抽真空?
15. 给电冰箱活塞式压缩机制冷系统加注冷冻机油的方法是什么?
16. 如何充注制冷剂?
17. 电冰箱修复后的检测一般有哪几个环节?
18. 分析判断电冰箱故障的步骤是怎样的?
19. 电冰箱电气控制系统故障的检修步骤是怎样的?
20. 检修电冰箱制冷系统故障可分为哪几个基本步骤?

模块六　空调器的工作原理与结构

【学习目的】

1. 了解空调器的分类和主要技术参数。
2. 熟悉空调器主要零部件的工作原理和构造。
3. 熟悉窗式空调器和分体式空调器的工作原理和结构。
4. 熟悉窗式空调器的电气控制电路，并掌握其安装和调试方法。
5. 掌握窗式空调器和分体式空调器的拆装方法。
6. 掌握空调器制冷系统检漏、抽真空和充注制冷剂的方法。

【基础知识单元】

第一节　空调器概述

房间空气调节器即房间空调器，是一种向密闭空间（如房间）或区域直接提供经过处理的空气的设备。它包括一个制冷和除湿用的制冷系统以及空气循环和净化装置，还可包括加热和通风装置。它采用空气冷却式冷凝器和全封闭式制冷压缩机，制冷量一般在9000W以下，按不同的使用目的将密闭空间或区域的空气，调节到适宜的状态。它不仅可以用于夏季降温去湿，也可以用于冬季供暖。房间空调器是一种舒适性空调器，适用于一般场合，不宜用于超净灭菌、恒温恒湿以及全新风的场合，在有腐蚀性气体、粉尘多的场合也不适用。

一、空调器的分类及型号

1. 空调器的分类

空调器的分类方式有三种：一种是按使用气候环境（最高温度）分类，一种是按结构形式分类，还有一种是按主要功能分类。

（1）按使用气候环境分类　它可分为T1型、T2型和T3型，T1型的气候环境最高温度为43℃；T2型的气候环境最高温度为35℃；T3型的气候环境最高温度为52℃。

（2）按结构形式分类　它可分为整体式和分体式两种。整体式空调器包括窗式、移动式两种，其代号分别为C、Y。分体式空调器由连接管和电缆将室内机组和室外机组连接起来，其代号为F，室内机组根据安装方式的不同又可分为吊顶式、壁挂式、落地式、嵌入式和台式，其代号分别为D、G、L、Q、T，室外机组代号为W。

（3）按主要功能分类　它可分为单冷型、热泵型、电热型、热泵辅助电热型四种。热泵型的代号为R，电热型的代号为D，单冷型无代号，热泵辅助电热型的代号为BD。

单冷型空调器只有制冷、除湿功能，热泵型空调器有制冷、除湿及制热功能，制热是通过制冷系统热泵运行来实现的。电热型空调器有制冷、除湿和制热功能，但它不是通过制冷系统进行制热，而是通过电加热器将电能转换为热能。

空调器的分类可表示成如下形式：

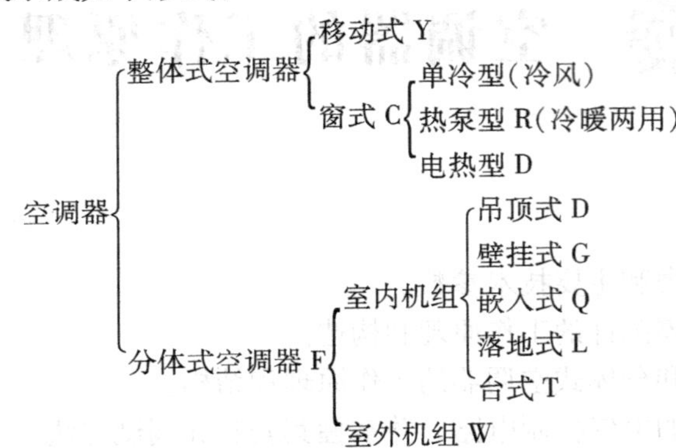

2. 空调器的型号

房间空调器按 GB/T 7725—2004 标准规定命名，其命名方法如下：

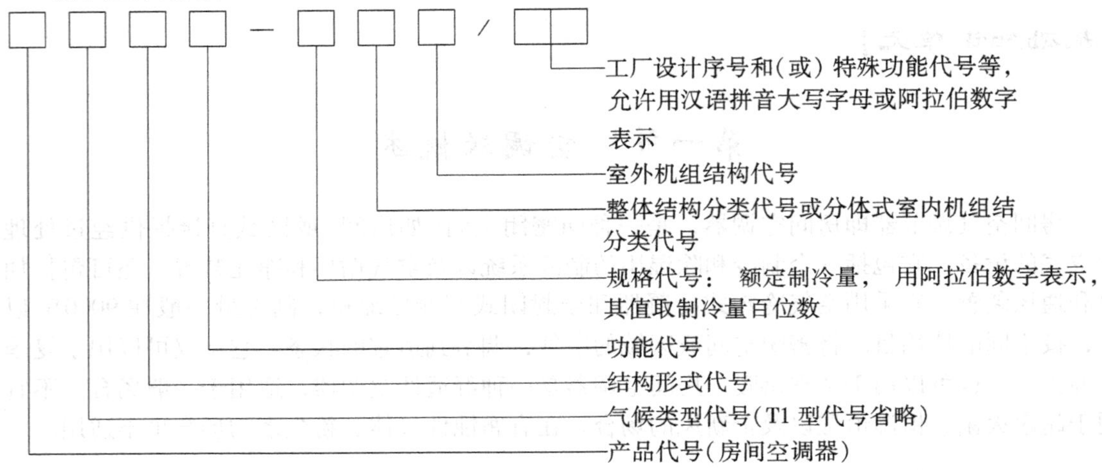

型号示例：

例 6-1 KG—22C

表示 T1 气候类型、整体穿墙式单冷型房间空调器，额定制冷量为 2200W。

例 6-2 KFR—28GW

表示 T1 气候类型、分体热泵型壁挂式房间空调器(包括室内机组和室外机组)，额定制冷量为 2800W。

例 6-3 KFR—35LW/BP

表示 T1 气候类型、分体热泵型落地式变频房间空调器(包括室内机组和室外机组)，额定制冷量为 3500W。

例 6-4 KFR—60LW/BP

表示 T1 气候类型、分体热泵型落地式变频房间空调器(包括室内机组和室外机组)，额定制冷量为 6000W。

单元式空调器的型号表示方法如下：

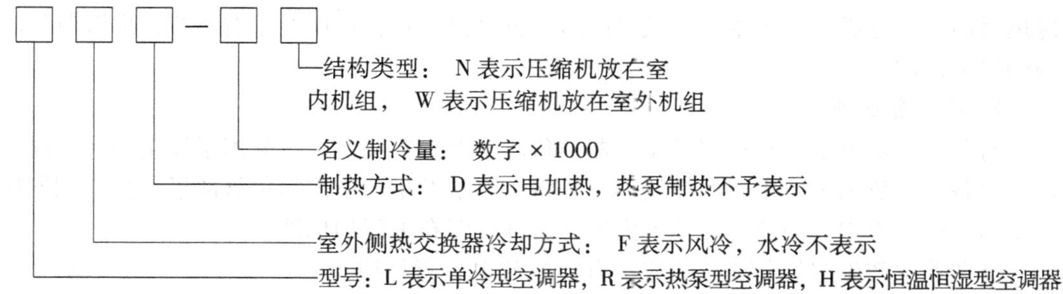

例 6-5　RF—14W

表示热泵型、室外侧热交换器为风冷、制冷量为 14000W、制热量为 14000W、压缩机放在室外机组的单元式空调器。

例 6-6　LF—13W

表示单冷型、室外侧热交换器为风冷、制冷量为 13000W、压缩机放在室外机组的单元式空调器。

二、空调器的主要功能

空调器一般有以下功能：

1. 调节屋内温度

一般情况下，人们居住或工作的环境与外界的温差如能保持在 5℃ 左右是比较适宜的。若温差过大，每当受到“热冲击”或“冷冲击”时，都会使人感到不舒服。因此，对大多数人来说，空调房间夏季保持在 24～28℃、冬季保持在 18～20℃ 是比较理想的。

2. 调节屋内湿度

在过于潮湿或干燥的空气环境中，人们会感到不舒服，适合人们需要的相对湿度是在 40%～70% 的范围内。空调器的湿度调节，是通过增加或减少空气中的潜热来实现的，夏季降温除湿，冬季升温加湿。

3. 调节室内气流速度

人们处在适当低速流动的空气中比处在静止的空气中感觉要好，处在变速气流中比处在恒速气流中感觉要好，因此，空调器上设有低、中、高三挡风速，能将室内气流速度调至 0.3～0.5m/s 范围。

4. 净化室内空气

空气中一般都有悬浮状态的固体或液体微粒，它们很容易随着人们的呼吸进入气管、肺等器官，并粘附在其上面，这些微尘还常常带有细菌，传染各种疾病，因此，无论是室外新风还是室内循环风，都要通过空调器的空气过滤器，将空气中的灰尘等过滤掉，以保证室内空气的新鲜和清洁。

空调器在进风口处设置空气过滤器，其作用就是为达到上述目的。

5. 定期更换室内空气

为了节能运转，空调器一般仅循环室内空气，但时间一长，室内空气的品质会因此而下降，这时可以打开新风门和排风门，吸入室外新鲜空气，排除室内污浊空气。

6. 调节送风方向

空调器出风门上设有水平格栅和垂直格栅，水平格栅用来调节气流的出口倾角。夏天送冷风时向斜上方送出，冬季送热风时向斜下方送出。垂直格栅能左右调节，即调节气流在室内的扩散范围。

7. 产生负离子

有些空调器上安装有负离子发生器，负离子发生器又称为负氧离子发生器，也属于空气调节设备。带负离子发生器的空调器，是将负离子发生器产生的负氧离子，随空调器通风送入室内，使室内空气清新程度达到海滨、森林、瀑布地区的标准。

空调器中产生空气负离子的方法有电晕放电、紫外线照射或用放射性物质使空气电离，较有效的方法是电晕放电法，图 6-1 所示为其工作原理。

电晕放电法工作原理是利用针状电极与平板电极间在高压作用下产生的不均匀电场，使流过的空气电离。在细线与金属网组成的一对电极上，细线上加负的高电压脉冲，把细线近旁的空气电离，发生的正离子则吸收在细线上，而负离子向金属网电极移动，在风力作用下，将金属网孔间的负离子带走。电晕放电法产生空气负离子的设备又叫负离子发生器，负离子发生器的脉冲电压一般为 50kV，风速在 10m/s 以内，脉冲频率为 50Hz。

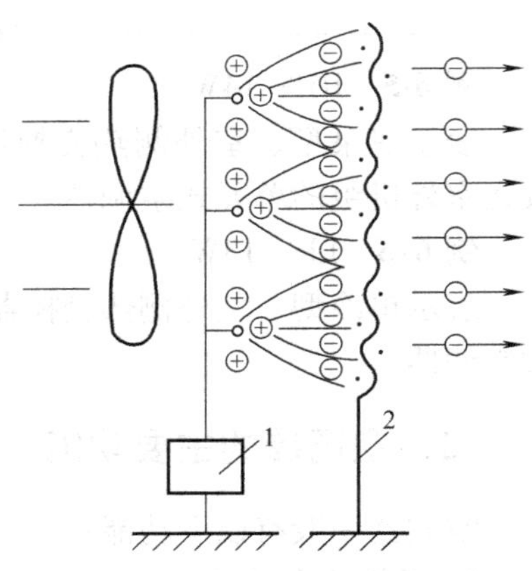

图 6-1　电晕放电法工作原理
1—脉冲发生器　2—金属网接地电极

根据人工产生空气负离子的方法不同，负离子发生器有多种形式，家用的主要为电空气负离子发生器，是用产生高压电场、尖端放电使空气电离，负离子飞向另一电极的过程中，用风机将离子吹向全室。

空气负离子发生器除用于家用空调环境的改善外，还广泛地应用于环境保护、卫生保健、牲畜养殖和食品保存等方面。

8. 控制房间温度

温度在 15%～30%范围内波动，能自动调节室内温度，控温精度一般在±1℃或±2℃范围内。

三、空调器的主要技术参数

1. 制冷量

空调器进行制冷运行时，单位时间内（每小时）从密闭空间除去的热量称为空调器的制冷量，单位是 W（国际单位制）。另外在制冷技术中还用 kcal/h（千卡/时或大卡/时）、kJ/h、Btu/h（英热，英国单位）以及 RT（冷吨，通常为美国冷吨）（欧美国家）等单位。

换算关系如下：

1kcal/h = 1. 163W　1kW = 860kcal/h

1Btu/h = 0. 293W　1 RT = 3. 516kW

目前，工程上用的比较多的是“千卡/时或大卡/时”和“冷吨”单位。

空调器铭牌上的制冷量是由国家在规定的制冷工况下测得的，实测值应不低于铭牌标称值的 92%。

2. 制热量

空调器制热运行时，在单位时间内（每小时）向密闭空间送入的热量，称为空调器的制热量。单位与制冷量相同。

3. 制冷性能系数(COP)

制冷性能系数又称能效比，是指空调器进行制冷运行时，制冷量与制冷所消耗的总功率之比。

$$COP=\frac{制冷量}{消耗的总功率}$$

产生同等的制冷量，制冷性能系数高的空调器所消耗的电能少。国标规定空调器制冷性能系数不能小于2.2~2.32。

一般空调产品说明书不标出COP值，可以用下式计算，即

$$COP=\frac{铭牌制冷量}{铭牌输入功率}$$

计算出来的制冷性能系数比实测值要大，一般实测值只有铭牌计算值的92%。

4. 噪声

空调器噪声是在接近名义制冷工况及风机高速运转的条件下，距空调器出风口中心法线1m，距地面不小于1m的位置，用声级计测量所得。测量要求：

1）房间原有噪声至少低于被测空调器的噪声10dB。

2）对房间反射声影响也有要求，即当测量距离加倍时，噪声应降低4~6dB。

3）将空调器旋至低冷挡时，噪声应比高冷挡降低4~6dB。

5. 风量

风量指室内侧空气循环量，即空调器在新风门和排风门完全关闭的情况下，单位时间内向密闭空间送入的风量，也就是每小时流过蒸发器的空气量，单位为m^3/s。

6. 气流

空调房间气流速度：夏季时，气流速度在0.3m/s以下，冬季时，气流速度在0.2m/s以下。

7. 1匹空调器

1匹机是指空调器具有1匹马力(1马力=735.499W)输入功率的压缩机，1.5匹机、2匹机可依次类推。对于蒸气压缩式制冷系统是以压缩机为核心的，往往以压缩机的输入功率作为衡量制冷设备制冷能力的尺度，但这只是一种粗略的计算方法，因为同样一匹压缩机的制冷能力并不相同，而同样的压缩机可以生产出不同制冷跑力的空调器，这些与空调器的设计、制造有关。

1匹空调器的压缩机输入功率理论上为735W，压缩机的效率为0.8~0.85，压缩机的制冷性能系数(COP)一般为2.8~3，折算下来，制冷设备的制冷量为2200~2500W，同样算法，可以计算出1.5匹机、2匹机的制冷量。

而在日本，1匹机的空调器能效比规定为3.4，所以其制冷量规定为2500W(≈735W×3.4)。

8. 空调器的使用条件

我国空调器使用的电源额定频率为50Hz，单相交流额定电压为220V或三相交流额定电压为380V。

空调器通常工作的环境温度如下：单冷型为18~43℃；带除霜功能热泵型为-5~43℃；

电热型为≤43℃；热泵辅助电热型为-5~43℃，变频热泵型为-15~43℃。不带除霜装置的热泵型和热泵辅助电热型空调器工作的环境温度为5~43℃。

9. 模糊控制空调器

在日常生活中，经常使用模糊的概念。比如说今天很热，这实际上是一种模糊的说法，只是讲很热，没有讲最高气温是37℃还是38℃，但人们彼此理解。将模糊理论用于空调器的控制，就有了模糊控制空调器，这种空调器可以快速感知空调的各主要参数，即通过传感器获得室内温度、湿度和室外温、湿度变化及房间情况等大量数据，并将这些实测数据与大量经验数据相比较，应用模糊理论，作出快速相应的调节。在舒适性概念中，影响“舒适度”有六个主要因素，即人体的活动量、着衣量、室内外温度、湿度、气流的速度和方向、辐射热的大小。模糊控制能根据这六个要素进行综合判断，得出最优的室内状态参数，即模糊控制器能让空调器领会人的感觉，调整制冷(热)量和风速，而常规空调器只根据室内温、湿度调节室内状态，难以得到理想的舒适环境。

模糊控制空调器较常规空调器有以下优点：

1）控制过渡过程性能优良，因而房间内环境稳定，舒适性提高。

2）压缩机无频繁起动，因而有利于节能和延长空调器使用寿命，实验证明常规空调器每小时压缩机起停6次，而模糊控制空调器无一次起停，而耗电量仅为常规空调器的76%(节电24%)。

3）强化空调器的速热、速冷性能。在运行开始时，利用模糊控制能很快预测出此时的最优供热(冷)能力，快速使室温达到设定值，没有无效运行。

4）有效地控制除湿运行，模糊控制空调器可以根据当日气压及室内外温、湿度细致地调节，使室内温、湿度保持在合适水平上。

模糊控制空调器是当前国际上较为流行的中、高档空调器，一般与变频技术、超静音技术、蓄热技术、传感器技术等结合起来使用，大大提高了空调器的性能，使其实现高舒适性、超静音性能、瞬间暖风性能、快速冷风性能、空气洁净性能和健康管理系统，并大大扩展了空调器的使用环境温度范围。

10. 除湿模式与循环风模式

除湿模式是空调器发挥除湿功能时的一种工作模式。具有微机控制器的空调器一般都设有独立的除湿功能，可以在除湿模式下工作。当工作在除湿模式时，室内风机保持低速运行，室温应在22~25℃范围内，设置温度是指进入除湿模式时室内的实际温度，如设置温度为23℃，风机按最低速运行，压缩机开5~10min，停3min，制冷系统作间断制冷循环，制冷量大部分用以平衡室内空气的潜热，但同时也可能会降低室内空气的显热，即室内干球温度也会有一定下降，当室温下降至设定温度2℃后，压缩机和风机都停止运转，过一段时间后，当室温回升到比设定温度高2℃时，空调器又自动再按除湿模式运行。如果室内温度低于16℃时，空调器不能进入除湿模式。在除湿模式下工作时，各种品牌的空调器设定的工作周期和开、停机周期会有所不同，以各厂家设计值为准。

除湿模式的工作方式有两种：一种是降温除湿，另一种是升温除湿。

循环风模式是微机控制的空调器的又一种工作模式。在循环风模式下工作时，压缩机不工作，仅室内风机工作，风速可以设定为低、中或高速状态，风向可设定自动摆动或调节到某一合适的角度。空调器不制冷、不制热，也不起除湿作用，仅仅是自动地进行室内空气的循环。带有过滤网和空气净化功能的空调器同时可对室内空气进行净化处理。一般在室温为22~25℃时，若认为温、湿度适宜，宜选用这种循环风模式。

11. 热泵型模式与电热型模式

利用热泵原理制热是一种节能的取暖方式。热泵型空调器制热时的能效比较大，即制热量与耗电量的比值较大，一般可达2.5以上，如当耗电功率为600W时，室内获得的热量可以在1500W以上，因此可以省电。但当室外环境温度较低时，热泵型空调器制热效率会明显降低。以环境温度7℃时制热能力记为100%，当环境温度为0℃时，制热能力降为82%，因此普通热泵型空调器一般运行在5~43℃，如果有自动除霜功能，则可以在-5~43℃运行。

电热型空调器制热时能效比相对较大，其单位制热量所消耗的电能比约为1，即用2000W功率的加热器，制热量最大值为2000W，因此不经济。但电热型空调器的应用一般不受地区限制，特别适用于冬季环境温度很低(低于-5℃)而又无其他取暖手段的场合，如北方地区，在长江以北、黄河以南，这些地区冬季最低温度达到-5℃以下的时间超过两周以上，用热泵取暖往往无法满足要求，这些地区一般又无集中的采暖设施，采用电热型空调器或者是热泵辅助电热型空调器比较合适。

第二节　空调器制冷系统的结构

空调器的制冷系统和电冰箱类似，主要包括制冷压缩机、冷凝器和蒸发器、节流装置、过滤器，对于热泵空调，还有电磁换向阀(四通阀)等。图6-2所示为空调器的制冷系统。

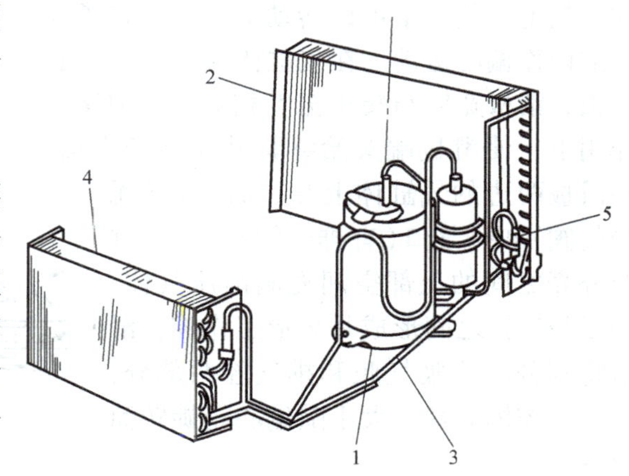

图6-2　空调器的制冷系统

1—压缩机　2—冷凝器　3—毛细管　4—蒸发器　5—过滤器

空调器的制冷系统工作过程是：

压缩机从蒸发器吸入低压低温制冷剂蒸气，经过压缩使其压力和温度升高后排入冷凝器(换热器)；在冷凝器中制冷剂蒸气的压力不变，放出热量而被冷凝成高压液体；高压液体制冷剂经节流装置，压力和温度同时降低进入蒸发器；低压低温制冷剂气液混合物在蒸发器内压力不变，不断吸热(制冷)，蒸气被压缩机吸走。这样制冷剂便在系统内经过压缩、冷凝、节流和蒸发这样四个过程完成了一个制冷循环。在制冷系统中，压缩机起着压缩和输送制冷剂蒸气的作用，是整个系统的心脏；节流装置对制冷剂起节流降压作用，同时又调节进入蒸发器的流量并且还是系统高、低压的分界线；蒸发器是输出冷量的设备，制冷剂在其中吸收热量而制冷；冷凝器是散热设备，在这里制冷剂将从蒸发器中吸收的热量连同压缩机消耗功所转化的热量一起在冷凝器中放到环境空气中去。如此循环，制冷剂才能将从低温物体吸收的热量不断地传递到高温物体中去，从而达到制冷的目的。

一、制冷压缩机

1. 压缩机的作用

压缩机是空调器制冷系统的“心脏”，压缩机的作用是使制冷系统中制冷剂建立压差而流动，以达到制冷循环的目的。

2. 压缩机的类型

空调器中常用的压缩机主要有旋转式和涡旋式两种，往复活塞式压缩机正逐渐被取代。

(1) 旋转式压缩机 旋转式压缩机又称旋转活塞式压缩机。空调器中用得比较多的是其中的滚动转子式压缩机和滑片式压缩机。

1) 滚动转子式压缩机。滚动转子式压缩机的结构如图 6-3 所示，其主要组成零部件有：气缸、偏心轮、滑板(分隔叶片)、排气阀、弹簧、外壳等。滚动转子式压缩机的气缸浸在冷冻机油中，气缸内有一偏心轮，偏心轮上套装一个可以转动的转子，转子在气缸内作偏心运动。在气缸体横向槽内装有滑板，滑板宽度与转子宽度相等，在弹簧力作用下，使滑板端头始终紧贴在转子表面。在滑板两边的气缸体上开有吸气口(无吸气阀)和排气口(有排气阀)，在气缸与外壳之间的上部空间充满高压气体。转子与气缸之间形成月牙形工作腔，滑板将其分隔成吸气腔和排气腔两部分，这两个腔体的容积大小随偏心轮旋转而改变。

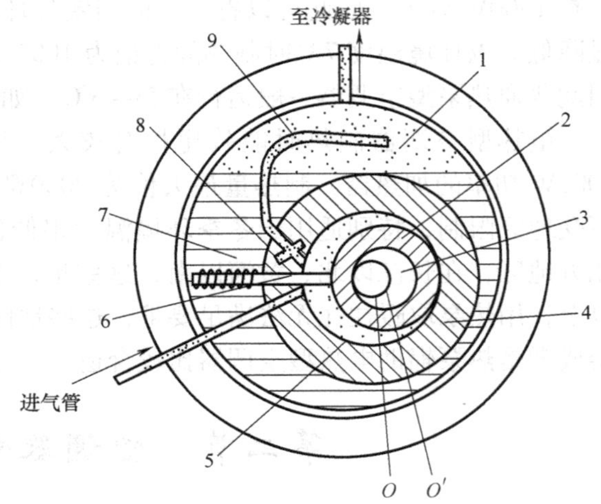

图 6-3 滚动转子式压缩机结构图
1—高压气体 2—转子 3—偏心轮 4—气缸 5—低压气体 6—滑板(分隔叶片) 7—冷冻机油 8—排气阀 9—排气管

图 6-4 所示为滚动转子式压缩机的工作原理，电动机带动偏心轮旋转，使转子沿气缸内表面滚动。图 6-4a 所示位置就是已结束上一周期的排气过程，并在 A 腔中充满低压气体，此时吸气腔容积达到最大值；图 6-4b 中吸气腔容积已缩小，腔中气体被压缩，同时 B 腔正在进气；图 6-4c 中 B 腔继续进气，而 A 腔中气体已达到排气压力，排气阀门打开，排出高压气体；图 6-4d 中 B

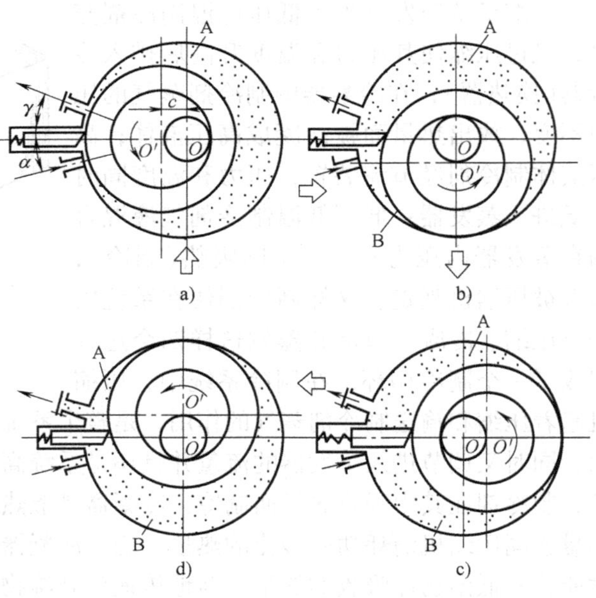

图 6-4 滚动转子式压缩机的工作原理
a) 吸气过程 b) 压缩过程 c) 换气开始 d) 换气结束

腔继续进气，而 A 腔已接近排气结束阶段，当偏心转子再旋转至图 6-4a 所示位置时，上述工作过程就会重复。由此可见，滚动转子式压缩机的吸气过程几乎是连续的，而其排气过程则是间歇的。

滚动转子式压缩机体积小，重量轻，零件少，运行平稳，噪声低，能效比高。但其对零件的加工精度要求高。

2）滑片式压缩机。滑片式压缩机也称旋转叶片式压缩机，按滑片数目可分为双滑片式和多滑片式。

图 6-5 所示为双滑片式压缩机结构示意图。它由气缸、与主轴相连的偏心转子、滑片、排气阀、外壳等组成。整个气缸浸在冷冻机油中，气缸上开有吸气口和排气口，并设有排气阀，没有吸气阀。偏心转子配置在气缸内，转子上开有纵向凹槽，凹槽中装有径向自由滑动的滑片。

由于转子为偏心配置，气缸内壁与转子外表面间构成月牙形空间。转子旋转时，滑片受离心力作用从凹槽甩出，使其端头紧贴在气缸内表面，将月牙形空间分隔成基元容积。

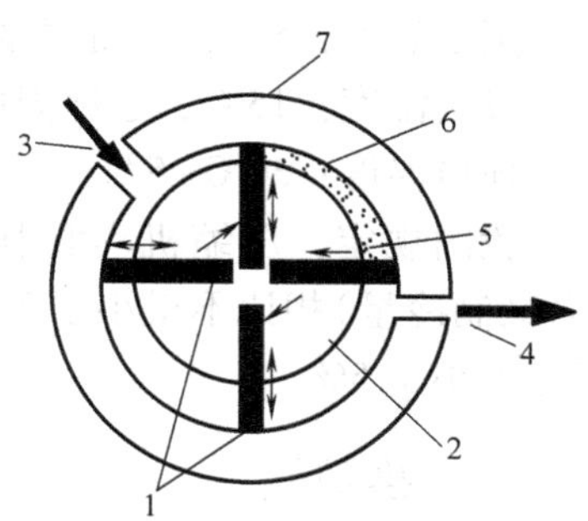

图 6-5　双滑片式压缩机结构
1—滑片　2—转子　3—进气口
4—排气口　5—高压气体　6、7—气缸

在转子旋转时，某一基元容积将由最小值逐渐变大，并和吸气口相通，开始吸入制冷剂气体，直到基元容积达到最大值。当组成基元容积的后滑片越过吸入口的上边缘时，吸气结束。以后随着转子旋转，基元容积开始缩小，气体被压缩。当其压力超过排气压力时，则排气阀打开，排出高压气体。当该基元容积的后滑片越过排气口边缘时，则该基元容积排气结束。

如果滑片数为 n，则在转子每旋转一周中，依次有 n 个基元容积分别进行吸气、压缩和排气过程。

（2）涡旋式压缩机　涡旋式压缩机基本结构如图 6-6 所示。气态制冷剂在涡旋定子、涡旋转子以及支承端盖之间构成的空间内压缩。在涡旋定子的圆周上设置吸气口，在端盖中心设置排气口。涡旋转子随着曲轴的转动，以与定子的偏心量为半径进行公转，为了防止涡旋转子自转，设有防自转环，环上部与下部的突键互成 90°，呈“十”字形环，分别嵌入涡旋转子和壳体的键槽内。有了十字联接环，就可使曲轴的旋转运动变成转子的平移转动。

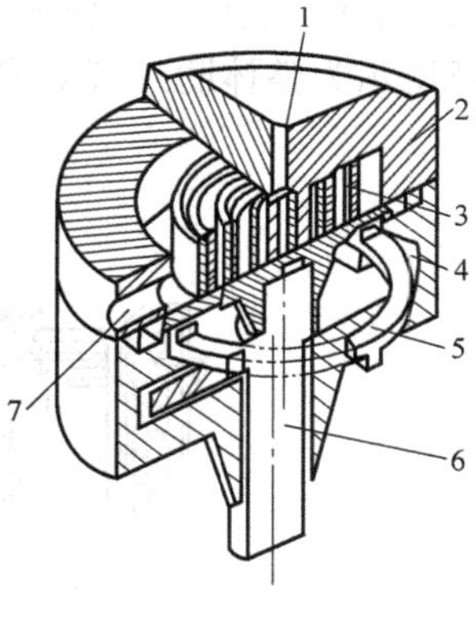

图 6-6　涡旋式压缩机结构图
1—排气口　2—涡旋定子
3—涡旋转子　4—框架
5—十字联接环　6—曲轴
7—吸气口

图 6-7 所示为涡旋式压缩机工作原理。涡旋定子和涡旋转子的涡旋形状基本相同，而涡旋线相位差 180°，且轴线以偏心组合在一起。在两涡旋之间有四个压缩腔，每个压缩腔呈月牙形。

图 6-7a 所示为吸气终了压缩腔的状态。之后，涡旋转子每隔 90°顺时针作圆周轨迹运动，其情况分别如图 6-7b、c、d 所示，最后达到图 6-7d 所示状态完成一个周期。以涡旋转子的涡旋线和涡旋定子的涡旋线相切点为基点，该点在转子平移转动中是移动的，图 6-7a、b、c、d 所示为涡旋转子的涡旋线和涡旋定子的涡旋线相切时的工作情况，可见这种压缩腔是一边向中心移动，一边缩小容积

的一种压缩机构。被压缩后的高压气体从端盖中心排气口排出。

涡旋式压缩机构造简单，不需要排气阀组，具有较高的效率，振动小，噪声低。

3. 压缩机的测试工况

压缩机的测试工况即空调工况，是空调器压缩机名义制冷量的测试工况。

蒸发温度：5℃；冷凝温度：40℃；

吸气温度：15℃；过冷温度：35℃；

环境温度：30℃±5℃。

我国规定，压缩机实测制冷量与铭牌制冷量(名义制冷量)相比不得小于7%，国外发达国家规定应不小于5%。

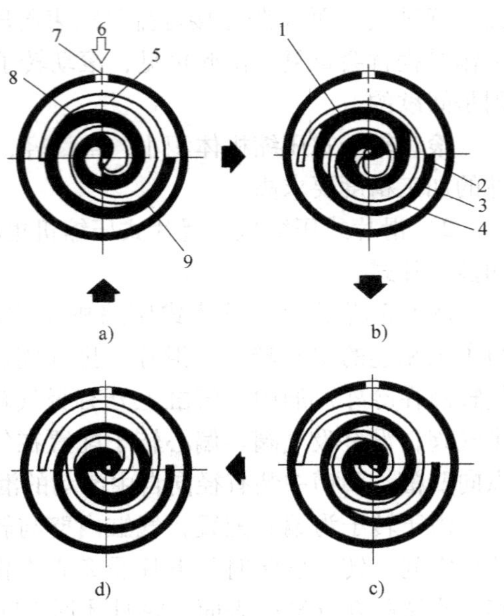

图 6-7 涡旋式压缩机工作原理

1—排气口 2—吸气行程 3—排气行程 4—压缩行程 5—可动卷 6—气体 7—吸气口 8—压缩室 9—固定

二、换热器

换热器又名热交换器，根据需要可以用作冷凝器或蒸发器。在热泵型空调器中称为室内换热器和室外换热器，可随季节互换作用。

换热器一般由传热管、肋片和端拔三部分组成。传热管为纯铜管，肋片为纯铝箔片。

为扩大散热面积通常都是在纯铜管上胀接铝片，组成整体肋片管束式换热器。首先将肋片冲出孔，然后穿套铜管，再胀一下铜管，使其紧密结合，焊上弯头，装上端板即可。图6-8所示为整体肋片管束式换热器成形过程。

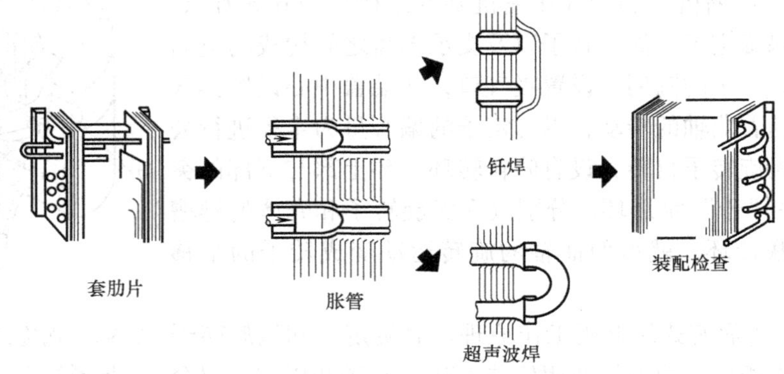

图 6-8 整体肋片管束式换热器成形过程

为保证空气流通，散热效果良好，肋片间隙一般要求为1.5~2.0mm。间隙过小，会使空气流动阻力增大，风机风量减小，热交换量下降；间隙过大，会使换热面积减小，热交换量下降。

肋片的形状也会影响到散热效果。常见的肋片有：

1）平肋片。铝片表面光滑平整，清扫灰尘方便。

2）波纹肋片。肋片表面呈波纹形状，扩大了散热面积，比平肋片散热效率提高了18%～20%。

3）冲缝肋片。在肋片表面冲出孔缝。散热效果好，比平肋片散热效率提高了80%，比波纹肋片增加60%。

三、毛细管和膨胀阀

空调器制冷系统中的节流装置，一般有膨胀阀和毛细管两种。在大、中型空调器中使用膨胀阀，在小型空调器中使用毛细管。

1. 节流装置的作用

1）将高温高压液体变为低温低压液体，为制冷剂在蒸发器中沸腾创造条件。

2）自动调节系统制冷剂的流量，根据系统负荷变化情况而调节制冷剂的供应量。

3）控制蒸发器出口过热度的变化范围，充分发挥蒸发器的换热效率。同时，又可防止压缩机产生液击事故。

空调房间的热负荷随时都在变化，要求空调器的冷负荷随其变化。当房间内气温升高时，则其热负荷增加，需要空调器的冷负荷增加；当房间内气温下降时，则其热负荷减小，又需要空调器的冷负荷量相应减小，而冷负荷量的增大与减小，取决于制冷系统蒸发器内的制冷剂流量的调节，要由节流装置来调整，特别是热力膨胀阀和热电膨胀阀能充分发挥其特性。

2. 节流基本原理

图6-9所示为流体通过小孔时的节流现象。当高压流体通过小孔时，一部分静压力转变为动压力，流速急剧增大，成为湍流流动，流体发生扰动，其摩擦阻力增加，静压下降，使流体达到降压调节流量的目的。

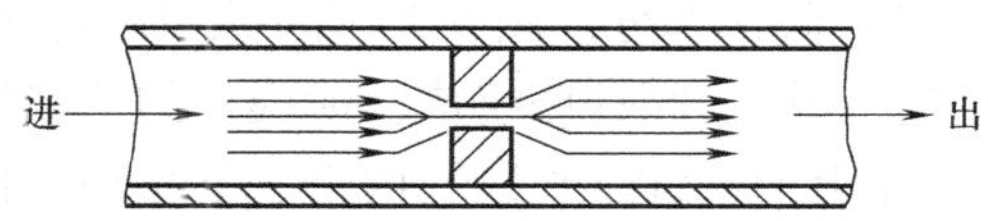

图6-9　流体通过小孔时的节流现象

在节流过程中，由于流速高，工质来不及与外界进行热交换，且由摩擦阻力而消耗极微小部分的能量（压力）损失，所以，把节流过程看做等焓节流，则在节流过程中的热量与动量都没有变化。

（1）毛细管

1）毛细管的作用。

① 节流降压，将高压液态制冷剂降压为低压气态制冷剂。

② 控制蒸发器的供液量。

2）毛细管的结构。毛细管是一根直径很细的纯铜管，它的内径一般为0.5～2.0mm，将其加工成螺旋形，以增大液体流动时的阻力。

空调器毛细管的长度通常为0.5～2.0m。毛细管的长短和管径大小很重要，它直接影响到液体制冷剂的流通量和压缩机的制冷效率。因此，在维修空调器时，不得任意更换毛细管，如果毛细管坏了，应查看相关的资料，选配合适的毛细管。

（2）热力膨胀阀　热力膨胀阀是根据蒸发器出口制冷剂气体的过热度来自动调节供给蒸发器内制冷剂流量的节流阀。其特点是所提供的液体制冷剂在蒸发器内能完全蒸发为气体，充分发挥蒸发器的热交换效率。

热力膨胀阀的调节机理是利用感温包内工质所感应到的外界吸管的温度作为传感信号，并转换为压力，传送到膨胀阀体，以控制阀内节流孔的开度，从而调节制冷系统的制冷剂循环量，正常的过热度维持在3~8℃之间，以保证蒸发器出口的制冷剂为过热蒸气，防止制冷剂液体倒流回压缩机。

热力膨胀阀以功能来看，其结构组成可划分为三部分：一是感温部分，二是阀体部分，三是手动调节部分。内平衡热力膨胀阀结构如图6-10所示。

1）感温部分。图6-10所示热力膨胀阀的结构图上面部分即为感温部分，它由感温包、毛细管和动力传递部分等组成一个密封系统，与阀体内部不相通，动力传递部分下面有一块厚度为0.1~0.2mm的金属薄膜片，它受压力作用后能上下位移(一般为1mm左右)；它相当于一个转换器，将温度转换为压力的信号，传到动力传递部分，将压力作为一种动力去推动膜片的移动，完成信号接收和传递工作。热力膨胀阀的感温包内充入制冷剂或其他易挥发物质。充入的方法有气体充入式和液体充入式两种。用于单冷型空调器的大多为液体充入式，用于热泵型空调器的则采用气体充入式。充入液体的容量为感温包容积的80%。

使用热力膨胀阀时，应将感温包紧扎在蒸发器出口的吸气管上，使感温包内工质温度受吸气管温度传感而变化，工质的压力也相应变化。压力变量通过毛细管而传给动力传递部分成为一种推动力，膜片接受推动力后产生位移，从而把温度信号转换成为动力并传给执行调节部分，完成信号传递的职能。

调节热力膨胀阀时，若顺时针旋转阀杆，阀门开度变小，若逆时针方向旋转，阀门开度变大。

2）阀体部分。图6-10所示热力膨胀阀的中间部分即为阀体部分，它由垫块、传动杆、阀针、阀孔、阀针座组成。薄膜片的位移量传给垫块，垫块传给传动杆，传动杆又传给阀针座，座上的阀针就在阀孔内上、下移动。使阀门开大或关小，从而调节制冷剂的流量。

3）手动调节部分。图6-10所示热力膨胀阀的下面部分即为手动调节部分，它由弹簧、调节垫块、调节杆组成。整定部分是制冷系统在调试时，用以调节热力膨胀阀的整定值，也就是调节制冷系统所要求达到的蒸发温度。在调试时，需由调节杆来调节弹簧的预紧压力，使制冷系统能达到运行的最终蒸发温度要求。再进一步说，它是调整热力膨胀阀的自动调节范围的机构。

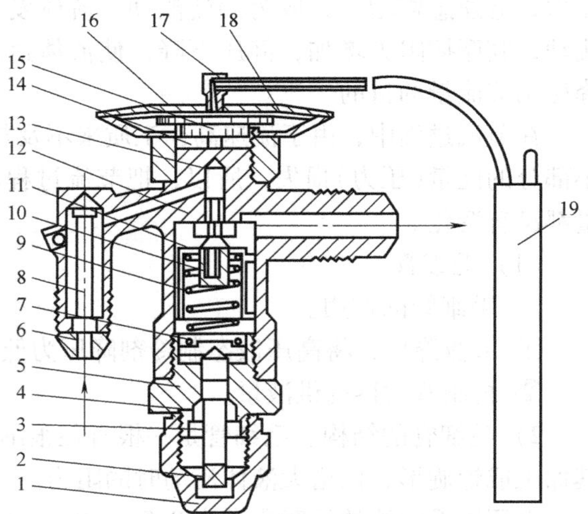

图6-10 内平衡热力膨胀阀结构

1—密封盖 2—调节杆 3—垫料螺母 4—密封垫料 5—调节座 6—喇叭接头 7—调节垫块 8—过滤网 9—弹簧 10—阀针座 11—阀针 12—阀孔 13—阀体 14—传动杆 15—垫块 16—动力室 17—毛细管 18—薄膜片 19—感温片

热力膨胀阀的自动调节原理：热力膨胀阀的薄膜片上由几个作用力控制着其位移量，如图6-11所示为热力膨胀阀薄膜片的受力情况。

① 传感部分的工质压力 p，它作用在薄膜片的内面积上，其压力的大小由感温包的温度所对应的压力来决定。其作用力方向

是打开阀的方向。

② 蒸发压力 p_0，它作用在薄膜片的外面积上，其压力与蒸发器内的蒸发压力相等或接近。其作用力方向是关闭阀的方向。

③ 弹簧预紧的等效压力 p_w，它通过传动杆而传递到薄膜片的外面积上，其压力大小由调节杆整定，以补偿一定的过热度的作用力，其作用力方向是关闭阀的方向。

④ 冷凝压力 p_k，它作用在阀针上，抵制了一部分弹簧力，因其阀针表面积甚小，其受力微小。

⑤ 薄膜片位移变形时产生的弹性力 p_m。

⑥ 顶杆在传动杆孔内移动时的摩擦力 p_{w1}，其阻力相对微小。

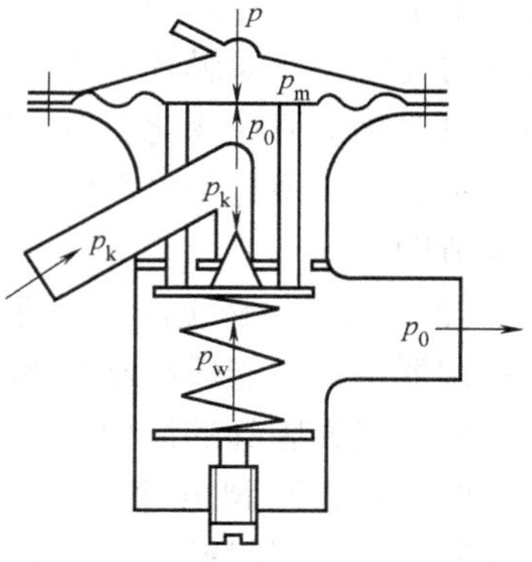

图 6-11　热力膨胀阀薄膜片的受力情况

⑦ 调节座在阀体内移动时的摩擦力 p_{w2}，其阻力也极小。

对于小型热力膨胀阀来说，p_k、p_m、p_{w1}、p_{w2}力都较微小，它们由过热度变化量的增量来克服，在分析受力平衡时，可略去不考虑。

当阀针处在静止状态，即阀针不移动时，三个作用力处在平衡状态，则

$$p=p_0+p_w$$

阀孔在短时间内出现的静止不动，是因为过热度变化量变化时，感温包与吸气管的热传递有迟延不能作突变性调节而产生的，也就是当过热度变化量由增量到减量，或由减量到增量时，因感温包的温度传递不及时而造成的迟延现象。在实践中，可以看到吸气压力表指针有静止不动的过程出现。

蒸发器的冷负荷增加时，吸气温度就会上升，即其过热度增加，通过热传递，感温包的温度也上升，导致其相应压力由 p 增大到 p'，此时薄膜片上面受到的压力大于下面受到的推力，即

$$p'>p_0+p_w$$

这样就使薄膜片下移，薄膜片推动传动杆，传动杆推动阀针座而使阀针向下移动，将阀门开大，通过阀门的制冷剂流量增加，蒸发压力从 p_0上升到 p_0'，弹簧的压缩力也由 p_w增加到 p_w'。当阀门开大至使 $p_0'+p_w'$与 p'相等时，薄膜片停止移动，阀针在新的位置上停止移动，则三个力又处于平衡状态，即

$$p'=p_0'+p_w'$$

制冷剂流量增加，即制冷系统的制冷量增加，冷负荷大于房间热负荷，其吸气温度就会下降，即它的过热度下降，感温包内工质的温度也随之下降，其对应压力由 p'降至 p''。此压力传递到薄膜片上，薄膜片上面的作用力小于下面的作用力，即

$$p''>p_0'+p_w'$$

这样就使薄膜片往上移动，弹簧推动阀针上移，使阀门关小，制冷剂流量减小，蒸发压力由 p_0'下降到 p_0''，弹簧压缩力由 p_w'减小至 p_w''。当阀门逐渐关小至 $p_0''+p_w''$与 p''相等时，薄膜片停止移动，阀针也在这个新位置上停止移动，此时三个力处于平衡状态，即

$$p''=p_0''+p_w''$$

从上述分析可以看出，当空调房间的热负荷发生变化即增加或减小而系统制冷量与热负

荷不平衡时，制冷系统的吸气过热度就会随之增加或减小，它引起热力膨胀阀感温包的温度与压力变化，使薄膜片因上、下面的作用力不平衡而发生位移，从而推动阀门的开大或关小。只要热负荷在变化，热力膨胀阀就会不停地进行调节，使制冷量跟踪热负荷的变化，以求在不断变化中趋于平衡状态。热力膨胀阀就是这样不断地进行自动调节的，故又称它为自动调节阀。

（3）电子式膨胀阀　电子式膨胀阀应用在计算机控制的变频式空调器中，它能适应高效率制冷剂流量的快速变化，图 6-12 所示为电子式膨胀阀的结构。

电子式膨胀阀由计算机控制，由脉冲电动机驱动。脉冲电动机的额定电压为 DC12V，四相电动机，两相励磁，驱动频率为 25Hz/30Hz。全闭-全开脉冲数为 240，全闭-全开时间为 9.6s/8.0s。开闭行程为 3.5mm，孔径为 ϕ2.85mm。

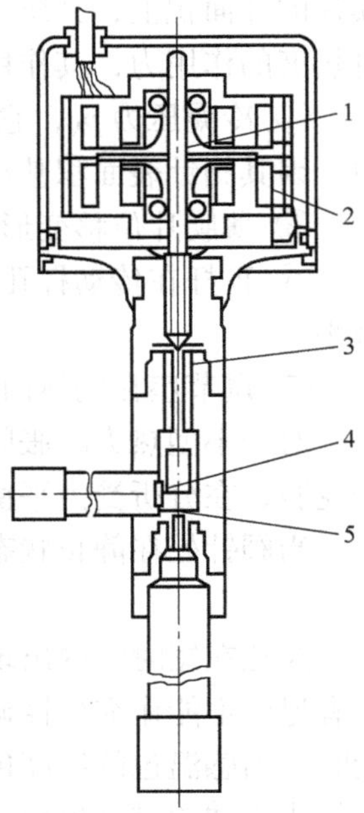

图 6-12　电子式膨胀阀结构

1—转子　2—定子绕组件

3—弹簧箱　4—阀针　5—喷嘴

四、干燥过滤器

制冷系统中含微量的空气和水分，再加上制冷剂和冷冻机油中含有的少量水分，若其总含水量超过系统的极限含水量，当制冷剂通过毛细管或热力膨胀阀节流降压时，制冷剂中含有的水分就可能在毛细管进口或热力膨胀阀的阀芯处冻结成小冰块，堵塞毛细管或热力膨胀阀的阀芯通道。使空调器制冷系统不能正常工作。另外，空调器制冷系统中还可能含有一些脏物和其他杂质，若不把它们除掉，也可能堵塞毛细管或热力膨胀阀的阀芯。所以，空调器一般都要安装干燥过滤器。

图 6-13 所示为中、小型空调器干燥过滤器结构，其外形为圆筒状，其一端设置细目的铜过滤网，另一端设置滤栅，在这两端之间充满干燥剂分子筛。过滤器的一端与冷凝器出口相连，另一端与毛细管相连，毛细管焊接时应伸入干燥过滤器内一段长度，但不能与过滤网相触及，以免堵塞毛细管。干燥过滤器在使用一段时间后，由于分子筛的吸附能力下降，失去了干燥、过滤的作用，所以必须定期更换。

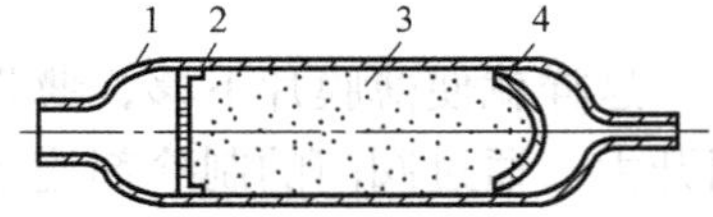

图 6-13　中、小型空调器干燥过滤器结构

1—外壳体　2—滤栅

3—分子筛　4—过滤网

五、电磁阀

1. 电磁阀的结构和工作原理

电磁阀是一种自动开启的阀门，用于自动接通和切断制冷系统的管路。电磁阀是由电流通过电磁线圈产生电磁吸力来控制阀门开闭的，而电流可以受各种继电器和控制器或手动开关所发出的信号控制。

电磁阀通常安装在热力膨胀阀和冷凝器之间，位置应尽量靠近热力膨胀阀，因为热力膨胀阀只是一个节流元件，本身无法关严，因而需利用电磁阀来切断供液管路。

电磁阀和压缩机同步起动和关闭。压缩机停机时电磁阀立即关闭，停止供液，避免停机后仍有大量制冷剂流入蒸发器中，造成再次起动时压缩机中发生液击。

电磁阀分阀体和电磁头两部分，如图 6-14 所示。从图中可以看出，阀体上的进、出口通道与阀孔相通，阀孔由电磁头中的阀芯组控制开与关。电磁头主要由线圈组、挡铁、阀芯组、避磁套、罩壳等组成。当接通电源后，线圈组产生磁场，将衔铁提起，带动阀针，开启阀门；当切断电源时，电磁力消失，衔铁和阀针在弹簧作用下自动下落，关闭阀门，切断供液管路。挡铁插入套管上部与套管的上端口焊接密封，套管下端与套管座焊接密封，套管座与阀体用螺钉联接密封，这样电磁头的套管与阀体的阀孔就组成了一个不泄漏的密封体。

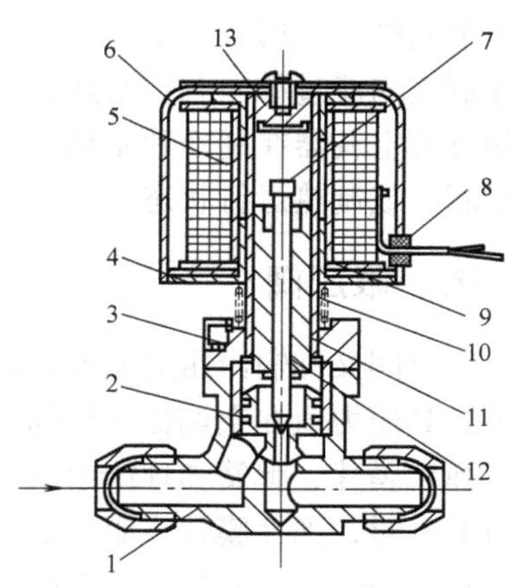

图 6-14 电磁阀

1—阀体组 2—浮阀 3—内六角头螺钉 4—罩壳底板 5—线圈组 6—罩壳 7—阀芯组 8—密封圈 9—避磁套 10—支承弹簧 11—套管组 12—衔铁 13 —挡铁

挡铁的作用将线圈通电产生的磁场短路而减少涡流损失。铁心组是由铁心、浮阀及阀口软垫组成的一个整体，当铁心被吸上移时，它带动整个阀芯组上移。

2. 电磁阀的选配

用于空调制冷系统中的电磁阀，应根据电磁阀的技术参数进行选用。这些技术参数应包括产品型号、通径、接管形式、流量系数和外形尺寸等。另外还须注意所选用电磁阀的最高工作压力、最大开阀压差、最小开阀压差、介质温度、环境温度和线圈使用电压等。

3. 电磁阀的选用

电磁阀的使用电压有交流 380V、220V 和 36V 及直流 220V 和 110V 几种。

使用时，要按照铭牌上标明的电压供电，同时必须满足最大压力差等要求。电磁阀必须垂直地安装在水平管路上，线圈在上方，并使制冷剂液体的流向与阀体上标明的箭头指向一致，这样才能保证电磁阀安全、可靠地工作。

修理电磁阀时，切忌在电磁线圈通电时从阀上直接拆卸下来，以防烧坏线圈。如果系统中有杂物污垢影响电磁阀的正常工作，必须拆下阀盖，清除杂物，疏通膜片或活塞上的节流孔，以确保电磁阀的正常工作。

焊接电磁阀时，应先把线圈从阀上拆卸下来，然后用湿布包住阀体，以免焊接温度过高损坏阀芯部件。

六、单向阀

单向阀又称逆止阀，是一种防止制冷剂反向流动的阀门。单向阀的内部结构如图 6-15 所示。主要由尼龙阀针、阀座、限位环及外壳组成。单向阀表面标有制冷剂正向流动方向，使用时应竖直安装。当制冷剂下进上出正向流动时，尼龙阀针受制冷剂本身流动压力的作用打开并推至限位环，单向阀导通。当制冷剂上进下出反向流动时，尼龙阀针受自重和单向阀两端压力差的作用，被紧紧压在阀座上，单向阀截止。

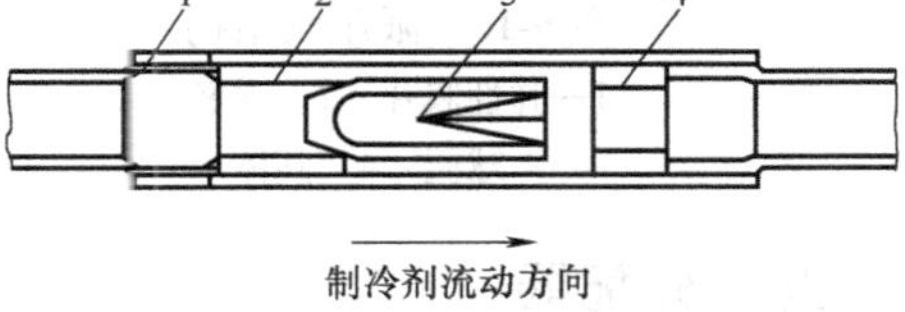

制冷剂流动方向

图 6-15 单向阀的内部结构

1—外壳 2—阀座 3—尼龙阀针 4—限位环

单向阀主要用于热泵型空调器上，与热泵型空调器的调节毛细管并联在系统中。制冷时制冷剂正向流过单向阀；制热时制冷剂反向流动，单向阀截止，制冷剂经调节毛细管流过。这样可使空调器在制冷和制热工况下，通过毛细管长度的变化获得不同的节流量，使空调器处于制冷或制热运行状态。

七、限压阀

限压阀又称输出压力调节阀，是一种压力安全自动阀，主要用于热泵型空调器的制冷系统中，其压力值在空调器出厂前已调定封装好，图 6-16 所示为限压阀的结构，它主要由阀体、弹性膜片、弹簧和球阀组成。限压阀两端管口分别接至压缩机高、低压端。当阀的冷凝压力上升时，弹性膜片克服弹簧压力向上运动，将球阀打开，高压制冷剂由旁路进入压缩机低压端。当阀的冷凝压力下降时，弹性膜片向下运动，将球阀关闭，使制冷系统的冷凝压力始终控制在规定的压力范围内。

八、气液分离器

气液分离器安装在压缩机的吸气管上，可使返回压缩机的制冷剂中的液体分离出来并贮存在其底部，以防压缩机发生液击。从蒸发器来的制冷剂经吸气管进入气液分离器，制冷剂蒸气中所含的液滴会因本身重量而落入气液分离器底部，只有制冷剂蒸气被吸入压缩机。

图 6-17 所示为气液分离器结构简图，位于 U 形管底部的微量回油孔使适量的冷冻机油连同气体一起返回压缩机内。压力平衡孔可防止压缩机停机时，气液分离器内的制冷剂通过微量回油孔流入压缩机内。微量回油孔直径的大小根据压缩机的回油量确定。

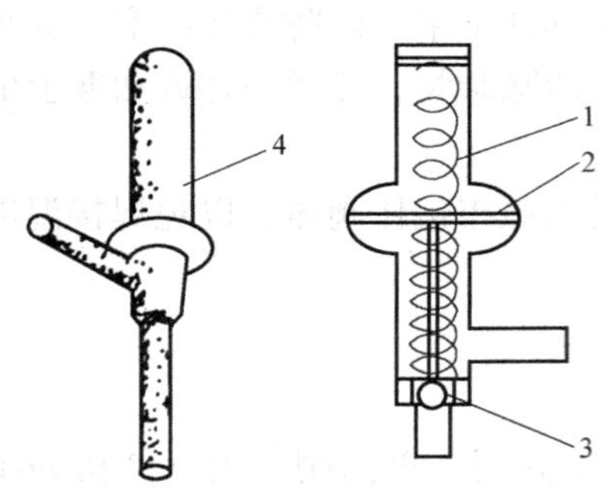

图 6-16 限压阀结构
1—弹性膜片 2—弹簧
3—球阀 4—阀体

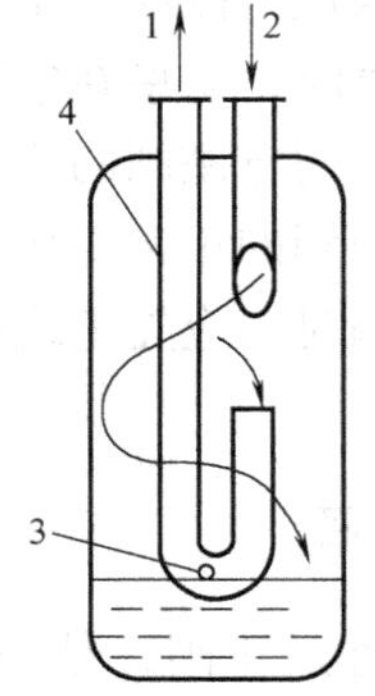

图 6-17 气液分离器结构
1—出气管 2—进气管
3—微量回油孔 4—压力平衡孔

九、分配器

空调器（如分体立柜式空调器）中的蒸发器在用热力膨胀阀进行节流时，大多将制冷剂分成多路进入蒸发器中，要将从热力膨胀阀出来的制冷剂液体均匀地分配到各条通路内，必须使用分配器。

图 6-18 所示为分配器结构，它由一个分配本体和一个可装卸的节流喷嘴环组成。节流环的出口为一圆锥体，各条流路的液体沿圆锥体分开流出，圆锥的底部有许多均匀分布的连接蒸发管。制冷剂由入口经节流喷嘴环进入分配体，再经圆锥体分别进入各分路孔，然后进入蒸发器各分路的蒸发管中。

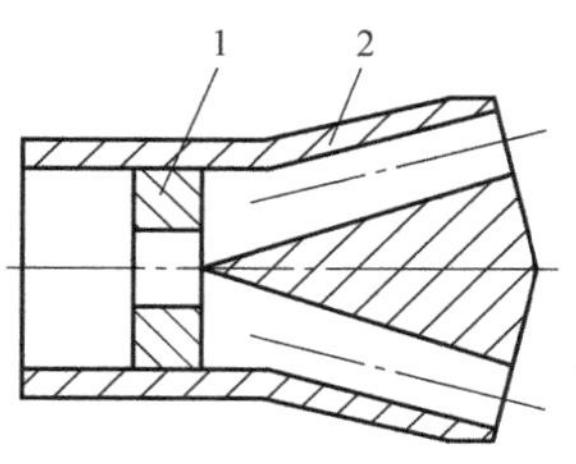

图 6-18　分配器结构
1—节流喷嘴环　2—本体

第三节　窗式空调器

窗式空调器是一种可安装在窗上或墙中的空调器。图 6-19 所示为标准式窗式空调器的外形结构，图 6-20 所示为窗式空调器结构分解图。

窗式空调器特点是体积小，重量轻，安装使用方便。使用时只需接通电源，窗式空调器即能自动地调节房间内温度，并可随意调节房间内的气流方向，使人感觉舒适。

窗式空调器具有制冷、供热、除湿、除尘、通风功能。

制冷功能：全封闭式压缩机将制冷剂(通常用 R22)压缩成高温高压的气体送入冷凝器，室外侧的轴流风机使外界空气强迫流过冷凝器，将制冷剂的热量带走，使制冷剂冷凝成高压中温的液体。然后，制冷剂经过毛细管节流降压，变成低压液体进入蒸发器。在蒸发器中制冷剂液体在低温下蒸发，不断吸取热量。室内侧通风机不断使室内空气流过蒸发器，并得到冷却和除湿，然后进入房间里，使室内温度降低。

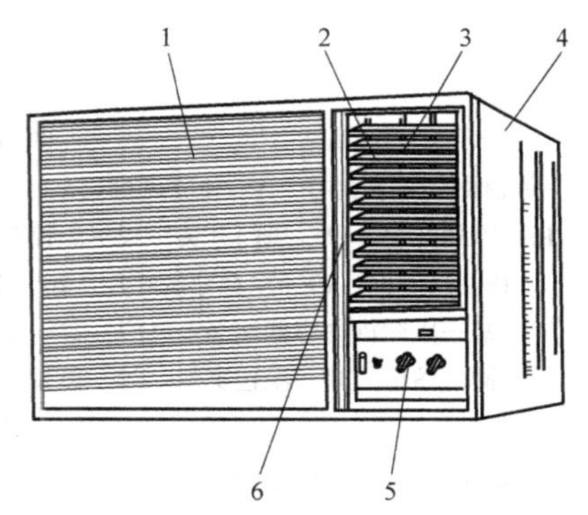

图 6-19　标准式窗式空调器的外形结构
1—回风百叶　2—水平百叶　3—垂直百叶
4—侧板　5—控制旋钮　6—感温包

除湿功能：当室内空气流经蒸发器时，最后被冷却到露点以下，空气中部分水蒸气就在蒸发器管壁和翅片上冷凝成水，由排水管排出，处理过的空气即得到除湿。

供热功能：电热型空调器靠电热丝发热，通过送风向室内供热；热泵型空调器通过回通电磁换向阀，使制冷系统高、低侧功能对换，改变制冷剂的流动途径，供热工况下室内侧的蒸发器变成散热器，空气流过时带走制冷剂冷凝放出的热量，向室内供热。热泵型空调器的供热效率远远大于 1，其供热量等于消耗电能产生的热量和制冷剂从外界吸取的热量之和。电热型空调器的供热效率等于 1，热量全部由电能转化而来。因此，在同样供热量情况下，热泵型空调器的耗电量只有电热型空调器的 30%～50%。

除尘功能：空调器室内侧吸入的空气先经过过滤网，除尘后再经冷却并送入室内。

通风功能：通过新鲜空气调节门即风门将部分室外空气吸入，经室内侧通风机送入室内，使室内空气得到更新。风门开大时，吸入新风量约占送风量的 15%左右。

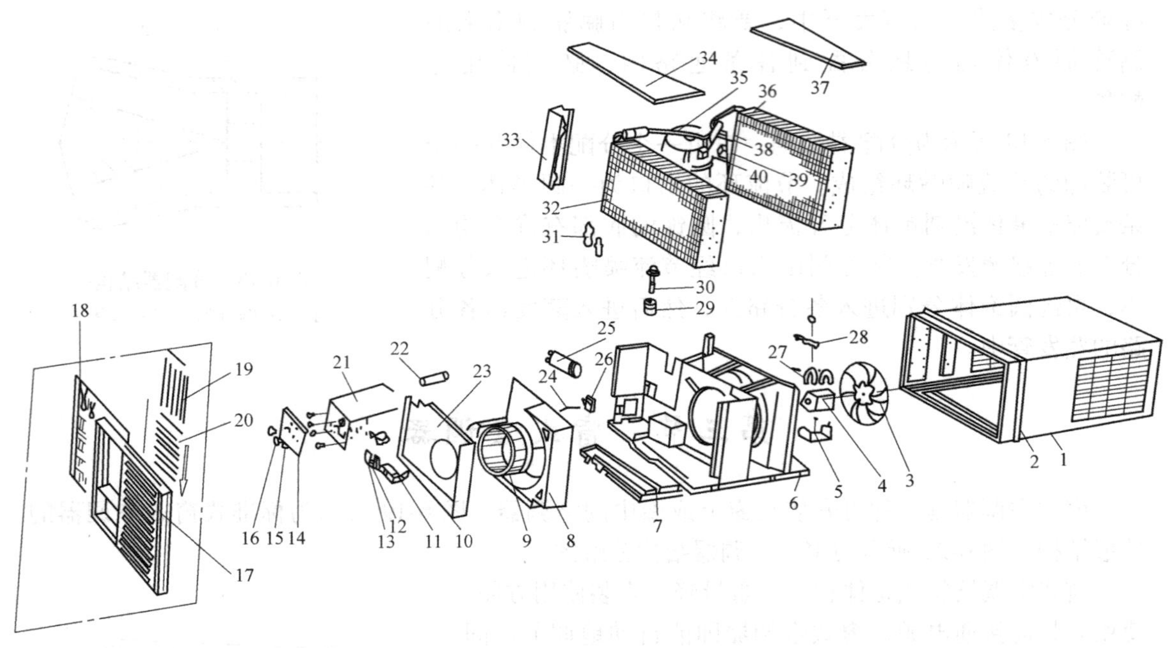

图 6-20　窗式空调器结构分解图

1—壳体　2—密封条　3—轴流风机　4—风机电动机　5—电动机支座　6—底盘　7—水盘　8—风壳　9—离心风机　10—冷热开关　11—风门开关　12—温控开关　13—选择开关　14—小面板　15—风门扳手　16—旋钮　17—面板　18—过滤网　19—左右导风叶片　20—上导风叶片　21—电气盒　22—风机电容器　23—前板　24—门钢索　25—压缩机电容器　26—风门　27—电动机固定卡　28—电动机保护器　29—压缩机减振垫　30—压缩机固定螺钉　31—温包支架　32—蒸发器　33—护板　34—前盖板　35—压缩机　36—冷凝器　37—后盖板　38—换向阀　39—毛细管　40—换向阀线圈

窗式空调器主要有三种：单冷型、热泵型、电热型。

一、单冷型窗式空调器

所谓单冷型窗式空调器，是指只有制冷功能的窗式空调器。它用于夏季室内降温，同时吸收房间内的余湿，使房间内的温、湿度适中。

单冷型窗式空调器的特点是结构简单、可靠性高、价格便宜，但其功能单一，使用率不高。

1. 单冷型窗式空调器结构

图 6-21 所示为单冷型窗式空调器的结构。它由三部分组成：

（1）制冷系统　制冷系统由压缩机、冷凝器、毛细管、蒸发器组成。

（2）风路系统　风路系统由离心风机、轴流风机、电动机、风门、风道组成。

（3）电气控制系统　电气控制系统由起动继电器、温度控制器、过载保护器等组成。

2. 单冷型窗式空调器工作原理

（1）制冷系统　压缩机吸入来自蒸发器的低温低压的 R22 过热蒸气，压缩成高温高压过热蒸气，送入冷凝器，蒸气向室外侧空气放出冷凝热，变成高压过冷液，经毛细管节流降压后进入蒸发器，吸收室内侧空气的热量后变成饱和蒸气，经回气管过热，被压缩机吸入，如此循环。

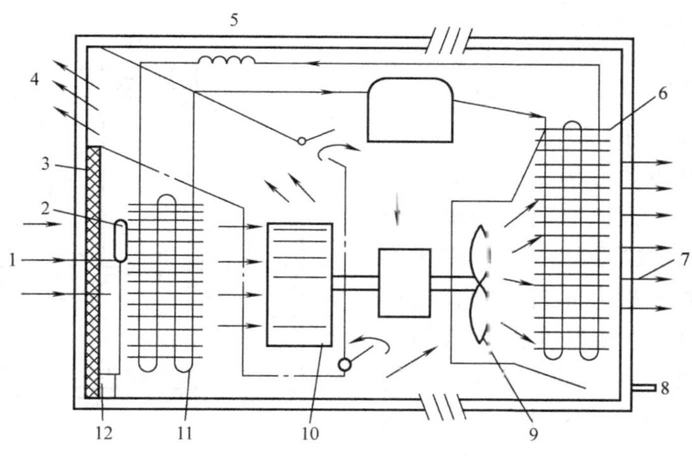

图 6-21　单冷型窗式空调器的结构

1—室内循环空气入口　2—感温包　3—空气过滤器　4—室内循环空气出口
5—毛细管　6—冷凝器　7—室外排风　8—出水管　9—轴流风机
10—离心风机　11—蒸发器　12—湿控器

（2）风路系统　室内侧空气在离心风机作用下，水平进入空调器，经空气过滤器滤尘后，与蒸发器中的制冷剂进行热交换，失去部分热量和水分，然后由离心风机从一侧送回室内。反复循环，达到给室内空气降温除湿、除尘和改变气流速度的目的。

室外侧空气在轴流风机作用下，从空调器左右两侧百叶窗进入空调器，与冷凝器中的制冷剂进行热交换，吸收制冷剂的冷凝热后以水平方向排出空调器，达到给制冷剂散热的目的。

窗式空调器上设有新风门和排风门。新风门打开时可吸入占空调器循环空气量 10%～15%的新鲜空气；排风门打开时排出的是污浊空气。由于室外侧空气是热空气，所以新风门和排风门开启的时间不宜过长，以免造成室内热负荷增加，使空调器能耗增加。

二、热泵型窗式空调器

所谓热泵型窗式空调器，是在单冷型窗式空调器制冷系统中增加一个电磁换向阀，使蒸发器和冷凝器功能转换，以期达到冬季制热的目的。这种空调器既可制冷又可制热，提高了空调器的使用效率。热泵制热既经济又省电，它消耗 1kW 的电功率，可获得 3kW 以上的热量，其制热性能系数在 3 以上。

1. 热泵型窗式空调器结构

图 6-22 所示为热泵型窗式空调器的结构，是在单冷型窗式空调器的基础上增加了一只电磁换向阀（又称四通阀），通过电磁换向阀的作用改变制冷剂流动方向，达到夏天制冷、冬天制热的目的。

2. 热泵型窗式空调器工作原理

热泵型窗式空调器制冷时与单冷型窗式空调器基本相似，所不同的就是增加了一只电磁换向阀。

当低温低压制冷剂进入室内换热器时，空调器向室内供冷气；当高温高压制冷剂进入室内换热器时，空调器向室内供暖气。

图 6-23 所示为电磁换向阀结构，它由电磁导向阀和四通换向阀构成，电磁导向阀用来控制四通换向阀的动作。

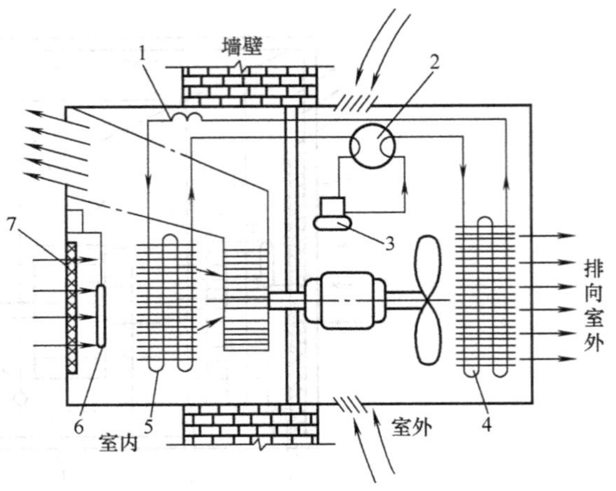

图 6-22 热泵型窗式空调器的结构

1—毛细管 2—电磁换向阀 3—压缩机 4—冷凝器 5—蒸发器 6—感温包 7—温控器

电磁导向阀由两部分构成。一部分是电磁体，由衔铁、线圈和弹簧等组成。当线圈通电后，便产生磁场，衔铁在磁场的吸力下，克服弹簧压紧力向右移动；当切断电源时，磁场消失，衔铁在弹簧力的作用下向左移动复原。另一部分是阀体，阀体内有两个阀芯(A、B)，分别控制一个阀口，两阀芯与衔铁在阀体内同一轴线上，在左右端弹簧的压紧下，相互靠成一体，当线圈通电时，衔铁被吸引而移动，两阀芯也跟着一起移动。在两阀芯中间的阀体

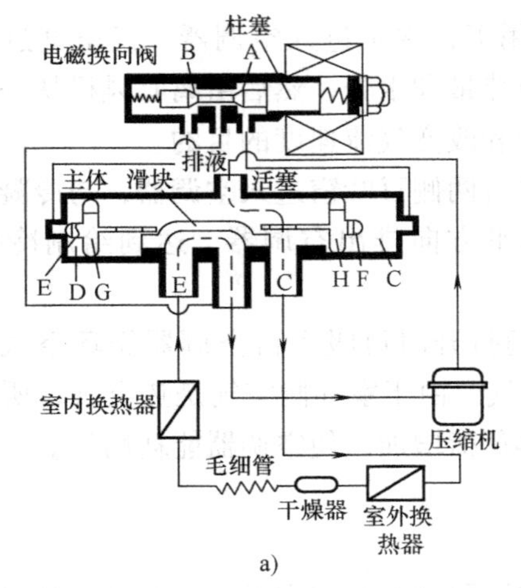

a)

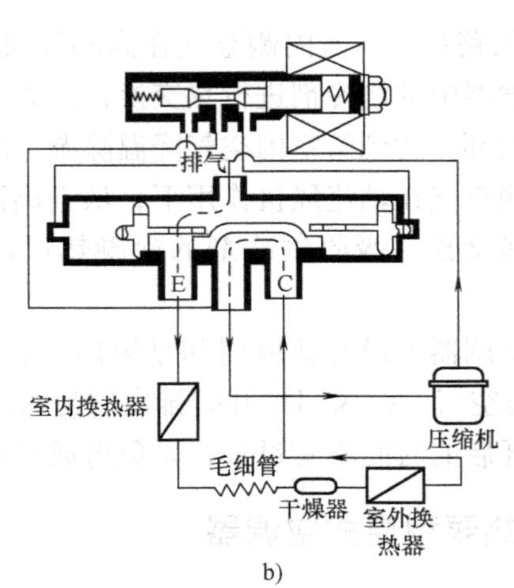

b)

图 6-23 电磁换向阀结构

a) 制冷方式运行 b) 制热方式运行

上有三个出口，分别插焊着三根毛细管(低压)，成为三通阀。未通电时，右边弹簧力比左边弹簧力大，右弹簧推着衔铁、阀芯等向左移动，这时右阀门关闭、左阀门打开，左边两根毛细管相通，右边毛细管通路被切断。通电时，电磁场吸引衔铁向右移动，阀芯在左弹簧的推动下，一起向右移动，结果左阀门关闭、右阀门打开，右边两根毛细管相通，左边毛细管通路被切断。

四通换向阀有四根连接管及两端盖上的两个小孔，阀体内装有半圆阀座、滑块以及两个活塞。阀座上有三个孔，由阀体外插进三根铜管，半圆阀座、阀体及铜管同时用银钎焊在一起。滑块就是阀门，它在阀座上可以左右移动，滑块平面盖在阀座上，只能盖住两个阀孔，使盖住的两孔相通，但这两孔与阀体内部不通。当滑块左移时，它就盖住左边两孔，右边一孔与阀体连通；当滑块右移时，它就盖住右边两孔，左边一孔与阀体连通。两个活塞分别装

在阀内左、右端口，活塞与滑块用阀架将三者连接在一起，可同步移动。活塞上有一个小孔，气体可通过小孔左右流通，活塞外端面上装有一个阀芯，可以关闭端面上的阀孔，不使其漏气。阀体中心插焊一根铜管，成为四通阀。

将电磁导向阀的三根毛细管分别接在四通换向阀的两端盖孔及其中一根铜管上，并将电磁导向阀固定在四通换向阀上，就构成一个完整的电磁换向阀。

热泵型窗式空调器制冷时，电磁换向阀是这样换向的：首先冷热开关切断电磁换向阀上电磁线圈的电源，此时柱塞在弹簧力的作用下，使右阀塞关闭右通气口，左阀塞打开左通气口，这样左毛细管与中间公共低压毛细管相通，电磁换向阀左端为低压区，压缩机高压排气通过排气管至电磁换向阀阀体，然后通过聚四氟乙烯右活塞上的泄气孔至阀的右端空间，由于右毛细管已被电磁换向阀右阀塞关闭，所以高压排气在电磁换向阀的右端建立起高压区。因为电磁换向阀的左端为低压区，在压力差的作用下，活塞通过托架推动滑块向左移动，直至左活塞上顶针堵死左端盖上的孔，完成换向动作，此时室内侧换热器转换为蒸发器功能运行，空调器向室内吹冷气。

所以，电磁换向阀在断电的情况下为制冷模式。

热泵型窗式空调器制热时，电磁换向阀是这样换向的：冷热开关接通电磁换向阀上电磁线圈的电源，在电磁力的作用下驱动电磁换向阀柱塞，使左阀塞关闭左通气口，右阀塞开启右通气口。这样右毛细管和中间公共低压毛细管相通，电磁换向阀右端为低压区。压缩机高压排气通过排气管至电磁换向阀阀体，然后由聚四氟乙烯左活塞上的泄气孔至阀的左端空间。由于左毛细管已被电磁换向阀左阀塞关闭，所以高压排气在电磁换向阀左端建立起高压区，在压力差的作用下，活塞通过托架推动滑块向右移动，直至活塞顶针将右端盖上的孔堵死，完成换向动作，此时室内侧换热器转换为冷凝器功能运行，空调器向室内供热气。

所以，电磁换向阀在通电的情况下为制热模式。

第四节 分体式空调器

分体式空调器由室内机组和室外机组两大部分组成。室内机组主要由蒸发器、贯流风机（离心风机）、节流元件、电气控制部分等；室外机组是主要由压缩机、电磁换向阀、冷凝器、轴流风机、电气控制部分等组成，室内机组和室外机组用管道连接起来。

一、分体式空调器的特点

1）占用室内空间小。因分体式空调器一分为二，大部分运转机组安装在室外，在室内安装的部分所占空间很小，而且室内机组的外形和款式设计得都很精美，安装在室内可以成为一种很高雅的装饰品。

2）运行噪声小。由压缩机和冷凝器等组合的机组安装在室外，而空调器的主要噪声来源就是压缩机。据测试，分体式空调器的噪声，一般室内机组都低于 50dB，质量好的室内机组一般低于 40dB。

3）冷凝温度低。因为冷凝器放在室外，不受外形尺寸的限制，冷凝器的传热面积和风量都可适当放大，故制冷剂的冷凝效果好，制冷效率高。

4）维修方便。由于室内、外机组分开安装，各部件全部暴露，故容易察看和维修。

二、分体式空调器的结构

分体式空调器的结构特点主要是把室内机组和室外机组分离，各自成为一个独立的个体，由管道把制冷系统连接起来。通常，室外机组包括压缩机、轴流风机、冷凝器等。压缩机和冷凝器安装在室外，便于向环境排热，而且在室外较远的地方，机组噪声对室内影响较小；室内机组包括蒸发器、空气过滤器、离心风机、温控器等，安装在室内，重量轻，布置比较容易。图 6-24 和图 6-25 所示分别为分体壁挂式空调器室内、外机组分解图。

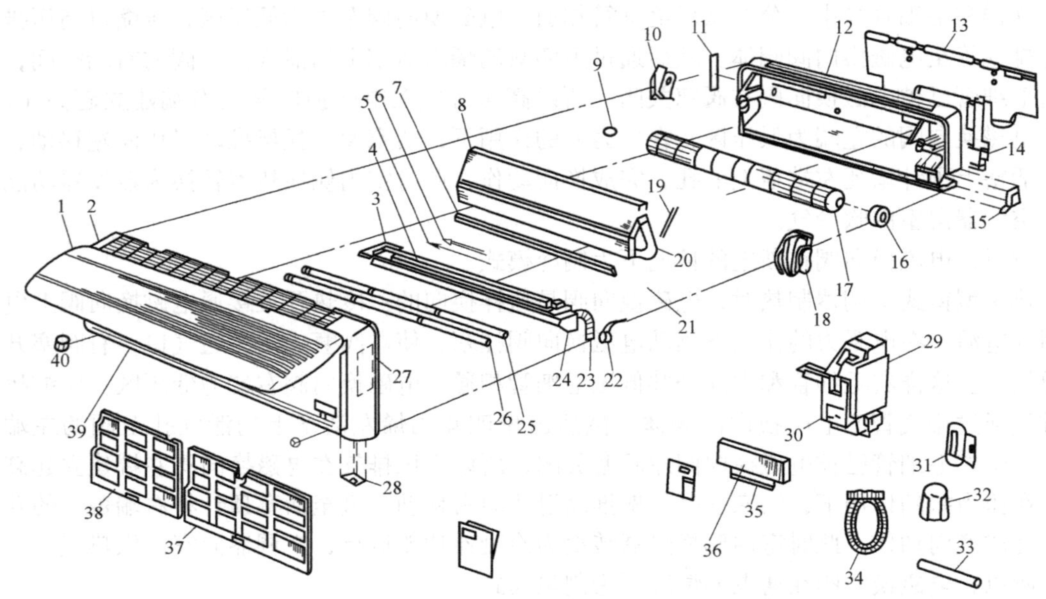

图 6-24 分体壁挂式空调器室内机组分解图

1—回风口格栅 2—面板座组件 3—排水槽和垂直导风叶支架 4—垂直导风叶组件 5—蒸发器进液管 6—蒸发器出气管 7—蒸发器中间槽隔条 8—蒸发器 9—贯流风机轴承 10—轴承座 11—铭牌 12—室内机组后座 13—安装板 14—导管引出口 15—后座右活动盖 16—风机电动机 17—贯流风机 18—电动机支座 19—泄水盘导槽 20—蒸发器进、出管隔热套管 21—温度传感器固定夹 22—摇摆电动机 23—排水软管 24—导风叶片臂组件 25—上水平导风叶片 26—下水平导风叶片 27—接线图和铭牌 28—指示灯组件 29—电气盒组件 30—电气盒盖组件 31—无线遥控器 32—遥控器支架 33—排水软管隔热材料 34—排水软管 35—过滤器手柄 36—脱臭过滤器和静电过滤器 37—右滤网 38—左滤网 39—面板卡 40—面板座固定螺钉罩帽

分体式空调器室内机组多为壁挂式，机组为全塑组合型壳体，正面为进气格栅，内有空气过滤器；背面设有挂耳，安装时将挂耳挂在安装板上即可。

分体壁挂式空调器室内机组采用贯流风机，在正面向斜下方送风。送风口设有上下送风叶片和左右送风叶片，以满足人员对送风气流的要求。图 6-26 所示为分体壁挂式空调器室内机组的外形和系统流程。

分体壁挂式室内机组的控制方式有三种：第一种是在机体上直接操纵，即用设在机体上的机械式开关(含温控开关)或电子开关(含电子温度控制器)进行控制和温度的设定；第二

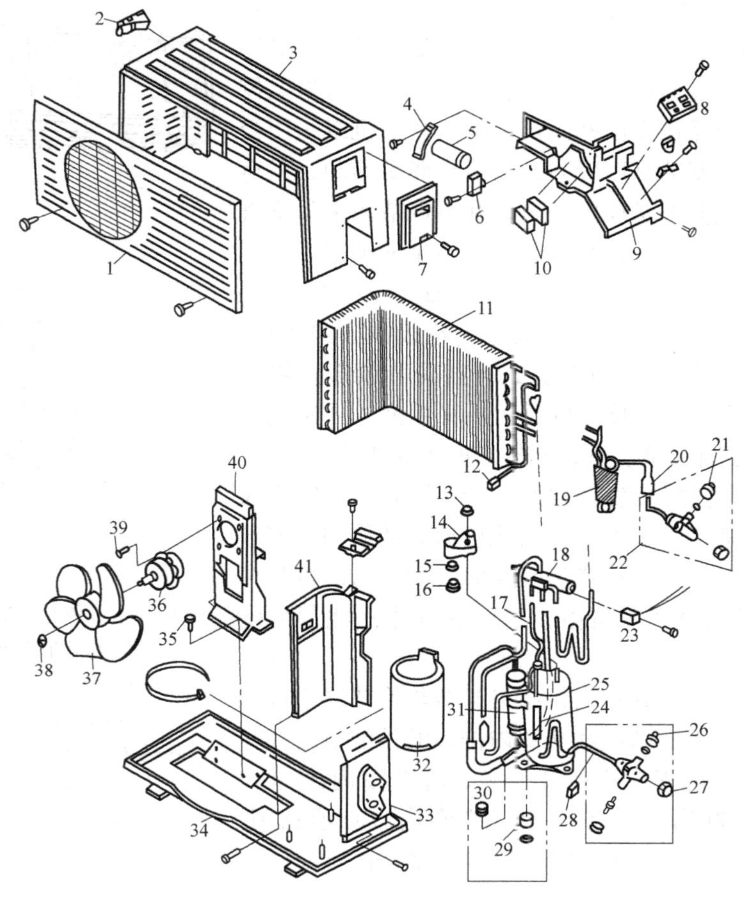

图 6-25　分体壁挂式空调器室外机组分解图

1—室外机前面板　2—把手　3—机壳组件　4—电容器托架　5—压缩机电容器　6—风机电容器　7—控制盒盖　8—电源引线端子板　9—控制板　10—电磁开关　11—冷凝器　12—压力开关　13—压缩机端子罩螺母　14—压缩机端子罩壳　15—过载保护器压紧弹簧　16—过载保护器　17—压缩机管路　18—电磁换向阀　19—毛细管　20—过滤器　21—扩口螺母　22—二通阀　23—电磁换向阀线圈　24—压缩机　25—排气缓冲容器　26—扩口螺母　27—三通阀阀帽　28—压力开关　29—压缩机底座橡胶圈　30—压缩机底座固定螺母　31—蓄液分液器　32—压缩机保温、隔声棉　33—制冷剂阀支架　34—底座　35—风机电动机支架螺钉　36—风机电动机　37—风机　38—风机固定螺母　39—电动机固定螺钉　40—风机电动机支架　41—隔板

种为有线遥控，即第一种控制方式的控制器件单独装于一控制盒，用控制线与机组相连，系于机组下方；第三种为无线红外遥控，即机体内设有指令接收器和执行器件，发射器装于手盒中，在房间内任何地方都可操纵机组。

分体壁挂式室内机组在房间内不占地面，不影响人们的地面活动和地面陈设的摆放，可增加墙壁的装饰效果；具有平和的送风气流，使房间内温度场分布合理。采用横流风机，可有效地降低房间内噪声。

图 6-27 所示为分体吊顶式室内机组外形，机组一般用板(杆)在屋顶靠墙壁固定安装，也可吸顶安装，采用有线遥控或无线红外遥控。当采用有线遥控时，需将遥控盒安装在墙的便于操作高度并固定，控制盒与机组间用控制电缆连接。机组安装高度较高，对节约能源不利，但有的机组另设有垂直向下送风的送风口和可调节水平与垂直向下送风量的分配机构，可弥补其送风不足的缺陷。

分体嵌入式室内机组适用于装有装饰天花板的房间，在装饰顶上开镶嵌孔洞安装，故又称天花板镶嵌式机组。它采用有线遥控或无线红外遥控方式，当采用有线遥控时，其控制盒也需固定于便于操作的位置。采用嵌入式室内机组可使空调房间更加整齐美观，其外形如图 6-28 所示。

图 6-29 所示为分体隐藏式室内机组外形。分体隐藏式室内机组也是适用于装有装饰天花板房间的机型。安装时，将其隐藏于顶棚上，由通风管道向室内送风。进气口和送风口可根据室内情况自由设置，使气流送往需要的位置。

分体嵌入式和隐藏式室内机组可与全热换热器组成联锁系统，从室外引入的新风和从室内排出的污浊空气在全热换热器内流动的过程中进行热交换，降低室内冷(热)量的损失。图 6-30 所示为渗透型全热换热器心示意图，图 6-31 所示为空调器—全热换热器联锁系统图。

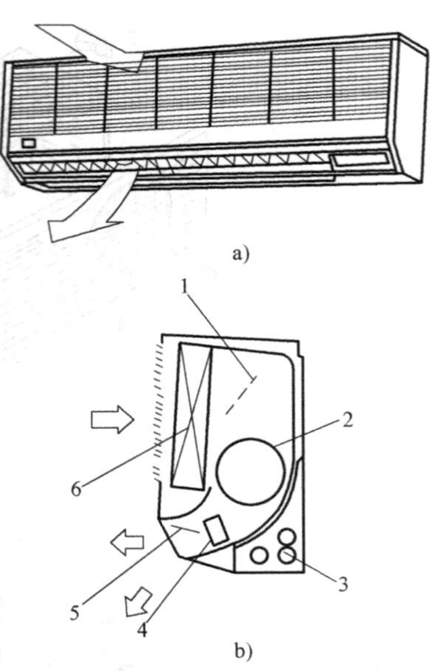

图 6-26　分体壁挂式空调器室内机组的外形和系统流程

a) 外形　b) 系统流程

1—加热器　2—风机　3—连接管　4—左右送风叶片(手动)　5—上下送风叶片　6—换热器

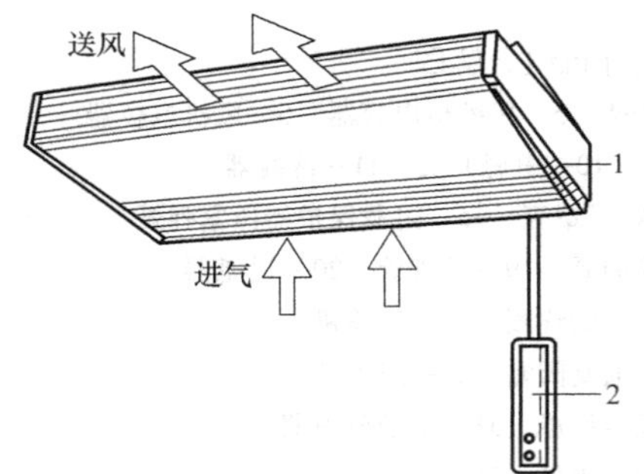

图 6-27　分体吊顶式室内机组外形

1—空调器　2—有线遥控器

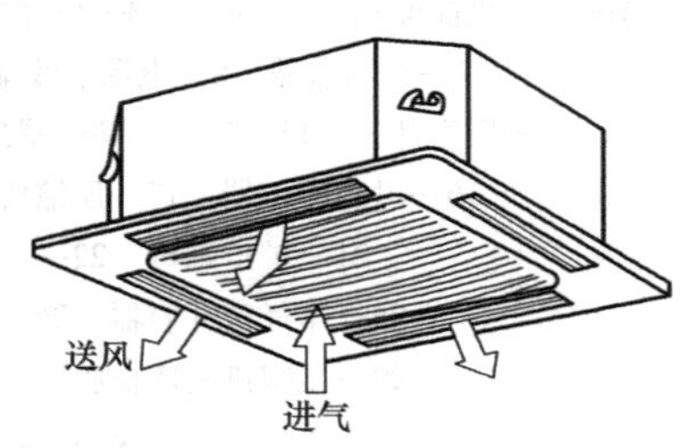

图 6-28　分体嵌入式室内机组外形

三、分体式空调器的工作原理

1. 单冷型分体式空调器工作原理

图 6-32 所示为单冷型分体壁挂式空调器的工作原理，其工作过程为：从室外机组经节流后进入室内机组的湿蒸气状态的 R22 制冷剂，进入室内机组换热器(蒸发器)中，在贯流风机的作用下与房间的空气进行热交换。由于湿蒸气状态的 R22 制冷剂吸收房间空气中的

热量，由湿蒸气状态变成干饱和气体，将房间内空气的热量带走，被冷却的空气从贯流风机的出风口吹出，使房间内空气的温度降低。

湿蒸气状态的 R22 制冷剂在室内吸收空气热量汽化成干饱和气体后，被吸入室外机组的压缩机中，由压缩机压缩成高温高压的气体，然后排入室外换热器（冷凝器）中，高温高压的气体制冷剂在冷凝器中与室外空气进行热交换，被冷却成中温高压的液体。

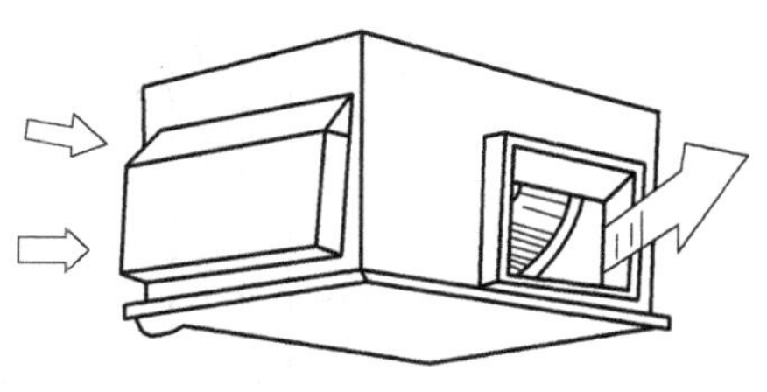

图 6-29　分体隐藏式室内机组外形

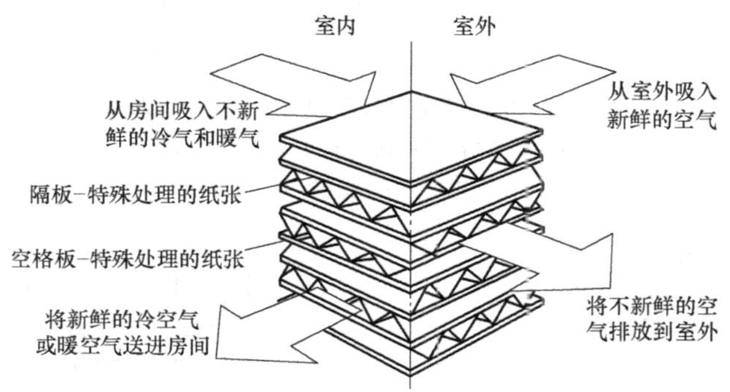

图 6-30　渗透型全热换热器心示意图

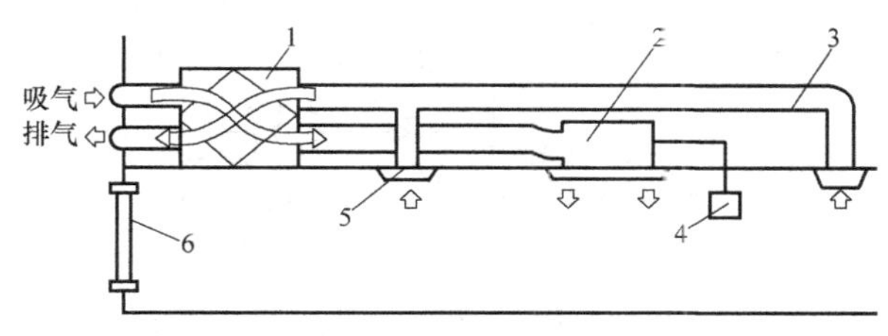

图 6-31　空调器—全热换热器联锁系统示意图

1—全热换热器　2—空调器　3—风管

4—遥控器　5—排风口　6—窗户

由冷凝器出来的中温高压液体必须经过节流装置（一般分体壁挂式空调器采用毛细管节流）减压降温，使其温度、压力均下降，回到原来的低温低压状态。

在制冷过程中，蒸发器表面的温度通常低于被冷却的室内空气露点温度，凝结水不断从蒸发器表面流出，所以分体壁挂式空调器需要有凝结水排出管。

2. 热泵型分体式空调器工作原理

图 6-33 所示为热泵型分体式空调器工作原理，其工作原理与单冷型基本相同，只是在系统中增加了一个电磁换向阀，用来转换制冷剂的流向。制冷运行时，从压缩机出来的高温高压气体排向室外侧换热器，冷凝后经毛细管节流将低温低压的 R22 湿蒸气排向室内侧，吸收室内热量；制热运行时，从压缩机出来的高温高压气体排向室内侧换热器，使室内温度升高，而 R22 在室内被冷凝成液体，经节流后排到室外换热器，通过吸收室外环境的热量将湿蒸气状态汽化成为干饱和气体，再进入压缩机进行循环。

图 6-34 所示为热泵型分体式空调器制冷系统工作模式。制冷工况下制冷剂流向为：压

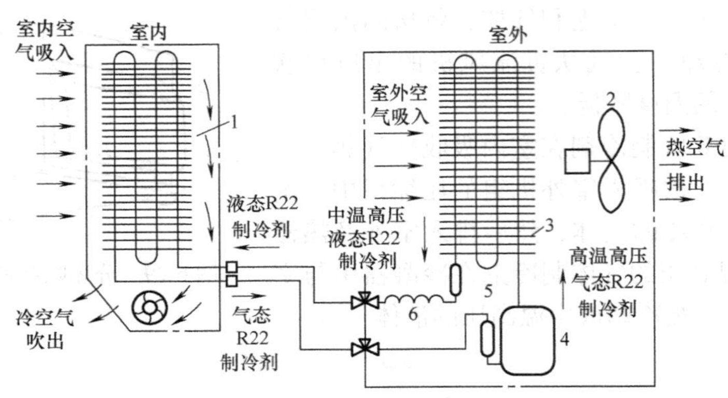

图 6-32　单冷型分体壁挂式空调器工作原理

1—蒸发器　2—轴流风机　3—冷凝器

4—压缩机　5—过滤器　6—毛细管

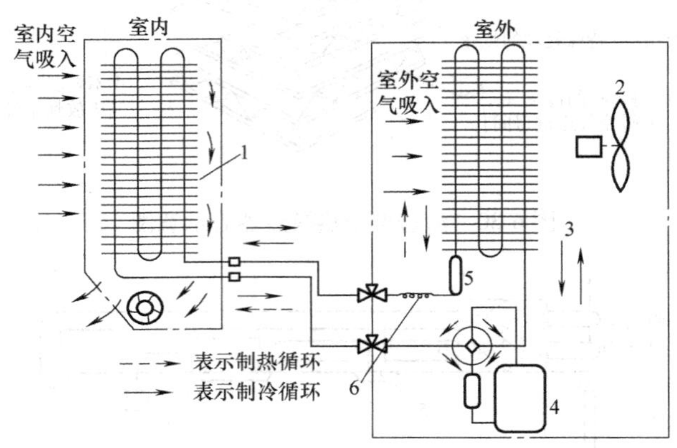

图 6-33　热泵型分体式空调器工作原理

1—蒸发器　2—轴流风机　3—冷凝器　4—压缩机

5—过滤器　6—毛细管

缩机→消声器→电磁换向阀→室外换热器（冷凝器）→单向阀①→干燥过滤器②→毛细管②→室内换热器（蒸发器）→缓冲器→电磁换向阀→压缩机。制热工况下制冷剂流向为：压缩机→消声器→电磁换向阀→缓冲器→室内换热器（冷凝器）→单向阀②→干燥过滤器①→毛细管①→室外换热器（蒸发器）→电磁换向阀→压缩机。

应该注意到，在制冷工况下，由于毛细管①、干燥过滤器①和单向阀①并联，而毛细管阻力大，它几乎不通，所以制冷剂只能从单向阀①流过去，到单向阀②时受阻不通，经干燥过滤器②、毛细管②节流进入室内换热器，此时它为蒸发器，所以室内制冷降温。

相反在制热工况下，单向阀②通，单向阀①不通，制冷剂经毛细管①节流，而进入室外换热器，此时它为蒸发器，吸收外界热量，输送到室内去。

3. 分体落地式空调器

图 6-35 所示为分体落地式空调器结构，它由室内机组和室外机组构成。室内机组为上下尺寸大、左右尺寸小的矩形，正面的上部是出风口，水平和垂直出风格栅，带有自动送风装置；正中部为操作板；正面的下部为进气格栅，装有空气过滤器。室内机组主要由金属外

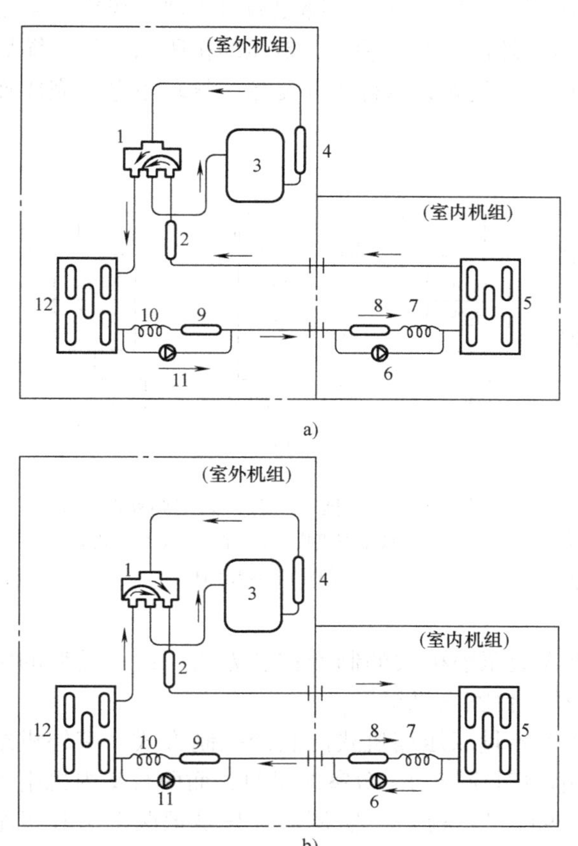

图 6-34　热泵型分体式空调器制冷系统工作模式
a）制冷工况工作模式　b）制热工况工作模式
1—电磁换向阀　2—缓冲器　3—压缩机　4—消声器
5—室内换热器　6—单向阀②　7—毛细管②
8—干燥过滤器②　9—干燥过滤器①
10—毛细管①　11—单向阀①
12—室外换热器

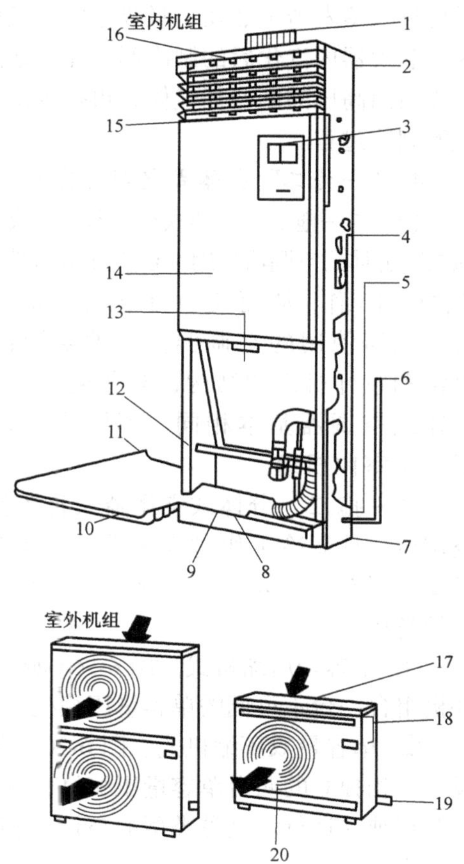

图 6-35　分体落地式空调器结构
1—安装固定卡　2—水平出风格栅　3—操作板　4—电源线及控制线接口　5—排水孔　6—制冷剂管接孔　7—机组固定脚　8—电气盒　9—底座　10—进气格栅　11—空气过滤器　12—冷凝水接收装置　13—室内换热器　14—面板　15—垂直出风格栅　16、20—出风口　17—进风口（背面）　18—电气盒盖　19—制冷连接管路阀门

壳、换热器、毛细管、冷凝水接收装置、制冷剂管接孔、排水孔、离心风机、电气盒、面板、底座等部件组成。

室外机组为上下尺寸小、左右尺寸大的矩形，主要由冷凝器、压缩机、轴流风机、风机电动机、电磁换向阀、除霜开关、压力保护器、制冷剂连接管用高低压阀门以及电气盒等组成。室内机组安装在室内，它由蒸发器、风机、毛细管、控制开关、箱体等构成。室外机组安装于室外，它主要由冷凝器、风机、箱体等构成。至于压缩机的安装位置，要视具体要求而定，一般情况下将压缩机和冷凝器安装在室外，这样可以减少室内侧的噪声。

分体落地式空调器制冷系统的工作原理是：空调器制冷时，压缩机将高温高压的气态制冷剂排至冷凝器中。轴流风机吸入室外空气用来冷却冷凝器。同时将热空气排至室外，这时气态制冷剂冷凝成为高压的液态制冷剂，通过室内、外机组的连接管进入毛细管，节流降压后再进入蒸发器中蒸发，吸收室内空气中的热量，室内空气冷却降温后再由离心风机吹至室内。蒸发器内汽化后的制冷剂气体，通过室内、外机组的连接管，被压缩机吸入，经压缩后变成高温高压的制冷剂气体，再排入冷凝器中冷凝放热，这样周而复始，循环不息，完成连续的制冷过程。

4. “一拖二”分体式空调器简介

（1）“一拖二”分体式空调器的组成　“一拖二”分体式空调器是用一台室外机组带动两台室内机组工作，从而使一台空调器相当于两台空调器使用的空调器。这种空调器室内机组和室外机组的结构，与普通“一拖一”分体式空调器基本相同，不同之处是增加了一个室内机组。

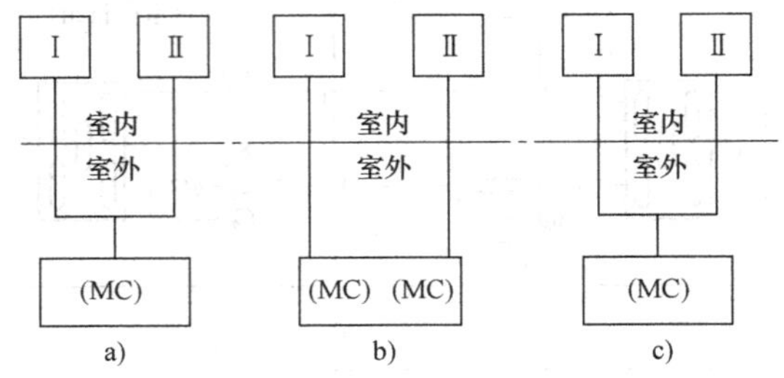

图 6-36　“一拖二”分体式空调器的类型
a）单容量压缩机式　b）单容量双压缩机式
c）可调节容量压缩机式

“一拖二”分体式空调器又称为复合式空调器，从制冷工作过程来看，主要有三大类型，图 6-36 所示为“一拖二”分体式空调器的类型。

① 单容量压缩机式。图 6-36a 所示为单容量压缩机式的制冷控制方式。这种类型的室外机组含一台不可调的单容量压缩机，并拖动两台室内机组。

② 单容量双压缩机式。图 6-36b 所示为单容量双压缩机式的制冷控制方式。室外机组设有互相独立的两台单容量压缩机，每台压缩机对应拖动一台室内机组，而两台室内机组也是互相独立运行。这种类型的空调器相当于两台“一拖一”空调器，只是把两个室外机组合二为一。

③ 可调节容量压缩机式。图 6-36c 所示为可调节容量压缩机式的制冷控制方式。室外机组只有一台压缩机，但容量可以调节，并拖动两台室内机组。这种方式可根据房间内空调负荷的变化，调节压缩机的容量，实现各个房间的制冷控制。这种空调器一般采用变频调速方式来调节压缩机容量。

（2）“一拖二”分体式空调器的制冷系统工作原理

1）“一拖二”分体式空调器的制冷系统。单容量压缩机式“一拖二”分体式空调器采用双极电磁阀对各房间的制冷量进行切换分配。这种空调器结构简单，造价较低。图 6-37 所示为单容量压缩机式“一拖二”分体式空调器的制冷系统工作原理。整个制冷系统由一台室外机组和两台室内机组构成。

室外机组由压缩机、冷凝器、贮液器、过滤器、毛细管、双极电磁阀和系统连接管组成；室内机组由蒸发器Ⅰ组和蒸发器Ⅱ组组成，两组蒸发器位于不同的房间，由同一台压缩机提供制冷循环。

两个房间制冷量的分配由双极电磁阀完成，双极电磁阀实际上是双二通阀，分别由电磁线圈 Y_1 和 Y_2 控制。当 Y_1 和 Y_2 都没电时，两个二通阀均处在关闭状态，制冷系统管道不通，两台室内机组均不制冷。当某个电磁阀通电时，其对应控制的二通阀开启，使管道畅通，相应的室内蒸发器工作。当两组电磁线圈都通电时，两组室内蒸发器都工作。

双极电磁阀上的两组线圈 Y_1 和 Y_2 又受室内机组微电脑控制系统的独立控制，这样通过

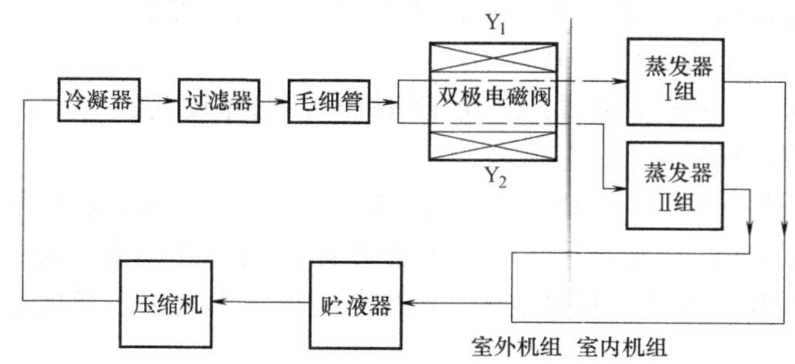

图 6-37　单容量压缩机式“一拖二”分体式空调器的制冷系统工作原理

室内机组有线遥控器或无线遥控器的操作控制，可实现任一机组单独运行或两台室内机组同时运行。室内机组的结构及电气控制系统所能实现的功能与普通分体壁挂式空调器完全相同。

2）“一拖二”分体式空调器的微控制器控制。“一拖二”分体式空调器和普通分体式空调器的电气控制系统一样，都采用单片机组成自动控制系统。根据两台室内机组微控制器之间的关系不同，可把“一拖二”电气控制系统分为两种类型，图 6-38 所示为“一拖二”分体式空调器的微控制器控制方式，图 6-38a 所示为电气控制系统采用两套互相独立的微控制器，各自提供一组室内机组的控制工作。微控制器在对室内机组进行自动模式、人工设定模式等控制的同时，还要控制室外机组的制冷剂切换装置——双极电磁阀。这种控制方式的室内机组具有普通分体式空调器室内机组所能操作控制的全部功能。两台室内机组分别和室外机组发生电气联系，而相互之间却是独立的。

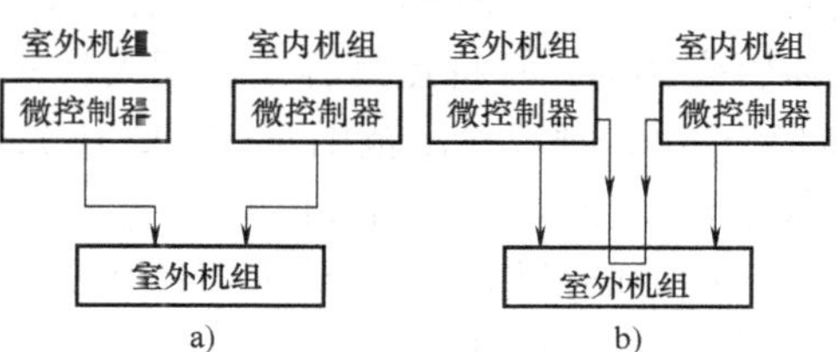

图 6-38　“一拖二”分体式空调器的微控制器控制方式
a）单独控制　b）联机控制

图 6-38b 所示电气控制系统由两套微控制器直接联系起来，并可以直接接受控制信号，负责各自的局部或全部工作。这样微控制器控制的选择自由度高，两套微控制器储存的数据和控制程序可以相互利用，整个制冷系统工作的灵活性较高。

图 6-38a 所示的控制方式与普通分体式空调器兼容性高，因此，在生产普通分体式空调器的基础上，对生产工艺稍作一些调整即可，这样可使生产成本大大降低，又便于大规模流水线的生产与调试，此外，对室内、外机组的维护检修也带来方便，图 6-38b 所示的控制方式中，由于室内两套微控制器相互联系，故对生产过程的调试要求复杂一些，对维护检修的技术要求也相应高一些。

四、变频式空调器

变频式空调器是新近开发的一种高效、节能、冷暖兼用的新型空调器，它通过变频器改变输入电源的频率，使压缩机转速连续变化，实现压缩机能量的无级调节。

1. 变频式空调器的性能特点

1）节能。房间空调器一年的运行基本上是在轻负载下进行的，在负载下降时，采用变频器的容量控制使压缩机能力也下降，以此来保持与负载的平衡，轻载时的COP(能效比)获得大幅度提高，其节能在20%~30%。

2）起动电流小。变频式空调器在起动压缩机时，选择较低的电压和频率来抑制起动电流，并获得所需的起动转矩。

3）减少压缩机开停次数，使制冷回路的制冷剂压力变化引起的损耗减少。

4）舒适性改善方面，与普通热泵型空调器相比，当室外气温下降，负载转矩增加时，压缩机电动机转速上升，可提高制热效果，确保与室外气温无关，增加舒适性。

2. 变频器的构成

图6-39所示为变频器的构成，容量在120kV·A以下多为晶体管变频器，容量在120~150kV·A范围，多为晶闸管变频器，通用电压型变频器的典型产品是日本东芝的TOSVERT—130G1系列的晶体管变频器，其特点是容量范围大(1~300kV·A)，频率输出范围宽(0~320Hz)，能数字显示出频率值和故障等信息，变频过程中的能量损失小，效率高达95%。

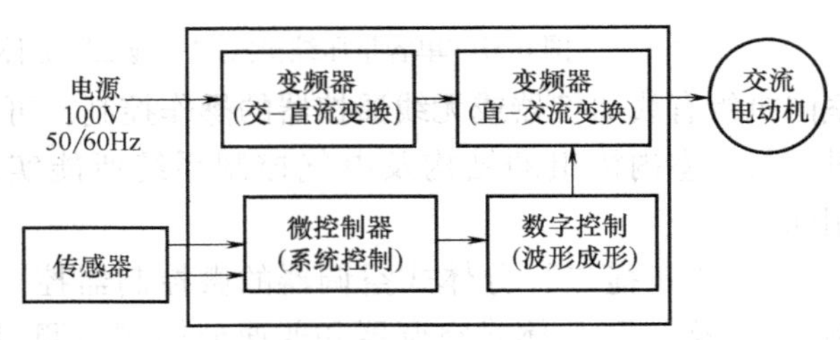

图6-39 变频器的构成

随着电子技术的飞速发展，一些空调器厂家又推出一种新型的直流变频式空调器，与普通变频式空调器相比，这种空调器采用数字转换电路，并采用永磁转子，不需磁化，减少了转换过程中的能量损耗，比交流变频式空调器省10%的电能，在低于标准电压20%的情况下同样能快速起动。

直流变频技术中，变频调制方式一般采用的是PWM和PAM，即脉宽调制和脉幅调制。

为保持电动机转矩不变，必须使直流变频式压缩机的U_d/f_d为常数，转速提高时，压缩机输入电压应按比例上升。采用等宽度PWM调制的变频器，虽然具有转矩大、灵敏度高的特点，但输出电压能力不足，制约了压缩机的最高转速。而PAM调制方式却能在相同输入电压的情况下，获得较高的逆变器输出电压，因此如果在压缩机低速范围内沿用等宽度PWM调制方式，而在高速范围内采用PAM的高效率、低噪声混合调制方式，无疑是一个两全其美的办法。目前，东芝、海信已经开发并投入使用了这种空调。

3. 变频式空调器的系统组成

图6-40所示为变频式空调器的系统组成，它由转子式压缩机、室内换热器、室外换热器、电子膨胀阀、电磁换向阀、除霜用二通阀组成。转子式压缩机具有高效、高速、耐磨、振动小、体积小等优点。

4. 变频式空调器的工作过程

变频式空调器中的变频器可以改变压缩机电源的频率，使压缩机在开始制冷或制热的初始阶段，以大于其自身16%的大功率高速运转，当室温达到设定温度时，则以其自身50%的小功率运转，不但能维持室温恒定而且还会节约电

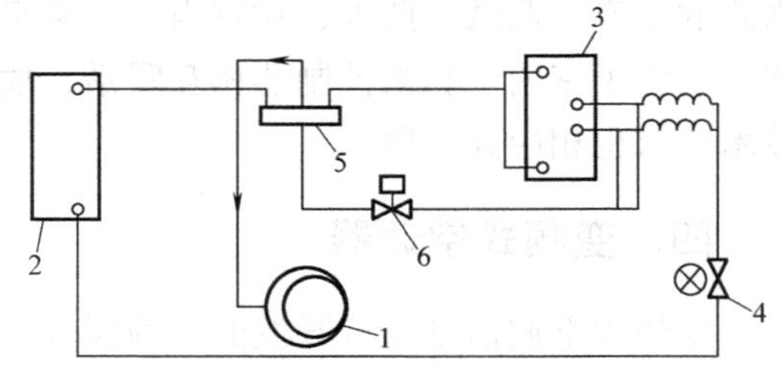

图6-40 变频式空调器的系统组成

1—转子式压缩机 2—室内换热器 3—室外换热器 4—电子膨胀阀 5—电磁换向阀 6—除霜用二通阀

能。当室温与设定温度之差较大时，变频器自动增大压缩机电源的频率以提高压缩机转速，从而使室温在很短时间内达到设定温度。

图 6-41 所示是变频式空调器的循环流程图。它是制冷和制热兼用的循环。它和常规的热泵型空调器制冷系统的不同之处是采用了变频式压缩机和电子膨胀阀。

图中实线箭头的方向表示制冷时的制冷剂流向。虚线箭头的方向表示制热时的制冷剂流向。当空调器作制冷运转时，由变频式压缩机排出的高压高温气体，经过电磁换向阀进入室外换热器，向外界空气放出热量，制冷剂气体冷凝成液体，经过毛细管节流成低压后，进入室内换热器，吸取室内空气的热量而蒸发成气体，将流过换热器的室内空气温度降低。制冷剂气体经过电磁换向阀后被变频式压缩机吸入、压缩并排出，完成一个制冷循环。

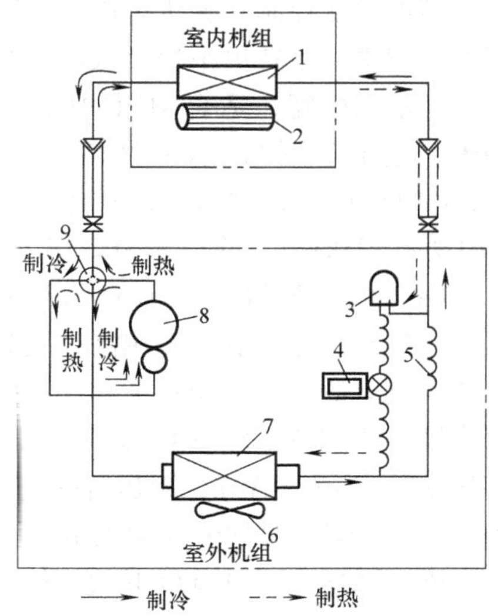

图 6-41　变频式空调器的循环流程图
1—室内换热器　2—贯流风机　3—干燥器
4—电子膨胀阀　5—毛细管　6—风机
7—室外换热器　8—变频式压缩机
9—电磁换向阀

当空调器作制热运转时，由变频式压缩机排出的制冷剂气体，经过电磁换向阀后，按虚线箭头所指的方向，流入室内换热器，向室内空气放出热量，制冷剂气体冷凝成液体后，经过干燥器和电子膨胀阀流入室外换热器，吸取室外空气的热量后，蒸发成气体，再流经电磁换向阀后，按虚线箭头所指的方向流入变频式压缩机，压缩成高温高压气体后排出，完成一个制热循环。

5. 变频式空调器的性能参数

将变频技术应用于空调器比较成功的主要是日本的几家大公司，而后国内的一些空调器厂家也开发出变频式空调器。下面介绍几种典型变频式空调器的性能参数。

（1）日本东芝 TOSVERT—130G1 变频式空调器　这种空调器电源输出频率范围为 30～125Hz，压缩机转速在 1800～7500r/min 之间变化，供热量为 4.88kW，制冷量为 1.74～3.02kW，室内机组噪声为 39dB，变频器以 PWM 调制方式输出可变频率，室内风机电动机功率为 15W。冬季供热时，当压缩机转速升高变化时，制冷剂的循环量可由 35% 上升至 117%。

（2）松下 CS—G90KC 变频式空调器　这种空调器的制冷量为 2.60kW（0.88～2.90kW，意指该空调器可从最小制冷量 0.88kW 调至最大制冷量 2.90kW），输入功率为 880W（280～990W）；制热量为 3.60kW（0.78～4.80kW），输入功率为 1080W（265～1410W）。该空调器的最大特点是具有一般空调器所没有的宽阔的功率输出范围及其应变性能。G 系列可从这一宽阔的功率范围中根据环境状况由低到高选择最佳功率。空调器上装有功率显示器，功率变化状态可通过点亮的指示灯进行确认。例如，运转开始时，压缩机旋转速度增快并以较大的功率运转，此时，点亮的灯较多，输出较大的功率使房间温度迅速变得舒适宜人，一旦达到所设定的温度，压缩机旋转速度减缓，以较小的功率运转，点亮的灯变少，既舒适又节能。

（3）海信 KFR—4001GW/ZBP 全直流数字变频式空调器　这种空调器采用国际先进的

液晶管背光显示屏，在不同的工作状态下可显示不同的色彩，更清晰、醒目；采用先进的PWM+PAM控制，提高了空调的功率因数，使用更高效；采用先进的16位控制器控制变频器，实现智能控制；整机采用全数字直流控制，更省电、高效；采用高效变频涡旋式全数字直流压缩机，运转更平稳、噪声更小；可超低温运转，在-18℃时可照常进行供暖运转；适用电压范围极宽，适合中国的国情。该空调器的主要性能参数如下：电源为单相、220V、50Hz，电压范围为160～260V，制冷量为4.0kW（0.9～4.5kW），制冷时的输入功率为1.25kW（0.09～1.70kW），制热量为6.0kW（0.9～7.5kW），制热时的输入功率为1.70kW（0.09～1.98kW），除湿量为2.0L/h，适用面积为22～30m^2。

（4）海信KFR—5001LW/BP变频式冷暖柜机　这种空调器采用先进的微控制器控制变频器，实现智能控制；采用高效变频式压缩机，能省1/3的电能；采用卫星传感式遥控器，实现人机对话。该空调器主要性能参数如下：适用电压范围为160～253V（额定电压220V），制冷量为5.0kW（0.7～6.2kW），制冷时的输入功率为1.96kW（0.5～2.7kW），制热量为7.2kW（0.7～8.2kW），制热时的输入功率为2.65kW（0.5～3.0kW），制冷时的最大输入电流为14.8A，制热时的最大输入电流为16.0A，适用面积为30～40m^2。

该空调器主要具有以下六大特点：

1）人机对话。设有室内机组本体和遥控器两套传感器，遥控器自动配合室内机组工作，把所测到的人体周围的温度通过遥控器的微控制器与室内机组互相传达，使室内机组自动调节人体周围的温度，确保室温的稳定。

2）温度恒定。先进的控制器控制方式，采用模糊控制技术，开机时可高频快速强力运转，达到设定温度后保持低速运转，以长时间保持相对恒温，避免了传统空调忽冷忽热给人体带来的不适感觉。

3）高效节能。可在极宽的范围内依据需要变化，根据房间大小调节自如，并提高电能的利用率，比传统空调器节省1/3的电能。

4）宁静。采用先进的室内风机和高效压缩机，结合空气动力学设计，使室内机组、室外机组运转更稳、噪声更小。

5）宽电压工作。适应电压范围宽达160～253V，变频起动，起动脉冲电流大大减小，降低了对周围电网的冲击。

6）智能变频。变频技术与先进的记忆判断功能强于传统机型。变频式高效压缩机的频率可在极宽的范围变化，高速运转，迅速制冷（制热），达到设定温度后，保持低速运转，精确地维持恒定温度。

第五节　空调器的基本电路

空调器的电气控制系统包括电动机、过电流保护器、温度控制器、电容器、除霜控制器、防止冷风温度开关、防冻开关等。

一、空调器用电动机

空调器用电动机有单相（220V）及三相（380V）两类。小型家用窗式及分体式空调器均采用单相感应交流电动机。大、中型空调器使用的是三相电动机。

1. 单相电动机

家用空调器中压缩机配备的单相电动机，与电冰箱类似，一般有四种类型：

（1）阻抗分相式（RSIR）　包含 PTC 起动、重锤起动，一般用于压缩机功率为 150W 以下的电冰箱，偶尔也用于制冷量较小的空调器。

（2）电容起动式（CSIR）　在起动绕组中串联一只起动电容器，只在起动时使用，有起动电容器及绕组的切断装置，起动结束后断开起动端，主要用以提高电动机的起动转矩，多用于压缩机功率为 150～300W 的大型电冰箱中，偶尔也用于一匹左右的空调器上。

（3）电容起动运转式（CSR）　在此电动机电路中，运转电容器与起动电容器并联后与起动绕组串联，当起动过程结束，起动电容器从电路中切断后，起动绕组可承受一部分负载，运转电容器能改进电动机的功率，提高效率，减小电流，这种电动机通常使用在功率为 750～1500W 的制冷压缩机中。

（4）电容运转式（PSC）　又称为永久分相电容式电动机。这种电动机大多应用于房间空调器和小型商用空调器中。它在电动机起动绕组中串联运转电容器。与电容起动式电动机相比，电容运转式电动机具有起动转速低、功率因数高、运转电流小等优点。

2. 脉冲电动机

为了节能，如今开发了变频式空调器，这种空调器利用电子膨胀阀控制制冷剂流量。电子膨胀阀动作速度快，能适应压缩机转速的不断变化，供给蒸发器适量的制冷剂。电子膨胀阀采用脉冲电动机驱动。

脉冲电动机的额定电压为直流 12V，四相电动机，两相励磁，驱动频率为 25/30Hz。全闭—全开脉冲数为 240，全闭/全开时间为 9.6s/8.0s。

脉冲电动机由微控制器进行控制，微控制器发出指令，在各相绕组上附加驱动电压，使电动机旋转，当微控制器指令信号相反时，电动机反转。所以，脉冲信号可以控制电动机正、反方向转动。

3. 三相电动机

在制冷量较大的空调器压缩机中配备的是三相笼型电动机。

三相笼型电动机的绕组接法有星形和三角形两种，电源电压为 380V。全封闭式压缩机所用三相电动机外接有接线盒，其中有六个接线柱，可接成三角形（线、相电压为 220V）、星形（线电压为 380V、相电压为 220V）。

三相电动机因有足够的起动转矩，效率和功率因数也较高，因而不需要使用电容器和起动继电器。

4. 空调器的风机与风机电动机

（1）贯流风机　贯流风机应用在分体式空调器的室内机组中，其作用是不断地将被调节房间内的空气吸入室内机组中，经过蒸发器降低空气温度后，以一定的风压和流量送出，通过室内机组的出风口送入被调节的房间内。

它的叶片一般为前向式，叶轮两端封闭，外形细长呈滚筒状。工作时，空气不是从两端轴向吸入，而是沿叶轮径向流入，再从叶轮另一侧径向流出，即空气气流两次通过叶轮的叶片。

贯流风机工作时，横截面上的一部分流道吸入空气，而另一部分流道排出空气。空气是横贯流过风机的。这种风机的特点是叶轮直径小、长度大、风量大、风压低、转速低、噪声小，故适用于分体式空调器的室内机组。

图6-42所示为贯流风机在室内机组中的工作状态。空气由前面板的格栅进风口和顶部的进风口进入，经过蒸发器流入贯流风机，其流向以箭头表示。贯流风机在室内机组中旋转时，空气产生旋涡，旋涡核心偏离风机的轴心。因而造成沿贯流风机圆周各处的压力分布不同，形成吸入区域和排出区域。自排出区域排出的空气由室内机组的出风口排到空调房间中。

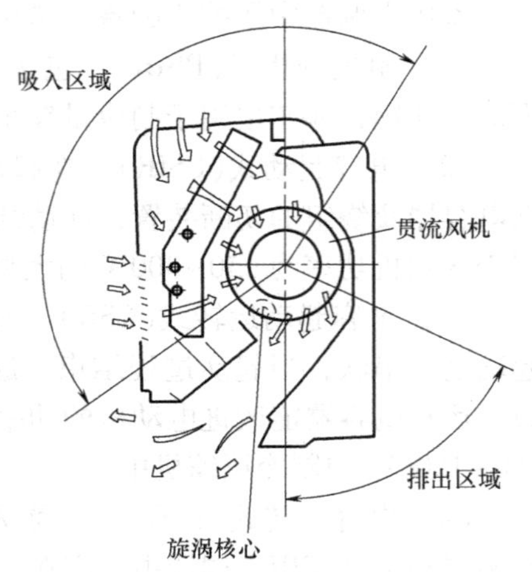

图6-42　贯流风机在室内机组中的工作状态

图6-43所示为贯流风机叶轮的零件图。叶轮由塑料制成，分成数节，视需要风量和室内机组宽度而定。制造时将它与各中间节及最右面的一节用热压焊接在一起。最左面一节和最右面一节有端板，中间部分压配有金属的轴。

当前，房间空调器中使用的贯流风机有以下特点：

1）叶轮直径尽可能大。这样可以在满足流量和风压的要求下，降低转速，使室内机组噪声降低。

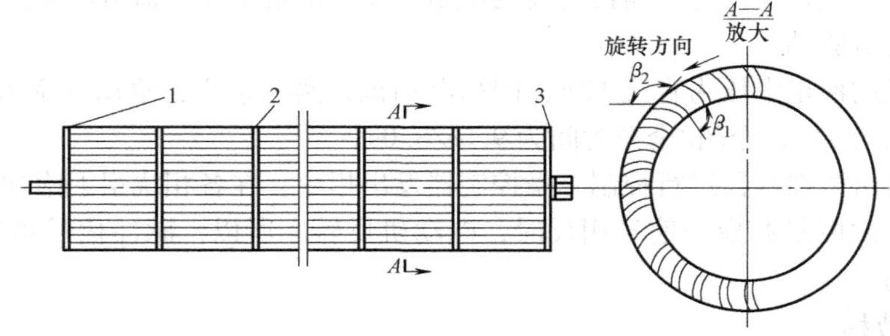

图6-43　贯流风机叶轮的零件图
1—左轮盖　2—叶轮　3—右轮盖

2）叶轮上的叶片数为单数，叶片之间距离不等，且叶片相对于叶轮中心非对称排列，使噪声降低。

3）叶轮制造时，其同心度要好，这样利于平衡，且使噪声和振动减小。

4）叶轮要经过防霉处理。

（2）轴流风机　轴流风机大多用铝材压制成形或ABS塑料注塑成形，也有采用镀锌薄钢板制造的。轴流风机用于分体式空调器的室外机组中以及窗式空调器的冷凝器鼓风机中。它的形状像螺旋桨，气体沿轴线方向流动，所以称为轴流风机。

图6-44a所示为轴流风机的外形。通常叶片数为4~6片。图6-44b所示为常规叶形。图6-44c所示为改进叶形，又称为混流式(一个叶片的一部分做成离心式,另一部分做成轴流式)叶形，使噪声比常规的叶形降低20%左右。

（3）离心风机　离心风机的整体结构一般由工作叶轮、螺旋形蜗壳、轴及轴承座等组成。叶轮大都采用多叶片向前型，叶轮结构紧凑，材质多为ABS塑料或铝合金，其重量轻，抗腐蚀性及空气动力性好。

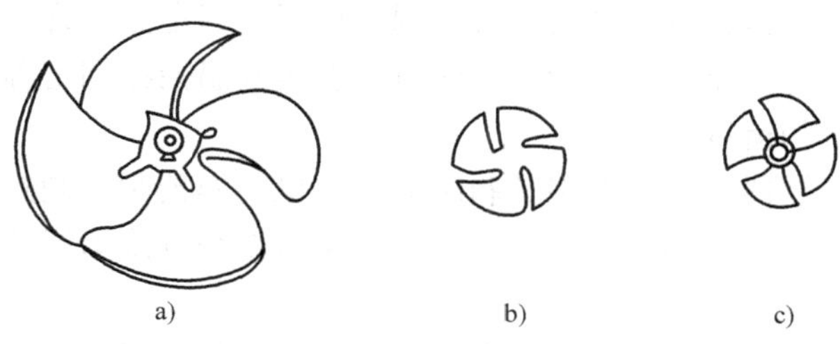

图 6-44　轴流风机
a）外形　b）常规叶形　c）改进叶形

离心风机用于窗式空调器的室内侧空气循环鼓风以及柜式空调器的室内机组鼓风。它的叶片形状和贯流风机相似，但叶轮直径大，长度很短，而且叶轮外四周都有蜗壳包围。空气从叶轮中心进入，沿叶轮的半径方向流过叶片，在叶片的出口沿蜗壳的方向汇集到出风口排出。由于气流主要是呈离心流动，故称为离心风机。

离心风机的工作原理是：由电动机直接带动风机叶轮，作旋转运动叶片之间的空气，在离心力作用下，被抛向叶轮周围，加大气体流动速度，提高其动能，在蜗壳内减速增压后，由风机口送出，叶轮中心形成低压，吸入循环空气。

离心风机的风量比轴流风机的小，但风压比轴流风机大。图 6-45 所示为离心风机的结构简图。

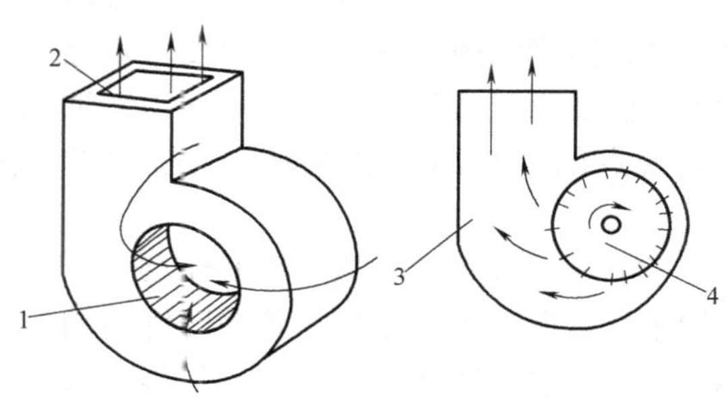

图 6-45　离心风机的结构简图
1—进风口　2—出风口　3—外壳　4—多叶片叶轮

（4）风机电动机　房间空调器风机电动机多采用单相电容运转式。使用时要求这种电动机噪声低，运转平稳，振动小，效率高，重量轻，体积小，转速可调节。

单相电容分相式空调器风机电动机的转速一般为高、低两挡或高、中、低三挡，送风有强、弱或强、中、弱之分。图 6-46 所示为风机电动机调速原理电路。

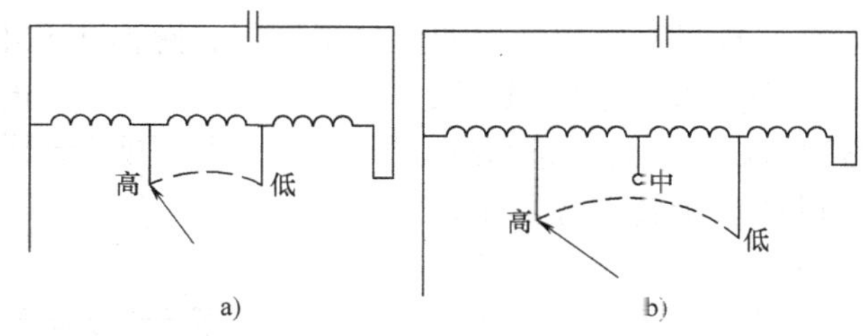

图 6-46　风机电动机调速原理电路
a）两速　b）三速

二、温度控制器

温度控制器又称温度继电器或恒温器，简称温控器。空调器中的温控器可对其制冷、制热进行自动控制，不同用途的温控器的形式也不同。

单冷型空调器的温控器，只控制压缩机的制冷运行，当室温上升至温控器所调定的温度时，压缩机控制电路接通，压缩机运行，当回风温度达到温控器调定温度后，压缩机控制电路被切断，停止压缩机的运行。

热泵型空调器的温控器，不仅控制其制冷运行，也同样控制其制热运行。夏季控制制冷运行过程，与单冷型空调器一样，冬季冷热切换开关将系统制冷运行切换为制热运行，温控器可控制其制热运行过程。

常用空调器的机械式温控器，主要有感温波纹管式和膜盒式两种。

1. 感温波纹管式温控器

图 6-47 所示为感温波纹管式温控器结构简图。感温波纹管式温控器主要由三大部分构成。

(1) 感温机构　感温机构由感温包、毛细管、波纹管形成一个密闭系统，内装感温剂。感温包放在空调器的吸入空气的风口处，感受室内循环回风的温度，将温度信号转变为压力信号，以压力作用来推动电触点的通与断，以达到自动控温的目的。

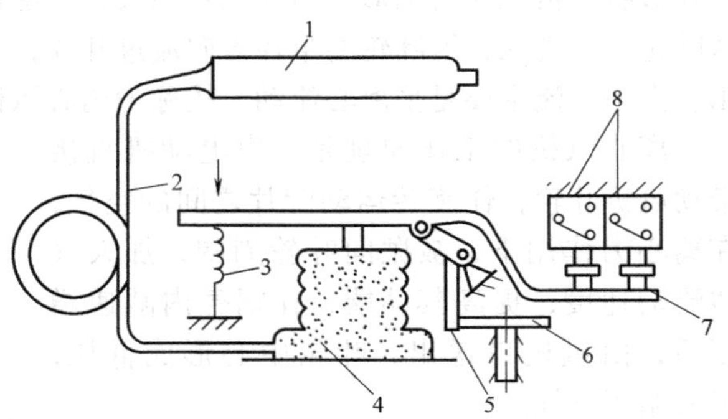

图 6-47　感温波纹管式温控器结构简图
1—感温包　2—毛细管　3—弹簧　4—波纹管
5—曲杆　6—偏心轮　7—杠杆　8—微动开关

(2) 偏心轮调节机构　偏心轮调节机构用来调定温度的给定值，若顺时针转动偏心轮，就会使曲杆产生向左的位移，增加了弹簧的力矩，可使温控器的温度给定值上升(室温偏高)，反之，则可使温控器的温度给定值下降(室温偏低)。

(3) 微动开关　微动开关有两个，其中一个用于制冷工况，另一个用于制热工况。每一个微动开关都有一个常开和常闭的触点。微动开关的工作原理是：在制冷工况下，当室温上升到调定的温度时，感温包中的感温剂膨胀，使波纹管内部压力增大，波纹管伸长并克服弹簧的弹力把微动开关的触点接通，此时制冷压缩机运转，系统开始制冷，直至室温下降，空调器回风温度又降至温控器调节机构事先调定的温度时，感温包和毛细管内的感温剂收缩，微动开关的触点在弹簧力的作用下断开，使压缩机电动机的电路被切断，系统停止制冷。

室内温度的控制可以通过旋转温控器上的调节凸轮改变弹簧拉力而达到改变室内温度的目的。冷热两用型的热泵型空调器也可以用这种温控器的微动开关进行控制。

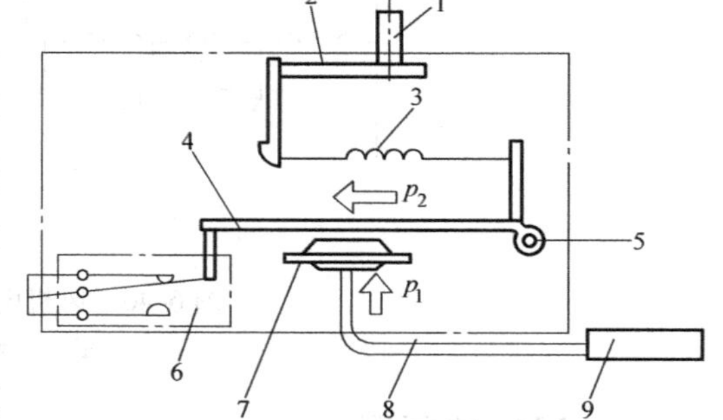

图 6-48　膜盒式温控器结构简图
1—调温旋钮　2—凸轮　3—弹簧　4—压板　5—支点
6—开关　7—膜盒　8—毛细管　9—感温包

2. 膜盒式温控器

图 6-48 所示为膜盒式温控器结构简图。膜盒式温控器与波纹管式温控器一样，属压力式温控器，膜盒的一端通过毛细管接在感温包上，将外界空气的温度变化转变为膜盒中的压力变

化，通过压板的端杆去操纵开关动作，从而控制压缩机电动机电路的通断。

在制冷运行中，如果室温下降，则感温包内压力 p_1 降低，使压板下移，因而使触点断开，电路被切断，压缩机停止运转。当室温回升，感温包内压力也随之增高，此时压力 $p_1>p_2$，压板上移，温控器内制冷运行电触点闭合，电路接通，压缩机又重新起动并开始制冷。这种空调器也可以用于热泵型空调器中进行温度控制。空调器中所使用的电子式温控器与电冰箱中使用的电子式温控器一样，前面已讲过其结构与工作原理，在此就不重复了。

三、除霜控制器

热泵型空调器冬季制热时，室外侧换热器上表面温度可达到0℃或0℃以下，其盘管上会结霜，而且随着开机时间的增加，霜层会越结越厚，甚至会使其盘管表面全部冻结，造成室外侧换热器的空气对流严重受阻，对空调器本身和供热循环极为不利。

1. 除霜的种类

室外侧换热器进行除霜的方法，目前常用的方法有三种：

1）通过时间继电器定时除霜。

2）当室外空气温度或蒸发器盘管表面温度低于某个设定值时，进行除霜。

3）通过控制部件感受蒸发器前后空气的压差来除霜。

2. 空调器除霜的方法

（1）停机除霜 切断空调器电源，停止其运行，使其在自然环境中将室外侧换热器上的霜层融化。

（2）制冷剂除霜 除霜时切断热泵型空调器上电磁换向阀的电源，使系统恢复制冷运行（此时需切断风机电路），用压缩机排出的高温制冷剂蒸气，将室外侧换热器上的霜层很快融化。

其他热泵型空调器除霜的方法：

1）机械式除霜器进行除霜。机械式除霜器的结构和工作原理与压力式温度控制器基本相同。它由波纹管、毛细管、弹簧、杠杆和开关触点等零部件组成。图6-49所示为机械式除霜器。

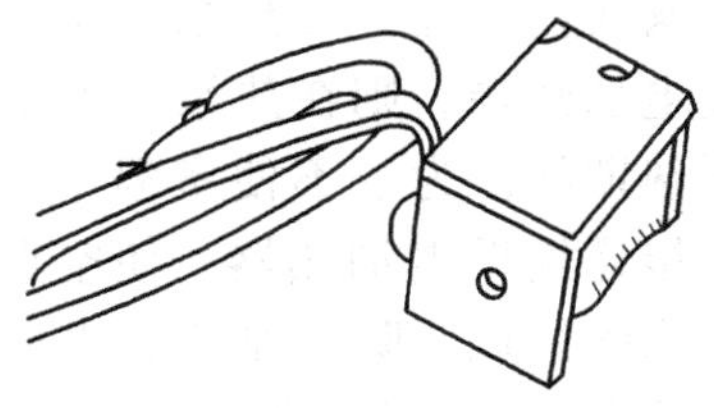

图6-49 机械式除霜器

感温毛细管紧贴在室外侧蒸发器上（制热时为蒸发器，制冷时为冷凝器），当感温毛细管温度达到0℃时，除霜器就接通除霜电路，使电磁换向阀换向除霜功能。这时，室外侧蒸发器变为冷凝器运行，所以除霜期间空调器不向室内供热风。同时，为了避免除霜期间向室内吹冷风，除霜器在接通除霜电路时即切断了风机电路。当感温毛细管温度升到6℃时，除霜器切断除霜电路，电磁换向阀自动换向并接通风机电路，使空调器继续制热。图6-50所示为装有机械式除霜器的热泵型空调器电气线路。

这种机械式除霜器的缺点是：当气温比较低、空气相对湿度比较小时，蒸发器上并无霜层，除霜器仍要接通除霜电路除霜。同时，当外界气温低于0℃时，除霜器就会频繁除霜。由于除霜期间空调器不向室内吹热风，故室温升不上去。

2）SFB型除霜器进行除霜。SFB型除霜器是通过时间和温度两个参数来除霜的。它克服了机械式除霜器在低温环境下频繁除霜和除霜时间长的缺点，达到了比较实用的要求。图

6-51 所示为 SFB 型除霜器。

这种除霜器的感温元件装在空调器蒸发器上，当感温元件的温度达到-5℃时，除霜器就接通除霜电路，使电磁换向阀换向除霜。同时切断风机电路，使空调器不向室内吹冷风。当感温元件的温度升到 10℃时，除霜结束，电磁换向阀换向，空调器继续向室内吹热风。若外界气温相当低，空气很干燥，蒸发器上并无霜层，但由于感温元件的温度已达到-5℃，所以也要除霜。因蒸发器上无霜层，感温元件升温十分快，一般不超过 10s，在寒冷的天气感温元件温度会很快下降，但 SFB 型除霜器通过凸轮机构，控制除霜次数为每小时不得超过 1 次，且最长时间控制在 10min。这样，第一次除霜结束后，即使感温元件的温度达到-5℃，在 1h 内也不会出现第二次除霜。

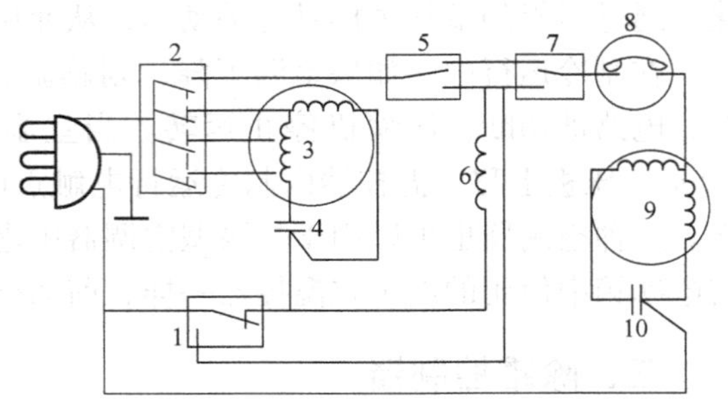

图 6-50 装有机械式除霜器的热泵型空调器电气线路
1—除霜器 2—主控开关 3—风机电动机 4—风机电容器 5—冷热开关 6—换向阀电磁线圈 7—压缩机电动机 8—过载保护器 9—压缩机电动机 10—压缩机电动机电容器

3）IC 电子除霜器的工作过程：IC 电子除霜器是通过温度和时间两个参数来除霜的，图 6-52 所示为 IC 电子除霜器的工作过程。制热开始，IC 计时，当制热时间超过 60min，它就接通热敏电阻检测室外侧换热器(蒸发器)表面温度。若温度达到或低于-4℃时，IC 电子除霜器就切断电磁换向阀电磁线圈电路，使换向阀换向除霜。若热泵空调器还带有辅助电加热器，则在热泵空调器除霜停止供热期间，为了不使室温下降，它会自动接通辅助电加热器，使空调器继续向室内吹热风，除霜结束，电磁换向阀再次换向，热泵空调器继续向室内供热，同时切断辅助电加热器电路。IC 电子除霜器除霜过程是通过时间控制器计时和感温元件检测室外侧换热器表面温度进行控制的。当换热器表面温度达到 11℃或除霜时间超过 12min 时，除霜过程就会自动结束，从而结束了机械式除霜器在寒冷季节除霜频繁及除霜时间过长，导致室温升不上去的缺点。

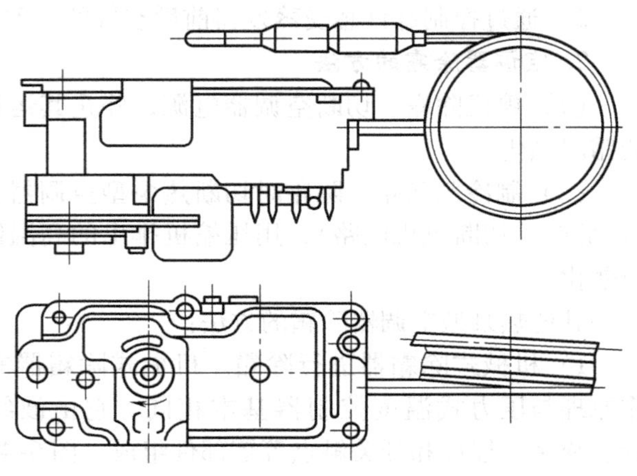

图 6-51 SFB 型除霜器

4）微差压计除霜器进行除霜。微差压计除霜器是利用微差压计感受蒸发器结霜前后的压差来除霜的。图 6-53 所示为微差压计结构。微差压计除霜器的高压端接空调器蒸发器(制冷运行为冷凝器)进风侧，低压端接蒸发器出风侧，图 6-54 所示为微差压计在使用中的接法。蒸发器结霜后，通过它的空气阻力增加，前后压差发生变化，从而接通除霜线路。使电磁换向阀换向除霜。待霜层融化后，压差恢复到正常值。则电磁换向阀再次换向，风机运转，空调器继续向室内供热。利用微差压计除霜与外界气温高低无关，仅与结霜程度有关，而且无霜时，空调器也不会除霜。微差压计除霜器比 IC 电子除霜器更优越。

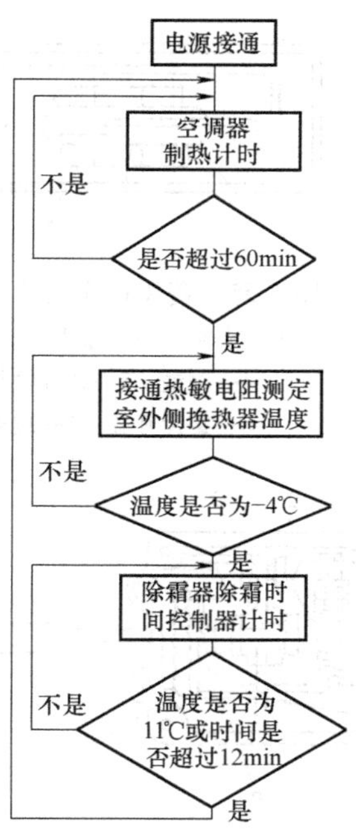

图 6-52　IC 电子除霜器的工作过程

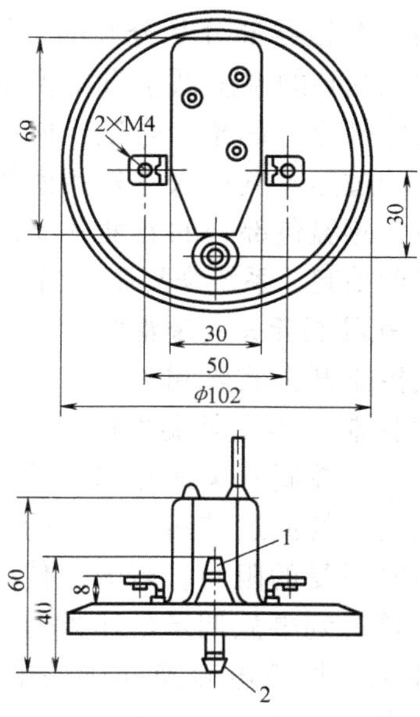

图 6-53　微差压计结构
1—高压侧接管　2—低压侧接管

3. 除霜温度控制器

除霜温度控制器是一种根据室外侧换热器表面温度进行除霜的温控器。其结构与空调器所使用的压力式温控器相似。它的感温包紧贴在室外侧换热器表面上，能感受换热器表面温度及周围空气温度的变化，当室外空气温度低于某一调定的温度值时，除霜温控器就动作，切断电磁电磁换向阀的电路，改变制冷剂在系统中的流向，使室外侧换热器表面上的霜层，在热制冷剂的作用下很快被除掉。

在除霜过程中，室外侧换热器表面上的温度不断上升，当感温包温度达到 6℃时，除霜温度控制器又接通电磁换向阀的电路，使系统又恢复制热循环。

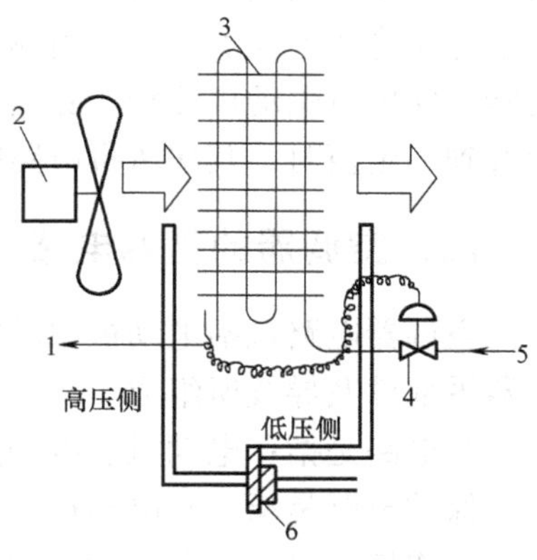

图 6-54　微差压计在使用中的接法
1—至压缩机　2—风机电动机
3—蒸发器　4—膨胀阀
5—从冷凝器来
6—微差压计

4. 热动簧片式控制器

热动簧片式控制器又称做簧片式开关，它既可用于除霜控制，也可用作防止冷风的温度开关，图 6-55 所示为簧片式除霜开关的结构。

热动簧片式控制器作为除霜控制器时，一般需要两只，一只用于除霜开始，另一只用于除霜结束。除霜开始温度为-3℃±2℃，除霜结束温度为 6℃±2℃。

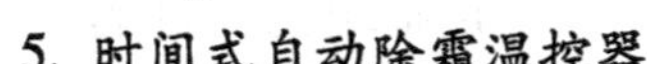

5. 时间式自动除霜温控器

时间式自动除霜温控器的基本结构与一般除霜温控器区别不大，它是一种感温膜盒式温控器，图 6-56 所示为时间式自动除霜温控器的结构。感温包安装在室外侧换热器盘管表面上，带动转轮转动的时间机构与温控器部分是分开的，转轮每转 1 圈为 1h。当感温包感受到的温度低于设定温度时，触杆与转轮接触，只要触杆进入凹槽，电磁换向阀就接通换向，使压缩机排出的过热蒸气进入室外侧换热器除霜，10min 后，除霜结束，感温包部分的温度升高，在 10℃ 以上时，触点离开凹槽抬起，系统恢复制热循环。

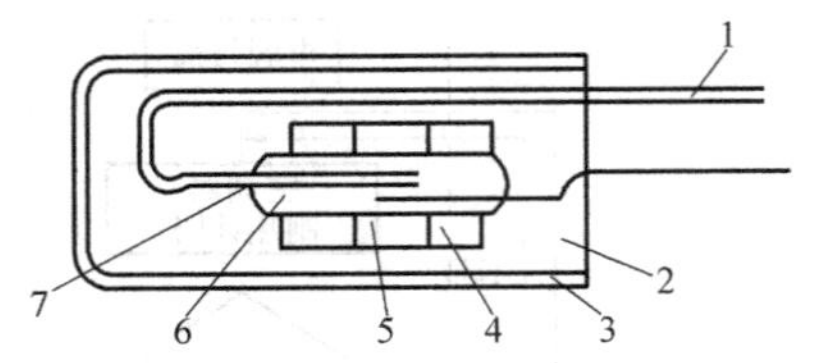

图 6-55　簧片式除霜开关的结构
1—导线　2—树脂板　3—铝壳
4—磁铁　5—感温铁氧体
6—簧片开关　7—玻璃管

6. 空气控制开关式除霜器

空气控制开关式除霜器可以进行除霜或除冰控制。当室外温度降到 4℃ 或更低时，空气控制开关式除霜器的传感器能感测出空气流过结霜或结冰的室外侧换热器时所受的阻力。当流过传感器空气的压差达到事先调定的压差时，空气控制开关就切断电磁换向阀的电路，使系统制冷剂换向，达到除霜的目的。

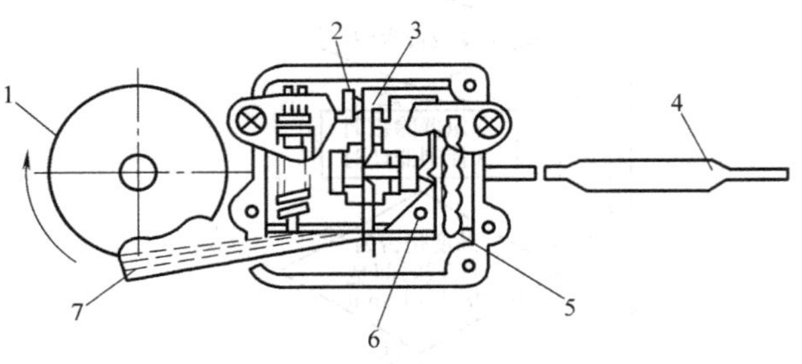

图 6-56　时间式自动除霜温控器的结构
1—转轮　2—触点 A　3—触点 B　4—感温包
5—膜盒　6—转轴　7—触杆

7. 防止冷风温控器

防止冷风温控器也叫做防止冷风开关。在冬季热泵型空调器的室外机组除霜时，为防止室内机组有冷风吹出，影响室温，特设置了防止冷风温控器。当室内侧换热器的温度降至一定值时，它自动将空调器送风机的电路切断，使风机电动机停转。除霜结束后，系统恢复制热运行，室内侧换热器盘管的表面温度上升到一定值时，其送风机电路被接通，风机系统恢复正常工作。

四、空调器的基本电路

空调器电路包括电动机驱动电路、主电路、保护电路和操作控制电路，各电路由不同的电器零部件及导线所组成。

主电路是指：电动机、电加热器、电加湿器等的供电电路。

保护电路是指：对电动机、压缩机进行保护的电路。

操作控制电路是指：对电动机、电加热器、电加湿器进行开停操作及对温度、相对湿度、风量、送风方向等进行控制的电路。

1. 压缩机电动机的电路

空调器所用的压缩机电动机的单相电源电路有 PSC 电路和 CSR 电路，三相电源电路有 IR 电路。

(1) 电容运转型(PSC 型)　图 6-57 所示为电容运转型电动机电路。这种电动机多用于房间空调器和小型的商用空调器。其起动方式比较简单，只要在起动绕组中串联一个运转电容器即可，不需要起动继电器和起动电容器。

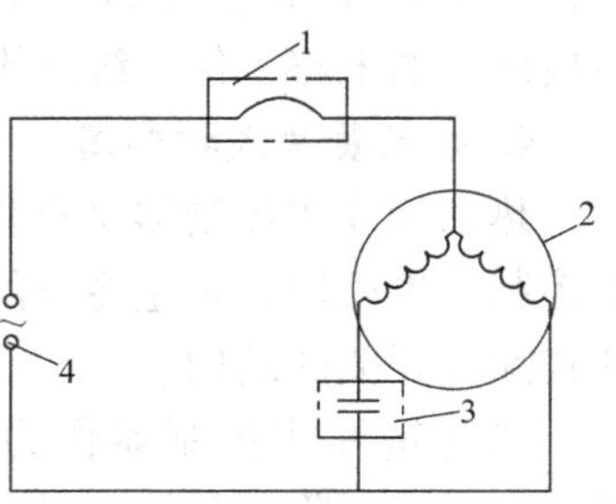

图 6-57　PSC 电路
1—电动机过载保护器
2—单相电动机　3—运转电容器　4—电源

（2）电容起动电容运转型（CSR 型）　图 6-58 所示为电容起动电容运转型电动机电路。这种电动机是在电路中有两个电容器，起动电容器支路还串联一个起动继电器，然后与运转电容器支路并联。

（3）三相电源电路（IR 型）　IR 电路是三相异步电动机使用的防止反相器电路。图 6-59 所示是 IR 电路。为了防止使用三相异步电动机的旋转式压缩机反转，电路中安装了防止反相器，同时为保护电动机，还安装有两个热保护装置，电路中的超前相位补偿电容器可提高电动机的功率因数。

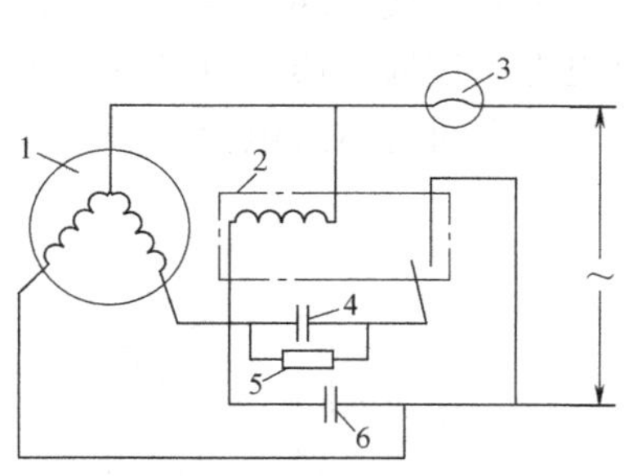

图 6-58　CSR 电路
1—单相电动机　2—起动继电器　3—电动机过载保护器　4—起动电容器　5—放电电阻　6—运转电容器

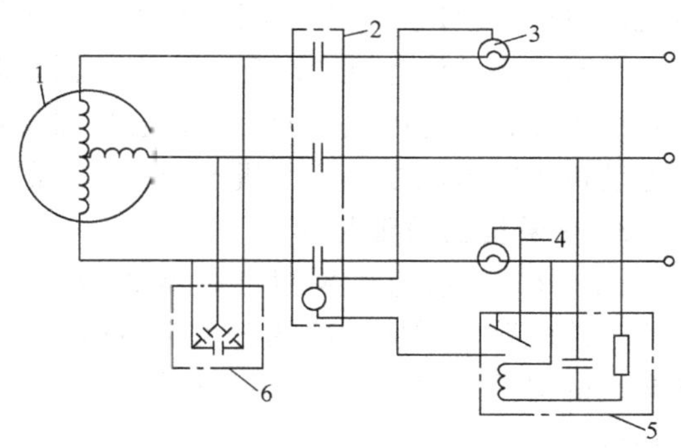

图 6-59　IR 电路
1—三相异步电动机　2—电磁开关　3、4—电动机过载保护器　5—防止反相器　6—超前相位补偿电容器

2. 单冷型空调器电路

单冷型空调器只用于夏季制冷降温、除湿，不能用于房间内制热。图 6-60 所示为单冷型空调器的典型电路。

由图 6-60 所示可以看出，它包括两条主电路，一条是压缩机供电电路，另一条是风机电动机供电电路，均由主控选择开关控制压缩机和风机电动机的供电，并由温度控制器控制压缩机的开停。主控选择开关的风机挡在弱风挡位时，风机电动机的供电电路是：电源 A→主控选择开关 2→风机电动机起动绕组 ED→风机电动机起动电容器→风机电动机保护器→电源 B，完成风机电动机起动回路。风机电动机开始运转。风机电动机正常运转后，闭合制冷开关，即主控选择开关 2 与电源 A 相通，形成了压缩机的供电电路：电源 A→主控选择开关 2→温度控制器→压缩机过载保护器→压缩机起动和运行绕组。

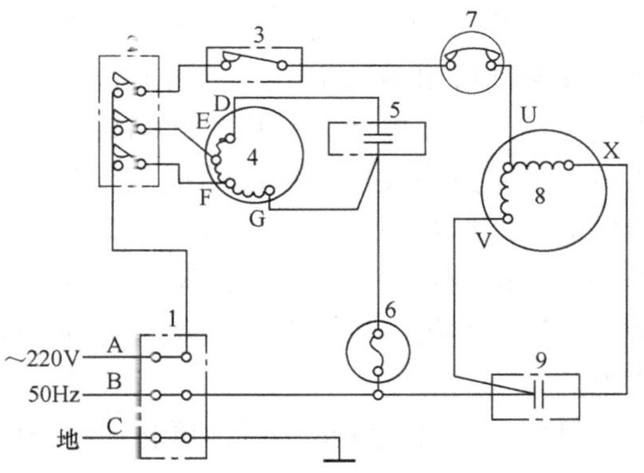

图 6-60　单冷型空调器的典型电路
1—接线板　2—主控选择开关　3—温度控制器　4—风机电动机　5—风机电动机起动电容器　6—风机电动机保护器　7—压缩机过载保护器　8—压缩机电动机　9—压缩机电动机电容器

当室内达到预定的温度后，温度控制器触点自动断开而切断电源。当室内温度回升后，温度控制器触点闭合又接通电源，压缩机又开

始运转制冷。

空调器工作时，风机电动机始终在运转。从图 6-60 中可以看出，风机电动机的起动绕组和运行绕组是随着风速的强弱而变化的。弱风时，起动绕组为 ED 的一段绕组，运行绕组为 EFG 的一段绕组；强风时，起动绕组为 FED 的一段绕组，运行绕组为 FG 的一段绕组。风机电动机转速越快，运行绕组线圈匝数越少，起动绕组线圈匝数越多，风机电动机转速越慢，运行绕组线圈匝数越多，起动绕组线圈匝数越少。

主控选择开关控制风机电动机和压缩机电动机的工作。闭合主控选择开关可以单独运行风机，也可以使风机与压缩机同时工作。主控选择开关可以进行风量和制冷强弱的选择。制冷运行时，当室温达到要求后，由温控器切断压缩机供电电路，使压缩机停止工作，而风机则继续工作；当室内温度回升后，温控器又将压缩机供电电路接通，压缩机又开始工作。风机电动机供电电路中串联风机电动机保护器，可以对风机电动机进行过电流保护。

3. 热泵型空调器电路

图 6-61 所示为热泵型空调器典型电路。该电路中增加了冷热开关和电磁换向阀的保护开关。主控选择开关由六组触点组成。

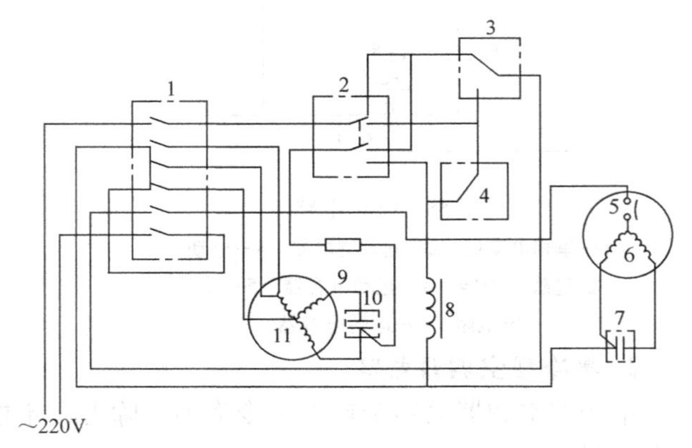

图 6-61 热泵型空调器典型电路

1—主控选择开关 2—冷热开关 3—温度控制器 4—电磁换向阀保护开关 5—内藏式热保护器 6—压缩机电动机 7—压缩机电动机起动电容器 8—电磁换向阀线圈 9—风机电动机保护器 10—风机电动机起动电容器 11—风机电动机

电路工作程序是：先将主控选择开关旋到风速挡，这时电流走向是：主控选择开关→冷热开关→风机电动机保护器→风机电动机起动电容器，然后分两路：一路完成风机电动机起动绕组供电，即起动绕组→风机电动机低速挡→主控选择开关→电源，或起动绕组→风机电动机中速挡→主控选择开关→电流，或起动绕组→风机电动机高速挡→主控选择开关→电源，完成了起动绕组供电。另一路完成了风机电动机运行绕组供电，即运行绕组→风机电动机低速挡→主控选择开关→电源，或风机电动机运行绕组→风机电动机中速挡→主控选择开关→电源，或运行绕组→风机电动机高速挡→主控选择开关→电源，完成了风机电动机运行绕组的供电。

风机电动机正常运转后，再起动制冷压缩机，主控选择开关接通，此时的制冷压缩机的起动回路是：温度控制器→主控选择开关→压缩机内藏式热保护器→压缩机绕组公用端。然后一路经压缩机起动绕组→起动电容器→主控选择开关→电源，完成了压缩机的起动回路。另一路经压缩机运行绕组→主控选择开关→电源，完成了压缩机运行回路，压缩机运转。

制热时，先将冷热开关由制冷位置调到制热位置，使冷热开关接通，同时将温度控制器由冷调到热，此时温度控制器接通，其电流走向是电源→主控选择开关→冷热开关。然后分三路：第一路是冷热开关→电磁换向阀保护开关→冷热开关→风机电动机，使风机电动机运转。第二路是冷热开关→电磁换向阀保护开关→电磁换向阀线圈→主控选择开关→电源，电磁换向阀通电，使原来制冷剂流向发生逆转，即室内蒸发器变成冷凝器，其热量由离心风机吹入室内。第三路是冷热开关→温度控制器→主控选择开关→压缩机电动机绕组→电源，使压缩机运行并在电磁换向阀的指令下向室内供热。这种空调器工作在低冷、中冷和高冷状态时，其压缩机的制冷量并未改变，状态是由机内吹出的风的强弱决定的。制热时强热和低热也是由风机电动机的风速决定的。

4. 电热型空调器电路

图 6-62 所示为电热型空调器的电路图。电热型空调器大都采用由选择开关、继电器—接触器组成的控制电路，现就各部分控制电路进行分析。

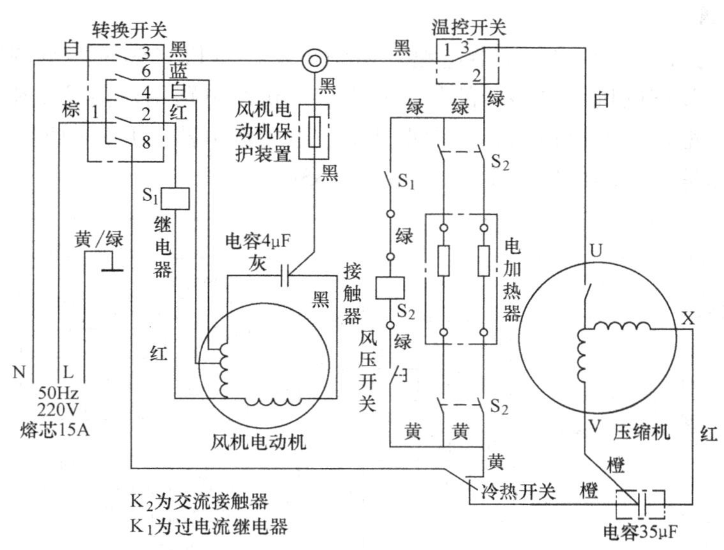

图 6-62 电热型空调器(Kc—30D)电路

（1）风机电动机控制电路 由图 6-62 可以看出，电源、转换开关、风机电动机、起动电容器、风机电动机保护装置、电流继电器 K_1 等构成一个转换开关直接控制的电路，电动机转速的高低取决于运行绕组上的电压。

当转换开关 1-2 接通时，风机高速抽头得电，风机高速运转；转换开关 1-4 接通时，风机中速运转；转换开关 1-6 接通时，风机低速运转。转换开关在制冷、制热、风机工作挡位时，接点 1-3 呈闭合状态。

（2）制冷时压缩机供电电路 制冷时，压缩机供电电路也是一个简单的转换开关控制电路，其特点是回路上多了一个温控开关、一个冷热开关。相线→转换开关 1-8(灰)→冷热开关(冷、橙)→压缩机→过电流保护器→温控开关 3-1(黑)→转换开关 3-10(白)→中性线(白)。

当转换开关在制冷位置时，转换开关触点 10-3、1-8 接通，只要冷热开关处于“冷”位置，温控开关触点 1-3 接通(温度高于设定值时)，则压缩机得电工作。当温度达到设定值时，温控开关触点 1-3 自动断开，压缩机失电停机。冷热开关是个切换开关，设置在制热挡时，切断压缩机控制电路，压缩机不工作。

当转换开关处在高冷时，风机处于高速。转换开关在中冷、低冷时，则风机相应处于中速、低速。

（3）制热控制电路　由图 6-62 可以看出，制热控制电路既是一个开关电路，又是一个典型的继电—接触器控制电路。整个电路可分为主电路和控制电路两部分。

1）主电路。当转换开关处于制热位置，冷热开关处于热挡，温控开关 1-2 点接通时，220V 电源即送入交流接触器 1、2 的电源输入端。当接触器线圈 K_2 得电时，常开触点 K_2 闭合，电加热器得电制热。

2）控制电路。接触器 K_2 线圈的供电回路为控制电路。要使接触器 K_2 得电，此控制电路需满足两个条件：一是电流继电器 K_1 常开触点闭合；二是风压开关触点 1-2 闭合。只有风机在高速运转时才能满足这两个条件，从而起到保护作用。

5. 分体式空调器电路

图 6-63 所示为分体落地式空调器电路。由图可见，本机属热泵型空调器。整机电路可分为室外机组电路和室内机组电路两部分，室内、外机组电路用六根导线相连。本电路与电热型空调器相比，增加了电磁换向阀、除霜开关、电磁继电器，并且增加了除霜功能，另外室内、外风机和压缩机运转电容分别为 2. 5μF 和 35μF。

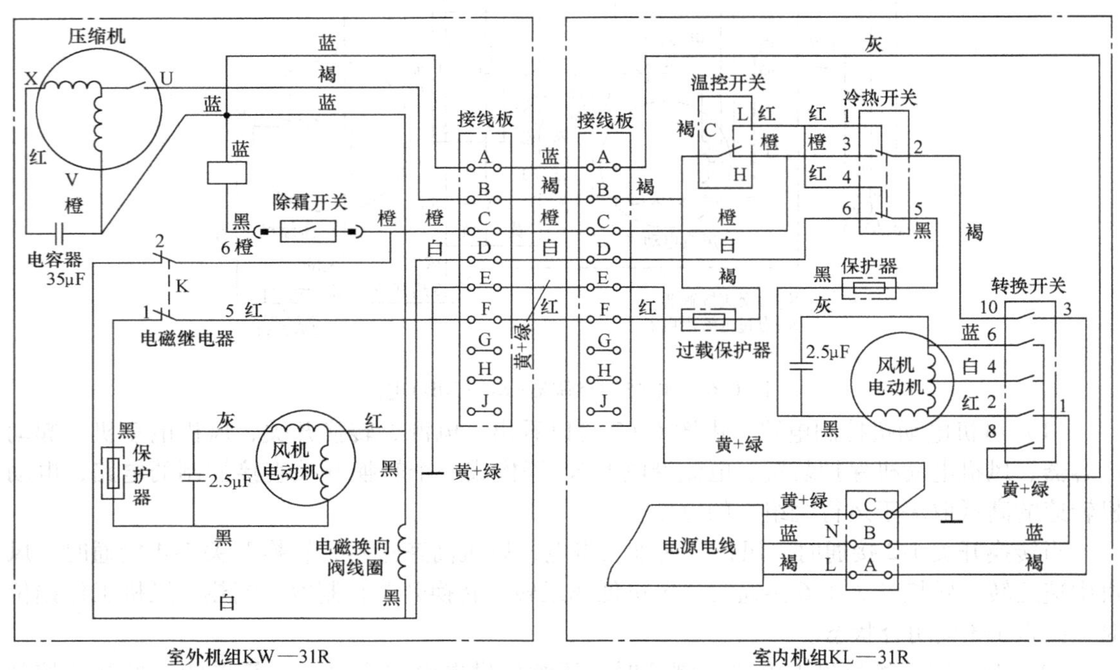

图 6-63　分体落地式空调器（KFR—31LW）电路

在执行除霜功能时，电磁换向阀失电，压缩机由制热变为制冷循环，且室内、外风机均停止运转。

整机供电电路分析如下：

1）室内风机电动机供电电路。制冷时，室内风机电动机供电电路的工作过程是：相线→转换开关 3-10→冷热开关 2-1→1-4→4-5→保护器（室内风机电动机温度保护）→（室内）风机电动机→转换开关→中性线。

制热时，室内风机电动机受电磁继电器触点 2-6 控制。

2）室外风机电动机供电电路。室外风机电动机供电电路的工作过程是：相线→转换开关3-10→冷热开关2-1→温控开关L-C→过载保护器→接线板F→电磁继电器闭合触点5-1→温度保护器→室外风机电动机→蓝色线接点→接线板A→转换开关8-1→中性线。

3）压缩机供电电路。压缩机供电电路的工作过程是：

制冷过程：

相线→转换开关3-10→冷热开关2-1→调温开关L-C→接线板B→压缩机U→接线板A→转换开关8-1→中性线。

制热过程：

相线→转换开关3-10→冷热开关2-3→调温开关H-C→接线板B→压缩机U→接线板A→转换开关8-1→中性线。

4）制冷时电磁换向阀线圈不通电，制热时电磁换向阀线圈通电，其工作过程是相线L(褐)→转换开关3-10(褐)→冷热开关2-3(橙)→接点(橙)→接线板C(橙)→接点(橙)→继电器6-2(白)→接点(黑)→电磁换向阀线圈(黑)→接点(蓝)→接线板A(蓝)→转换开关8-1(蓝)→中性线N(蓝)。

5）除霜电路。当室外换热器温度在-3℃以下时，除霜开关闭合，电磁继电器得电制热室内、外风机电路和电磁换向阀线圈同时失电，系统转化为制冷循环，依靠冷凝器放热除霜；待温度上升到10℃以上时，除霜开关断开，电磁继电器失电。制热室内、外风机电路和电磁换向阀线圈重新得电工作，恢复制热循环。

第六节　柜式空调器

柜式空调器有柜式冷风机和柜式冷热风机两大类。柜式冷风机只能用于夏季空调房间内空气的降温除湿；柜式冷热风机是冬夏两用机，既可用于冬季向空调房间的供暖，又可用于夏季为空调房间降温除湿。

柜式空调器根据其冷却方式和组合方式可以分为几种类型。

按冷却方式分，有风冷式和水冷式两种。风冷式就是指其冷凝器的散热用风机强制空气吹过冷凝器来进行；水冷式就是指其冷凝器的散热是利用冷却水来进行的。

按组合方式分，有整体式和分体式两种。整体式就是将空调器所需要的制冷及电气设备都组装在一个箱体内；分体式是将压缩机、冷凝器等制冷系统的高压部分放在室外机组中，而将节流装置和蒸发器、加热器放在室内机组中。然后用管道将室内部分与室外部分连接使用。

柜式空调器主要由制冷设备(压缩机、冷凝器、膨胀阀、蒸发器及辅助设备等)、空气处理设备(风机、过滤器、风道等)和电气控制系统等组成。压缩机多为全封闭式或半封闭式，其特点是体积小、重量轻、振动和噪声较小、制冷量较大，一般在11.6~80kW，操作方便。

一、风冷式柜式空调器

图6-64所示为风冷式柜式空调器的外形，它分为室内机组和室外机组两部分。

图6-65所示为风冷式柜式空调器安装示意图。

风冷式柜式空调器主要由制冷压缩机、冷凝器、干燥过滤器、膨胀阀、蒸发器、空气过滤器和室内、外风机等组成。

图 6-64　风冷式柜式空调器的外形

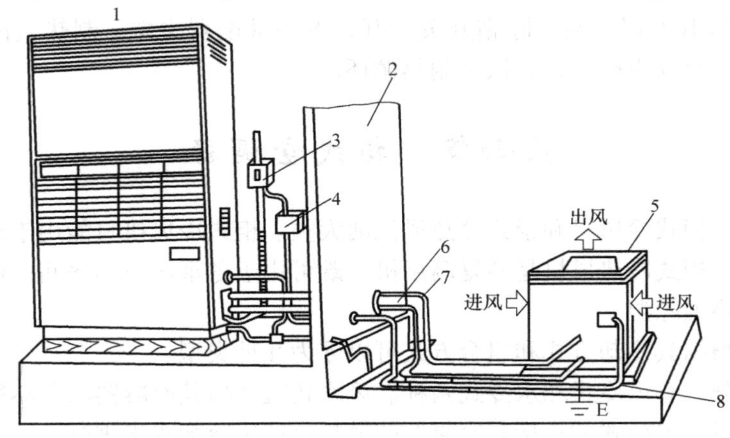

图 6-65　风冷式柜式空调器安装示意图

1—室内机组　2—墙　3—刀开关　4—开关盒

5—室外机组　6—液管　7—气管　8—导线

图 6-66 所示为风冷式柜式空调器的制冷系统示意图，压缩机排出的高温高压过热蒸气，进入冷凝器后被室外空气冷却，放出冷凝热后变成高压过冷液，经过空气过滤器过滤干燥后再经膨胀阀节流，进入蒸发器中蒸发，吸收室内空气热量后成为干饱和空气被压缩机吸回，再进入下一个循环。如此往复，达到给空调房间内的空气降温、除湿、除尘及改变室内空气循环速度的目的。

二、水冷式柜式空调器

水冷式与风冷式的结构基本相同，只是将风冷式采用的翅片盘管式冷凝器换成了壳管式或套管式冷凝器。水冷式柜式空调器分为接风管型和不接风管型两种。水冷式柜式空调器在结构上与风冷式柜式空调器相比只有室内机组，没有室外机组。

图 6-67 所示为水冷式柜式空调器的外形与制冷系统示意图。为适应冷负荷变化的需要，这种机型采用了两台各自独立的全封闭式压缩机、套管式冷凝器的制冷系统，当负荷较大时，两台机组同时起动运行；当负荷较小时，一台机组运行即可。

图 6-68 所示为水冷式柜式空调器的安装示意图。为提高用水的经济性，大多数水冷式柜式空调器均采用冷却塔为冷却水散热的方式，以节约用水。在水量充沛、靠近江河湖泊的地区，也有采取直排水方式冷却冷凝器的。水冷式柜式空调器制冷系统的工作原理与风冷式柜式空调器的相同，但是，由于冷却效果的加强，水冷式与风冷式相比，在机组功率相同的情况下，可提高 1/3 以上的制冷能力。

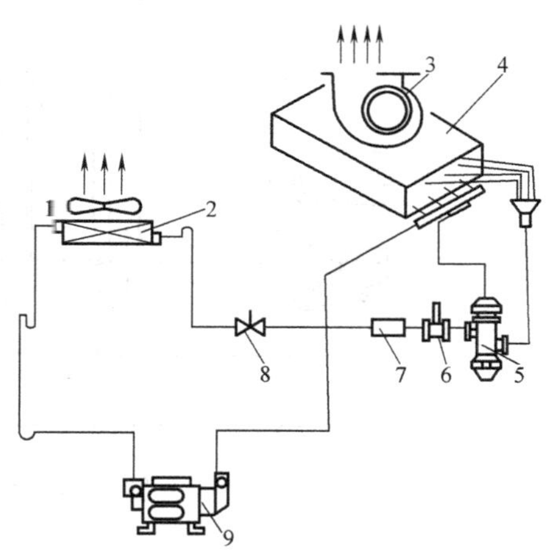

图 6-66　风冷式柜式空调器的制冷系统示意图

1—风机　2—冷凝器　3—风机　4—蒸发器　5—热力膨胀阀　6—电磁换向阀　7—空气过滤器　8—供液阀　9—压缩机

三、冷暖两用型柜式空调器

冷暖两用型柜式空调器有电热型和热泵型两种。电热型是在单冷型的基础上，加装了一套电加热器而组成，图 6-69 所示为其结构示意。它的主要设备有全封闭式制冷压缩机、套管式水冷冷凝器、毛细管、翅片式蒸发器、贮液器、管状电加热器、离心风机、空气过滤器等。它的工作原理、工作条件与同类型的家用空调器相同。

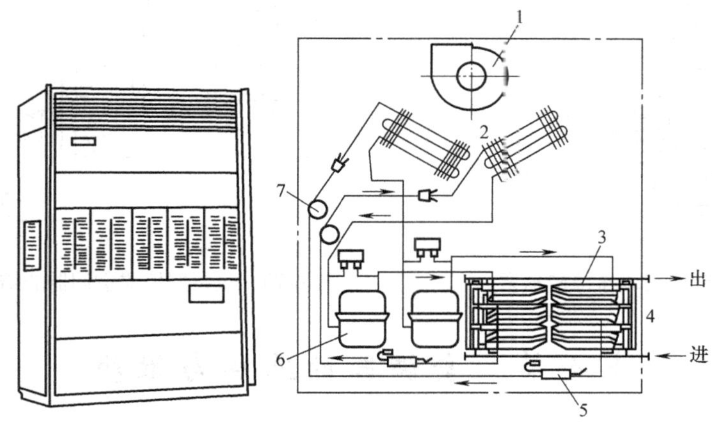

图 6-67　水冷式柜式空调器的外形与制冷系统示意图

1—风机　2—蒸发器　3—冷凝器　4—冷却水　5—空气过滤器　6—压缩机　7—毛细管

图 6-70 所示为热泵型柜式空调器的结构示意图。它与家用热泵型空调器一样都是在制冷系统中加装了电磁换向阀，依靠电磁换向阀切换制冷剂的流动方向，实现其冷暖功能转换。这种机型的工作原理与使用条件也与家用热泵型空调器相同。

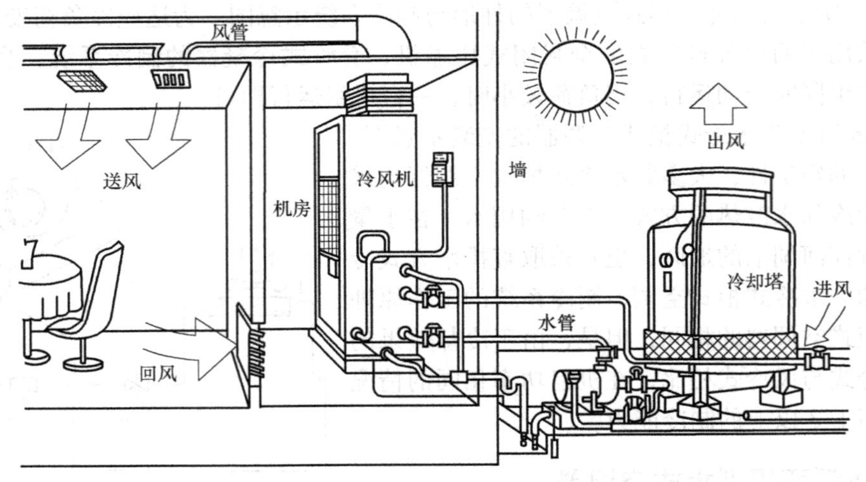

图 6-68　水冷式柜式空调器的安装示意图

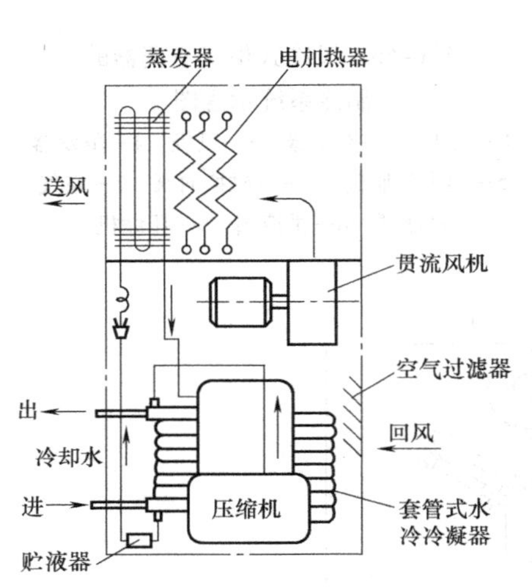

图 6-69　电热型柜式空调器结构示意

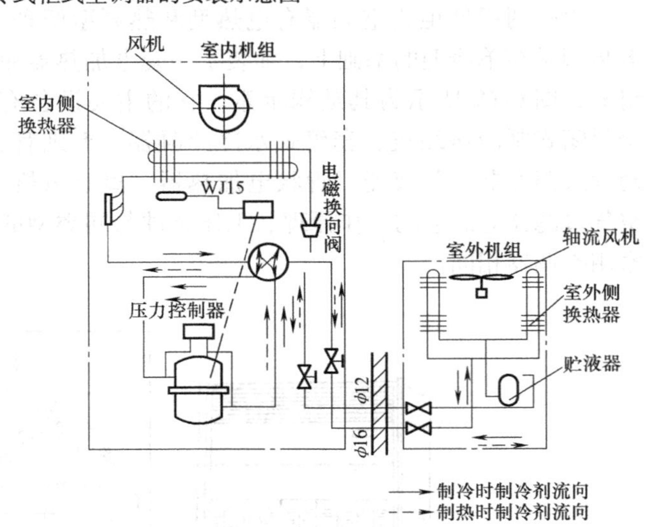

图 6-70　热泵型柜式空调器的结构示意图

第七节　空调器的选购与维护

一、空调器的选购

选购空调器时，可以通过看、听等办法初步检查空调器的质量。

(1) 外观检查　目测空调器各部件，加工应精细、制作应精良。

塑料件表面应平整光滑，色泽均匀；涂塑件或喷塑件表面应色泽一致，无划痕、桔皮或其他损伤；电镀件表面应光滑，不得有剥落、露底、划伤等缺陷；钢铁材料件应无明显锈迹和腐蚀。各部件的安装应牢固可靠，管路与部件之间不能相互摩擦、碰撞。

(2) 垂直、水平导风板检查　对于垂直、水平导风板，应能用手上下或左右拨动，不能太紧，更不能太松，拨在任何位置都应能定位。

（3）过滤网检查　检查是否拆装方便，过滤网有无破损等。

（4）各功能键、旋钮的检查　空调器面板上的旋钮应转动灵活、不松脱、不滑动。电脑控制的空调器，遥控器、线控器上的各功能选择钮应动作灵活，不能有卡键现象。

（5）通电检查　对窗式空调器可通电检查下列各项（分体式空调器只有等完全安装好以后才可通电检查）。

1）制冷。如气温在24℃以上，可进行制冷运行试验，将温度设定开关设定于最冷位置，通电数分钟（5~10min），应有冷风吹出。

2）制热。如气温在20℃以下，可进行制热运行试验，将温度设定开关设定于最热位置，通电数分钟（较制冷时时间要长一些），应有热风吹出，风温一般可达35℃以上。

3）风速。调节风速选择钮，试验高、中、低挡风速，应有明显差别。

（6）噪声和振动检查　空调器在运行时，不能有异常的撞击等噪声，振动也不能过大。总的来说，窗式空调器的噪声要比分体式的高。

（7）电气性能检查　检查电源线、电源插头是否符合规范，用力拉电源线，不应松动甚至拉出。有条件的话，可测量空调器的冷态绝缘电阻值，应不低于2MΩ。

（8）附件、技术文件检查　应检查说明书、合格证、保修卡、装箱单等技术文件是否齐全，按装箱单检查附件是否齐全。

二、空调器功能的选择

按空调器的功能来分，可分为单冷型空调器和冷暖两用型空调器。单冷型空调器只具备制冷功能而不具备制热功能，同时兼有除湿和通风循环功能。冷暖两用型空调器可以实现夏天制冷和冬天制热，根据制热方式不同又可分为：热泵型空调器、电热型空调器和热泵辅助电加热型空调器。

1）单冷型空调器结构简单，价格便宜，操作方便，适用于只需要制冷的场合，对于经济上不甚宽裕或冬季有其他方式取暖的家庭而言，适合选用单冷型空调器。

2）冷暖两用型空调器，特别是热泵型空调器功能齐全，价格稍贵，适用于夏季降温为主，冬季也要取暖的场合。在5℃以上气温时，热泵制热性能较优，在-5~5℃时，热泵制热性能较差，低于-5℃后，热泵一般已不能正常工作，这时就得配购其他形式的电加热取暖器或燃油取暖器具，以弥补热泵型空调器因环境条件恶化而产生的制热不足问题，或直接选购电热型空调器或热泵辅助电热型空调器。冷暖两用型空调器结构较复杂，可能产生的故障也较多，操作也复杂些。

总之，有条件又确实需要的话，以选择热泵型空调器为佳，经济条件尚未达到四季用空调的程度，不妨选购单冷型空调器。电热型空调器是在单冷型空调器的基础上增加了采用电热原理制热的电加热器，电加热器可以是金属丝、合金丝等电阻发热元件，也可以是陶瓷发热元件。热泵型空调器和电热型空调器都属于冷暖两用型空调器，两者的区别在于制热方式和工作原理不同。

利用热泵原理制热是一种节能的取暖方式。热泵型空调器制热时的能效比较大，即制热量与耗电量的比值一般可达2.5以上，如当耗电功率为600W时，室内获得的热量可达到1500W以上，因此可以省电。但当室外环境温度较低时，热泵型空调器制热效率会明显降低。以环境温度7℃时制热能力记为100%，当环境温度为0℃时，制热能力降为82%，因此热泵型空调器一般运行在5~43℃的环境中，如果有自动除霜功能，则可以运行在-5~43℃的环境中。

电热型空调器制热时能耗比相对较大，其单位制热量所消耗的电能比约为1，即用2000W功率的加热器，制热量最大值为2000W，因此不经济。但电热型空调器的应用一般不受地区限制，特别适用于冬季环境温度很低(低于-5℃)而又无其他取暖手段的场合如北方地区，在长江以北、黄河以南，这些地区冬季最低温度达到-5℃以下的天数超过两周以上，用热泵取暖往往无法满足要求，这些地区一般又无集中的采暖设施，采用电热型空调器或者是热泵辅助电热型空调器比较合适。有些地区供电充足，电费便宜，冬季又较冷，又无集中供暖时，则宜采用电热型空调器。

三、空调器的维护保养

空调器的维护保养是确保空调器安全可靠、高效节能运行的必不可少的条件。空调器长年累月地使用会使其散热器上积存厚厚的灰尘，影响空调器的正常工作。这会使空调器性能下降，运转电流增大，从而引发电气系统出现故障，造成空调器的损坏。

为了防止空调器的性能下降，延长其使用寿命，日常对空调器的维护保养就显得十分重要了。

1. 空调器的日常维护保养

(1) 定期清洗空气过滤器　空气过滤器的作用是过滤室内循环空气中的尘埃，当其表面的尘埃积存过多时，便会阻碍气流的畅通而降低热交换效果。一般使用2~3周后，应清洗一次空气过滤器。清洗时，拉住过滤器的拉手，将其从面板后取下，用真空吸尘器吸出空气过滤器网眼中的灰尘，再用低于40℃的清水洗净。若有油烟类物质，可放在肥皂水或中性洗涤溶液里清洗，然后再用清水洗净，使其完全干燥后，再重新装回空调器上。

(2) 清洗面板和机壳　经常用软布抹去面板和机壳上的灰尘和污物。如果太脏，可用软布蘸肥皂水或用45℃以下的温水擦洗，再用软布擦干。切忌用汽油、煤油或化学药物等擦洗。

(3) 定期清扫冷凝器翅片灰尘　为防止空调器冷凝器上沾上过多的灰尘，影响空调器的热交换能力，应最好一个月左右对冷凝器的翅片用吸尘器或手提式吹风机对其清尘一次，以利于散热。

2. 窗式空调器的维护保养

对空调器进行维护与保养工作时，必须让空调器停止工作，并在切断电源、拔下电源插头后才可进行。

窗式空调器的维护保养比较方便，下面就其维护保养工作内容作一简单介绍。

(1) 平时使用时的维护保养　为使室内空气通畅，一般2~3周应清洗一次空气过滤器，操作时按使用说明书所述方法把空气过滤器从空调器上取下，可用清水冲洗并用软毛刷刷干净，然后晾干，积存灰尘不多时用吸尘器吸尘即可。不能用汽油、挥发油、酸类或高于45℃热水及硬刷清洗。

空调器的机壳及面板也应经常用软布抹去外部灰尘及脏物，如外壳太脏，可用软布加肥皂水或不超过45℃的温水擦拭，再用软布擦干。不能用汽油、挥发油和其他化学药品或液体杀虫剂擦洗外壳，否则会造成外壳褪色、变形或油漆脱落。

（2）停止使用前的维护保养　在准备停止使用前，应对窗式空调器内部进行干燥处理，把主控选择开关旋转到强风处，使风机高速运转4h，把空调器内部的水分吹干，然后关掉风机，拔下电源插头，用塑料布将室外部分包裹好，防止停机期间灰尘、杂质侵入；室内部分也最好用装饰布遮盖，以防室内灰尘侵入机内。

（3）重新开机前的维护保养　每年夏季来临前，应对空调器进行彻底的清扫和检查，以保证在使用时，空调器能高效、可靠地运行。

清扫前，应拔下电源插头，卸下面板、拉出底盘，用吸尘器或软毛刷清洁蒸发器和冷凝器散热肋片上的灰尘。在清洁过程中不要碰坏机内器件，保持蒸发器和冷凝器肋片排列整齐，若发现有塌倒现象，可用翅片梳梳理整齐，使空气气流畅通，保证空调器高效运行。

在清洁时可对电源板、各电气控制部件用电吹风的冷风挡进行清洁。

清洁完毕后，应仔细检查电气线路的所有接线线头处有无松动和脱落。经检查一切正常后，将底盘重新推入外壳，通电进行试运行，仔细听运行声是否正常，检查转换开关、运转开关的动作是否正常。

3. 分体式空调器的维护保养

分体式空调器因构造复杂，形式较多，所以其维护和保养方法与窗式空调器的有所不同。

（1）室内机组的维护保养　图6-71所示为分体式空调器室内机组空气过滤网的清洁过程。

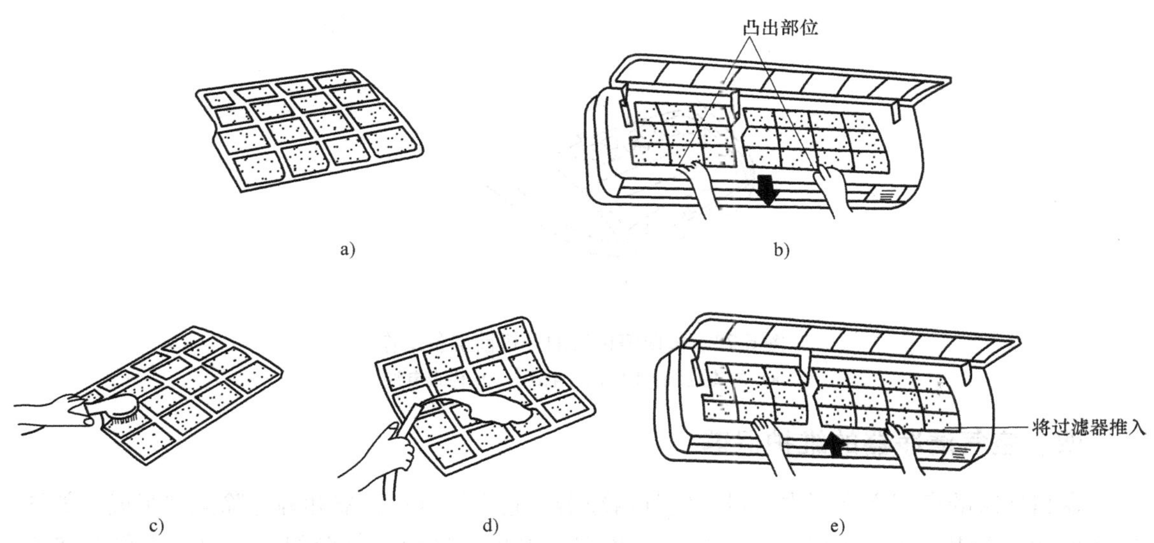

图6-71　空气过滤器的清洁

a）过滤器　b）将过滤器卸下　c）、d）清洗　e）装回室内机组

分体式空调器室内机组空气过滤器的清洁过程应注意：

1）在清洁空调器之前，务必关掉电源开关，或将电源插头从插座上拔下。

2）应使用清洁的干布擦拭室内机组及遥控器。

3）若室内机组特别污脏时，可用湿布擦拭。

4）遥控器不能用湿布擦拭。

5）不要使用由化学处理的除尘洗涤剂或喷雾剂清洗，这些溶剂可能会导致塑料表面老化或变形。

6）空气过滤器每两周清洗一次，按前述的步骤进行。

7）不要使用松节油、稀释剂、光粉或其他溶剂清洗室内机组表面，这些溶剂有可能会导致塑料表面开裂或变形。

8）当空调器停止一个月以上不使用时，在停机前应将风机运转约4~6h，使其内部吹干，然后停机，切断电源，并从遥控器中取出电池。

(2）分体式空调器长期停机后的开机前准备工作　分体式空调器长期停机后，再开机前应检查下列各项：

1）检查地线是否被折断或是否接好(见图6-72a)。

2）检查空气过滤器是否已装好。

3）检查电源是否已接好，如未接好，应插入电源(见图6-72b)。

4）检查遥控器电池是否已装好，如未装好，则装入新电池(见图6-72c)。

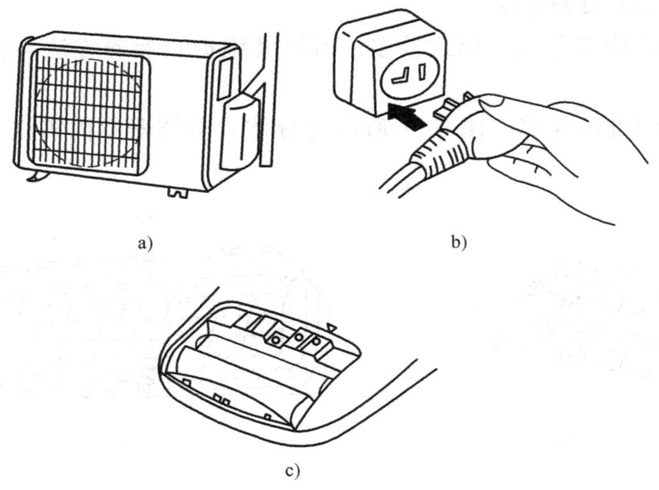

a)　b)

c)

图6-72　长期停机后的开机前准备工作

a）检查地线　b）检查电源　c）检查电池

四、空气清净器的维护保养

在高档次的房间空调器中装设有空气清净器。它由除臭过滤器和静电除尘器组成，如图6-73所示。静电除尘器由电离集尘器、电离器和电离金属丝三部分组成。由于工作时将流过静电除尘器的空气中尘埃吸附于其上，因此需要定期清除所吸附的灰尘。

(1）除臭过滤器的维护保养

1）图6-74a所示为除臭过滤器的结构。除臭过滤器一般每隔半年更换一次。当除臭过滤器上带的颜色与棒的颜色相同时，表示应该更换。若不更换，除臭能力就会下降。

2）打开室内机组前面板，用手握住除臭过滤器向下拉(见图6-74b)。

3）更换时，将其中的黑色颗粒(活性炭)更换(见图6-74c)。

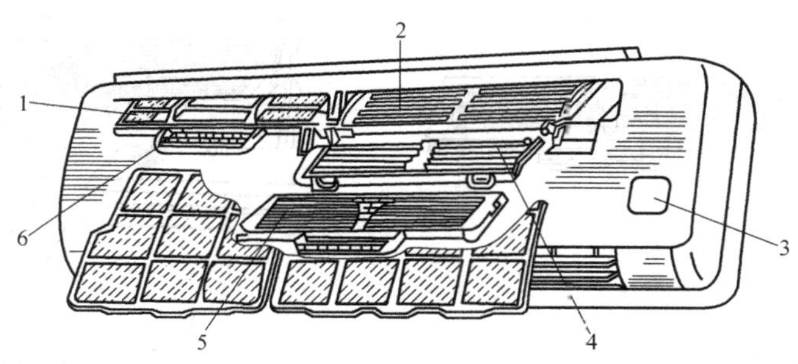

图 6-73　室内机组上的除臭过滤器和静电除尘器

1—除臭过滤器　2—电离金属丝　3—室内机组操作部位

4—电离集尘器　5—静电除尘器　6—框架

4）按拆下的方式沿相反方向（向上推）安装到室内机中（见图 6-74d）。

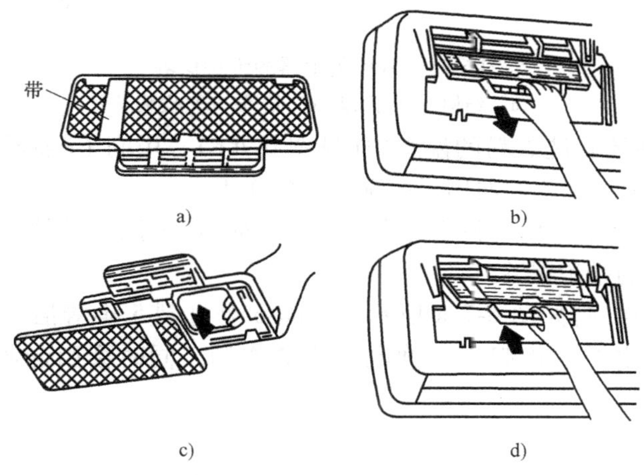

图 6-74　除臭过滤器的维护保养

a）结构　b）拆卸　c）更换　d）安装

（2）电离集尘器的维护保养

1）如图 6-75a 所示为电离集尘器的结构。电离集尘器一般每隔半年清洗一次。若不及时清洗，集尘能力会下降，同时空调器工作时会有“啪、啪”的声音。

2）将室内机组前面板打开，用手握住电离集尘器手柄向下拉出（见图 6-75b）。

3）将电离集尘器放在 40～50℃含有洗衣粉的温水中浸没 10～15min，然后左、右摇晃，并用海绵轻擦（见图 6-75c）。然后用水冲洗干净，放在阴凉处干燥。不要用电吹风去吹或放到炉上去烘干，以防变形。

4）按拆卸的位置沿相反方向（向上推）装回原处。

（3）电离器的维护保养

1）电离器的结构如图 6-76a 所示。电离器一般半年至一年清洗一次，若不及时清洁，就起不到静电除尘的作用，同时空调器运转中会有“啪、啪”声。

2）打开室内机组前面板，用两手握紧电离器的夹子向内压，并向上抬起拉出（见图 6-76b）。

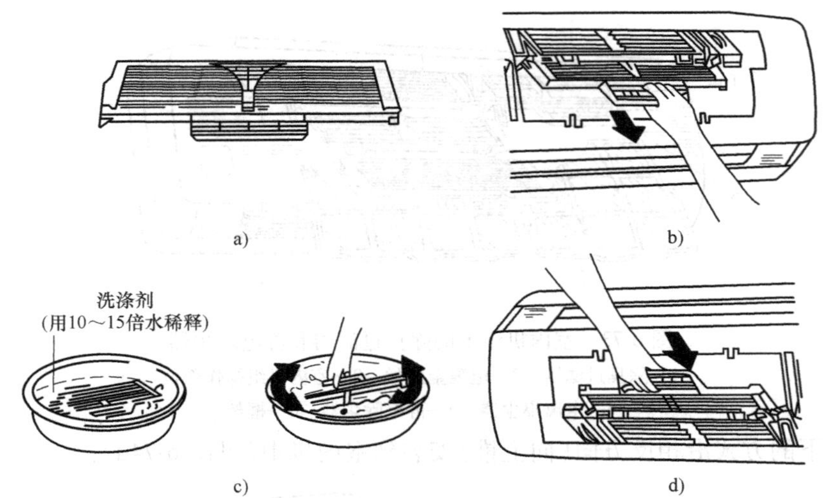

a) b) c) d)

图 6-75 电离集尘器的维护保养
a) 结构 b) 拆卸 c) 清洗 d) 安装

3）将电离器浸在溶有洗衣粉的温水中(见图 6-76c)，用刷子轻轻刷去灰尘，用自来水冲洗，再在阴凉处晾干。注意切勿用手擦洗，以免伤手。

4）用双手握住电离器，沿与拆下方向相反的方向(向上推)装回原处(见图 6-76d)。

（4）电离金属丝的维护保养

1）电离金属丝的结构如图 6-77a 所示。每隔 6 个月到 5 年清洁一次。若不及时清洁，即使清洁了电离器，空调器仍起不到静电除尘的作用，同时会引起收音机、电视机等的杂声。

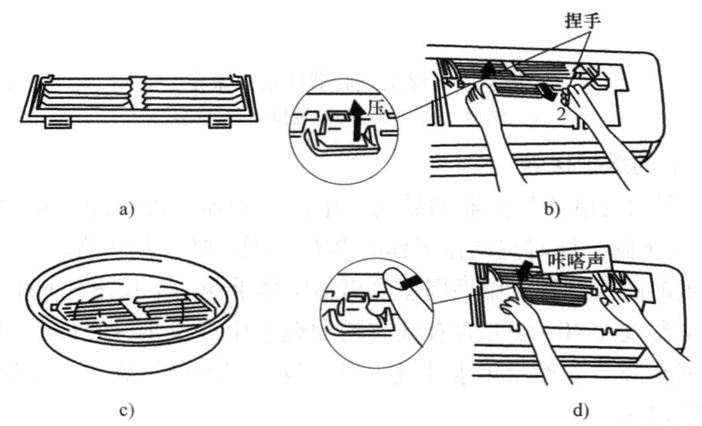

a) b) c) d)

图 6-76 电离器的维护保养
a) 结构 b) 拆卸 c) 清洗 d) 安装

2）打开室内机组前面板，捏紧电离金属丝框架手柄，向下拉出(见图 6-77b)。

3）翻面，使金属丝朝上，用棉球棒轻擦电离金属丝，再用布擦框架(见图 6-77c)。

4）按拆下方式沿相反的方向(向上)装回原处(见图 6-77d)。

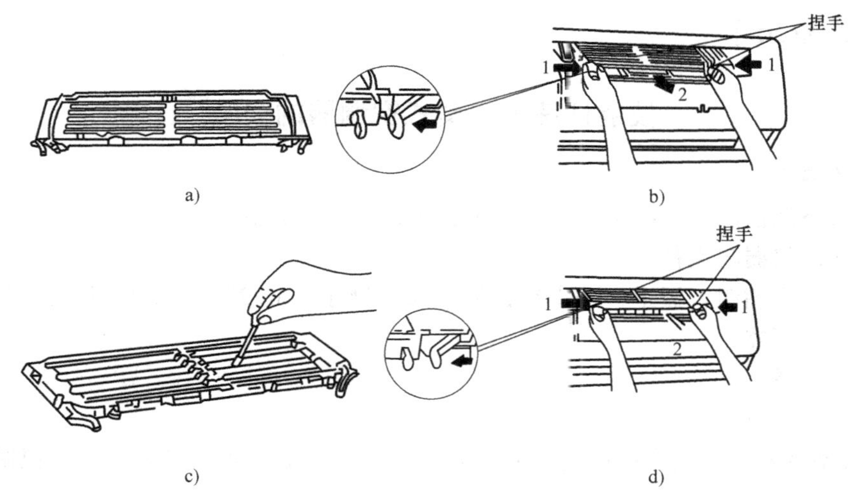

图 6-77　电离金属丝的维护保养

a）结构　b）拆卸　c）清洁　d）安装

应当注意，在卸去电离集尘器、电离器和电离金属丝时，不要启动空调器。在拆卸上述部件之前，应先关掉空调器和关掉室内机上的电源开关。

五、室外机组的维护保养

分体式空调器在使用的过程中，要经常或定期检查室外机组的冷凝器肋片上有无积存过厚的灰尘，若有过厚的灰尘，应将其清扫干净，方法是用压缩空气吹或用吸尘器吸。清洗空调器冷凝器时不要向机内泼水，以免造成机组的电气绝缘性能下降。

对于热泵型空调器，在冬季下雪天应及时扫除机组周围的积雪，以免影响其工作效率。

在室外机组的连接管上严禁堆压重物，以防管路被压扁或破裂。空调器使用几年以后，连接管上的隔热保温材料可能因老化而破裂，从而使隔热保温性能下降，应及时予以更换。

停止使用空调器时，应选择在干燥的天气里让空调器单独通风运行 2h 左右，使空调器内部干燥。然后将空调器的电源插头拔下。

空调器维护保养后的检查与运转试验：

为使维护保养后的空调器安全工作，要进行检查与运转试验。

（1）检查　首先要检查组装是否有误，是否有漏装、错装的零部件，螺钉有无没拧上的现象，电气接线是否有错误，然后还应进行绝缘电阻的检查。

（2）运转试验　试运转的检查应包含下列内容：送风时，压缩机的声音是否正常，有无异常声音；操作功能键时，看空调器的运转状态是否与操作键盘上所标的一致；制冷工作模式运行 15min 后，测定吹出空气温度和吸入空气温度，温差应在 8℃以上；运转指示灯应亮，用钳形电流表测运行电流值应达额定值的 80%以上；对于热泵型空调器还应测试制冷、制热功能切换是否正常。

【技能训练单元】

技能训练一　窗式空调器的安装

一、目的要求

熟悉窗式空调器的内部结构和工作原理，掌握窗式空调器的安装技能。

二、材料、仪器与设备

螺钉旋具，尖嘴钳，扳手，冲击钻，钢卷尺，锤子；MF27—1 型万用表，钳形电流表，兆欧表；窗式空调器。

三、训练步骤

1. 选择位置

1）窗式空调器应安装在稳固的地方，如窗台或墙壁上。要有稳固的支撑以减少振动和噪声。

2）尽量避免安装在阳光直射和靠近热源的地方。空调器外部受阳光直射部分应设置遮盖，但注意不要把两边百叶窗封闭住。窗式空调器的安装方式如图 6-78 所示。

3）空调器安装在长而窄的房间内时，应尽量把空调器安装在短墙一边，以利于向长的方向送风。

4）空调器的安装高度以距离地面 1.6m 左右为宜，最好不要超过 2m，这样便于操作和维护。

5）空调器两侧百叶窗不允许遮盖，在空调器后面 0.6m 内不能有障碍物，否则会影响冷凝器的散热效果，如图 6-79 所示。

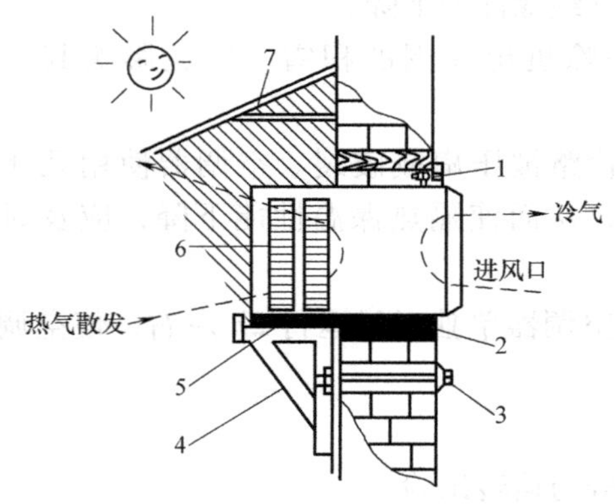

图 6-78　窗式空调器的安装方式

1—边围条　2—木制安装框　3—安装长螺钉

4—三角支撑架　5—防振胶垫

6—百叶窗　7—遮篷

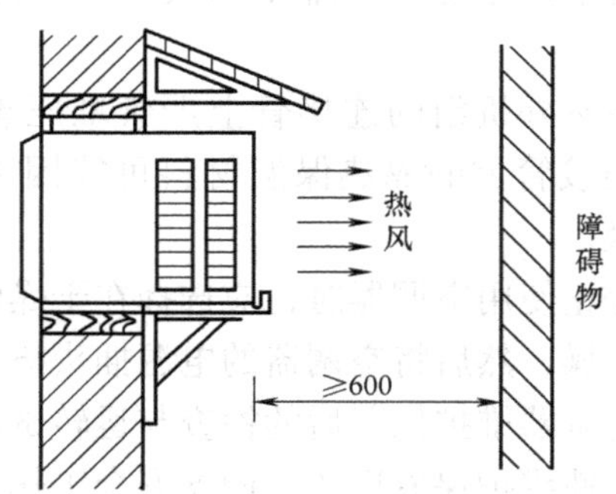

图 6-79　窗式空调器的侧面、后面的选择

2. 固定框架的安装

为了使用户能正确安装好空调设备，确保安装后达到美观、安全的要求，应注意以下固定框架的安装方法：

1）当选用固定框架安装空调器时，按机型制木框架或水泥框架，并安装在墙上，这样安装的空调器比较美观。密封条装得严密可减少冷气泄漏。

2）当选用角架固定空调器时，应根据墙的厚薄和紧固程度利用10mm以上的金属膨胀螺钉将角架牢固安装在墙上。角架尾端要焊上限位块，以防空调器滑下。

3）安装时必须使机架稍向后倾斜，以防止雨水和空调器冷凝水侵入室内。

4）为了减小空调器运行中产生的振动，安装时，应在空调器与框架的结合部垫上一块防振胶垫。

3. 空调器的安放与固定

1）机架装好后便可以进行空调器的安装。安装时空调器四周要用密封条封好，以防冷气向室外泄漏。

2）把弯接头接在机体出水口上，然后接塑料排水管。

4. 试运行

安装完毕便可进行试运行。

1）打开控制盒小门，把风门开关拨到“关闭”位置。

2）把温控器旋钮拨至中间位置。

3）把总开关拨至“送风”位置，检查空调器运行时有没有异响，正常后才可拨至制冷挡。运行8~10min后，便会有凉爽的感觉。30min后空调器出风口温度应在15℃左右。并检查此时进、出口风的温差是否大于8℃。

四、思考

1. 空调器的专用插座与照明电路用插座有什么不同？

2. 家庭空调器与其他电器功率总和超过2000W，5A的电度表能否使用？为什么？

技能训练二　窗式空调器的拆装

一、目的与要求

熟悉窗式空调器的内部结构和工作原理，掌握窗式空调器的拆装技能。

二、材料、仪器与设备

MF27—1型万用表，钳形电流表，兆欧表；窗式空调器；螺钉旋具，尖嘴钳，扳手等。

三、训练步骤

1）松开面板紧固螺钉，取下面板和空气过滤器。

2）松开顶盖上的紧固螺钉，取下顶盖。

3）松开横隔热板紧固螺钉，取下横隔热板。

4）松开温控器探头和毛细管的固定支架。

5）松开蒸发器、冷凝器的紧固螺钉。

6）松开压缩机的端盖和底座螺母，脱开连接线。

7）取出整个蒸气压缩循环系统。

8）取出风道泡沫和轴流风机、离心风机。

9）松开电气控制面板，脱开电气元器件上的连接线。

10）测量各电气元器件的性能，主要测量压缩电动机、温控器、起动电容器、过载保护器等元器件，详见前面学过的内容。装配步骤与上述步骤相反。

四、注意事项

1）拆卸制冷循环系统时，注意不要将连接铜管折断。

2）装接压缩机连线时，M、S、C 三个接线柱不能搞错。

五、实习报告

<table>
<tr><td colspan="2">班级</td><td></td><td>姓名</td><td></td><td>兆欧表型号</td><td></td></tr>
<tr><td colspan="2">所用机型</td><td></td><td>万用表型号</td><td></td><td>钳形电流表型号</td><td></td></tr>
<tr><td rowspan="6">电气系统
观测情况</td><td rowspan="3">压缩电动机</td><td colspan="3">组值</td><td colspan="2">电流值</td></tr>
<tr><td>起动绕组</td><td>运行绕组</td><td>绝缘电阻</td><td>起动电流</td><td>运行电流</td></tr>
<tr><td></td><td></td><td></td><td></td><td></td></tr>
<tr><td rowspan="2">电容器</td><td>压缩机电容器</td><td>型号</td><td></td><td>容量</td><td></td></tr>
<tr><td>分级电容器</td><td>型号</td><td></td><td>容量</td><td></td></tr>
<tr><td>过载保护器</td><td colspan="5">写出过载保护器的原理。
过载保护器容易出现什么故障？怎样排除？</td></tr>
<tr><td>窗式空调
器的拆装</td><td colspan="6">拆装中出现了什么问题？怎样解决？
简述窗式空调器的装配步骤</td></tr>
<tr><td>动手能力</td><td colspan="3"></td><td>实习成绩</td><td colspan="2"></td></tr>
</table>

技能训练三　分体式空调器的安装

分体式空调器分壁挂式和落地式两种，由于两种空调器的安装方法基本相同，故本训练过程均以壁挂式空调器为例。

一、目的与要求

1）要求学生掌握分体壁挂式空调器的安装方法。

2）通过分体壁挂式空调器的安装，熟悉分体式空调器的结构和工作原理，为分体式空调器的修理打下基础。

二、材料、仪器与设备

分体壁挂式空调器一台，温度计、空调器支架一副、冲击钻一把、冲击钻头 ϕ14mm、ϕ6mm 各一只、卷尺一把、力矩扳手和活扳手各一把、一字形和十字形旋具各一把、内六角扳手一套、万用表一只、钳流电流表一只、试电笔一只、兆欧表一只、扩口器一套、割管器一把、铁膨胀螺栓四只、钢丝钳一把、塑料膨胀管 ϕ6mm 八只、穿墙套管、木螺钉八只、普通螺栓 M10×12 八只、检漏仪或肥皂液、PVC 包扎带两卷、橡皮泥等。

三、训练步骤

1）认真勘测施工现场是否具备安装条件，有无障碍物，是否需要高空作业，当在较高场所安装时，必须按安全施工要求系好安全带，搭脚手架或安装操作平台。安装人员必须严格执行操作规章，实施安全措施。

2）开箱清理随机附件及技术资料。按照装箱单逐一清点随机附件、技术文件、资料是否齐全并作好记录。

3）检查与鉴定机组及附件在出厂至安装现场的长途运输及短途搬运中有无损坏并作好

检查记录，若有严重损坏或特殊情况时，应经主管部门或有关部门鉴认。

4）仔细阅读有关资料，熟悉了解设备性能，以便于安装操作及调试。

5）室内机组的安装(以壁挂式为例)

① 画安装坐标线，固定挂墙板。分体式空调器室内机组背面有块挂墙板，板上已加工好供安装时用的螺栓孔，当调整水平后，用塑料膨胀管和木螺钉把挂墙板固定在墙上，如图6-80所示。安装说明书中介绍的做法是用吊砣根据板上的中心刻线调整其水平度，两线重合即为合格。在施工实践中，常使用水平尺画安装线，安装固定挂墙板时也是用水平尺校核，这个方法不仅方便而且又快又准。

② 确定墙壁钻孔位置。安装好挂墙板后，根据管道走向确定钻孔位置。钻墙孔时，要求室内比室外稍高5~7mm，以利于冷凝水排出，并考虑制冷管道、排水管在室内尽量隐蔽，以利于美观，如图6-81所示。

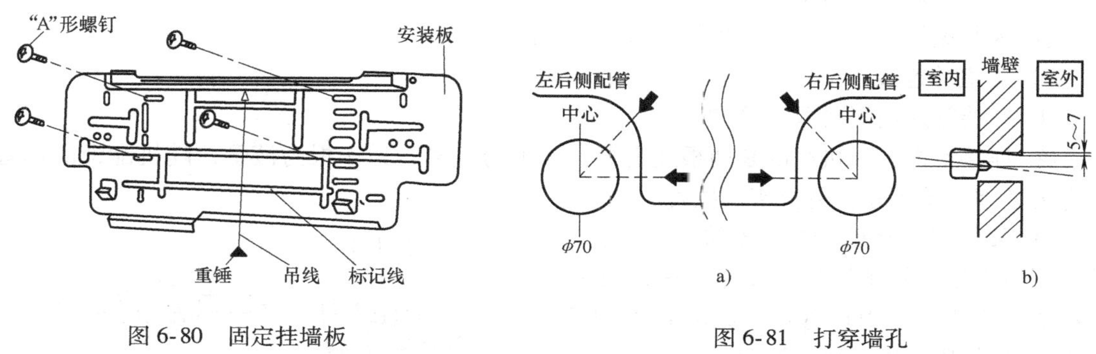

图6-80　固定挂墙板

图6-81　打穿墙孔

a）安装板侧面配管　b）穿墙孔

③ 确定室内机组配管走向，用钢丝钳扳开机壳背面外壳的孔作为配管引出孔。

④ 卸下室内机组前面板，按说明书中电气线路图上导线的编号，将随机配带的控制导线接上，再用定位卡压住接线头。

⑤ 室内机组接管。将机组原配管管子两端保护盖打开，检查管口有无划伤、毛刺及污物，如符合要求，涂上少许冷冻机油立即接管，切勿到处乱放；若需自配管时，除专供空调使用，两端有保护盖的外，一般管子内均有污物，因此必须要用1~1.5MPa压力的氮气吹洗干净方可使用，否则会导致制冷系统中制冷剂循环受阻，甚至引起压缩机故障。

⑥ 包扎。按墙孔方向调整室内机组的管道方向，制冷管道用绝热性能良好、防腐、防水、防虫、防鼠咬的圆筒状保温管穿套。配管汇总包扎时，在地面上操作比较方便，但要注意排水管应放在制冷管的下面，电源线及信号线也应放在制冷管的下面，并用PVC包扎带包扎。

⑦ 挂装室内机组。将穿墙套管插进墙洞，将机组挂在事先安装好的挂墙板的挂扣上，左右来回移动一下机体，检查其是否牢靠，两手抓住机体的两端，将机体压向挂墙板直到听到咔嗒声为止，如图6-82所示。将包扎好的管道经穿墙套管穿到墙外。操作配管时应尽量轻放，不能有死弯、直角弯，要顺着走向排管，并应注意排水管的排水坡度，以便于排水。

6）室外机组的安装

① 室外机组是空调器的主要运转部件，振动和噪声较大，故不论是安装在混凝土物体

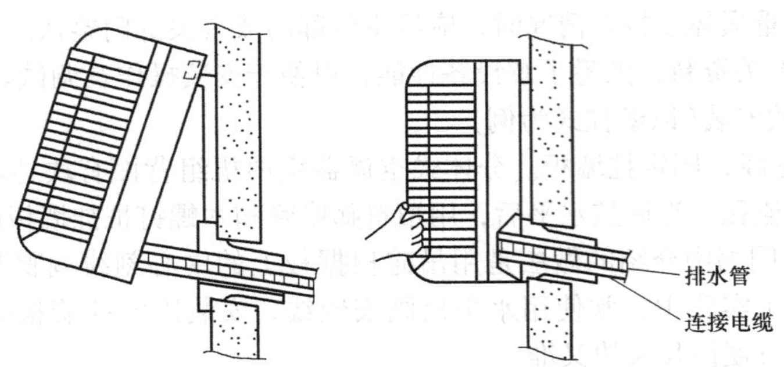

图 6-82　挂装室内机组

上或是角钢支架上都一定要牢固，机体底座与支架连接处要加装橡胶减振垫。

② 安装处外倾斜角不应大于 5°。

③ 为避免日晒雨淋，室外机组外可增设遮阳板。

7）管道的连接

① 安装管道前不要取下管帽。

② 连接室内、外机组的是两根纯铜管，一根为气管，另一根为液管，随机配带的铜管已退火处理，比较软，易折弯、拉直。

③ 接管时，将两个接头对准，用手拧紧，然后用力矩扳手旋紧螺母，并用另一只扳手紧固接头，注意不要损坏管道，如图 6-83 所示。接头处若旋得不紧，则会漏气；若旋得过紧，则又会损坏喇叭口。

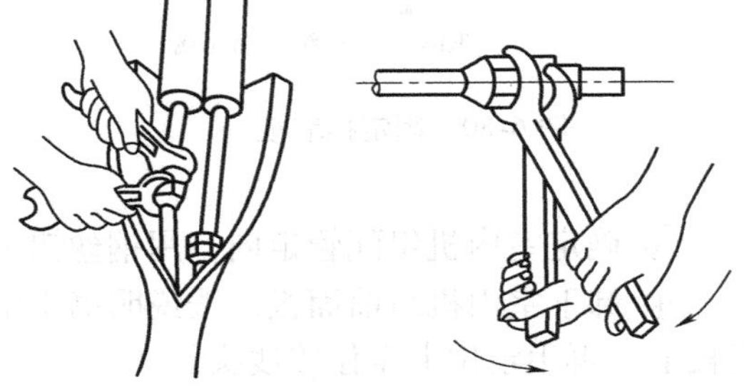

图 6-83　管道的连接

8）系统排空气

① 卸下室外机组上的两个截止阀的阀帽。

② 将连接气管阀门的粗管接口螺母松开半圈。

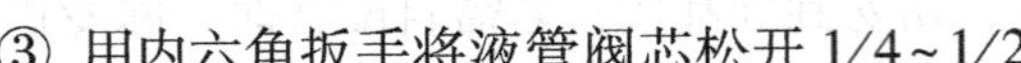

③ 用内六角扳手将液管阀芯松开 1/4~1/2 圈，使气体从粗管接口螺母中喷出，大约 10s 后，再旋紧接口螺母。

④ 充分打开气管阀芯和液管阀芯。

⑤ 旋上两个阀帽。

9）系统检漏

① 用检漏仪检漏。连接管道后，用检漏仪仔细检查接头处有无泄漏。使用检漏仪时，应使用灵敏度为 3g/年泄漏量的检漏仪，若有泄漏，仪器会发出报警声。

② 用肥皂液时，将肥皂液充分滴在管道各接口处，若有泄漏便会冒出气泡。

10）导线连接

① 电源导线的连接。空调器电源必须使用专线供电，并设置专用开关和熔断器。

② 按照电气线路图将室内、外机组的接线按端子编号或字母符号对号连接，并用线卡固定。注意控制导线和电源导线不能接错，否则会烧坏机组。

③ 机组接地，其目的主要是保护人和机组的安全。

11）试运行

① 接通电源。

② 拨动、按动室内机组和遥控器的各功能键，检查是否有效。

③ 检查各相应指示灯是否正常发光。

④ 检查室内风机、室外风机运转是否灵活，压缩机运转有无异常声音。

⑤ 起动空调器制冷运行，用钳形电流表测量压缩机运转电流。正常情况下，运转电流与铭牌上标注的额定电流应一致。用这种方法检验，又快、又准确，且操作较方便。利用复合式压力表测量空调器压缩机在工作时气管与液管的压力，也可证实空调器的安装是否合格。具体做法是把一个压力表接于压缩机排气管的工艺管接头上，另一压力表接在充氟管的辅助入口接头上，起动空调器，即可读出两个压力表数据。当低压表读数在0.45~0.55MPa之间，高压表读数在1.8MPa左右时，即符合要求。低压表读数小于0.45MPa，说明制冷剂不够，制冷效果较差，应充注制冷剂；当大于0.55MPa时，压缩机电动机运转电流会增大，长时间运行会造成电动机发热甚至烧坏，此时应进行检查处理。建议在实际工作中，两种检验方法同时使用。

⑥ 检查室内机组排水是否正常。将一杯水倒入室内机组蒸发器下方的积水盘中，看排水管中排水是否通畅。安装完毕后用橡皮泥等密封穿墙孔空隙。

⑦ 停机3min后，再次起动空调器，检查空调器的起动性能。

⑧ 正常运行15min后，测量温差，制冷方式时温差应大于8℃；制热方式时温差应大于14℃。

四、注意事项

1）分体式空调器的室内机组、室外机组不安装在一起，安装时要根据实际情况，使室内、外机组的位置尽可能靠近，便于操作和维修。

2）室内机组的安装要求：

① 进、出风口不应被障碍物挡住，要尽量使冷（暖）气流循环至整个房间。

② 空调器室内、外机组的距离最好不要超过5m。如因特殊情况要求加长连接管时，应根据机组制冷量大小和管的延长长度按标准补充制冷剂，否则会影响性能。一般情况下，对于单冷型空调器，超过5m以上每米补充30g；对于热泵型空调器，超过5m以上每米补充120g。

③ 应避免阳光直射和其他热源的影响。

④ 应利于室内机组冷凝水的排出。

⑤ 空调器室内机组的安装位置要考虑房间布局，既有利于其工作，又不影响美观，并能起到一定的装饰作用。

3）室外机组的安装要求

① 应选择通风良好、灰尘较少的位置。

② 应避免阳光直射、雨淋和其他热源的影响。

③ 应避开易燃易爆物品。

④ 尽量减少工作时的噪声和排风对邻里、邻室的影响。

⑤ 室外机组应牢固地安装在墙壁或地面上。

4）排放蒸发器和管道里面的空气时，时间应掌握在10s左右，时间过长氟利昂会泄漏，时间过短空气排不干净。

5）连接管路时，各接头密封性要好，并做好检漏工作。

6）排水管放在连接管的下方，中间不得折弯、卷曲。

五、实习报告

<table>
<tr><td>班级</td><td></td><td>姓名</td><td colspan="2"></td><td>同组人</td><td colspan="2"></td></tr>
<tr><td>安装空调器的型号</td><td colspan="7"></td></tr>
<tr><td>系统排气情况</td><td colspan="2"></td><td colspan="3">系统检漏情况</td><td colspan="2"></td></tr>
<tr><td rowspan="2">室内机组进、
出风口温差</td><td>制热</td><td></td><td rowspan="2">安装
时间</td><td>开始</td><td></td><td rowspan="2">操作
时间</td><td rowspan="2"></td></tr>
<tr><td>制冷</td><td></td><td>结束</td><td></td></tr>
<tr><td>简述安装
主要步骤</td><td colspan="7"></td></tr>
<tr><td>安装中应
注意的问题</td><td colspan="7"></td></tr>
<tr><td>完成时间</td><td colspan="3"></td><td>得分</td><td colspan="3"></td></tr>
</table>

技能训练四　分体壁挂式空调器的移位、拆装

一、目的与要求

1）掌握将系统中的氟利昂回收到室外机组的方法。

2）巩固分体式空调器的安装技术。

3）进一步了解分体式空调器的结构。

二、材料、仪器与设备

待移分体壁挂式空调器一台、温度计、电锤一把、钻墙钻头 ϕ70mm、冲击钻头 ϕ14mm、ϕ6mm 各一只、水平仪一只、卷尺一把、力矩扳手和活扳手各一把、一字形和十字形旋具各一把、内六角扳手一套、万用表一只、钳流电流表一只、兆欧表一只，扩口器一把、割管器一把、铁膨胀螺栓四只、塑料膨胀管八只、木螺钉八只、螺栓四只、检漏仪或肥皂液、PVC 包扎带两卷、橡皮泥等。

三、训练步骤

拆卸分体壁挂式空调器前，首先要将制冷剂回收到室外机组里面。

1. 制冷剂回收

制冷剂回收示意图如图 6-84 所示。具体操作步骤如下。

1）旋下气管截止阀和液管截止阀的阀盖，确认阀门处于开放位置。

2）起动空调器 10~15min。

3）使空调器停止运转并等待 3min 后，将复合修理阀的软管接至液管截止阀的维修口。

4）打开复合修理阀的低压阀，将软管中的空气排出。

5）再次开启空调器，使之在制冷循环方式下运转，然后将液管截止阀调至关闭位置

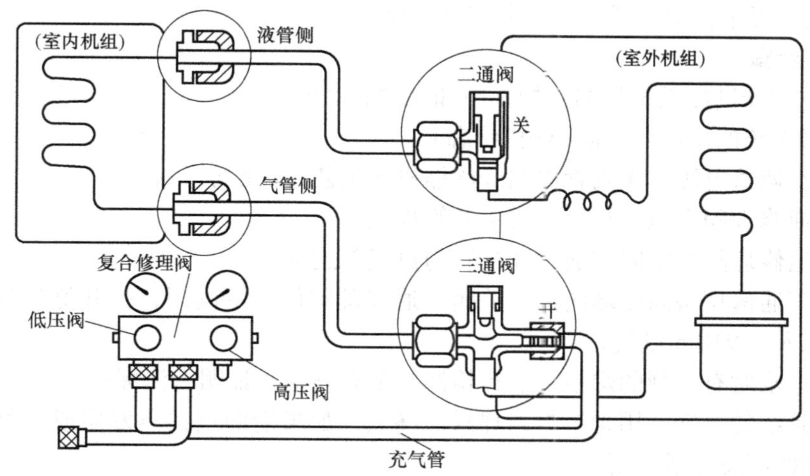

图 6-84　制冷剂回收示意图

（用内六角扳手将阀杆沿顺时针方向旋转到底），当表压力示数为 0 时，迅速将气管截止阀调至关闭位置，并立即拔下空调器电源插头，停止空调器运转。

6）旋下复合修理阀的软管，重新旋上气管截止阀和液管截止阀的阀盖和维修口盖。

2. 拆机和搬迁

按照前面所讲的拆机和搬迁方法进行操作。

3. 安装

按照前面所讲的分体壁挂式空调器的安装方法进行安装，注意要排出空气

4. 充注制冷剂

由于室外机组没有多余的制冷剂，经过上面排空气的步骤后系统制冷剂会减少，所以应根据实际需要补充制冷剂。

当低压表读数在 0.45~0.55MPa 之间，高压表读数在 1.8MPa 左右时，即符合要求。低压表读数小于 0.45MPa，说明制冷剂不够，制冷效果较差，应充注制冷剂。

5. 通电运行

最后通电运行 15min 后，测量温差，制冷方式时温差应大于 8℃；制热方式时温差应大于 14℃。

四、注意事项

1）连接管拆卸后，应将连接管喇叭口、铜螺母和高、低压阀的阀口密封起来，以防脏物、灰尘进入制冷系统引起脏堵。

2）再次安装后，要仔细进行系统检漏。

技能训练五　空调器制冷系统的检漏、抽真空和充注制冷剂操作

一、目的与要求

正确掌握制冷系统检漏、抽真空和充制冷剂的操作方法。

二、材料、仪器与设备

工艺管，三通(复式)修理阀；真空泵；制冷剂钢瓶(或定量加液器)；氮气瓶，乙炔瓶，

氧气瓶；焊枪，焊条；割管器，钳流电流表，扳手。

三、训练步骤

1. 窗式空调器制冷系统检漏、抽真空和充注制冷剂

（1）制冷系统的试压、检漏（停机状态）

1）断开空调器电源，用割管器割开压缩机的工艺管（充气管）；

2）将三通修理阀高压端与压缩机工艺管焊接；

3）将三通修理阀的中间端通过连接管与氮气瓶连接；

4）打开三通修理阀高压端阀门，关闭三通修理阀低压端阀门，打开氮气瓶阀，经减压后，给系统充入1.9MPa氮气；

5）用肥皂水对有怀疑的焊接处进行检漏，如有气泡，证明有泄漏；

6）放掉系统的氮气，用含银焊条焊封泄漏点。如果泄漏点在蒸发器或冷凝器的内盘管处，则只有更换蒸发器或冷凝器；

7）再次充入1.9MPa氮气，关闭三通阀，保压24h后，若压力没有变化，则证明系统不再泄漏；

8）放掉系统的氮气，将连接管与氮气瓶脱开。

（2）制冷系统抽真空

1）在制冷系统试压、检漏合格的基础上，将三通修理阀中间端通过连接管与真空泵连接，并把三通修理阀低压端通过连接管与压缩机的工艺管连接；

2）打开三通修理阀低压端阀门，关闭高压端阀门，接通真空泵电源，进行抽真空；

3）当真空表显示系统的真空度达到-0.1MPa（-760mmHg）时，关闭三通修理阀阀门，旋下真空泵与修理阀的连接螺母，切断真空泵的电源。

（3）制冷系统充注制冷剂

1）在抽真空达到要求的基础上，从真空泵上拆下连接管，接上定量加液器（制冷剂钢瓶）底部的阀；

2）打开定量加液器（制冷剂钢瓶）底部的阀放出一些制冷剂，将修理阀中间端进口螺母拧松，将管口空气排出后，立即关闭加液阀，拧紧修理阀进口螺母；

3）观察制冷剂充注是否合适；

4）关闭制冷剂钢瓶阀、修理阀阀口，停止充注，开启空调器；

① 电流法：用钳流电流表钳住其中一根（不能多根）电缆测运行电流值，若符合额定工作电流值，即表示制冷剂充注量合适；若电流值过小则为不足；若电流值过大则为超量；

② 压力法：观察压力表的变化，该表显示的是空调器的低压压力值。正常值应在0.45~0.55MPa之间，若测出的低压压力值过小为则不足，若测出的低压压力值过大则为超量；

③ 经验法：观察压缩机回气管上的结霜量，回气管结露为制冷剂充注量合适；结霜（连蒸发器也结霜）说明充注量过少；若冷凝器温度高、异常烫手，回气管过热，说明充注量过多，应松开修理阀，放掉一些制冷剂。

2. 分体式空调器制冷系统检漏、抽真空和充注制冷剂（以扩口技术进行室内、外机组连接的分体式空调器为例）

（1）制冷系统的试压、检漏（停机进行）

1）在室外机组上找到二通阀（液管）和三通阀（气管）；

2）通过充气管和连接螺母将分体式空调器气管三通阀的维修口与复式修理阀低压端连接；

3）通过另一根充气管和连接螺母将氮气瓶的减压阀与复式修理阀中间端连接；

4）拧开氮气瓶阀，经减压后的氮气充入制冷系统，达到 1.9MPa 后停止；

5）用肥皂水对有怀疑的焊接处、接头等进行检漏，如有气泡出现，证明有泄漏；

6）放掉系统的氮气，用含银焊条焊封泄漏点；

7）再次充入 1.9MPa 氮气，关闭复式修理阀，停止充氮气，保压 24h 后，若压力没有变化，证明系统不再泄漏。

8）放掉系统的氮气，将充气管与氮气瓶脱开。

（2）制冷系统抽真空　在气管侧抽真空如图 6-85 所示。

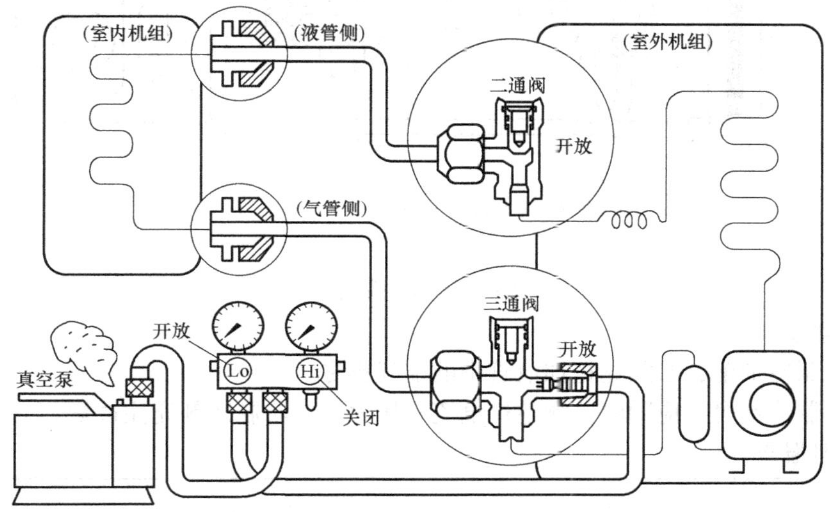

图 6-85　在气管侧抽真空

1）在试压、检漏的基础上，正确将真空泵通过充气管和连接螺母与复式修理阀连接；

2）用内六角扳手旋开气管侧三通阀，使其处于三通状态；

3）接通真空泵电源，进行抽真空；

4）当真空表显示制冷系统真空度达到 -0.1MPa（-760mmHg）时，关闭修理阀，旋下真空泵与修理阀的连接螺母，切断真空泵电源；

（3）制冷系统充注制冷剂　通常采用低压端充注法。对于液管侧为二通阀的空调器，充注制冷剂如图 6-86 所示。

1）将真空泵卸下的充气管接至定量加液器（制冷剂钢瓶）底部的阀上。

2）打开定量加液器（制冷剂钢瓶）底部的阀放出一些制冷剂，将修理阀进口螺母拧松，将管口空气排出后，立即关闭加液阀，拧紧修理阀进口螺母；

3）打开复式修理阀低压端阀门，从气管侧充注气态制冷剂。若不能充入定量的制冷剂，可在空调器制冷方式运转时分次少量充注（每次不超过 150g），直至达到规定量为止；

4）关闭定量加液器（制冷剂钢瓶）底部的阀。

5）运行空调器，观察压力和电流，符合要求时，迅速从三通阀的修理口卸下充气管；

6）旋上三通阀阀盖。用力矩扳手旋紧维修口盖，然后对维修口盖进行检漏。

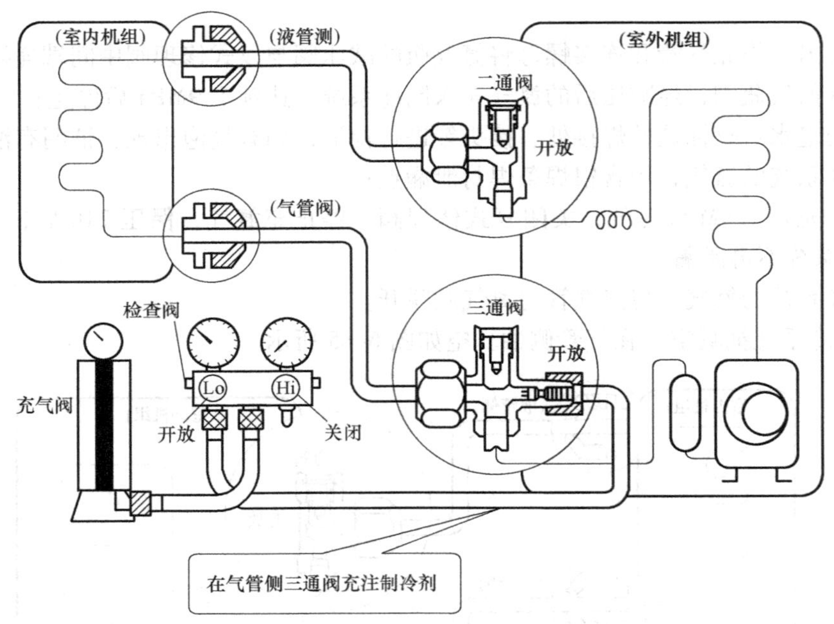

图 6-86　充注制冷剂

四、注意事项

1）充注制冷剂前，必须先把加液管中的空气排尽。

2）充注制冷剂时，应随时监测整机电流和压力，以防制冷剂充注过量。

五、实习报告

班级		姓名		同组人		
数据项目		添加制冷剂前		添加制冷剂后		是否合符工况要求
		窗机	分体机	窗机	分体机	
整机电流						
低压测压力						
室内机进出口温差						

技能训练六　窗式空调器的电气控制电路的安装

一、目的与要求

初步掌握电路零部件好坏的判断方法；通过对电路的接线，进一步熟悉窗式空调器的电路系统的组成和工作原理。

二、材料、仪器与设备

万用表一个，钳形电流表一个；空调温控器一个；风机电动机一个，风机电动机运转电容器一个；压缩机运转电容器一个，过载保护器一个，调速选择开关（主控选择开关）一个；组合电源接线板一个，验电器一支。

三、训练步骤

1. 零部件的检测及判断

（1）压缩机接线柱的检测

用万用表 R×1 挡分别测量压缩机三个端子的电阻值，最大电阻值的两端分别为起动端和运行端，另一个就是公共端，再以公共端为基准分别测量另外两个端子的电阻值，电阻值大的是起动端，小的是运行端。

（2）风机电动机的接线柱判断

1）将万用表拨到 R×100 挡，找到风机电动机电阻值为零的两根线（橙色和白色），它们是风机电动机 M 端接出来的两根同端线；

2）将一根表笔与橙色线接触，另一根表笔分别与红、黑、黄线接触，测量阻值；

3）测得阻值应分别约为：12×100Ω、6×100Ω、8×100Ω；

4）根据图 6-87 所示的窗式空调器电路图（阻值越大，风速越小）及测得的数值可判断出：黑线连接“强挡”；黄线连接“弱挡”；红线连接风机电容器。橙线与风机电容器的另一接线柱（连接电源）连接。

（3）主控选择开关接线柱的判断　主控选择开关接线柱如图 6-87 所示：

1）将万用表拨到 R×1 挡，将主控选择开关逆时针旋到底；

2）将万用表的两表笔分别接触接线柱 0、1、2、3 测试，均不通；

3）将主控选择开关顺时针转第一下，重复 2）的测试步骤，0-1 相通，其余均不通；

4）将主控选择开关顺时针转第二下，重复 2）的测试步骤，0-3 相通，其余均不通；

5）将主控选择开关顺时针转第三下，重复 2）的测试步骤，0-1、0-2、1-2 相通，其余均不通；

6）将主控选择开关顺时针转第四下，重复 2）的测试步骤，0-3、0-2、2-3 相通，其余均不通；

7）由上述测试结果可判断出：接线柱 0 与电源连接；接线柱 2 与温控器连接，成为压缩机电源的输入；接线柱 3 与风机电动机的“黑线”连接，成为强挡；接线柱 1 与风机电动机的“黄线”连接，为弱挡。

（4）压缩机、过载保护器、温控器的测试　此部分可参照冰箱部分的测试。

2. 线路的连接

1）根据电路图用连接线将各零部件连接起来，窗式空调器电路图如图 6-87 所示；

2）将电源插头插上，检查压缩机是否起动；风机电动机是否转动。

四、注意事项

1）图 6-88 所示的风机电动机为一个抽头两速电动机，有些风机不是一个抽头，M 端也没有两根线，所以要具体区分了。一般来说，测量从 M 端到其他线的电阻，阻值越大，风速越小；

2）主控选择开关的形式多种多样，图 6-87 只是配合电路图 6-88 的一种形式。具体情况要具体对待；

3）试电前一定要检测电路是否短路。

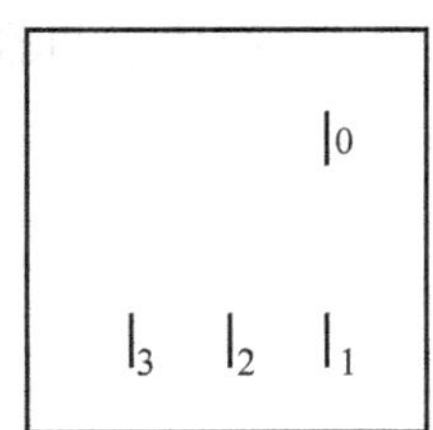

图 6-87　主控选择开关接线柱

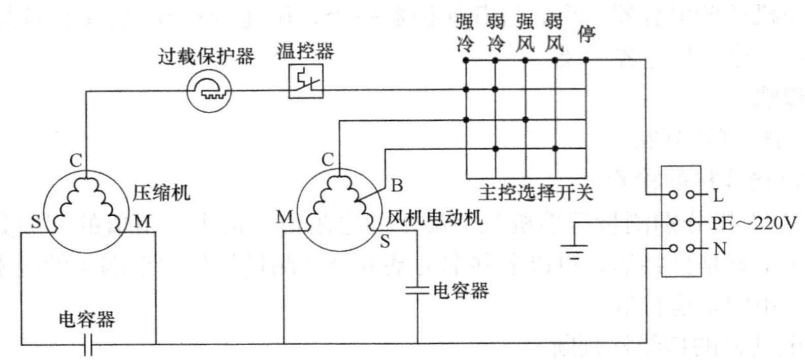

图 6-88　窗式空调器电路图

【思考与练习】

1. 空调器的种类有哪些？各有何特点？
2. 窗式空调器由哪些系统组成？
3. 空调器的温控器与电冰箱的温控器是否通用？为什么？
4. 分体式空调器的特点及其连接方式有哪些？
5. 在空调器安装过程中，哪些问题容易引起人身伤害？哪些问题容易引起设备损坏？
6. 在空调器维修中，拆卸时应注意哪些问题？到室外作业时又要注意哪些问题？
7. 在窗式空调器电路图的连接过程中，压缩机电容器在与压缩机的运行端、起动端连接时需注意哪些问题？
8. 空调器的过载保护器能否与电冰箱的过载保护器互用？为什么？
9. 在风机电动机的引出线中，阻值大的为什么速度快？
10. 简述负离子发生器的工作原理。
11. 什么是空调器的制冷性能系数(能效比)？能效比应如何计算？
12. 什么是“一拖二”空调器？
13. 什么是变频式空调器？
14. 什么是 PWM 和 PAM？
15. 简述限压阀的作用与工作过程。
16. 气液分离器在空调器制冷系统中起什么作用？
17. 热泵型空调器中的电磁换向阀是如何工作的？
18. 空调器的基本电路的工作情况是怎样的？
19. 简述空调器对用电的要求。

模块七　空调器的维修

【学习目的】

1. 熟悉空调器故障的类型和主要的检查方法。
2. 掌握空调器制冷系统的常见故障分析方法。
3. 掌握空调器电气控制系统的常见故障分析方法。
4. 掌握窗式空调器和分体式空调器的基本故障排除方法。
5. 了解变频式空调器故障的检测方法。
6. 熟悉空调器使用与维修过程中的安全注意事项。

【基础知识单元】

第一节　空调器故障的检测与分析

一、空调器故障的检测方法

1. 空调器故障的类型

空调系统的故障具体表现方面很多，归纳起来有漏、烧、断、卡、堵几类。

漏：主要是制冷系统制冷剂的泄漏和冷冻机油的泄漏。

烧：主要是电动机线圈、电磁换向阀线圈及其他各种继电器线圈的烧毁。

断：主要是电源线断线，熔断器断开，制冷系统压力不正常引起的压力控制器触点跳开，因电动机的过温、过电流引起的过热保护器、过电流保护器动作而切断电路，或各种电器元器件的损坏、失控、接线头松动、脱落等原因造成的电气故障。

卡：主要是风机的卡壳，风机机械运转部分的卡死以及压缩机的卡缸、抱轴等引起的机械卡死。

堵：主要是制冷系统的管路中热力膨胀阀、毛细管、干燥过滤器的脏堵和冰堵；换热器的积灰过多以及空调器进、出风口的障碍堵塞等。

2. 空调器故障的检查方法

空调器故障的检查和判断方法，是空调器维修中的一个重要环节。其方法基本是一看、二听、三摸、四测。

一看：查看各部件外观情况，有无损坏；电器各连接线是否有断线或松脱；螺母连接部位是否松脱；蒸发器上面是否结霜；管道有无断裂或油污　如有较明显的油渍，说明焊接坡口处有渗漏；对于分体式空调器，可用复式压力表测一下运行时制冷系统的运行压力值是否正常。在环境温度 30℃ 时，使用 R22 作制冷剂的空调系统低压表压力值应为 0.48～0.52MPa，高压表压力值应为 1.8～2.0MPa。

二听：听压缩机、风机等部件的声音是否正常。压缩机在通电后应发出均匀平稳的运行声，若通电后压缩机内发出“嗡嗡”声，说明是压缩机出现了机械故障而不能起动运行。

三摸：用手摸压缩机外壳，看其温升是否过高；冷凝器温度是否过高；干燥过滤器、毛细管两端温度是否异常等。制冷系统的干燥过滤器表面温度应比环境温度高一些，若感觉温度低于环境温度，并且在干燥过滤器表面有凝露现象，说明过滤器中的过滤网出现了“脏堵”现象；如果摸压缩机的排气管不烫或不热，则可能是制冷剂泄漏了。

四测：为了准确判断故障部位和性质，在上面三项基础上，可测量电气系统的电压、电流、电阻、绝缘电阻以及制冷系统的压力等。

3. 空调器故障的分析方法

分析故障必须根据空调器的构造和工作原理来进行。故障出现后，首先应根据故障现象，判别故障所在的系统(如制冷系统、风路系统、电气控制系统)，而后按系统分段依一定次序推理检查，全面分析产生故障的可能原因；先从简单的、表面的分析，而后检查复杂的、内部的；先从最可能、最简单的原因查起，再对可能性不大的原因进行检查。如空调器不起动，应先看电源是否有电，熔断器是否完好。若电源和熔断器都正常，则就要检查起动继电器是否有故障，若起动继电器没有故障，就要检查过载保护器、温控器、电容器是否完好。若过载保护器、温控器、电容器都正常，就要检查压缩机是否烧毁，最终找到故障的真正原因。

二、常见假性空调器故障

空调器使用不当或使用者误以为的故障，一般称为“假性故障”，对于这些情况，应学会分析、鉴别。

1. 空调器不运行的现象

1）电源熔断器熔断、低压断路器跳闸，漏电断路器动作，空调器电源开关操作有误，没能闭合，定时器未到达整机运行位置，总之是空调器实际上未接通电源形成的假性故障。

2）电源电压过低，电动机不能获得必需的起动转矩，无法正常起动运转，继而过载保护器动作，切断整机电源电路。

3）遥控器内置的电池电能耗尽，或电池正、负极性接反，因而遥控开关不工作，空调器没有接到开机指令。这种故障出现时，可以看到遥控器显示屏显示的信号模糊或无显示。

4）空调器设定的温度不当，即制冷时设定的温度高于或等于室温，制热时设定的温度低于或等于室温。

5）正在运行中的空调器，关机后又马上开机，由于机内延时保护装置动作，故空调器不能起动工作。

6）环境温度过高或过低，如制冷时室外环境温度超过43℃，热泵型空调器制热时室外环境温度低于-5℃，此时机内保护装置会自动切断本机电源。

2. 空调器制冷量、制热量不足的现象

1）空气过滤器积尘太多，室内、外换热器上积有过多尘垢，进风口或排风口被堵，都会造成空调器制冷(制热)量的不足。

2）制冷时设置的温度偏高，使压缩机工作时间过短，造成空调器平均制冷量下降；制热时设置的温度偏低，也会使压缩机的工作时间过短，造成空调器平均制热量下降。

3）制冷运行时室外温度偏高，使空调器的能效比降低，其制冷量也会随之下降；制热时室外温度偏低，则空调器的能效比也会下降，其热泵制热量也会随之降低。

4）空调房间的密封性不好，门窗的缝隙过大或开、关门频繁，都会造成室内冷(热)量流失。

5）空调器房间热负荷过大，如空调房间内有大功率电器，室内人员过多，都会使人感到空调器制冷(制热)量的不足。

3. 噪声

空调器内部的转动部件(压缩机、风机电动机)在运转时会产生一定的噪声，成为空调器的主要噪声源。在通常情况下，这些噪声很有规律，只要其噪声值在允许的范围内则属于正常现象。有时空调器在运行时会发出某种异常噪声，不一定是空调器本身的毛病。如窗帘被吸附在空调器吸风栅上，空调器运行时的声音会立即变调，此时只要把窗帘拨开，异响即会消失，空调器的运行声音立即恢复正常；又如安装在窗框上的窗式空调器，其运行噪声一般会逐年增大，有时还会发出极强的噪声，这种现象一般是由窗户上玻璃与窗框间的松动引起的，只要将玻璃与窗框紧固好即可。

4. 异味

空调器刚开机时，有时会闻到怪气味，这是烟雾、食物、化妆品及家具、地毯、墙壁等散发的气味附着在机内过滤网上的缘故。因此，每年准备启用空调器前，一定要做好机内外的清洁保养工作，运行过程中应定时清洗过滤网。平时在空调房间内不要吸烟，空调器停机时，应经常开窗户通风换气。

5. 压缩机开、停频繁的现象

制冷时设定的温度偏高或制热时设定的温度偏低，都会造成压缩机频繁地开、停机。此时只要将制冷时设定的温度调低一点或将制热时设定的温度调高一点，压缩机的开、停机次数就会减少。

6. 上、下风向导板时动时停的现象

分体式空调器室内机组的风向导板有时会出现开、停摆动角度不定的现象，这是其设在自动挡的缘故，控制系统根据检测情况，决定送风角度以及停摆的时间间隔，以使室温均匀分布，这是空调器运行的正常现象。

第二节　空调器制冷系统的常见故障分析

空调器制冷系统故障最多的是堵和漏，制冷系统主要由制冷压缩机、冷凝器、毛细管、干燥过滤器和蒸发器等部件组成。在这些制冷系统的主要组成部件中，最易出现故障的是制冷压缩机和毛细管，下面就常见制冷系统故障作一下分析。

一、制冷系统的“漏”与“堵”故障

1. 制冷系统“漏”的故障检修

空调器制冷系统的“漏”是最常见的故障之一。制冷剂的泄漏有轻微和严重之分，轻微的泄漏会使空调器的制冷能力下降，影响效果；严重的泄漏会导致空调器根本不能制冷，功能形同风扇。引起泄漏的原因一般有：接头连接不好，焊接处坡口不牢，纯铜管破裂或有

小孔，室内、外换热器的纯铜管U形弯头处脱焊，毛细管折断破损等。

常用的检漏方法有外观检漏、肥皂液检漏、卤素灯检漏、电子检漏仪检漏、压力表检漏等。其中外观检漏、肥皂液检漏、卤素灯检漏、电子检漏仪等检漏方法已在前面单元做过介绍，以下介绍压力表检漏方法。

用低压表或复合式压力表检查制冷系统的低压压力，若在夏季制冷时表压力在0.4MPa以下即表明制冷剂不足。因为R22在表压力为0.48MPa时的绝对压力是0.58MPa，查制冷剂饱和温度与饱和压力的对应表可知，其对应的饱和温度为5℃。若饱和温度低于5℃，表明蒸发温度也不足5℃。这种工况对于空调器而言是不合格的(空调工况时，蒸发温度为5~7℃)，因此这种压力偏低的情况就反映出制冷剂不足。

用上述方法查出泄漏以后，则可进行修复补漏，脱焊的部位应重新焊牢，喇叭口不合格的应重新制作安装，有漏洞或裂口的纯铜管应重新更换。

2. 制冷系统“堵”的故障检修

制冷系统的堵塞有脏堵、油堵和冰堵之分，主要表现为脏堵。脏堵因程度不同，又有半堵和全堵两种。半堵时制冷系统可勉强运转，全堵时制冷循环完全堵住，空调器失去制冷(或制热)能力。空调器的堵塞多发生在压缩机的排气管、冷凝器出液管的毛细管入口部位(或膨胀阀的过滤网)等位置。压缩机的排气管堵塞时，会导致排气压力显著升高。判断是否堵塞，一方面可装上复合式压力表进行高压测试，另一方面可用三角锉或小刀将排气管上部的管道割出小孔，观察有无气体逸出。干燥过滤器是容易发生堵塞的地方，若系统内杂质过多，将会使过滤网堵塞；毛细管插入过深，其端部顶着过滤网也会造成堵塞。此外，干燥过滤器堵塞时，其进口会有明显的温差(正常情况下应无温差)。

产生堵塞的原因是制冷系统内不干净，在安装和维修过程中有灰尘、焊药或氧化铜等杂质进入，同时冷冻机油变质、变黑(积炭)、变稠也会使系统堵塞。

解决堵塞的根本办法是预防，在操作过程中避免脏物、水分和空气进入。若已发生堵塞，应对整个系统或局部进行清洗，更换新的部件。

3. 制冷系统“漏”与“堵”的鉴别

制冷系统的漏和堵会造成同样的结果：制冷量不足或根本不制冷。在表现上往往又没有太大区别：如温度、压力、运转电流、蒸发器上结露(或结霜)等，需要在实践中加以鉴别，找出真正的弊病所在，并根据不同情况加以处理。制冷系统漏与堵的鉴别见表7-1。

表7-1 制冷系统漏与堵的鉴别

故障	制冷剂泄漏	堵塞	半堵
部位	焊接处 毛细管(双重卷钢管) 蒸发器	毛细管 焊接处	毛细管 焊接处
高、低压侧出现的现象	泄漏处有油污	管表面无油污	管表面无油污
	可用检漏仪测出	用检漏仪测试无反应	用检漏仪测试无反应
	蒸发器内制冷剂流动声中断或有微弱的流动声	蒸发器内完全没有制冷剂的流动声	蒸发器内有制冷剂的流动声
	平衡压力比正常压力低	高、低压压力不平衡	高、低压压力与平衡压力正常(停机3min以后)

（续）

故　障	制冷剂泄漏	堵　塞	半　堵
其他现象	电流和功率正常（少量泄漏时），但会随着泄漏量增加而减少	电流、功率不减少	电流、功率正常或随着半堵时间延长而有所减少
	一般压缩机声音正常，但泄漏大的声音弱	压缩机比正常时声音小	与正常时相同
	排气管温度随着泄漏的增加而降低	排气管温度不上升	排气温度正常，因半堵的部位不同而有所升高
	工艺管切断时，气体放出少或无气体放出	工艺管切断时有气体放出	工艺管切断时有气体放出

二、空调器制冷压缩机的常见故障

空调器所用的制冷压缩机有全封闭往复活塞式、旋转活塞式和旋转滑片式等几种类型。常见故障有：

1. 机械性故障

这类故障主要是由于零部件的机械磨损、疲劳损伤、制冷剂混有水分后对零部件的腐蚀及修理不当所造成的，如压缩机“咬煞”、效率变差或失去工作能力等以及压缩机有撞击声、接线柱处有泄漏等。

2. 电气故障

这类故障主要是由于供电电压不稳、压缩机过载、过热、冷冻机油变质、电器元件本身损坏及电路接线错误等造成的。如压缩机电动机绕组短路、断路、烧毁、接地或压缩机的起动、过载保护器失灵等。

压缩机的故障现象多种多样，其主要现象有：

1）压缩机制冷效率下降。压缩机制冷效率下降是指压缩机的实际排气量下降，达不到标称的名义制冷量，出现制冷量不足的现象。产生这种现象的原因是：由于压缩机使用时间过长，造成运动部件的磨损，使活塞与缸壁之间的间隙增大，在进行压缩排气时，气缸内一部分气体便经过间隙泄漏，使压缩机达不到设计的排气量。另外压缩机气缸垫被击穿或压缩机的吸、排气阀破裂，均可造成制冷效率下降或不能制冷。

2）压缩机“咬煞”。压缩机出现“咬煞”是指压缩机的运动部件的磨合面相互抱合而不能运动。产生“咬煞”的原因是冷冻机油管路被堵死。

3）压缩机内电动机损坏。接通电源后，压缩机不能起动，而电源熔断器熔断或低压断路器跳闸。产生这种故障的原因是电动机绕组过热，使绕组上的绝缘漆烧焦，绕组碰壳。引起原因是空调器长期超负荷运行，而过载保护装置又失灵，使绕组长期工作在过热状态下，绝缘层逐步老化，以致最后绝缘层被破坏。

另外匝间短路也会使电动机定子绕组中部分绝缘被破坏，造成绕组碰壳。引起原因是定子绕组在制作或装配时，局部受到轻皮损伤，运行一段时间后，伤痕扩展而击穿绝缘漆皮。

4）压缩机外壳接线柱“渗漏”。由于生产过程中的问题，空调器所用的全封闭式压缩机有时会出现接线柱“渗漏”现象，造成制冷剂泄漏，而使空调器出现压缩机运转，但不能制冷的故障现象。

三、空调器制冷压缩机常见故障的判断

1. 压缩机效率变差的故障判断

压缩机效率变差一般表现为排气压力下降，吸气压力升高。在空调器运行中，若出现压缩机运转，但运行电流偏小，此时可在压缩机吸、排气口上各接上一只压力表，在制冷剂量合适的情况下，起动压缩机运行，观察高、低压侧表压的变化。若在压缩机运行20min后，高压表压力值仍达不到1.8~2.0MPa，而低压压力又下不来时，即可认定是压缩机效率下降。排除压缩机效率变差故障的方法是更换压缩机。

2. 空调器压缩机“咬煞”的故障判断

通电后压缩机不运转，过载保护器随即起跳，断开电源后用万用表测量压缩机的三个接线柱，阻值关系正常，即可判断压缩机出现了“咬煞”(卡缸)故障。出现“咬煞”故障后，可采取强制起动的方法，即用大电流起动压缩机，同时也可用木锤或木棒轻轻敲击几下压缩机外壳，这样反复数次，若还不能使压缩机起动，对于全封闭旋转式压缩机只能采取更换的方法，而对全封闭活塞式压缩机则可以采取开壳维修的方法。

3. 压缩机内电动机损坏的故障判断

通电后压缩机不能起动，电源熔断器立即熔断或低压断路器跳闸，发生这种故障现象时，可粗略判断为压缩机内电动机出现了故障(电路没有出现短路的情况下)。此时可用万用表测量压缩机上三个接线柱的阻值关系，若发现阻值关系不正常或出现阻值为零的情况时，即可判断压缩机内电动机绕组出现了短路的情况。若测量出三个接线柱间的阻值关系正常，此时可用兆欧表测量一下三个接线柱与外壳间的阻值能否达到2MΩ以上，若达不到，则证明是压缩机电动机绕组搭壳。出现这种故障时，一般应采用更换压缩机的方法进行维修。

另外空调器内电动机绕组还会出现“断路”故障。判断方法是，当用万用表测压缩机外壳上的三个接线柱时，若出现任意两个接线柱间的阻值为无穷大，即可判断为压缩机电动机绕组“断路”。排除这种故障的方法是更换压缩机。

4. 压缩机外壳上接线柱“渗漏”的故障判断

空调器在运行过程中，出现制冷能力变差，而压缩机运行状态正常，此时可粗略判断是制冷系统中出现了制冷剂泄漏，造成了空调器制冷能力变差。在经过基本检查确认制冷系统管道及蒸发器和冷凝器中制冷剂不泄漏的情况下，应怀疑压缩机接线柱处是否有制冷剂泄漏。方法是拆下接线柱上的电气元件，在空调器制冷系统内仍有制冷剂的情况下，用电子卤素检漏仪检测接线柱及其附近，检查是否有制冷剂泄漏，检漏时移动检漏仪吸气口的速度要慢，因为接线柱附近的泄漏都属于渗漏性质，渗漏量很微弱，不易察觉。确认渗漏后，若很微弱，可用胶黏堵的方法进行排除。可选用耐高温、耐油脂、可黏接金属的组合型胶水进行黏堵。为保持黏补面的清洁，可在黏补前用毛笔蘸丙酮溶液先将黏补面擦干净，然后涂上配制好的胶水，在室温条件下固化24h后，再检测其是否渗漏，若不渗漏，即可补氟，恢复制冷系统的正常工作。若接线柱处泄漏很严重，一般可采取更换压缩机的方法进行故障的排除。

四、空调器压缩机内冷冻机油变质的判断与更换方法

国产空调器压缩机中使用的制冷剂为R22，一般采用25#冷冻机油。优质的冷冻机油是

很纯净的，外表看不到杂质，颜色淡黄或为无色透明的液体。

在压缩机中使用过一段时间的冷冻机油颜色会逐渐变深，透明度也会随之逐渐变差，从而造成变质。变质的冷冻机油，其性能会变得很差，在压缩机运转过程中会生成碳化物，很容易造成制冷系统的脏堵。

1. 判断冷冻机油是否变质的简单方法

1）滴纸法。取一张干净的白纸，用滴管从压缩机壳中取出一点冷冻机油，滴在白纸上，过一会儿观察白纸上油滴的颜色，如果油滴颜色很浅而且分布比较均匀，说明冷冻机油质量较好，可以继续使用；如果发现白纸上有深色的灰点或圆环，则说明冷冻机油已变质或所含杂质过多，应考虑更换。

2）对比法。取没有使用过的冷冻机油若干，倒入干净的玻璃试管或量筒内静置一段时间后，作为标准试样。再将需判断的冷冻机油从压缩机中取出一点，也倒入同样的另一个容器中，观察比较。若从压缩机中取出的冷冻机油的颜色、透明度与标准冷冻机油的颜色、透明度差不多，说明没有变质；若从压缩机中取出的冷冻机油与标准冷冻机油有较明显的区别，变成橘红或红褐色的混浊状态，说明冷冻机油已变质，不能继续使用，应更换冷冻机油。

2. 更换冷冻机油的方法

将压缩机与制冷系统断开，拆下压缩机，将其倒置，把机壳内变质的冷冻机油倒入事先准备好的容器中，称量出冷冻机油的容积。然后以此为依据，将新的冷冻机油倒入盛油容器中，在称量的基础上应增加原容积量的10%，作为加油量。具体操作方法是：

1）将准备好的冷冻机油放入一个干净的小容器中。

2）将压缩机装回空调器的原安装位置上，在压缩机的排气管上接一只复式三通修理阀，连接时把三通修理阀的中间管道与压缩机排气管相连，左侧的管道放入盛有冷冻机油的容器中，右侧管道与真空泵相连。

3）将三通修理阀左侧阀门关闭，右侧阀门打开，然后起动真空泵运行。

4）真空泵运行5～10min后停机，关闭右侧阀门，打开左侧阀门，冷冻机油在压缩机内外压差作用下流入压缩机内，待容器中冷冻机油全部流入压缩机内时，加油工作结束。压缩机注油量参考值见表7-2。

表7-2 压缩机注油量参考值

压缩机功率/W	122	183	367	551	735	1102	1470	2205
注油量/L	0.2	0.35	0.5	0.75	1.5	2.0	2.0	2.5

5）用气焊将压缩机与制冷系统焊好，以便进行下一步维修操作。

五、毛细管和干燥过滤器常见故障的判断与维修

空调器制冷系统除了制冷压缩机是容易产生故障的重点部件外，毛细管与干燥过滤器也是易出故障的部件。

1. 毛细管常见故障的判断与维修方法

空调器制冷系统中的毛细管易发生的故障与电冰箱制冷系统中易发生的故障基本一样，

均为“脏堵”或“冰堵”。

空调器制冷系统中毛细管出现“脏堵”后的故障现象是：压缩机运行一段时间后，蒸发器出口处仍无冷风吹出或吹出的冷风温度较高。此时冷凝器侧亦无热风吹出。

毛细管“脏堵”现象容易与空调器制冷系统缺制冷剂、泄漏和室外冷凝器热交换不良等故障现象混在一起，不易判断。为准确判断是否毛细管出现了“脏堵”，可在分体式空调器室外机组的出液阀、回气阀上挂上压力表，起动压缩机运行，观察压力表的变化情况，若发现运行时高压表压力较高，而低压表压力趋近于零，则说明制冷系统不缺制冷剂，而是出现了“脏堵”。为了判别是毛细管“脏堵”，还是干燥过滤器“脏堵”，可用剪刀将毛细管与干燥过滤器处剪开一个小口，查看有无制冷剂喷出，若有制冷剂喷出，说明是毛细管出现了“脏堵”；若无制冷剂喷出，则说明是干燥过滤器出现了“脏堵”。

毛细管发生脏堵以后，最好更换同内径同长度的毛细管。若手头没有合适的毛细管，可用加热的方法，即用气焊的外焰加热毛细管，将其内部的脏东西烧化。在加热的同时可从毛细管的出口端(与空调器蒸发器相连的一端)用氮气加压吹气，把积存在毛细管内的脏东西吹出。

空调器制冷系统中的毛细管还会发生“冰堵”故障，特别是热泵型空调器更易发生此种故障。产生空调器制冷系统“冰堵”故障的原因和电冰箱制冷系统发生“冰堵”故障的原因相似，均为在制冷系统组装时操作不规范所致。

空调器制冷系统出现“冰堵”后的故障现象也与电冰箱制冷系统产生“冰堵”故障相似，即会出现一会儿空调器制冷系统工作正常，一会儿制冷系统工作不正常的现象，如此反复。

空调器制冷系统出现“冰堵”故障后的排除方法是：放掉制冷系统中的制冷剂，更换干燥过滤器，然后对制冷系统进行长时间的抽真空，以求彻底清除系统残存的水分。充注制冷剂时一定要按规范要求进行。

在进行空调器制冷系统与毛细管相关的故障维修时，若空调器使用两根以上毛细管，要十分注意，每根毛细管的管径、长度和位置均不能搞错，因为在设计时是按不同的蒸发面积和分流需要来确定毛细管的内径与长度的，搞错后会影响空调器的性能与功能。这一点在维修时要注意。

2. 干燥过滤器常见故障的判断与维修方法

空调器制冷系统中的干燥过滤器最易产生的故障是“脏堵”。产生“脏堵”故障的主要原因是：制冷系统焊接时操作不规范，加热时间过长，使管道内壁产生大量的氧化层脱落；压缩机长期运转造成的机械磨损产生金属碎屑，制冷系统在加入制冷剂前未清洗干净等。

空调器制冷系统干燥过滤器产生“脏堵”时的故障现象与其毛细管产生“脏堵”故障时类似，判断方法也相同。即断开毛细管与干燥过滤器的接口后，无大量的制冷剂喷出现象时，再断开冷凝器与干燥过滤器的接口；若看到有大量制冷剂喷出，即可判定是干燥过滤器出现了“脏堵”。

干燥过滤器“脏堵”故障的排除方法：拆掉“脏堵”的干燥过滤器，用高压氮气(表压为0.4MPa即可)吹一下制冷系统，重点是高压侧。然后更换一只新干燥过滤器即可。

第三节　空调器电气控制系统的常见故障分析

空调器的电气控制系统有强电与弱电两部分。因它们的控制原理不同，所以产生的故障也就不同，本节重点介绍电气控制系统（强电部分）主要故障现象的分析，同时也对弱电部分的典型故障作一介绍。

一、电气控制系统（强电部分）的常见故障分析

1. 空调器用压缩机电动机的主要故障分析

空调器用压缩机电动机一般有三个接线柱，电源向电动机的供电，通过接线柱传给电动机的绕组。接线柱的绝缘层一般以玻璃或陶瓷体烧结在柱体之间。接线柱的数目多为三个，也有五个的（其中两个为内藏式过热保护器的接线柱），接线柱所连接的绕组端在压缩机壳上用符号进行标示（即 S 表示起动端，C 表示公共端，M 或 R 表示运转端）。

判断空调器用压缩机电动机绕组是否有故障时，测量三个接线柱间的阻值是关键的一步。一般空调器用电动机绕组的阻值都比较小，测量时可用万用表 R×1 挡进行测量。其正确的阻值关系应为 $R_S>R_M$；$R_{SM}=R_S+R_M$。但也有例外，有些进口空调器的压缩机电动机用电容起动方式的起动绕组阻值反而小于运行绕组，这一点在测量判断时应予以注意。

对于使用三相电源的电动机，测量时，三个接线柱间的阻值应是一致的。

空调器用压缩机电动机常见的主要故障是：绕组断路、短路和接地。

压缩机电动机绕组断路是由于绕组短路，电流过大而引起的。判断时用万用表 R×1 挡测量压缩机电动机三个接线柱间的阻值，若出现某两个接线柱的阻值为无穷大，即可判断为其内部绕组断路。压缩机电动机绕组短路是由于绕组的绝缘层被破坏，使相邻的导线金属接触，造成匝间短路的。电动机出现短路故障，会使运行电流增大，继而烧毁电动机。判断时用万用表 R×1 挡，测量电动机三个接线柱间的关系，若出现总阻值小于两个分阻值之和，那可判断为其内部绕组短路。

压缩机电动机接地是指压缩机电动机绕组的绝缘层损坏与压缩机外壳相碰，形成短路的故障现象。产生这种故障后的特点是：一旦通电，电源熔断器即熔断。判断时用万用表 R×1 电阻挡，将一只表笔接触公共端接线柱，另一表笔接触刮掉漆皮后的压缩机外壳或压缩机的吸、排气管。测量时若观察到有导通现象，即可判断压缩机电动机出现了接地故障。

当压缩机电动机出现上述故障后，对于家用空调器来说，一般采用更换压缩机的方法予以排除。

空调器用压缩机三相电动机多使用在落地式分体空调器中。这种压缩机电动机常出现的故障有：

1）因电源断相而烧毁压缩机电动机。所谓断相是指：供电系统中使用了电源熔断器，由于一相的熔断器熔断或配电设备出现故障，造成电源供电时缺一相的故障现象。电动机断相可分为起动前断相和运行中断相两种情况。起动前断相会使电动机无法正常起动，造成过载保护装置动作，切断电源；运行中断相会造成两相中通过的电流是正常三相时的 150%，从而引起绕组过热而烧毁。

2）三相不平衡使压缩机电动机运行不正常。三相不平衡时，电压加到压缩机电动机绕

组上，会产生较大的不平衡电流，在电流最大的相中，温升增加的比例为电压不平衡相中比例平方的两倍左右，从而导致电动机的烧毁。

3）反相。反相对压缩机电动机没有直接危害，但会导致压缩机反转，从而引起压缩机不供油，产生卡缸、抱轴等故障，因此，这种电动机中应装有防止反相的装置，以达到保护的目的。

三相电动机绕组好坏的判断可用万用表 R×10 挡来测量，若每相邻的两个接线端之间的电阻值均相等，说明三相电动机的绕组是好的。

三相电动机易出现的故障有：无法起动，起动困难或在运行中发出“吭吭”声。造成三相压缩机电动机不起动的原因一般是电源断电或电动机绕组断路。检查时可先检查电源是否断电，熔断器是否熔断，各类控制开关是否闭合，各项检查完毕后，可闭合开关起动试运行。若此时压缩机电动机仍不能起动运行，可用万用表 R×10 挡检查绕组是否出现了断路，出现断路故障后应更换压缩机。

三相压缩机电动机通电后起动困难，一般是由电源电压过低或压缩机电动机绕组短路所造成的。检查时应首先检查电源电压是否过低，若电源电压低于额定电压的 10%，应暂停使用。若电源电压正常，应对压缩机电动机绕组进行检查，查看是否有短路故障，如有短路故障，应更换压缩机。

三相压缩机电动机在运行过程中若发出“吭吭”声，一般是由三相电的电流严重不平衡所造成的，产生的原因是，有一相电源断相。

此时可用万用表电压挡检查电源进线是否断相，恢复电源供电，正常后即可排除此故障。

2. 空调器用风机电动机的主要故障分析

空调器用风机电动机的作用是带动空调器的离心风机和轴流风机工作。风机电动机容易出现的故障是：风机电动机绕组烧毁；风机电动机运转电容器损坏；风机电动机转子与轴松动；风机电动机轴弯曲变形；风机电动机轴承损坏。

1）风机电动机绕组烧毁是风机电动机的常见故障之一，其故障现象是：通电后风机电动机不转，此时应依次检查电源、选择开关、风机电动机运转电容器，在确认上述各部分都无问题的情况下，风机电动机仍不工作时，可用万用表 R×10 挡测量一下风机电动机各抽头之间有无阻值为零或无穷大的情况，若有，即可判断为电动机绕组烧毁。风机电动机绕组烧毁后，一般可采取重绕绕组或更换电动机的方法予以修理。

2）风机电动机运转电容器也是风机电路中的易损坏零件之一。它与起动绕组串联后，与运行绕组并联。风机电动机电路产生运转电容器损坏的故障特征是：电源正常，选择开关良好，通电后电动机发出轻微的“嗡嗡”声而不能运转。

检测风机电动机运转电容器好坏的方法：将电容器与空调器电路断开，用螺钉旋具的金属部分碰一下电容器的两个端子，放一下电。然后用万用表 R×100 或 R×1k 挡进行测量。测量时，将两表笔分别接触电容器的两极，若表针先指向低阻值，并逐渐退回高阻值，说明该电容器具有充、放电能力，则说明电容器是好的。若表针指示在低阻值而不能退回，说明电容器已短路。若表针一开始就指示在高阻值或表针根本就不动，说明该电容器已断路。

在确认电容器损坏以后，解决方法是更换同型号的电容器。为了便于在维修时选用合适的电容器，表 7-3 列出了电容器与电动机匹配的规格参数，供维修时参考。

表 7-3　电容器与电动机匹配的规格参数

电动机功率/kW	0.2	0.4	075	0.0	1.2	2.0	2.2	3.0	3.7	4.0	5.0	5.5	7.5	10	11	15
电容器容量/μF	15	20	30	30	40	50	50	50	75	75	100	100	150	200	200	200

选用电容器时还要注意其耐压情况。电容器上所标明的额定电压是允许使用电压，如果将电容器接在超过其标定的工作电压的电路中，电容器将被击穿。

另外，如果电路中使用的是电解电容器，而空调器又长期不用，电容器中的电解质易干涸，使其容量下降，造成风机电动机不能正常运转，这一点在维修时要十分重视。

在实际维修空调器工作中，在多数情况下，为了尽快修好空调器一般多采用更换空调器风机电动机的办法来进行维修。表 7-4 列出了部分风机电动机数据可供更换时参考。

表 7-4　部分风机电动机技术数据

型号	电动机功率/W	转数/(r/min)			电源/(V/Hz)	电容器容量/μF	空调器制冷量/W	噪声/dB(A)
		高	中	低				
KFD—1	50	920	860	800	200/50	3	2300	36
KFD—2A	50	920	860	800	200/50	3	2300	36
KFD—2B	50	920	860	800	200/50	3	2300	36
KFD—3	30	920	860	800	200/50	2.5	1340	136
KFD—4	100	920	860	800	200/50	4	3480	36
KFD—5	120	920	860	800	200/50	6	4660	36
KFD—6	35	1350	920	—	200/50	2.5	2330	36
KFD—14	120	1350	920	—	380/50	—	2480	36

3. 空调器用机械压力式温控器的常见故障分析

温控器是对空调房间温度幅差进行控制的电气开关装置。它的作用是：通过调节温控器的旋钮，改变所需控制的温度，使空调房间在选定的温度范围自动控制空调器压缩机的开、停。

目前，绝大多数窗式空调器的温控器是机械压力式的，而分体式空调器则采用了电子式温控器。

机械压力式温控器常见的故障主要有感温元件中感温剂泄漏、触点黏连或触点烧蚀等。

机械压力式温控器故障的判断方法是：在空调器室温达到要求时，压缩机仍不能停机或通电后空调器风机电动机工作正常，但压缩机却不能正常起动的情况下，可将温控器从电气系统中拆下来，把调节旋钮放置到制冷位置，然后用万月表 R×1 挡，测量温控器两主接线端间是否导通。若不导通，一般是感温机构中的感温剂泄漏光了，这种情况下应更换同规格、同型号的温控器。若因为不能停机而需进行检修，可将拆下的温控器的感温包，放入冰水混合液中 3 ~ 5min 后，再用万用表测其两主接线端间是否导通，若仍导通，说明触点粘连。

机械压力式温控器触点粘连后的修理方法是：用小螺钉旋具轻轻撬动温控器金属外壳两侧，触点的绝缘板即可取下，用小刀将触点撬开，然后用 00 细砂纸将触点表面打磨光亮即可。

4. 电磁换向阀常见故障的分析

电磁换向阀(四通阀)线圈故障的检查：图 7-1 所示为用万用表检查电磁换向阀的方法，如果电磁换向阀不能有效地进行冷、热切换，可用万用表测量其线圈的电阻值，当电压为220V 时，电磁换向阀电磁线圈的电阻值约 700Ω(20℃)，若线圈电阻值为 0，说明线圈已短路；若线圈电阻值为∞，说明线圈已断路。

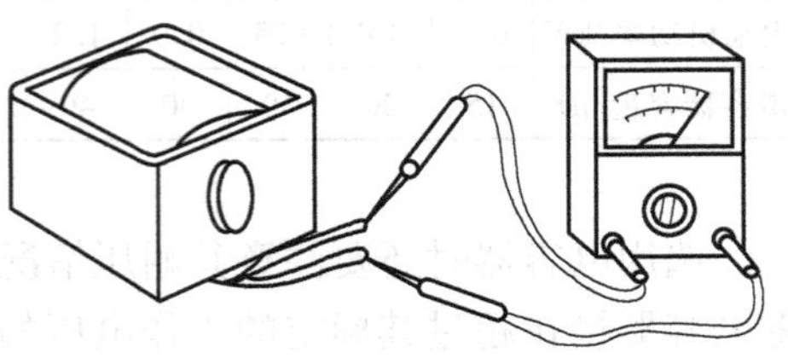

图 7-1　用万用表检查电磁换向阀的方法

电磁换向阀“触摸法”检查的操作：

可在电磁换向阀上进行“触摸法”检查，通过感受电磁换向阀上的六根管(来自压缩机的排气管,至压缩机的吸气管,至内部的冷却管,至外部的冷却管,左后导毛细管和右前导毛细管)的温差并对比这些温差，就初步可知道故障所在，具体情况见表 7-5。

表 7-5　电磁换向阀“触摸法”检查表

序号	电磁换向阀的工作情况	1	2	3	4	5	6
		来自压缩机的排气管	至压缩机的吸气管	至内部冷却管	至外部冷却管	左后导毛细管	右前导毛细管
1	制冷正常	热	冷	冷	热	阀体温度	阀体温度
2	制热正常	热	冷	热	冷	阀体温度	阀体温度
3	流量不够造成电磁换向阀换向不完全	热	暖	暖	热	阀体温度	热
	导向的两孔开启造成电磁换向阀换向不完全	热	暖	暖	热	热	热
4	阀孔肮脏造成从制冷到制热不换向	热	冷	冷	热	阀体温度	热
	导管堵塞造成从制冷到制热不换向	热	冷	冷	热	阀体温度	阀体温度
	导向的两孔开启造成从制冷到制热不换向	热	冷	冷	热	热	热
	压缩机故障造成从制冷到制热不换向	暖	冷	冷	暖	阀体温度	暖
5	压力差太高造成从制热到制冷不换向	热	冷	热	冷	阀体温度	阀体温度
	导管堵塞造成从制热到制冷不换向	热	冷	热	冷	阀体温度	阀体温度
	分压孔污脏造成从制热到制冷不换向	热	冷	热	冷	热	阀体温度
	导向出现故障造成从制热到制冷不换向	热	冷	热	冷	热	热
	压缩机故障造成从制热到制冷不换向	暖	冷	暖	冷	暖	阀体温度

（续）

序号	电磁换向阀的工作情况	1	2	3	4	5	6
		来自压缩机的排气管	至压缩机的吸气管	至内部冷却管	至外部冷却管	左后导毛细管	右前导毛细管
6	阀体损坏造成制热时明显泄漏	热	热	热	热	阀体温度	热
	阀在行程中间位置造成制热时明显泄漏	热	热	热	热	阀体温度	热
	活塞末端的针阀泄漏	热	冷	热	冷	阀体温度	阀体温度
	导向和针阀泄漏	热	冷	热	冷	阀体温度	阀体温度

电磁换向阀又称四通阀，它是热泵型空调器中自动换向实现制冷、制热的一个部件。电磁换向阀常见的故障有：电磁线圈烧毁，电磁换向阀内活塞上的泄气孔被堵塞，造成阀体不能换向，电磁换向阀上毛细管堵塞等。

1）电磁换向阀不能换向。造成这一故障现象的原因很多，归纳起来主要有：

电磁换向阀的线圈烧毁。当电磁换向阀不能进行换向时，切断其电源，用万用表 R×10 挡，测量其线圈的直流电阻值，一般家用空调器电磁换向阀的线圈阻值应约为 700Ω。若测出线圈电阻值为 0，说明线圈已短路；若线圈电阻值为无穷大，说明线圈已断路。更换新线圈即可恢复其正常工作。

电磁换向阀活塞上的泄气孔被堵塞。电磁换向阀活塞上泄气孔孔径只有 0.3mm，孔前虽然设置有过滤网。但若压缩机排气中混有过多的杂质，仍然会将其堵塞，使其不能换向。排除这一故障的方法，可采取多次接通，切断电磁线圈电路，使电磁换向阀连续换向，以便冲除杂质。若还不行，可更换新电磁换向阀或将电磁换向阀部件拆开修理。

制冷系统中制冷剂泄漏，高、低压力差减小，使得电磁换向阀换向困难。这种故障判断起来较困难，测量一下制冷系统的高、低压力值，若高、低压力值低于额定值，则说明制冷系统缺氟，应向制冷系统中适当补充些制冷剂。

电磁换向阀上毛细管脏堵。压缩机起动运行以后，本应迅速发热的毛细管，只有与电磁换向阀相连的端头处发热，而其他部分不热，说明毛细管出现了脏堵，从而造成了电磁换向阀不能换向。排除方法是：多次通断电磁换向阀，用变换的气流冲除污物，若不见效，只能将电磁换向阀拆下，打开阀体进行维修。

压缩机运行效率下降，高、低压力差减少，使电磁换向阀不能正常工作。遇到这种故障，应先检查制冷系统是否缺氟。在确认系统不缺氟的情况下，断开压缩机与制冷系统的连接，单独测一下压缩机的吸、排气能力，最简单的办法是：用手指顶住压缩机的吸、排气口，感觉一下是否有很强的吸、排气能力，若感觉吸排气能力较弱，应更换压缩机。

2）电磁换向阀换向不完全。造成这种故障的原因是：电磁换向阀内滑块换向行程开始后，由于电磁换向阀阀体损伤，使活塞不能顺畅运动，无法到达工作位置，从而造成电磁换向阀换向不完全的故障。产生这种故障后的现象是：压缩机吸气管发热，蒸发器出风不冷，电磁换向阀左右两侧毛细管均发热。遇到这种故障时应更换新的电磁换向阀。

3）电磁换向阀内部泄漏。造成这种故障的原因是：使用一段时间后，电磁换向阀内聚四氟乙烯活塞上的顶针与阀体上的阀座不密封，造成高压侧制冷剂气体向低压侧泄漏。产生这种故障后的现象是：电磁换向阀左右两侧的毛细管均发热。遇到这种故障现象，解决方法是更换电磁换向阀。

5. 更换电磁换向阀时应注意的问题

电磁换向阀损坏后，需更换新的电磁换向阀，在更换时应注意以下几个问题：

1）电磁换向阀在更换安装时以水平方向为好，如需垂直方向安装，则要求制冷系统非常清洁，否则，活塞上泄气孔易被污物堵塞，导致电磁换向阀不能正常换向。

2）安装时应小心轻放，阀体及毛细管不得压扁，以免滑块被卡，导致电磁换向阀不能正常换向。

3）电磁换向阀应安装在振动最小的位置上。

4）焊接时，一定要防止脏物进入制冷系统，应采用无焊剂焊接。焊接时，要保持阀体潮湿，温度不能高于120℃。

二、电气控制系统（弱电部分）的常见故障分析

窗式、壁挂式或柜式空调器所用的微控制器控制装置硬件结构基本相同。它由微控制器、传感器、控制开关、显示器和电源组成，其控制电压为12V或24V。近年来生产的空调器微控制器使用内部带A/D转换的芯片，大大减少了控制器外围元器件的数量。

微控制器在空调器中一般有下述功能：温度控制、风量控制、节能控制、湿度控制、风向控制、睡眠控制、定时控制、除霜控制和制热时防止冷风吹出的控制及压缩机过热或过载时的停机控制。

温度控制是微控制器的主要功能，它通过控制压缩机的开、停或运转速度，使室内空气温度达到所需要的温度值，并根据室内吸入空气的温度来自动调整室内风机的转速。其控制电路是把设定的温度值预先储存在微处理器中，由室温传感器测量当时的温度值。然后与设定值进行比较、判断，从而控制压缩机的开、停，使室温基本控制在所需要的范围内。

风量控制就是根据使用要求，设定为高、中、低三挡中任意一挡风速工作，也可以按自动方式工作，如制冷时，设 T_A 为室内温度值，T_S 为设定温度值。在空调器运行过程中将测得的室内温度值 T_A 与设定温度值 T_S 进行比较，当 $T_A-T_S>4℃$ 时，风机以高速运行；当 $2℃<T_A-T_S\leqslant4℃$ 时，风机以中速运行；当 $T_A-T_S\leqslant2℃$ 时，风机以低速运行。

为了使空调器实现节能控制，微控制器在控制空调器制冷或制热时，当室温达到设定的温度值以后，空调器继续按设定值工作1h，并将设定温度值在制冷时自动提高1℃，制热时自动降低1℃，以减少压缩机的工作时间来达到节能的目的。近年来推出的变频器是一种理想的节能设备，它可根据制冷或制热负荷的变化来改变压缩机的转速，在以较大的功率快速制冷或制热后，以较小的功率运转达到维持室温的目的。

微控制器中对空气湿度的控制有直接法和间接法两种方法。直接法是利用湿度传感器直接控制湿度。它将设定的湿度值分为高、中、低三挡，将湿度传感器测得的湿度值与设定值进行比较，以确定制冷系统是除湿运行还是制冷运行。间接法是对室内风机电动机和压缩机的工作进行计时，从而间接控制湿度，不使用湿度传感器。在工作时，根据室内的湿度值，先让空调器以制冷方式运行，使室内空气达到既降温、又除湿的目的。然后再控制风机电动机和压缩机以间隔方式开、停，以达到控制室内空气湿度的目的。

微控制器控制的空调器为防止人们在开机的情况下睡眠时不舒适，而设置了睡眠控制功能。其控制过程是：当设定睡眠方式时，在制冷状态下，工作1h后，设定的温度值会自动升高1℃，又经过1h后，再升高1℃。在制热状态下，工作1h后，设定的温度值会自动降低2℃，又经过1h后再降低3℃。睡眠功能设计的温度值，一般在比设定值高或低2~3℃的范围内变化，以适应人体睡眠时的生理变化要求，又具有一定的节能效果。

微控制器控制的空调器在制热运行方式下，为防止起动运行时，由于室内侧换热器中制冷剂蒸气温度低，吹出的冷风使人感觉不舒服，在室内侧换热器的盘管上安装了一只温度传感器。当刚开始制热运行时，检测到盘管表面的温度较低，传感器控制的风机电动机不工作，只有当检测到盘管表面温度达到一定值后才能起动室内风机电动机，从而有效地防止了空调器起动时向室内吹冷风的现象。

微控制器控制的空调器，电路部分常见的故障有：

1. 开机后空调器不能工作

当按下运行键时，空调器不能工作。出现这种情况时，说明电源没有接通，应检查以下几项：

电源有无故障即开关是否合上，熔断器是否熔断，若是三相电源，是否有缺相；室内机组电路板上的压敏电阻是否损坏，各线簇连线的插件是否接触不良；按键开关是否接触不良或电路板上元器件是否损坏等。要逐一检查并排除后，即可恢复空调器起动运行。

2. 开机后室内风机运转，但压缩机不运转，且故障灯闪烁

用微控制器控制的空调器，故障灯闪烁，说明系统有故障，应参看说明书进行故障检查，也可按下述内容进行逐项检查，以求查出故障原因，予以排除。

检查电源是否电压过低或断相。

检查压缩机电动机的过载装置是否动作或动作后能否复位。

检查室外风机电动机是否工作正常，有时会因室外风机电动机不工作，而引起压缩机高压侧压力过高，导致过载保护器动作，使压缩机不能起动运行。

检查压缩机和室外风机电动机的接线头是否接触不良，从而导致故障。

检查控制压缩机供电电路的交流接触器线圈是否烧毁，造成交流接触器不能吸合，而无法接通压缩机电路。

检查压缩机保护器件——是否因高、低压压力继电器动作，或其内部触头损坏，造成压缩机不能起动。

若上述各项均没有故障，应检查微电脑控制板本身是否存在故障而造成压缩机电路不能导通。

3. 空调器起动一会儿就停机，且故障灯闪烁

造成这一故障既可能是由制冷系统的故障所造成的，也可能是由电气系统的故障所造成的。

检查时最好查其说明书，对照故障灯所示内容进行排查。若手头没有本机的说明书，可重点检查以下几项：

是否因压缩机排气压力过高(超过2MPa表压)，而引起压力继电器动作，切断了压缩机电路。

是否因制冷系统缺氟或脏堵，引起低压压力过低(低于0.2MPa表压)，而最终引起压力继电器动作，使压缩机停机。

是否因压缩机或风机电动机的过载保护器动作，而引起高压压力过高，压力保护装置动作，使压缩机停机。

总之，对于微控制器控制的空调器电气系统常见故障的分析，一是对照故障灯的指示，查说明书；二是顺着电气控制系统的构成元器件，逐步分析、查找即可找到故障位置，然后进行有针对性的维修，以减少维修中的盲目性，提高工作效率。

第四节　窗式空调器的修理

一、窗式空调器的故障分析

窗式空调器的故障现象一般可归纳为：

漏，即制冷系统有裂痕，造成制冷剂和冷冻机油泄漏。

堵，即制冷系统内部发生冰堵或脏堵及蒸发器或冷凝器表面积尘太多，造成热交换能力下降或不能进行热交换。

烧，即压缩机电动机、风机电动机绕组、电磁换向阀线圈及各种继电器线圈触点和线路烧毁。

断，即电气系统中的导线、熔断器熔断或压力继电器及过载保护器动作，从而切断电路。

卡，即压缩机卡缸或风机电动机的扇叶与空调器上扇叶外壳卡住。

二、窗式空调器的常见故障现象与维修处理

窗式空调器常见故障现象的原因和排除方法如表 7-6 所示。

表 7-6　窗式空调器常见故障及排除方法

故障现象	故障原因	排除方法
蒸发器结霜	风机缺油或起动电容器老化导致风量小	加油或更换电容器
	室内空气过滤器堵塞，冷量送不出	定期清洗
空调器有异味	焦味或橡胶味	检查是否接触不良、过载而发热或出现电火花，查明原因，对症处理
	冷冻机油味道	系统泄漏，检漏修理
	开机异味	室内机脏，定期清理
压缩机频繁开、停	电容器容量变小	更换
	过载保护器老化	更换
	电压不稳	安装稳压器
压缩机运转，风机不转	风机起动电容器损坏	更换
	导线断路或接触不良	检查导线
	风机线圈烧坏	检查是否有过载或卡叶片，清除过载原因，更换电动机

（续）

故障现象	故障原因	排除方法
空调器运转但不制冷	电磁换向阀故障，造成不能换向制冷	更换电磁换向阀
	制冷剂泄漏	查漏、补焊、抽真空、重新充注制冷剂
	压缩机阀片击碎，不做功	更换压缩机
压缩机不起动，无冷气	电源断路	检查接线、熔断器和插座并修理
	电源电压过低或电压降过大	检查原因或更换电源线
	主控选择开关插片脱落	重新插上
	温度控制器的感温元件漏气或触点烧毁	更换同型号的温度控制器
	起动电容器损坏	更换同型号、同规格的起动电容器
	压缩机电动机绕组断路	按原线径、匝数、节距绕制、更换
	压缩机电动机内引线脱落	开壳把内线插牢
	压缩机“咬煞”（卡缸）	更换同规格、同型号压缩机
	风机电动机烧毁	更换或修理
热泵机除霜不止	除霜控制器感温包松脱（或泄漏）	重新固定（或更换）
	除霜定时器或继电器损坏	更换
	室外换热器积灰太厚，融霜热阻大	定期清洗
冷气不足	安装位置不当	按照说明书要求正确安装
	电源电压不稳，经常停机	安装稳压器
	房间热负荷过大	减少房内发热器具
	通过蒸发器的风量不足	清理蒸发器翅片和空气过滤器的灰尘
	冷凝器风量不足	清理冷凝器翅片灰尘或清除进风百叶窗和出风口的障碍物
	毛细管部分堵塞	更换过滤器和毛细管、抽真空、加制冷剂
	过载保护器跳开	调整或更换
	新风门、排风门不密闭	修理或更换
	系统泄漏	查漏、补焊、抽真空、重新充注制冷剂
空调运转时噪声大	风机叶片变形引起动平衡不好	更换叶片
	压缩机振动大	检查防振弹簧、垫圈和螺母等
	管路碰撞、螺钉松动	掰开碰撞管路、紧固螺钉，装防振胶
	风机叶片与机壳等碰擦	调整风机叶片与导流圈等的间隙
	压缩机工作负荷重，发出沉闷声和产生振动	清除冷凝器翅片上的灰尘，使其风量畅通
漏水	安装不当，室内侧低于室外侧	重新安装，使室内侧高于室外侧
	排水管受堵	疏通排水管
	底盘腐蚀	修理
	轴流风机甩水不当	应予调整
漏电	空调器金属件带电	检查相线和零线是否接反
	电气部件受潮	将受潮部件烘干

（续）

故障现象	故障原因	排除方法
漏电	电源插头与机壳短路	查明原因，对症处理
	保护地线接触不良	重新进行连接
压缩机电动机过热	制冷剂量过多或制冷系统内有空气	放出多余制冷剂或重新抽真空
	毛细管、干燥过滤器局部堵塞	修理或更换
	电源电压过低	查明原因、调高电源电压
	压缩机电动机绕组局部短路	应打开压缩机进行修理
热泵机冷热调节失灵	电磁换向阀损坏	修理或更换
	电加热元件损坏	修理或更换
风机运转但压缩机不运转	电源电压太低	检查原因，保持正常电压
	接线错误	检查线路，重新接线
	电加热器损坏	更换
	压缩机本身故障	更换

第五节　分体式空调器的修理

对于分体式空调器来说，无论是制冷系统，还是电气控制系统，都比窗式空调器要复杂一些，因此在分析和检查故障时，应慎重、严谨，一般可分三步进行。

1）查电源。查看有无断电、欠电压或配电设备损坏的情况。

2）查电气设备的工作情况。看压缩机电动机、风机电动机和电磁换向阀及电加热的工作状态是否正常。

3）查制冷系统。查看有无制冷剂泄漏现象，冷凝器散热情况和蒸发器吸热情况是否正常；有无“脏堵”或“冰堵”现象。

一、分体式空调器的故障分析

对分体式空调器进行故障分析时，可采用原理分析法、观察法和查表法等。

1. 原理分析法

运用原理分析法来检测分体式空调器故障是维修工作中使用的主要方法之一。下面以最普遍的分体壁挂式空调器为例，看一下原理分析法在空调器故障分析中的应用。分体壁挂式空调器夏季完全不制冷的检查程序如图 7-2 所示，其夏季工作时制冷量不足的检查程序如图 7-3 所示，分体壁挂式空调器(热泵型)冬季不制热的检查程序如图 7-4 所示，其冬季工作时制热量不足的检查程序如图 7-5 所示。

2. 查表法

查表法也是检测和维修时常用的方法之一，它的优点是简明、快捷。分体式空调器的常见故障分析见表 7-7。

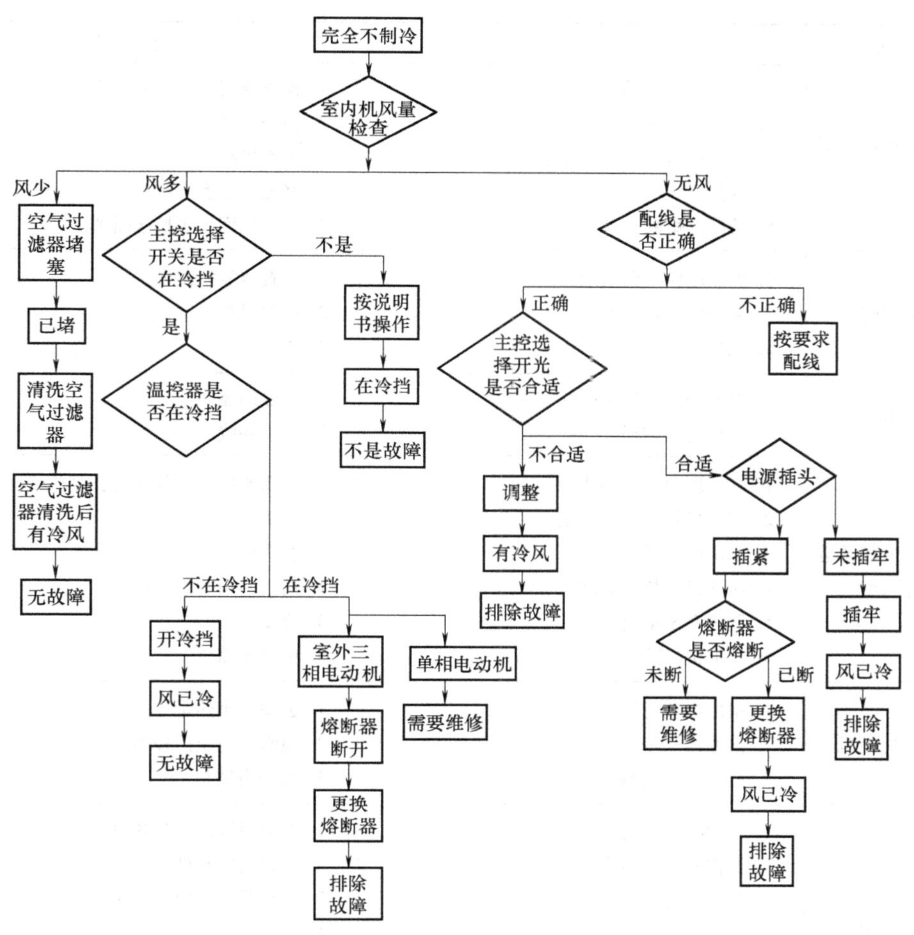

图 7-2　分体壁挂式空调器夏季完全不制冷的检查程序

表 7-7　分体式空调器的常见故障分析

故　　障	原　　因	处　　理
压缩机、风机不运转	1. 停电 2. 熔断器熔断 3. 电源电压过低，低于 198V 4. 风机电动机烧毁 5. 控制电路故障 6. 风机起动电容器故障 7. 开关损坏	1. 查明原因，等待供电 2. 查明原因，更换熔断器 3. 安装稳压电源或待电压稳定 4. 检查后更换风机电动机 5. 检查并修复电路 5. 更换电容器 7. 检查后更换开关
室外风机工作，但压缩机不运转	1. 温控器或起动电容器损坏 2. 起动继电器或过载保护器故障 3. 电路绝缘损坏 4. 压缩机电路接错或者卡缸、烧毁故障	1. 更换温控器或起动电容器 2. 检查、修复或更换 3. 测试绝缘电阻，更换新导线 4. 修复错误或更换压缩机

(续)

故　　障	原　　因	处　　理
压缩机运转，但室外风机不转	1. 室外风机电动机故障 2. 线路间短路 3. 室外风机接触器接触不良 4. 卡住 5. 熔断器熔断	1. 检查绕组后更换电动机 2. 检查并修复线路 3. 更换接触器 4. 修复或更换风机 5. 查明原因，更换熔断器
室内风机不转	1. 控制电路短路或断开 2. 风机电动机烧毁 3. 风机卡住	1. 检查修复控制电路 2. 更换风机电动机 3. 更换
空调器漏电	1. 电源插座、插头接线有误 2. 导线绝缘破损	1. 修复插座 2. 更换导线
压缩机不能正常运转，开、停频繁	1. 高压压力开关动作 2. 室外换热器风力受阻 3. 电源电压低 4. 压缩机过热，超载 5. 制冷系统堵塞 6. 压缩机故障	1. 查明原因，降低压力，复位 2. 清除障碍物 3. 查明原因 4. 放出多余的制冷剂 5. 修复 6. 更换压缩机
压缩机不能停机	1. 室内热负荷过大 2. 温控器故障 3. 控制电路出现故障	1. 去除多余热量 2. 检修或更换温控器 3. 检修电路板
室内温度降不下来	1. 室内温度太高 2. 温控器调整不当 3. 门窗不封闭 4. 人员过多 5. 室内机组空气过滤器堵塞 6. 空调器制冷不足 7. 空调器选择不当	1. 查明原因，排除热量 2. 将旋钮旋至低温挡 3. 减少开门次数、封闭 4. 减少人员 5. 清洗空气过滤器 6. 检查原因后修复 7. 改换大制冷量机组
空调器冷量不足	1. 制冷剂泄漏 2. 制冷剂不足(R22 低压 0.5MPa 左右) 3. 制冷剂过量(R22 低压 0.5MPa 左右) 4. 制冷系统堵塞 5. 室外机组通风不良或气流短路 6. 室内机组风量不足 7. 压缩机效率降低	1. 检漏，按规定要求加氟 2. 按规定要求加氟 3. 放出多余制冷剂 4. 清洗制冷系统 5. 清洗翅片、去除障碍和短路 6. 清洗空气过滤器 7. 检查后更换压缩机
制冷系统压力高引起高压开关动作	1. 制冷剂充入过量 2. 系统内有空气 3. 高压开关误动作 4. 冷凝器散热不好或室外环境温度高 5. 高压管路堵塞 6. 气流受阻	1. 放出多余制冷剂 2. 排空气 3. 检查后重新调整 4. 改善通风条件 5. 排除高压管路堵塞 6. 去除气流受阻障碍

（续）

故　障	原　因	处　理
冷热切换开关失灵	1. 电磁换向阀故障 2. 冷热切换开关损坏 3. 单向阀故障	1. 更换电磁换向阀 2. 更换开关 3. 更换单向阀
低压压力过低	1. 制冷剂泄漏严重 2. 制冷剂不足 3. 通过蒸发器的空气太少或空气温度太低 4. 供液量不足(膨胀阀) 5. 空气过滤器堵塞 6. 毛细管或膨胀阀堵塞	1. 检漏、加氟 2. 按规定要求加氟 3. 清扫蒸发器表面 4. 重新调整 5. 清洗空气过滤器 6. 清洗制冷系统
空调器漏水	1. 排水孔堵塞 2. 排水管安装不当，不畅	1. 检查清除堵塞物 2. 重新安装使排水通畅
机组有异常响声	1. 安装不稳 2. 风机叶轮碰壳 3. 压缩机内部破损 4. 风机内进入异物	1. 重新安装保证水平 2. 修复或更换 3. 更换压缩机 4. 取出异物

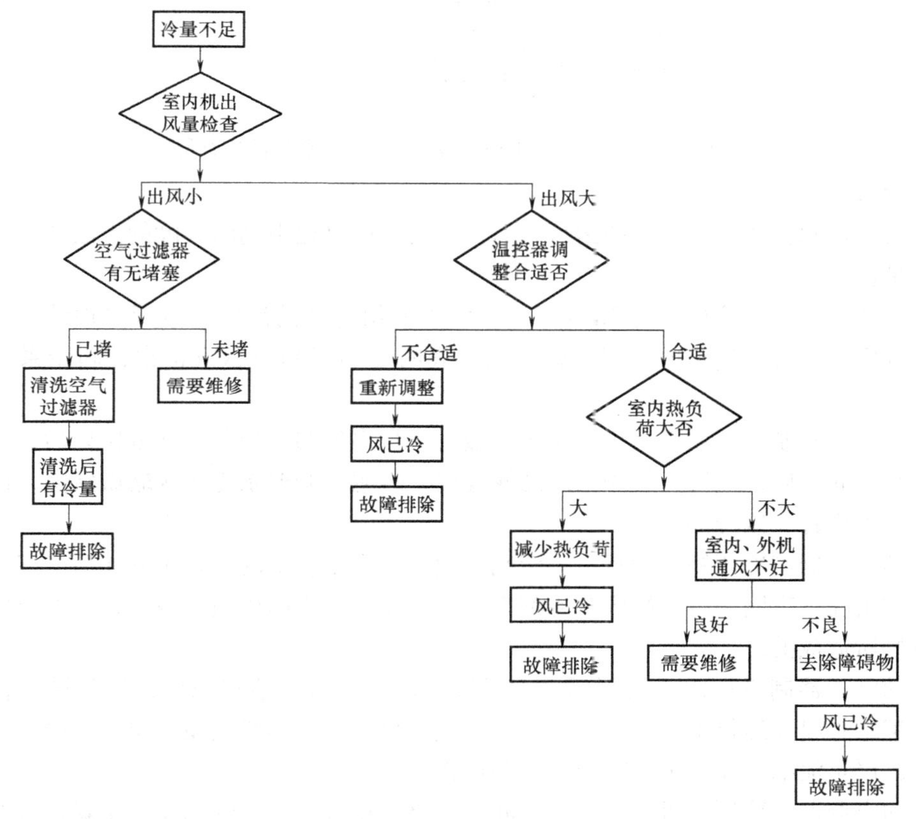

图 7-3　分体壁挂式空调器夏季工作时制冷量不足的检查程序

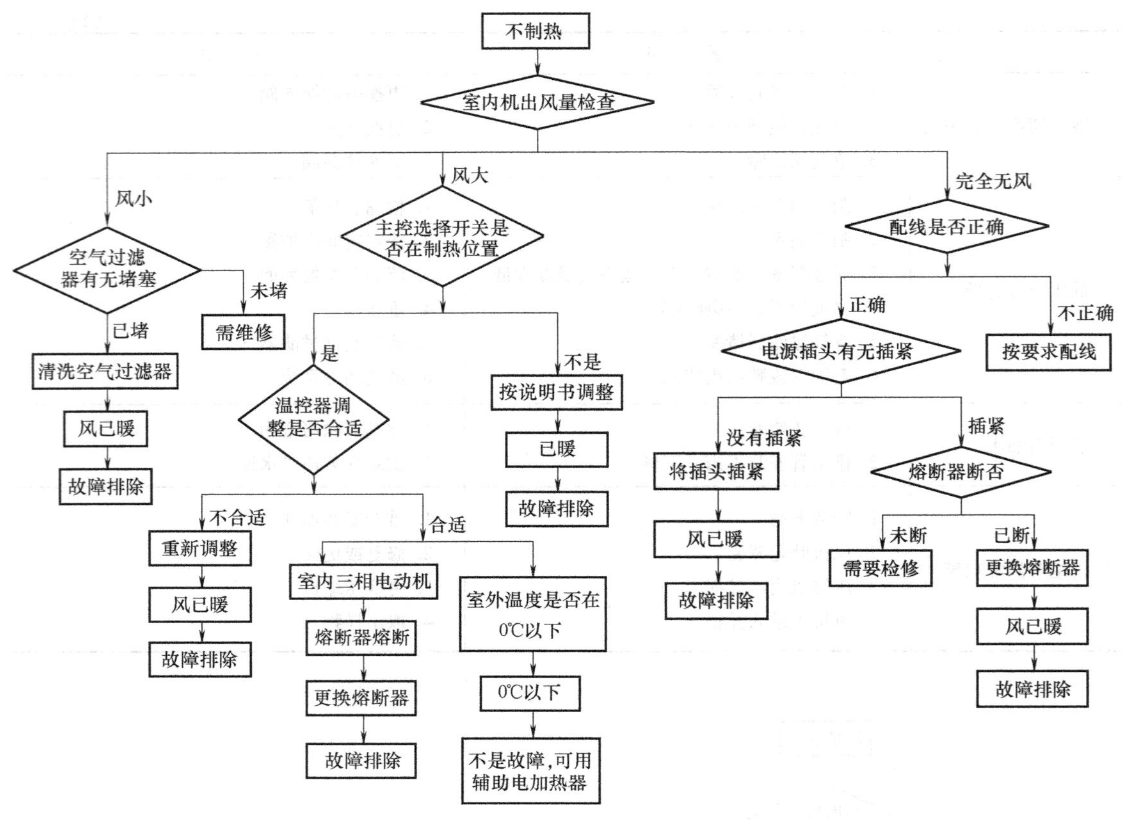

图 7-4　分体壁挂式空调器(热泵型)冬季不制热的检查程序

3. 观察法

用观察法检测分体式空调器的运行状态，也是维修过程中判断故障的方法之一，其基本检测方法是:

起动空调器制冷压缩机运行 3min 以后，室外机组外部的液阀、液管出现结露现象，运行 10min 以后，气管、气阀也出现结露现象，表明空调器制冷运行正常，制冷系统制冷剂充足。

若起动空调器制冷压缩机运行，液阀、液管一旦出现结霜现象，几分钟以后，霜又融化成露，运行 15min 后，气管、气阀出现结露现象，表明空调器制冷系统略微缺氟，但还基本够用，一般不用补充制冷剂。

若起动空调器制冷压缩机运行后，液阀、液管出现结霜情况，过 15min 后，气管、气阀也出现结霜情况，表明制冷系统内制冷剂充足，结霜是由室内机组的空气过滤器过脏，热交换效果不好所造成的。

若起动空调器制冷压缩机运行后，一旦液阀、液管出现结霜现象，几分钟后霜不但不化，反而越结越厚，运行十几分钟后，气管、气阀仍没有结露或结霜现象，表明其制冷系统内制冷剂已严重泄漏，需要进行补充制冷剂操作。

若起动空调器制冷压缩机运行一段时间后，仍不见液阀、液管结露或结霜，表明其制冷系统内的制冷剂已全部泄漏光了，需要对制冷系统进行彻底认真的检漏，排除漏点后，再重

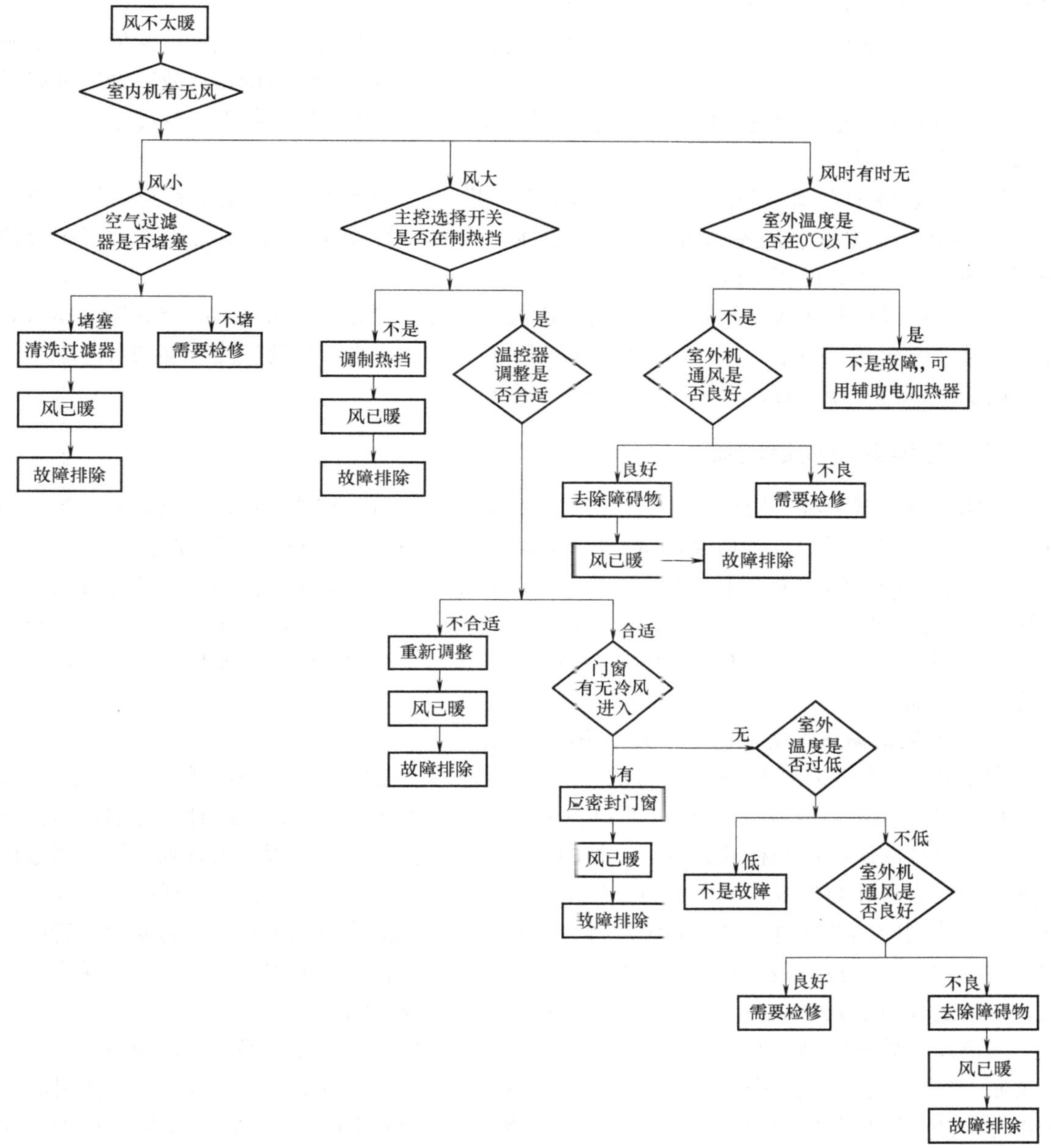

图 7-5　分体壁挂式空调器（热泵型）冬季工作时制热量不足的检查程序

新充注制冷剂。

4. 测试法

检测分体式空调器是否有故障，还可以用测试的方法来进行其工作状态正常与否的判断，方法是：

用温度计测试空调器室内机组进、出口气流的温度差。在空调器进行制冷运行时，压缩机起动运行 15min 后，进、出口气流的温度差应达到 8℃以上（夏季环境温度在 35℃以下）；冬季制热时（外界环境温度在 7℃以上）压缩机运行 15min 后，进、出口气流的温度差应达到

14℃以上，说明空调器的制冷和制热效果好。

用钳形电流表测量空调器运行时的运转电流值，当运转电流值接近额定电流值时，说明空调器工作正常，若测出的运转电流值远远大于额定电流值，说明空调器有故障处于过载状态；若测出的运转电流值远远低于额定电流值，说明压缩机处于轻载状态，制冷系统中的制冷剂有较严重的泄漏。

用压力表测试空调器制冷系统的工作压力，若制冷运行时室内机组的运行表压力应为0.4~0.5MPa，制热运行时室内机组的运行表压力应为1.5~2.1MPa，则为正常。若压力值偏离这两个值太多，说明空调器工作不正常。

另外还可以从分体式空调器制冷运行时冷凝水的排泄情况，来粗略判断空调器工作状态是否正常。方法是：当空调器在强冷挡运行15min后，从出水管口处应能观察到有冷凝水流出，说明空调器工作正常，否则说明空调器工作不正常。

二、分体式空调器的维修操作

分体式空调器的维修操作基本上与窗式空调器相同，但因其结构特点，故在制冷系统的充注制冷剂(俗称加氟)、回收制冷剂(俗称收氟)等操作上有着特殊的操作方法。

分体式空调器的加氟操作，有高压侧充液体制冷剂和低压侧充气体制冷剂两种方法。从高压侧充注液体制冷剂的方法多用于空调器生产过程中的制冷剂加注或用于大型机组大修后重新加注制冷剂。从低压侧充注气体制冷剂的方法多用于空调器的加氟操作或家用空调器的制冷剂重新加注。

1. 从空调器高压侧充注制冷剂的方法(称重法)

在室外机组的高压阀(又称液阀)的旁通孔(又称加氟嘴)上虚接带顶针的专用加氟软管，然后将R22钢瓶倾斜放置在台秤上(瓶口在下,瓶底用木块垫起)，称出此时制冷剂钢瓶的重量，再将台秤的游码向左移动到应加氟量的刻度，然后打开氟瓶瓶阀，当看到有制冷剂液体从高压阀的旁通孔与加氟管的虚接口处喷出后，迅速将虚接口拧紧。此时旁通孔上的顶针被顶开，液体制冷剂随即进入制冷系统。待台秤平衡后，随即关闭氟瓶阀门。为使加氟管内存留的制冷剂液体不被浪费，可用手逐段捂一下加氟管，将管中的制冷剂液体赶进制冷系统内，随后迅速将加氟管从高压阀的旁通孔上拆下，加氟操作结束。

从高压阀处充注制冷剂液体的方法，优点是加氟工作快速，并能保证加进制冷系统内的是纯制冷剂，不会将氟瓶内混有的气体加入到系统中而影响空调器工作的效率；缺点是必须采用称重法(或计量法)且必须用在重新加注制冷剂的空调器上。同时，在加氟过程中还应注意不能使氟瓶倒立，以防氟瓶内的残渣进入制冷系统，造成系统发生脏堵或制冷压缩机气缸的磨损。要特别注意的是在加氟过程中绝对不能起动压缩机运行，否则将造成严重事故。

2. 从空调器低压侧充注制冷剂的方法

在室外机组的低压阀(又称气阀)的旁通孔(又称加氟嘴)上虚接带有顶针的专用充氟软管，加氟管的另一端与修理阀相连，修理阀上的另一根加氟管与R22钢瓶瓶阀相连。随后打开R22钢瓶瓶阀，再开启修理阀上的阀门，当听到旁通孔与加氟管虚接口处有“嘶嘶”的跑气声2~3s后，将虚接口拧紧。待修理阀上的表压力达到0.5MPa以后，将R22钢瓶瓶阀暂时关闭，然后起动空调器运行，观察修理阀上表压力的变化。当运行几分钟后，修理阀上的表压力始终达不到所需要的压力值时，可再次打开R22钢瓶瓶阀，向制冷系统内补充

R22制冷剂，直到达到要求的表压力值时为止。在达到充氟量后，应先关闭R22钢瓶瓶阀，然后迅速拆下旁通孔与加氟管的接口，加氟工作结束。

分体式空调器在维护工作中还经常遇到“移机”工作，即将甲地的空调器拆下，安装到乙地。其操作方法是：

起动制冷压缩机运行，用专用工具将高压阀关闭，待高压阀关闭2min后，停止压缩机运行，再将低压阀关闭。此时制冷系统中的制冷剂已全部流回到室外机组中。下一步松开室外机组与高、低压阀连接的管道，将室内机组的连接管道松开，摘下壁挂式室内机组，从室内侧将室内、外机组的连接管道抽回、盘好，再将室外机组从支架上拆下，即可装箱运往新的安装地。

第六节　柜式空调器的修理

一、柜式空调器的故障分析

1. 空调器不能起动

造成这种故障的原因主要是：电源供电电路无电，电源熔断器熔断，低压断路器跳闸，漏电保护器动作，空调器本身的电源开关没有推到“ON”位置上，从而使空调器实际上未接通电源。遇到这种故障现象，首先应认真检查上述各环节，确认其是否工作正常，再判断空调器是否有故障。

2. 空调器能吹出冷风，但冷却效果不好

造成这种故障的原因主要是：温控器设置不合适，即设置的停机点温度过高，使压缩机经常停机，不能连续制冷运行，反映在室温上即冷却效果不好，可将温控器的温度设置为低于室温即可。除此之外还有可能是其空气过滤器过脏，使其严重堵塞室内空气与蒸发器的热交换，造成冷却效果差或者是空调房间的窗户及门经常开启，使热空气大量进入室内，造成冷却效果不佳，这些在检查时应予考虑。

3. 空调器吹出的风量很小

造成这种故障的原因：一是空气过滤器脏堵，使吸入的空气量小，因而吹出的风量也小；二是空调器向房间内送风的风道漏风，使处理后的空气大量泄漏在顶棚里，从而使吹入空调房间的风量减少；三是空调器的回风口有障碍物堵塞，使气流不能顺畅流动，致使室内吹入的风量减小。上述因素在平时使用时应予以注意。

另外从空调器故障角度讲，出现空调器吹出的风量很小的故障原因是：

三相电动机反转。当空调器中的三相电动机反转时，吹出的风量只有正常时的1/5左右。造成这一故障的原因是电动机电源线的相位错误，维修时只要三相电源中的任意两相交换接线端后，风机即可恢复正常运行，送风量也会随之正常。

4. 电动机传动带打滑

传动带打滑后造成风机转速降低，继而会出现送风量减小。只要重新调整好传动带的松紧度，并紧固好电动机位置，即可恢复正常送风。

风机电动机空转。由于风机与轴之间的顶紧螺钉松脱，造成风机电动机轴在电动机带动下空转，而扇叶不转。维修时，应重新装配风机与风机电动机轴间的配合，紧固好顶紧螺钉即可恢复风机正常工作。

二、柜式空调器电气系统的常见故障及排除方法

柜式空调器电气系统出现故障时，应从分析电路入手，采用关键点检查法予以排查，找出其故障部位，提高工作效率。下面以“宝花”RFG—12WL型柜式空调器电路为例看一下柜式空调器电气系统的结构及常见故障的排除方法。

1. 室内机组电路

柜式空调器室内机组电路如图7-6所示。室内机组电路由三部分组成：左边为电加热器、风机电动机M1、M2负载供电主电路；中间的主控板及继电器线圈为控制电路；右边的控制盒板为操作电路。电路工作原理如下。

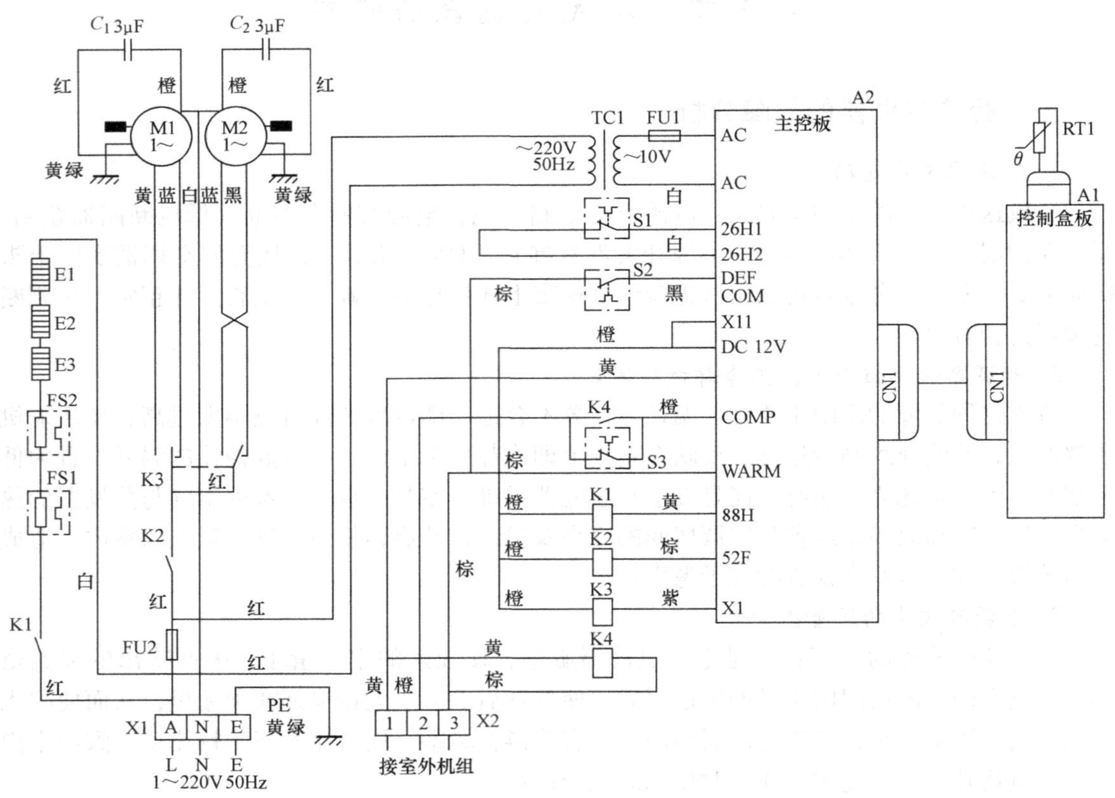

图7-6 柜式空调器室内机组电路图

（1）风机电动机电路 图7-6中L、N为交流220V电源输入端，M1、M2为室内风机电动机。当闭合电源开关时，直流继电器线圈在控制盒板控制下，得到12V电压，继电器动作，将主电路上的动合触点K2闭合，并通过风机速度控制继电器(主电路上的触点K3)给风机电动机M1、M2供电，并回到零线构成闭合回路，风机电动机起动运行。风机电动机的调速方法是：将风机电动机控制键拨向高速挡时，K3的动断触点导通，风机高速运转。当将控制键拨向低速挡时，K3线圈通电，主电路上动合触点导通，风机低速运转。

（2）电加热器电路 图7-6中的E1、E2、E3为电加热器；FS1、FS2为过热保护器，

起过热保护作用。当控制电路 K1 线圈通电时，加热器开始工作。

热动开关 S1 为电加热器保护开关，当加热器工作温度超过 80℃时能自动断开线圈 K1 电源回路，从而使电加热器停止工作。FS1、FS2 和 S1 在空调器进行电加热供暖时，对加热器的安全运行起到双重保护作用。

（3）防冷风吹出电路　图 7-6 中的 S2 为防冷风吹出控制开关。当空调器采用热泵方式制热时，若此时室内侧换热器（制冷时的蒸发器）温度低于 15，S2 即导通，使主控板上 52F 不通电，风机电动机不能工作，从而起到防止冷风吹出的作用。

（4）防冷冻电路　空调器处于制冷运行工作状态时，当因某种原因使蒸发器表面温度低于 0℃时，为防止蒸发器出现结霜情况，热动开关 S3 的电阻急剧增大，断开压缩机直流电源控制电路，使压缩机停止工作。

2. 室外机组电路

室外机组电路如图 7-7 所示。从图上可以看出，压缩机电动机由交流接触器控制的主电路供电。控制电路由主控板 K5 交流接触器线圈供电。室外机组的风机 M3、M4 由主控板端子 M1、M0 供电，电磁换向阀由主控板接线端子 21S4 供电时，曲轴箱加热器由主控板接线端子 CH 供电，单向电磁阀 YV2 主控板接线端子 21D 供电。

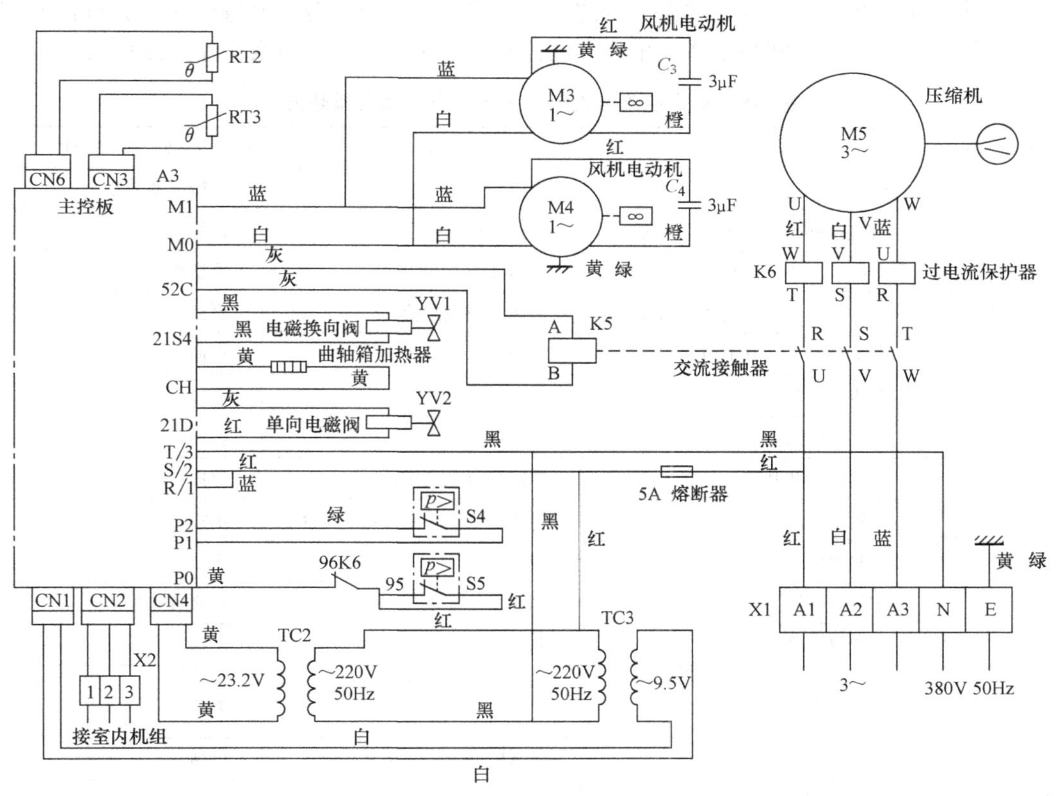

图 7-7　室外机组电路

（1）制冷电路　当主控板上 52C 有电时，线圈 K5 通电，主电路通电，压缩机工作，风机电动机 M3、M4 工作，此时空调器处于制冷状态。

（2）热泵制热功能电路　当主控板上 52C 有电时，M1、M0 有电，使 21S4 通电，此时压缩机、风机电动机、单向电磁阀均投入运行，空调器处于制热状态。

（3）曲轴箱加热电路　当室外机组接通电源时，CH 端子有电，使压缩机曲轴箱加热，为保证压缩机正常起动作准备。当 52C 端供电时，压缩机起动运转，CH 端子失电，停止加热；当 52C 断电时间达到 1h 时，又自动接通 CH 端的供电。如果每次 52C 断电时间不足 1h 而又随即使 52C 通电，则下次给 52C 供电时，计时又从零开始。

（4）除霜电路　空调器在执行除霜程序时，压缩机处于制冷工作循环状态，室外风机电动机停止工作。此时 21D 通电，使单向电磁阀工作，对制冷系统起到分压、降压作用。

（5）压力保护电路　电路中的 S4、S5 为高、低压力开关的动断触点，在空调器制冷系统工作状态下，当出现工作压力过高或过低时，S4 或 S5 会断开其动断触点，中断 52C 供电，使压缩机停止工作。

（6）过电流保护电路　当主电路中热继电器 K6 有过大电流通过时，其动断触点会断开，中断 52C 供电，停止压缩机工作。

（7）温度监测电路　电路中 RT1 为除霜温控监测热敏电阻，RT2 为室外风速监测热敏电阻。

在基本了解了柜式空调器的电路系统之后，可采用关键点检查法和查表法来进行柜式空调器电气系统常见故障的判断与维修。柜式空调器电气系统的常见故障及排除方法见表 7-8。

表 7-8　柜式空调器电气系统的常见故障及排除方法

现象	原因		检查内容	处理方法
机器完全不运转（指示灯也不亮）	停电		测电压	等待电源恢复
	电源熔断器熔断	电源线间短路	检查进机引线	排除
		压缩机故障	测压缩机	更换压缩机
	操作电路熔断器熔断	室内风机故障	测风机对地阻值	更换
		TC1 短路	测电阻	更换
	室内主控板故障		测电压	更换
	A、N 无电压		测电压	更换
指示灯亮、室内风机不工作或不变速	风机电动机故障		测风机电动机阻值	更换
	电容器 C_1、C_2 故障		测风机电动机电容器 C_1、C_2	更换
	风机继电器 K2 故障		测 K2	更换
	主控板故障		测 52F-X11 电压（12V）	更换或修复
室外机组不工作	变速继电器 K3 故障		测 K3	更换
	主控板故障		测紫色-橙色线（风机低速运转时）	更换
	电源		测 A1、A2、A3 电压	更换
	5A 熔断器故障		测通断	更换
	电源		测 TC2、TC3 电压	排除
			测 1、2 电压	排除
			测 “S/2”、“T/3” 电压	排除

（续）

现　　象	原　　因		检查内容	处理方法
压缩机不工作（3min 延时后）	电源		1、2 有无 12V 电压（直流）	排除
	交流接触器故障		测 K5 阻值	
			测触点	修复
	系统压力故障		测 S4、S5 通断（常闭）	排除
	压缩机故障		测线圈	更换
	过电流保护器故障		测通断	更换、复位
风机、压缩机工作一会儿后便停机	电源电压波动大		测电压	排除
	高压开关动作，LED1 发光管亮	室外换热器脏堵	接表测压力	清洗
		室外风机电动机转速慢	测风机电动机阻值	更换
		制冷剂多	测压力	放出多余制冷剂
		系统内有空气	测冷凝温度	改善条件
		高压开关误动作	测压力	更换开关
	低压开关动作，LD2 发光管亮	制冷剂太少	接表测压力	充制冷剂
		低压阀门闭合	检查阀门开否	打开
		毛细管堵	查系统	更换
		低压开关误动作	测压力	更换
	S3 动作除霜		-1～15℃	正常
	温度低，温控器动作		设定温度低	调温控器
制冷效果差	过电流保护器 K6 动作，LED1 发光管亮	压缩机电流大	电压过高或过低	342～418V
			电压相间不平衡	解决电源问题
			电压过高	查原因
		单相运转	电流熔断器熔断	更换
			交流接触器触点断开	更换
		过电流保护器故障	测电流	更换
		压缩机故障	测阻值	更换
	制冷剂少		测压力	充制冷剂
	换热器脏堵		查看	清洗
	电磁换向阀故障		查电磁换向阀	更换
	室内风机电动机转速慢		测风机电动机	更换
	室外风机电动机转速慢		测风机电动机曰压侧板子	更换
	电磁换向阀故障		测线圈电阻	更换
	电磁换向阀故障		测压力	更换
	连接管过长		查管长度	修正
	热负荷过大		估算热负荷	增加机组

(续)

现　象	原　因	检查内容	处理方法
系统运转正常，但不制冷	系统脏堵	测压力	修理
	电磁换向阀故障	测压力	更换
	压缩机卡缸	测压力	更换
	单向电磁阀故障	测压力	更换
制冷、制热效果差	制冷剂少或多	测压力	加氟或放出多余的制冷剂
	连接管过长	查看	调整
	毛细管堵	测压力	更换
	室外风机电动机不工作	测风机电动机	更换
	电磁换向阀故障	测压力	更换
	电磁换向阀故障	测压力	更换
	除霜传感器动作	等待	正常
电加热故障	保护器(低熔点合金)	测通断	更换
	电加热继电器 K1 故障	查阻值触点	更换
	电加热器烧断	测阻值	更换
不制热(压缩机不工作)	主控板故障	测 1、2、3 脚电压	更换
	主控板损坏	查看	更换
	压缩机故障	测阻值	更换
	参照制冷故障排除方法进行	测 TC2、TC3、S4、S5、YV2、YV1、K6、K5、主控板	—

三、柜式空调器制冷系统的常见故障及排除方法

柜式空调器制冷系统常见故障有不制冷或不制热，制冷或制热效果差，空调器起动运行后不久就停机等。

1. 柜式空调器电气控制系统正常，但起动运行后不制冷

出现这种故障现象，一般为制冷系统泄漏或堵塞，可先用压力表测试制冷系统的高、低压侧压力，若看到其高、低压侧压力均偏低，用手摸膨胀阀出口处感觉不凉，再摸膨胀阀前后管路也无明显温度差，观察蒸发器表面也无冷凝水出现，可以初步判断为制冷系统有泄漏处，应进行进一步的测试，即从制冷系统高压或低压侧截止阀处向系统内打入 1.8MPa 左右压力的氮气，然后用肥皂水对系统的各个接口处及各阀体进行检漏，找到泄漏点处加以紧固即可。对于水冷式机组，除排除系统表面的泄漏点外，还应对系统进行保压 12h 的测试，以检验水冷式冷凝器中有无泄漏。确认制冷系统泄漏排除后，可按修理一般空调器的方法，对系统进行抽真空和充注制冷剂的操作。充注制冷剂时一般采取控制低压侧压力法来控制制冷剂的充入量。即用 R12 作制冷剂时，可将低压侧压力值控制在 0.27MPa；用 R22 作制冷剂时，可将低压侧压力值控制在 0.5MPa(均为表压力)。

制冷系统出现堵塞的检查方法是：用压力表测试制冷系统高、低压侧压力时，高压侧压力较高而低压侧压力近似为零。堵塞的部位一般在干燥过滤器或膨胀阀入口处。排除堵塞故

障的方法是：起动空调器压缩机运行，此时应先将电路系统中的压力继电器触点短路，修复故障后再恢复正常，同时将制冷系统中出液阀关闭，待压缩机运行5min左右停机，然后拆下干燥过滤器(或膨胀阀)，对其过滤网用煤油进行清洗，重新灌充干燥剂后装回制冷系统。用真空泵或压缩机自身对制冷系统低压段进行抽真空，待抽真空完毕后，打开出液阀，即可恢复系统的正常运行。

2. 柜式空调器制冷效果差

造成柜式空调器制冷效果差主要有两方面的原因。一是空调器有机械性故障，如室内、外机风机丢转；室内机组的空气过滤器过脏；室外机组风冷式冷凝器表面太脏，以及室内、外机组有气流短路等原因造成空调器制冷效果差。二是制冷系统中制冷剂不足，可以看到蒸发器表面制冷时只有部分表面结露，风冷式冷凝器出风温度偏低，用压力表测试制冷系统高、低压侧的压力都偏低，若制冷系统的制冷剂严重不足，还会看到膨胀阀出口管道及附近蒸发器表面挂霜现象。

排除柜式空调器制冷效果差的方法是：从力学性能方面检查风机转速，查看是否因风机叶片与轴松脱产生丢转现象；清洗空气过滤器；清洗室外机组冷凝器表面。从制冷系统方面，可先用电子卤素检漏仪查找一下制冷系统的泄漏处，排除后用控制低压侧压力法向制冷系统内补足制冷剂。

另外，在使用时门窗不严，室内人员过多，室内发热器具过多，以及连接管道上包扎的隔热材料老化使制冷量损失过大，也是造成空调器制冷效果差的原因，这些在维修时应予检查和排除。

3. 柜式空调器起动运行后不久就停机

造成柜式空调器起动运行后不久就停机故障的原因主要是：制冷系统内充入的制冷剂过多，使压缩机起动运行后高压侧压力过高，压力继电器动作，切断压缩机电动机供电电路；制冷系统内制冷剂已全部漏光，压缩机起动运行后低压侧压力过低，压力继电器动作，切断压缩机电动机供电电路；冷凝器散热不良或制冷系统内部有“脏堵”，以及制冷系统内混有空气等。上述原因均会造成冷凝压力过高，使压力继电器动作，造成压缩机起动不久就会停机。

排除方法：首先检测制冷系统的高压侧压力，查看是否过高。一般判断方法是：首先对制冷系统的高压侧压力进行测算，公式是 $t_h+15.3℃=t_k$ 计算出 t_k 后，查R22的热力特性表或压焓图，求出高压侧压力值，然后用压力表实测出制冷系统的高压侧压力值，将两项进行比较，看高压侧压力是否过高。低压侧压力值不受环境温度影响，可直接测出，一般低压侧压力值不要低于0.4MPa(表压力)，否则制冷系统工作将不正常。柜式空调器制冷系统中制冷剂不足或过多的故障特征如表7-9所示。

表7-9　柜式空调器制冷系统中制冷剂不足或过多的故障特征

序　号	测试项目	制冷剂不足	制冷剂过多
1	压缩机低压侧压力	降低	升高
2	压缩机高压侧压力	降低	明显升高
3	压缩机低压侧温度	升高	降低
4	压缩机高压侧温度	降低	升高

（续）

序　号	测试项目	制冷剂不足	制冷剂过多
5	压缩机气缸盖吸气侧温度	升高	降低
6	压缩机的运转噪声	正常	有沉闷声
7	停机后若再起动	容易	困难
8	在膨胀阀处听过液声	气液交替声	连续过液声

其次，观察冷凝器表面是否过脏，若过脏可用专用清洗液进行清洗；观察制冷系统高、低压是否高压过高，低压过低，若是，则说明制冷系统出现“脏堵”，可拆下过滤器进行清洗。当怀疑是制冷系统中混有空气造成冷凝压力过高时的排除方法是：先将压力继电器电路短路，停止其工作，然后关闭贮液器上的出液阀，使空调器压缩机运行10min左右，观察低压表压力是否达到零刻度，达到时即停机。松开高压侧压缩机与压力表接管的接口，向外排放空气，可边排放边用手背感觉排气温度，当感觉排出的气体发凉时，说明系统内的空气已排除，可迅速将松开口处拧紧，并接通压力继电器电路，缓慢打开出液阀起动压缩机运行即可。

第七节　变频式空调器常见故障的分析和排除

变频式空调器制冷系统的结构基本类似于一般空调器，但在控制方式上有所不同，而且膨胀阀、压缩机等部件也需要采用特定的类型，所以，发生的故障除了一般空调器常有的故障外，还有些不同的故障。

一、温度传感器异常

故障现象：整机不起动，或无法正常运转（反复开机、停机；不能依靠传感器自动控制起动停止；室内、外风机转速异常）。

故障原因：温度检测电路（见图7-8和图7-9）短路或断路，导致主控芯片温度检测始终为直流5V或0V。各端口标号：室内23、24脚，室外56、57、58脚。因此，主控芯片无法根据检测信息正确控制各系统部件。

排除方法：用万用表直流电压挡依次检测各端口，或依据故障自诊断代码查找温度检测电路短路或断路处，检查温度传感器接线是否牢靠，测温度传感器有无断路、短路。如无故障，可测量取样电阻（室外10kΩ）、滤波电感（室内330μH）、各电容器及线路板有无连线断路情况。

二、室内换热器异常

故障现象：室内换热器在制冷时出现结霜现象，在制热时换热器过热停机保护，显示屏警报换热器出现异常情况。

1. 故障原因

1）温度检测电路出现误判，在换热器未出现上述现象时将错误信息传回微控制器的CPU，导致错误保护，如图7-8和图7-9所示。

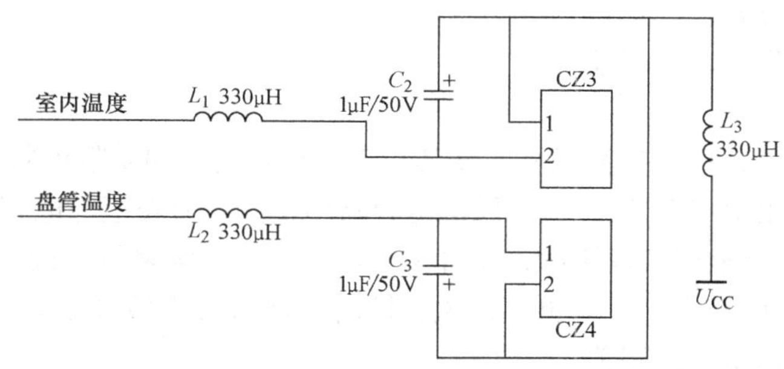

图 7-8　室内温度检测电路

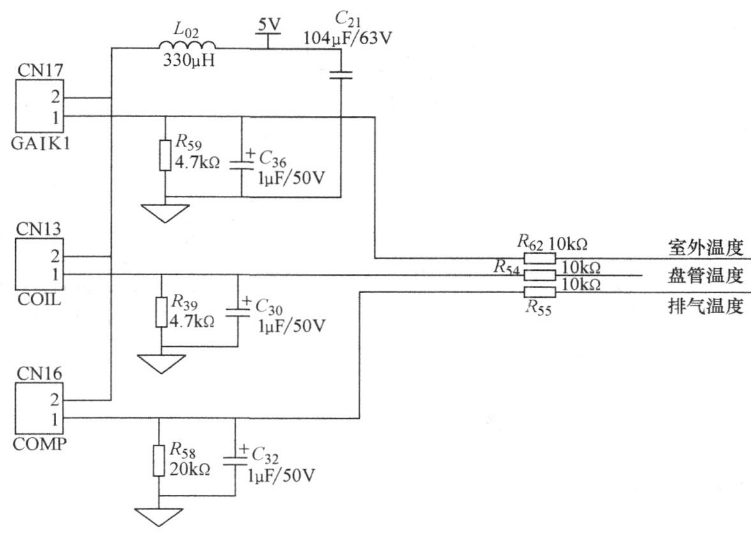

图 7-9　室外温度检测电路

2）系统原因：工质泄漏，系统压力过低，导致蒸发温度接近 0℃ 出现结霜现象；室内风道受阻，热交换不畅；室内蒸发器较脏，影响换热。

2. 排除方法

此类故障中，由于温度检测电路异常造成误判的情况较多，同时系统故障检修较为繁琐，因此，可首先对温度检测电路进行检测，检测室内温度传感器阻值有无异常，在排除电控部分误判后，可按上述系统原因进行排查。

三、室内风机故障

1. 故障现象

室内风机不转，室内机组作停机处理，3min 后重新起动。若故障仍出现，室内机组永久关机，显示屏显示故障代码。

2. 故障原因

1）室内风机控制电路故障。

2）风机电容器损坏。

3）风机电动机烧毁。

4）风机由于装配问题被卡住。

3. 排除方法

1）在关机状态下，拨动贯流风机，试其转动是否顺畅，如受阻可判定为装配问题。

2）用万用表电阻 R×10k 挡，检测风机电容器(1μF)。两表笔与电容器两端接触指针大幅偏转后逐渐复位，交换两表笔再测，指针又摆动一下后逐渐复位，说明电容器良好，如无法复位，说明电容器已被击穿，应更换，风机控制电路如图 7-10 所示。

3）用万用表测风机绕组阻值。

4）检测风机控制电路。

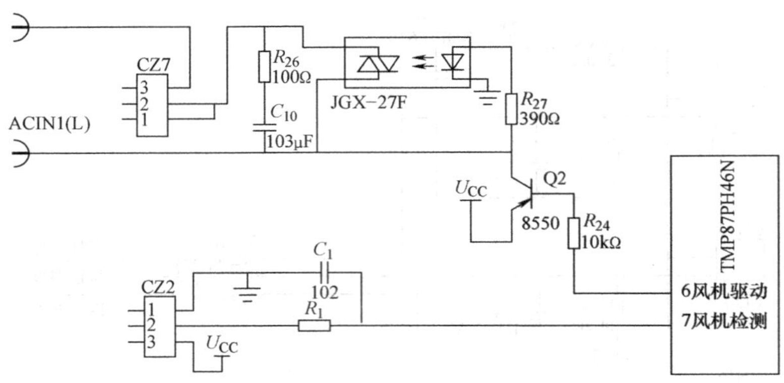

图 7-10　风机控制电路

四、供电电压异常

1. 故障现象

空调器整机不起动：起动后不久便自动停机。室内显示屏警报欠电压故障。

2. 故障原因

1）市电电网出现较大电压波动。超出空调器电压适应范围，电压检测电路检测后自动停机保护。

2）电压检测电路中由于元器件及线路故障，使室外主控芯片 62 脚电压异常，造成电压检测误判，电压检测电路如图 7-11 所示。

3. 排除方法

1）万用表交流挡测市电电压，若所测值超出交流 220V±15%则需使用稳压电源，降低市电电压波动。

2）在排除市电电压异常的前提下，万用表直流挡测室外主控芯片 62 脚，其值应在 1.7~2.7V 范围内(电压互感器线圈比为 100∶1)。如超出此范围，可判定电压检测电路异常。测电压互感器一、二次线圈，排除短路及断路故障，如无故障，可依次测量整流硅桥及取样电阻(10kΩ)。此外，*RC* 滤波电路中的 R_{26}(1kΩ)、R_{28}(1kΩ)、C_{10}(220μF,16V)及排容(各脚与 1 脚间电阻应为∞)如有损坏也会造成电压检测电路的误判。

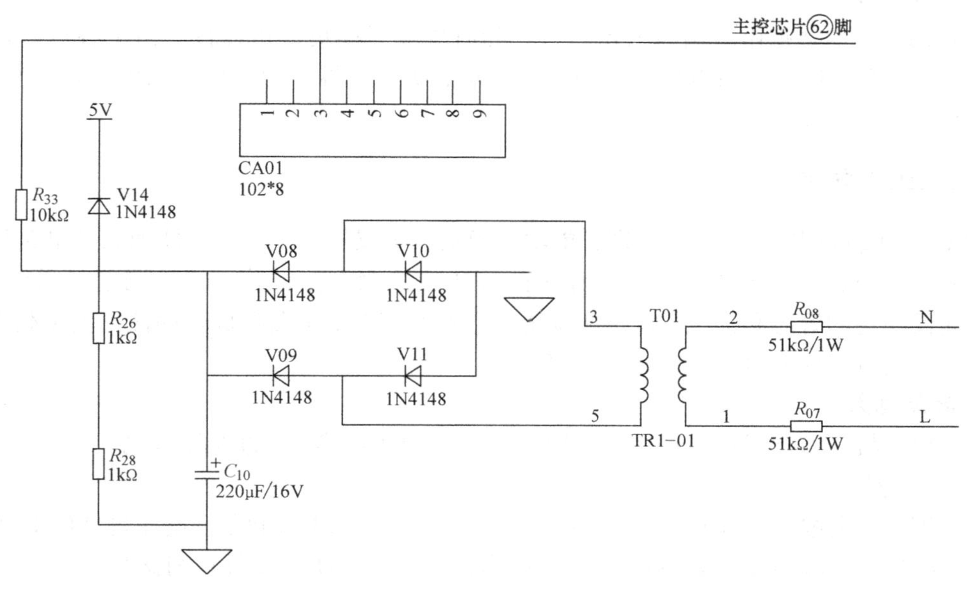

图 7-11　电压检测电路

五、室外 EEPROM 数据错误

在计算机的发展初期，BIOS 都存放在 ROM(Read Only Memory,只读存储器)中。ROM 内部的资料是在 ROM 的制造工序中，在工厂里月特殊的方法烧录进去的，一旦烧录进去，用户只能验证写入的资料是否正确，不能再作任何修改。由于 ROM 制造和升级的不便，后来人们发明了 EPROM(Erasable Programmable ROM,可擦写可编程序 ROM)芯片，可重复擦除和写入，解决了 ROM 芯片只能写入一次的弊端。由于 EPROM 需要专用的光擦写编程器，操作不方便，而且容易被紫外光擦除信息，后来又开发了 EEPROM(Electrically Erasable Programmable ROM,电可擦写可编程序 ROM)。EEPROM 的擦除不需要借助于其他设备，它是以电子信号来修改其内容的，而且是以 Byte 为最小修改单位，不必将资料全部洗掉才能写入，彻底摆脱了 EPROM 擦写编程器的束缚。EEPROM 在写入数据时，仍要利用一定的编程电压，此时，只需用厂商提供的专用刷新程序就可以轻而易举地改写内容，所以，它属于双电压芯片，目前，计算机主板都使用这种存储器。

1. 故障现象

在各温度状况正常的情况下(如夏季制冷时,室温为 30℃,设定温度为 16℃)，排除温度检测电路故障后，风机转速异常。

压缩机二次起动：通电后压缩机不运转，拔下排气温度检测插头(室外基板 CN16)，几分钟后插上，此时压缩机起动。

2. 故障原因

EEPROM 中存储了主控芯片进行运行控制所需的相关数据。如 EEPROM 出现故障，导致内部数据丢失，则主控芯片无法正常工作，运行控制出现紊乱。其中，压缩机二次起动是 EEPROM 故障的典型表征。

3. 排除方法

EEPROM 中的数据由专用写入器写入，如有损坏只能更换该器件。由于各机型控制模式的差异，故更换时不可只看外观，必须严格对照机型。拆下的旧件，如可进行重复写入，应按照相关规定回收。

六、IPM 异常

IPM(Intelligent Power Module)即智能功率模块，不仅把功率开关器件和驱动电路集成在一起，而且还内藏有过电压、过电流和过热等故障检测电路，并可将检测信号送到 CPU。它由高速低功耗的管芯和优化的门极驱动电路以及快速保护电路构成。即使发生负载事故或使用不当，也可以保证 IPM 自身不受损坏。

1. 故障现象

压缩机停机，室外风机电动机停止转动，显示 IPM 过热，压缩机不起动。

2. 故障原因

功率模块发生过热(≥100℃)，过电流(≥28A)，短路(51A)和驱动电压过低(<12.5V)等故障，致使模块内部温度、电流保护电路动作，停止压缩机，室外风机运转，并显示故障代码。

从系统上分析：空调系统进行过负荷运转，会导致模块过热、过电流。

从电路上分析：模块内部部分短路或完全短路，以及室外主控基板电源电路部分故障，可能导致模块短路及驱动电压过低的故障。

3. 排除方法

检测系统压力，看系统是否处于过负荷状态。室内、外换热器换热不良是造成这一现象的主要原因。此外，IPM 的散热不畅，也会导致模块内部过热保护。

如模块短路，则该模块已损坏，必须更换备件，IPM 检测电路如图 7-12 所示，其检测方法见表 7-10。

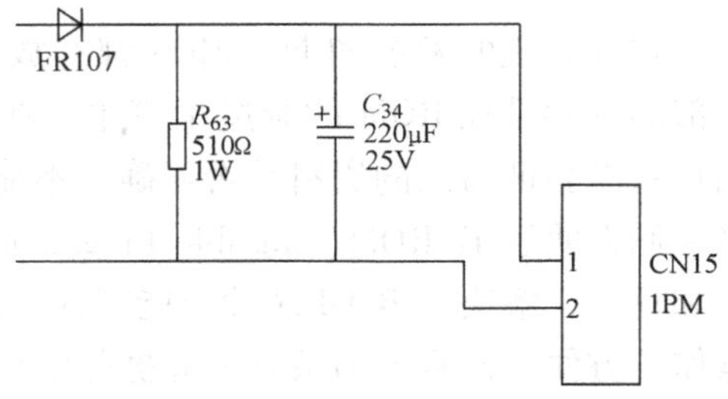

图 7-12 IPM 检测电路

表 7-10 IPM 检测方法

项目	各端子							
万用表红表笔	+	-	U	V	W	U	V	W
万用表黑表笔	U	V	W	U	V	W	+	-
电阻值/Ω	500~1000		∞		∞		500~1000	

对于起动电压过低的故障，则应检查室外主控基板开关电源部分的电路状况(见图 7-12)。*RC* 滤波电路(R_{63},C_{34})中元件正常与否会影响 IPM 驱动电压(DC15V)的高低，因此应排除上述元件损坏的可能性。

七、除霜异常

1. 故障现象

制热效果差，系统不除霜或除霜不完全，室外换热器结冰。

2. 故障原因

室外主控基板或温度传感器异常，导致系统无法正确进入除霜运行。在环境温度较低，而相对湿度较大的情况下(如雨雪天气)，结霜严重，也易造成除霜不完全。

3. 排除方法

首先应判断是不除霜还是除霜不完全。通电开机后拔下室外环境温度传感器，用手捂住，使所检测的温度升高，加大与盘管温度间的温度差，以达成除霜的条件。5min 后室内外风机停，若压缩机作除霜运行，则说明可进入除霜状态。如无法进行，则应更换室外主控板或温度传感器。如除霜不完全，则应彻底清除室外换热器冰层，将除霜温度传感器下移至紧密与液管接触，达到提前进入除霜运行的目的。

注意：清除冰层时，必须进行彻底，确保出水畅通，盘管底部无余冰。

以上基本是变频式空调器的常见故障，在实际维修过程出现的故障可能是多样的，要根据实际现象具体分析，对症处理。

第八节　空调器使用与维修过程中的安全注意事项

一、空调器的安全使用

1）空调器应用专用电源，切不可和其他用电器共用一电源插座。不可拉扯电源线。

2）空调器不可直接暴露在有水或潮湿的环境中，不可用湿手操作空调器，不可在空调器上悬挂物体、放置花瓶或盛水容器。

3）空调器的空气过滤器应定期拆下清洗。

4）不可阻塞或遮盖空调器出风口或回风口。

5）避免频繁操作空调器。

6）电源电压过高或过低时，不可使用空调器。

7）雷雨天气不可使用空调器。

8）热泵型空调器制冷与制热转换时，应先停机几分钟后再进行。

二、空调器检修的安全操作

1. 窗式空调器检修的安全操作

（1）检测电路故障

1）当空调器安装位置离地面较高，需爬高检修时要使用梯子(或桌椅)，此时梯子摆放要稳固，在梯上工作要站稳、防止摔下。

2）用尖嘴钳断开接线端子后，用万用表的表线给电动机线圈、电磁换向阀线圈和电容器放电，严禁用手直接触摸接线端子，以免发生触电意外。

3）通过接线端子测量电动机绕组的电阻、电磁换向阀的电阻和用 R×1k 挡测量电容器的电阻，判断其好坏。

4）对控制电路板进行测试时，要注意防水。

5）对主控开关测试时，要严格按照控制逻辑关系进行判断。

6）对损坏的元器件作相应的更换。

7）试机前要测量插头的两个线头之间的电阻值，以防在短路时通电。

（2）卸机维修

1）卸机操作。

① 选择通风、宽敞、干燥、干净的地方作为卸机后的维修场地。

② 从较高位置卸下空调器时，可将四张牢固的靠背椅的靠背向中间集中，两人站在椅子上卸机，此时椅子四周要留有余地，以便在出现失衡时有足够的活动空间。

③ 拆下密封条后，需要两个人密切配合操作，注意整体重心的稳定。

④ 空调器离开窗台后，可先放稳在椅子的靠背上，两人落地后再搬到维修场地。

2）制冷系统的维修。

① 先拆开控制面板将接地线脱开，再拆开外壳。

② 通过观察油污等检查外露管上的泄漏点。

③ 用胶钳剪开工艺管，缓慢排净制冷剂。严禁用脱焊工艺管的办法来排放制冷剂。

④ 排放制冷剂后，用割管器割断工艺管并焊接维修阀。

⑤ 脱焊过滤器的进口，并封焊其进口及对应管口，再脱焊压缩机的排气管并在管侧焊上一个维修阀。

⑥ 通过维修阀打入干燥氮气，按压力要求对高、低压部分进行检漏。

⑦ 将试压气体排放后，可对压缩机进行空机运行检查，必要时更换压缩机。

⑧ 更换过滤器和必要的元器件后，将管路连接时，要注意相应的保护。毛细管伸入干燥器的长度和加热温度成比例，还要将工艺管上的维修阀阀芯拆掉。

⑨ 焊接完毕，装上维修阀的阀芯，即可进行试压、抽真空、充注制冷剂操作。

⑩ 试运行，检测送风温差、噪声和振动等。

⑪ 在焊封工艺管时，要避免在有制冷剂泄漏时焊接，以防有毒的光气和漏焊。

3）通风系统。

① 清洗冷凝器和蒸发器时，要避免使用有腐蚀性的液体，并要洗后吹干。

② 钢刷整理散热片时，要注意力度，避免管路受损。

③ 风叶校正时，要注意方向和角度的一致性。

4）排水系统。

清理排水道和排水口内的杂物，并注意在安装时使机体向后倾斜。

（3）装机测试

1）参照卸机操作，保证安全。

2）其他操作可参照安装操作。

2. 分体式空调器检修的安全操作

（1）室内机组故障

1）对相关元器件进行检查并作相应的更换。

2）噪声大：找到相关元器件并紧固。

3）漏水：重新调整水平时，要注意管路不能被折扁，安装板要牢固。

4）对外没有输出电源：检查感温包和控制板，必要时更换。

（2）室外机组故障

1）准备工作。

① 使用安全带、安全绳做好安全防护措施，观察现场地形，对意外情况和应对方案做好充分的准备。

② 用专用工具袋装好工具，以防在操作过程中坠落。

2）室外操作。

① 用压力表测量低压侧压力时，要注意压力表吊挂位置及吊钩是否稳固，以免坠落损坏。

② 制冷剂要通过压力表排放，而且要注意其排放的方向，以免人体吸入引起肺部组织坏死。

③ 通过维修窗口直接对线圈和电容器检测时，要先行断电、放电，以免触电。在出现触电意外时，要尽快将高空作业人员拉到安全处，并按急救措施作适当处理。

④ 对经检查确认损坏的元件，要作相应的更换。

⑤ 室外机组需要卸机修理时，可参照安装操作卸机。

⑥ 若要拆开室外机组修理时，要注意与室内人员密切配合，以防机件坠落造成伤亡事故。

⑦ 在对管路进行焊接时，首先要放净制冷剂，并将气阀和液阀完全打开，还要对易燃、易熔元件进行保护，在焊接裂纹时，要在加钎料之前注意保温火焰不能太大，以防钎料进入管内造成堵塞。

【技能训练单元】

技能训练一　窗式空调器的故障判断与排除

一、目的和要求

通过对窗式空调器运行情况的观察，能熟练判断窗式空调器的常见故障，并加以排除。

二、材料、仪器和设备

窗式空调器(由指导老师设置故障)一台、电工工具一套、空调器检修常用设备、工具一套、材料若干。

三、训练步骤

接通电源，开机后观察压缩机和风机的运转及空调器的制冷(制热)情况。

1. 故障现象：压缩机、风机均不运转

1）检查电源电压是否在要求的范围内；

2）检查电路连线是否有松脱现象并接好；

3）检查主控选择开关是否损坏，若损坏应更换；

4）检查起动电容器是否损坏或失效；

5）检查过载保护器是否损坏；

6）检查压缩机电动机和风机电动机是否同时烧毁。

2. 故障现象：风机运转，但压缩机不运转

1）检查压缩机起动电路连线是否松脱；

2）检查压缩机起动电容器是否损坏或失效；

3）检查过载保护器是否损坏；

4）检查压缩机电动机是否烧毁；

5）检查压缩机是否抱轴或卡缸。

3. 故障现象：压缩机运转，风机不运转

1）检查风机叶片是否卡阻；

2）检查风机电动机起动电路的连线是否松脱；

3）检查风机电动机是否烧毁；

4）检查风机电动机机械部分是否损坏；

5）检查风机电动机的起动电容器是否损坏或失效。

4. 故障现象：压缩机、风机电动机运转正常，但空调器不制冷

1）检查室内出风口是否有风吹出、判断空气过滤器是否堵塞、风机扇叶固定键是否松脱；

2）检查毛细管或过滤器是否局部发凉或结霜，判断毛细管和过滤器是否堵塞，若堵塞，则应按制冷系统堵塞故障进行排除；

3）检查压缩机排气管温度、压缩机机壳温度及机壳内的气流声、冷凝器的温度，判断压缩机是否阀片破碎并更换压缩机；若是制冷剂泄漏，则在停机后切管确认，按制冷系统打压试漏、补焊、抽真空、充注制冷剂步骤进行；

4）检查电磁换向阀的滑块是否卡在中间位置而使空调器既不制冷也不制热。

5. 故障现象：压缩机、风机电动机运转正常，但空调器制冷量不足

1）检查室内出风口风量是否过小，判断空气过滤器或冷凝器是否过脏，清洗过滤器或冷凝器；

2）检查冷凝器的温度是否过低，并用肥皂水或检漏仪检漏，判断是否部分制冷剂泄漏；否则再检查干燥过滤器和毛细管是否有冷热分界，判断干燥过滤器和毛细管是否部分堵塞；

3）检查冷凝器的温度是否偏高，压缩机的吸气管是否结霜，判断制冷剂是否过量；

4）停机后切断工艺管，再开机检查工艺管切口的吸力是否偏小，判断压缩机是否效率低下。

四、注意事项

1）通电修理时注意防止触电。

2）检查和测量电容器时注意充、放电。

五、实习报告

<table>
<tr><td>班级</td><td></td><td>姓名</td><td></td><td>同组人</td><td></td></tr>
<tr><td rowspan="2">维修空调器型号</td><td></td><td rowspan="2">修理时间</td><td>开始</td><td colspan="2"></td></tr>
<tr><td></td><td>结束</td><td colspan="2"></td></tr>
<tr><td>故障现象</td><td colspan="5"></td></tr>
<tr><td>故障分析</td><td colspan="5"></td></tr>
<tr><td>故障排除步骤</td><td colspan="5"></td></tr>
<tr><td>完成时间</td><td></td><td></td><td>实习成绩</td><td></td><td></td></tr>
</table>

技能训练二　分体式空调器的故障判断与排除

一、目的和要求

通过对分体式空调器运行情况的观察，能熟练判断分体式空调器的常见故障，并加以排除。

二、材料、仪器和设备

分体式空调器(由指导老师设置故障)一台、电工工具一套、空调器检修常用设备、工具一套、材料若干。

三、训练步骤

接通电源，开机后观察压缩机和风机的运转及空调器的制冷(制热)情况。

1. 故障现象：室内、外机组均不工作

1）检查电源电压是否在要求范围内、电路连线是否松脱；

2）检查整机熔断器是否烧毁、开关是否损坏；

3）检查定时器的调整是否合适。

2. 故障现象：室内风机运转而室外机组不工作

1）检查电路连线是否松脱；

2）检查室外熔断器是否烧毁；

3）检查开关是否有触点接触不良；

4）检查温度控制器、过载保护器是否损坏；

5）检查室外继电器是否损坏；

6）检查压缩机、室外风机电动机的起动电容器是否损坏；

7）检查压缩机和室外风机电动机是否同时烧毁。

3. 故障现象：室外机组工作而室内风机不运转

1）检查室内机组熔断器是否熔断；

2）检查室内风机电动机的电路连线是否松脱；

3）检查室内风机电动机的起动运行电容器是否损坏；

4）检查室内风机电动机是否烧毁或机械卡阻；

5）故障现象：室内、外风机运转正常，但室外压缩机不运转；

6）检查压缩机的电路连线是否松脱；

7）检查压缩机的起动电容器是否损坏；

8）检查压缩机的运行电容器是否损坏；

9）检查压缩机电动机的线圈是否烧毁、压缩机是否卡阻。

4. 故障现象：室内、外机组运转正常，但不制冷或制冷效果差

1）检查室内出风口风量是否过小或无风，判断空气过滤器、冷凝器是否过脏、风机叶片是否损坏或松脱；

2）检查压缩机的排气温度，停机后打开修理口，观察制冷系统内有无制冷剂排除，判断制冷剂是否泄漏；

3）检查压缩机排气管是否热量不足，观察毛细管或过滤器是否局部结霜或发凉，判断制冷系统是否堵塞；

4）检查冷凝器温度是否过高，判断制冷剂是否过多。

5. 故障现象：空调器制冷正常，但不制热或制热量不足

1）根据电路图检查主控选择开关是否接触不良，电路连线是否松脱，判断制热控制电路的电源是否能接通；

2）检查空调器(热泵辅助型)中电加热丝是否烧断而使制热量不足；

3）检查制热继电器、温度控制器是否损坏而不能接通制热电路；

4）检查电磁换向阀、除霜温度控制器是否损坏。

四、思考题

1）如何检修室内机工作正常，室外风机工作正常，压缩机不工作的现象？

2）如何检修室内机工作正常，室外风机不工作，压缩机工作正常的现象？

五、注意事项

1）通电修理时注意防止触电。

2）检查和测量电容器时注意充、放电。

六、实习报告

<table>
<tr><td>班级</td><td></td><td>姓名</td><td></td><td>同组人</td><td></td></tr>
<tr><td rowspan="2">维修空调器型号</td><td></td><td rowspan="2">修理时间</td><td>开始</td><td colspan="2"></td></tr>
<tr><td></td><td>结束</td><td colspan="2"></td></tr>
<tr><td>故障现象</td><td colspan="5"></td></tr>
<tr><td>故障分析</td><td colspan="5"></td></tr>
<tr><td>故障排除步骤</td><td colspan="5"></td></tr>
<tr><td>完成时间</td><td></td><td></td><td>实习成绩</td><td></td><td></td></tr>
</table>

技能训练三　制冷系统的清洗与吹污

制冷系统故障排除后，需要对制冷系统进行清洗。

一、目的与要求

掌握制冷系统故障排除后对制冷系统进行清洗与吹污的方法。

二、材料、仪器与设备

分体壁挂式空调一台，制冷剂为R22，清洗剂可用R133，氮气、白色纱布、压缩空气、毛扫。

三、训练步骤

1. 清洗

小型空调器的制冷剂为R22，封闭式压缩机系统的清洗可用R133。清洗可按图7-13所示进行。

1）清洗前，先放出系统中的制冷剂，并检查一下冷冻油的颜色、气味，以明确制冷系

统污染的程度；

2）将清洗剂 R133 注入液槽中；

3）起动泵，开始清洗。对于轻度的污染，只要循环 1h 左右即可。而严重污染的，则需 3~4h。

4）若长时间清洗，清洗剂已脏，过滤器仍有堵塞脏污，则更换清洗剂和过滤器以后再重复上面的清洗步骤；

5）清洗后，收回清洗剂。清洗剂经处理后方可再次使用，在储液器中的清洗剂要用液管回收；

6）清洗完毕，对制冷管路进行氮气吹污和干燥处理。

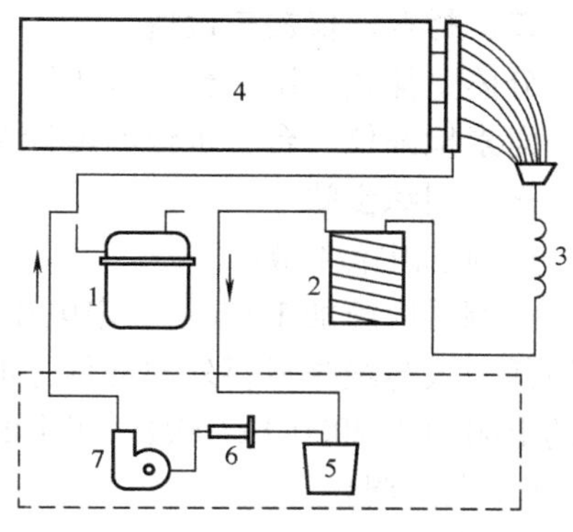

图 7-13　全封闭式压缩机系统的清洗
1—压缩机　2—冷凝器　3—毛细管
4—蒸发器　5—液槽　6—过滤器　7—泵

2. 吹污

一般的制冷设备经过安装运行以后，系统内部不可避免的有焊渣、铁锈及氧化物等杂质，这些杂质残留在制冷系统内，会使一些部件出现凹坑，例如，出现压缩机的阀片不平、截止阀阀芯受损等。有时污物还会使制冷系统堵塞，尤其是在膨胀阀、毛细管和过滤器等处。污物与冷冻机油发生化学反应还会导致腐蚀。因此，在正式运转以前，制冷系统必须进行吹污处理。

吹污的气压一般为 0. 6MPa($6kgf/cm^2$)，可以用制冷压缩机、氮气瓶或空气压缩机对系统加压(氟利昂系统不可用空气压缩机)。由于制冷系统的管网、设备的位置高低不平，最好采用分段吹污的方法进行，其排污口应选择在各段的最低点。

1）在每段的排污口应事先用木塞堵住(或用钢丝拴牢)；

2）排污系统充压至 0. 6MPa($6kgf/cm^2$)以后，停止充压；

3）将木塞迅速拔出，利用高速气流将系统中污物排出；要判断排污彻底与否，可在排污口处挂一白色纱布，视其清洁程度而定。若白色纱布已清洁，表明随气体冲出之污物已无，若白色纱布仍有污点，则应继续吹污。

3. 冷凝器的外表清洁

空调器的冷凝器采用风冷式结构时要靠强制通风进行散热。散热盘管上装有翅片，且间隔小而密集。这种结构最容易发生脏堵，灰尘、油污落在散热器上，时间长了会造成冷凝器排风不良，降低冷凝器效率。

分体壁挂式空调器的冷凝器在室外，更易受外部风沙的吹袭，杂物也会进入散热片间隙中。因此，必须对分体壁挂式空调器的室外机组进行检查和清洁处理。一般可采取压缩空气吹污法，即去除外壳后，对翅片深处的灰尘，用压缩空气吹干净。

四、注意事项

1）为了不造成清洗剂的泄漏，应采用耐压软管，接头部分一定要用胶带包扎紧密。

2）使用膨胀阀的型号不合适时，要去掉膨胀阀，以旁通管代替。

3）若制冷系统内进入水分，一定要将水分排净，再抽真空处理。

技能训练四　分体式空调器的性能检测

一、目的与要求

掌握分体壁挂式空调器的性能检测方法，会判别分体式空调器的性能好坏。

二、材料、仪器与设备

分体壁挂式空调一台，调压器一台，兆欧表一只，电气强度测试仪一台，接地电阻仪一只，卤素检漏仪一台，水银温度计两只，万用表一只。

三、训练步骤

1. 泄漏电流检测

空调器应施加 1.06 倍额定电压上限的电压（对于有额定电压范围的空调器）运行，即在电源任一极与绝缘材料外部部件上的金属箔连接在一起的可触及金属部件之间进行。测量电路的电阻值为 2000Ω±100Ω。测出的泄漏电流值不应超过 0.5mA（对于 OI 类空调）和 1.5mA（对于 I 类空调）。

2. 绝缘电阻检测

绝缘电阻在施加约 500V 的直流电压 1min 后进行测定，如有电加热器件，应将其断开。电压施加在带电部件与可触及金属部件之间，该金属部件与绝缘材料制成的外部部件上的金属箔相接触，测得的绝缘电阻值不应小于 2MΩ。

3. 电气强度检测

在带电体和壳体之间施加频率为 50Hz 的正弦电压，历时 1min，试验电压值为 1250V。试验一开始施加的电压应不超过规定值的一半，然后迅速提升到规定值。试验中，不应出现闪络或击穿现象。

4. 接地电阻检测

空调器的接地电阻值应不大于 0.1Ω，接地螺钉必须是铜质的。用接地电阻仪测量空调器接地接线柱与易触及的金属部件的电阻值，测定的电阻值不包括软线的电阻，注意不要让测试夹子与被测金属部件之间的接触电阻影响到测试数据。

5. 制冷系统泄漏检测

空调器制冷系统在正常的制冷剂充注量下，使用卤素检漏仪进行检漏试验，不应有制冷剂泄漏现象。

6. 制冷降温性能检测

将水银温度计放在空调器室内机组的出风口处，测得其出风温度在 10～15℃之间为正常。

四、注意事项

1）注意安全。

2）检测制冷降温性能时，应将空调器在制冷模式下运行 15min 以上。

五、实习报告

<table>
<tr><td>姓名</td><td></td><td>班级</td><td></td><td>同组人</td><td></td></tr>
<tr><td colspan="2">所检测空调器的型号</td><td colspan="4"></td></tr>
<tr><td>检测内容</td><td colspan="2">所用检测仪器名称和型号</td><td>国家标准</td><td>检测结果</td><td>是否合格</td></tr>
<tr><td>泄漏电流</td><td colspan="2"></td><td></td><td></td><td></td></tr>
<tr><td>绝缘电阻</td><td colspan="2"></td><td></td><td></td><td></td></tr>
<tr><td>电气强度</td><td colspan="2"></td><td></td><td></td><td></td></tr>
<tr><td>接地电阻</td><td colspan="2"></td><td></td><td></td><td></td></tr>
</table>

（续）

制冷系统泄漏				
制冷降温性能				
出风口温度				
分析能力				
完成时间		实习成绩		

技能训练五 变频分体壁挂式空调器常见故障的检修

一、目的与要求

掌握变频分体壁挂式空调器故障的检修方法（以海信 KFR—2701GW/BP 为例），会进行故障诊断，并能根据故障现象和自诊断显示故障代码来排除故障。

二、材料、仪器与设备

变频分体壁挂式空调（海信 KFR—2701GW/BP）一台，万用表一只，一字形、十字形旋具各一把。

三、训练步骤

1）故障自诊断操作。当运行出现故障后，空调器将停止运行，然后显示故障内容，即在液晶屏上显示相应的故障代码。若要重现故障内容可按遥控器上的“传感器”切换，将遥控器设定为“本体控温”，再设为“遥控器控温”。显示故障内容的显示灯与运行指示灯兼用。进行故障自检时，空调器的液晶温度显示处会显示故障代码同时背光闪亮。若为室内机组故障，液晶屏上会出现“室内”字样，若为室外机组故障，液晶屏上会出现“室外”字样，故障代码表见表 7-11。

表 7-11 故障代码表

项　　目	故 障 名 称	代号	项　　目	故 障 名 称	代号
室内机组故障	室内温度传感器异常	1	室外机组故障	过电流	6
	室内换热传感器异常	2		无负荷	7
	室内换热器冻结	3		供电电压异常	8
	室内换热器过热	4		瞬时停电	9
	通信故障	5		过负荷	10
	室内风机故障	8		正在除霜	11
室外机组故障	室外环境温度传感器异常	1		IPM 故障	12
	室外换热器异常	2		EEPROM 故障	13
	压缩机过热	3			

2）让学生排除故障，并写出实习报告。

四、注意事项

1）自诊断后拔出电源插头，然后进行维修。

2）对于室外机组控制器，由于使用大容量电解电容器，即使拔出电源插头，电容器两端在一定时间内还会有残留电荷，所以，控制器 LED(红)灭灯前，请勿触及充电部分。

3）检修完毕必须将本体运转旋至(DEMO)位置，然后插入电源插头，写出诊断内容。

五、实习报告

<table>
<tr><td>姓名</td><td colspan="2"></td><td>班级</td><td></td><td>同组人</td><td></td></tr>
<tr><td>所修空调器型号</td><td colspan="2"></td><td>万用表型号</td><td></td><td></td><td></td></tr>
<tr><td>项目</td><td colspan="2">故障名称</td><td>故障代码</td><td colspan="3">故障分析</td></tr>
<tr><td rowspan="9">故障检修</td><td colspan="2">室内温度传感器异常</td><td></td><td colspan="3"></td></tr>
<tr><td colspan="2">室内风机故障</td><td></td><td colspan="3"></td></tr>
<tr><td colspan="2">供电电压异常</td><td></td><td colspan="3"></td></tr>
<tr><td colspan="2">IPM 异常</td><td></td><td colspan="3"></td></tr>
<tr><td rowspan="5">排除方法</td><td colspan="5"></td></tr>
<tr><td colspan="5"></td></tr>
<tr><td colspan="5"></td></tr>
<tr><td colspan="5"></td></tr>
<tr><td colspan="5"></td></tr>
<tr><td>分析能力</td><td colspan="3"></td><td>动手能力</td><td colspan="2"></td></tr>
<tr><td>修理时间</td><td colspan="3"></td><td>实习成绩</td><td colspan="2"></td></tr>
</table>

【思考与练习】

1. 如何判断电容器的好坏？
2. 空调器有哪些假性故障？
3. 对空调器故障的检查可采用哪些方法？
4. 如何判断空调器制冷系统中的冷冻机油是否变质？
5. 空调器用风机电动机会出现哪些故障？
6. 简述窗式空调器降温效果不好的原因及排除方法。
7. 分体式空调器检修时可分哪几步进行检查？
8. 如何用测试法判断分体式空调器工作是否正常？
9. 分体式空调器电气控制系统常见故障有哪些？
10. 分体式空调器制冷系统出现泄漏时应如何检查？

模块八 空气调节与中央空调的基础知识

【学习目的】

1. 了解空气调节的任务和作用。
2. 熟悉湿空气的性质。
3. 掌握焓湿图的使用。
4. 熟悉中央空调的基本组成和工作原理。

第一节 空气调节的任务和作用

一、空气调节的任务

“空调”是空气调节的简称。空气调节是以人工方式创造和保持一定空间内的空气状态参数，以满足工艺设备或生活舒适的需要。

由于空气调节是要创造出适合人体舒适感和满足工艺生产所需求的室内空气环境。所以，把应用于工业及科学实验过程的空调称为“工艺性空调”，而应用于以人为主的空调则称为“舒适性空调”。在公用与民用建筑中，如会议厅、图书馆、展览馆、影剧院、办公楼等均需设空气调节。随着人们生活水平的提高及旅游业的发展，宾馆、酒店、饭店、商场、游乐场所大都安装了空气调节设施。交通运输工具如轿车、大型客车、飞机、客轮、火车等，空气调节的装备率也正在迅速提高。在现代农业及现代国防工业中，如大型温室、禽畜养殖、粮种储存、宇航器、舰船等，空气调节也都发挥着重要作用。在精密机械和仪表制造业，一般都严格规定空气环境的基准温度和湿度，并限定温度、湿度变化的偏差范围，如20℃±0.1℃、50%±5%。在电子工业中，除有一定的温、湿度要求外，尤为重要的是保证室内空气的清洁。如在超大规模集成电路生产的某些工艺过程中，要求每升空气中大于或等于0.1μm直径的粒子总数不得超过4~35粒；在纺织、印刷、制药、胶片工业部门，对空气的相对湿度的控制要求要精确到±5%以下等。总之，空气调节一般包括以下四个方面的内容：

1. 温度调节

人的居住和工作环境通常夏季在24~28℃、冬季在18~22℃比较合适，而且室内与室外温度差在5℃以内。

2. 湿度调节

对于多数人，相对湿度冬季在40%~60%之间，夏季在40%~65%之间，人的感觉比较舒服。如果温度适宜，相对湿度即便在40%~70%这样的幅度内变化，人也能适应。

3. 气流速度调节

人处在以适当低速流动的空气中比在静止的空气中要觉得凉爽，若处在变速的气流中则比相对恒速的气流中更觉得舒服，一般以 0.1～0.3m/s 的速度为宜。

4. 洁净度调节

空气中一般都有悬浮状态的固体微粒，或者细菌、病毒，它们很容易随着呼吸进入人体造成伤害，所以洁净度调节是空气调节中重要的环节。

二、空气调节的作用

空气调节的作用是采用加热、冷却、加湿、减湿、空气过滤、控制流量、消除噪声等方法，对一定空间内空气的温度、湿度、气流速度、洁净度(简称空调四度)进行调节，以满足人们生产和生活中对空气参数的特殊要求。

空气调节的作用是排除来自室内外的各种热湿干扰，而使温、湿度在一定范围内波动。所谓热湿干扰就是指对空调不利的余热和余湿。这种干扰包括通过建筑物围护结构的传热、人员的发热、照明发热、电器设备发热等。

夏季室外空气处于高温高湿状态，而空调房间内却要保持一定的温、湿度，低于室外空气的温、湿度，于是室外空气就会通过建筑物围护结构传入室内。再者，人体自身的发热排汗、电器设备的散热构成了空调房间的热湿干扰。为了保持空调房间的温、湿度，就要降温去湿。

冬季与夏季相反，室外温度低、湿度低，而空调房间内温、湿度高于室外，这样热和湿就会由室内传到室外。为了保持房间内一定的温、湿度，就必须为房间进行加温加湿。

由于空气调节能制造一种人工的气候环境，空调器是用于调节室内空气状态的设备。选择合适的温度、风速，就是要创造一个舒适性的室内环境。影响舒适度有六个主要因素，即人体的活动量、着衣量、室内温度、湿度、气流的速度和方向、辐射热的大小。在舒适的环境中，人体能维持正常的散热量和散湿量。室温过高，人体热量散发不出去，就觉得热；湿度过大，即使温度适中，身上的汗也不易蒸发，就会有闷热的感觉；风速太大，散热快，也会有不适的感觉；人的着衣量也会影响到人体对舒适性的感受，夏季衣着较少，人们习惯于高温，25℃左右也会觉得太凉，而春季，人体习惯于冬季寒冷，衣着较多，气温略有提高，20℃出头，就觉得热了。此外，人对温度的感觉与人在前一刻的体验有关，冬季从-5℃室外进入 10℃的房间，就会感到温暖，而从浴室出来进入 10℃的房间会感到寒冷。

我国国家标准规定了如下舒适性空调室内设定参数值：

夏季温度为 24～28℃，相对湿度为 40%～65%，风速一般在 0.3m/s 以下。

冬季温度为 18～22℃，相对湿度为 40%～60%，风速在 0.2m/s 以下。

上述规定是指导性的，不同的场合、不同功用的房间对温、湿度有不同的要求，应具体分析选定，如：

卧室夏季温度为 25～29℃，相对湿度为 50%～65%；冬季为 20～25℃，相对湿度为 50%～55%。

客厅夏季温度为 26～28℃、相对湿度为 50%～65%；冬季为 22～25℃，相对湿度为 40%～55%。

病人、小孩、老年人卧室：夏季温度为 26～27℃，相对湿度为 45%～65%；冬季温度为 22～23℃，相对湿度为 40%～60%。

一般而言，当室外温度较高，如 35℃以上时，为避免室内外进出时温差太大不易适应的情况，夏季房间温度宜选择比室外温度低5~7℃；冬季室外温度较低，室内温度不宜太高，冬季房间温度比室外温度高8~10℃即可达到要求，这样也较经济、省电。

空调器使用时，风速在选择制冷模式时，需要快速降温，风速取高速；在接近温度值时，可以取低速，以提高舒适性，同时也可以降低室内噪声，还可节能；制热模式运行时，设定温度高于室内温度较多，房间内较冷时以高速为佳，当室温接近设定温度时选中速，为保证正常制热工作的进行，制热时很少选低速。

第二节　湿空气的物理性质

自然界中的空气或多或少都含有水蒸气，如冷风机运行时，蒸发器表面就会有水析出，这说明空气中含有水蒸气，水蒸气遇冷凝结成水。因此，自然界中的空气是由干空气和水蒸气组成的混合物，称为湿空气，也就是我们常说的空气。湿空气是空气调节的对象。

自然界中空气可以看成是干空气和水蒸气的均匀混合物，自然界中绝对的干空气是不存在的。

一、空气的组成

（1）干空气　干空气是指由氮气、氧气、二氧化碳及稀有气体组成的混合物，即不含水蒸气的空气。

（2）湿空气　湿空气是指干空气和水蒸气的混合物。也就是通常所说的空气。

（3）饱和空气　干空气具有吸收和容纳水蒸气的能力，并且在一定温度下只能容纳一定量的水蒸气。在一定温度下，空气中所含水蒸气达到最大值的空气称为饱和空气。

二、空气的温度

（1）干球温度(t_g)　干球温度是指用干湿球温度计测量空气温度时，干球温度计所指示的温度。

日常生活中所测得的空气温度就是干球温度。

（2）湿球温度(t_s)　湿球温度是指在稳定条件下，湿球温度计所指示的温度。

湿球温度计是指在普通温度计的感温包上，裹上纱布，并将纱布浸于盛有蒸馏水的容器内。当空气处于未饱和状态时，湿纱布上的水会不断吸热汽化，因此温度计感温包上的温度就会下降，这时湿球温度低于干球温度。

（3）干湿球温差　在用干湿球温度计测量未饱和空气时，由干湿球温度计所显示的温度不相同，湿球温度低于干球温度，二者之差叫做干湿球温差。

干湿球温差越大，表示空气越干燥；干湿球温差越小，表示空气越潮湿。

（4）露点温度(t_L)　露点温度是指在一定大气压力下，含湿量（在空气的湿度中有详细解释）不变时，空气中水蒸气冷凝为水时的温度。

空气达到露点温度状态时，空气由未饱和状态变为饱和状态。

（5）机器露点温度　机器露点温度是指空调系统中，接近饱和状态（90%~95%）的空气的温度。

三、空气的湿度

空气的湿度表示空气的干湿程度，即表示空气中含有的水蒸气量。

(1) 绝对湿度　绝对湿度是指在标准状态下，每立方米湿空气中所含水蒸气的质量，单位为 g/m^3 或 kg/m^3。

绝对湿度只能反映空气中水蒸气实际含量，不能直接反映空气的干湿程度。

(2) 含湿量(d)　含湿量是指在湿空气中，每千克干空气中所含水蒸气的质量，单位为 g/kg(干空气)。

在空调工程计算中，常用含湿量的变化来表示加湿去湿的程度。

(3) 相对湿度(φ)　相对湿度是指湿空气中水蒸气分压力与同温度下饱和水蒸气分压力之比。

$\varphi=0$ 时，为干空气，$\varphi=100\%$ 时，为饱和空气。

φ 值能比较确切地反映空气的干燥和潮湿程度。

四、空气的比体积和密度

(1) 比体积(v)　比体积是指单位质量空气所占的体积，单位为 m^3/kg。

(2) 密度(ρ)　密度是指单位体积的空气所具有的质量，单位为 kg/m^3。

五、空气的压力

湿空气是由干空气和水蒸气所组成的混合物，如果湿空气的总压力为 p，则总压力 p 应是由干空气的分压力 p_g 和水蒸气分压力 p_c 叠加而成的，即

$$p=p_g+p_c$$

第三节　湿空气的焓湿图

在空调工程中，可以在一定大气压力下，把温度、焓、含湿量、相对湿度、水蒸气分压力等湿空气常用参数之间的关系以及湿空气的处理过程用图线表示出来，这就是湿空气的焓湿图。

一、焓湿图的组成

1. 焓湿图的坐标

图 8-1 所示为焓湿图的实际坐标，为了使图线更加清晰，焓湿图采用斜坐标形式，纵坐标为焓值(h)，斜坐标为含湿量值(d)，纵坐标与斜坐标之间的夹角为 135°。

图 8-2 所示为焓湿图的应用坐标，平时使用时，因为水平线以下很少用，所以习惯上用一个与纵坐标夹角成 90° 的横轴代替斜坐标轴。

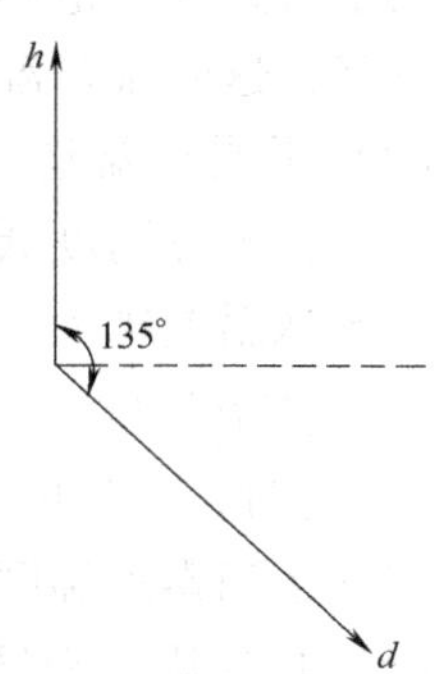

图 8-1　焓湿图的实际坐标

2. 等焓线(h)和等含湿量线(d)

图 8-3 所示为焓湿图中的等焓线，它是平行于 d 轴实际轴(斜

坐标轴）的等间距直线。图 8-3 所示的焓湿图中的等含湿量线是平行于纵轴的等间距直线。

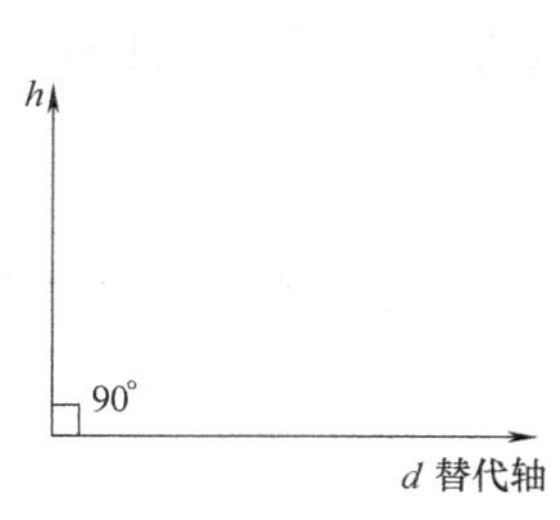

图 8-2　焓湿图的应用坐标

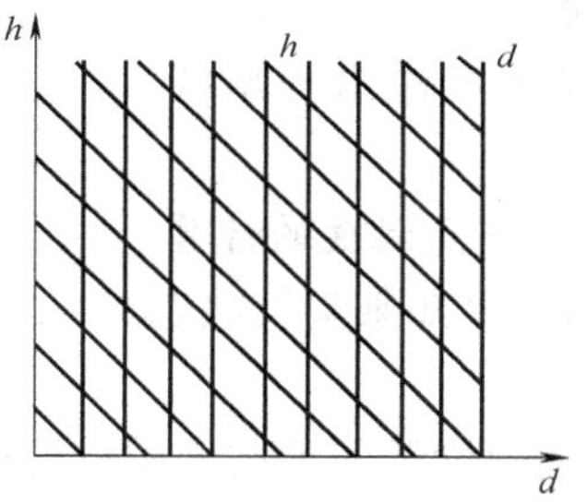

图 8-3　焓湿图中的等焓线和等含湿量线

3. 等水蒸气分压力线(p_c)

图 8-4 所示为焓湿图中的等水蒸气分压力线。在一定大气压下，水蒸气分压力 p_c 与含湿量 d 值一一对应。将这种关系的交换线画在焓湿图的右下角，并在右侧标出坐标和压力值(kPa)。等水蒸气分压力线是一端起始于交换线与 d 线交点的水平平行实线。

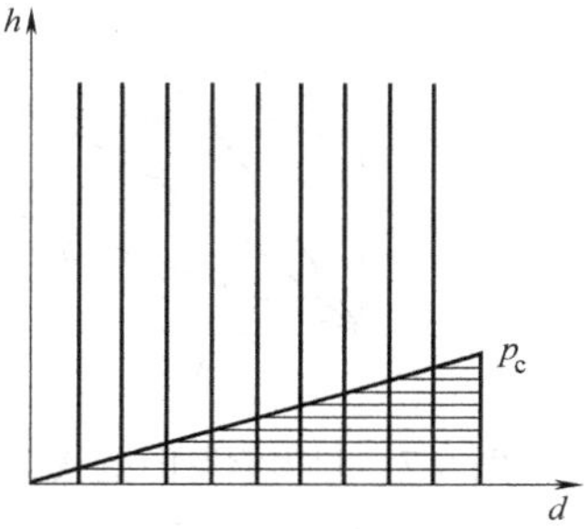

图 8-4　焓湿图中的等水蒸气分压力线

4. 等相对湿度线(φ)

图 8-5 所示为焓湿图中的等相对湿度线，它是一簇发散的曲线。其中 $\varphi=100\%$时的曲线称为饱和空气曲线。

5. 等温度线(t)

图 8-6 所示为焓湿图中的等温度线它是一系列直线，彼此不平行，温度越高越向上方倾斜。虽然斜率不同，但彼此相差很微小，可近似看做是一簇向上倾斜的平行实线。

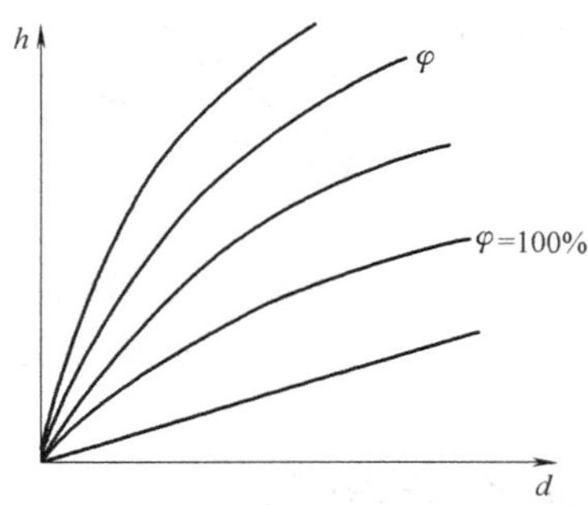

图 8-5　焓湿图中的等相对湿度线

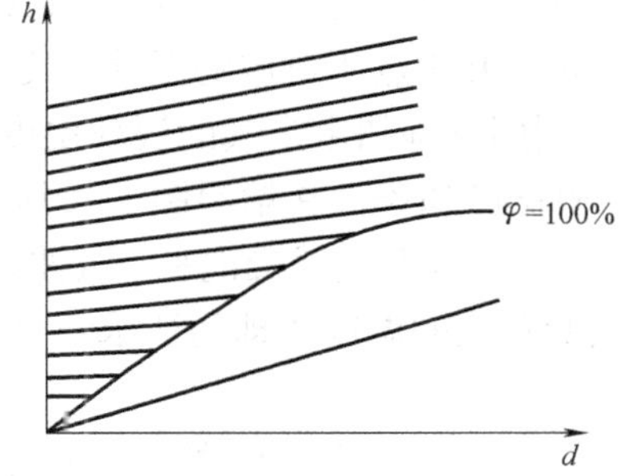

图 8-6　焓湿图中的等温度线

二、焓湿图的应用

1. 空气状态点及其参数的查找

已知空气的两个参数，找到相应的参数线，两条参数线必在焓湿图上交于一点，则该点即为所求空气状态点。沿过该点的各参数线查找各个参数。

例 8-1　已知有一空气状态点 A，它的温度 $t=20℃$，相对湿度 $\varphi=60\%$。求此空气状态点的焓值、含湿量和水蒸气分压力。

解: 利用焓湿图查找空气状态点及参数，如图 8-7 所示。

1）找到 $t=20℃$ 和 $\varphi=60\%$ 参数线，交于一点 A。

2）过 A 点作出等焓线、等含湿量线和等水蒸气分压力线，即可在坐标中查出各参数值。

2. 空气露点温度的计算

例 8-2 已知某空气状态点 A，它的温度为 34℃，相对湿度 $\varphi=40\%$，求 A 点所对应的露点温度。

解: 利用焓湿图求空气露点温度，如图 8-8 所示。

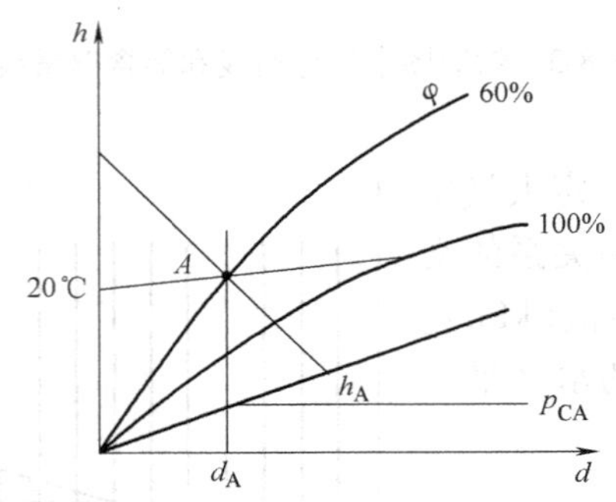

图 8-7 利用焓湿图查找空气状态点及参数

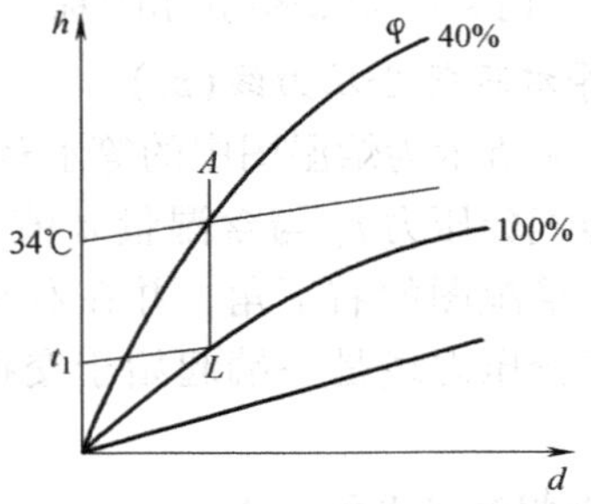

图 8-8 利用焓湿图求空气露点温度

1）根据已知条件在焓湿图上找到 A 点。

2）过 A 点作等含湿量线交饱和空气曲线（$\varphi=100\%$）于一点 L。

L 点所对应的温度值即为所求空气状态点 A 的露点温度。

3. 空气湿球温度的计算

例 8-3 已知某空气状态点 A，它的温度 $t=26℃$，相对湿度 $\varphi=60\%$，求 A 点所对应的湿球温度。

解: 利用焓湿图求空气的湿球温度，如图 8-9 所示。

1）根据已知条件在焓湿图上找到状态点 A。

2）过 A 点作等焓线交饱和空气曲线（$\varphi=100\%$）于一点 S。

S 点所对应的温度值即为所求空气状态点 A 的湿球温度。

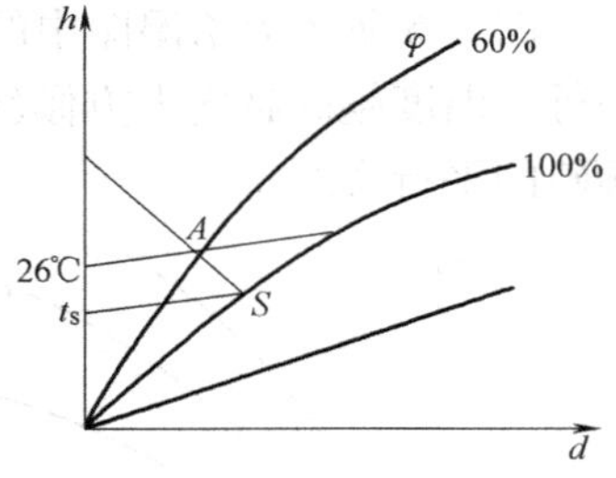

图 8-9 利用焓湿图求空气的湿球温度

第四节 空调房间的热湿负荷估算

空调的目的是要保持室内一定的温度和湿度。对房屋来说，客观上存在着的一些干扰因素，使室内温度和湿度发生变化，而空调设备的作用就是平衡这些干扰因素，使室内温、湿度维持在要求的范围内。空调技术中将干扰因素对室内空气状态的影响称为负荷。

一、空调器的热湿负荷

1. 热负荷

使空调房间有热量增减的负荷称为热负荷。

造成室内热负荷的主要因素有：

1）人体散热，即室内人员为维持正常体温而散发的热量。

2）外界渗入热，即由建筑围护结构（屋顶、墙楼板、门窗等）与外界存在温差而传入的热量。

3）设备热，即室内各种机电设备散发的热量。

4）照明热，即室内照明灯具散发的热量。

2. 湿负荷

由于人体散湿、室内湿表面散湿等造成空调房间空气的含湿量增加，称为湿负荷。

造成室内湿负荷的主要因素有：

1）人体表面散湿，即人体出汗、呼吸所散出的水蒸气。

2）室内湿表面散湿，即盛水容器、工艺用水、加湿器等蒸发出来的水蒸气。

二、空调负荷估算

在实际工作中，除了设计人员要对空调设备的热湿负荷进行精确计算外，在房间配用空调设备时，可以根据表8-1和下列方法进行估算。

1. 夏季冷负荷的估算方法

（1）单位面积估算法　单位面积估算法是一种将空调负荷单位面积上的指标，乘以建筑物内的空调面积，得出制冷总负荷的估算值的方法。

表8-1　国内部分民用建筑空调冷负荷估算指标

序号	建筑类型及房间类型	人数/(个/m^2)	新风量/[m^3/(人·h)]	参考冷负荷指标/(W/m^2)
1	酒店：客房(标准层)	0.063	50	100~115
2	酒吧、咖啡厅	0.50	25	250~260
3	西餐厅	0.50	25	260~280
4	中餐厅、宴会厅	0.67	25	350~360
5	中庭、接待处	0.13	18	180~195
6	商店、小卖部	0.20	18	140~160
7	小会议室(允许少量吸烟)	0.33	25	220~235
8	大会议室(不允许吸烟)	0.67	25	350~365
9	理发、美容间	0.25	25	200~210
10	健身房	0.20	60	265~280
11	台球室	0.20	30	170~185
12	室内游泳池		60	330~350
13	舞厅(交谊舞)	0.33	33	235~250
14	舞厅(迪斯科)	0.33	50	335~350
15	办公室	0.20	25	120~135
16	医院：高级病房			100~110
17	一般手术室			130~150
18	洁净手术室			330~350
19	X光、CT、B超诊室			130~150
20	商场：超市底层	1.00	12	350~370
	超市二层	0.83	12	290~310
21	影剧院：观众席	2.00	8	420~450
22	休息厅(允许吸烟)	0.50	40	350~380
23	化妆室	0.25	20	200~220

(续)

序号	建筑类型及房间类型	人数/(个/m^2)	新风量/[m^3/(人·h)]	参考冷负荷指标/(W/m^2)
24	体育馆:比赛馆	0.40	15	180~200
25	观众休息厅(允许吸烟)	0.50	40	180~200
26	贵宾室	0.13	50	160~180
27	展览厅:陈列室	0.25	25	160~180
28	会　堂:报告厅	0.25	25	250~270
29	图书阅览室	0.10	25	100~120
30	科研、办公室	0.20	25	135~155
31	公寓、住宅	0.10	50	135~155

(2) 简单计算法　空调房间的冷负荷由外围结构传热、太阳辐射热、空气渗透热、室内人员散热、室内照明设备散热、室内其他电气设备引起的负荷和新风量带来的空调系统负荷等构成。估算时,以围护结构和室内人员的负荷为基础,把整个建筑物看成一个大空间,按各面朝向计算其负荷。室内人员散热量按人均116.3W计算,最后将各项数量的和乘以新风负荷系数1.5,便为估算结果,即

$$\Phi=(\Phi_w+116.3n)\times1.5$$

式中　Φ——空调系统的总负荷,单位为W;

Φ_w——围护结构引起的总冷负荷单位为W;

n——室内人员数,单位为个。

2. 冬季供暖估算方法

已知空调房间的建筑面积可采用单位面积热指标估算法进行供暖负荷计算。其计算方法可采用表8-2所提供的指标,乘以总建筑面积进行粗略的估算。

表8-2　国内部分建筑供暖负荷指标

顺序	建筑物类型及房间类型	供暖负荷指标/(W/m^2)	顺序	建筑物类型及房间类型	供暖负荷指标/(W/m^2)
1	住宅	46~70	6	商店	64~87
2	办公楼、学校	58~80	7	单层住宅	80~105
3	医院、幼儿园	64~80	8	食堂、餐厅	116~140
4	旅馆	58~70	9	影剧院	93~116
5	图书馆	46~76	10	大礼堂、体育馆	116~163

注:1. 建筑面积大、外围护结构性能好、窗户面积小时,可采用较小的指标。
2. 建筑面积小、外围护结构性能差、窗户面积大时,可采用较大的指标。

第五节　中央空调系统基础

中央空调是"空调器大家族"中的重要组成部分。空调可分为中央空调与局部空调两大类。局部空调泛指窗式空调器和分体壁挂式或分体柜式空调器。除局部空调以外的空调器,则统称为中央空调。中央空调原指用于大型工业与民用建筑工程的集中式或半集中式的空调系统,而近年来又不断涌现出"商用中央空调"和"家用中央空调"新成员,其重要性和普遍性与日俱增。为区别于"商用中央空调"和"家用中央空调",把用于大型工业与民用建筑工程的中央空调称为"大型工民建用中央空调"(简称大型中央空调)。

中央空调已成为当今社会不可缺少的一门技术，在国民经济建设和人民日常生活中起着越来越重要的作用。

空调工程是通过对空气的处理过程，使空气的温度、湿度、压力、气流速度、新鲜度和洁净度达到人们的舒适要求或满足生产工艺的要求，这些指标就构成了室内空气环境的条件。

一、中央空气调节系统的定义

中央空气调节系统，简称“中央空调系统”，是指能够对空气进行净化、冷却、干燥、加热和加湿等环节处理，并促使其流动的设备系统。空气调节是以空气作介质，在一定环境内流通，结果使空调房间内空气的温度、流动速度、洁净度和湿度等指标控制在预定范围内。

二、中央空调系统的组成

中央空调系统主要由以下几大部分组成：

1. 空气处理设备

它包括空气过滤器、预热器、喷水室、再热器等，是对空气进行过滤和各种热湿处理的主要设备。它的作用是使室内空气达到预定的温度、湿度和洁净度。

2. 空气输送设备

它包括送风机、回风机、风道系统，以及装在风道上的风道调节阀、防火阀、消声器、风机减振器等配件。它的作用是将经过处理的空气按照预定要求输送到各个空调房间，并从房间内抽回或排出一定量的室内空气。

3. 空气分配装置

它包括设在空调房间内的各种送风口和回风口。它的作用是合理地组织室内气流，以保证工作区内有均匀的温度、湿度、气流速度和洁净度。

除了上述三个主要部分外，还有为空气处理服务的热源和热媒管道系统，冷源和冷媒管道系统，以及自动控制和自动检测系统等。

三、中央空调系统的分类

中央空调系统一般由以下几个部分组成：冷热源部分、空气处理部分、空气输送及分配部分、冷热媒输送和自动控制部分等。在工程中由于空调场所的用途、性质、热湿负荷等方面的要求不同，中央空调系统可分为许多种类。

1. 按处理设备的情况分类

（1）集中式中央空调系统　集中式中央空调系统是指空气处理设备和送、回风机等集中设在空调机房内，通过送、回风管道与被调节的空调场所相连，对空气进行集中处理和分配。集中式中央空调系统的特点是处理空气量大，有集中的冷源和热源，运行可靠，便于管理和维修，但机房占地面积较大。见表8-3。

（2）半集中式中央空调系统　半集中式中央空调系统是指送入空调房间的新风由空调机房集中处理，空调房间内的空气由分散在房间内的装置处理的系统。此种系统适用于空气调节房间较多，且各房间要求单独调节的建筑物，见表8-3。

集中式中央空调系统和半集中式中央空调系统通常又被称为中央空调系统。中央空调系统是指在同一建筑物内对空气进行净化、冷却(或加热)、加湿(或除湿)等处理，并进行输送和分配的空调系统。

表 8-3　集中式与半集中式中央空调系统

名　　称	图　　示	特　　征	应　　用
集中式中央空调系统	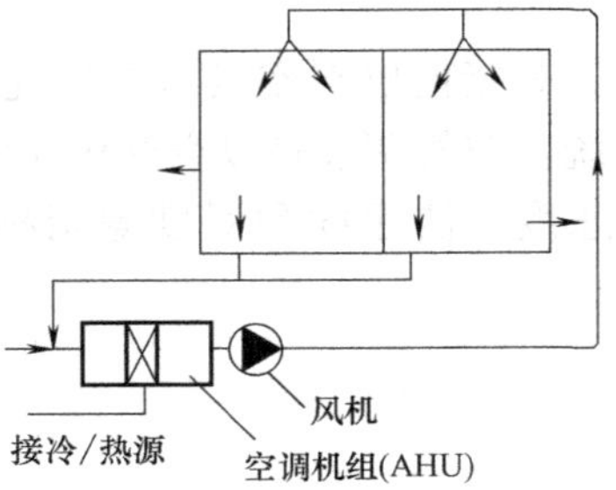 风机 接冷/热源 空调机组(AHU)	空气的温湿度集中在空调机组(AHU)中进行调节后经风管输送到使用地点，对应负荷变化集中在AHU中不断调整，是空调最基本的方式	普通为单风管定风量(或变风量)系统，此外有双风管系统
半集中式中央空调系统	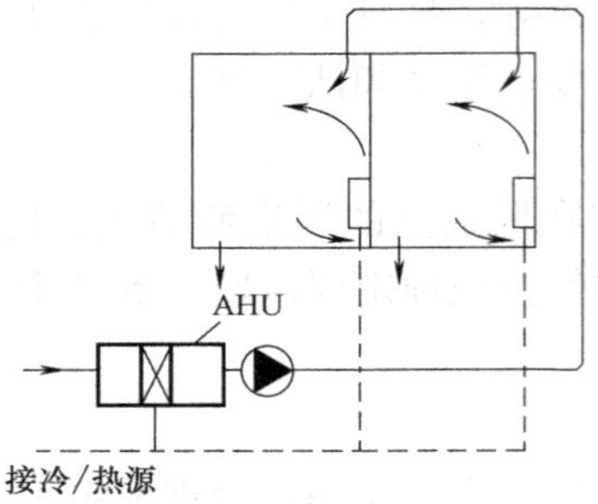 AHU 接冷/热源	除由集中的AHU处理空气外，在各个空调房间还分别有处理空气的“末端装置”(如风机盘管等)	1）新风集中处理，结合诱导器送风 2）新风集中处理，结合风机盘管送风

2. 按负担室内热湿负荷所用的工作介质分类

（1）全空气式空调系统　空调房间的室内热湿负荷全部由经过处理的空气来承担的空调系统称为全空气式空调系统，英文简写：AAA。它利用空调装置送出风来调节室内空气的温、湿度。由于空气的比热容小，用于吸收室内余热、余湿的空气需求量大，所以这种系统要求的风道截面积大，占用建筑物空间较多。

（2）全水式空调系统　全部由经过处理的水来负担室内热湿负荷的空调系统称为全水式空调系统。它是利用冷冻机处理后的冷冻水(或锅炉制出热水)送往空调房间的风机盘管中对房间的温、湿度进行处理的。

由于水的比热容及密度比空气大，所以全水式空调系统的体积较全空气式空调系统小，能够节省建筑物空间，但它不能够解决房间通风换气的问题。

（3）空气—水式空调系统　由经过处理的空气和水来共同负担室内热湿负荷的系统称为空气—水式空调系统。其典型装置是风机盘管加新风系统。它既可解决全水式系统无法通风换气的困难，又可克服全空气系统要求风道截面积大、占用建筑空间多的缺点。

（4）制冷剂式空调系统　直接以制冷剂作为吸收房间空气热湿负荷的介质，这类系统称为制冷剂式空调系统。它利用直接蒸发的制冷剂吸热来达到调节室内温、湿度的目的。

3. 按集中式中央空调系统处理的空气方式分类

（1）循环式空调系统（又称为全封闭式空调系统）　空调机组所处理的全部是再循环空气（室内回风），不补充新风的系统称为循环式空调系统，此系统能耗小，但由于没有新风补充，所以只适合在无人的环境中使用。

（2）直流式空调系统　空调机组所处理的空气全部为新风的系统称为直流式空调系统。空调处理装置送入房间内的空气进行热湿交换后，全部排到室外。直流式空调系统卫生条件好，医院手术室等卫生条件要求高的场所多使用直流式空调系统。但直流式空调系统能耗大、经济性差，适用于对空气质量要求高，或散发有害气体，或不宜使用回风的场所。

（3）一次回风式空调系统　空调机组所处理的是由新风和循环空气（室内回风）混合的气体，此系统称为一次回风式空调系统。它在空调箱内设有一个新、回风混合室，新风量最小占总风量的10%。一次回风式空调系统应用较为广泛，被大多数中央空调系统所采用。

（4）二次回风式空调系统　二次回风式空调系统是在一次回风式空调系统的基础上将室内回风分成两部分，分别引入空调箱中，一部分回风在新风、回风混合室混合，另一部分进入二次混合室与一次混合室出来后经过处理的气体混合。二次回风式空调系统较一次回风式空调系统更为经济、节能。

4. 按风道中的风速分类

按风道中的风速分类，空调系统可分为低速空调系统和高速空调系统。低速空调系统是指主风道风速在10~15m/s之间，其特点是为保持整体送风量，风道截面积较大，占用建筑面积较大。高速空调系统是指主风道风速为20~30m/s，其特点是风道截面积较小，占用建筑面积较小，但与低速空调系统相比，高速空调系统的能耗、噪声都较大。

四、集中式中央空调系统

中央空调系统中的集中式中央空调系统是典型的全空气系统，是工程中最常用的系统之一。集中式中央空调系统有三种：直流式空调系统、一次回风式空调系统、二次回风式空调系统。

1. 直流式空调系统

直流式空调系统全部使用室外新风，空气从百叶栅进入，经处理后达到送风状态，送入房间。图8-10所示为直流式空调系统。

2. 一次回风式空调系统

图8-11所示为一次回风式空调系统。

3. 二次回风式空调系统

二次回风式空调系统采用第二次回风代替再加热器，图8-12所示为二次回风式空调系统。

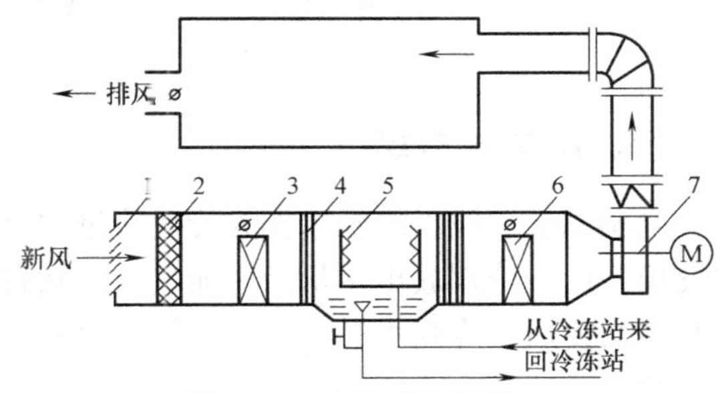

图8-10　直流式空调系统

1—百叶栅　2—空气过滤器　3—预加热器　4—前挡水板　5—喷水排管及喷嘴　6—再加热器　7—风机

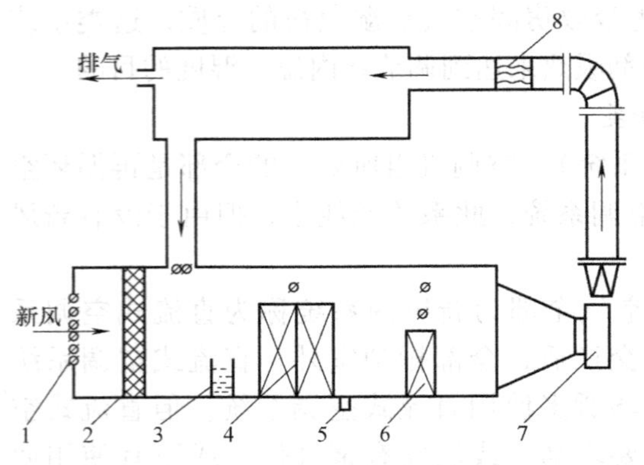

图 8-11 一次回风式空调系统

1—新风口 2—空气过滤器 3—电极式预热器 4—表面式冷却器 5—排水口 6—再加热器 7—风机 8—精加热器

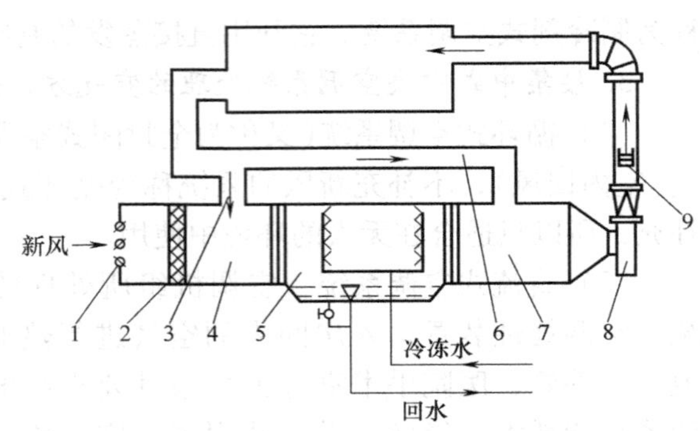

图 8-12 二次回风式空调系统

1—新风口 2—空气过滤器 3—一次回风管 4—一次混合室 5—喷雾室 6—二次回风管 7—二次混合室 8—风机 9—电加热器

五、“绿色空调”——中央空调发展的必然方向

影响人的舒适与健康最为直接的因素就是建筑室内环境。运用中央空调技术创造了美好的建筑室内环境，同时却使室外自然环境遭到破坏。CFC 制冷剂正在破坏保护人类生存的大气臭氧层，大量耗费的能源正在使可供利用的自然资源走向枯竭，大气、水和土壤正在受到污染，就连夏季空调排出的热也造成“热岛”现象，恶化了所处的城市环境。为了贯彻可持续发展战略，建筑与空调未来的发展必须坚持“绿色建筑”和“绿色空调”的方向。所谓“绿色建筑”就是指能为建筑中的人提供健康、舒适、安全、方便的室内环境，而又不损害周边、区域乃至全球环境，充分开发利用可再生能源和高效利用自然资源的建筑，符合这种条件的空调称为“绿色空调”。“绿色空调”是中央空调发展的必然方向。“世界绿色建筑委员会”已宣告成立，总部设在澳大利亚，它为推动全世界“绿色建筑”与“绿色空调”的发展起了重大作用。中国的“绿色建筑”已在北京、深圳和哈尔滨等地展开。北京的“世界财富中心”大厦，已通过美国认证标准的认证，这是在 21 世纪之初出现在中国大地上的最具影响力的“绿色建筑”与“绿色空调”。

第六节 中央空调系统的水系统

一、冷媒水系统

空调系统一般以冷媒水作为传递冷量的介质，冷媒水在制冷机的蒸发器中与制冷剂进行热交换，向制冷剂放出热量后，通过水泵和管道输送到各种空调处理装置中与被处理的空气进行热交换后，冷媒水又经过回水管道返回到制冷机的蒸发器中，如此循环，构成一个冷媒水系统。

冷媒水系统分为开式冷媒水系统和闭式冷媒水系统两种。

图 8-13 所示为开式冷媒水系统。

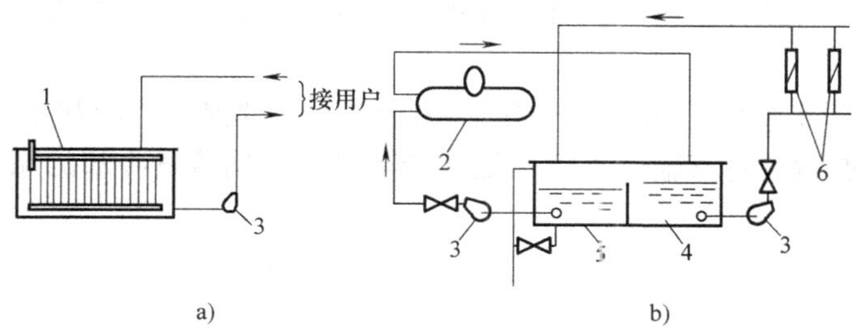

图 8-13　开式冷媒水系统
a）采用水箱式蒸发器的系统图　b）采用卧式壳管式蒸发器的系统图
1—水箱式蒸发器　2—卧式壳管式蒸发器　3—水泵
4—冷媒水供水箱　5—冷媒水回水箱　6—空气处理设备

图 8-13a 所示为开式冷媒水系统采用水箱式蒸发器的系统图，图 8-13b 所示为开式冷媒水系统采用卧式壳管式蒸发器的系统图。

开式冷媒水系统的共同特点是系统中有水箱，有较大的水容量。因此，水的温度比较稳定，蓄冷能力大，也不易冻结。但由于冷媒水的水面与空气大面积接触，所以系统的腐蚀性较强。图 8-14所示为闭式冷媒水系统。

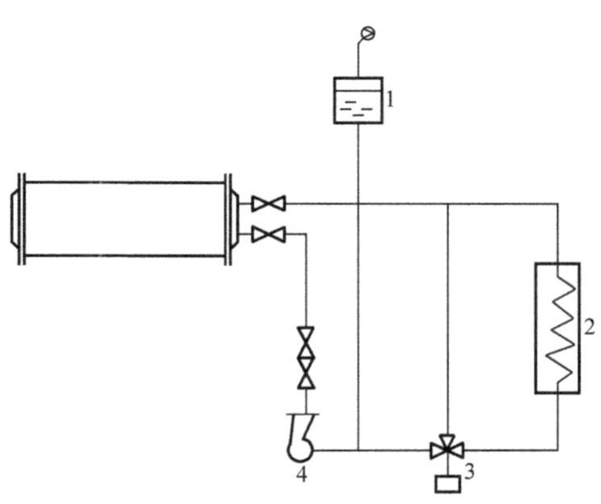

图 8-14　闭式冷媒水系统
1—膨胀水箱　2—风机盘管　3—集水器　4—水泵

闭式冷媒水系统中的载冷剂基本上不与空气接触，对管路设备的腐蚀较小，水容量比开式冷媒水系统的小，系统中设有膨胀水箱。

冷媒水系统供冷的特点是，冷量可以进行远距离输送；冷媒水的温度比较稳定；空调系统的温度控制比较精确。

二、冷却水系统

冷却水系统是指从制冷压缩机的冷凝器出来的冷却水经水泵送至冷却塔，冷却后的水靠位差在重力作用下从冷却塔流至冷凝器的循环水系统。

冷却水系统常用的水源有地面水、地下水、海水、自来水等。

冷却水系统一般可分为直流式、混合式和循环式三种。

（1）直流式冷却水系统　在直流式冷却水系统中，冷却水经冷凝器等用水设备后，直接就近排入下水道或用于农田灌溉，不再重复使用。这种系统的耗水量很大，适合用在有充足水源的地方。

（2）混合式冷却水系统　图 8-15 所示为混合式冷却水系统。

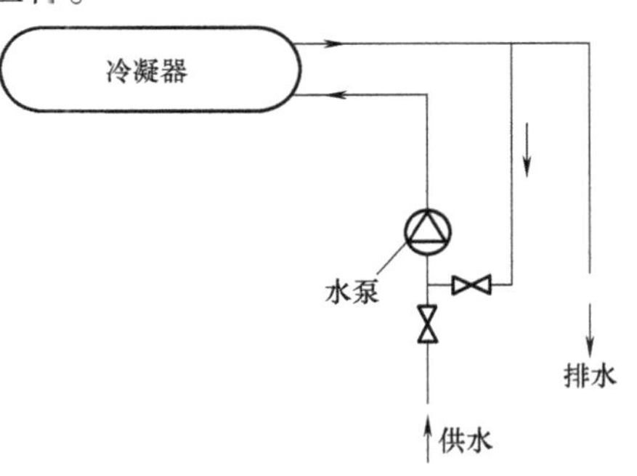

图 8-15　混合式冷却水系统

混合式冷却水系统的工作过程是，从冷凝器中排出的冷却水分成两部分，一部分直接排掉，另一部分与供水混合后循环使用。混合式冷却水系统，一般适用于使用地下水等冷却水温度较低的场所。

（3）循环式冷却水系统　循环式冷却水系统的工作过程是，冷却水经过制冷机组冷凝器等设备吸热而升温后，将其输送到喷水池和冷却塔，利用蒸发冷却的原理，对冷却水进行降温散热。

模块九　维修服务与经营管理知识

【学习目的】

1. 培养维修人员的基本修养。
2. 熟悉维修服务的一般程序。
3. 了解经营管理基础知识。

【基础知识单元】

第一节　维修人员的基本修养

一、良好的道德品质

维修人员首先要具有为人民服务的道德品质，要有良好的服务意识，对需检修设备的顾客要热情接待，服务周到。要珍惜顾客的信任和支持，耐心解释和回答顾客提出的疑问，在保证维修质量的前提下，为顾客精打细算，以真诚来回报顾客的信任和支持。

二、熟练的维修与安全技术

维修人员应该掌握制冷设备的基础理论和工作原理，了解大多数制冷产品的性能特点，知道如何正确使用和维修，能够根据外在现象查找和判断故障原因，提出经济、安全的维修方案和修理方法。维修人员还要具备熟练的维修技术，了解各种设备易损件和零配件的性能以及它们的替换品，掌握设备修复后的性能测试和维修质量检测技术，并且应具备良好的安全习惯，掌握扎实的安全技术知识。严格做到以下几点：

1. 工作环境的安全

1）工作台尽量选用非金属制品，操作工具最好放在一个盒子中，这样便于操作，又可防止发生意外事故。

2）工作间应使用吊灯照明。临时性的辅助照明可采用强光手电筒，尽量不要用台灯。

3）电源插座应安装在墙上或直立的木板上，不要安装在工作台上或脚无意可能触及的地方。

4）尽量少存放易燃易爆物品和高压气体，存放位置应远离工作间，工作间内应备有灭火器。

2. 操作安全

1）维修人员应建立良好的工作习惯。修理时不要光脚，不能用湿手操作，不要使用绝缘层已破损的设备和工具进行电路检修。

2）在设备通电时，禁止拆卸电气元件，检查电容器时应先关机，使电容器放电后再检查。

3）在修理设备前，应检查外壳是否漏电，修完之后再做一次检查。在维修期间，设备的外壳应接保护地线。

4）焊接操作时，操作地点应远离易燃易爆物品，焊接埋藏在隔热层中的制冷管道时，应将坡口周围的易燃物清除干净，并在焊炬火焰可能触及的部位加装阻燃层。点燃焊炬时应使用打火机。禁止焊嘴朝向人的方向操作。

5）为确保设备的安全使用，更换的零部件必须是正规产品，并要求在原来的位置上正确配置。

6）高压气瓶应安全放置，合理存放。防止因滚落、翻倒而受到冲击或损坏阀口，而且不得野蛮装卸。

7）禁止用明火加热制冷剂钢瓶。

8）修理暂时停止或修理结束后，要切断检测仪器设备或修理工具的电源。

三、一定的经营管理经验

维修人员，尤其是中级制冷设备维修工要具备一定的经营服务和管理知识，包括人员的管理和配置、维修质量管理、设备的安全使用和安全操作知识，以及成本核算、修理费用计算等方面的知识。维修人员经营一个维修组织时，便成为一个管理者，因此，维修人员还应该了解国家的法律法规，要按照工商、税务、物价等部门的有关规定，缴纳必要的合理费用，遵纪守法，照章纳税。

第二节　维修服务基本知识

一、维修服务的任务和职能

维修服务的任务就是要对制冷设备进行售后的使用指导和维护修理。目的是最大限度地维护制冷设备消费者的合法权益，使消费者能够合理、经济、有效、安全地使用设备。

维修服务的基本职能包括如下几点：

1）安全、合理使用设备方面的技术指导。维修人员有义务向设备使用者提供设备在用途、性能、结构、规格、使用及安装方法等方面的技术指导，有责任回答使用者有关维护保养、使用方法等方面的咨询。

2）确认故障原因，提出维修方案。维修人员要根据故障现象，确认故障原因。向使用者说明维修内容和范围，提出恰当、合理、准确的维修建议和收费标准，取得使用者的认同。

3）完备的修理方案。维修人员要根据故障现象，写出详实的检修报告，并认真修理，保证质量，不留故障隐患。

二、维修服务的一般程序

1. 接待服务

1）确认设备的故障状况。维修时要仔细了解故障的现象及设备的放置场地，了解具体的使用情况。把了解的故障内容与设备的故障状况进行实际验证。

2）确认需要修理的部位、器件的外观和损坏情况，并取得使用者的认同。此外，需留存维修的设备，应将与故障内容无关的附件尽可能请使用者带回。

3）告知使用者修理费的估价。故障明了时，要把修理费的估价告诉使用者，不经实际修理无法估出确定的费用时，要把修理的范围和预算告诉使用者，向使用者提出一个修理费用的幅度范围。

4）开写修理接收单。当确定可以修理并收留设备后，要开写修理接收单，填写必要的事项，如收取时间、设备品牌、更换部件、修理内容，同时把寄存单的收据交给使用者。告知使用者修理完成的预定日期。

2. 维修准备

1）整理好修理现场，把需要修理的设备放置在容易操作的位置。

2）检查在维修时需要使用的设备、仪器、工具的完好情况，并分门别类地放在指点的地点。电气工具和高压气体一定要放在安全地点。

3）准备好维修设备需要的消耗品和材料，以及需要更换的零配件。

4）准备零件箱，用来暂时存放修理时拆卸下来的小零件，以免丢失。

5）准备好需要查阅的技术文件和资料，制定维修方案和步骤，写出检修报告。

3. 修理时的注意事项

1）为了能够安全、高效率地进行设备维修，维修人员要具有良好的心理状态，着装要适宜维修操作。

2）维修时必须遵守设备所规定的注意事项。在仔细阅读产品说明书或有关资料后，方能实施修理操作。

3）修理中需要更换新的零配件，必须采用原设备指定的产品，尤其在安全方面很重要的零件，如保护部件、起动部件、溢流阀门等，一定要采用符合要求的正规产品，零件及其配线必须按原样安装。

4）修理时需要对原设备进行改动，必须事先征得使用者的允许。

5）维修时必须注意安全用电和防火防爆，严格执行高压气体、易燃易爆物品的操作规程。

6）修理结束后，要按照性能测试要求，对设备进行试机检验，确认无异常后方可认定修理完毕。

4. 修理后的附带业务

1）设备修理完成后，要对整套设备进行清理和打扫。

2）将修理的情况记入修理单或检修报告，包括更换的零配件、消耗品和材料的使用情况、修理后的性能测试结果等。

3）计算修理费用。包括零件费、材料费、外出费、修理费及其他附加费用。

4）使用者收取修理好的设备时，维修人员要向使用者告知修理内容，如修理了送修前没有发现的故障，也应向使用者说明情况，并将使用注意事项或正确的使用方法告知使用者。

第三节　经营管理基础知识

一、组织管理

现代制冷设备产品的发展已使维修部门摆脱了个体的经营方式，各种维修人员的联合和合理配置使维修过程达到事半功倍的效果，而整个修理过程都离不开整体维修人员的劳动。这样，修理过程就成为维修人员互相联系的劳动过程的总和。一个维修部门的管理者要合理地安排修理过程中的人员组合，有效地组织修理过程中各个环节之间的配合，使整个修理过程时间最短，耗费最小，效益最高。

1）在分工协作的基础上有效地安排维修人员的工作内容，发挥每个人的特长和能力，并能够根据需要及时调整，使维修工作时间最短，效率最高，效益最好。

2）制定有序的人员培训计划，提高人员的技术水平和维修能力，鼓励先进，批评落后，调动维修人员的劳动积极性。

3）要处理好维修部门内部的各种关系，注意协调上下级之间、新老维修人员之间的关系。协调维修人员之间的人际关系和技术分歧，公平合理地做好修理过程中的组织工作。同时，也要处理好维修部门内部各类人员的比例关系，安排好维修人员和非维修人员的比例，更要制定相应的责任制度，提高维修效率和效益。

4）要重视维修人员的人身安全，增强安全意识。要把维修人员的安全、工作环境的安全、维修设备的安全放在工作的首位，要建立健全安全规章制度，并加强检查、管理，切实明确安全责任制。

二、经营管理

维修工作是一种包括人、财、物、责、权、利的集体活动。要取得良好的经济效益，必须注重经营管理。

管理是一种包括计划、组织、指挥、监督和调节等职能在内的活动，这种活动要有科学的理论作指导。对一个维修部门来说，经营管理就是通过对维修过程所进行的组织、指挥、协调与监督，使整个维修部门的人、财、物得到最佳的配合，从而获得高效率的工作成果。

维修部门的经营管理不同于一般的生产部门，必须根据本部门的具体情况，采取符合自身特点的方法。

1）维修部门所从事的经营活动以设备的修理为中心，这就决定了它的管理要以维修质量为中心。因此，维修人员的配置、物资设备的管理，都要围绕质量来计划、组织、协调。

2）加强维修服务，以服务求信用。维修部门要增强维修市场的竞争力，提高维修信誉，除了严把质量关外，还必须千方百计地改进经营作风，提高服务质量。

3）要处理好经济效益和正当经营的关系，依法经营，合理经营。要通过正当的途径，采用正当的手段，取得正当的收益。决不能见利忘义，欺瞒用户，甚至违法乱纪。

4）要认真做好物资材料的供应工作，保证维修服务的顺利进行。同时，还要认真做好财务支出和成本的控制工作，节约流动资金，做到少花钱多办事。

5）加强管理制度的建设。要建立一系列以责任制为核心的规章制度，如维修人员的技术培训和考核定级制度、维修质量责任制度、危险品的安全使用制度、财务人员职责权限制度、消耗品材料的使用保管制度、安全用电、防火防爆制度等。同时，还要加强宣传教育并采取行政措施，使这些规章制度能够得到有效的贯彻执行。

三、质量管理

质量管理是维修部门经营管理的核心内容。维修质量是维修部门技术水平、维修能力及经营服务的综合反映，也是衡量维修人员管理水平的重要标志。质量的好坏关系到顾客的切身利益和维修的信誉。同时，也对维修部门的成本损耗和经济效益有直接的影响。

衡量设备维修质量的要素主要有以下三个方面：

（1）标准性　经修理后的设备要符合原设备规定的性能标准，不能降低挡位，不能提高使用要求和附加使用条件。

（2）可靠性　经修理后的设备应具有运行可靠性、耐用性。不能降低使用寿命，不能存在故障隐患，增加返修率。

（3）安全性　经修理后的设备在使用上应保证绝对安全，包括使用者的安全和设备安装的安全，不能存在丝毫的安全隐患。

维修部门的管理人员一定要高度重视维修质量，要做好以下几个方面的工作。

1）要加强质量管理教育。对维修人员定期进行质量管理的教育和培训，提高维修人员的质量意识。

2）加强维修人员的技术培训和考核定级。通过技术培训和技术考核，使维修人员熟练地掌握维修技术。对维修难度大、技术要求高的设备，要让那些技术能力强、维修经验丰富的维修人员操作，同时鼓励维修人员钻研技术，提高维修水平。

3）建立一系列确保维修质量的岗位责任制。中大型制冷设备的维修，一般由有各种专长的维修人员共同完成，要根据不同的质量要求，落实岗位，并建立相应的责任制，严格执行操作规程，遵守维修纪律。要建立相应的奖惩制度，对直接责任者要酌情处罚。对弄虚作假，欺瞒用户者，要追究责任。

4）加强维修质量检测。质量检测包括两方面的内容：一是质量的检查，要根据技术要求，对维修工艺、操作结果进行检查验收；二是设备的性能测试，要根据设备的性能指标，进行开机试运行，测试各种性能是否符合规定指标的要求。

5）加强质量跟踪和质量反馈。一般来说，维修的设备要规定一定的保修期，要认真负责地做好保修期内的质量跟踪工作。超过保修期后，也要加强用户质量反馈信息的收集和处理工作。

四、成本核算

维修部门的成本核算与生产部门的成本核算有所不同。维修人员或维修部门通过修理设备取得一定的经济效益，确切地说，是在技术指导下付出劳动的报酬。但是，经济效益不应以控制成本为基础。维修服务的成本核算主要是指向顾客提供合理的费用支出。

维修服务在核算中所计算的成本应包括：所更换的零部件费用、零配件的加工费用、消耗品和材料的费用、仪器或工具的折旧费、外出车船费及其他附加费(特殊支出)。在计算上述成本的支出后，再收取物价部门所规定的总费用一定比例的修理劳务费，这包含故障诊断及修理所需的技术和劳力的代价。

五、安全管理

安全管理是经营管理的一项重要任务，必须予以高度的重视。安全的含义一是指人身的安全，二是指设备的安全。人身安全是指维修人员在从事设备修理的过程中，要保护好自己的安全和健康。同时，经修理后的设备必须保证使用人的安全和健康。设备安全是指维修设备时必须时刻注意安全放置、安全操作，防止有毒制冷剂的泄漏和高压气体的爆炸。

1）要严格遵守国家颁布的有关设备安装使用、高压气体的安全管理和安全用电等方面的法律法规，充分认识安全维修是对维修人员生命和健康负责的要求，把安全管理渗透到维修工作的全过程和维修工序的各个环节。

2）安全操作要有制度保证，要根据部门的实际情况和维修内容，制定一系列相应的安全责任制度。如：工作环境的安全管理制度、高压气体的放置和使用制度、安全用电管理制度、维修操作安全规程、防火防爆制度等。安全制度要根据实际内容和操作性质，作出合乎安全要求的条款和规程，做到贯彻执行这些条款，就能达到不出事故。

3）加强安全维修的宣传教育。要经常运用各种形式讲安全维修，经常提醒维修人员严格执行各项制度和规程，杜绝违章作业。要随时检查安全隐患，如易燃易爆物品的放置和处理情况、电气设备地点的安全情况、电源开关的闭合情况、工作环境的安全状况、消防器材的配置状况等，警惕事故的发生。另外，对特殊的危险作业，必须由经过训练并考核合格的经验丰富的维修人员操作，严禁无证人员上岗。

4）在制定维修工艺流程和组织设备维修时，一定要强调安全，要布置、检查和总结安全工作，要掌握维修人员的技术熟练程度。掌握工作条件、工具设备情况。要针对维修人员的个性、嗜好、思想情绪、日常工作表现合理安排工作内容，防止事故发生。

5）要注意工作环境的安全，注意维修操作过程中的安全防护。外出维修设备时，一定要首先了解工作现场的安全状况，制定出现紧急危险情况时的安全救护措施。维修结束后要对安全内容进行检查，防止事故隐患。整个维修工作一定要有计划、有分析、有记录，为安全检查提供准确的依据。

附　　录

附录A　制冷设备维修工(中级)复习题及参考答案

一、选择题

1. 毛细管的选择应以(　　)来确定流量的大小。

A. 毛细管的长短　　B. 毛细管的粗细

C. 实际测定方法　　D. 毛细管的规格

2. 在单机多库的制冷装置中，温度控制器和(　　)配合使用，对各个库温单独进行控制。

A. 膨胀阀　　B. 冷凝器　　C. 制冷压缩机吸气阀　　D. 电磁阀

3. 氟利昂制冷压缩机曲轴箱的油温在任何情况下，最高不超过(　　)。

A. 45℃　　B. 70℃　　C. 90℃　　D. 120℃

4. 风冷式冷凝器风机不转，使(　　)。

A. 冷凝温度升高，压力升高　　B. 冷凝温度降低，压力升高

C. 冷凝温度不变，压力升高　　D. 冷凝温度、压力都降低

5. 在空气为载冷剂自然对流时，蒸发温度与箱中温度的差值一般取(　　)。

A. 4~6℃　　B. 5~10℃　　C. 2~3℃　　D. 10~15℃

6. 直流变频空调技术驱动(　　)电动机。

A. 单相交流　　B. 三相交流　　C. 直流　　D. 罩极

7. 医院的手术室空调系统应选用(　　)。

A. 混合式系统　　B. 直流式系统　　C. 闭式系统　　D. 回风式系统

8. 中央空调送风系统选用的通风机是(　　)风机。

A. 轴流　　B. 离心　　C. 贯流　　D. 变频

9. 分体式空调器的结构特点主要是(　　)。

A. 室内机噪声低　　B. 室外机便于排热

C. 把室内、外机组分离安装　　D. 安装布置比较容易

10. 热泵型空调器的除霜方法是(　　)。

A. 停车除霜　　B. 电热除霜　　C. 回热除霜　　D. 天然除霜

11. 用于房间空调用制冷压缩机的单相电动机的起动方式有(　　)。

A. 电阻分相式和电容起动式　　B. 电容起动式和电容运转式

C. 直接起动式和电容起动式　　D. 电容运转式和电容起动运转式

12. 典型热泵单冷型分体式房间空调器在冬季执行除霜功能时，(　　)。

A. 电磁阀得电，制冷系统由制热循环变为制冷循环，且室外风机停止运转

B. 电磁阀失电，制冷系统由制热循环变为制冷循环，且室内、外风机停止运转

C. 电磁阀得电，制冷系统仍为制热循环，但室外风机高速运转

D. 电磁阀失电，制冷系统仍为制热循环，但室外风机停止运转

13. 分体式空调器中使用的微处理器芯片属于(　　)。

A. A/D 转换控制电路　　B. D/A 转换控制电路

C. 超大规模集成电路　　D. 小规模集成电路

14. 自耦减压起动器中的自耦变压器有(　　)。

A. 55%和 75%两个抽头　　B. 60%和 85%两个抽头

C. 50%和 90%两个抽头　　D. 65%和 80%两个抽头

15. 计算机房专用空调器的基本控制功能有：(　　)。

A. 风量、制冷、制热、加湿、过滤和压差保护功能

B. 风速、制冷、加热、加湿、过滤和电动机保护功能

C. 风量、制冷、制热、加湿、除湿和压力保护功能

D. 风速、制冷、加热、加湿、除湿和安全保护功能

16. 动圈式温度指示调节仪表直接控制交流接触器通断的控制方式是(　　)。

A. 比例或微分控制　　B. 二位或三位控制

C. 比例或积分控制　　D. 二位或微分控制

17. 离心式压缩机转速达(　　)。

A. 100r/min　　B. 1000r/min　　C. 2800r/min　　D. 14000r/min

18. 氧气与油脂物质发生化学反应，引起发热、自燃或爆炸的基本条件是(　　)。

A. 高压和高温　　B. 常压和高温　　C. 高压和常温　　D. 常压和高温

19. 由低压公用电网供电的电气装置，应采用(　　)。

A. 保护接零　　B. 保护接地

C. 保护接零或保护接地　　D. 保护接零与保护接地

20. 冬季中央空调机组起动时，顺序是(　　)。

A. 先开压缩机组后开风机　　B. 先开风机后开压缩机组

C. 先开热阀加热器后开风机　　D. 先开风机后开热阀加热器

21. 游标卡尺、高度游标卡尺和浓度游标卡尺的主要指标有(　　)。

A. 刻度间隔和测量力　　B. 游标读数值和刻度间隔

C. 游标读数值和测量范围　　D. 游标范围值和测量范围

22. 常需进行水质处理的是(　　)。

A. 冷媒水　　B. 冷却水　　C. 制冷剂　　D. 喷淋水

23. (　　)内容是说明工艺及需要设备单位提供便利条件。

A. 基本情况　　B. 维修效果　　C. 维修方案　　D. 技术条件

24. 运算放大器工作在(　　)。

A. 线性工作区　　B. 正饱和区　　C. 负饱和区　　D. 状态不定

25. 振荡电路就是一个无输入信号而带有选频网络的正反馈放大器，当反馈信号与输入信号(　　)时，即使输入信号为零，放大器仍有稳定输出，这时电路就产生了自激振荡。

A. 同相　　B. 等幅　　C. 同相且等幅　　D. 反相且等幅

26. 电源电压等于+12V，当硅晶体管工作在饱和状态时，其集电极与发射极之间的饱和压降约为(　　)。

A. 6V　　B. 12V　　C 0.3V　　D. −12V

27. 与逻辑的逻辑表达式为(　　)。

A. $P=A+B$　　B. $P=AB$　　C $P=A\oplus B$　　D. $P=A-B$

28. 制冷压缩机实际制冷量的计算公式为(　　)。

A. $Q_0=V_hq_V$　　B $Q_0=\lambda V_hq_V$

C. $Q_0=\lambda V_hq_0$　　D. $Q_0=CV_hq_V$

29. 变频调速时应保持(　　)的恒定。

A. V/I　　B. V/f　　C I/C　　D. V/R

30. 在静止液体内部同一点上，各个方向的压力(　　)。

A. 分散　　B. 集中　　C. 相等　　D. 不相等

31. 在制冷压缩机中，由于气体压缩过程很快，气体经过制冷压缩时来不及进行换热，即为(　　)。

A. 等焓压缩　　B. 等温压缩

C. 等熵压缩　　D. 等质量体积压缩

32. 由于实际流体有(　　)，在流动时会产生阻力。

A. 摩擦　　B. 粘性　　C. 损失　　D. 能量

33. 制冷剂充注过多，在吸气管道表面会出现(　　)现象。

A. 结露　　B. 结霜　　C. 恒温　　D. 过热

34. 活塞式压缩机实现能量调节的方法是(　　)。

A. 顶开高压排气阀片　　B. 顶开低压吸气阀片

C. 停止液压泵运转　　D. 关小排气截止阀

35. 实际制冷量可以借助于压缩机(　　)查出。

A. 性能曲线图　　B. 压焓图　　C. 压容图　　D. 温熵图

36. 螺杆式制冷压缩机的转子是由(　　)组成的。

A. 两个阳转子　　B. 两个阴转子

C. 两个齿轮　　D. 一个阳转子和一个阴转子

37. 卧式壳管式冷凝器的盘管内流动的是(　　)。

A. 制冷剂　　B. 盐水　　C. 冷却水　　D. 冷冻水

38. 空气冷却式冷凝器，冷却空气的进出口温差为(　　)。

A. 10~15℃　　B. 4~6℃　　C. 8~10℃　　D. 2~3℃

39. 与非门电路是由(　　)组合而成的。

A. 与门　　B. 或门、非门　　C. 与门、或门　　D. 与门、非门

40. 或非门电路是由(　　)组合而成的。

A. 或门、与门　　B. 或门　　C. 或门、非门　　D. 与门、非门

41. 变频热泵空调可在室外(　　)以上工作。

A. 0℃　　B. −5℃　　C. −10℃　　D. −15℃

42. 三相负载的三角形联结，采用(　　)接法。

A. 三相四线制　　B. 三相三线制
C. 三相四线制或三相三线制　　D. 任意

43. 在放大电路中，与发射极电阻 R_e 并联的电容 C_e 的作用是(　　)。
A. 稳定静态工作点　B. 隔断直流　C. 旁路交流　D. 交流负反馈

44. 或逻辑的逻辑表达式为(　)。
A. $P=A+B$　B. $P=A\oplus B$　C. $P=AB$　D. $P=A-B$

45. 交流变频技术驱动(　　)电动机。
A. 单相交流　B. 三相交流　C. 直流　D. 罩极

46. 螺杆压缩机停机后，为便于起动使用了(　　)。
A. 加压起动器　B. 旁通电磁阀
C. PTC 起动器　D. 重锤起动器

47. 强迫对流的传热系数(　　)自然对流的传热系数。
A. 大于　B. 等于　C. 小于　D. 约等于

48. 当流体流经管道时，管道断面发生变化，引起的阻力是(　　)。
A. 局部阻力损失　　B. 沿程阻力损失
C. 摩擦阻力损失　　D. 涡旋阻力损失

49. 单位冷凝热负荷的放热是(　　)。
A. 显热　B. 潜热　C. 显热与潜热和　D. 显热与潜热差

50. 单位体积制冷量的计算公式为(　　)。
A. $q_V=h_2-h_1$　　B. $q_V=q_0/v_1$
C. $q_V=q_0v_1$　　D. $q_V=q_0+AL$

51. 单机压缩机制冷循环的压缩比超过 8~10，可选用(　　)制冷循环。
A. 双级压缩式　B. 蒸气喷射式　C. 吸收式　D. 复叠压缩式

52. 选择复叠式制冷循环的原因是(　　)。
A. 压差过大　　B. 压差过小
C. 制冷剂凝固点偏高　　D. 制冷剂凝固点偏低

53. 制冷剂的(　　)要小，以减少制冷剂在系统内的流动阻力。
A. 密度、相对密度　　B. 重度、容重
C. 密度、粘度　　D. 质量体积、相对密度

54. 基尔霍夫电压定律的数学表达式是(　　)。
A. $\sum U=0$　B. $\sum E=0$　C. $\sum E=\sum U$　D. $\sum I=0$

55. 一个有源二端网络，可以根据(　　)等效为一个理想电压源与一个电阻串联。
A. 欧姆定律　B. 戴维南定理　C. 叠加原理　D. 基尔霍夫定律

56. 分体式空调器的电脑控制电路中，直流电源输出电压是(　　)。
A. 1.5V，3V　B. 3V，4.5V　C. 3V，6V　D. 5V，12V

57. 三相对称负载的三角形联结，线电流=(　　)×相电流。
A. 1　B. $\frac{1}{\sqrt{3}}$　C. $\sqrt{2}$　D. $\sqrt{3}$

58. 三相非对称负载的星形联结，采用(　　)接法。

A. 三相四线制　B. 三相三线制

C. 三相四线制或三相三线制　D. 任意

59. 一台两对磁极的三相笼型异步电动机同步转速为 1500r/min，当将改为一对磁极时，其同步转速为(　　)r/min。

A. 2800　B. 750　C. 1000　D. 3000

60. 由直流负载线和基极电流 I_b 可以确定晶体管的(　　)。

A. 静态工作点　B. 电压放大倍数　C. 电流放大倍数　D. 输出阻抗

61. 晶体管工作在(　　)可被等效为开关的断开、闭合状态。

A. 饱和区、截止区　B. 饱和区、放大区

C. 截止区、饱和区　D. 截止区、放大区

62. 在交流纯电容电路中，电容两端的电压落后于流过电容的电流(　　)。

A. $\frac{2}{3}\pi$　B. π　C. $\frac{\pi}{2}$　D. $-\frac{\pi}{2}$

63. 下列金属中，导热性能最好的是(　　)。

A. 铝　B. 黄铜　C. 纯铜　D. 不锈钢

64. 隔热材料应具备的性能是(　　)。

A. 吸水性好　B. 密度大　C. 热导率要小　D. 耐火度一般

65. 在制冷系统安装中，尽可能减少管道(　　)。

A. 长短　B. 壁厚　C. 重量　D. 弯曲

66. 采用过冷循环所放出的热量是(　　)。

A. 显热　B. 潜热　C. 潜热大于显热　D. 潜热小于显热

67. 在制冷系统中，有过热循环的产生，就会使(　　)。

A. 吸气质量体积增加　B. 吸气质量体积减小

C. 吸气压力降低　D. 吸气压力升高

68. 检测双向晶闸管时，其 T_1 与 T_2 两极间电阻应为(　　)。

A. 50Ω　B. 1kΩ　C. 10kΩ　D. ∞

69. 在 lg$p$—h(压焓)图上，单位冷凝热负荷 q_k 是(　　)千克制冷剂在冷凝器中放出的热量。

A. 1　B. 0.5　C. 5　D. 10

70. 单位功耗是随着制冷剂(　　)而变化的。

A. 种类　B. 沸点　C. 可溶性　D. 吸水性

71. 制冷系数是表征制冷循环的一个重要经济性指标，一般为(　　)。

A. 5　B. 6　C. 2~3　D. 7

72. 变频式空调器用(　　)节流。

A. 毛细管　B. 内平衡热力膨胀阀

C. 外平衡热力膨胀阀　D. 电子膨胀阀

73. 载冷剂的(　　)要低，可以扩大使用范围。

A. 熔点　B. 凝固点　C. 热容量　D. 密度

74. 空调器直流变频电动机在(　　)时转速快。

A. 频率高　B. 电压高　C. 负荷小　D. 温度高

75. 螺杆式制冷压缩机属于(　　)制冷压缩机。

A. 压力型　B. 速度型　C. 容积型　D. 温度型

76. 容积系数的影响是指(　　)的影响。

A. 余隙容积　B. 吸入空气被加热　C. 吸气阻力　D. 泄漏

77. 标准工况是考核(　　)各项指标。

A. 制冷压缩机　B. 冷凝器　C. 蒸发器　D. 节流机构

78. 旋转活塞式压缩机低压侧没有(　　)，所以吸气过程是不间断的。

A. 热力膨胀阀　B. 干燥过滤器　C. 蒸发器　D. 吸气阀

79. R11 的标准蒸发温度是(　　)。

A. 47℃　B. 23.7℃　C. 3℃　D. −25℃

80. 蒸发式冷凝器的优点之一是(　　)。

A. 节约大量的水　B. 节约电能

C. 减小设备体积　D. 提高设备产冷量

81. 壳管干式蒸发器，适用于(　　)制冷剂。

A. R22　B. R717　C. R502　D. R13

82. 沉浸式蒸发器的传热温度差为(　　)。

A. 2℃　B. 5℃　C. 10℃　D. 12℃

83. 翅片管式蒸发器用于空气调节片的间距为(　　)。

A. 6.0~15mm　B. 2.0~4.5mm　C. 1~2mm　D. 4~6mm

84. 油分离器安装在(　　)之间。

A. 蒸发器和制冷压缩机　B. 制冷压缩机和冷凝器

C. 冷凝器和膨胀阀　D. 膨胀阀和蒸发器

85. 蒸发温度的获得是通过调整(　　)来实现的。

A. 蒸发器　B. 冷凝器　C. 节流机构　D. 制冷压缩机

86. 当毛细管的直径与长度确定后，要严格地限制制冷系统(　　)。

A. 空气　B. 冷冻油　C. 水分　D. 制冷剂

87. 蒸发式压力温控器的感温包内制冷剂泄漏，其触点是处于(　　)。

A. 断开位置　B. 导通位置

C. 原来位置不变　D. 断开与导通位置不变

88. 夏季中央空调机组起动时，顺序是(　　)。

A. 先开压缩机组后开风机　B. 先开风机后开压缩机组

C. 先开热阀加热器后开风机　D. 先开风机后开热阀加热器

89. R12 压力继电器的低压压力值调整的数值是(　　)。

A. 0MPa　B. 0.2MPa　C. 0.4MPa　D. 0.5MPa

90. 制冷系统容易产生冰堵的部位是(　　)。

A. 蒸发器进口　B. 蒸发器出口

C. 膨胀阀进口　D. 过滤器进口

91. 在检修热力膨胀阀时，没有将传动杆装上，将导致制冷系统(　　)。

A. 流量加大　　B. 流量不变　　C. 流量减小　　D. 流量为零

92. 真空试验采用的方法是(　　)。

A. 单向抽空　　B. 双向抽空　　C. 双向二次抽空　　D. 单向二次抽空

93. 对于调试冷却液体的蒸发器，其蒸发温度应比被冷却液体平均温度低(　　)。

A. 4~6℃　　B. 5~10℃　　C. 2~3℃　　D. 10~15℃

94. 中央空调的送风状态点和被调房间的空气状态点在(　　)，则能够达到对被调房间空气的温度和湿度的双重控制。

A. 等温度线上　　B. 等焓线上

C. 等含湿量线上　　D. 等热湿比线上

95. 一次回风式空调系统的调节方法，是控制(　　)，调节再热量。

A. 干球温度　　B. 湿球温度　　C. 机器露点温度　　D. 相对湿度

96. 分体式空调器大量使用的制冷压缩机结构是(　　)。

A. 滚动转子式　　B. 斜盘式　　C. 曲柄导管式　　D. 电磁振荡式

97. 应用电容分相起动方式的单相电动机有两个绕组，(　　)。

A. 这两个绕组在空间位置互差 90°，起动绕组与外接电容器并联

B. 这两个绕组在空间位置互差 180°，起动绕组与外接电容器并联

C. 这两个绕组在空间位置互差 180°，起动绕组与外接电容器串联

D. 这两个绕组在空间位置互差 90°，起动绕组与外接电容器串联

98. 对于水冷式冷凝器，冷却水流量保护装置要采用(　　)。

A. 压力控制器　　B. 靶式流量开关

C. 电接点压力表　　D. 涡轮流量计

99. 载冷剂在工作温度范围内始终应处于(　　)状态。

A. 高温　　B. 低温　　C. 气液混合体　　D. 液体

100. 制冷压缩机中的冷冻机油必须适应制冷系统的特殊要求，能够(　　)。

A. 耐低温而不凝固　　B. 耐低温而不汽化

C. 耐高温而不汽化　　D. 耐高温而不凝固

101. 能无限溶于冷冻机油的制冷剂是(　　)。

A. R22　　B. R717　　C. R12　　D. R13

102. R22 制冷压缩机，多选用的冷冻油型号是(　　)。

A. 13#　　B. 18#　　C. 30#　　D. 25#

103. 利用气缸中活塞的往复运动来压缩气缸中气体的机型是(　　)压缩机。

A. 滚动转子式　　B. 涡旋式　　C. 曲柄导管式　　D. 滑片式

104. 制冷压缩机在实际工作过程中，由于存在四项损失，实际排气量(　　)理论排气量。

A. 大于　　B. 小于　　C. 等于　　D. 约等于

105. 影响制冷压缩机输气系数的最主要因素就是(　　)。

A. 蒸发温度　　B. 冷凝温度　　C. 压缩比　　D. 环境温度

106. 空调系统中的新风占送风量的百分数不应低于(　　)。

A. 10%　　B. 40%　　C. 80%　　D. 30%

107. 中央空调的水系统，管路全部做了隔热处理的是(   )系统。

A. 冷却水 B. 冷媒水 C. 冷凝水 D. 恒温水

108. 中央空调的主风管，风速控制在(   )为佳。

A. 2~3m/s B. 10~12m/s C. 12~15m/s D. 6~7m/s

109. 热泵型空调器在制冷时，进出风温差控制在(   )。

A. 4~6℃ B. 7~8℃ C. 11~13℃ D. 2~3℃

110. 负温度系数热敏电阻在温度上升时，电阻值(   )。

A. 变大 B. 变小 C. 不变 D. 变大后再变小

111. 电压比较器的同相输入端电压低于反相输入端电压时(即 $U+<U-$)，其输出端 U_o为(   )。

A. 12V B. 4.3V C. 0V D. 不确定

112. 双向晶闸管导通时应在(   )端输入高电平控制信号。

A. G B. T_1 C. T_2 D. T_1和 G

113. 红外遥控接收器可以对信号进行(   )。

A. 接受及控制处理 B. 接受与编码

C. 接受与驱动 D. 接受与发射

114. 变频调速时(   )保持稳定。

A. 电压 B. 电流 C. 功率 D. 转矩

115. 交流变频空调电路由(   )控制调制。

A. LED B. ROM C. PWM D. PAM

116. 旋转活塞式压缩机因无吸气阀，故吸气管道上需增设(   )。

A. 手阀 B. 电磁阀 C. 贮液器 D. 四通阀

117. 中央空调离心式压缩机适用的制冷剂是(   )。

A. NH_3 B. R12 C. R11 D. R718

118. 中央空调压缩机组冷冻机油压力比制冷剂压力(   )。

A. 高 B. 相等 C. 低 D. 先低后高

119. 压缩机组冷冻机油温度应是(   )。

A. 80℃ B. 40℃ C. 0℃ D. −20℃

120. 螺杆压缩机由(   )进行能量调节。

A. 滑阀 B. 转子 C. 螺杆 D. 毛细管

121. 离心式压缩机由(   )进行能量调节。

A. 风叶 B. 蜗壳 C. 扩压器 D. 进口导流叶片

122. 离心式压缩机的扩压器使压缩气体(   )。

A. 速度减小、压力提高 B. 速度减小、压力降低

C. 速度提高、压力提高 D. 速度提高、压力降低

123. 中央空调在利用天气进行节约运行时，夏天或冬天应(   )。

A. 增大新风量减小回风量 B. 减小新风量增大回风量

C. 增大新风量增大回风量 D. 减小新风量减小回风量

124. 中央空调在利用天气进行节约运行时，春天或秋天时应(   )。

A. 增大新风量减小回风量
B. 减小新风量增大回风量
C. 增大新风量增大回风量
D. 减小新风量减小回风量

125. 中央空调停机时，停机顺序应为(　　)。
A. 电源、风机、压缩机组
B. 风机、压缩机组、电源
C. 压缩机组、风机、电源
D. 压缩机组、电源、风机

126. 水泵排水管应装(　　)。
A. 过滤网　B. 膨胀阀　C. 电磁阀　D. 单向阀

127. 水泵吸、排水的扩散管、水流速度应是(　　)。
A. 吸>0.5m/s 排>1m/s
B. 吸<3m/s 排<3m/s
C. 吸≤1.5m/s 排≤2m/s
D. 吸≥2.5m/s 排≥4m/s

128. 膨胀水箱应装在(　　)。
A. 冷媒水系统最高处
B. 冷媒水系统最低处
C. 冷却水最高处
D. 冷却水最低处

129. 中央空调压缩机组的压差继电器控制(　　)。
A. 油压、水压
B. 吸气压力、水压
C. 油压与排气压力之差
D. 油压与吸气压力之和

130. 直流电在流过热电偶电路时，产生冷端的是(　　)
A. 从 N 型流向 P 型
B. 从 P 型流向 N 型
C. 从 N 型流向 N 型
D. 从 P 型流向 P 型

131. 小型氟利昂冷藏库用的吊顶冷风机运转噪声过大的主要原因是(　　)。
A. 电动机绕组匝间轻微短路
B. 换热盘管结霜严重
C. 风机扇叶变形
D. 蒸发温度过高

132. 简易温度自动控制，其控制规律为(　　)。
A. 伺服控制　B. 比例控制　C. 二位控制　D. 三位控制

133. 由高压侧充注制冷剂的特点是(　　)。
A. 在制冷压缩机停止状态充注，充注速度慢，且安全性高
B. 在制冷压缩机运转状态充注，充注速度快，且不易液击
C. 在制冷压缩机停止状态充注，充注速度快，且不易控制
D. 在制冷压缩机运转状态充注，充注速度快，且不易控制

134. 异步电动机起动时的主要问题是(　　)。
A. 起动电流大和起动转矩小
B. 起动电流大和起动转矩大
C. 起动电流小和起动转矩小
D. 起动电流小和起动转矩大

135. 笼型三相异步电动机的减压起动方法之一是(　　)。
A. 电容起动
B. Y/△起动
C. 电容与电感串联起动
D. 变阻器起动

136. 采用回热循环的制冷系统，实现过冷放热过程的冷源是(　　)。
A. 蒸发器　B. 冷凝器　C. 吸气管内冷源　D. 外界

137. 制冷压缩机电动机热继电器发生保护的原因是(　　)。
A. 电路系统短路
B. 电磁阀失灵

C. 电源断电　　D. 电动机过载和断相

138. 三位控制动圈式温度指示调节仪表的整定值有(　　)。

A. 上限值和下限值　　B. 极限值和保护值

C. 设定值和比例值　　D. 整定值和比例值

139. 电动机控制系统中，热继电器的保护特性是(　　)。

A. 等于整定六倍时，动作时间小于 1s

B. 等于整定六倍时，动作时间小于 5s

C. 等于整定六倍时，动作时间小于 10s

D. 等于整定两倍时，长期不动作

140. 我国规定的安全电压为(　　)。

A. 12V　　B. 24V　　C. 36V

D. 12V、24V、36V 三种，视场所潮湿程度而定

141. 修理制冷压缩机不能使用的工具是(　　)。

A. 活扳手　　B. 套筒扳手　　C. 梅花扳手　　D. 固定扳手

142. 扩管器主要用来制作(　　)的喇叭口。

A. 钢管　　B. 铝管　　C. 黄铜管　　D. 纯铜管

143. 使用割管器切割铜管，(　　)。

A. 对于退火的铜管要尽量一周切断

B. 对于未退火的铜管要尽量一周切断

C. 一般转动一圈进刀三次

D. 一般转动两圈进刀一次

144. 一般游标量具的主要指标是(　　)。

A. 刻度间隔和测量力　　B. 游标读数值和测量力

C. 游标读数值和测量范围　　D. 游标范围值和示值误差

145. 使用弯管器弯管时，铜管的弯曲半径不宜小于铜管(　　)。

A. 半径的一倍　　B. 半径的三倍

C. 直径的一倍　　D. 直径的三倍

146. 真空泵对制冷系统抽空完毕，应(　　)。

A. 先关闭真空泵再关闭截止阀　　B. 先关闭截止阀再关闭真空泵

C. 使真空泵和截止阀同时关闭　　D. 使真空泵和截止阀随机关闭

147. 更换的零部件费用、零部件加工费用、消耗品的费用、工具和仪器的折旧费、交通费和其他附加费等是(　　)。

A. 维修服务中的价格　　B. 维修服务中的成本

C. 维修服务中的价值　　D. 维修服务中的劳务费

148. 单相异步电动机的起动工作原理是工作绕组与起动绕组通电时在空间形成相差(　　)的初相产生旋转磁场。

A. 30°　　B. 60°　　C. 90°　　D. 120°

149. 一台一对磁极的三相笼型异步电动机旋转磁场转速为 3000r/min，当改为两对磁极时，其旋转磁场转速为(　　)r/min。

A. 750　B. 1500　C. 3000　D. 1000

150. 单管放大器的静态工作点是由(　　)确定的。

A. I_b、I_e、U_{ce}　B. I_b、I_e

C. I_b、U_{ce}、　D. I_b、I_c、U_{be}

151. 稳压电路的主要特性指标有(　　)。

A. 最大输出电流及调节电压范围

B. 最大输出电流、最大输出电压及调节频率范围

C. 最大输出电压及调节电压范围

D. 最大输出电流、最大输出电压及调节电压范围

152. 在 $\lg p—h$(压焓)图中，冷凝放出的热量(　　)蒸发吸收的热量。

A. 等于　B. 小于　C. 大于　D. 约等于

153. 增大传热面积的途径是(　　)。

A. 增加管道长度　B. 减小管道长度

C. 提高蒸发温度　D. 减少管道上的翅片数量

154. 造成沿程损失的原因，就是(　　)。

A. 流体有粘性　B. 流体有摩擦

C. 流体流动较慢　D. 流体流动较快

155. 在制冷循环中，制冷剂过热是指制冷剂温度(　　)。

A. 高于同压力下的冷凝温度

B. 低于同压力下的蒸发温度

C. 高于同压力下的蒸发温度

D. 低于同压力下的饱和温度

156. 采用回热循环，对(　　)制冷系统有害。

A. R12　B. R22　C. R717　D. R502

157. 单位冷凝热负荷依靠(　　)放热。

A. 蒸发器　B. 冷凝器　C. 压缩机　D. 汽化器

158. R14 制冷剂适用于复叠制冷机组的(　　)。

A. 高温级　B. 高温级和低温级　C. 低压级　D. 低温级

159. 临界温度较低的制冷剂，在常温下不能液化，一般用于(　　)。

A. 双级制冷系统　B. 单级制冷系统

C. 复叠制冷的高温级　D. 复叠制冷的低温级

160. R134a 在常压下的沸腾温度是(　　)。

A. −29.8℃　B. −26.5℃　C. −33.4℃　D. −28℃

161. 氯化钠盐水作载冷剂的适用温度是大于或等于(　　)。

A. 0℃　B. −16℃　C. −21.2℃　D. −50℃

162. 制冷压缩机利用(　　)作为控制卸载机构的动力。

A. 制冷剂液体　B. 制冷剂气体　C. 冷冻机油压力　D. 外来其他溶剂

163. 利用转子旋转引起气缸内容积变化的机型是(　　)制冷压缩机。

A. 曲柄连杆式　B. 斜盘式　C. 电磁振荡式　D. 滑片式

164. 角度式制冷压缩机的气缸轴线间，在垂直于曲轴轴线的平面内成45°夹角，其排列形式是(   )。

A. V形　B. W形　C. Y形　D. S形

165. 制冷压缩机的四个实际过程先后顺序是(   )。

A. 压缩、排气、膨胀、吸气　B. 压缩、膨胀、吸气、排气

C. 压缩、吸气、排气、膨胀　D. 膨胀、压缩、排气、吸气

166. 制冷压缩机的气阀有多种形式，簧片阀主要适用于(   )。

A. 转速较低的制冷压缩机　B. 大型开启式制冷压缩机

C. 半封闭式制冷压缩机　D. 小型、高速、全封闭式制冷压缩机

167. 滚动转子式全封闭制冷压缩机壳为(   )。

A. 高压腔　B. 低压腔　C. 中压腔　D. 常压腔

168. 适用于缺水地区的冷凝器类型是(   )冷凝器。

A. 蒸发式　B. 水冷式　C. 自然空冷式　D. 强迫空冷式

169. 强迫风冷式冷凝器的迎面风速为(   )。

A. 1~2m/s　B. 2.5~3.5m/s　C. 4~6m/s　D. 0.5~0.7m/s

170. 冷却液体的蒸发器，在中央空调中，选用(   )载冷剂。

A. 水　B. 盐水　C. 乙醇　D. 甲醇

171. 储液器内的制冷剂液体最多不得超过容器容积的(   )。

A. 50%　B. 100%　C. 80%　D. 30%

172. 制冷系统中干燥过滤器应安装在(   )上。

A. 冷凝器进气管道　B. 冷凝器出液管道

C. 节流阀出液管道　D. 蒸发器进液管道

173. 在制冷系统中，当蒸发管路较长存在阻力损失时，应选用(   )作节流机构。

A. 毛细管　B. 内平衡式膨胀阀

C. 外平衡式膨胀阀　D. 电子膨胀阀

174. 热力膨胀阀的能量应大于制冷压缩机产生的冷量(   )。

A. 120%　B. 180%　C. 200%　D. 300%

175. 储存制冷剂的钢瓶(   )使用。

A. 相互不能调换　B. 氟利昂制冷剂可以调换

C. R12和R22可以互换　D. R22和R502可以互换

176. 乙炔气体在高温或(   )。

A. 1.0个大气压下，有自燃爆炸的危险

B. 1.5个大气压下，有自燃爆炸的危险

C. 2.0个大气压下，有自燃爆炸的危险

D. 2.5个大气压下，有自燃爆炸的危险

177. 在焊接手段中，(   )焊接更具有毒性。

A. 氩弧焊　B. 硬钎焊　C. 电焊　D. 定位焊

178. 对铜管进行扩口时，(   )。

A. 使用喇叭形口扩口器可不必在扩口端退火

B. 使用圆柱形口扩口器可不必在扩口端退火
C. 无论使用何种扩口器均不必在扩口端退火
D. 无论使用何种扩口器均必须在扩口端退火

179. 计量器具优先使用(　　)单位。
A. 工程制　B. 法定计量　C. 市制　D. 英制

180. 叠加原理适用于电路(　　)。
A. 直流电路　B. 非线性电路　C. 线性电路　D. 交流电路

181. 下列叙述正确的是(　　)。
A. 当改变电源频率时，异步电动机转速与电源频率成反比
B. 当改变电源频率时，异步电动机转速与电源频率成对数变化
C. 当改变电源频率时，异步电动机转速与电源频率无关
D. 当改变电源频率时，异步电动机转速与电源频率成正比

182. 具有三个输入端的与非门，其逻辑表达式为(　　)。
A. $P=\overline{A+B+C}$　B. $P=\overline{ABC}$
C. $P=ABC$　D. $P=A+B+C$

183. 具有三个输入端的或非门，其逻辑表达式为(　　)。
A. $P=\overline{ABC}$　B. $P=A+B+C$
C. $P=\overline{A+B+C}$　D. $P=ABC$

184. $\lg p$—h(压焓)图中，等干度线存在于(　　)。
A. 过冷区、过热区　B. 湿蒸气区
C. 过热区　D. 湿蒸气区、过热区

185. 在$\lg p$—h(压焓)图中，制冷剂在制冷压缩机吸气口处的状态由(　　)确定。
A. 蒸发压力和蒸发温度　B. 蒸发压力和吸气温度
C. 蒸发温度和熵　D. 焓和质量体积

186. 在制冷系统中采用过冷循环，可提高(　　)。
A. 单位功耗　B. 单位质量制冷量
C. 单位冷凝热负荷　D. 单位容积制冷量

187. 制冷系统采用回热循环的过热是(　　)。
A. 自然过热　B. 有害过热　C. 有益过热　D. 强迫过热

188. 实际制冷循环的压缩过程是(　　)。
A. 绝热过程　B. 等熵过程　C. 可逆过程　D. 多变过程

189. 热泵循环中的制热过程是(　　)。
A. 电热器加热　B. 热水共热
C. 制冷剂汽化　D. 制冷剂的冷却冷凝

190. 当冷凝温度一定时，(　　)越高，单位质量制冷量越大。
A. 蒸发温度　B. 吸气温度　C. 排气温度　D. 过热温度

191. 单位冷凝热负荷，在无过冷、无过热的前提下等于(　　)。
A. 单位质量制冷量与单位容积制冷量之和

B. 单位质量制冷量与单位容积制冷量之差

C. 单位质量制冷量与单位功耗之差

D. 单位质量制冷量与单位功耗之和

192. 制冷循环热力计算中，压缩功计算是(　　)。

A. 压缩过程的焓差　　B. 熔化过程的焓差

C. 冷凝过程的焓差　　D. 蒸发过程的焓差

193. 空气进入复叠式制冷系统的原因是(　　)。

A. 高压过高　　B. 高压过低　　C. 低压过高　　D. 低压过低

194. 制冷剂的(　　)越高，在常温下能够液化。

A. 排气温度　　B. 吸气温度　　C. 饱和温度　　D. 临界温度

195. 选用制冷剂时，应考虑对(　　)无腐蚀和浸蚀作用。

A. 金属　　B. 非金属　　C. 木材　　D. 非铁金属

196. R22 与 R115 按比例混合后的制冷剂代号是(　　)。

A. R500　　B. R501　　C. R502　　D. R503

197. 在氨制冷系统中，不存在(　　)问题。

A. 冰堵　　B. 油堵　　C. 脏堵　　D. 蜡堵

198. R502 单位质量制冷量比 R22 (　　)。

A. 要大　　B. 要小　　C. 不定　　D. 相等

199. 现在有一个运转正常的制冷系统，环境温度为 25℃，测定其平衡压力为 0.5MPa 绝对压力，系统里的制冷剂是(　　)。

A. R22　　B. R12　　C. R11　　D. R717

200. 制冷压缩机灌注冷冻机油的型号与(　　)有关。

A. 冷凝压力　　B. 蒸发温度　　C. 环境温度　　D. 制冷剂

201. 同一台制冷压缩机在不同的工况下工作，其理论输气量(　　)。

A. 不定　　B. 变大　　C. 变小　　D. 不变

202. 制冷压缩机的润滑和冷却，使用月牙形内啮合齿轮液压泵的特点是(　　)。

A. 只能顺时针旋转定向供油

B. 只能逆时针旋转定向供油

C. 不论顺转、反转都能按原定流向供油

D. 与外啮合轮液压泵相同

203. 在一个活塞组件上有(　　)。

A. 一个油环　　B. 两个油环　　C. 一个油环　　D. 两个油环

204. 氟利昂制冷装置上自动油分离器回油管在正常工作时，表面温度(　　)。

A. 一直发冷　　B. 一直发热　　C. 一直恒温　　D. 时冷时热

205. 外平衡式热力膨胀阀适用于(　　)制冷系统。

A. 冷凝器压力损失较大　　B. 蒸发器压力损失较小

C. 冷凝器压力损失较小　　D. 蒸发器压力损失较小

206. 电子式温控器的感温元件是(　　)。

A. 感温包　　B. 热敏电阻　　C. 热电偶　　D. 双金属片

207. R22 压力继电器的高压压力值调整的数值是(　　)。

A. 1. 8MPa　B. 1. 2MPa　C. 1. 0MPa　D. 0. 8MPa

208. (　　)制冷剂在相同的工况下，排气温度最高。

A. R12　B. R22　C. R717　D. R512

209. R12 制冷系统内有空气，将会使系统(　　)。

A. 冷凝压力降低　B. 蒸发压力降低

C. 冷凝压力升高　D. 排气温度降低

210. 开启活塞式制冷压缩机，其轴封的密封是在(　　)协助下建立起来的。

A. 制冷剂　B. 空气层　C. 水　D. 冷冻机油

211. 蒸发器表面结霜过厚，会导致低压(　　)。

A. 压力升高　B. 压力降低

C. 压力不变　D. 压力先低后高

212. 制冷系统压力试验所使用的气源是(　　)。

A. 干燥氮气　B. 氧气　C. 空气　D. 氢气

213. 制冷系统内制冷剂充注过多，在运行时吸气管及制冷压缩机会出现(　　)现象。

A. 结霜　B. 结露　C. 过热　D. 恒温

214. 调试制冷系统就是调整(　　)的工作温度。

A. 蒸发器　B. 冷凝器　C. 制冷压缩机　D. 毛细管

215. 分体式空调器室外机组的代号是(　　)。

A. D　B. G　C. W　D. K

216. 电压式起动器的起动线圈与电动机起动绕组并联　当制冷压缩机电动机转速达(　　)时，继电器线圈电磁力作用断开常闭触点。

A. 0~20%　B. 20%~30%　C. 50%~70%　D. 70%~80%

217. 三相异步电动机的正、反转控制电路的接触器(　　)。

A. 不必设置互锁回路　B. 必须设置互锁回路

C. 大于 1kW 的电动机必须设置互锁回路

D. 大于 10kW 的电动机可设置互锁回路

218. 在恒温恒湿空调器中，基本的控制功能有(　　)。

A. 风量、制冷、制热、加湿、过滤和压力保护功能

B. 风速、制冷、加热、加湿、过滤和电动机保护功能

C. 风速、制冷、加热、加湿、除湿和安全保护功能

D. 风量、制冷、制热、加湿、除湿和压差保护功能

219. 分子筛的活化温度不超过(　　)。

A. 200℃　B. 450℃　C. 600℃　D. 800℃

220. 在溴化锂制冷系统中，整个系统处在(　　)下运行。

A. 真空状态　B. 高压状态　C. 正压状态　D. 大气压力

二、判断题

1. (　　)螺杆压缩机能量调节机构还能实现卸载起动。

2. (　　)中央空调的能量调节中，吸气阀调节、冷却水量调节法效果较差。

3. (　　)冷却水塔应放在冷却水系统的最高处并高出 1.5m。

4. (　　)膨胀水箱能放出气体和稳定系统压力。

5. (　　)利用戴维南定理对电路进行变换，等效变换后的电源使被求支路的输出电压、电流发生了变化。

6. (　　)非门电路就是反相器。

7. (　　)光耦合器由发光二极管与光敏通断器耦合封装。

8. (　　)沿程损失是发生在流体运动的一段路程上，其数值大小与流动的路程成比例。

9. (　　)制冷压缩机所消耗的单位理论功与循环的单位理论功相等。

10. (　　)制冷剂的等熵指数越大，压缩时压缩机的功耗越小。

11. (　　)变频空调使用脉冲电动机节流阀。

12. (　　)通常要求载冷剂的热容量要小，以储存更多的能量。

13. (　　)制冷压缩机的输气系数永远是小于 1 的数值。

14. (　　)逆流式结构活塞行程比顺流式结构活塞行程大。

15. (　　)制冷压缩机铭牌上所标明的制冷量是指在某工况下的制冷量。

16. (　　)沉浸式蒸发器是强迫空气为载冷剂实现冷量的传递。

17. (　　)墙排管式蒸发器的传热温差一般控制在 7~10℃。

18. (　　)电磁阀通常安装在蒸发器与制冷压缩机之间的吸气管道上。

19. (　　)热力膨胀阀的感温包里充注的是制冷剂蒸气。

20. (　　)减压起动的目的是减小起动电流，但同时使电动机起动转矩减小。

21. (　　)光耦合器电气隔离性差不能承受高压。

22. (　　)在 lgp—h(压焓)图中，等温线在过冷区与等压线重叠。

23. (　　)在 lgp—h(压焓)图中，制冷剂的蒸发过程是等压冷却吸热过程。

24. (　　)流体以层流流态换热强度要强于湍流流态强度。

25. (　　) R134a 制冷剂在常压下的沸腾温度是−26.5℃。

26. (　　) R22 制冷系统的活塞式制冷压缩机选用 25#冷冻机油。

27. (　　)变频空调的变频方式有直流变频与交流变频。

28. (　　)在制冷系统中，蒸发器内绝大部分是湿蒸气区。

29. (　　)抽真空的目的，是从系统排除湿空气和不凝性气体。

30. (　　)中央空调的冷冻水系统，是一个闭式水系统。

31. (　　)电容起动运转与电阻分相起动运行方式的基本区别是：电阻分相起动方式在运行时有较大的转矩和较高的功率因数。

32. (　　)笼型三相异步电动机控制正、反转的方法是将接电源的三根导线的任意两根交换连接即可。

33. (　　)直流变频空调变频电动机转子用多极永磁结构。

34. (　　)小型氟利昂冷藏库电控系统中交流接触器的衔铁吸不上的主要原因是：机械可动部分卡死和电压不足。

35. (　　)风冷式冷藏柜的冷凝器应单独设置温度控制器，控制冷却风机起停，以保证冷凝压力维持在一定的水平，避免出现因压力过低而影响制冷剂流量不足的问题。

36. (　　)由低压公用电网供电的电气装置，应采用保护接零或保护接地的安全措施。

37. (　　)螺杆压缩机的滑阀不能改变转子的有效工作长度。

38. (　　)选用温度测量仪表，正常使用的温度范围一般为量程的 20%~90%。

39. (　　)检修报告的主要内容有基本情况、故障分析、维修方案、技术条件、维修效果和维修费用。

40. (　　)抽真空是借助于真空泵，从系统低压部分抽除湿空气和不凝性气体的过程。

41. (　　)一次回风式空调系统所采集的新风必须进行净化处理。

42. (　　)电动机控制系统中，热继电器有自动和手动两种复位形式，一般均整定为自动复位形式。

43. (　　)交流变频技术将交流 220V 单相电变换成单相交流变频电。

44. (　　)控制信号经电流放大后，控制继电器断开。

45. (　　)空调电脑控制电路板的直流电源，输出 12V 的继电器驱动电压和 5V 的控制电路电压。

46. (　　)电子膨胀阀在热泵循环时不改变循环也可实现除霜。

47. (　　)变频空调器起动快、节能、调节范围大、适用性强。

48. (　　)纯电感线圈在交流电路中消耗有功功率。

49. (　　)沿程损失的规律与流体运动状态密切相关。

50. (　　)热泵循环就是将电能转化为热能过程。

51. (　　)在一定的蒸发温度下，冷凝温度越低，单位质量制冷量越大。

52. (　　)R12 空调工况与 R22 空调工况相等。

53. (　　)冷凝器是借助于冷却介质来实现制冷剂放热过程。

54. (　　)干式蒸发器的缺点就是无法解决回油问题。

55. (　　)节流机构的功能是降压，但无法控制制冷剂的流量。

56. (　　)冷凝器冷却水的水压应在 0.12MPa 以上，水温不能太高。

57. (　　)抽真空是借助于真空泵，只能从系统高压部分抽除湿空气和不凝性气体的过程。

58. (　　)频敏变阻器起动是笼型三相异步电动机的减压起动方法之一。

59. (　　)直接作用式蒸发压力调节阀不属于电控阀门，它在需要蒸发压力恒定和在单制冷压缩机带多种蒸发温度蒸发器的场合应用。

60. (　　)小型氟利昂冷藏库电控系统中电磁阀通电不动作的主要原因是：线圈损坏、机械可动部分卡死和电压不足。

61. (　　)修理制冷和空调设备时，为了保护螺栓，应使用固定扳手拧螺栓。

62. (　　) COOL 的意思是制冷。

63. (　　)纯电感线圈中流过的正弦交流电流要比其两端电压滞后 $\pi/2$。

64. (　　)稳定流动是流体所占空间每一点的流速都不随时间而变化。

65. (　　)流体重度与流体重量成反比。

66. (　　)在制冷循环中，制冷剂在蒸发器内吸收的热量与在冷凝器中放出的热量不相等。

67. (　　)采用回热循环对氨制冷系统有好处。

68.（　）实际制冷循环的压缩过程不是绝热过程，而是一个多变过程。

69.（　）在一定的冷凝温度下，蒸发温度越低，单位质量制冷量越大。

70.（　）在制冷压缩机中使用的冷冻机油与通用机油可以互换使用。

71.（　）回转式压缩机的加工精度比往复活塞式压缩机的加工精度高。

72.（　）翅片管式蒸发器的除霜，可采用回热除霜。

73.（　）一般情况下，油分离器安装在冷凝器与过滤器之间的输液管道上。

74.（　）压力控制器是一种受压力信号控制的电气开关。

75.（　）冷凝器使用久了，系统的冷凝压力比正常运行时偏高。

76.（　）全封闭压缩机的干燥温度不超过200℃。

77.（　）焓湿图建立在直角坐标系统上，纵坐标表示焓，横坐标表示含湿量，它们之间夹角为90°。

78.（　）一次回风式空调系统中，二次加热器的热源是取自于锅炉热蒸气。

79.（　）中央空调的冷却水系统进、出水温差一般取7~10℃。

80.（　）小型氟利昂冷藏库用吊顶冷风机，装有风机即可正常运行。

81.（　）冷却空气的蒸发器，是制冷剂在管内直接蒸发来冷却空气。

82.（　）贮液器安装在制冷压缩机出口与冷凝器进口之间的排气管道上。

83.（　）自耦变压器减压起动方式是房间柜式空调用制冷压缩机单相电动机的基本起动方式。

84.（　）动圈式温度指示调节仪表直接控制交流接触器通断的控制方式是比例——微分——积分制。

85.（　）整定位式动圈式温度指示调节仪表，要考虑设定值和动差范围值。

86.（　）第一组制冷剂不易燃且无毒，但使用时需考虑中毒和窒息危险而限制直接系统的充注。

87.（　）毛细管的切断也可以用割刀器来完成。

88.（　）在故障分析过程中，应最大限度地说明排除故障隐患的方法。

89.（　）在制冷压缩机使用的冷冻机油之间可以互换使用。

90.（　）回转式压缩机的加工精度比螺杆压缩机的加工精度低。

91.（　）压缩机的输气系数永远是小于1的数值。

92.（　）在三个密封容器中，分别装有R717、R22、R12的液体，借助压力表和这种制冷剂的 $\lg p$—h（压焓）图，就可以区别出三种制冷剂。

93.（　）开启式制冷压缩机与全封闭制冷压缩机的电动机无区别。

94.（　）膨胀阀与毛细管在控制制冷剂流量时，都能够根据需求自动调节。

95.（　）制冷剂泄漏后，在制冷系统管路泄漏处表面应留有油迹。

96.（　）输气系数是压缩机的实际输气量与理论输气量的比值。

97.（　）干燥过滤器安装在冷凝器出口的供液管道上。

98.（　）蒸发压力式温控器主要以末端热敏元件的变化来控制压缩机的开停。

99.（　）当箱内温度开、停比例不合适时，可以通过温控器的温度调整螺钉实现正常比例。

100.（　）制冷剂在充注前必须经过干燥脱水处理后方可使用。

101.（　）在焓湿图上，已知空气状态参数中的任意一个，即可确定空气的其他未知状态参数。

102.（　　）三相电路中，不论负载接成星形或三角形，也不论负载对称否，都广泛采用二瓦特表法测量三相功率。

103.（　　）当单管放大器接通电源但无交流信号输入时，电路的状态称为静态，它由晶体管各极的电流、电压决定。

104.（　　）传热系数中包括了热导率，表面传热系数及壁厚等参数的相互关系。

105.（　　）粘性较大的流体，且运动速度较高时，就会发生层流。

106.（　　）实际制冷循环的冷凝过程都是在无温度差的情况下进行。

107.（　　）冷凝温度越高，蒸发温度越低，制冷系数越大。

108.（　　）在溴化锂吸收式制冷系统中，溴化锂是制冷剂，水是吸收剂。

109.（　　）制冷压缩机的标准工况与电冰箱工况相同。

110.（　　）转速提高所带来的不利影响首先表现在气阀的工作寿命上。

参 考 答 案

一、选择题

1. C　2. D　3. B　4. A　5. D　6. C　7. B　8. B　9. C　10. C
11. D　12. B　13. C　14. D　15. D　16. B　17. C　18. B　19. B　20. C
21. C　22. B　23. D　24. A　25. C　26. C　27. B　28. B　29. B　30. C
31. C　32. B　33. B　34. B　35. B　36. D　37. C　38. C　39. D　40. C
41. D　42. B　43. C　44. A　45. B　46. B　47. A　48. A　49. C　50. B
51. A　52. C　53. C　54. C　55. B　56. D　57. D　58. A　59. D　60. A
61. C　62. C　63. C　64. C　65. D　66. A　67. A　68. D　69. A　70. A
71. C　72. D　73. B　74. B　75. C　76. A　77. A　78. D　79. B　80. A
81. A　82. B　83. B　84. B　85. C　86. D　87. A　88. B　89. A　90. A
91. D　92. C　93. A　94. D　95. C　96. A　97. D　98. A　99. D　100. A
101. C　102. D　103. C　104. B　105. C　106. A　107. B　108. C　109. C　110. B
111. C　112. A　113. A　114. D　115. C　116. C　117. C　118. C　119. B　120. A
121. D　122. A　123. B　124. A　125. C　126. D　127. C　128. A　129. C　130. A
131. C　132. C　133. C　134. C　135. B　136. C　137. D　138. A　139. B　140. D
141. A　142. D　143. D　144. C　145. D　146. B　147. B　148. C　149. B　150. A
151. D　152. C　153. A　154. A　155. C　156. C　157. B　158. D　159. D　160. B
161. B　162. C　163. D　164. D　165. A　166. D　167. A　168. A　169. B　170. A
171. C　172. B　173. C　174. A　175. A　176. C　177. A　178. D　179. B　180. C
181. D　182. B　183. C　184. D　185. B　186. B　187. C　188. D　189. D　190. A
191. D　192. A　193. D　194. D　195. A　196. C　197. A　198. A　199. B　200. D
201. D　202. C　203. C　204. D　205. B　206. B　207. A　208. C　209. C　210. D
211. B　212. A　213. A　214. A　215. C　216. D　217. B　218. C　219. B　220. A

二、判断题

1. √ 2. √ 3. × 4. √ 5. × 6. √ 7. √ 8. √ 9. √
10. × 11. √ 12. × 13. √ 14. × 15. √ 16. × 17. × 18. ×
19. × 20. √ 21. × 22. × 23. × 24. × 25. √ 26. √ 27. √
28. √ 29. √ 30. √ 31. × 32. √ 33. √ 34. √ 35. × 36. ×
37. × 38. √ 39. √ 40. × 41. √ 42. × 43. × 44. × 45. √
46. √ 47. √ 48. × 49. √ 50. × 51. √ 52. √ 53. √ 54. ×
55. × 56. √ 57. × 58. × 59. √ 60. × 61. √ 62. × 63. √
64. √ 65. × 66. √ 67. × 68. √ 69. × 70. × 71. √ 72. √
73. × 74. √ 75. √ 76. × 77. × 78. × 79. × 80. × 81. √
82. × 83. × 84. × 85. √ 86. √ 87. × 88. √ 89. × 90. √
91. √ 92. √ 93. × 94. × 95. √ 96. √ 97. √ 98. × 99. ×
100. √ 101. × 102. √ 103. √ 104. √ 105. × 106. × 107. × 108. ×
109. × 110. √

附录B 制冷设备维修工(中级)知识模拟试卷01

班级: 姓名: 学号: 成绩:

一、选择题(第1~60题。选择正确的答案,将相应的字母填入题内的括号中。每题1.0分,满分60分)

1. 纯电阻正弦交流电路中，电阻所消耗的平均功率 $P=$(　　)。

A. uI　　B. UI　　C. Ui　　D. ui

2. 当实际电流源的内阻 R_S 与负载电阻 R_L 的关系为(　　)时，可作为理想电流源处理。

A. $R_S=R_L$　　B. $R_S<R_L$

C. $R_S\gg R_L$　　D. $R_S\ll R_L$

3. 基尔霍夫电压定律的数学表达式是(　　)。

A. $\sum U=0$　　B. $\sum E=0$　　C. $\sum E=\sum U$　　D. $\sum I=0$

4. 叠加原理只求解电路中的(　　)。

A. 电流、功率　　B. 电压、功率　　C. 电流、电压　　D. 功率

5. 应用基尔霍夫定律列方程组，回路中的电压或电动势的正负号按(　　)。

A. 逆回路方向为正确定

B. 顺回路方向为正确定

C. 电压逆回路方向为正，电动势顺回路方向为正确定

D. 电压顺回路方向为正，电动势逆回路方向为正确定

6. 由直流负载线和基极电流 I_b 可以确定晶体管的(　　)。

A. 静态工作点　　B. 电压放大倍数

C. 电流放大倍数　　D. 输出阻抗

7. 提高制冷循环的制冷量，应采用(　　)。

A. 过冷循环　　B. 回热循环　　C. 过热循环　　D. 热泵循环

8. 在交流纯电感电路中，电感两端电压超前于流过电感的电流(　　)。

A. $\pi/2$　　B. $-\pi/2$　　C. π　　D. $-\pi$

9. 三相异步电动机的旋转磁场转速与电源频率成正比，与磁极对数成(　　)。

A. 无关　　B. 反比　　C. 正比　　D. 相加关系

10. 下列叙述中正确的是(　　)。

A. 振荡器起振后，受晶体管非线性的限制使输出达到稳定

B. 振荡器起振后，受选频网络的限制使输出达到稳定

C. 振荡器起振后，受反馈网络的限制使输出达到稳定

D. 振荡器起振后，受电源电压的限制使输出达到稳定

11. 变频调速时应保持(　　)的恒定。

A. U/I　　B. U/f　　C. I/f　　D. I/C

12. 若单级压缩式制冷循环的压缩比超过 8~10 可选用(　　)制冷循环。

A. 双级压缩式　　B. 蒸汽喷射式　　C. 吸收式　　D. 复叠压缩式

13. 一台两对磁极的三相笼型异步电动机同步转速为 1500r/min，当改为一对磁极时，其同步转速为(　　)r/min。

A. 2800　　B. 750　　C. 1000　　D. 3000

14. 空调直流变频电动机在(　　)时转速快。

A. 频率高　　B. 电压高　　C. 负荷小　　D. 温度高

15. 在 $\lg p—h$ 图中，制冷循环的蒸发过程是(　　)液体的汽化过程。

A. 高温低压　　B. 高温高压　　C. 低温高压　　D. 低温低压

16. 风冷式冷凝器表面换热空气的流态是(　　)。

A. 紊流　　B. 层流　　C. 缓流　　D. 快流

17. R134a 常压下的饱和温度是(　　)。

A. −29.8℃　　B. −33.4℃　　C. −29℃　　D. −26.5℃

18. 离心式压缩机扩压器使压缩气体(　　)。

A. 速度减小、压力提高　　B. 速度减小、压力降低

C. 速度提高、压力提高　　D. 速度提高、压力降低

19. 单位功耗是随着制冷剂的(　　)而变化的。

A. 种类　　B. 沸点　　C. 溶油性　　D. 吸水性

20. 当流体经管道时，管道断面发生变化，引起的阻力是(　　)。

A. 局部阻力损失　　B. 沿程阻力损失

C. 摩擦阻力损失　　D. 涡旋阻力损失

21. 交流变频技术驱动(　　)电动机。

A. 单相交流　　B. 三相交流　　C. 直流　　D. 罩极

22. 容积系数的影响是指(　　)的影响。

A. 余隙容积　　B. 吸入空气被加热

C. 吸气阻力　　D. 泄漏

23. 选择双级压缩制冷循环的总压缩比等于(　　)。

A. 低压级和高压级压比之和　　B. 低压级和高压级压比之差

C. 低压级和高压级压比之积　　D. 低压级和高压级压比之商

24. 氯化钙盐水的共晶点温度是(　　)。

A. -55℃　　B. -21.2℃　　C. -16℃　　D. -50℃

25. 制冷剂的(　　)大，在压缩中排气温度就高。

A. 质量定压热容　　B. 质量定容热容　　C. 等熵指数　　D. 质量热容

26. 载冷剂的(　　)要大，以增加储存能量。

A. 密度　　B. 粘度　　C. 热容量　　D. 相对密度

27. 蒸发式冷凝器冷却水喷嘴前水压等于(　　)MPa(表压)。

A. 0.05~0.1　　B. 0.3~0.35　　C. 0.2~0.25　　D. 0.4~0.45

28. R134a是一种不破坏大气臭氧层的新型制冷剂，它的许多性能与(　　)相类似，是将来发展的方向。

A. R11　　B. R22　　C. R12　　D. R717

29. 标准工况是考核(　　)各项指标。

A. 制冷压缩机　　B. 冷凝器　　C. 蒸发器　　D. 节流机构

30. 制冷压缩机选用的冷冻机油粘度过小，将会产生(　　)的现象。

A. 制冷压缩机不运转　　B. 制冷压缩机运转轻快

C. 制冷压缩机运转时过热抱轴　　D. 制冷压缩机工作不受影响

31. 空调工况的过冷温度为+35℃，其过冷度是(　　)。

A. 10℃　　B. 8℃　　C. 0℃　　D. 5℃

32. 活塞制冷压缩机实现能量调节的方法是(　　)。

A. 顶开吸气阀片　　B. 顶开高压阀片

C. 停止液压泵运转　　D. 关小排气截止阀

33. 热力膨胀阀的感温包应安装在(　　)。

A. 蒸发器进口　　B. 蒸发器出口　　C. 冷凝器进口　　D. 冷凝器出口

34. 影响制冷压缩机输气系数的最主要因素就是(　　)。

A. 蒸发温度　　B. 冷凝温度　　C. 压缩比　　D. 环境温度

35. 贮液器的作用是(　　)。

A. 收集制冷剂　　B. 保证冷却面积

C. 平衡高压压力　　D. 确保冷凝面积收集制冷剂

36. 氟利昂制冷系统中具有自动回油功能的油分离器在正常工作时，回油管的表面(　　)。

A. 一直发冷　　B. 一直发热　　C. 一直恒温　　D. 时冷时热

37. 制冷压缩机气缸盖垫片中筋被击穿，则(　　)。

A. 高低压差很小　　B. 高低压差很大

C. 高压压力过高　　D. 低压压力过低

38. 卧式壳管式冷凝器的盘管内流动的是(　　)。

A. 制冷剂　　B. 盐水　　C. 冷却水　　D. 冷冻水

39. 制冷压缩机工作时，当排气压力因故障超过规定数值时，溢流阀被打开，高压气体将(　　)，避免事故的发生。

A. 流回吸气腔　B. 排向大自然　C. 流回贮液器　D. 排向蒸发器

40. 蒸发器内绝大部分是(　　)。

A. 过冷区　B. 过热区　C. 湿蒸气区　D. 干饱和区

41. 热力膨胀阀的能量应(　　)制冷压缩机产冷量。

A. 大于120%　B. 大于180%　C. 小于　D. 等于

42. 热敏电阻式温控器是利用热敏电阻(　　)。

A. 温度越高、阻值越大的特性　B. 温度越低、阻值越小的特性

C. 温度不变、阻值变大的特性　D. 温度越高、阻值越小的特性

43. 若中央空调的送风状态点和被调房间的空气状态点在(　　)，则能够达到对被调房间空气的温度和湿度的双重控制。

A. 等温度线上　B. 等焓线上　C. 等含湿量线上　D. 等热湿比线上

44. 蒸发温度的获得是通过调整(　　)来实现的。

A. 蒸发器　B. 冷凝器　C. 节流机构　D. 压缩机

45. 对于调试冷却液体的蒸发器，其蒸发温度应比被冷却液体的平均温度低(　　)。

A. 4~6℃　B. 5~10℃　C. 2~3℃　D. 10~15℃

46. 中央空调压缩机组冷冻机油压力比制冷剂高压(　　)。

A. 高　B. 相等　C. 低　D. 先低后高

47. 笼型异步电动机的起动方法有(　　)。

A. 直接起动和升压起动两种方法　B. 升压起动和减压起动两种方法

C. 直接起动和全压起动两种方法　D. 直接起动和减压起动两种方法

48. 水冷式冷凝器的结垢需采用(　　)方法清除。

A. 沸腾水冲刷　B. 喷灯加热　C. 盐酸溶解　D. 高压氮气冲刷

49. 笼型三相异步电动机的正、反转控制电路(　　)。

A. 可以设置互锁回路　B. 必须设置互锁回路

C. 减压起动时必须设置互锁回路　D. 全压起动时必须设置互锁回路

50. 当采用高压侧充注氟利昂制冷剂时，应(　　)。

A. 严格控制冷剂供液量　B. 严格控制制冷剂供气量

C. 在最短时间里充注液体制冷剂

D. 先注入一定的制冷剂气体后再注入制冷剂液体

51. 热泵空调器(不带电热辅助)在冬季使用时，应注意室外温度不低于(　　)。

A. -5℃　B. 0℃　C. -15℃　D. 5℃

52. 典型分体柜式空调器基本的电气保护装置有：(　　)。

A. 高、低压力保护；断路和过电流保护；超温保护

B. 高、低压力保护；短路和过电流保护；超温保护

C. 高、低压力保护；断路和过电流保护；低温保护

D. 高、低压差保护；短路和过电流保护；常温保护

53. 小型氟利昂冷藏库电控系统中交流接触器的衔铁不能释放的原因是(　　)。

A. 过载保护、机件卡死和触点烧熔等

B. 机件卡死、触点烧熔和衔铁上有油泥等

C. 低压保护、触点烧熔和衔铁上有油泥等

D. 线圈电压不符、触点烧熔和衔铁上有油泥等

54. 用于房间柜式空调的制冷压缩机的三相电动机的起动方式有(　　)。

A. 电容运转式、自耦变压器减压起动式和Y/△起动式

B. 直接起动式、自耦变压器减压起动式和电容起动运转式

C. 直接起动式、电容起动式和Y/△起动式

D. 直接起动式、自耦变压器减压起动式和Y/△起动式

55. 交流接触器的额定工作电压和电流是指其主触点的电压和电流，(　　)。

A. 它应等于被控电路的额定电压和额定电流

B. 它应等于或大于被控电路的额定电压和额定电流

C. 它应大于被控电路额定电压和额定电流的一倍以上

D. 它应大于被控电路额定电压和额定电流的两倍以上

56. 弯管时，要尽量考虑(　　)。

A. 选较大曲率半径弯管　　B. 选较小曲率半径弯管

C. 选壁厚管　　D. 选壁薄管

57. 隔热性能最好的材料是(　　)。

A. 玻璃棉　　B. 硬质聚氨酯　　C. 聚乙烯泡沫　　D. 聚乙烯板

58. 使用弯管器弯管时，铜管的弯曲半径不宜小于铜管(　　)。

A. 半径的一倍　　B. 半径的三倍　　C. 直径的一倍　　D. 直径的三倍

59. 中央空调压缩机组冷冻机油压力比制冷剂低压压力(　　)。

A. 高　　B. 相等　　C. 低　　D. 先低后高

60. 对于一次回风式空调系统的定露点恒温恒湿控制，夏季为冷却减湿过程，典型控制方法为(　　)。

A. 露点湿度控制系统，一次加热器控制系统和室温控制系统有机组合

B. 露点温度控制系统，一次加热器控制系统和湿度控制系统有机组合

C. 露点温度控制系统，二次加热器控制系统和室温控制系统有机组合

D. 露点温度控制系统，加湿器控制系统和室内湿度控制系统有机组合

二、判断题(第61~80题。将判断结果填入括号中。正确的填“√”,错误的填“×”。每题2.0分。满分40分)

(　　)61. 有两个输入端的与非门电路，其逻辑表达式为：$P=A+B$。

(　　)62. 纯电容不消耗有功功率，是一种储存能量的元件。

(　　)63. 有两个输入端的或非门电路，其逻辑表达式为：$P=AB$。

(　　)64. 纯电容电路中流过的正弦交流电流要比其两端电压滞后 $\pi/2$。

(　　)65. 电路中电压源可用电动势 E 与内阻 R_0并联来表示。

(　　)66. 采用回热循环，可使压缩机的吸气质量体积增大。

(　　)67. 数字电路中，要求晶体管工作在饱和区。

(　　)68. 变频空调器起动快、节能、调节范围大、适应性强。

(　　)69. 单位容积制冷量与制冷压缩机吸入制冷剂的温度无关。

(　　)70. 在一定的蒸发温度下，冷凝温度越低，单位质量制冷量越大。

(　　)71. 冷却空气的蒸发器，是制冷剂在管内直接蒸发来冷却空气。

(　　)72. 热泵循环就是将电能转化为热能过程。

(　　)73. 蒸气压力式温控器主要以末端热敏元件的变化来控制制冷压缩机的开停。

(　　)74. 对于活塞式制冷压缩机来说，转速提高所带来的不利影响首先表现在气阀的工作寿命上。

(　　)75. 强迫风冷式冷凝器的平均传热温差是10~15℃。

(　　)76. 使用自耦减压起动器起动一般接在65%抽头上，若发现起动困难，则延长起动时间，同时改接至85%的抽头上。

(　　)77. 中央空调的冷冻水系统，是一个闭式水系统。

(　　)78. 对于变露点恒温恒湿控制的空调系统，其控制特点是将温、湿度传感器均放在被调房间内，及时感知温、湿度变化，调节加热量和加湿量，以满足室内温、湿度控制精度的要求。

(　　)79. 壁挂式分体空调器的室内机处理空气的过程是等湿冷却过程。

(　　)80. 蒸发压力调节阀是一种电控自动阀门，在蒸发压力变化迅速的场合应用。

参考答案

一、选择题

1. B	2. C	3. C	4. C	5. B	6. A	7. A	8. A	9. B	10. A
11. B	12. A	13. D	14. B	15. D	16. A	17. D	18. A	19. A	20. A
21. B	22. A	23. C	24. A	25. C	26. C	27. A	28. C	29. A	30. C
31. D	32. A	33. B	34. C	35. D	36. D	37. A	38. C	39. A	40. C
41. A	42. D	43. D	44. C	45. A	46. C	47. D	48. C	49. B	50. A
51. D	52. B	53. B	54. D	55. B	56. A	57. D	58. D	59. A	60. C

二、判断题

61. ×	62. √	63. ×	64. √	65. ×	66. √	67. ×	68. √	69. ×	70. √
71. √	72. ×	73. ×	74. √	75. √	76. √	77. √	78. √	79. ×	80. ×

附录C　制冷设备维修工(中级)知识模拟试卷02

班级：　　　　姓名：　　　　学号：　　　　成绩：

一、选择题(第1~60题。选择正确的答案 将相应的字母填入题内的括号中。每题1.0分。满分60分)

1. 一个有源二端网络，可以根据(　　)等效为一个理想电压源与一个电阻串联。

A. 欧姆定律　B. 戴维南定理　C. 叠加原理　D. 基尔霍夫定律

2. 纯电容正弦交流电路中，电容两端电压与流过电容的电流(　　)。

A. 同频率，同相位　B. 同频率，相位相反

C. 同频率，电压超前电流 $\pi/2$　D. 同频率，电压滞后电流 $\pi/2$

3. 三相对称负载的星形联结，线电流=(　　)×相电流。

A. $2\sqrt{2}$　B. $\sqrt{3}$　C. $\frac{1}{\sqrt{3}}$　D. 1

4. 红外遥控接收器可以对信号进行(　　)。

A. 接受及控制处理　B. 接受与编码

C. 接受与驱动　D. 接受与发射

5. 分体空调的电脑控制电路中直流电源输出电压是(　　)。

A. 1.5V，3V　B. 3V，4.5V　C. 3V，6V　D. 5V，12V

6. 变频调速时(　　)应保持稳定。

A. 电压　B. 电流　C. 功率　D. 转矩

7. 运算放大器是(　　)多级放大器。

A. 阻容耦合　B. 互感耦合　C. 变压器耦合　D. 直接耦合

8. 实际制冷循环的节流过程是(　　)。

A. 等焓过程　B. 不可逆过程　C. 升压过程　D. 等干度过程

9. 电源电压等于+12V，晶体管若工作在饱和状态，其集电极与发射极之间的饱和压降为(　　)。

A. 6V　B. 12V　C. ≈0.3V　D. 12V

10. 单相交流电流通过定子单相绕组时产生(　　)。

A. 顺时针旋转的旋转磁场　B. 逆时针旋转的旋转磁场

C. 交变的脉动磁场　D. 不变的磁场

11. 螺杆压缩机停机后为便于起动使用了(　　)。

A. 加压起动器　B. 旁通电磁阀　C. PTC 起动器　D. 重锤起动器

12. 在 $\lg p$—h 图上，有许多状态参数，其中基本状态参数有三个，分别是(　　)。

A. 温度、压力、质量体积　B. 温度、压力、焓

C. 温度、质量体积、焓　D. 温度、压力、熵

13. 制冷剂的(　　)要小，以减少制冷剂在系统内的流动阻力。

A. 密度、相对密度　B. 重度、容重

C. 密度、粘度　D. 质量体积、相对密度

14. 采用回热循环的制冷系统是(　　)系统。

A. R717　B. R12　C. R22　D. R718

15. 导热性能最好的金属是(　　)。

A. 铝　B. 黄铜　C. 纯铜　D. 不锈钢

16. 制冷压缩机的理论排气量等于(　　)。

A. $\frac{\pi}{4}D^2sn$　B. $\frac{\pi}{4}D^2$　C. $\frac{\pi}{4}D^2snz$　D. $\frac{\pi}{4}D^2S$

17. 临界温度较低的制冷剂，在常温下不能液化，一般用于(　　)。

A. 双级制冷系统　B. 单级制冷系统

C. 复叠制冷的高温级　D. 复叠制冷的低温级

18. 一个电压源电动势为 E、内阻为 R_0，若等效变换成一个电流源其理想电流为 I_S、内阻为 R_S 时，E、R_0、I_S、R_S 之间的关系是(　　)。

A. $E=I_SR_S$，$R_0<R_S$　B. $E=I_SR_S$，$R_0>R_S$

C. $I_S=E/R_S$，$R_0\gg R_L$　D. $I_S=E/R_S$，$R_0=R_S$

19. 双向晶闸管导通时应在(　　)端输入高电平控制信号。

A. G　B. T_1　C. T_2　D. T_1 和 G

20. 空气冷却冷凝器表面的最好换热流态是(　　)。

A. 顺流　B. 逆流　C. 叉流　D. 紊流

21. 常需进行水质处理的是(　　)。

A. 冷媒水　B. 冷却水　C. 制冷剂　D. 喷淋水

22. 夏季中央空调机组起动时，顺序是(　　)。

A. 先开压缩机组后开风机　B. 先开风机后开压缩机组

C. 先开热阀加热器后开风机　D. 先开风机后开热阀加热器

23. 制冷压缩机使用月牙形内啮轮液压泵的特点是(　　)。

A. 与外啮合齿轮液压泵相同　B. 只能顺时针旋转定向供油

C. 只能逆时针旋转定向供油　D. 不论顺转，反转都能按原定流向供油

24. R12 制冷剂与冷冻机油(　　)。

A. 微溶　B. 不溶解　C. 高温下微溶　D. 互溶

25. 螺杆压缩机停机后为便于起动使用了(　　)。

A. 加压起动器　B. 旁通电磁阀　C. PTC 起动器　D. 重锤起动器

26. 活塞式制冷压缩机在实际工作过程中，由于存在四项损失，使实际排气量(　　)理论排气量。

A. 大于　B. 小于　C. 等于　D. 约等于

27. 适用于缺水地区的非风冷冷凝器类型是(　　)冷凝器。

A. 蒸发式　B. 水冷式　C. 自然空冷式　D. 强迫空冷式

28. 蒸发器内绝大部分是(　　)。

A. 过冷区　B. 湿蒸气　C. 过热区　D. 饱和液体区

29. R22 制冷压缩机，多选用的冷冻机油型号是(　　)。

A. $13^{\#}$　B. $18^{\#}$　C. $30^{\#}$　D. $25^{\#}$

30. 压缩机利用(　　)作为控制卸载机构的动力。

A. 制冷剂液体　B. 制冷剂气体　C. 冷冻机油压力　D. 外来其他溶剂

31. R11 的标准蒸发温度是(　　)。

A. 47℃　B. 23.7℃　C. 3℃　D. −25℃

32. (　　)没有余隙容积。

A. 斜盘式制冷压缩机　B. 滚动转子式制冷压缩机

C. 曲柄导管式制冷压缩机　D. 涡旋式制冷压缩机

33. 中央空调系统中的新风占送风量的百分数不应低于(　　)。
A. 15%　　B. 30%　　C. 20%　　D. 10%
34. 热力膨胀阀感温包内制冷剂泄漏，将使膨胀阀阀口开启度(　　)。
A. 增大　　B. 关小　　C. 不变　　D. 关闭
35. (　　)有喘振现象。
A. 斜盘式制冷压缩机　　B. 滚动转子式制冷压缩机
C. 曲柄导管式制冷压缩机　　D. 涡旋式制冷压缩机
36. 中央空调停机时，顺序应为(　　)。
A. 电源、风机、压缩机组　　B. 风机、压缩机组、电源
C. 压缩机组、风机、电源　　D. 压缩机组、电源、风机
37. 充制冷剂进行泄漏试验时，可以借助于(　　)检漏。
A. 卤素灯　　B. 浸水　　C. 肥皂水　　D. 观察法
38. 离心式压缩机由(　　)进行能量调节。
A. 风叶　　B. 蜗壳　　C. 扩压器　　D. 进口导流叶片
39. 水泵进水管应装(　　)。
A. 过滤网　　B. 膨胀阀　　C. 电磁阀　　D. 单向阀
40. 冷却液体的蒸发器，在中央空调中，选用(　　)作载冷剂。
A. 水　　B. 盐水　　C. 乙醇　　D. 甲醇
41. 当毛细管的直径与长度确定后，要严格地限制制冷系统(　　)进入量。
A. 空气　　B. 冷冻机油　　C. 水分　　D. 制冷剂
42. 在检修热力膨胀阀时，若没有将传动杆装上，将导致制冷系统(　　)。
A. 流量加大　　B. 流量不变　　C. 流量减小　　D. 流量为零
43. 中央空调的主风管，风速控制在(　　)为佳。
A. 2~3m/s　　B. 10~12m/s　　C. 12~15m/s　　D. 4~7m/s
44. 中央空调送风系统选用的通风机是(　　)风机。
A. 离心式　　B. 轴流式　　C. 落地式　　D. 变频式
45. 热敏电阻式温控器是利用热敏电阻(　　)的特性。
A. 温度升高，阻值变大　　B. 温度降低，阻值变小
C. 温度升高，阻值变小　　D. 温度升高，阻值不变
46. 水泵排水管应装(　　)。
A. 过滤网　　B. 膨胀阀　　C. 电磁阀　　D. 单向阀
47. 自耦减压起动器中的自耦变压器有(　　)。
A. 33%、66%和85%三个抽头　　B. 25%、50%和75%三个抽头
C. 65%和80%两个抽头　　D. 50%和80%两个抽头
48. 分体式变频空调器的节流装置选用的是(　　)。
A. 电子式膨胀阀　　B. 毛细管
C. 热力内平衡式膨胀阀　　D. 热力外平衡式膨胀阀
49. 在一次回风空调系统内要实现干式冷却过程，需用(　　)的水处理系统或表冷器来冷却空气。

A. 干球温度 B. 湿球温度 C. 露点温度 D. 0℃

50. 电动机的顺序起动控制是两台或多台电动机(   )。

A. 按规定的顺序起动、停车，它可以用联锁环节实现

B. 按规定的顺序起动、停车，它不能用联锁环节实现

C. 按任意的顺序起动、停车，它不能用联锁环节实现

D. 按随机次序起动、停车，它可以用联锁环节实现

51. 对于一次回风式空调系统的定露点恒温恒湿控制，夏季为冷却减湿过程，典型控制方法为：(   )。

A. 露点温度控制系统、一次加热器控制系统和湿度控制系统的有机组合

B. 露点湿度控制系统、一次加热器控制系统和室温控制系统的有机组合

C. 露点温度控制系统、加湿器控制系统和室内湿度控制系统的有机组合

D. 露点温度控制系统、二次加热器控制系统和室温控制系统的有机组合

52. 在电源中性点接地的低压系统中，应采用(   )。

A. 保护接零的方法防止触电

B. 保护接地的方法防止触电

C. 保护接零或保护接地的方法防止触电

D. 保护接零与保护接地的方法防止触电

53. 制冷剂的环境特性主要包括两个指标：(   )。

A. 一个是制冷剂对大气对流层损耗的潜能值，即GWP；另一个是制冷剂的温度效应的潜能值，即ODP

B. 一个是制冷剂对大气平流层损耗的显能值，即OVP；另一个是制冷剂的温室效应的显能值，即GVP

C. 一个是制冷剂对大气臭氧层损耗的潜能值，即OWP；另一个是制冷剂的温室效应的显能值，即GWP

D. 一个是制冷剂对大气臭氧层损耗的潜能值，即ODP；另一个是制冷剂的温室效应的潜能值，即GWP

54. 笼型三相异步电动机的正、反转控制电路(   )。

A. 不必设置互锁电路 B. 可以设置互锁回路

C. 必须设置互锁回路 D. 全压起动时，必须设置互锁回路

55. 选用温度测量仪表，正常使用的温度范围一般为量程的(   )。

A. 10%~90% B. 20%~90% C. 30%~90% D. 20%~80%

56. 冷凝器、蒸发器的英文是(   )。

A. REFRIGERATOR、HEATER B. CONDENCER、EVAPORATOR

C. EVAPORATOR、CONDENCER D. CAPILLARYTUBE、EXPANSION

57. 测量设备绝缘电阻的仪器是(   )。

A. 钳形电流表 B. 卤素检漏仪 C. 兆欧表 D. 万用表

58. 氧气瓶减压器与管道连接部位用(   )检漏。

A. 水 B. 观察法 C. 明火 D. 肥皂水

59. 修理表阀是观察(   )的仪表。

A. 温度　　B. 制冷剂量　　C. 压力　　D. 流量

60. 动圈式温度指示调节仪表直接控制交流接触器通断的控制方式是(　　)。

A. 二位或微分控制　　B. 比例或微分控制

C. 三位或微分控制　　D. 二位或三位控制

二、判断题(第 61~80 题。将判断结果填入括号中。正确的填"√",错误的填"×"。每题 2 分,满分 40 分)

(　　)61. 单位容积制冷量是指 1kg 制冷剂在蒸发器内吸收的热量。

(　　)62. 三相异步交流电动机，转子总是紧跟着旋转磁场并以小于旋转磁场转速的速度而旋转。

(　　)63. 在制冷系统中采用过冷循环，可降低单位质量制冷量。

(　　)64. 单相异步交流电动机，定子单相绕组电流产生一个旋转磁场。

(　　)65. 光耦合器电气隔离性差，不能承受高压。

(　　)66. 选择复叠式制冷循环的原因之一是蒸发压力低于大气压力，使空气渗入系统。

(　　)67. 造成沿程损失的原因，就是流体有粘性。

(　　)68. 在三个密封容器中，分别装有 R717，R22、R12 的液体，借助压力表和三种制冷剂的 $\lg p$—h 图，就可以区别出三种制冷剂。

(　　)69. 干燥剂硅胶和分子筛都是一次性使用的物质，使用后需更换新的。

(　　)70. 电子膨胀阀在热泵循环时不改变循环也可实现除霜。

(　　)71. 对于单片机电气控制电路，一般按照输入、输出、电源和控制四个部分来分析。

(　　)72. 膨胀阀与毛细管在控制制冷剂流量时，都能够根据需求自动调节。

(　　)73. 膨胀水箱能放出气体和稳定系统压力。

(　　)74. 吊顶式分体空调器能较好地消除不舒适的过热区。

(　　)75. 压力控制器是一种受压力信号控制的电气开关。

(　　)76. 分体式空调器设置"应急开关"(或"强制运转")的目的，是供专业维修人员在去除一切自动控制的条件下，检修制冷系统时使用。

(　　)77. 在空调器电气控制线路中，压敏电阻是一种在某一电压范围内，其导电性能随电压的增加而急剧增大的敏感元件，它的保护作用能重复进行。

(　　)78. 直径在 $\phi 4 \sim 12$mm 的纯铜管，不允许用钢锯锯断，必须使用割刀器切断。

(　　)79. 螺杆压缩机的滑阀不能改变转子的有效工作长度。

(　　)80. 直接作用式蒸发压力调节阀不属于电控阀门，它在需要蒸发压力恒定和在单压缩机带多种蒸发温度蒸发器的场合应用。

参考答案

一、选择题

1. B　2. D　3. D　4. A　5. D　6. D　7. D　8. B　9. C　10. C　11. B　12. A　13. C

14. B 15. C 16. C 17. D 18. D 19. A 20. B 21. B 22. B 23. D 24. D 25. B
26. B 27. A 28. B 29. D 30. C 31. B 32. D 33. D 34. D 35. D 36. B 37. A
38. D 39. A 40. A 41. D 42. D 43. D 44. A 45. C 46. D 47. C 48. A 49. C
50. A 51. D 52. A 53. D 54. C 55. C 56. B 57. C 58. D 59. C 60. D

二、判断题

61. × 62. √ 63. × 64. × 65. × 66. √ 67. × 68. √ 69. × 70. √
71. √ 72. × 73. √ 74. √ 75. √ 76. × 77. √ 78. √ 79. × 80. √

附录D 制冷设备维修工(中级)知识模拟试卷03

班级： 姓名： 学号： 成绩：

一、选择题(第1~60题。选择正确的答案，将相应的字母填入题内的括号中。每题1.0分。满分60分)

1. 三相非对称负载的星形联结中，中性线(　　)。

A. 可以省略　　B. 不可以省略

C. 有没有均可　　D. 一般情况可以省略

2. 下述是(　　)正确的。

A. 一个脉动磁场可分解为两个磁感应强度最大值不变而方向相反的磁场

B. 一个脉动磁场可看成是一个顺时针旋转的旋转磁场

C. 一个脉动磁场可分解为：两个以角速度ω，向相反方向旋转的旋转磁场，且每个旋转磁场的磁感应强度最大值等于脉动磁场磁感应强度最大值的一半

D. 一个脉动磁场可看成是一个逆时针旋转的旋转磁场

3. 三相异步电动机稳定转动的转差率S的范围是(　　)。

A. $0<S<1$　　B. $0<S<2$　　C. $1<S<3$　　D. $1<S<2$

4. 理想电压源与理想电流源(　　)进行等效变换。

A. 能够　　B. 不能够　　C. 不确定　　D. 一般情况下能够

5. 三相对称负载是(　　)。

A. 各相感抗不相等　　B. 各相阻抗相等、性质相同

C. 各相阻抗不相等　　D. 各相容抗不相等

6. 在$\lg p—h$(压焓)图上，有许多状态参数，其中基本状态参数有三个，分别是(　　)。

A. 温度、压力、质量体积　　B. 温度、压力、焓

C. 温度、质量体积、焓　　D. 温度、压力、熵

7. 变频式空调器用(　　)节流。

A. 毛细管　　B. 内平衡热力膨胀阀

C. 外平衡热力膨胀阀　　D. 电子膨胀阀

8. 在$\lg p—h$(压焓)图上，单位质量制冷量q_0是以(　　)来计算的。

A. 温度差　　B. 焓差　　C. 压差　　D. 干度差

9. 制冷压缩机实际制冷量的计算公式为(　　)。

A. $Q_0=V_h \cdot q_V$　　B. $Q_0=\lambda \cdot V_h \cdot q_V$

C. $Q_0=\lambda \cdot V_h \cdot q_0$　　D. $Q_0=C \cdot V_h \cdot q_V$

10. 振荡电路就是一个无输入信号而带有选频网络的正反馈放大器，当反馈信号与输入信号(　　)时，即使输入信号为零，放大器仍有稳定输出，这时电路就产生了自激振荡。

A. 同相　　B. 等幅　　C. 同相且等幅　　D. 反相且等幅

11. 实际制冷循环的冷凝过程是(　　)。

A. 等温等压过程　　B. 等温不等压过程

C. 等压不等温过程　　D. 不等压不等温过程

12. 隔热材料应具备的性能是(　　)。

A. 吸水性好　　B. 密度大　　C. 热导率要小　　D. 耐火度一般

13. 在制冷系统中，电磁换向阀的作用是(　　)。

A. 控制制冷剂的流量　　B. 控制油进入制冷压缩机

C. 防止液击　　D. 控制空气数量

14. 卧式壳管式冷凝器的缺点表现为冷却水(　　)。

A. 阻力大　　B. 温升较大　　C. 速度较高　　D. 循环量少

15. 减弱传热的基本方法是(　　)。

A. 加大传热面积　　B. 加大隔热材料两边的温度差

C. 加大隔热材料的厚度　　D. 减小隔热材料的厚度

16. 当冷凝温度一定时，蒸发温度越高，(　　)越小。

A. 单位质量制冷量　　B. 单位冷凝热负荷

C. 单位容积制冷量　　D. 单位功耗

17. 制冷剂流经节流机构出口时的状态是(　　)。

A. 高压高速　　B. 低压低速　　C. 高压低速　　D. 低压高速

18. 制冷压缩机在实际工作过程中，由于存在(　　)损失，使实际排气量小于理论排气量。

A. 一项　　B. 二项　　C. 三项　　D. 四项

19. 当冷凝温度一定时，蒸发温度越低，则(　　)越小。

A. 单位功耗　　B. 单位冷凝热负荷　　C. 制冷剂循环量　　D. 制冷量

20. 中央空调在利用天气进行节约运行时，春秋季时应(　　)。

A. 增大新风量减小回风量　　B. 减小新风量增大回风量

C. 增大新风量增大回风量　　D. 减小新风量减小回风量

21. R12 制冷压缩机，多选用的冷冻机油型号是(　　)。

A. 13#　　B. 18#　　C. 30#　　D. 25#

22. NH_3 在标准压力下的饱和温度是(　　)。

A. −29.8℃　　B. −26.5℃　　C. −40.5℃　　D. −33.4℃

23. 制冷压缩机的气阀有多种形式，簧片阀主要适用于(　　)。

A. 转速较低的制冷压缩机　　B. 大型开启式制冷压缩机

C. 半封闭式制冷压缩机　　D. 小型、高速、全封闭式制冷压缩机

24. 中央空调压缩机组冷冻机油压力比制冷剂高压压力(　　)。

A. 高　　B. 相等　　C. 低　　D. 先低后高

25. R502 在常压下的沸腾温度是(　　)。

A. −33.4℃　　B. −29.8℃　　C. −45.4℃　　D. −40.8℃

26. 中央空调在利用天气进行节约运行时，夏天或冬天应(　　)。

A. 增大新风量减小回风量　　B. 减小新风量增大回风量

C. 增大新风量增大回风量　　D. 减小新风量减小回风量

27. R600a 取代 R12 制冷剂的不利之处是(　　)。

A. 破坏臭氧层　　B. 有毒性　　C. 易燃烧　　D. 有温室效应

28. 冷藏库中墙排管式蒸发器的除霜方法是(　　)。

A. 自然除霜　　B. 电热除霜　　C. 回热除霜　　D. 钝器除霜

29. 一般情况下，通过可变工作容积来完成气体的压缩和输送过程的制冷压缩机是(　　)制冷压缩机。

A. 压力型　　B. 容积型　　C. 速度型　　D. 温度型

30. 卧式壳管式冷凝器冷却水的进出水温差一般控制在(　　)。

A. 1~2℃　　B. 2~5℃　　C. 7~10℃　　D. 4~6℃

31. 电子式温控器的感温元件是(　　)。

A. 感温包　　B. 热敏电阻　　C. 热电偶　　D. 双金属片

32. 卧式壳管式冷凝器冷却水的进出水温度差(　　)。

A. 一般控制在 1~2℃ 范围内　　B. 一般控制在 2~3℃ 范围内

C. 一般控制在 4~6℃ 范围内　　D. 一般控制在 7~10℃ 范围内

33. R22 压力继电器的高压压力值调整的数值是(　　)。

A. 0.8MPa　　B. 1.0MPa　　C. 1.2MPa　　D. 1.8MPa

34. (　　)机壳内为高压腔。

A. 曲柄连杆式全封闭制冷压缩机　　B. 曲柄导管式全封闭制冷压缩机

C. 滚动转子式全封闭制冷压缩机　　D. 电磁振荡式全封闭制冷压缩机

35. 水冷式冷凝器中的水是(　　)。

A. 制冷剂　　B. 吸收剂　　C. 载热剂　　D. 扩散剂

36. 墙排管式蒸发器的传热温差一般控制在(　　)。

A. 2~3℃　　B. 4~5℃　　C. 7~10℃　　D. 15~20℃

37. 油分离器回油管在正常工作时，表面温度是(　　)状态。

A. 一直发冷　　B. 一直发热　　C. 一直恒温　　D. 时冷时热

38. 旋转活塞式压缩机因无吸气阀，故吸气管道上需增设(　　)。

A. 手闸　　B. 电磁换向阀　　C. 贮液器　　D. 四通阀

39. 热力膨胀阀的选配应考虑(　　)。

A. 蒸发器吸热能力　　B. 制冷压缩机制冷能力

C. 冷凝器放热能力　　D. 管道的输液能力

40. 制冷系统与真空泵连接好后，应(　　)。

A. 先开真空泵，后打开系统阀　　B. 先打开系统阀，再开真空泵

C. 真空泵与系统阀同时打开　　D. 真空泵与系统阀没有先后顺序之分

41. 分体式空调的结构特点主要是(　　)。

A. 安装容易　　B. 室内机噪声高

C. 室外机便于排热　　D. 把室内和室外机组分离安装

42. 真空试验采用的方法是(　　)。

A. 单向抽空　　B. 双向抽空　　C. 双向二次抽空　　D. 单向二次抽空

43. 用于房间空调器压缩机的单相电动机的起动方式有(　　)。

A. 电阻分相式和电容起动式　　B. 电容起动式和电容运转式

C. 直接起动式和电容起动式　　D. 电容运转式和电容起动运转式

44. 电冰箱冷冻室开停温度差应控制在(　　)。

A. 4~6℃　　B. 1~2℃　　C. 2~3℃　　D. 10~12℃

45. 当制冷压缩机效率降低时，其(　　)。

A. 高压过高，低压过低　　B. 高压过低，低压过低

C. 高压过高，低压过高　　D. 高压过低，低压过高

46. 分体式变频空调器的节流装置选用的是(　　)。

A. 电子式膨胀阀　　B. 毛细管

C. 热力内平衡式膨胀阀　　D. 热力外平衡式膨胀阀

47. 中央空调送风系统选用的通风机是(　　)风机。

A. 轴流式　　B. 离心式　　C. 贯流式　　D. 变频式

48. 小型冷藏库用吊顶冷风机均装有(　　)。

A. 电磁换向阀和除霜加热器　　B. 风机和除霜加热器

C. 温度控制器和除霜加热器　　D. 风机和电磁换向阀

49. (　　)空调器能够提供补充新鲜空气的功能。

A. 窗式　　B. 吊顶式　　C. 落地式　　D. 壁挂式

50. 小型冷藏库使用的温度二位控制器，在调整时要整定(　　)。

A. 温度设定值和幅差范围两个参数

B. 温度保护值和幅差范围两个参数

C. 温度设定值和温度整定值两个参数

D. 温度检测值和温度设定值两个参数

51. 制冷设备的绝缘电阻应不低于(　　)。

A. 0.1MPa　　B. 0.2MPa　　C. 5MPa　　D. 2MPa

52. 割刀是用来切割(　　)。

A. 纯铜管　　B. 无缝钢管　　C. 镀锌管　　D. 热轧管

53. 动圈式温度指示调节仪表由(　　)。

A. 动圈测量机构、测量电路和执行电路三部分组成

B. 传感器、动圈测量机构和电子调节电路三部分组成

C. 动圈测量机构、机械测量机构和放大电路三部分组成

D. 动圈测量机构、测量电路和电子调节电路三部分组成

54. 氧气瓶不可以接触(　　)。

A. 油脂　B. 水　C. 氢气　D. 氮气

55. 对于笼型单相异步电动机的顺序起动控制必须是以(　　)。

A. 直接起动的方法按规定的顺序起动

B. 直接起动的方法按规定的顺序起停

C. 减压起动的方法按随机顺序起动

D. 两台或多台电动机按随机的次序停车

56. 中央空调离心式压缩机适用制冷剂是(　　)。

A. R717　B. R12　C. R11　D. R718

57. 检修报告的主要内容包括：(　　)。

A. 感官检查情况、仪器检查情况、故障分析、维修方案和维修费用

B. 感官检查情况、仪器检查情况、其他基本情况、故障分析和维修费用

C. 基本情况、故障分析、维修方案、工况条件、维修效果和未解的问题

D. 基本情况、故障分析、维修方案、技术条件、维修效果和维修费用

58. 真空泵对制冷系统抽空完毕，应(　　)。

A. 先关闭真空泵再关闭截止阀　B. 先关闭截止阀再关闭真空泵

C. 使真空泵和截止阀同时关闭　D. 使真空泵和截止阀随机关闭

59. 使用弯管器弯管时，铜管的弯曲半径不宜小于铜管(　　)。

A. 直径的一倍　B. 直径的三倍

C. 直径的五倍　D. 直径的任意倍

60. 可间接判断测量制冷系统内制冷剂过多的仪器是(　　)。

A. 钳形电流表　B. 兆欧表　C. 示波器　D. 数字万用表

二、判断题(第 61~80 题。将判断结果填入括号中。正确的填“√”,错误的填“×”。每题 2 分,满分 40 分)

(　　)61. 当采用过热循环的制冷系统时，单位功耗会降低。

(　　)62. 翅片管式蒸发器的除霜，可采用回热除霜。

(　　)63. 变频空调使用脉冲电动机节流阀。

(　　)64. 全封闭往复活塞式制冷压缩机和回转活塞式制冷压缩机的机壳内都属于低压。

(　　)65. 采用过热循环的制冷系统，制冷压缩机的排气温度会降低。

(　　)66. 变频空调的变频方式有直流变频与交流变频。

(　　)67. 热电偶温度计是利用电阻随温度而变化的原理制成的。

(　　)68. 直流变频空调的变频电动机转子用多极永磁结构。

(　　)69. 开启式制冷压缩机与全封闭制冷压缩机的电动机无区别。

(　　)70. R502 的溶水性比 R12 小，因此更易产生冰堵。

(　　)71. 交流变频技术将交流 220V 单相电变换成单相交流变频电。

(　　)72. 制冷剂泄漏后，在制冷系统管路泄漏处表面应留有油迹。

(　　)73. 冰堵产生后，通过对膨胀阀体加热，膨胀阀可立即导通工作。

(　　)74. 中央空调的能量调节中，吸气阀调节法、冷却水量调节法效果较差。

(　　)75. 在 $h—d$ 图上，可以确定空气的露点温度。

(　　)76. 修理表阀可以通过对系统内压力的测定，调整制冷系统的工作状况。

(　　)77. 风冷式冷藏柜与水冷式冷藏柜电气控制系统的，主要区别是，前者必须考虑自动除霜问题。

(　　)78. Y/△的方法是起动时将电动机的绕组星形联结，当转速增高到接近额定值时，再换成三角形联结。

(　　)79. 接管器主要用来制作各种管的喇叭口和杯形口。

(　　)80. Y/△的起动方法仅适合电动机正常运转时定子绕组采用星形联结的电动机。

参考答案

一、选择题

1. B　2. C　3. B　4. B　5. B　6. A　7. D　8. B　9. B　10. C
11. C　12. C　13. A　14. A　15. C　16. D　17. D　18. D　19. D　20. A
21. B　22. D　23. D　24. C　25. C　26. B　27. C　28. C　29. B　30. D
31. B　32. C　33. D　34. C　35. C　36. C　37. D　38. C　39. B　40. A
41. D　42. C　43. B　44. C　45. D　46. A　47. B　48. C　49. A　50. A
51. C　52. A　53. D　54. A　55. C　56. C　57. D　58. B　59. C　60. A

二、判断题

61. ×　62. √　63. √　64. ×　65. ×　66. √　67. ×　68. √　69. ×　70. ×
71. ×　72. √　73. √　74. √　75. √　76. √　77. ×　78. √　79. ×　80. ×

附录 E　制冷设备维修工(中级)技能综合辅导

一、空调器部分

1. 简述分体式空调器的安装工艺。

2. 简述空调器电气控制系统的故障与排除。

3. 简述热泵分体式空调器电气接线操作工艺。

4. 简述冷风型窗式空调制冷系统检漏、抽真空、充注制冷剂等操作工艺。

5. 简述空调通风系统的故障与排除方法。

6. 简述空调制冷系统的故障与排除方法。

7. 简述窗式空调器风机运转，原机组不运转的故障原因与排除方法。

8. 简述窗式空调器的安装工艺。

9. 根据电路图连接窗式空调器线路并试机。

参考答案：

1. 简述分体式空调器的安装工艺。

答：一般情况下，分体空调器室内、外机组连接管之间的距离以不大于5m为好，最长不超过10m，对于单冷空调5m以上每米补充制冷剂30g，而热泵空调则每米补充120g；室内、外机组高度差不应超过5m。

（1）选择室内机组的安装位置

1）避免阳光直射到机体上，不能靠近热源，尽量装在房屋中部区域，使冷、热风能送到室内各个区域；

2）室内机组的上方及左右两侧要留有一定空间，与墙的距离应在5cm以上，以利于安装和空气流通；

3）选择便于安装、操作维修，能使室内机组连接管路尽可能短且排水方便的地方；

4）选择坚固、不易受到振动，确保承受机组重量的地域。

（2）选择室外机组的安装位置

1）能承受机组的重量和振动力，不会产生很大振动和噪声的地方；

2）机组前、后、左、右留有一定空间，以利于排水、散热及便于安装维修。机组前离障碍物应大于70cm、上部大于10cm、左部大于10cm、右部大于50cm；后面离墙大于20cm。

3）尽可能选择背阴的地方（朝北或朝东）安装；

4）避开可燃性气体、腐蚀性气体、热源和蒸气源（如厨房）。

（3）室内机组的安装

1）分体壁挂式空调器室内机组的安装。

① 找准水平位置（或用水平仪）固定挂墙板。

② 打穿墙孔。墙孔由内向外稍微倾斜，同时，在穿墙孔处安装保护圈，并预备石膏粉或油灰封缝隙。

③ 室内机接管，并把排水管、铜管、信号线和电线一起包扎好。

④ 安装机体。先将包扎好的管路穿过墙孔（堵好铜管，避免穿墙时候进杂质），然后把室内机机体挂在挂墙板上的挂扣上，以知道听到“咔嗒”声为止。

2）分体柜式空调器室内机组的安装。

穿墙方法同壁挂式。一般直接落地安放就好，个别需要紧固的时候可以安装顶部防倒隔板夹子和底部防倒地板夹子。

（4）室外机组的安装

1）室外机组是空调器的主要运转部件，振动和噪声较大，故不论安装在混凝土物体上或是角钢支架上都一定要牢固，机体底座与支架连接处要加装橡胶减振垫。

2）安装处外倾斜角不应大于5°。

3）室外机组为避免日晒雨淋，可增设遮阳板。

（5）管道连接（不可单手用扳手旋紧螺母）

略。

（6）系统排空气与检漏

略。

（7）连线并试机

略。

2. 简述空调器电气控制系统的故障与排除。

答：一般故障分类如下。

（1）分体式空调器通电后不运转

1）电源电压过低，低于198V时，空调器不能起动，这时应加装稳压电源。

2）电源线断路，导致空调器无电不工作，这时应检修电源线。

3）选择开关接触不良，电源不能接通，导致空调器不工作，这时应修理或更换选择开关。

4）微处理器控制板有问题，这时应检查电源变压器，熔断器，整流电路和晶振电路。

（2）分体式空调器室内机组工作，但室外机组不工作

1）微处理器控制板有问题，这时应检查温度控制电路和室外继电器控制电路。

2）过负荷保护器失灵，不能复位，造成室外机组不工作。

3）室外机组继电器线圈烧毁或触点损坏，造成室外机组不能通电工作。

4）室外机组压力异常造成压力保护开关动作，导致室外机组不工作。

（3）分体式空调器室内机组风机工作，但压缩机不工作

1）微处理器控制板有问题，这时应检查压缩机继电器控制电路。

2）压缩机电容器损坏。

3）压缩机过载保护器不能复位。

4）压缩机本身质量有问题。

（4）分体式空调器室外机组工作，但室内风机不工作

1）微处理器控制板有问题，这时应检查室内风机控制电路。

2）风机起动电容器损坏，应更换电容器。

3）风机电动机损坏，可检查电动机绕组是否有断路或短路。

（5）分体式空调器压缩机工作，室外风机不运转

1）微处理器控制板有问题，这时应检查室外风机继电器控制电路。

2）室外风机电容器损坏。

3）室外风机电动机绕组断路或短路，应更换室外风机。

4）风机卡住了，重新调整风机扇叶。

（6）分体式空调器开停频繁

1）用电设备过多，造成电源线超负荷工作，电源电压时高时低，引起机组开停频繁，这时应加装电源稳压器。

2）微处理器控制板温度控制电路有故障，这时应检查修理温控电路。

3）过载保护器老化。

（7）分体式空调器开机时间不长就停机

1）使用不当，将温度设置太高，重新合理设定温度。

2）微处理器控制板温度控制电路有故障，这时应检查并修理温度控制电路。

（8）分体式空调器起动时发出“嗡嗡”声，且起动不了

1）电源电压偏低。

2）压缩机起动电容器击穿。

3）压缩机电动机绕组短路。

4）压缩机内部缺油或轴承破损卡住。

（9）热泵分体壁挂式空调器制冷正常但不制热

1）微处理器控制板电磁换向阀（四通阀）输出控制电路有故障，这时应检查并修理电磁换向阀输出控制电路。

2）电磁换向阀线圈开路或阀芯卡住，造成电磁换向阀不能换向制热，这时应修理或更换电磁换向阀。

（10）热泵分体壁挂式空调器室外机组不能正常除霜

1）除霜控制器失灵，这时应更换除霜控制器。

2）微处理器控制板除霜控制电路有故障，这时应检查并修理除霜控制电路。

3. 简述热泵分体式空调器电气接线操作工艺。

（略）

注意：避免错误导致短路或接触不良导致火花。

4. 简述冷风型窗式空调制冷系统检漏、抽真空、充注制冷剂等操作工艺。

答：通常我们采用加压检漏，先用割管器割开系统的工艺口，并焊接上一段工艺管，把复式修理阀高压端连接管连接在工艺管上，中间端连接氮气瓶，关闭低压端阀门，缓缓打开氮气瓶阀门，再打开高压表阀门，R22 系统用氮气加压到 1.0MPa 后关闭所有阀门，看压力表的压力有无明显下降（6h 内，由于气体冷却允许系统试压压力有不大于 30kPa 的压力降）来判断系统有无泄漏；若有泄漏，可以根据管路中是否有油迹，或利用检漏仪器、肥皂水来确定漏点。

抽真空时用割管器割开系统的工艺口，并焊接上一段工艺管，把复式修理阀低压端连接管连接在工艺管上，中间端连接真空泵，关闭高压端阀门，打开低压表阀门，开启真空泵，使修理阀真空压力小于 1333Pa，关闭低压表阀门，再关真空泵，抽真空完成。

加制冷剂时，在抽完真空后把中间端连接管换接到制冷剂瓶阀口上，进行排空气操作，然后打开制冷剂瓶阀门和复式修理阀的低压端阀门以充注制冷剂，一般加制冷剂时先采用停机充注法，适当充注制冷剂之后运行 30min，注意观察低压回气管、供液管是否结露、结霜，若回气管结露且电流与额定电流一致，说明制冷剂充注量合适，如果供液管结霜表示充注量过少，可以开机充注，直到运行低压压力在 5kgf 左右，回气管结露，电流接近额定电流为止。

5. 简述空调通风系统的故障与排除方法。

答：故障一般有：

1）过滤器太脏，堵塞风路导致换热效果下降，定期清洗过滤器；

2）室外机组翅片太脏，堵塞风路使得冷凝效果下降，定期清洗冷凝器；

3）烧风机电动机或电容，冷凝效果不好，检修风机；

4）轴流或贯流风机与外壳摩擦，风机轴缺油，或由于机体变形而卡死风机叶片，使通风系统不畅，所以要将机体外壳以硬物水平垫好，防止风机变形，当缺油风速下降时要及时加油。

5）窗式空调还要检测新风口是否通畅，需要修复的尽快修复。

6. 简述空调制冷系统的故障与排除方法。

答：制冷系统的故障有“咬煞”（卡缸），压缩机电动机损坏、渗漏、冷冻机油变质、冰堵、脏堵；

1）压缩机出现“卡缸”时可强制起动压缩机并用木锤或木棒轻轻敲击几下压缩机外壳，若反复几次压缩机仍不动，则全封闭旋转式的压缩机需更换，全封闭活塞式压缩机则可以采用开壳维修；而压缩机内电动机损坏则要更换压缩机；

2）出现微小渗漏可用粘接金属的组合型胶进行粘堵，严重的需要放出制冷剂后焊接补漏；

3）冷冻机油变质可用滴纸法和对比法进行检查，若检查出冷冻机油变质则要更换冷冻机油；

4）出现冰堵现象时，可放掉制冷系统中的制冷剂，更换干燥过滤器，而且对制冷系统进行长时间抽真空，彻底清除系统内的水分；

5）出现脏堵现象可用氮气加压吹气，把积存在毛细管内的脏东西吹出，并更换干燥过滤器，必有的时候可以更换毛细管。

7. 简述窗式空调器风机运转，原机组不运转的故障原因与排除方法。

答：由于风机运转，原机组不运转的故障范围是：主控开关至原机组这条支路。

1）检查主控开关接通到压缩机的插片是否脱落，或触电接触不良；

2）检查温控器的触点是否接触不良；

3）检查过载保护器的电加热丝是否烧断或双金属片是否接触不良；

4）检查起动电容器是否损坏或电容量是否太少；

5）检查绕组是否烧断、短路或者漏电；

6）检查压缩机引外线是否断，接线柱是否接触不良。

8. 简述窗式空调器的安装工艺。

（1）**答：**选择位置

1）窗式空调器应安装在稳固的地方，如窗台或墙壁上。要有稳固的支撑以减少振动和噪声。

2）尽量避免安装在阳光直射和靠近热源的地方。空调器外部受阳光直射部分应设置遮盖，但注意不要把两边百叶窗封闭住。

3）空调器安装在长而窄的房间内时，应尽量把空调器安装在短墙一边，以利于向长的方向送风。

4）空调器的安装高度以距离地面 1.6m 左右为宜，最好不要超过 2m，这样便于操作和维护。

5）空调器两侧百叶窗不允许遮盖，在空调器后面 0.6m 内不能有障碍物，否则会影响冷凝器的散热效果。

（2）固定框架的安装

为了使用户能正确安装好空调设备，确保安装后达到美观、安全的要求，应注意以下固定架安装方法：

1）当选用固定框架安装空调器时，按机型制木框架或水泥框架，并安装在墙上，这样安装的空调器比较美观。密封条装得严密可减少冷气泄漏。

2）当选用角架固定空调器时，应根据墙的厚薄和紧固程度利用 10mm 以上的金属膨胀钉将角架牢固安装在墙上。角架尾端要焊上限位块，以防空调器滑下。

3）安装时必须使机架稍向后倾斜，以防止雨水和空调器冷凝水侵入室内。

4）为了减小空调器运行中产生的振动，安装时，应在空调器与框架的结合部垫上一块防振橡胶板。

（3）空调器的安放与固定

1）机架装好后便可以进行空调器的安装。安装时空调器四周要用密封条封好，以防冷气向室外泄漏。

2）把弯接头接在机体出水嘴上，然后接塑料排水管。

（4）安装完毕便可进行试运行

1）打开控制盒小门，把风门开关拨到“关闭”位置。

2）把温控器旋钮拨至中间位置。

3）把总开关拨至“送风”位置，检查空调器运行时有没有异响，正常后才可拨至制冷挡。运行 8~10min 后便会有凉爽的感觉。30min 后空调器出风口温度应在 14℃左右。

9. 根据电路图连接窗式空调器线路并试机。

略。

注意：避免错误导致短路和风机反转，或接触不良导致火花。

二、电冰箱部分

1. 简述电冰箱制冷系统检漏、抽真空、充注制冷剂等操作工艺。

2. 简述电子温控电冰箱不能除霜的故障与排除方法。

3. 简述间冷式电冰箱电气控制电路的连接并试机方法。

4. 简述电冰箱修复后主要性能测试的操作工艺。

5. 简述电冰箱温控器的故障与排除方法。

6. 试用万用表检查和判断风冷式电冰箱自动除霜是否正常并接线。

7. 简述电冰箱制冷系统故障的判断与维修方法。

8. 简述电冰箱制冷系统分段检漏的做法。

9. 简述制冷系统的维修步骤。

参考答案

1. 简述电冰箱制冷系统检漏、抽真空、充注制冷剂等操作工艺。

答：（与空调部分第 4 题答案基本相同，只是加压检漏时氮气加压的压力为 0.8MPa，而运行过程充注制冷剂的低压压力约为 0.08MPa，60min 后对于三星级电冰箱到达 0.02~0.05MPa）。

2. 简述电子温控电冰箱不能除霜的故障与排除方法。

答：根据电子温控电冰箱电路图：

1）“开始”按钮接触不良，使 13 号端子无法置“0”位，清除触点氧化物。

2）除霜传感器受潮短路，RS 触发器出现不稳定状态，应更换。

3）R_{809}电阻短路或 R_{808}电阻断路，RS 触发器出现不稳定状态，应更换。

4）Q_{812}晶体管烧毁导致集电极没有电流无法触动除霜继电器，应更换。

5）除霜继电器 RY02 发生故障（线圈烧坏、触点接触不良等）导致无法接通除霜加热管，应更换。

6）除霜加热管烧毁，应更换。

3. 简述间冷式电冰箱电气控制电路的连接并试机方法。

(略)

4. 简述电冰箱修复后主要性能测试的操作工艺。

答：

(1) 检测电冰箱的绝缘电阻

对500V级兆欧表L端与E端进行短接和开路调试(以120r/min速度)后，将电冰箱断电，用500V级兆欧表L端接电冰箱电源端子，E端接接地线端子，然后仍以120r/min的速度转动兆欧表的手柄，兆欧表指针指示应大于2MΩ。

(2) 检测电冰箱的工作电流

1）将电冰箱接通电源，使电冰箱正常起动。

2）选用钳形电流表的5A挡，然后对电冰箱的相线或零线中的任一根测量电流，若电冰箱工作正常，电流表读数应与电冰箱铭牌上的额定电流一致。

(3) 检测电冰箱的工作压力

让电冰箱正常工作，并保持通电运行16~24h，反复观察复合修理阀上压力表的读数。如果电冰箱制冷系统(R12系统)正常，复合修理阀上压力表的读数应为0.08MPa左右，并能始终保持。

注：对于三星级电冰箱(R12系统)，开机一小时后低压表压力为0.02~0.05MPa。

5. 简述电冰箱温控器的故障与排除方法。

答：温控器的故障集中到一点是快跳活动触点与静触点不能接触导致的，这时有如下几种可能：温控器旋钮被置于停止位置，或除霜按钮按下后受阻不能复位，或主架受阻不能下移，或移动开关失灵，或触点严重氧化，或感温管内感温剂泄漏。要准确判断定温器是否有故障，需要把它拆下来，用万用表欧姆挡测量温控器的触点是否导通，如果不导通，则证明温控器有故障，这时用导线短接温控器开关的两端，电冰箱应能起动。

6. 试用万用表检查和判断风冷式电冰箱自动除霜是否正常并接线。

答：

(1) 判断风冷式电冰箱自动除霜系统故障

1）用万用表的两表笔测温度熔断器的两端，导通则为正常，否则应更换。

2）除霜加热管阻值的测定：将万用表的两表笔测除霜加热器两端引出线端子，阻值约为320Ω，符合正常值的要求，否则应更换。

3）除霜双金属片温控器是否触点粘连。

4）用万用表电阻×1k检查除霜定时器的触点是否氧化或粘连。

5）检测除霜电动机是否正常，用万用表的电阻挡×1k挡测量除霜电动机的电阻值，一般为7kΩ。

(2) 正确接线的主要工作就是对除霜时间继电器(除霜定时器)接线柱的判定

除霜定时器的结构图如图10-1所示。

1）将除霜定时器的旋钮旋至制冷状态，用万用表电阻×1k挡并进行机械调零和欧姆调零；两表笔分别测定时器的A、B、C、D四个接线柱，数据如下：

“A—C”之间相通，阻值为7kΩ；

“A—B”之间相通，阻值为7kΩ；

“C—B”之间相通，阻值为零；

“A—D”之间不通；“B—D”不通；“C—D”不通。

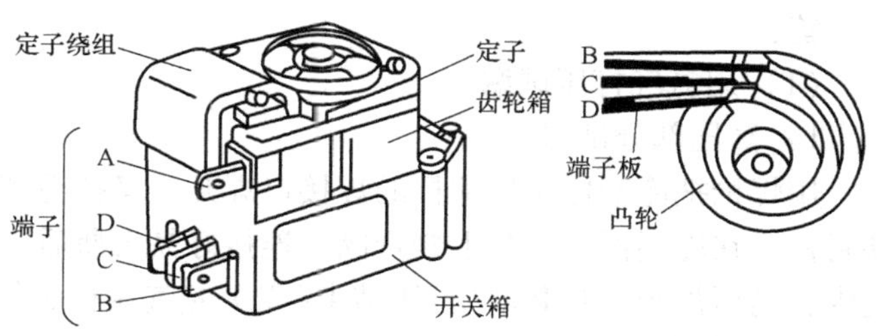

图 10-1　除霜定时器的结构图

2）将除霜定时器的旋钮旋至除霜状态，用万用表两表笔分别测定时器的A、B、C、D四个接线柱，数据如下：

“A—C”之间相通，阻值为7kΩ；

“A—D”之间相通，阻值为7kΩ；

“C—D”之间相通，阻值为零；

“A—B”之间不通；“B—C”不通；“B—D”不通。

根据上述数据，在“制冷”与“除霜”两种状态下：“A—C”均相通，阻值为7kΩ，“B—D”均不通。因此，可判定“B”端连接过载保护器（压缩机）与风机电动机的公共端；“D”连接除霜温控器；“C”为除霜定时器微型同步电动机的输入端，连接温控器；“A”为除霜定时器微型同步电动机的输出端。

7. 简述电冰箱制冷系统故障的判断与维修方法。

答：制冷系统故障现象表现为电冰箱压缩机电动机能正常运转，但电冰箱内不制冷或效果差，产生这类故障的主要原因是：制冷剂泄漏、制冷系统脏堵、冰堵或制冷压缩机不做功。

维修过程如下：

（1）制冷剂泄漏

1）回收或排放制冷剂。

2）制冷系统清洗。

3）电冰箱制冷系统检漏。

① 外观检漏，观察是否有油迹。

② 压力检漏，打入0.8MPa压力的氮气。

③ 真空检漏，包含：低压单侧抽真空、加热干燥抽真空、高低压双侧抽真空、二次抽真空。

④ 加氟检漏。

4）补漏。

（2）电冰箱制冷系统若脏堵或冰堵了，更换过滤器。

脏堵：高压过高，低压过低；冰堵：周期性高压过高，低压过低。

（3）压缩机不做功，检测压缩机线圈是否有问题，如果不是压缩机线圈的问题，那么考虑压缩机机械部分问题，如卡缸、高压阀片损坏等。

8. 简述电冰箱制冷系统分段检漏的做法。

答:

(1) 用氮气打压试漏

1) 高压部分试漏

用焊枪把冷凝器与压缩机的焊接口焊开，又把毛细管和过滤器分开，同时将过滤器出口端封住。在冷凝器入口装上修理阀，连接好氮气瓶后，开启氮气瓶阀和修理阀使氮气进入系统内，高压加到1.0MPa，打压结束(先关氮气瓶再关修理阀)，然后用肥皂水进行检漏。

2) 低压部分试漏

封住毛细管入口后用焊枪焊开压缩机回气管，在回气管上焊上工艺管，装上三通修理阀，连接氮气瓶。开启氮气瓶和修理阀。当压力达到0.6MPa时，打压结束，关上氮气瓶阀，再关上修理阀，然后进行检漏。

(2) 分段检漏后，需要进行整体制冷剂打压检漏，打压压力为0.4MPa。

9. 简述制冷系统的维修步骤。

答: 制冷系统出现的故障表现为不制冷或者制冷不足(手触摸蒸发器没有粘连感)，那么进行如下步骤检修:

1) 外观检查。

初步通过油迹判断是否泄漏，以及观察管路是否有撞击等损伤;

2) 通电运转，检测是否有冰堵和脏堵。

通电运转电冰箱过程中发现不制冷，加热毛细管出口，如果系统故障消失可以判断为冰堵，否则考虑脏堵或者泄漏。

3) 放气操作，以判断脏堵还是泄漏。

先隔开毛细管，再隔开干燥过滤器靠高压的一侧(入口)，观察喷气情况:

① 如果两种情况都是只有气体或没有气体喷出，为泄漏。

② 先隔开毛细管时没有气液喷出，而再隔开干燥过滤器靠高压的一侧(入口)时有气液喷出，为脏堵。

4) 检测系统高低压压力，以判断压缩机是否做功。

三、综合分析部分

1. 简述带调速绕组(抽头)的电容运转式电动机各接线端的判别及通电试运转方法。

2. 简述用在冷暖型窗式空调器上的温差型温控器与用在双门直冷式电冰箱上的定温复位型温控器的区别及用在单冷型窗式空调器上的温差型温控器与用在风冷式电冰箱上的温差型温控器的区别。

3. 简述使用万用表检测分体式空调器用回转式制冷压缩机电动机、并配上最佳容量的电容器的方法。

4. 简述单相全封闭式制冷压缩机主要性能的测定方法。

5. 叙述国家标准系列制冷压缩机排气压力过高和过低的故障判断和排除方法。

6. 试分析小型制冷机“脏堵”与“冰堵”的特性及排除方法。

7. 叙述分体式空调器制冷剂泄漏故障的判断与排除方法以及压缩机起动不久就停机的故障判断与排除方法。

8. 叙述分体式空调器产生噪声的原因和排除方法以及在运行中突然停机的故障判断与

排除方法。

9. 叙述一种变频式空调器的工作原理，并简述主要部分的功能。

10. 简述水冷式冷水机组制冷系统中，风机盘管与温控调速开关的正确连接方法；并简述冷却水水质主要项目指标和水系统的清洗操作以及机组日常运行记录的主要项目。

参考答案

1. 简述带调速绕组（抽头）的电容运转式电动机各接线端的判别及通电试运转方法。

答：

（1）这种电容运转式电动机绕组有“主绕组”、“调速绕组”和“副绕组”三部分。而调速绕组的多少与该电动机的调速挡数相配。最常见的有两速和三速。四速较小，现以三速电容运转式电动机为例简述之。

1）用万用表 R×1 或 R×10 挡分别量度 A、B、C、D、E 五个线端，其中电阻值最大的为 A、E。可确认 A、E 两端接电容器。

2）接上容量和耐压都合适的经万用表量度确认能用的电容器 A、E 两端。

3）用带插头电源线分别连接 A 与 B、C、D 任一端和 E 与 B、C、D 任一端并作短时间通电，这两次试运转的旋转方向是相反的。

4）根据该电动机所配用的“轴流风机”、“贯流风机”或“离心风机”的旋转方向与试运行中哪一个旋转方向一致来决定 A、E 两端中哪一端该接电源。即旋转方向正确的一端应接电源。

5）假设 A 端接电源的话，再用万用表 R×1 或 R×10 挡分别测量 A—B、A—C、A—D 三者中电阻值最小者为高速挡：最大者为低速挡；若 B 端该接电源的话判定方法一样。

6）把高、中、低速线端接在调速开关上，并检查电容器和电源线是否与电动机线端接牢。检查确认正确后通电运转。

（2）提示：

1）不带调速绕组的电容运转式电动机其主、副绕组电阻值是符合 $R_{主}<R_{副}$ 规律的。而如上述带调整绕组电动机，其主、副绕组电阻值会出现 $R_{AB}>R_{DE}$、$R_{AB}=R_{DE}$ 和 $R_{AB}<R_{DE}$ 三种情况，所以必须通上电源视其旋转方向而定之。

2）在实际工作中，由于所配机器接线工艺的原因，会出现“两速风机有五根线”和“三速风机有六根线”的情况。

用万用表电阻挡量度各线端时，其中必须有两根线之间的电阻值为“零”，这两根线中，随便一根接电容器，另一根就是接电源的了。而与这两根线之间电阻值最小的那个抽头便是风机的“高速”挡。

2. 简述用在冷暖型窗式空调器上的温差型温控器与用在双门直冷式电冰箱上的定温复位型温控器的区别及用在单冷型窗式空调器上的温差型温控器与用在风冷式电冰箱上的温差型温控器的区别。

答：上述四种温控器往往是同一个厂家生产的。电源开关部分均使用同一套塑料模具。甚至插线端同样显示“H”、“C”和“L”字样。只是温差型温控器上没有装上“H”插脚而已。因此，维修人员要懂得判别它们。

1）首先根据电冰箱和空调器的控制范围来分辨是用在电冰箱还是用于空调器上。电冰箱温控器所控制的温度远低于常温。而空调器温控器的控温范围在常温范围内，所以在常温下来回旋转空调器温控器主轴时其触点会出现“接通”和“断开”情况，并发出“嗒”“嗒”声响。而电冰箱用温控器不论主轴旋转到哪个位置，其触点都是接通的。这就可以区别两大用途的温控器了。对于同是只有两个线插的温控器来说，符合上述规律的分别就是“单冷型空调用温控器”和“风冷式电冰箱用温控器”了。

2）对于同是三个线插的温控器来说，有可能是电冰箱用“定温复位型”温控器或“冷暖型窗式空调器”用温控器。因为外表和线插都一样，判别方法如下：冷暖空调用的温控器内其实是一个“单刀双掷开关。在常温下来回旋转主轴时。会出现一个触点断开时马上接通另一触点的情况。顺时针方向旋转接通的触点便是“制冷”用的触点，另一个触点便是“制热”用的。用万用表电阻挡在来回旋转主轴时便可判别此温控器的“公共”“制冷”和“制热”端(线插)了。

对于直冷式电冰箱所用的“定位复位型温控器”来说不会出现“一个触点断开马上接通另一触点”的情况。它还有一个突出的特征就是在常温下，温控器的主轴除了处于逆时针旋到尽头外其他所在位置的时候，用万用表电阻挡量度其三个线插“都是接通”的。

3. 简述使用万用表检测分体式空调器用回转式制冷压缩机电动机、并配上最佳容量的电容器的方法。

答：

1）在若干以不同用途的压缩机中选出分体式空调器用的回转式压缩机。

2）把被测压缩机抹干净。

3）对万用表选择 R×1k 挡，并作机械调零和电阻调零。

4）测量电动机绕组接线柱与外壳之间的电阻值，判断绝缘程度，如电阻值应大于2MΩ。

5）正确测出各个接线柱之间的电阻 R，并判别公共端、主绕组端、副绕组端及初步判断电动机绕组电阻是否在正常范围内。

6）正确接好电路，通电试机、确认压缩机正常后，下一步选择电容器。

7）判别若干个电容器的好坏，并按容量大小排列。

8）正确连接仪表、压缩机，并引出两根带线柱的电缆作接插电容器之用。

9）配接不同容量的电容器后分别通电试机，取其电流值最小的为最佳值。

10）正确填写记录表，要求突出最佳电容量值。

4. 简述单相全封闭式制冷压缩机主要性能的测定方法。

答：全封闭式制冷压缩机的工作状态有冷态、(常温)热态、空载和负载等。对于新机和待修机是先从冷态和空载状态下检测的。而热态和负载运行的检测基于时间、设备等因素不在此考核的范围。但维修人员必须认识到热态和负载条件下能正常运行的压缩机才是好的压缩机，检测基本方法如下：

1）用万用表电阻挡量度压缩机各绕组电阻数值，视其值是否在正常范围。可以说，绕组的电阻与压缩机的制冷量成反比。

2）用兆欧表测量绕组与外壳间的电阻。如果用万用表量得绕组与外壳电阻为零时。则不必用兆欧表测量了，正常绝缘电阻值应大于2MΩ。

3）排气量的测量。排气量可以用两种方法来测定，其一是用压力表，这种方法常有两种方式，第一种是较标准的做法，是用一个带压力表的干净容器。第二种是在压缩机排气管上接压力表。这两种方式均以工作在同一时间视其压力所达数值来衡量其排气量。其中以第一种方式为好。另一种方法是维修人员常用的，在没有设备仪表情况下所采用的。就是当压缩机通电运转后，用大拇指紧按压缩机的排气管口、待若干时间才突然放开拇指，听其气流的喷出声音大小来判断，气流喷发声音越大越好。

4）气密性的测定，气密性是衡量压缩机高压阀片关闭是否严密并直接影响压缩机效率的重要指标。它是指压缩机排气端所连接容器达到一定压力时，让压缩机停止工作若干时间后视容器上压力表读数的下降来差别之，下降得越小说明其气密性越好。

5）电源电压减压起动，这个项目分高压侧空载和带负载两种测试条件：因供电电源有一个范围，所以国家标准规定小型全封闭压缩机最低起动电压为187V。在制冷系统高低压压力平衡后，电源电压降至187V时，压缩机应能正常起动。

6）对相同蒸发温度范围的压缩机，当其排气量相同或相仿时，在维修过程中，应视为它们的制冷量相同或相仿。说明：因为单相全封闭压缩机的制冷量由几十瓦到几千瓦不等，所以本题不要求把压缩机的具体数值列出。

5. 叙述国家标准系列制冷压缩机排气压力过高和过低的故障判断和排除方法。

答：

（1）制冷压缩机排气压力过高的主要原因和排除方法有：

1）压缩机排气维修阀呈半关闭状态，把它完全打开可使压力恢复正常范围。

2）冷凝器热交换条件差。必须彻底改善冷凝器的散热条件，包括风冷和水冷两种型式。

3）制冷剂过多，可慢慢放出至正常压力范围。

4）制冷系统内有不可冷凝气体。对系统重新抽真空，然后充注适量的制冷剂。

（2）吸气压力过低，主要由下列原因引起：

1）制冷剂不足。制冷剂不足，通常是由于制冷系统的管路泄漏而造成的。当然，较明显的泄漏的位置往往出现油迹，但对不明显的位置则必须认真细致地进行检漏。检漏、补漏、抽真空和充注制冷剂可按正常工艺完成之。

2）过滤器肮脏。可按正常工艺去更换或清洁。

3）蒸发器盘肮脏。那就要对盘管翅片和回风口过滤网进行清洗保养。特别注意过滤网的清洗和安装恰当。

4）风叶肮脏。可以拆下风叶进行清洗并合理安装。

5）风机带松动或断开。按正常工艺调整和更换。

6）蒸发器结霜或结冰。检查是由制冷系统引起的还是由空气循环系统引起的。然后按正常工艺维修。

7）膨胀阀使制冷剂流量过少。可按正常工艺更换或重新调整之。

8）假如制冷系统某位置有堵塞的话，可根据压力和表征找出位置并维修。

6. 试分析小型制冷机“脏堵”与“冰堵”的特性及排除方法。

答：脏堵与冰堵均是制冷系统的故障，但压缩机仍能运转，最简单的区别是，冰堵故障出现时，冷凝器先热后凉，脏堵的话，冷凝器温度没有变化。

（1）脏堵

1）脏堵有“全堵”和“未全堵”两种情况，表征为：全赌时冷凝器不热，低压压力将至真空状态；未全堵时冷凝器几乎不热，低压压力呈负压至真空状态，制冷系统中靠墙位置末端开始有一段管路表面结霜。

2）制冷压缩机能运转。表明此故障与电控系统无关，是制冷系统的故障。

3）在怀疑脏堵的位置打开制冷系统，从而判断脏堵的确切位置。

4）除去脏堵段（或零件）后对系统更换铜管或零件并复原。

5）充灌干燥氮气试漏后，抽真空并充注适量制冷剂。

（2）冰堵

1）制冷系统故障表征为每次通电工作一段时间后冷凝器均先热后凉，压缩机仍在运转。

2）制冷系统每次通电均工作，并且故障出现后压缩机仍在工作，表示故障与电控系统无关。

3）制冷系统出现“冰堵”的主要原因是系统内所含水分过多，出现冰堵时，制冷系统的低压压力会由偏低降至负压。

4）用热毛巾敷向怀疑产生冰堵的部件后听到“嘘”声且低压压力逐渐回升，则表示热敷处是冰堵位置。

5）因为随着压力的下降，水的沸点也下降，所以，排除水分的较佳方法是对制冷系统进行“加热抽真空”，非常重要的一点是要彻底排除这个故障，必须更换干燥过滤器。

6）进行正确的试压、抽真空和充注适量制冷剂后，对制冷机试运行不少于24h。

7. 叙述分体式空调器制冷剂泄漏故障的判断与排除方法以及压缩机起动不久就停机的故障判断与排除方法。

答：

（1）制冷系统的检漏

1）制冷剂泄漏的分体式空调器其特征为冷凝器不热或微热；室内机组送风口不冷或微冷；整机工作电流明显偏小，与电控系统无关。

2）分体式空调器制冷系统包括室内机组、配管和室外机组三大部分。最容易出现泄漏的位置包括：配管与室内机组连接的两个喇叭口；配管与室外机组连接的两个喇叭口；二通阀、三通阀的调节阀芯和三通阀的“针阀”等七个位置，泄漏的位置最明显的特征是该处有“油迹”。

3）如上述七个位置均无发现泄漏后，一般情况下，应分别先对室内机组、室外机组进行检漏，最后再考虑配管的管壁。

4）检漏的方法通常有：

① 用卤素检漏灯或电子检漏仪对制冷系统各部件进行检漏。

② 在没有仪器的情况下，可用海绵取些较浓的洗洁精或者肥皂水检漏。

③ 当上述方法未能确认泄漏点时，可对制冷系统灌入干燥氮气，然后观察压力表读数，或用洗洁精进行检漏。

④ 因为冷凝器和蒸发器的焊接口太多，当疑慢性泄漏时，可把两个器件拆下，灌入干燥氮气，然后泡在水里检漏。

5）确认泄漏点后，进行排气——补焊——灌气——再检漏——抽真空——重新充注制冷剂。

（2）压缩机起动不久就停机的故障判断与排除方法

1）带高、低压压力保护器的典型分体式空调器出现制冷压缩机起动不久就停机的故障时，首先要分清是制冷系统还是电气系统的故障。

2）因制冷系统而引起此故障的话，必须接上压力表观察判断，其原因有：

① 制冷系统堵塞使高压压力过高，低压压力过低，引起压力保护器动作而停机。如果制冷系统未全堵的话，会出现某小段管路结霜的现象，堵塞处就在结霜段的前面，要排除此故障可按通常的方法更换零件或截去一小段管子修复，如焊接处堵塞，可卸下重焊。

② 制冷系统内制冷剂不足，低压压力过低引起低压压力保护器动作而停机。对此现象必须查出制冷剂不足的原因，对泄漏处要放清制冷剂后再补漏，抽真空，重新充注制冷剂。

③ 假如制冷系统内制冷剂原已过量而遇上天气气温过高而引起高压压力保护也有可能。

3）因电气系统而引起此故障的话，必须观察压缩机的电流值，如电流值过大，则会引起过载保护器动作。主要原因有：

① 电压不足，因此而至电流过大引起过载保护器动作，可用电压表量度，并观察是电源电压过低还是压缩机起动时的电压降过大，并改善之。

② 压缩机所配用的电容器容量不足，压缩机转速无法达到额定转速，造成电流过大而致过载保护器动作。若电容器容量不足，则须更换容量和耐压都足够的电容器，便可修复此故障。

8. 叙述分体式空调器产生噪声的原因和排除方法以及在运行中突然停机的故障判断与排除方法。

答：

（1）分体式空调器由室外机组、配管和室内机组组成，现分析之：

1）室外机组噪声的主要来源及排除方法

① 来自压缩机的噪声有高频和低频两种。常用“吸单棉”包裹压缩机或把海绵粘在外壳内壁把噪声吸掉。

② 压缩机振动，可以调整压缩机三只橡胶垫；连接管的振动可以用“阻尼胶”粘在晃动最大的位置上解决；毛细管振动引起噪声时，可以把它扎紧或用阻尼胶粘住。

③ 风机电动机润滑不良而产生噪声的话要添加冷冻机油，如轴承磨损严重则要更换电动机了。若风机电动机支架松脱则紧固之。

2）室内机组噪声的主要来源及排除方法

① 进入蒸发器前哪段配管或接头有扭弯、阻塞的话，室内机组会产生“喷流”声音，要重新整理好。

② 室内风机产生噪声时，则要更换风机了。

③ 贯流风机端轴或导风叶片会因热胀冷缩而发出摩擦噪声，可调整位置和喷“液体蜡”润滑之。

④ 室内机组蒸发器、过滤网和塑料面罩太脏，机内气流形成负压也会引起噪声，那就要彻底清洗了。

（2）分体式空调器在运行中突然停机的原因可分为电气故障或制冷系统故障两大部分。同时要根据停机时室内机组是否仍送风和室外风机是否仍在工作等情况的不同而作分析和判断：

1）如整机工作电流并没有增大而突然整机停机的话，最大可能性是室内机组电路板的故障。发生这个现象时，往往只要拔出电源插头待十几分钟重新插上电源及重新调整遥控器功能也可能会重新工作。但如果依然不行，则需要更换电路板才能彻底解决。

2）如果室内机组仍有送风而室外风机和压缩机均不工作时，应检查室内机组有没有电压输出；与室外机组连接线有没有断，并更换电路板并连接之。

3）若室内机组送风并且室外风机仍在工作，只是压缩机突然停止运转，而停机前瞬间电流突然增大的话，则是“过电流保护”了，这时要检查压缩机电容器和压缩机电动机。电流可用电流表量度，电容器和电动机可用万用表电阻挡量度。电容器容量不足是常有的事，可立即更换。如发现压缩机绕组间短路或绕组与外壳短路时应按压缩机更换工艺去更换。需特别注意的是必须从高、低压侧把制冷剂放完后才能用气焊把压缩机卸下。

4）如果压缩机停机前电流并没有增大，那么应该是压缩机“过热保护”了。这就要一边对压缩机冷却一边分析室外机组是否太脏，或是气温过热或是连续工作时间过长，并作处理。

9. 叙述一种变频式空调器的工作原理，并简述主要部分的功能。

答：目前变频式空调有两种或以上的形式，现选一种说明，流程：单相交流电→直流电→模拟交流电→变频，过程简要说明如下：

（1）变频技术分类：分为交流变频和直流变频，对于空调器，直流变频使用的是直流变频式压缩机，交流变频使用的是交流变频式压缩机。交流变频又可分为两种：一种为交流—交流变频，它将 50Hz 的工频交流电直接变换成其他频率的交流电，一般输出频率均小于电网频率，这是一种直接变频方式；另一种为交流—直流—交流变频。即是下面将要介绍的变频方式。

（2）交流—直流—交流变频技术原理：变频过程由整流和逆变两个过程组成。工频电流经电源滤波等预处理后，送往二极管整流电桥模块，整流出来的直流电直接输入 IPM（逆变脉冲调制模块），逆变脉冲调制模块则在 CPU 芯片的驱动信号作用下将直流电转变成不同频率的交流电，供给压缩机工作。

逆变脉冲调制模块（IPM）工作原理：IPM 利用 IGBT（绝缘栅双极晶体管）作为开关器件，CPU 送来的六个驱动信号（作为 IGBT 基极信号）分别控制三相逆变电路的六个 IGBT 开关的通断，在每个周期里每隔 60°按一定的顺序轮流控制各个 IGBT 的通断，从而在逆变电路的输出端获得一定频率的三相交流电，通过控制 IGBT 开关通断时间的长短（控制各相的正半周期和负半周期的脉宽），即可控制交流电的频率。三相逆变电路原理及其输出的三相交流电波形如下所述。

注：

① 根据三相交流电的要求，在相位上各相之间间隔 120°。

② 在任何时刻应同时有 3 只 IGBT 开关闭合。

③ 每隔 60°将有两只开关交换工作状态。开关闭合的顺序严格按照 1、2、3、4、5、6 的自然顺序依次进行。具体导通顺序为 1，2，3；2，3，4；3，4，5；4，5，6；5，6，1；6，1，2。如此循环。

④ 各相的波形（从虚线开始即 5,6,1 三只开关导通时画起）中，各相方波基本上可以与正弦波等效。

⑤ 通过控制脉宽即各方波的宽度就可以在各相上获得不同频率的交流电。

说明：随着变频技术的普及，特别是变频式空调器的社会拥有量越来越大。就要求制冷维修人员必须懂得其基本原理。

10. 简述水冷式冷水机组制冷系统中，风机盘管与温控调速开关的正确连接方法；并简述冷却水水质主要项目指标和水系统的清洗操作以及机组日常运行记录的主要项目。

答：

（1）水冷式冷水机组制冷系统中，末端部分包括风机盘管、电动阀和温控调速开关等零部件。电动阀由温控器控制冷冻水的通断。风机是带调速绕组的电容运转式电动机。各线端的判别详见前面风机电动机部分，可以按高、中、低速端与调速开关的对应挡位连接。电源经过温控器与电动阀连接。

（2）水冷式冷水机组系统中冷却水的作用是把水冷式冷凝器中的热量带给冷却塔，在冷却塔进行热交换。同时，由于冷却塔装在户外，比较易脏。所以冷却水和冷却塔必须进行定期清洗，冷却水的水质的主要项目亦有标准。

1）冷却水水质项目标准范围：酸碱值：7.5～8.5pH；总溶解固体：<3000ppm；铁：<1.0ppm；铜：<0.2ppm；亚硝酸盐：>250；磷酸盐：5～7。

2）冷却水（含冷却塔）清洗操作主要程序：

① 切断水冷式冷水机组及水泵、冷却塔电动机的电源。挂上“有人操作，严禁合闸”警示字牌。

② 清洗冷却塔外表并拆下围网。

③ 清扫，喷洗冷却塔内侧和塔底盘，如允许时把波状玻璃纤维板也取出清洗。

④ 边喷洗边打开排污口放出塔内污水，再关闭排污口。

⑤ 污水排出后注入清水到正常水位，放入适量的粉状或液态的“专用管道清洗剂”。

⑥ 开动冷却水泵。让整个冷却水管道内的脏物由水冲洗到冷却塔内。

⑦ 循环清洗一段时间后停水泵，边冲洗边打开排污口排污。

⑧ 污水排出后关排污口注入清水，至正常水位开水泵，进行漂洗冷却水系统，干净为止。

⑨ 对冷却塔注入清水至正常水位，把冷却塔各组件恢复原状。

⑩ 有条件时，应取水样送检，确定水质合格，若超出正常范围则要另作检修。

⑪ 投入运行后要观察水压和水温是否在正常范围，若超出正常范围则要另作检修。

（3）水冷式冷水机组及其末端设备不但价值昂贵，并且因其性能好坏直接影响到使用者的经济效益和社会效益，所以除了定期保养外，每天的运行记录都是必不可少的。记录项目主要有：单位名称、设备品牌及型号、机组地点、设备编号、主电压、控制电压、主电流、高压压力、低压压力、蒸发器进水和出水、室内温度、冷凝器进水和出水、蒸发器进水压力和出水压力、冷凝器进水压力和出水压力、检查雪种有无泄漏和是否需加注；冷冻机油颜色是否正常、油面位置；停机时和运行时，检查及清理控制元器件；检查风机情况；检查及清洗空气过滤器和翅片；检查冷气风量是否均匀；各设定参数是否正常；主管（签名）；值班记录员（签名）；日期。

附录 F　常用制冷剂的热力特性表

表 F-1　R12 的热力特性表

温度	压力	比体积		密度		比焓		蒸发热	比熵	
		液体	蒸气	液体	蒸气	液体	蒸气		液体	蒸气
t /℃	p /10^5Pa	v' /(L/kg)	v'' /(L/kg)	ρ' /(kg/L)	ρ'' /(kg/m^3)	h' /(kJ/kg)	h'' /(kJ/kg)	r/ (kJ/kg)	s'/[kJ /(kg·K)]	s''/[kJ /(kg·K)]
-40	0.642	0.659	242.72	1.518	4.120	163.85	334.07	170.22	0.8576	1.5877
-38	0.705	0.661	222.61	1.512	4.492	165.62	335.02	169.40	0.8652	1.5856
-36	0.772	0.664	204.50	1.506	4.890	167.39	335.97	168.58	0.8727	1.5835
-34	0.844	0.666	188.16	1.501	5.315	169.16	336.91	167.75	0.8801	1.5816
-32	0.922	0.669	173.39	1.495	5.767	170.94	337.86	166.92	0.8875	1.5897
-30	1.005	0.672	160.01	1.489	6.250	172.72	338.80	166.08	0.8948	1.5779
-28	1.093	0.674	147.88	1.483	6.762	174.51	339.74	165.23	0.9021	1.5761
-26	1.188	0.677	136.86	1.477	7.307	176.30	340.68	164.38	0.9094	1.5745
-24	1.289	0.680	126.83	1.471	7.885	178.10	341.62	163.52	0.9166	1.5729
-22	1.396	0.683	117.69	1.465	8.497	179.90	342.55	162.65	0.9237	1.5711
-20	1.510	0.685	109.34	1.459	9.146	181.70	343.48	161.78	0.9309	1.5699
-18	1.631	0.688	101.71	1.453	9.832	183.51	344.40	160.89	0.9379	1.5685
-16	1.760	0.691	94.72	1.447	10.557	185.32	345.32	160.00	0.9450	1.5672
-14	1.896	0.694	88.32	1.441	11.323	187.14	346.24	159.10	0.9520	1.5659
-12	2.040	0.697	82.44	1.434	12.131	188.96	347.15	158.19	0.9590	1.5647
-10	2.193	0.700	77.03	1.428	12.983	190.78	348.06	157.28	0.9659	1.5636
-8	2.351	0.703	72.05	1.422	13.880	192.62	348.97	156.35	0.9728	1.5625
-6	2.523	0.706	67.46	1.415	14.825	194.46	349.87	155.41	0.9796	1.5611
-4	2.702	0.710	63.22	1.409	15.818	196.30	350.76	154.46	0.9865	1.5601
-2	2.891	0.713	59.30	1.403	16.863	198.15	351.65	153.50	0.9932	1.5594
0	3.089	0.716	55.68	1.396	17.960	200.00	352.54	152.45	1.0000	1.5584
2	3.297	0.720	52.32	1.389	19.113	201.86	353.41	151.55	1.0067	1.5575
4	3.516	0.723	49.21	1.383	20.322	203.72	354.28	150.56	1.0134	1.5567
6	3.746	0.727	46.32	1.373	21.590	205.59	355.15	149.56	1.0201	1.5559
8	3.986	0.730	43.63	1.369	22.920	207.47	356.01	148.54	1.0267	1.5551
10	4.238	0.734	41.13	1.363	24.313	209.35	356.86	147.51	1.0333	1.5543
12	4.502	0.738	38.80	1.356	25.771	211.25	357.71	146.46	1.0399	1.5536
14	4.778	0.741	36.63	1.349	27.299	213.14	358.54	145.40	1.0465	1.5529
16	5.067	0.745	34.61	1.342	28.897	215.05	359.37	144.32	1.0530	1.5522
18	5.368	0.749	32.71	1.335	30.569	216.97	360.20	143.23	1.0595	1.5515

（续）

温度	压力	比体积		密度		比焓		蒸发热	比熵	
		液体	蒸气	液体	蒸气	液体	蒸气		液体	蒸气
t /℃	p /10^5Pa	v' /(L/kg)	v'' /(L/kg)	ρ' /(kg/L)	ρ'' /(kg/m^3)	h' /(kJ/kg)	h'' /(kJ/kg)	r/ (kJ/kg)	s'/[kJ /(kg · K)]	s''/[kJ /(kg · K)]
20	5.682	0.753	30.94	1.328	32.318	218.88	361.01	142.13	1.0660	1.5509
22	6.011	0.757	29.29	1.320	34.146	220.81	361.81	141.00	1.0725	1.5502
24	6.352	0.762	27.73	1.313	36.057	222.75	362.61	139.86	1.0790	1.5496
26	6.709	0.766	26.28	1.306	38.054	224.69	363.39	138.70	1.0854	1.5491
28	7.080	0.770	24.91	1.298	40.141	226.65	364.17	137.52	1.0918	1.5485
30	7.465	0.775	23.63	1.291	42.231	228.62	364.94	136.32	1.0982	1.5479
32	7.867	0.779	22.42	1.283	44.598	230.59	365.69	135.10	1.1046	1.5474
34	8.284	0.784	21.29	1.275	46.976	232.59	366.44	133.85	1.1110	1.5468
36	8.717	0.789	20.22	1.268	49.459	234.59	367.17	132.58	1.1174	1.5463
38	9.167	0.794	19.21	1.260	52.053	236.60	367.89	131.29	1.1238	1.5457
40	9.634	0.796	18.26	1.252	54.762	238.62	368.60	129.98	1.1301	1.5452
42	10.118	0.804	17.36	1.244	57.591	240.66	369.29	128.63	1.1365	1.5447
44	10.620	0.810	16.52	1.235	60.546	242.71	369.97	127.26	1.1429	1.5441
46	11.140	0.815	15.72	1.227	63.633	244.78	370.64	126.86	1.1492	1.5436
48	11.679	0.821	14.96	1.218	66.858	246.86	371.29	124.43	1.1556	1.5431
50	12.236	0.827	14.24	1.210	70.229	248.96	371.92	122.96	1.1620	1.5425

表 F-2　R22 的热力特性表

温度	压力	比体积		密度		比焓		蒸发热	比熵	
		液体	蒸气	液体	蒸气	液体	蒸气		液体	蒸气
t /℃	p /10^5Pa	v' /(L/kg)	v'' /(L/kg)	ρ' /(kg/L)	ρ'' /(kg/m^3)	h' /(kJ/kg)	h'' /(kJ/kg)	r/ (kJ/kg)	s'/[kJ /(kg · K)]	s''/[kJ /(kg · K)]
-40	1.053	0.709	205.95	1.410	4.856	153.80	387.97	234.17	0.8186	1.8229
-38	1.155	0.712	188.97	1.404	5.292	156.00	388.93	232.93	0.8279	1.8184
-36	1.264	0.715	173.66	1.399	5.759	158.19	389.87	231.68	0.8371	1.8141
-34	1.381	0.718	159.83	1.396	6.257	160.42	390.81	230.39	0.8465	1.8098
-32	1.506	0.721	147.32	1.387	6.788	162.64	391.73	229.09	0.8557	1.8057
-30	1.640	0.724	135.98	1.381	7.354	164.89	392.65	227.76	0.8649	1.8016
-28	1.783	0.727	125.69	1.375	7.956	167.16	393.56	226.40	0.8742	1.7977
-26	1.936	0.730	116.33	1.369	8.596	169.43	394.45	225.02	0.8834	1.7938
-24	2.099	0.734	107.81	1.363	9.276	171.72	395.34	223.62	0.8925	1.7900
-22	2.271	0.737	100.03	1.357	9.997	174.02	396.21	222.19	0.9017	1.7864
-20	2.455	0.740	92.93	1.351	10.761	176.33	397.07	220.74	0.9108	1.7827

(续)

温度	压力	比体积		密度		比焓		蒸发热	比熵	
		液体	蒸气	液体	蒸气	液体	蒸气		液体	蒸气
t /℃	p /10^5Pa	v' /(L/kg)	v'' /(L/kg)	ρ' /(kg/L)	ρ'' /(kg/m^3)	h' /(kJ/kg)	h'' /(kJ/kg)	r/ (kJ/kg)	s'/[kJ /(kg·K)]	s''/[kJ /(kg·K)]
-18	2.650	0.744	86.44	1.344	11.569	178.66	397.92	219.26	0.9199	1.7792
-16	2.856	0.747	80.49	1.338	12.425	180.99	398.75	217.76	0.9289	1.7758
-14	3.075	0.751	75.03	1.332	13.328	183.34	399.58	216.24	0.9379	1.7724
-12	3.306	0.754	70.01	1.326	14.283	185.69	400.38	214.69	0.9469	1.7690
-10	3.550	0.758	65.40	1.319	15.290	188.06	401.18	213.12	0.9559	1.7658
-8	3.807	0.762	61.15	1.313	16.352	190.43	401.96	211.53	0.9648	1.7626
-6	4.078	0.766	57.24	1.306	17.471	192.81	402.73	209.92	0.9736	1.7594
-4	4.364	0.770	53.62	1.299	18.650	195.20	403.48	208.28	0.9825	1.7563
-2	4.664	0.774	50.28	1.293	19.890	197.59	404.21	206.62	0.9912	1.7533
0	4.980	0.778	47.18	1.286	21.194	200.00	404.93	204.93	1.0000	1.7502
2	5.311	0.782	44.32	1.279	22.566	202.41	405.63	203.22	1.0087	1.7473
4	5.659	0.786	41.66	1.272	24.006	204.83	406.32	201.49	1.0174	1.7444
6	6.023	0.790	39.19	1.265	25.519	207.25	406.99	199.74	1.0259	1.7415
8	6.404	0.795	36.89	1.258	27.107	209.67	407.64	197.97	1.0345	1.7386
10	6.803	0.799	34.75	1.251	28.774	212.10	408.27	196.17	1.0430	1.7358
12	7.220	0.804	32.76	1.244	30.522	214.54	408.88	194.34	1.0515	1.7330
14	7.656	0.809	30.91	1.236	32.355	216.98	409.48	192.50	1.0599	1.7302
16	8.112	0.814	29.17	1.229	34.276	219.44	410.06	190.62	1.0682	1.7275
18	8.586	0.819	27.56	1.221	36.290	221.88	410.61	188.73	1.0765	1.7248
20	9.081	0.824	26.04	1.214	38.401	224.34	411.15	186.81	1.0848	1.7220
22	9.597	0.829	24.62	1.206	40.612	226.80	411.66	184.86	1.0930	1.7194
24	10.135	0.835	23.29	1.198	42.928	229.26	412.15	182.89	1.1012	1.7167
26	10.694	0.840	22.05	1.190	45.354	231.74	412.62	180.88	1.1093	1.7140
28	11.275	0.846	20.88	1.182	47.896	234.21	413.06	178.85	1.1174	1.7113
30	11.880	0.852	19.78	1.174	50.558	236.70	413.49	176.79	1.1255	1.7086
32	12.508	0.858	18.74	1.166	53.348	239.18	413.88	174.70	1.1335	1.7060

（续）

温度	压力	比体积		密度		比焓		蒸发热	比熵	
		液体	蒸气	液体	蒸气	液体	蒸气		液体	蒸气
t /℃	p /10^5Pa	v' /(L/kg)	v'' /(L/kg)	ρ' /(kg/L)	ρ'' /(kg/m^3)	h' /(kJ/kg)	h'' /(kJ/kg)	r/ (kJ/kg)	s'/[kJ/(kg·K)]	s''/[kJ/(kg·K)]
34	13.160	0.864	17.77	1.157	56.271	241.68	414.25	172.57	1.1414	1.7033
36	13.837	0.871	16.85	1.149	59.333	244.18	414.59	170.41	1.1494	1.7006
38	14.540	0.877	15.99	1.140	62.544	246.69	414.91	168.22	1.1572	1.6979
40	15.269	0.884	15.17	1.131	65.911	249.21	415.19	165.98	1.1651	1.6952
42	16.024	0.891	14.40	1.122	69.443	251.74	415.44	163.70	1.1730	1.6924
44	16.807	0.899	13.67	1.113	73.150	254.29	415.66	161.37	1.1808	1.6896
46	17.618	0.906	12.98	1.103	77.042	256.85	415.85	159.00	1.1886	1.6868
48	18.459	0.914	12.33	1.094	81.133	259.43	416.00	156.57	1.1964	1.6840
50	19.327	0.923	11.70	1.084	85.434	262.03	416.11	154.08	1.2043	1.6811

表 F-3　R134a 的热力特性表

温度	压力	比体积		密度		比焓		蒸发热	比熵	
		液体	蒸气	液体	蒸气	液体	蒸气		液体	蒸气
t /℃	p /10^5Pa	v' /(L/kg)	v'' /(L/kg)	ρ' /(kg/L)	ρ'' /(kg/m^3)	h' /(kJ/kg)	h'' /(kJ/kg)	r/ (kJ/kg)	s'/[kJ/(kg·K)]	s''/[kJ/(kg·K)]
-40	0.5318	0.7051	0.3463	1.418	2.888	155.9	371.7	215.7	0.8267	1.752
-35	0.6802	0.7114	0.2750	1.406	3.637	161.0	374.8	213.9	0.8480	1.746
-30	0.8608	0.7182	0.2204	1.392	4.537	166.1	377.9	211.8	0.8694	1.741
-25	1.078	0.7254	0.1783	1.379	5.608	171.4	381.1	209.9	0.8909	1.736
-20	1.338	0.7330	0.1454	1.364	6.876	176.8	384.1	207.3	0.9125	1.731
-15	1.646	0.7411	0.1195	1.349	8.367	182.4	387.2	204.8	0.9342	1.727
-10	2.008	0.7498	0.0989	1.334	10.11	188.1	390.2	202.1	0.9560	1.724
-5	2.431	0.7589	0.0824	1.318	12.13	194.0	393.2	199.2	0.9779	1.721
0	2.920	0.7687	0.0691	1.301	14.47	200.0	396.1	196.1	1.000	1.718
5	3.484	0.7790	0.0583	1.284	17.17	206.2	399.0	192.8	1.022	1.715
10	4.129	0.7899	0.0494	1.266	20.26	212.5	401.8	189.3	1.045	1.713
15	4.863	0.8016	0.0420	1.248	23.79	219.0	404.6	185.6	1.067	1.711
20	5.694	0.8139	0.0359	1.229	27.82	225.7	407.3	181.6	1.090	1.709
25	6.630	0.8270	0.0309	1.209	32.41	232.5	409.9	177.4	1.113	1.708
30	7.678	0.8410	0.0266	1.189	37.62	239.6	412.4	172.8	1.136	1.706
35	8.848	0.8559	0.0230	1.168	43.54	246.8	414.8	168.0	1.159	1.705

(续)

温度	压力	比体积		密度		比焓		蒸发热	比熵	
		液体	蒸气	液体	蒸气	液体	蒸气		液体	蒸气
t /℃	p /10^5Pa	v' /(L/kg)	v'' /(L/kg)	ρ' /(kg/L)	ρ'' /(kg/m^3)	h' /(kJ/kg)	h'' /(kJ/kg)	r/ (kJ/kg)	s'/[kJ/(kg·K)]	s''/[kJ/(kg·K)]
40	10.15	0.8718	0.0199	1.147	50.25	254.3	417.2	162.9	1.183	1.703
45	11.58	0.8888	0.0173	1.125	57.86	261.9	419.3	157.4	1.207	1.702
50	13.17	0.9071	0.0150	1.102	66.51	269.8	421.4	151.5	1.231	1.700
55	14.91	0.9269	0.0131	1.079	76.36	278.0	423.2	145.2	1.256	1.698
60	16.81	0.9485	0.0114	1.054	87.62	286.4	424.9	138.5	1.280	1.696
65	18.88	0.9724	0.0099	1.028	100.5	295.1	426.3	131.2	1.306	1.694
70	21.13	0.9994	0.0087	1.001	115.5	304.0	427.4	123.3	1.331	1.691
75	23.58	1.031	0.0075	0.970	132.9	313.4	428.1	114.8	1.358	1.687
80	26.21	1.069	0.0065	0.936	153.6	323.1	428.4	105.3	1.385	1.683
85	29.06	1.120	0.0056	0.893	178.5	333.3	428.1	94.71	1.413	1.677
90	32.11	1.196	0.0048	0.836	209.3	344.5	426.9	82.32	1.443	1.669

表 F-4 R717(氨)的热力特性表

温度	压力	比体积		密度		比焓		蒸发热	比熵	
		液体	蒸气	液体	蒸气	液体	蒸气		液体	蒸气
t /℃	p /10^5Pa	v' /(L/kg)	v'' /(L/kg)	ρ' /(kg/L)	ρ'' /(kg/m^3)	h' /(kJ/kg)	h'' /(kJ/kg)	r/ (kJ/kg)	s'/[kJ/(kg·K)]	s''/[kJ/(kg·K)]
-40	0.7171	1.4491	1.5512	0.6901	0.6446	320.24	1707.70	1387.46	1.2908	7.2415
-38	0.7973	1.4542	1.4049	0.6877	0.7188	329.05	1710.83	1381.78	1.3284	7.2046
-36	0.8847	1.4694	1.2746	0.6852	0.7845	338.04	1713.90	1375.87	1.3664	7.1681
-34	0.9797	1.4647	1.1586	0.6827	0.8631	346.94	1716.94	1370.00	1.4037	7.1324
-32	1.0828	1.4701	1.0551	0.6802	0.9477	355.77	1719.95	1364.18	1.4404	7.0974
-30	1.1946	1.4755	0.9624	0.6770	1.0390	364.76	1722.89	1358.14	1.4775	7.0631
-28	1.3154	1.4810	0.8794	0.6752	1.1371	373.66	1725.80	1352.14	1.5139	7.0294
-26	1.4460	1.4865	0.8049	0.6727	1.2424	382.49	1728.67	1346.19	1.5496	6.9965
-24	1.5857	1.4921	0.7378	0.6702	1.3554	391.47	1731.48	1340.01	1.5858	6.9641
-22	1.7382	1.4978	0.6773	0.6676	1.4764	400.50	1734.24	1333.74	1.6217	6.9323
-20	1.9011	1.5036	0.6228	0.6651	1.6058	409.43	1736.95	1327.52	1.6571	6.9011
-18	2.0750	1.5094	0.5734	0.6625	1.7440	418.40	1739.62	1321.21	1.6923	6.8705
-16	2.2634	1.5154	0.5287	0.6599	1.8915	427.41	1742.22	1314.82	1.7273	6.8404

（续）

温度	压力	比体积		密度		比焓		蒸发热	比熵	
		液体	蒸气	液体	蒸气	液体	蒸气		液体	蒸气
t /℃	p /10^5Pa	v' /(L/kg)	v'' /(L/kg)	ρ' /(kg/L)	ρ'' /(kg/m^3)	h' /(kJ/kg)	h'' /(kJ/kg)	r/ (kJ/kg)	s'/[kJ /(kg·K)]	s''/[kJ /(kg·K)]
-14	2.4640	1.5214	0.4881	0.6573	2.0487	436.45	1744.78	1308.33	1.7622	6.8108
-12	2.6785	1.5275	0.4512	0.6547	2.2161	445.52	1747.28	1301.76	1.7970	6.7817
-10	2.9075	1.5337	0.4177	0.6520	2.3941	454.56	1749.72	1295.17	1.8313	6.7531
-8	3.1517	1.5398	0.3871	0.6494	2.5832	463.63	1752.11	1288.49	1.8655	6.7250
-6	3.4117	1.5463	0.3592	0.6467	2.7837	472.67	1754.54	1281.78	1.8993	6.6973
-4	3.6883	1.5527	0.3337	0.6440	2.9965	481.80	1756.72	1274.92	1.9332	6.6701
-2	3.9822	1.5593	0.3104	0.6413	3.2219	490.90	1758.94	1268.04	1.9667	6.6433
0	4.2941	1.5659	0.2890	0.6386	3.4604	500.00	1761.10	1261.08	2.0001	6.6169
2	4.6248	1.5727	0.2694	0.6359	3.7126	509.18	1763.19	1254.02	2.0333	6.5909
4	4.9750	1.5795	0.2513	0.6331	3.9790	518.33	1765.23	1246.90	2.0662	6.5652
6	5.3454	1.5865	0.2347	0.6303	4.2603	527.50	1767.20	1239.70	2.0990	6.5400
8	5.7370	1.5936	0.2194	0.6275	4.5570	536.68	1769.11	1232.43	2.1315	6.5151
10	6.1503	1.6008	0.2054	0.6247	4.8698	545.88	1770.96	1225.08	2.1639	6.4905
12	6.5864	1.6081	0.1923	0.6219	5.1993	555.10	1772.74	1217.63	2.1961	6.4663
14	7.0459	1.6155	0.1803	0.6190	5.5463	564.35	1774.45	1210.09	2.2282	6.4423
16	7.5298	1.6231	0.1692	0.6161	5.9111	573.60	1776.09	1202.49	2.2600	6.4187
18	8.0388	1.6308	0.1589	0.6132	6.2949	582.90	1777.66	1194.77	2.2918	6.3954
20	8.5737	1.6386	0.1493	0.6103	6.6981	592.19	1779.17	1186.97	2.3235	6.3723
22	9.1356	1.6566	0.1404	0.6073	7.1215	601.51	1780.60	1179.09	2.3547	6.3495
24	9.7252	1.6547	0.1322	0.6043	7.5659	610.85	1781.96	1171.12	2.3858	6.3270
26	10.3434	1.6630	0.1245	0.6013	8.0321	620.20	1783.25	1163.05	2.4169	6.3047
28	10.9911	1.6714	0.1174	0.5983	8.5211	629.60	1784.46	1154.86	2.4478	6.2826
30	11.6693	1.6800	0.1107	0.5952	9.0337	939.01	1785.59	1146.57	2.4786	6.2608
32	12.3788	1.6888	0.1045	0.5921	9.5707	648.46	1786.64	1138.18	2.5093	6.2392
34	13.1205	1.6978	0.0987	0.5890	10.1332	657.93	1787.61	1129.69	2.5398	6.2177
36	13.8955	1.7069	0.0933	0.5859	10.7220	667.42	1788.50	1121.08	2.5702	6.1965
38	14.7047	1.7162	0.0882	0.5827	11.3384	676.95	1789.31	1112.036	2.6004	6.1754
40	15.5480	1.7257	0.0835	0.5795	11.9832	686.51	1790.03	1103.52	2.6306	6.1545
42	16.4293	1.7355	0.0790	0.5762	12.6579	696.12	1790.66	1094.53	2.6607	6.1338
44	17.3407	1.7454	0.0748	0.5729	13.3634	705.76	1791.20	1085.44	2.6907	6.1132
46	18.3022	1.7556	0.0709	0.5696	14.1011	715.44	1791.64	1076.21	2.7206	6.0927
48	19.2968	1.7660	0.0672	0.5662	14.8722	725.15	1791.99	1066.84	2.7504	6.0723
50	20.3314	1.7767	0.0638	0.5628	15.6782	734.92	1792.25	1057.33	2.7801	6.0521

参 考 文 献

[1] 李树坤，曾波．制冷基本操作技能[M]．北京：中国劳动社会保障出版社，2002.

[2] 刘卫华，等．制冷空调新技术及进展[M]．北京：机械工业出版社，2005.

[3] 金苏敏．制冷技术及其应用[M]．北京：机械工业出版社，1999 .

[4] 何耀东，何青．中央空调实用技术[M]．北京：冶金工业出版社，2006.

[5] 广州市劳动保护宣传教育中心．建筑工人上岗通用安全知识．1995.

[6] 解焕民．制冷技术基础[M]．北京：机械工业出版社，1996.

[7] 许第斌，董盛川．空调与制冷设备的使用与维修[M]．北京：机械工业出版社，1987.

[8] 杨磊．制冷技术[M]．北京：科学出版社，1982.

[9] 朱立．制冷压缩机[M]．北京：中国商业出版社，1997.

[10] 王一敏．制冷设备原理与技能训练[M]．北京：中国劳动社会保障出版社，2003.

[11] 诸林裕．电子技术基础[M]．北京：中国劳动社会保障出版社，2001.

[12] 李援英．制冷设备维修工[M]．北京：机械工业出版社，2006.

[13] 冯玉琪，白亚南．新编空调制冷设备安装使用维修手册[M]．北京：宇航出版社，1994.

[14] 毛竹，杜永辰，王振宇．电冰箱速修方法与技巧[M]．北京：人民邮电出版社，2000.

[15] 中国家用电器维修管理中心．家用制冷设备原理与维修技术[M]．北京：人民邮电出版社，1993.

[16] 马旭升．中小型制冷设备系统图及维修大全[M]．上海：上海交通大学出版社，1998.

[17] 戈兴中．制冷与空调装置安装、维修及管理[M]．北京：化学工业出版社，2002.

[18] 孟凡伦．维修电工技能训练[M]．北京：中国劳动社会保障出版社，2001.

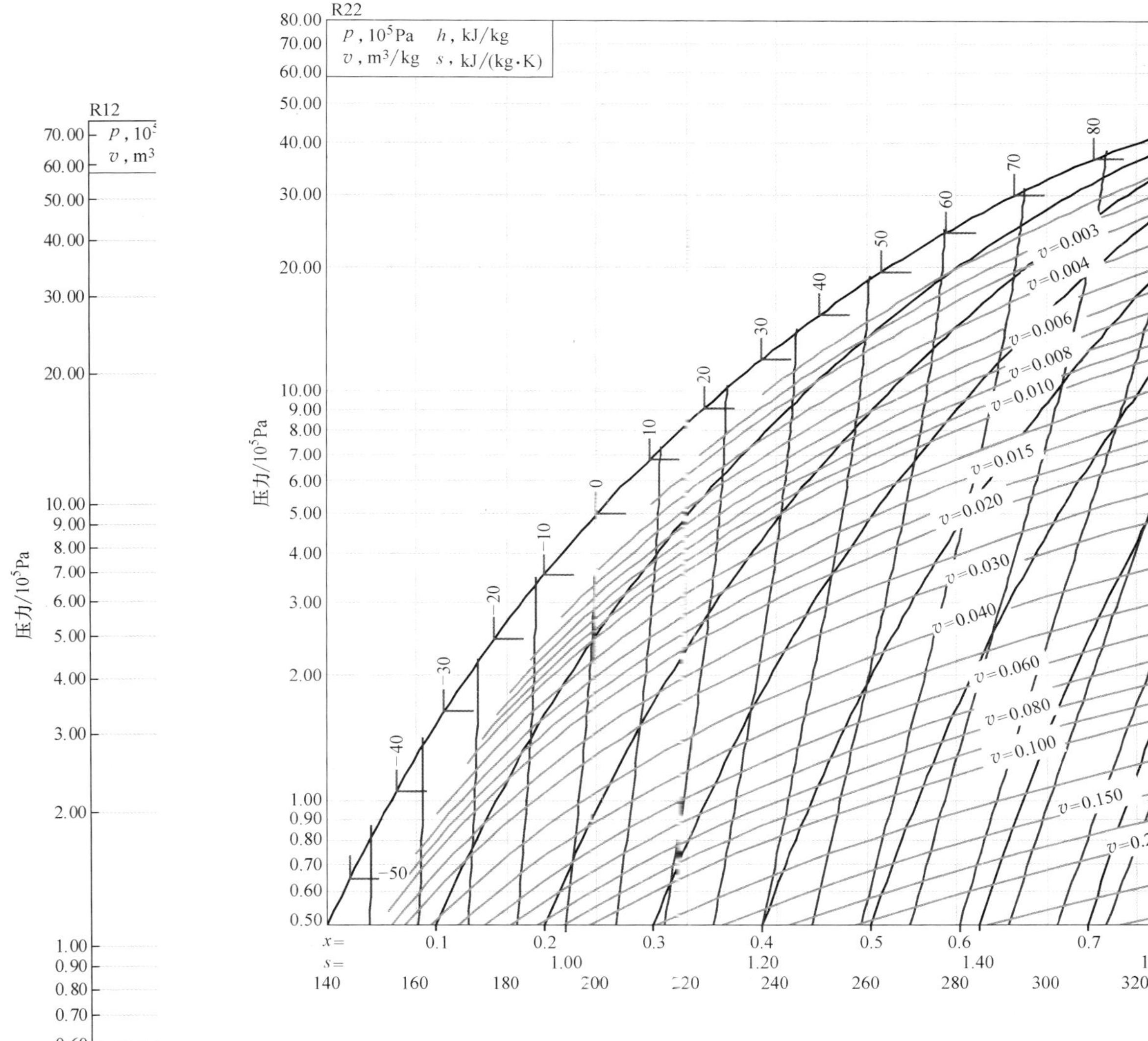

R12
p，10
v，m3
压力/10⁵Pa
x=
s=140
R22
p，10⁵Pa h，kJ/kg
v，m³/kg s，kJ/(kg·K)
压力/10⁵Pa
80.00
70.00
60.00
50.00
40.00
30.00
20.00
10.00
9.00
8.00
7.00
6.00
5.00
4.00
3.00
2.00
1.00
0.90
0.80
0.70
0.60
0.50
−50
−40
−30
−20
−10
0
10
20
30
40
50
60
70
80
v=0.003
v=0.004
v=0.006
v=0.008
v=0.010
v=0.015
v=0.020
v=0.030
v=0.040
v=0.060
v=0.080
v=0.100
v=0.150
x= 0.1 0.2 0.3 0.4 0.5 0.6 0.7
s= 1.00 1.20 1.40
140 160 180 200 220 240 260 280 300 320

图 G-2　R22 压焓图

0.0015
0.0020
0.003
0.004
0.005
0.006
0.007
0.008
0.009
0.010
0.015
0.020
0.030
0.040
0.050
0.060
0.070
0.080
0.090
0.100
0.150
0.200
0.300
0.400
0.500
0.600
0.700
0.800
0.900
s=1.50
s=1.55
s=1.60
s=1.65
s=1.70
s=1.75
s=1.80
s=1.85
s=1.90
s=1.95
s=2.00
s=2.05
s=2.10
s=2.15
s=2.20
s=2.25
s=2.30
s=2.35
v=0.300
90
80
70
60
50
40
30
20
10
0
−10
−20
−30
−40
−50
0.8
0.9
1.80
−40 −20 0 20 40 60 80 100 120 140 160 180
340 360 380 400 420 440 460 480 500 520 540 560
比焓/(kJ/kg)

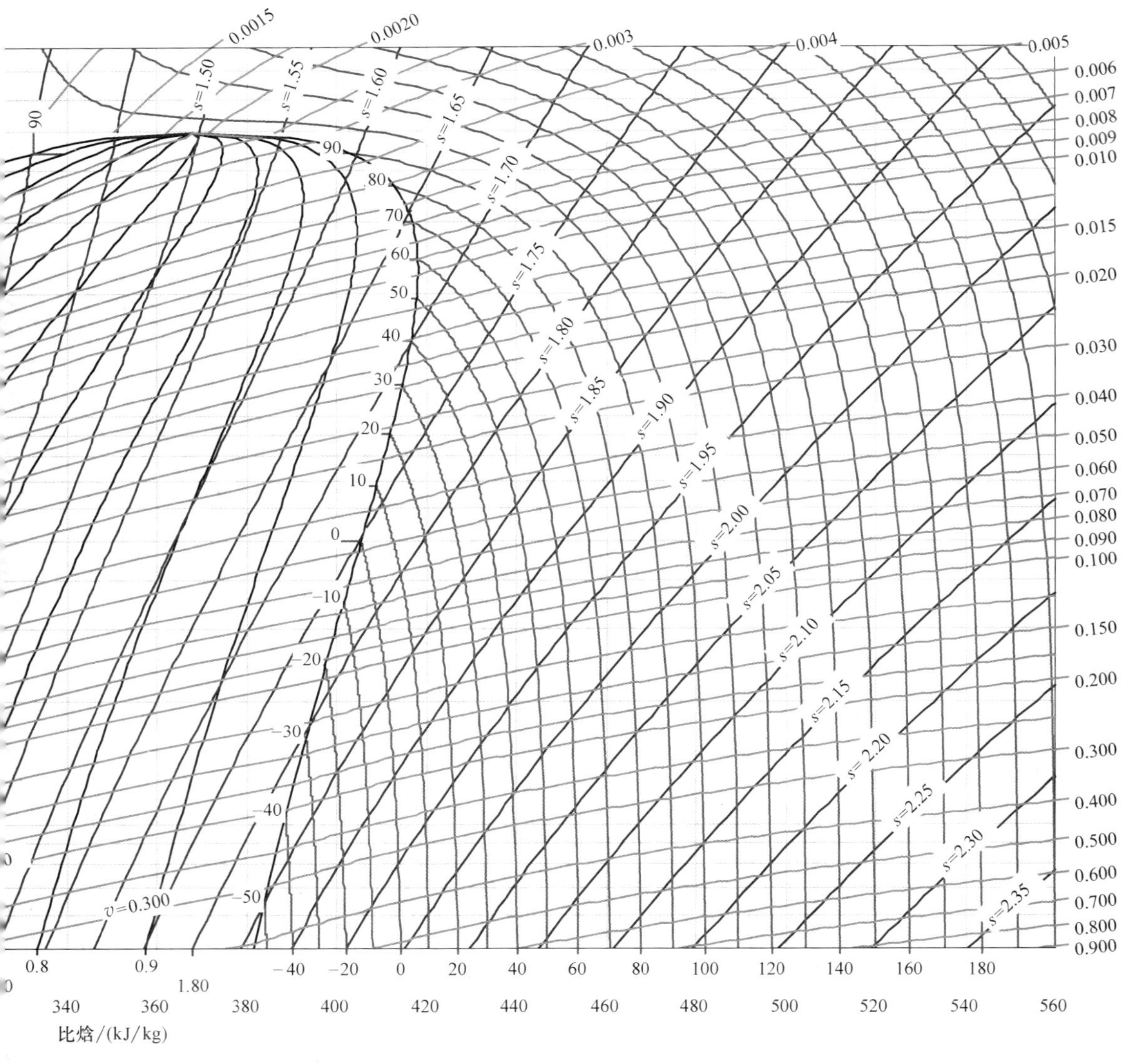